Die

Hieracien Mittel-Europas.

II. Band.

Monographische Bearbeitung

der

Archieracien

mit besonderer Berücksichtigung

der

mitteleuropäischen Sippen

von

C. v. Nägeli und A. Peter.

I. Heft.

München.
Druck und Verlag von R. Oldenbourg.
1886.

Man bittet die zweite Seite des Umschlages zu beachten.

I. Glaucina.

Als *Hieracia Glaucina* können solche Archieracien bezeichnet werden, welche bei phyllopodem Wuchs eine mehrblätterige Rosette, einen beblätterten oder schaftartigen Stengel von mässiger Höhe und mit rispiger Verzweigung desselben besitzen und sich durch lineale bis lanzettliche, blaugrün gefärbte Blätter, auffallende Armuth an Haarbekleidung, oft durch zahlreiche Sternflocken an den Köpfchenhüllen, angedrückte oder kaum etwas abstehende Hüllschuppen und lebhaft gelbe, aussen haarlose Blüthen mit ungewimperten Zähnchen der Blumenkrone auszeichnen. Habituell schliessen sie sich theils an die *silvaticum-* (*murorum-*) artigen, theils an die *villosum*-artigen an, aber auch an manche *Accipitrina*, und noch andere zeigen eine ganz eigenthümliche Tracht, welche hauptsächlich durch ungewöhnliche Schmalheit der Blätter und ganz lockere Verästelung bedingt wird *(H. porrifolium)*.

Nirgends gibt es bei den *Glaucina* Doldenbildung oder auch nur Anfänge derselben durch Zusammenrücken der oberen Aeste. Zwar nimmt die Internodienlänge von unten nach oben rasch zu und dann gegen die Stengelspitze wieder ab, jedoch treten die Aeste daselbst einander nicht nahe genug, um den doldigen Zusammenschluss anzubahnen. Auch stengellose Sippen gibt es vielleicht unter den *Glaucina* nicht, denn für das eine Ausnahme bildende *H. Naegelianum* liegt noch zu wenig Material vor, um ganz sicher zu sein, dass wirklich keine Verzweigung über der Rosette stattfindet. Bei einer Species (*H. stupposum*) kommen Exemplare vor, deren Kopfstand mehr traubig erscheint, dies aber nur durch Fehlschlagen der Köpfchen höherer Ordnungen.

Die Verzweigung beginnt gewöhnlich so tief unter dem Köpfchen erster Ordnung, dass ein ansehnliches Akladium entsteht. Da die nächstfolgenden Aeste von progressiv längeren Internodien getragen werden und selbst wieder, je tiefer nach unten sie an der Pflanze inserirt sind, um so vollkommener die Beblätterung und Verzweigung der Hauptaxe wiederholen, so ist das ganze Auszweigungssystem ein locker-rispiges oder gabliges ohne alle unvermittelte Differenzirung in Internodienlänge, Zweiggruppirung, Blattgrösse und Blattgestaltung. Denn auch die Form der Phyllome wechselt kaum von unten nach oben, wenn man die typischen Sippen im Auge behält. Oft reicht die Verzweigung bis zum Grunde des Stengels, und die untersten Aeste kommen aus den Achseln von Rosettenblättern.

Kaum bei den Piloselloiden ist die Blattgestalt so einförmig wie bei den *Glaucina*. Dieselbe wechselt bei den letzteren nur von lineal durch lineal-lanzettlich zu mehr oder minder breit-lanzettlich; schon längliche Formen sind selten. Im Vergleich zu anderen Gruppen der Archieracien aber ist diese Armuth der Blattgestaltung auffällig, besonders wenn man etwa die *Silvatica*, *Prenanthoidea*, *humile*-ähnlichen in Betracht zieht. Selbst der Blattrand zeigt wenig Gliederung, denn meist sind die Blätter völlig ganzrandig, oder es sind kleine, entfernt stehende, aufgesetzte Zähnchen vorhanden, die sich höchstens zu kurzen Sägezähnen erheben können. Meist sind die Blätter völlig flach, nur bei *H. stupposum* werden sie wellig und an der Spitze gefaltet. Hier zeigt auch der Rand noch eine besondere Eigenthümlichkeit: die zahlreichen Borsten desselben erheben sich aus einem dicken Postament; gehen die Haare selbst durch Abort verloren, so bleiben die Postamente allein bestehen und machen den Blattrand sehr fein gezähnelt. — In den meisten Fällen lässt das Blatt keine deutliche Gliederung in seine Theile wahrnehmen, der Scheidentheil geht meist unmerklich in den von der Spreite schlecht oder nicht geschiedenen Stiel über. Verhältnissmässig gut ist die Scheidenbildung besonders bei *H. porrifolium* ausgeprägt, während bei dieser Species zwischen Stiel und Spreite keine Grenze gezogen werden kann. Einen deutlichen Blattstiel besitzt *H. stupposum* und in vielen Fällen *H. glaucum*, bei *H. bupleuroides* ist die Scheidung der Blatttheile am wenigsten vollzogen.

Demnach nehmen die *Glaucina* im allgemeinen die unterste bei den Hieracien vorkommende morphologische Stufe ein. Es gehen die unteren langen verzweigten Aeste ganz allmählich in die obersten kurzen unverzweigten über; ebenso verändert sich die Blattgrösse und Blattbreite langsam im gleichen Sinne. *H. porrifolium*, die wichtigste und eigenthümlichste Hauptart der *Glaucina*, steht also morphologisch etwa auf gleicher Stufe mit *H. Fussianum* unter den Piloselloiden, während sich *H. glaucum* habituell mehr an *H. furcatum*, *H. bupleuroides* mehr an *H. setigerum* anschliesst. Manche Sippen aller Hauptarten zeigen schon, wenn auch nicht bei jedem Individuum, Andeutungen zu höheren morphologischen Stufen. So ist namentlich bei Spec. *bupleuroides* der untere Theil der Pflanze öfters unverzweigt, so dass ein mehr in sich geschlossener Kopfstand gegen den oberen Theil des Stengels entsteht; bei Spec. *glaucum* und *stupposum* sind die Stengelblätter rasch decrescirend, so dass ein schärferer Gegensatz zwischen der Blattrosette und dem mehr schaftartigen Stengel gegeben ist; ebenso mag die bei letztgenannter Art nicht selten zu beobachtende Neigung des Kopfstandes zur Traubenbildung, obwohl dieselbe in deutlicher Weise auf dem Abortiren von Köpfchen beruht, mit der Zeit zu einer Traubenentwickelung führen, wie wir sie bei manchen Accipitrinen (z. B. *H. racemosum* W. K.) antreffen.

Die einzelnen Organe der Piloselloiden wechseln nur in geringem Grade bezüglich Dimensionen und Form. Anders bei den *Archieracia Glaucina*. Hier sind die individuellen Schwankungen der Merkmale ungleich grösser, und die Ausprägung der letzteren ist im allgemeinen noch wenig vorgeschritten.

Dass mit der besseren Ernährung die Höhe der Pflanze, das Maass der Verzweigung, die Zahl der Stengelinternodien zunimmt, die Grösse der vegetativen Blattorgane eine bedeutendere wird, ist kaum nöthig hervorzuheben. Vielleicht ist dabei zu erwähnen, dass in der Spec. *bupleuroides* schlechtgenährte Individuen durch Kleinheit der Stengelblätter dem Aussehen eines *H. glaucum* sich nähern. In diesem Fall aber gibt die grössere Anzahl dieser Blätter leicht zu erkennen, dass Spec. *bupleuroides* vorliegt, und in Cultur tritt sofort das normale Verhältniss zwischen Rosetten- und Stengelblättern wieder hervor.

Andere Organe dagegen zeigen auffallendere Schwankungen, deren Ursachen nicht in verschiedenen Ernährungsbedingungen liegen können. So wechselt die Gestaltung des Blattrandes innerhalb der nämlichen Sippe zuweilen ziemlich erheblich, und die Kopfgrösse, schon von der Nahrungsmenge bei den Archieracien in gewissem Maasse abhängig, ist zuweilen sehr schwankend, auch wenn die Dimensionen der übrigen Organe sonst die nämlichen sind. Diese Verschiedenheiten begründen aber keine Varietäten, denn einerseits finden sie sich unter zahllosen Exemplaren in allen Abstufungen vor, ohne dass gleichzeitig auch andere Eigenschaften der Pflanze modificirt wären, andrerseits verschwindet die extreme Kleinheit der Köpfchen in Cultur sofort, wie im Münchener Garten mehrfach nachgewiesen werden konnte. — Gegenüber der hohen Permanenz der Hüllschuppenbreite bei den Piloselloiden ist es eine auffallende Erscheinung, dass die Dimensionen der Involucralschuppen in der Gruppe der *Glaucina* nicht nur innerhalb der Sippe von einem zum anderen Individuum etwas schwanken, sondern auch beim gleichen Exemplar von einem zum anderen Köpfchen wechseln können. Ersteres lehrt, dass der Constanzgrad dieses Merkmales bei den *Glaucina* noch nicht derjenige ist wie bei anderen Gruppen der Gattung *Hieracium*; letzteres beruht darauf, dass beim nämlichen Involucrum die Schuppenbreite in jugendlicheren Zuständen eine andere, geringere ist als im höheren Alter. Die definitive Gestalt der Hüllschuppen wird hier also später erreicht als bei den Piloselloiden. Namentlich zeigen Spec. *porrifolium* und *stupposum* dieses Verhalten in deutlicher Weise.

Eine eigenthümliche Variation verdient besonders hervorgehoben zu werden: es ist der starke Wechsel in der Fruchtfarbe bei *H. Willdenowii* δ. *scabrellum*. Derselbe ist in jedem Fall interessant, ob man die genannte Pflanze als Bastard oder als selbständige Sippe auffassen will (siehe S. 38). Ist sie hybrid, so liegt in der Fruchtfarbe ein auffällig schwankendes Merkmal vor; ist sie es nicht, so zeigt sie uns den Anfang einer Differenzirung, aus welcher im Laufe der Zeit zwei extreme Fruchtfarben hervorgehen werden. Im letzteren Fall wäre dies ein Beispiel, an welchem man sehen kann, wie in einer Gruppe die Scheidung der Merkmale sich vollzieht, welche in anderen Gruppen schon vollendet ist. Bisher wurde ein Schwanken der Fruchtfarbe bei keinem anderen *Hieracium* beobachtet, und es musste dieselbe als eines der permanentesten Merkmale betrachtet werden.

Ferner dürfte noch eine Beobachtung zu erwähnen sein, welche bisher unter allen Hieracien nur in einem einzigen Fall, bei *H. isaricum α. genuinum 1. normale*, vorliegt. Wenn bei dieser Pflanze das oberste Köpfchen zweiter Ordnung aus irgend einem Grunde in seiner vollständigen Entwickelung gehemmt wird, so hat es doch gewöhnlich die Gestalt eines normalen jugendlichen Köpfchens von nahezu Kugelform, und es besteht aus zahlreichen Hüllschuppen mit unvollständig ausgebildeten Blüthen. In dem erwähnten Fall aber ist der oberste Ast des Kopfstandes in viel höherem Grade rudimentär, er ist sehr kurz und trägt eine aus nur drei Schüppchen bestehende Köpfchenhülle ohne Blüthen. Hier ist also die Hemmung der Entwickelung schon auf einer sehr frühen Stufe derselben eingetreten, so dass die Bildung des grössten Theiles der Hüllschuppen und aller Blüthen unterblieb. Ein so weitgehender Abort des obersten seitlichen Köpfchens war bisher nicht bekannt. — Bei normal entwickelten Pflanzen wird durch den obersten Ast das Akladium ein wenig aus dem mit dem übrigen Stengel geradlinigen Verlaufe zur Seite geworfen, auch ist ersteres leicht gekrümmt und hebt sich dadurch deutlich vom Stengel ab. Selbst bei wenig entwickeltem oberstem Aste ist das Akladium dadurch noch gut markirt. In dem besprochenen Fall von stärkerem Abortiren dieses Astes indessen verhält sich das eigentliche Akladium zusammen mit dem ihm zunächst befindlichen Stengelinternodium wie ein Akladium, d. h. dieses gemeinsame obere Stengelstück setzt sich eben so vom unteren Theil ab und zeigt eine eben so einheitliche Krümmung wie ein normales Akladium; die Entwickelung des Astes wurde so früh gehemmt, dass sie die normale Verwerfung des Akladiums nicht mehr hervorzubringen vermochte.

Die *Hieracia Glaucina* umfassen fünf Hauptarten:

H. Naegelianum Panc.
- *porrifolium* L.
- *bupleuroides* Gmel.
- *glaucum* All.
- *stupposum* Rchb.

Dieselben sind von sehr ungleichem systematischem Werth. *H. Naegelianum* nimmt durch reinweissen Pappus, das eigenthümlich gebaute Involucrum und den Mangel der Verzweigung des schaftartigen Stengels eine Sonderstellung ein, welche sich auch darin zeigt, dass es mit keiner anderen Species durch Uebergänge verbunden wird. Unter den übrigen Arten der *Glaucina* ragen *H. porrifolium* und *H. stupposum* durch Eigenartigkeit hervor, während die Bedeutung der Spec. *bupleuroides* und *glaucum* als Hauptarten eher anfechtbar erscheint. *H. porrifolium* ist durch seine linealen Blätter, den Haarmangel und seine einfache Verzweigungsweise ausgezeichnet, *H. stupposum* durch die grossen, langgestielten Blätter, die schmalen, kurzdrüsigen Hüllen, die auffällige Borstenbekleidung und die pyramidale Form der Pflanze. Diesen wohlcharakterisirten Arten gegenüber stellen sich *H. bupleuroides* und *H. glaucum* mehr wie Uebergangsgruppen, Zwischenarten dar, jenes etwa als *villosum-porrifolium*, dieses als *silvaticum-porrifolium*. Aber beiden kommen Merkmale zu, die in den Rahmen der je erstgenannten Species nicht passen, so dass sie ebenfalls als Hauptarten gelten müssen, wenn auch als minder charakteristische.

Demnach kann man die *Glaucina* als aus drei verschiedenen Typen zusammengesetzt betrachten. Zu dem einen gehört nur *H. Naegelianum*, zum zweiten *H. porrifolium* mit *H. bupleuroides*, und auch *H. stupposum* wird am besten hierher gestellt; zum dritten *H. glaucum*. Jeder dieser Typen verhält sich bezüglich der systematischen Beziehungen vom anderen verschieden. — Wie schon erwähnt, steht *H. Naegelianum* ganz isolirt. — *H. glaucum* scheint nur mit *H. silvaticum* und *villosum* in naher Verwandtschaft zu stehen, da zwischen diesen drei Species alle Uebergänge in gleitenden Reihen existiren, etwa so wie innerhalb der Piloselloiden zwischen *H. glaciale*, *Auricula* und *furcatum*; nach anderen Seiten, selbst zu den übrigen *Glaucina* hin, scheinen die Beziehungen nur sehr geringe zu sein, da zwischen *H. glaucum* einerseits, *H. porrifolium*, *tomentosum* und *prenanthoides* anderseits nur je eine Sippe, zwischen *H. glaucum* und *H. bupleuroides* nur zwei Sippen bekannt sind, zu anderen Arten aber Uebergänge fehlen. Allerdings ist es zuweilen sehr schwierig anzugeben, ob Merkmale von *H. glaucum* oder nicht vielleicht eher von *H. porrifolium* an einer Zwischenform Antheil nehmen; immerhin sind die Uebergänge von Spec. *glaucum* sicher sehr viel weniger zahlreich, als diejenigen der Spec. *porrifolium* oder *bupleuroides*. — *H. stupposum* steht nach drei Richtungen mit fremden Species in Beziehungen, nicht jedoch mit anderen *Glaucina*. Wir kennen einzelne Zwischenformen desselben zu Spec. *sabaudum*, ebenso existiren einzelne zu Spec. *silvaticum*, und mit Spec. *umbellatum* hat es im Münchener Garten einige Bastarde erzeugt. — Um so enger sind die Verbindungen der Spec. *porrifolium* und *bupleuroides* mit anderen Hieracien; ersteres wird mit fünf, letzteres mit vier Arten durch Uebergangsgruppen verknüpft, die zum Theil aus zahlreichen Sippen bestehen, so dass manchmal vollständige, manchmal wenigstens zur Hälfte geschlossene Verbindungsreihen vorhanden sind.

Glaucina, Uebersicht der Arten.

Rosettenblätter nicht oder undeutlich gestielt, ganzrandig, lineal oder lanzettlich.

- Stengel schaftartig, 1köpfig, mit 1—3 kleinen Blättern unter der Mitte.
  - Rosettenblätter: äusserste spatelig, die übrigen lineal. Früchte strohfarbig. Ganze Pflanze flockenlos: *H. Naegelianum Panc.*
- Stengel $\pm$ beblättert, bis zum Grunde oder nur an der Spitze verzweigt. Pflanze wenigstens an der Hülle $\pm$ flockig. — Zuweilen sind die Pflanzen mit schaftartigem Stengel versehen, dann aber ist letzterer immer verzweigt, die äusseren Blätter nicht spatelig, die Hülle flockig, nicht nackt.

Blätter lineal. Hülle höchstens 11 mm lang, am Grunde meist in den Kopfstiel vorgezogen. Früchte strohfarbig: *H. porrifolium* L.
Blätter lanzettlich bis länglich. Hülle meist über 12 mm lang, gegen den Stiel abgesetzt. Früchte schwarz bis braunroth: *H. bupleuroides* Gmel.
Rosettenblätter deutlich gestielt, lanzettlich bis spatelig-länglich, ± gezähnt oder gezähnelt.
Stengel armblätterig; Stengelblätter aufwärts rasch kleiner und schmäler werdend; Rosettenblätter kurzgestielt, lanzettlich, eben, ± gezähnt, kahl oder mässig lang behaart. Früchte strohfarbig bis schwarz: *H. glaucum* All.
Stengel mehrblätterig; Stengelblätter aufwärts allmählich decrescirend; Rosettenblätter langgestielt, länglich oder spatelig-länglich bis lanzettlich, wellig, sehr fein gezähnelt, auffallend langhaarig. Früchte strohfarbig: *H. stupposum* Rchb. f.

1. Spec. **Naegelianum Pancic**[1])

Elench. pl. in Crna Gora lect. (1875) p. 57 = *H. bertisceum* Pancic mss. in herb. — Rhizom[2]) horizontal oder schief absteigend, dünn. Stengel 13—22 cm hoch, dünn, ungestreift, schaftartig, unverzweigt, einköpfig, phyllopod. Rosettenblätter 6—8, äusserste spatelig, mit gerundeter Spitze, die übrigen lineal, spitz, alle ganzrandig, glauk, am Grunde nicht scheidenförmig erweitert; Stengelblätter 2—3 an der unteren Hälfte, schmal lineal, rasch decrescirend. Hülle 10 mm lang, kuglig-oval mit gerundeter Basis; Schuppen schmal, sehr spitz, sattgrün, randlos. Bracteen unter dem Kopfe höchstens 1, bis 1,5 mm lang. Haare auf der Mittellinie der Hüllschuppen mässig zahlreich, nach oben hin zerstreut, hell, mit dunklem Fuss, steif, 1 mm lang, sonst überall, auch am Blattgrunde, mangelnd. Drüsen der Hülle ziemlich reichlich bis zur Schuppenspitze, besonders am Rande, sonst 0. Flocken durchaus fehlend. Blüthen gelb, Griffel hell. Früchte strohfarbig, 3,5 mm lang, mit fünf starken und fünf schwachen Rippen, etwas zusammengedrückt; Pappus rein weiss. Blüthezeit: August. — Serbien: Schieferfelsen am Berge Kom (Bertiscus) leg. Pancic.

Erinnert durch das kriechende Rhizom und den hellen Pappus an *H. staticifolium* und stellt in mancher Beziehung ein Zwischenglied der *Glauca* zu den *Chlorocrepida* dar. — Ob die Einköpfigkeit bez. der un-

1) Den Archieracien sowohl wie den Piloselloiden kommt der systematische Werth leichter Gattungen zu, und Mancher wird geneigt sein, dem von den Brüdern Schultz (in Flora 1862) gemachten Vorschlag der generischen Trennung beider Sectionen zu folgen. Man kann daher die Bezeichnung *H. Naegelianum* Panc. anwenden und daneben doch den unter den Piloselloiden gebrauchten Namen *H. Naegelii* Norrl. (vgl. Monographie der Piloselloiden S. 461, 637) bestehen lassen, zumal die beiden Worte mit verschiedenen Endungen versehen sind und ungleich klingen. Wollte man indessen diesem Verfahren die Zustimmung versagen, so wäre die Piloselloide anders zu benennen, weil sie später beschrieben wurde als die Glaucine.

2) Ueber die Terminologie vgl. die Monographie der Piloselloiden, Abschn. I, Morphologie.

verzweigte Schaft bei der Species constant ist, lässt sich ohne weiteres nicht angeben. Bei den uns vorliegenden Exemplaren findet sich keine Andeutung zur Verzweigung, so dass allerdings auf Stengellosigkeit der Pflanze geschlossen werden darf, aber es müssten Culturversuche angestellt werden, um diese Frage endgültig zu entscheiden. Immerhin ist *H. Naegelianum* eine ausgezeichnete Hauptart wegen Rhizombildung, Blattform, Gestaltung der Hülle, Fruchtform und Indument.

2. Spec. **porrifolium Linné,**

sp. pl. ed. 1 (1753) p. 802; ed. 2, II (1763) p. 1128; Jacquin, enum. pl. Vindob. (1762) p. 273 tab. 6; Sturm, Deutschl. Fl. I, 39 = *H. saxatile α. porrifolium* Neilr., Fl. Wien (1846) p. 290 part. — Stengel (20—)30—45(—70)cm hoch, schlank oder dünn, selten kräftig, bis zum Grunde oder wenigstens bis zur Mitte verzweigt, bis zum Akladium beblättert, gestreift, phyllopod. Rosette meist reichblätterig; Blätter schmal lineal, am Grunde scheidenförmig erweitert, oft an den Rändern etwas nach unten umgerollt, zuweilen fast pfriemlich, seltener breiter lineal, gleichbreit, sehr spitz, ganzrandig, selten mit Andeutung von Zähnelung oder einigen undeutlichen entfernten Zähnen, glauk, steiflich; Stengelblätter (3—)5—15(—30, so namentlich in Cultur), aufwärts allmählich decrescirend und in die Bracteen übergehend. Kopfstand rispig, sehr locker, grenzlos, gleichgipfelig, (3—)6—20(—30)köpfig; Akladium 25—80(—140) mm lang; Strahlen 2. Ordnung 2—10 (und mehr, besonders in Cultur), entfernt stehend, dünn, gegen die Spitze hin weiter verzweigt; Verzweigungswinkel 35—50(—60)°; Ordnungen (2—)3—4. Hülle 9—11(—12)mm lang, oval, später ± kuglig werdend, am Grunde öfters zuerst in den unter dem Köpfchen ein wenig aufgeblasenen Kopfstiel vorgezogen; Schuppen sehr schmal bis breitlich, spitz bis stumpf, schwärzlich bis hellgrün, oft durch Flocken hellrandig oder weisslich. Bracteen fädlig, am Akladium (3—)6—15, unter dem Köpfchen genähert, sehr verschieden lang. Haare überall mangelnd, nur am Grunde der Rosettenblätter oft in ziemlicher Anzahl entwickelt. Drüsen ganz fehlend, nur bei einzelnen Sippen an der Hülle vereinzelt. Flocken auf den Hüllschuppen in verschiedener Menge vorhanden, meist an deren Rändern am stärksten entwickelt, seltener die Hüllenbasis oder die ganze Hülle weiss, an den Kopfstielen nur ganz dicht unter den Köpfchen in mässiger Zahl, sonst überall 0. Blüthen (meist satt-) gelb, Griffel hell bis dunkel. Früchte strohfarbig, 3—3,5(—4,5) mm lang.

Bemerkungen über die Merkmale von Spec. porrifolium.

Von kräftig entwickelten Exemplaren aller Sippen der Spec. *porrifolium* wird ein mehrblätteriger Stengel gebildet, und die Stengelblätter gehen allmählich in die Bracteen des oberen Theiles des Kopfstandes und des Akladiums über. Aber es gibt an jedem Standorte minder gut ernährte Individuen, welche niedriger bleiben als die Mehrzahl der Pflanzen gleicher Varietät, weniger und rascher decrescirende Stengelblätter und einen ärmeren Kopfstand zeigen. Solche Pflanzen sind schon als eigene Varietät angesprochen worden oder als typisches *porrifolium* beschrieben, mit Unrecht jedoch, weil ihre Neigung zur Schaftbildung keine constante Eigenschaft ist.

In der übergrossen Mehrzahl der Fälle sind die Blätter völlig ganzrandig, ihr Rand entweder flach oder ein wenig nach aussen umgerollt. Es kommt aber bei üppigeren Exemplaren zuweilen vor, dass der Blattrand Andeutungen von Zähnelung oder selbst einzelne deutliche Zähnchen zeigt, ohne dass diese Eigenschaft eine Varietät begründen könnte.

Die Grenzen, innerhalb deren bei Spec. *porrifolium* die Länge der Bracteen des Akladiums sich bewegt, sind in manchen Sippen auffällig weite, namentlich wenn diese Eigenschaft bei den Piloselloiden in Vergleich gezogen wird. Bei den letzteren wechselt die Bracteenlänge um eine nur geringe Grösse von Individuum zu Individuum, bei Spec. *porrifolium* kommen Unterschiede bis zu ca. 10 mm vor. Die Bracteenlänge für sich allein ist demnach ebenfalls kein zur Charakteristik einer Varietät verwendbares Merkmal, erst im Zusammenhalt mit anderen Unterschieden darf dieselbe diagnostisch benutzt werden.

Eine wie es scheint sehr vielen, vielleicht allen Archieracien zukommende Eigenthümlichkeit ist das Auftreten von kleinköpfigen Individuen ohne Constanz dieser Microcephalie. Schon in der Monographie der Piloselloiden[1]) haben wir gezeigt, dass in Cultur bei *H. silvaticum* kleinköpfige Pflanzen bereits im nächsten Jahre oder in der nächsten Generation zur gewöhnlichen Kopfgrösse zurückkehren. Aehnlich scheint es auch bei den Sippen der Spec. *porrifolium* zu sein. Am gleichen Standorte findet man öfters Exemplare mit auffällig kleinen Köpfchenhüllen, ohne dass ein anderes Merkmal der Varietät ebenfalls alterirt wäre. Bei Spec. *umbellatum, villosum* und anderen Arten konnten gleiche Vorkommnisse beobachtet werden, die aber immer das Gepräge einer abnormalen Entwickelung an sich trugen. Wir vermögen daher der Kleinköpfigkeit einzelner Individuen mitten unter Schaaren von gleichmässig grossköpfigeren Pflanzen keine Constanz zuzuerkennen. Selbst wenn die Zahl der kleinköpfigen Exemplare am nämlichen Standorte eine auffallend grosse ist, muss zunächst abnormale Beschaffenheit derselben vermuthet werden, und Culturversuche müssen zur Entscheidung über die Bedeutung als Varietätsmerkmal angestellt werden. Denn die krankmachende Ursache kann über eine ziemlich grosse Fläche sich geltend machen, wie es am besten bei Spec. *silvaticum,* aber auch manchmal bei Spec. *porrifolium* zu beobachten ist.

Auf die Griffelfarbe getrockneter Pflanzen ist im allgemeinen nicht zu viel Werth zu legen. Man kann feststellen, dass jüngere Köpfchen hellere Griffel, ältere Köpfchen dunklere Griffel besitzen; auch scheint die Griffelfarbe sowohl von der Quantität an Feuchtigkeit abhängig zu sein, welche beim Einlegen der Pflanze in dem Blüthenköpfchen vorhanden

1) Seite 43.

war, als auch von dem Druck, welchem die Blüthen beim Pressen ausgesetzt wurden. Es bedarf deswegen der Beobachtung an frischem Material, um die Farbe der Griffel festzustellen, oder es muss doch eine hinreichende Zahl gut getrockneter junger Köpfchen zu diesem Zweck untersucht werden können. Da diese Erkenntniss erst spät gewonnen wurde, so ist in den folgenden Beschreibungen auf die Griffelfarbe kein hohes Gewicht gelegt worden.

Ergebnisse von Culturversuchen.

In Cultur ändert sich nur die Höhe der Pflanze, die Grösse der Blätter und der Reichthum der Verzweigung, nicht aber Art und Weise der letzteren, Kopfgrösse, Blattform und Blattrand, Farbe und Behaarung. Dagegen wurde mehrfach beobachtet, dass bei älteren Stöcken die zur Ueberwinterung bestimmten Blattrosetten an der Spitze eines längeren Stengelstückes sich entwickelten, welches durch Verlust der unteren Blätter stämmchenartig erscheint und der Pflanze ein aphyllopodes Aussehen verleiht. — An den blühenden Exemplaren hat der Stengel oft sehr zahlreiche Internodien, deren jedes einen Ast entwickeln kann. Von den Aesten sind nur die oberen köpfchentragend, die unteren bleiben steril und bilden mit den Stengelblättern eine dichte Masse von Laubwerk um den Stamm. Derartige Erscheinungen haben wir in freier Natur nicht gesehen; möglicherweise beruht ihr Zustandekommen auf der guten Ernährung im Garten, vielleicht aber sind es Anzeichen eines krankhaften Zustandes, in welchen die Pflanze geräth, wenn sie längere Zeit hindurch cultivirt wird. Denn *H. porrifolium* geht meist nach einigen Jahren der Cultur zu Grunde, auch wenn es sorgfältig vor der Concurrenz der Ebenenpflanzen geschützt wird.

1. *Subsp. porrifolium Linné* l. c. — Stengel 30—40 cm hoch (cult. höher), schlank. Rosettenblätter schmal lineal, ganzrandig; Stengelblätter 5—10 (cult. —20), allmählich decrescirend. Kopfzahl (3—) 6—20; Akladium 40—80(—110) mm; Strahlen 2. Ordnung 2—10; Ordnungen (2—) 3—4; Verzweigungswinkel 40—50°. Hülle 9—10 mm lang, oval, mit bald gerundeter Basis, dann fast kuglig; Schuppen sehr schmal, spitz, dunkel, durch Flocken sehr schmal hellrandig. Bracteen am Akladium 8—12, obere genähert, 3—6 mm lang. Haare ausser am Grunde der Rosettenblätter mangelnd. Drüsen 0. Flocken der Hülle zerstreut, auf den Schuppenrändern ziemlich reichlich, an den Kopfstielen nur ganz oben mässig zahlreich, sonst 0. Blüthen sattgelb, Griffel hell. Früchte strohfarbig.

α) genuinum.

1. *normale.* Dazu: Jacquin, Enum. pl. Vindob. tab. 6; Sturm, Deutschl. Fl. I, 39. — Südtirol: Trient 400 m (N.), Judicarien (Engl.), Lienz (Gd.), Kerschbaumer Alp 1560—1690 m (Mdo); Kärnten: Untertarvis, Raibler See (P.); Krain: Lengenfeld (P.); Venetien: Corni di Canzo, Val Sassino (Th.).

Bei Trient am felsigen Eingange des Sarkathales fand Dingler eine Form mit kleineren Köpfen.

2. *marginatum.* Hülle mehr oval bleibend, durch Flocken intensiv weissrandig. Bracteen am Akladium minder zahlreich (3—6). Flocken der Hülle spärlich, auf den Schuppenrändern sehr reichlich, kaum auf den Kopfstiel gehend. — Akladium 25—60 mm lang. — Tirol: Margreid bei Brixen (Kalk) (Zll.); Kärnten: Karlsteig bei Tarvis, Raibl am See, Grafenlahn (P.).

3. *stenocephalum.* Hülle cylindrisch, dann cylindrisch-oval, am Grunde etwas vorgezogen; Schuppen schmal, dunkel, sehr schmal- und intensiv weissrandig. Stengel dünn, mit rascher decrescirenden Blättern. Bracteen am Akladium 4—6, nur 1—1,5 mm lang. Griffel dunkel. — Früchte kaum 3 mm lang. Blätter zuweilen undeutlich gezähnelt. Kopfzahl 3—6. — Tirol: Schlucht Bucche di Velo bei Trient 400 m (N.); Italien: Dignano bei Tolmezzo (Panc.).

4. *obtusisquamum* = *H. porrifolium* Fries, Hierac. europ. exsicc. No. 53 part. — Hülle breit oval, mit gerundeter Basis, bald kuglig; Schuppen schmal, ± stumpf, grün oder dunkel, randlos. — Flocken am Grunde der Hülle ± reichlich, nach oben spärlich bis 0. — Italienische Schweiz (Lgg. ap. Fries l. c.); Tirol: Mt. Baldo 975 m (Porta, Gelmi), Rauchkofel bei Lienz (Pch.); Steiermark: Eisenerz (Hll.); Kärnten: Kötschacher Alp 1300—1625 m (Pch.); Küstenland: Karfreit (Sdt.).

5. *nudiceps* = *H. porrifolium* F. Schultz, herb. norm. No. 899 part. — Hüllschuppen schmal, stumpf, fast flockenlos. — Oesterreich: Steyr (Saut.), Scheibbs (Doll.), Annaberg (Winkl.), Windischgarsten 1000 m (Oblt.); Steiermark: Admont (Angeli); Küstenland: Thal Slatenik bei Flitsch (P.).

β) *armeriifolium* Koch, synops. fl. Germ. ed. 2, II (1844) p. 517, an Froel. in DC. Prodr. VII (1838) p. 220?, non *H. armeriaefolium*[1]) Rchb., fl. Germ. excurs. (1830) p. 464. — Hüllschuppen grün oder etwas dunkel, heller gerandet. Blüthen heller gelb. Verzweigungswinkel grösser (50—60°). — Akladium 30—40 mm lang. Hülle oval, am Grunde vorgezogen; Schuppen sehr schmal oder schmal, spitz. Bracteen am Akladium 8—14, nur 1—2 mm lang. Flocken mehlig, an der Hülle spärlich, nach oben 0, an den Schuppenrändern mässig, am Kopfstielende 0. Griffel hell oder etwas dunkel. Früchte gut 3 mm lang.

1. *normale* = *H. porrifolium* Schultz-Bip., Cichoriac. No. 12 part. — Tirol: Rauchkogl bei Lienz 975—1625 m (Mdo), Kerschbaumer Alp 1560—1690 m (Mdo); Kärnten: Bartolothal bei Tarvis, zwischen Flitschl und Raibl, bei Raibl am Fusse des

1) Dies dürfte gar kein Archieracium sein, sondern eine der zu Spec. *florentinum* Gr. *Nivigemmum* gehörigen Sippen.

Königsberges, auf der Grafenlahn und am Raibler See, Pontebanathal bei Pontafel (P.); Krain: am Wocheiner See 530 m (N.); Küstenland: Flitsch (Tmm.), Thal Trenta und Bosča bei Flitsch, am Isonzo bei Flitsch (hier auch eine kleinköpfige Form), Predilpass zwischen Ober- und Mittel-Breth, Karfreit an der Strasse gegen Flitsch an Felsen (P.), Mt. Santo und Kies des Isonzo bei Görz 50 m (N.); Niederösterreich: Guttenstein (Ferstl), Saurüssel bei Reichenau (Kurtz), Schneeberg, Lilienfeld (kleinköpfig); Steiermark: Mariazell und Wildalpen (Fenzl); Venetien: Dignano bei Tolmezzo. — Exsicc. 301.[1])

2. *laticeps*. Hülle kuglig mit fast gerundeter Basis, grün. Blätter etwas breiter. Kopfstiele etwas turbinat. — Küstenland: Görz (Jgg.), S. Mauro am Südfusse des Valentinberges bei Görz 100 m (N.); Niederösterreich: Saurüssel bei Reichenau (Kurtz). — Uebergangsstufen zwischen dieser Form und der folgenden wurden gefunden in Tirol: Mori bei Roveredo (N.); Niederösterreich: Eingang der Thalhofriese am Wiener Schneeberge (Dgl.); Krainer Alpen (Goech); Küstenland: Flitsch (Tmm., dies = *H. porrifolium* Schultz-Bip., Cichoriac. No. 12 part.), Görz (Jgg.).

3. *floccosiceps*. Hüllschuppen schmal bis breitlich, ± spitz. Bracteen bis 8 mm lang. Flocken der Hülle mässig, auf den sehr schmalen Schuppenrändern reichlich. Früchte lehmfarbig, 3,3—3,7 mm lang. — Akladium bis 60 mm lang. Hülle oval, später gerundet und ± kuglig. Griffel etwas dunkel. — Küstenland: im Isonzothale von Flitsch bis Görz an vielen Orten (N., P.); Kärnten: Pontebanathal bei Pontafel, Fuss des Königsberges und Grafenlahn bei Raibl, zwischen Flitschl bei Tarvis und Raibl (P.), zwischen Villach und Bleiberg (N.); Krain: hinter dem Wocheiner See 650 m (N.); Steiermark: Eisenerz (Hll.) Italien: Lecco (R. B.), Pirona (Vis.); Siebenbürgen: Kronstadt (Schur). — Exsicc. 302.

Eine breitblätterigere Form am Predilpass zwischen Ober- und Mittel-Breth (P.); eine reichflockigere ebendaselbst, ferner in Tirol: Mori bei Roveredo (N.); Kärnten: am Raibler See; Küstenland: in den Thälern Slatenik, Bosča und Trenta bei Flitsch (P.).

γ) *saxicolum* Fries, Symb. (1848) p. 79. Dazu *H. porrifolium* Willd., sp. pl. III, 3 (1800) p. 1575; ? Pacher, Fl. Kärnt. (1882) p. 181 part. — Hülle 10—11 mm lang; Schuppen breitlich, stumpflich oder spitzlich, schwarz, schmal hellrandig. Stengel meist unter 30 cm hoch; Blätter lineal, am Stengel 3—5. Früchte 3,5—4,5 mm lang. — Flocken der Hülle spärlich oder zerstreut, auf den Schuppenrändern mässig zahlreich. Griffel dunkel.

1) Diese Nummern beziehen sich auf die von A. Peter herausgegebenen *Hieracia Naegeliana exsiccata*.

1. *normale.* — Kärnten: Malborgeth (Ressmann), Bartolothal bei Tarvis, am Raibler See (P.); Küstenland: zwischen Woltschach und Canale bei Görz 160 m (N.); Niederösterreich: Guttenstein (Rohde), Saurüssel bei Reichenau (Kurtz); Tirol: Torbole am Mt. Baldo 130—195 m, Mt. Pian (N.), Lienz an Kalkfelsen (Hut.); Italien: Lecco gegen S. Martino (N.). — Exsicc. 303.
2. *subimmarginatum* = *H. porrifolium* Rchb., Fl. Germ. exsicc. No. 2533 = *H. saxatile α. porrifolium* Kovats pl. rar. hung. No. 947. — Hüllschuppen etwas breitlich, spitzlich, dunkel, kaum gerandet, mit spärlichen oder vereinzelten, am Rande mit mässig zahlreichen Flocken. — Tirol: Mt. Pian 2110 m (N.), Fischleinthal bei Sexten 1625 m (Engl.); Kärnten: zwischen Villach und Bleiberg 750—850 m (N.), Karlsteig bei Tarvis, Kaltwasserthal und am See bei Raibl (P.), Loiblpass 1140—1300 m (Schweinfurth); Krain: Belzagraben bei Lengenfeld (Dgl.); Italien: Lecco 500 m (N.); Siebenbürgen: wo? (Lerchenfeld anno 1780); Oesterreich: Guttenstein bei Wien (Kovats), Steyer (Sauter).

δ) *multibracteum.* Hüllschuppen etwas breitlich, spitzlich, graugrün, breit hellrandig. Bracteen am Akladium 9—15, obere gedrängt, 1—2 mm lang, grün. Flocken an der Hülle mässig bis zerstreut, auf den Schuppenrändern sehr reichlich, an den Kopfstielen 0. — Hülle 9—10 mm lang, oval, mit in die turbinaten Kopfstiele vorgezogener Basis, dann fast kuglig werdend. Griffel hell.

1. *normale.* — Tirol: Torbole an der alten Strasse nach Nago 130—260 m (N.), Riva an der Strasse zum Ledrothale (Sendtn.); Küstenland: am Isonzo bei Flitsch (P.), Isonzothal und Mt. Santo bei Görz 60—400 m (N.); Istrien: Triest (Michaelis).

   Eine grossköpfige Form in der Schlucht Bucche di Velo bei Trient 400 m (N.).
2. *obscuriceps.* Hüllschuppen dunkel, etwas heller gerandet. Bracteen dunkel. Flocken an der Hülle 0 oder zerstreut bis mässig, nur am Grunde der Hülle mässig oder etwas reichlicher. — Niederösterreich: Saurüssel bei Reichenau (Kurtz); Unter-Steiermark: wo? (Streinz).

ε) *caniceps.* Hülle 9 mm lang, oval, mit vorgezogener Basis. Schuppen etwas breitlich, spitz, dunkel, stark hellrandig und durch sehr reichliche Flocken weisslich. — Bracteen am Akladium 6—10, 1—2(—3) mm lang. Griffel hell oder dunkel. — Tirol: Trient (Gelmi), Torbole gegen Nago 130—260 m, Mori bei Roveredo (N.), Mt. Baldo (Porta).

Eine grossköpfige Form in Tirol: Glitzenschmidt bei Lienz 650—975 m (Gd.); Kärnten: Bombaschthal bei Pontafel (P.).

2. *Subsp. longibracteum.* Stengel 20—40 cm hoch, schlank, meist bis zum Grunde verzweigt. Rosettenblätter zahlreich, schmal lineal,

ganzrandig; Stengelblätter 7—15, allmählich decrescirend. Kopfzahl (5—)8—15. Akladium 60—90 mm lang. Strahlen 2. Ordnung 2 bis viele, Verzweigungswinkel 40—50°, Ordnungen 2—3. Hülle 10 mm lang, oval mit gerundeter Basis, dann kuglig; Schuppen fast schmal, stumpf, dunkel, fast randlos. Bracteen am Akladium 8—10, obere genähert, 15—20 mm lang. Haare mangeln ausser am Grunde der Rosettenblätter. Drüsen 0. Flocken der Hülle spärlich oder zerstreut bis fast mässig, auf den Schuppenrändern ± mässig zahlreich, sonst 0. Blüthen sattgelb, Griffel dunkel.

1. *normale.* — Kärnten: Karlsteig und Bartolothal bei Tarvis, am Königsberge bei Raibl, Raibler See, Grafenlahn am Predilpass (P.); Krain: am Wocheiner See (N.), Lengenfeld (P.).
2. *nudius.* Hüllschuppen schmal, auf der Fläche spärlich flockig oder fast nackt, am Rande kaum mässig flockig. — Kärnten: Karlsteig und Bartolothal bei Tarvis, am Raibler See (P.); Küstenland: Mt. Santo bei Görz (N.).

3. *Subsp. sparsiglandulum.* Stengel 30—40 cm hoch, schlank. Rosettenblätter ziemlich zahlreich, lineal, flach, in der Mitte etwas breiter, deutlich gezähnt; Stengelblätter 5—8, allmählich decrescirend. Kopfzahl 5—8 (cult. —20). Akladium 30—40 mm lang. Strahlen 2. Ordnung 2—3 (cult. —8), Verzweigungswinkel 40—50°, Ordnungen 2—3. Hülle 9—10 mm lang, oval mit gerundeter Basis, dann fast kuglig; Schuppen etwas breitlich, stumpf, dunkel, durch Flocken schmal hellrandig. Haare an Hülle und Kopfstielen vereinzelt, dunkel, 0,5 mm lang, sonst ausser am Blattgrunde mangelnd. Drüsen der Hülle vereinzelt, sonst 0. Flocken der Hülle sehr zerstreut bis fast 0, auf den Schuppenrändern mässig bis ziemlich reichlich, an den Kopfstielen nur ganz oben mässig, sonst 0. Blüthen gelb, Griffel dunkel. — Kärnten: am Raibler See (P.).

4. *Subsp. niphanthum.* Stengel bis 70 cm hoch, kräftig, mindestens bis zum untern 1/3 herab verzweigt. Rosettenblätter zahlreich, schmal lineal, ganzrandig; Stengelblätter 8—12, allmählich decrescirend. Kopfzahl 15—25, Akladium 30—60 mm lang, Strahlen 2. Ordnung 6—10, unter den Köpfchen turbinat, Verzweigungswinkel 35—40°, Ordnungen 3. Hülle 10—11 mm lang, oval, dann breiter, mit zuerst vorgezogener, dann gerundeter Basis; Schuppen schmal, spitz, dunkel, durch Flocken grau. Bracteen am Akladium 12—15, obere gedrängt, 1—2,5 mm lang. Haare ausser am Blattgrunde mangelnd. Drüsen der Hülle 0 oder ganz vereinzelt, sonst 0. Flocken an der Hülle überall reichlich, deren Basis weiss, Kopfstiele nur an der obersten Spitze grau, sonst nackt. Blüthen gelb, Griffel dunkel. Früchte strohfarbig, 3 mm lang. — Tirol: Schlucht Bucche di Velo bei Trient 400 m (N.); Küstenland: S. Mauro bei Görz 100 m (N.).

Eine Form mit minder flockigen Kopfstielspitzen am Mt. Santo bei

Görz 150—400 m (N.); — eine kleinköpfige in Südtirol: an Felsen beim Ponale bei Riva 200 m (N.).

5. *Subsp. pseudoporrifolium.* Stengel 60 cm hoch, kräftig, bis zu $^1/_5$ herab verzweigt. Rosettenblätter lineal, zuweilen undeutlich gezähnt; Stengelblätter 20—30, allmählich decrescirend. Kopfzahl 25—30, Akladium 60—70 mm lang, Strahlen 2. Ordnung 8—12, an der Spitze etwas turbinat; Verzweigungswinkel 40°, Ordnungen 3—4. Hülle 11—12 mm lang, oval, am Grunde vorgezogen; Schuppen breitlich, spitz, dunkel, schmal heller gerandet. Bracteen am Akladium 10—12, obere genähert, bis 18 mm lang. Haare und Drüsen mangeln. Flocken der Hülle ziemlich reichlich, nach oben hin minder zahlreich, sonst 0. Blüthen gelb, Griffel dunkel. Früchte strohfarbig, 3,3 mm lang.

1. *normale.* — Küstenland: am Mt. Santo bei Görz 150—400 m und Isonzothälchen 60 m (N.); Venetien: Chiusa (Bth.).
2. *nudescens.* Hülle bald ± gerundet. Bracteen am Akladium 3—6. Flocken der Hülle fast 0 bis zerstreut, am Schuppenrande nur gegen die Basis der Hülle zerstreut oder mässig zahlreich.
   a) *verum* = *H. porrifolium* Fries, Hierac. europ. exsicc. No. 53. part. — Hüllschuppen grün bis ziemlich dunkel, weisslich gerandet. Bracteen nur bis 2 mm lang. — Hülle 10—11 mm lang; Schuppen spitzlich. Stengel nur bis 45 cm hoch; zarter als bei 1. — Tirol: Margreid bei Brixen (Zll.); Italienische Schweiz: wo? (Lgg.), Lecco 500 m (N.); Niederösterreich: Scheibbs (Tessedik), Saurüssel bei Reichenau.
   b) *nigricans* = *H. porrifolium* Schultz, herb. norm. Suppl. I, ad 899. — Hüllschuppen schwarz, fast randlos. Bracteen bis 12 mm lang. Stengelblätter nur 6—10. — Kopfzahl 3—8, Akladium 30—140 mm lang. Früchte 3,6 mm lang. — Oberösterreich: Windischgarsten 1500 m (Oblt.); Tirol: Monte Baldo (K.); Kärnten: zwischen Tarvis und Goggau, am Raibler See (P.); Siebenbürgen: wo? (Schur).

Geographische Verbreitung der Spec. porrifolium.

Die Species hat ihr geschlossenes Verbreitungsgebiet vom Comersee bis Oberkrain und Steiermark am Südabhange der Alpen, dann auf dem Nordabfalle derselben gegen Nieder- und Oberösterreich bis Scheibbs. Ins Innere der Alpen dringt sie nur von Süden her ein, wo sie bei Villach, Eisenerz in Steiermark und in der Gegend von Lienz ihre am weitesten vorgeschobenen Standorte hat. Diese Verbreitung theilt *H. porrifolium* mit vielen anderen Pflanzen, beispielsweise mit *H. Hoppeanum Gr. Macranthum*, *Erica carnea* etc., und weist wie diese auf eine Einwanderung von Süden hin. Ausserdem existirt noch ein abgetrenntes kleineres Gebiet der Species in Siebenbürgen, möglicherweise der Rest einer ehemaligen weiteren Verbreitung.

3. Spec. **bupleuroides Gmel.,**

fl. bad. III (1808) p. 317; Griseb., comment. (1852) p. 68 excl. *var. γ.* = *H. bupleuroides B. falcatum* Arvet-Touvet, Monogr. (1873) p. 22 = *H. denudatum* Rochel herb. sec. Holuby in Oest. bot. Zeitschr. (1879) p. 64 = *H. glaucum* Lamk. et DC., fl. fr. ed. 3, IV (1805) p. 26 part., V (1815) p. 443 part.; Gremli, Fl. d. Schweiz 4. Aufl. (1881) p. 275 part. = *H. glaucum β. juratense* Gren. et Godr., fl. fr. II (1850) p. 354 = *H. graminifolium* Froel. in DC. Prodr. VII (1838) p. 219 incl. *var. β, ε, ζ, η* = ? *H. marginatum* Froel. l. c. p. 220 = *H. polyphyllum* Tausch in Flora 1828 p. 69 = *H. saxatile* Willd. sp. pl. III, 3 (1800) p. 1576 part.; Bluff et Fing., Comp. fl. Germ. II (1825) p. 286 part. = *H. saxatile γ. latifolium* Neilr., Fl. Nied.-Oest. (1859) p. 436 part. = *H. saxatile 2. foliatum* Neilr., krit. Zusammenstellung (1871) p. 453 part. — Stengel meist 20—40(—60) cm hoch, schlank oder dünn (selten dicklich), gewöhnlich nicht über die Mitte hinab verzweigt, bis zum Akladium beblättert, ± kantig gestreift, phyllopod. Rosette meist reichblätterig, Blätter lanzettlich bis lanzettlich-lineal, meist ungestielt, seltener in einen undeutlichen Stiel zusammengezogen, flach, spitz oder sehr spitz, entfernt-schwach-gezähnelt oder ganzrandig, glauk, meist steiflich oder steif. Stengelblätter (3—)5—10(—15), aufwärts allmählich decrescirend und in die Bracteen übergehend. Kopfstand hoch gablig (oder lax rispig), sehr locker, grenzlos, gleichgipflig, 2—5(—12)-köpfig; Akladium (20—)30—70(—150) mm lang; Strahlen 2. Ordnung 1—4(—9), entfernt, schlank, selten nach oben hin weiter verzweigt und dann die Köpfchen 3. Ordnung meist verkümmernd; Verzweigungswinkel 30—50°; Ordnungen (1—)2(—3). Hülle (10—)12—15 mm lang, meist kuglig oder bauchig-kuglig und später ± niedergedrückt; Schuppen (schmal bis) breitlich bis sehr breit, ± spitz, meist dunkel bis schwarz und ± hellrandig. Bracteen am Akladium (2—)3—8(—12), öfters die oberen unter dem Köpfchen genähert, zuweilen die unteren blättchenartig, grün, wenig lang. Haare der Hülle spärlich bis ziemlich reichlich, meist hell und kurz, an den Caulomen gewöhnlich 0, auf den Blättern am Grunde derselben in mässiger Zahl, in der Gr. *Crinifolium* aber namentlich an Rand und Unterseite bis ziemlich reichlich entwickelt, weich, ziemlich lang. Drüsen meist mangelnd oder höchstens an der Hülle spärlich. Flocken der Hülle sehr spärlich bis reichlich, stets am oberen Theil derselben minder zahlreich als gegen die Basis zu, am Rande der Hüllschuppen reichlicher als in der Mitte, an den Kopfstielen nur dicht unter dem Köpfchen mässig bis reichlich, abwärts bald verschwindend, sonst überall mangelnd. Blüthen verschieden gelb, Griffel hell bis dunkel (braungrün). Früchte schwarzbraun bis rothbraun und hellbraun, (3—) 3,5—4 mm lang.

Bemerkungen über die Merkmale von Spec. bupleuroides.

Die Hinstellung der Spec. *bupleuroides* als Hauptart ist nicht einwurfsfrei. Denn wenn auch die typische Subspecies ziemlich viel Eigenartigkeit der Tracht und mancher Merkmale bekundet, so bieten sich doch in anderen Eigenschaften Anklänge, namentlich an Spec. *villosum* dar, und es gibt auch habituell so zahlreiche Uebergänge zu der genannten Gruppe, dass an eine Stellung der Spec. *bupleuroides* zwischen Spec. *porrifolium* und *villosum* wohl gedacht werden darf. Vielleicht ist diese Auffassung überhaupt die richtige. Wenn man nämlich jedes einzelne Merkmal auf seine Stellung zu den entsprechenden Eigenschaften der beiden genannten Hauptarten prüft, so ergibt sich kaum ein wirkliches Ueberschreiten einer derselben, höchstens ein völliges Erreichen der Ausbildung. Nur die Consistenz der Laubblätter und die Drüsenbekleidung der Hülle gehen bei manchen Sippen von *bupleuroides* über Spec. *porrifolium* in geringem Grade hinaus: beides Anpassungserscheinungen, welche wenig ins Gewicht fallen. Aber es muss hervorgehoben werden, dass reiche, allmählich decrescirende Beblätterung, grosse breite Köpfe, spitze Hüllschuppen, eigenthümliche Beflockung und geringe Behaarung der Hülle bei den meisten Subspecies eine solche Eigenthümlichkeit der äusseren Erscheinung bedingen, dass die Behandlung des *H. bupleuroides* als Hauptart in praktischer Beziehung viel für sich hat. Es ist stets leicht, *H. bupleuroides* von anderen Zwischenformen der Spec. *porrifolium* oder *glaucum* einerseits und *villosum* andrerseits zu unterscheiden.

Die typische Subsp. *bupleuroides* ist durch die relativ höchste Eigenthümlichkeit der Merkmale ausgezeichnet, indem sie die stumpfsten, breitesten, ganzrandigsten Blätter, die grösste Zahl der Stengelblätter, den kleinsten Verzweigungswinkel, die geringste Zahl an Bracteen des Akladiums besitzt, sattgelbe Blüthen und an der Hülle Drüsen aufzuweisen hat. Alle übrigen Sippen der gleichen Gruppe weichen schon mehr oder minder gegen *H. villosum* (oder *H. silvaticum*) hin ab.

Bezüglich der einzelnen Merkmale ist folgendes zu erwähnen. Die Blattform ändert sich bei der nämlichen Pflanze von unten nach oben öfters in ziemlichem Grade; auch können die Individuen der gleichen Sippe sich unter einander etwas verschieden verhalten, indem die einen relativ breitere Blätter besitzen als die anderen. Es ist daher misslich, auf die Blattbreite viel Gewicht legen zu wollen. — In ähnlicher Weise verhält es sich bezüglich der Schuppenbreite. Es kommt vor (z. B. bei *H. laeviceps*), dass die Hüllschuppen bei kleineren Exemplaren erheblich schmäler sind als bei grösseren Pflanzen, ferner, dass beim gleichen Individuum die einen Köpfchen (2. oder 3. Ordnung) schmälere Schuppen haben als die anderen (1. Ordnung). Auch hier muss demnach eine grössere Elasticität des Merkmales anerkannt werden, wie sie auch bezüglich anderer Eigenschaften der Archieracien den entsprechenden Merkmalen der Piloselloiden gegenüber festzustellen war (vgl. Spec. *porrifolium*). — An der Kopfgrösse können hier wie bei der eben genannten Species beträchtliche Schwankungen ohne Aenderung anderweitiger Merkmale wahrgenommen werden.

In Cultur bleiben alle für die Sippen als wesentlich angegebenen Merkmale unverändert, nur die Höhe der Pflanze und der Reichthum der Verzweigung nimmt zu, auch vermehrt sich die Zahl der Stengelinternodien. — In dichterem Stande der Pflanzen verlieren sich gegen die Blüthezeit hin öfters die meisten Rosettenblätter, so dass der Anschein beginnender Aphyllopodie erweckt werden kann. Hier helfen indessen die stehen gebliebenen Blattreste am Stengelgrunde den wahren Sachverhalt erkennen.

Uebersicht der Subspecies-Gruppen.

Hülle länger als breit, am Grunde etwas in den Stiel vorgezogen; Blätter langgestielt: I. *Mnoolepium*.

Hülle breiter als lang oder kuglig, mit gerundeter oder niedergedrückter Basis; Blätter nicht oder undeutlich (selten deutlich) gestielt.

Blüthen röhrig, kurz, Griffel dieselben weit überragend; Hüllschuppen durch Flocken auffallend hellrandig: II. *Breviflorum*.

Blüthen zungig, Griffel dieselben nicht überragend; Hüllschuppen gleichmässig gefärbt oder doch nicht auffallend berandet.

Blätter (excl. Basis der Rosettenblätter) und Stengel haarlos, Hülle meist wenig behaart: III. *Bupleuroides*.

Blätter und (oft auch) Stengel $\pm$ behaart, Hülle meist reichhaarig: IV. *Crinifolium*.

I. ***Mnoolepium*** (siehe oben).

Subsp. mnoolepium. Stengel 12—22 cm hoch, sehr dünn, unverzweigt. Rosettenblätter einige, äussere lanzettlich, entfernt gezähnelt, innere schmal- bis lineal-lanzettlich, alle spitz, langgestielt; Stengelblätter ca. 4, lineal-lanzettlich, sehr spitz, ziemlich rasch decrescirend. Hülle 10,5—11 (—12) mm lang, oval mit vorgezogener Basis; Schuppen breitlich, spitz, schwarz, schmal hellrandig. Bracteen am Akladium 2—3, 2—3 mm lang. Haare der Hülle mässig zahlreich, hell, 1—1,5 mm, am Stengel oben zerstreut, abwärts bald vereinzelt, dann 0, auf den Blättern nur ganz am Grunde vereinzelt oder spärlich. Drüsen mangeln. Flocken der Hülle mässig, auf den Schuppenrändern ziemlich reichlich, am Stengel oben ziemlich zahlreich, abwärts bald 0. Blüthen gelb, Griffel dunkel.

Selten finden sich Drüsen an der Hülle bis zu mässiger Zahl, indem sie die einfachen Haare ersetzen. — Ist als *bupleuroides* > *dentatum* anzusehen.

1. *normale*. — Tirol: Neuprags auf der Kaserenwiese unter der Hochalpe 2210—2370 m, oberhalb Misurinaalp gegen Trecroci bei Ampezzo 1950—2010 m (N.).
2. *nudius*. Haare der Hülle mässig bis ziemlich reichlich, 1—2,5 mm lang. Flocken der Hülle zerstreut, auf den Schuppenrändern mässig, am Stengel nur ganz oben zerstreut, abwärts bald 0. — Tirol: oberhalb Misurinaalp gegen Trecroci bei Ampezzo 1950—2010 m, über Imst gegen den Muttekopf 1700 m (N.).

An diese Gruppe schliesst sich eine nur in wenigen Exemplaren beobachtete Form an, welche in ihren Merkmalen noch mehr gegen die Spec. *dentatum* Hoppe vermittelt. Sie ist gablig verzweigt, hat gerundete Köpfchenbasis, schmale Hüllschuppen und ziemlich reiche Behaarung an Hülle,

Blattstielen und Caulomen. Als eine ähnliche Uebergangsform kann auch das unten beschriebene *H. eriolepium* aufgefasst werden.

II. ***Breviflorum*** (vgl. S. 17).

Subsp. breviflorum. Stengel 20—40 cm hoch, schlank (auch in Cultur nicht viel höher), bis ²/₃ (cult. bis ¹/₃) seiner Höhe verzweigt. Rosettenblätter mehrere, lanzettlich-lineal und lineal, spitz, äussere sehr entfernt schwach gezähnelt. Stengelblätter 2—10, lanzettlich, sitzend, allmählich decrescirend. Kopfstand lax rispig, (2—)3—5 (cult. —10) köpfig, Akladium 30—50 (—80) mm lang, Strahlen 2. Ordnung (1—) 2—3, Verzweigungswinkel ca. 50°, Ordnungen 2 (—3). Hülle 11—13 mm lang, kuglig, später am Grunde etwas gestutzt; Schuppen breitlich, äussere spitz, innerste stumpflich, schwärzlich, schmal weisslich gerandet. Bracteen am Akladium 1—2, 3—4 mm lang. Haare der Hülle spärlich, dunkel, 0,5 mm, sonst mangelnd. Drüsen 0. Flocken der Hülle 0 oder spärlich bis mässig zahlreich, auf den Schuppenrändern reichlich, an den Kopfstielen nur ganz oben ebenso, abwärts 0. Blüthen gelb, röhrig, Griffel dunkel. Früchte kastanienbraun, 4 mm lang. — Eine durch die glauke reiche Beblätterung, die schön gefärbten Köpfchenhüllen und die lang hervorragenden grünbraunen Griffel sehr auffällige Pflanze. — Jura: Dôle; Wallis: Creux de Champ bei Ormonts (N.). — Exsicc. 305, 306.

III. ***Bupleuroides*** (vgl. S. 17).

1. *Subsp. laeviceps.* Stengel 22—40 cm hoch, dünn oder schlank, meist bis zu ²/₃ (aber auch bis zu ¹/₄) der Höhe hinab verzweigt. Rosettenblätter mehrere, lanzettlich-lineal, sehr spitz, fast ganzrandig; Stengelblätter 3—6, lanzettlich-lineal, mit breiter Basis sitzend, allmählich decrescirend. Kopfstand hochgablig, 2—5 köpfig, Akladium 45—70 (—110) mm lang, Strahlen 2. Ordnung 1—3 (—6), Verzweigungswinkel 40°, Ordnungen 2 (—3). Hülle 10—13 mm lang, bauchig-kuglig; Schuppen breitlich (bis schmal), spitz, schwarz, etwas gerandet. Bracteen am Akladium 3—4, zerstreut, wenigstens 2 mm lang. Haare der Hülle zerstreut bis mässig, schwarz, 0,5—1 mm, an den Caulomen 0, auf den Blättern am Grunde mässig, auf dem Hauptnerv unterseits vereinzelt bis zerstreut, weich, 2—3 mm lang. Drüsen mangeln. Flocken der Hülle zerstreut, auf den Schuppenrändern mässig, an den Kopfstielen und sonst 0. Blüthen gelb, Griffel hell; Früchte hellbraun, 3,5 mm lang.

Die Hüllschuppen wechseln an Breite sehr stark von schmal und sehr spitz bis fast breit und spitz. — Wenn nur wenige Stengelblätter vorhanden sind (bei kleineren Exemplaren), so decresciren dieselben manchmal ziemlich rasch; man muss sich hüten, solche Exemplare mit Spec. *glaucum* zu vermengen.

1. *normale* = *H. bupleuroides* Fries Hierac. europ. exsicc. No. 51 part.[1]) = *H. poliochlorum* Vukot. in sched. — Ostschweiz 900—1950 m

1) Bei dem uns vorliegenden Exemplar der citirten Sammlung ist das zweite Individuum ein *H. Schenkii*→*glabratum*.

auf Kalkfelsen: Avers am Bergli (Ks.), Hinterrhein, Nufenen, Splügen, Brülltobel bei Appenzell, hinter Schwendi gegen Seealpsee, Davos, Grosser Mythen (N.), Sandalp (Kll.); Westschweiz: Anzeindaz bei Bex (Lgg.), Dent de Morcles (Thomas); Tirol: Thal westlich vom Fernpass 1600—1650 m (N.); Niederösterreich: Saugraben am Schneeberge 1600 m (Mlln.); Croatien: wo? (Vuk.). — Exsicc. 307.

2. *angustiusculum.* Hüllschuppen etwas breitlich, hellrandig, mit zerstreuten oder spärlichen Drüsen. Flocken der Hülle mässig, auf den Schuppenrändern reichlich, an den Kopfstielen ganz oben mässig zahlreich, abwärts 0. — Ostschweiz: Bergün (P.), Appenzell (N.); Westschweiz: Vevey, Chaudron bei Montreux an Felsen 500 m (N.); Tirol: Schrannerklamm im Stanzerthal, Finstermünz, zwischen Holzgau und Steg im Lechthal (Pr.). — Exsicc. 308.

Ferner wurden beobachtet: eine Form mit lineal-lanzettlichen Grundblättern und lanzettlichen Stengelblättern (Hinterrhein gegen den Valser Berg 1660 m, N.) — und eine andere mit geringer Behaarung und Beflockung der Hülle (Jura: Dôle, N.).

2. *Subsp. scabriceps.* Stengel bis 37 (cult. —45) cm hoch, schlank, bis zur Mitte (cult. bis zum Grunde) verzweigt. Rosettenblätter mehrere, untere lanzettlich, obere lanzettlich-lineal, spitz, entfernt sehr klein-gezähnelt; Stengelblätter 3—4, schmal-lanzettlich. Kopfstand hochgablig, 2—4 köpfig, Akladium 45—70 (—115) mm lang, Strahlen 2. Ordnung 1—3, Verzweigungswinkel 35°, Ordnungen 2. Hülle 12—13 mm lang, breit, kuglig, mit gerundeter, dann etwas gestutzter Basis; Schuppen etwas breitlich, spitz, innerste spitzlich, schmal hellrandig. Bracteen am Akladium 5—7, unterste noch etwas blattartig, obere genähert, kürzeste 2—3 mm lang. Haare hell, 1—2 mm lang, an der Hülle ziemlich reichlich, an den Kopfstielen nur ganz oben spärlich, an den Bracteen zerstreut oder spärlich, auf den Blättern nur am Grunde kaum mässig zahlreich. Drüsen mangelnd oder an der Hülle spärlich und sehr klein. Flocken der Hülle zerstreut oder mässig, auf den Schuppenrändern reichlich, an den Kopfstielen nur ganz oben mässig, höchstens 1,5 cm weit hinabreichend, sonst 0. Blüthen sattgelb, Griffel hell. Früchte rothbraun, 4 mm lang. — Die Hüllschuppen der offenen Köpfchen stehen ± locker ab.

α) genuinum.

1. *normale.* — Exsicc. 309. — Ostschweiz: Nufenen im Rheinwald 1620—1800 m, Splügen 1950—2200 m, Hinterrhein (N.), Val Chiamuera im Engadin (M.), Vättis hinter der Calanda; Algäu 810 bis 1010 m: Obersdorf in den Trettachauen, Gerstruben, Oythal am Gr. Seekopf (Mdo., Cfl., Sdt.); Salzburg: Lofer 630 m; Tatra: Kalkfelsen am Nosal bei Zakopane (Rhm.). — Es kommen Exemplare vor mit weniger Haaren oder weniger Flocken an Kopfstielen und Bracteen. Bei kleineren Pflanzen sind die Blätter lineal, die Hüllschuppen etwas schmäler, und es wird oft nur ein

Kopf entwickelt. — Eine Uebergangsform gegen *H. inulifolium* mit grossen, mehr lanzettlichen Blättern, 14 mm langen Hüllen, reicherer Verzweigung und bis zu 8 Köpfchen bei Bad Pfeffers.

2. *mitius.* Haare der Hülle mässig oder zerstreut; Stengelblätter lineal bis lanzettlich; meist reicher verzweigt. — Ostschweiz: Fuss des Wiggis 490 m, Valser Berg bei Hinterrhein, am Piz Padella bei Samaden im Engadin 1790 m (N., hier auch eine Form mit ziemlich reichlichen, 2—3 mm langen Haaren an der Hülle), Klöhnthal bei Glarus (Lehm.).

3. *Burlei* Fries = *H. scorzonerifolium var. Burlei* Fries Supplem. ad Hierac. europ. exsicc No. 38, d part. — Stengelblätter rasch decrescirend. Haare an den Caulomen zerstreut, tief hinabgehend, hell, 0,5—1 mm, auf den Blättern am Hauptnerv unterseits mässig, weich, 1—2,5 mm lang. Flocken an den Kopfstielen oben reichlich, abwärts ziemlich tief hinab vermindert. — Pflanze niedrig; Blätter lanzettlich; Hülle bis 14 mm lang. — Frankreich: Col de Glaise bei Gap (Burle).

β) *polylepium.* Blätter ganzrandig, am Stengel ca. 9. Bracteen am Akladium ca. 12, obere genähert, kürzeste 3 mm. Früchte braun.

1. *normale.* Bis zum Grunde verzweigt. Hülle 13 mm lang, kuglig; Schuppen fast schmal, spitz, schwarz, wenig heller gerandet. Haare der Hülle ziemlich reichlich, hell, 1—1,5 mm lang, Flocken derselben spärlich, auf den Schuppenrändern mässig. — Ostschweiz: Engelberg in Unterwalden (Bernouilli).

2. *rhaeticum.* Hüllschuppen schmal, sehr spitz, schwarz, hellrandig. Bracteen 6—8. Haare der Hülle zerstreut, dunkel, 0,5 mm lang, an den Kopfstielen fast 0. Flocken der Hülle reichlich, auf den Schuppenrändern sehr zahlreich. — Blätter: äusserste länglich oder lanzettlich, die übrigen lanzettlich-lineal oder lineal, entfernt gezähnelt; Stengelblätter 4—5. — Ostschweiz 1350—2500 m: Bergün an vielen Orten und von da über den Albulapass bis ins Val Chiamuera bei Ponte im Engadin (P.), Klöhnthal bei Glarus (Lehm.). — Exsicc. 310.

3. *Subsp. phyllobracteum* = *H. scorzonerifolium var. calvum* Fries, Supplem. ad Hierac. europ. exsicc. No. 38, c. — Stengel bis 36 cm hoch, ziemlich schlank, bis zur Mitte verzweigt. Rosettenblätter mehrere, ± lanzettlich, spitz, entfernt gezähnelt; Stengelblätter 4—5, lanzettlich. Kopfstand gablig, 2—4 köpfig, Akladium 45—70 (—100) mm lang, Strahlen 2. Ordnung 1—3, Verzweigungswinkel 40°, Ordnungen 2. Hülle 13—15 mm lang, kuglig, dann etwas niedergedrückt; Schuppen breit, spitz, dunkel, etwas hellrandig. Bracteen am Akladium 3—4, blattartig, kleinste 8—12 mm lang. Haare der Hülle ziemlich reichlich, hell, 2—2,5 mm, an den Kopfstielen sehr spärlich, sonst 0, nur auf den Blättern am Rande gegen die Basis hin spärlich oder vereinzelt, 2 mm lang. Drüsen mangeln. Flocken der Hülle spärlich,

auf den Schuppenrändern bis mässig, an den Kopfstielen ganz oben reichlich, abwärts bald 0. Blüthen gelb, Griffel hell. — Westschweiz: Longevaux im Ct. Freiburg (Cottet).

4. *Subsp. praetutiense* = *H. glabratum* Huter, Porta, Rigo, iter ital. III No. 561 part. — Stengel bis 40 cm hoch, schlank, bis zu ²/₃ seiner Höhe hinab verzweigt. Rosettenblätter mehrere, lanzettlich-lineal, sehr spitz, oft etwas wellig, fast ganzrandig; Stengelblätter 5—6, lanzettlich. Kopfstand gablig, 2—3 köpfig, Akladium 50—60 mm lang, Strahlen 2. Ordnung 1—2, Verzweigungswinkel 50°, Ordnungen 2. Hülle 12—14 mm lang, kuglig, dann niedergedrückt; Schuppen breitlich, spitz, dunkel, hellrandig. Bracteen am Akladium 3—4, kürzeste 5—6 mm lang. Haare der Hülle ziemlich reichlich, hell, 1—3 mm lang, sonst überall mangelnd. Drüsen fehlen. Flocken an der Hülle sehr spärlich, sonst 0. Blüthen sattgelb, Griffel etwas dunkel. Früchte hellbraun, 4 mm lang. — Abruzzen: Valle di Orfenta am Mt. Majella 1600—1800 m (H. P. R.).

5. *Subsp. Schenkii Griseb.* = *H. bupleuroides β. Schenkii* Griseb., Comment. (1852) p. 68; Rchb. fil., Deutschl. Fl. XIX (1860) p. 115 tab. 204 fig. 2; Prantl, Fl. Bay. (1884) p. 533 excl. *var. β.* — Stengel bis 56 cm hoch (cult. viel höher), dünn oder schlank, meist höchstens bis zu ²/₃ seiner Höhe hinab verzweigt. Rosettenblätter viele, lanzettlich oder lanzettlich-lineal, ungestielt, spitz, fast ganzrandig; Stengelblätter 5—10, lanzettlich-lineal, Kopfstand hochgablig, 2—5 (cult. oft mehr-) köpfig, Akladium (25—)40—70 mm, Strahlen 2. Ordnung 1—3(—4), oben meist etwas angeschwollen, Winkel 40—50°, Ordnungen 2—3. Hülle 13—15 mm lang, kuglig, dann etwas niedergedrückt; Schuppen breitlich, sehr spitz, schwärzlich, hellrandig, anliegend oder die äussersten etwas locker. Bracteen am Akladium 3—4, kürzeste 1,5—2 mm. Haare der Hülle zerstreut, hell, 0,5—1 mm, an den Kopfstielen vereinzelt, 2—3 mm lang, am Stengel 0, an der Blattbasis spärlich oder mässig. Drüsen der Hülle zerstreut oder spärlich, klein (auch 0), sonst mangelnd. Flocken der Hülle mässig, auf den Schuppenrändern reichlich, an den Kopfstielen nur ganz oben mässig bis reichlich, abwärts bald 0. Blüthen sattgelb, Griffel hell. Früchte kastanienbraun, 3,3 bis 3,5 mm lang.

α) *genuinum.*

1. *normale* = *H. bupleuroides var. Schenkii* Griseb. in sched. herb. Monac.; Fries, Supplem. ad Hierac. europ. exsicc. No. 51, c = *H. bupleuroides var. graminifolium* Fries in sched. herb. Monac. = *H. glaucum* Schultz-Bip., Cichoriac. No. 140 part. — Ostschweiz: Celeriner Alp und Guardaval im Engadin (Th.), Sils-Maria im Engadin 1850 m (N., M.), untere Zollbrücke (Th.), an Kalkfelsen zwischen Klöhnthal und Nettstall 650 m (N.); Westschweiz: Pas de l'Echelle am Salève (Schm.), Anzeindaz bei Bex (M.); Tirol: Arlberg, zwischen Lermos und Nassereith

(Engl.), Hallthal und Lavatscher Joch 900—1800 m (N.), Fernstein und Bieberwier 975—1105 m (Pr.), Schloss Fernstein an Felsen 1010—1040 m (N.); Salzburg: Lofer, Pass Strub, Hohlwegen, Untersberg (Spitzel); Algäu: Schattenberg bei Obersdorf 1525 m (Sdt.); Bayerische Alpen: Rainthal bei Partenkirchen 1070 m (Sdt.), Griesen bei Partenkirchen, Mittenwalder Bad (Pr.), unter dem Wanken bei Garmisch 1365—1625 m (Sdt.), Ampergebirge; Oesterreich: Drachenstein bei Mondsee 650 bis 815 m (Htbr.), Golling (Fincke); Krain: Kokusch 615 m (Tmm.).

2. *hirsutius.* Haare der Hülle mässig oder ziemlich reichlich, 1 mm lang. Blätter deutlicher gezähnelt, am Stengel nur 4—5. Akladium bis 90 mm lang. Drüsen der Hülle 0 oder an den Schuppenspitzen spärlich, sehr klein. — Ostschweiz: Bergüner Stein 1300—1365 m (N.), Taminathal; Tirol: Finstermünz (Pr.).

Ferner wurden beobachtet folgende Formen:

mit kleineren Köpfen, kaum berandeten Hüllschuppen, geringer Beflockung der Hülle (Brienz im Berner Oberland [M.]; Kärnten: wo?);

mit kleineren Köpfen, linealen Blättern, sehr reichlicher Beflockung der Hülle (Engadin leg. Rauch; Val Chiamuera bei Ponte 1690 m [P.]; Bayerische Alpen: Reichenhall [Pr.]);

Uebergangsform zu *H. laeviceps* (am Piz Padella im Engadin 1820—2210 m, [N.]).

β) *glabrifolium.* Hülle 12—13(—15) mm lang. Haare am Blattgrunde fast 0 oder spärlich. Drüsen überall 0. Flocken der Hülle spärlich, auf den Schuppenrändern zerstreut oder kaum mässig, an den Kopfstielen oben reichlich, abwärts ziemlich tief hinabgehend. Früchte hellbraun, knapp 3 mm lang.

1. *normale.* Haare der Hülle spärlich oder zerstreut, hell mit dunkelm Fuss; Griffel etwas dunkel. — Ostschweiz: Churfirsten über Quinten 1000 m (N.); Tirol: Fernpass gegen den Rothstein 1300 m, Vennathal des Brenner 1690—1790 m (N.), Alpbach und Alp Ladoi (Wn.); Bayerische Alpen: am Spitzingsee 1105—1230 m (N., P.), Obersteilenalp an der Rothwand bei Schliersee 1460 m, Schinder bei Tegernsee 1690 m (N.), Hohlenstein bei Kreuth (Krämer); Oberbayern: Isarkies oberhalb München (Weiss); Algäu: Trettachkies und Kühstelle bei Obersdorf 820—910 m (Sdt.); Salzburg: Lofer (Sp., Miel.); Tatra: Przyslup bei Koscielisko 1462 m (U., Fr.), Nosal bei Zakopane 1185 m (Rhm.). — Exsicc. 311.

Es gibt Exemplare mit reichlicherer Behaarung der Hülle, auch solche mit minder starker Beflockung der Kopfstiele; überhaupt kommen alle Zwischenstufen bis zu *H. scabriceps* vor.

2. *calviceps* = *H. bupleuroides var. elatius* Fries, Hierac. europ. exsicc. No. 51, b. — Haare der Hülle vereinzelt oder 0, die

inneren Schuppenspitzen kurzbärtig. Flocken an den Kopfstielen nur wenig hinabgehend. Griffel dunkel. — Wallis: Creux de Champ in Ormonts dessus 1350—1450 m (N.), Diablerets bis Anzeindaz (Wolf), Alp Bounondon bei Allières (Lgg.), La Tourne bei Neuchâtel; Nordserbien: Berg Povlen (Panc.). — Exsicc. 312.

Im Jura (Dôle) kommen Uebergänge zu *H. dolense* vor.

6. *Subsp. Tatrae Griseb.*, Comment. (1852) p. 73; Rchb. fil., Deutschl. Fl. XIX (1860) p. 118 tab. 211 fig. 1 = *H. bupleuroides* * *glaberrimum* Fries, Epicr. (1862) p. 72 = *H. glabrum* Kitaib. Add. 119 sec. Neilr. krit. Zsmstllg. = *H. glaucum* Whlnbg., fl. Carpat. (1814) p. 241 = *H. pubescens* Kitaib. Add. 117 nach Neilr. krit. Zsmstllg. eine kümmerliche Form = *H. denudatum* Láng in sched. — Stengel bis 54 cm hoch, schlank, nur im oberen ¼ verzweigt. Rosettenblätter wenige, untere ziemlich deutlich gestielt, lineal-lanzettlich, spitz, gezähnelt; Stengelblätter 10—15, lanzettlich, mit schmaler Basis sitzend. Kopfstand hochgablig, 2—4 köpfig, Akladium 45—60 mm lang, Strahlen 2. Ordnung 1—3, oben etwas geschwollen, Verzweigungswinkel 30—40°, Ordnungen 2. Hülle 14—15 mm lang, kuglig; Schuppen schmal, sehr spitz, dunkel, kaum gerandet. Bracteen des Akladiums 6—8, obere fast gedrängt, kleinste 2 mm lang. Haare 0, nur an der Blattbasis spärlich. Drüsen mangeln. Flocken der Hülle spärlich, auf den Schuppenrändern bis mässig, an den Kopfstielen 0. Blüthen gelb, Griffel etwas dunkel. Früchte schwarzbraun, 3,5 mm lang. — Tatra: Lucks, Lippolz (Láng).

An den Kalkfelsen des Waagthales zwischen Hiby und Hradek im Com. Liptau, 650 m, sammelte v. Uechtritz folgende Uebergangsformen:

Tatrae → *umbellatum*: Köpfe kleiner, noch nackter, Bracteen minder zahlreich, Kopfstiele oben grau (siehe *Spec. virgicaule*).

Tatrae → *glabrifolium*: Blätter ganzrandig, weniger zahlreich, Kopfstiele etwas flockig, Hülle mit vereinzelten Haaren.

7. *Subsp. Wahlenbergii* = ? *H. bupleuroides* Rehmann in Oest. bot. Zeitschr. 1873 p. 187 excl. *var.* 2. = ? *H. denudatum* Schultes, Oesterr. Fl. II. (1815) p. 437. — Stengel bis 30 cm hoch, schlank, im oberen ⅓ verzweigt. Rosettenblätter wenige, lanzettlich, gezähnelt; Stengelblätter 6—8 (—10), lanzettlich. Kopfstand hochgablig, 1—5 köpfig, Akladium 20—55 mm lang, Strahlen 2. Ordnung 1—4, Winkel 25°, Ordnungen 2 (—3). Hülle 13—14 mm lang, niedergedrückt-kuglig; Schuppen breitlich, spitz, dunkel, kaum gerandet. Bracteen am Akladium 3—4. Haare der Hülle zerstreut, dunkel, 0,5 mm lang, sonst überall mangelnd. Drüsen fehlen. Flocken überall 0 oder an der Hülle spärlich, auf den Schuppenrändern bis mässig, an den Kopfstielen nur ganz oben ebenso. Blüthen gelb, Griffel dunkel. Früchte kastanienbraun, 3,3 mm lang. — Ungarn: Kalkfelsen bei Hradek im Liptauer

Com. (U.), Lednicz (Rochel); Galizien: Kalkfelsen in den Pieninen bei Sczawnice 975 m (Asch.); Croatien (wo?).

8. *Subsp. bupleuroides Gmel.*, Fl. bad. III (1808) p. 317 tab. 2; Reichenb. fil.; Deutschl. Fl. XIX (1860) p. 115 tab. 204 fig. I. — Stengel bis 35 cm hoch, dicklich, im oberen $^1/_3$ verzweigt. Rosettenblätter zahlreich, lanzettlich, spitzlich und spitz, oft mucronat, ganzrandig oder sehr entfernt undeutlich gezähnt; Stengelblätter bis 12, lanzettlich. Kopfstand lax rispig, 3—8köpfig, Akladium 25—30 mm lang, Strahlen 2. Ordnung 2—5, Winkel 30°, Ordnungen 2. Hülle 13 mm lang, kuglig; Schuppen breitlich, spitzlich oder spitz, schwarz, schmal hellrandig. Bracteen am Akladium 3—4, kürzeste 2 mm lang. Haare der Hülle mässig, dunkel, 1—1,5 mm, sonst 0, nur am Blattgrunde spärlich. Drüsen der Hülle spärlich oder fast 0, sonst mangelnd Flocken der Hülle zerstreut, auf den Schuppenrändern höchstens mässig zahlreich, an den Kopfstielen nur ganz oben ziemlich reichlich, abwärts 0. Blüthen sattgelb, Griffel ± dunkel. Früchte braun, 3,7 mm lang.

1. *normale.* — Württemberg: Donauthal bei Friedingen, Tuttlingen (Vogel, Rösler, Th., Lechler), Beuron (Hohenacker, Valet), Wackerstein bei Reutlingen 780 m (Hglm.).
2. *latisquamum.* Hüllschuppen breit, innere sehr breit, etwas zugespitzt, grün, in der Mitte dunkelgrün. Flocken der Hülle fast 0, an den Kopfstielen oben mässig, abwärts bis auf den Stengel vermindert. Hülle niedergedrückt-kuglig. Blätter deutlich gezähnelt. — Piemont: Perrero di Pinerolo 1500 m (Rostan); Tirol: Kals (N.); Ungarn: Berg Balványhegy bei Felsö Tarkány im Com. Heves (Vrabelyi).

9. *Subsp. inulifolium Prantl* in Ber. Bot. Ver. Landshut (1874) p. 13; Fl. Bayern (1884) p. 533 sub *H. Schenkii* = ? *H. bupleuroides* γ. *brevifolium* Fries, symb. (1848) p. 80. — Stengel bis 40 cm hoch, schlank, im oberen $^1/_3$ verzweigt. Rosettenblätter zahlreich, lanzettlich, spitz, deutlich gestielt, entfernt gezähnelt; Stengelblätter 3—5, lanzettlich. Kopfstand hochgablig, 2—3köpfig, Akladium 40—45 mm lang, Strahlen 2. Ordnung 2, Winkel 50°, Ordnungen 2. Hülle 14—16 mm lang, bauchig-kuglig, dann niedergedrückt; Schuppen breitlich, sehr spitz, dunkel, etwas heller gerandet. Bracteen am Akladium 2—3, kürzeste 3 mm lang. Haare der Hülle zerstreut, hell, bis 1 mm, an den Kopfstielen nur ganz oben vereinzelt, abwärts 0, an der Blattbasis mässig. Drüsen 0. Flocken der Hülle fast 0 bis spärlich, auf den Schuppenrändern bis mässig, sonst 0. Blüthen gelb, Griffel dunkel. Früchte kastanienbraun, 3,5 mm lang. — Bayr. Alpen: Griesen bei Partenkirchen 830 m, Loisachauen bei Garmisch (Pr.); Tirol: Kals oberhalb Bergerthal 1430—1490 m (N.); ? Croatien: wo? (Vuk.).

Eine Form mit breiten, stumpflichen, dunkeln, breit grünrandigen, mässig dunkelhaarigen Hüllschuppen und ca. 14 Stengelblättern an Kalkfelsen der Pieninen in Galizien (Rehm.); — eine andere mit haarloser

Hülle und mässig flockigen Kopfstielspitzen im Wallis (Creux de Champ in Ormonts dessus 1350—1450 m) und Jura (Solothurn gegen den Weissenstein 1000 m, N.).

Ueber *H. inulifolium* → *glabratum* siehe unten *H. sparsiramum.*

IV. ***Crinifolium*** (vgl. S. 17).

1. *Subsp. eriolepium.* Stengel 15—25 cm hoch, dünn, im oberen 1/4—1/3 verzweigt. Rosettenblätter mehrere, langgestielt, lanzettlich, sehr spitz, gezähnelt; Stengelblätter 3—4, lanzettlich, ziemlich rasch decrescirend. Kopfstand gablig, 1—2köpfig, Akladium bis 40 mm, Strahlen 2. Ordnung 0—1, Winkel 30°, Ordnungen 2. Hülle 10,5 mm lang, kuglig; Schuppen schmal, sehr spitz, grau, etwas heller gerandet. Bracteen am Akladium ca. 2, kürzeste 3—4 mm. Haare der Hülle ± sehr zahlreich, hell, 1—2 mm, an den Caulomen mässig oder ziemlich reichlich, hell, 1—2, unten 3—5 mm, auf den Blättern am Rande und auf der Fläche 0 oder zerstreut, unterseits am Hauptnerv mässig oder zerstreut, an den Stielen ziemlich reichlich oder mässig, sehr weich, 2—3,5 mm lang. Drüsen 0. Flocken an Hülle und Kopfstielspitzen reichlich, auf den Schuppenrändern sehr zahlreich, an den Caulomen bis zum Grunde vermindert, auf den Blättern 0. Blüthen gelb, Griffel dunkel. Früchte kastanienbraun, 3,5 mm lang. — Tirol: oberhalb Misurinaalp gegen Trecroci bei Ampezzo 1950—2010 m (N.).

Diese Pflanze vermittelt in ähnlicher Weise wie die unter *H. mnoolepium* erwähnte Form zwischen den Spec. *bupleuroides* und *dentatum.* Von ersterer weicht sie namentlich durch die langen Blattstiele und die reiche Behaarung ab, indessen steht sie den übrigen, in der Gr. *Crinifolium* zusammengefassten Sippen doch noch nahe genug, um ihre Aufzählung an dieser Stelle gerechtfertigt erscheinen zu lassen. Auch wird sie durch eine Uebergangsform mit *H. dolense* verbunden.

2. *Subsp. comophyllum* = *H. glaucum* Rchb., Flor. Germ. exsicc. No. 2042. — Stengel bis 40 cm hoch, schlank, im oberen 1/4 verzweigt. Rosettenblätter mehrere, lanzettlich, etwas wellig, sehr spitz, entfernt gezähnelt; Stengelblätter 3—4, lanzettlich oder schmallanzettlich, ziemlich rasch decrescirend. Kopfstand hochgablig, 1—3(—5)köpfig, Akladium 35 mm, Strahlen 2. Ordnung (0—)1—4, oben etwas verdickt, Winkel 30—50°, Ordnungen 2. Hülle 12,5—14 mm lang, kuglig, am Grunde etwas vorgezogen; Schuppen breitlich, spitz, schwärzlich, etwas hellrandig. Bracteen am Akladium 3—5, obere genähert, kürzeste 2—3 mm. Haare der Hülle mässig, hell, 1—2 mm, an den Kopfstielen ganz oben vereinzelt, am Stengel nur gegen die Basis spärlich, auf den Blättern oberseits gegen den Rand hin mässig, unterseits ziemlich zahlreich, am Mittelnerv reichlich, überall weich, 3—5 mm lang. Drüsen mangeln. Flocken am oberen Theile der Hülle fast 0 oder zerstreut, gegen deren Basis mässig, auf den Schuppenrändern oben 0, am Grunde ziemlich

reichlich, an den Kopfstielen oben Filz bildend, abwärts etwas herabgehend, aber bald 0, sonst mangelnd. Blüthen gelb, Griffel dunkel. Früchte kastanienbraun, 3,7 mm lang. — Hat unter allen zu Spec. *bupleuroides* zu stellenden Sippen die reichhaarigsten Blätter. — Kärnten: Berg Kotschna 1170—1624 m (Jgg.); Jura: Dôle (N.); Tirol: Moena im Fleimserthal (Fch.).

3. *Subsp. crinifolium.* Stengel bis 35 cm hoch, dünn oder sehr schlank, in der oberen Hälfte (cult. bis zum Grunde) verzweigt. Rosettenblätter zahlreich, lineal, sehr spitz, ganzrandig. Stengelblätter 4—9 (cult. viel mehr), lineal. Kopfstand hochgablig, 3 bis 4köpfig, Akladium 50—60 (cult. —110) mm lang, Strahlen 2. Ordnung 2—3, Winkel 40—50°, Ordnungen 2. Hülle 13—14 mm lang, kuglig; Schuppen ziemlich schmal, sehr spitz, schwarz, sehr schmal heller gerandet. Bracteen am Akladium 4—6, obere genähert, kürzeste 5—6 mm lang. Haare der Hülle reichlich, hell, 1,5—2,5 mm, an den Kopfstielen zerstreut, am Stengel gegen die Basis ebenso, ganz unten reichlich, 4—5 mm, auf den Blättern oberseits 0, am Rande besonders gegen den Grund hin zerstreut, am Hauptnerv unterseits ziemlich reichlich, weich, 3—5 mm lang. Drüsen 0. Flocken der Hülle zerstreut, auf den Schuppenrändern mässig, an den Kopfstielen oben kaum ebenso, abwärts vermindert, bald verschwindend. Blüthen sattgelb, Griffel dunkel. Früchte hellbraun, 3,5 mm lang. — Tirol: Eisackfall und Vennathal am Brenner 1460 bis 1790 m (N.), Trins im Gschnitzthal (A. Kern.), Mt. Pian bei Ampezzo (Th. Sdt.), Innsbruck in der Klamm (J. Kerner); Croatien: wo? (Vukot.). — Exsicc. 313.

Es kommen an den gleichen Orten auch minder behaarte Exemplare vor.

4. *Subsp. dolense.* Stengel bis 35 cm hoch, schlank, im oberen ¼ verzweigt. Rosettenblätter mehrere, lanzettlich und lanzettlich-lineal, sehr spitz, entfernt gezähnelt; Stengelblätter 6—8, lanzettlich. Kopfstand gablig, 1—3köpfig, Akladium 70—140 mm lang, Strahlen 2. Ordnung (0—)1—2, Winkel 45—50°, Ordnungen 2. Hülle 12—14(—15) mm lang, fast oval, dann kuglig, mit zuerst gerundeter, dann niedergedrückter Basis; Schuppen etwas breitlich, sehr spitz, dunkel, hellrandig. Bracteen am Akladium 3—8, wenn zahlreich, dann untere blattartig, kürzeste 2—3 mm lang. Haare der Hülle mässig bis ziemlich reichlich, hell, 1—1,5 mm, an den Kopfstielen vereinzelt, am Stengel nur gegen die Basis hin bis mässig, 2—3 mm, auf den Blättern oberseits 0, am Rande zerstreut, unterseits mässig, am Hauptnerv reichlich, weich, 1,5—3 mm lang. Drüsen 0. Flocken der Hülle mässig bis zerstreut, auf den Schuppenrändern reichlich bis mässig, an den Kopfstielen oben grau, abwärts vermindert. Blüthen gelb, Griffel hell (oder etwas dunkel). Früchte schwarz, 4 mm lang. — Jura: Dôle 1460 m (N.). — Exsicc. 314.

Am gleichen Orte kommt auch eine viel weniger behaarte Form vor (leg. Muret), welche als Uebergangsform gegen *H. scabriceps* angesehen werden kann.

5. *Subsp. pantotrichum.* Stengel bis 45 cm hoch, schlank, in der oberen Hälfte verzweigt. Rosettenblätter einige, lineal-lanzettlich, spitz, sehr schwach gezähnelt; Stengelblätter 3—5, breitlanzettlich, spitz. Kopfstand gablig, 1—2köpfig, Akladium bis 90 mm lang, Strahlen 2. Ordnung 0—1, Winkel 45°, Ordnungen 2. Hülle 14 mm lang, kuglig, dann etwas niedergedrückt; Schuppen breitlich, sehr spitz, schwärzlich, durch Indument grau. Bracteen am Akladium 5—6, ± blattartig, kürzeste 4—5 mm lang. Haare der Hülle reichlich, hell, 1—2 mm, an den Caulomen oben mässig, abwärts reichlich, 2—4 mm, auf den Blättern oberseits 0, am Rande und unterseits zerstreut, am Hauptnerv mässig, weich, 2—4 mm lang. Drüsen 0. Flocken der Hülle zerstreut oder mässig, auf den Schuppenrändern reichlich, an den Kopfstielen oben graulich, abwärts bis zum Stengelgrunde allmählich vermindert, auf den Blättern 0. Blüthen hellgelb, Griffel hell. Früchte rothbraun ?, 3,8 mm lang. — Jura: Dôle (N.).

6. *Subsp. arcuatum.* Stengel höchstens 28 cm hoch, dünn, mit bogenförmig gekrümmten, gegen einander abgesetzten Internodien, bis zur Mitte herab verzweigt. Rosettenblätter mehrere, lanzettlich-lineal bis lineal, spitz, gezähnelt; Stengelblätter 3—4, breit-lanzettlich, zugespitzt. Kopfstand gablig, 2köpfig, Akladium 60 bis 150 mm, Strahlen 2. Ordnung 1, Winkel 40—50°, Ordnungen 2. Hülle 11,5—12,5 mm lang, kuglig; Schuppen sehr schmal, sehr spitz, schwärzlich, durch Indument grau. Bracteen am Akladium 3—5, untere blattartig. Haare der Hülle mässig, hell, 1—1,5 mm, an den Caulomen 0, auf den Blättern am Rande gegen die Basis zerstreut, 3—5 mm lang, unterseits am Hauptnerv spärlich. Drüsen 0. Flocken der Hülle ziemlich zahlreich, auf den Schuppenrändern reichlich, an den Kopfstielen oben grau, abwärts vermindert. Blüthen gelb, Griffel etwas dunkel. Früchte braunschwarz, 3,3—3,5 mm lang. — Wallis: Creux de Champ in Ormonts dessus 1350—1500 m (N.). — Exsicc. 315.

7. *Subsp. calathodes.* Stengel bis 22 cm hoch, dicklich, bis zur Mitte herab verzweigt. Rosettenblätter mehrere, äusserste spatelig, stumpf, übrige lanzettlich, spitz, etwas wellig, etwas gezähnelt; Stengelblätter 3—4, lanzettlich. Kopfstand hochgablig, 2 bis 5köpfig, Akladium 25—40 mm, Strahlen 2. Ordnung 1—4, Winkel 30—40°, Ordnungen 2. Hülle 12—14 mm lang, kuglig, dann stark niedergedrückt; Schuppen sehr breit, spitz, dunkel, breit hellrandig. Bracteen am Akladium 3—4, kürzeste 2—3 mm. Haare der Hülle zerstreut bis mässig, hell, 0,5—1 mm, an den Caulomen 0, auf den Blättern oberseits 0, am Rande zerstreut bis mässig, 1—1,5 mm, unterseits fast 0 bis mässig, am Hauptnerv ziemlich reichlich, weich, 3—4 mm lang. Drüsen der Hülle spärlich, an den Kopfstielen zerstreut. Flocken

der Hülle spärlich, auf den Schuppenrändern bis mässig, an den Kopfstielen höchstens ebenso, abwärts bald 0. Blüthen gelb, Griffel dunkel. Früchte schwarzbraun, 4,5 mm lang. — Wallis: Anzeindaz bei Bex.

Von Uebergangsformen der Spec. *bupleuroides*, welche nicht schon genannt wurden, kennen wir ferner:

scabriceps — bupleuroides (Ungarn: Com. Trenczin leg. Rochel).

glabrifolium < *nipholepium* und

glabrifolium > *nipholepium* (beide Wallis: Creux de Champ in Ormonts dessus 1350—1450 m, N.).

arcuatum → *Spec. scorzonerifolium* (daselbst, N.).

eriolepium — dolense (daselbst, N.).

Geographische Verbreitung der Spec. bupleuroides.

Die vier Subspeciesgruppen vertheilen sich in folgender Weise über das Gesammtgebiet der Species.

Mnoolepium: Südtirol.

Breviflorum: Jura, Westschweiz.

Bupleuroides: Schwaben, Algäu, Oberbayern, Bayerische Alpen, Salzburg, Oesterreich, Ungarn, Galizien, Tatra, Krain, Croatien, Serbien, Abruzzen, Tirol, Schweiz, Jura, Piemont, Dauphiné.

Crinifolium: Jura, Westschweiz, Tirol, Kärnten.

Demnach umfasst die Gruppe *Bupleuroides* in ihrem Areal auch alle übrigen Gruppen; *Breviflorum* steht dem Speciestypus ohnehin morphologisch sehr nahe; *Mnoolepium* weicht deutlich gegen *H. dentatum* ab, *Crinifolium* ebenso kenntlich gegen *H. villosum*, und damit befindet sich auch die Verbreitung in Einklang: die Sippen von *Crinifolium* ohne Ausnahme wurden nur dort beobachtet, wo auch Spec. *villosum* vorkommt. Indessen sind diese Pflanzen nicht etwa als Bastarde aufzufassen, wenigstens spricht das massenhafte Auftreten der Subsp. *crinifolium* und einiger anderen Sippen durchaus dagegen.

Das typische *H. bupleuroides* findet sich ausschliesslich in Schwaben, wo Spec. *villosum* weit und breit völlig mangelt; wie oben bemerkt wurde, besitzt es die bei weitem am eigenartigsten ausgeprägten Merkmale. Schon in der Gr. *Bupleuroides* zeigen die übrigen Sippen mehr oder minder deutliche, wenn auch geringe, Annäherungen an Spec. *villosum*, selbst die geographisch weit entfernt vom Hauptareal der Species vorkommenden oder davon ganz abgetrennten Formen Serbiens, der Abruzzen und des Karpathengebiets sind nicht ausgenommen. An diesen Orten fehlt es zwar ebenfalls oft nicht an Formen von *H. villosum* oder mit demselben in nahem Zusammenhang stehenden Pflanzen. Aber auch hier darf nirgends an Hybridität gedacht werden, theils weil an den meisten Standorten der Gr. *Bupleuroides H. porrifolium* mangelt, theils weil die zu derselben gehörigen Sippen meist in so grosser Individuenzahl angetroffen werden, wie sie bei Bastarden der Hieracien niemals beobachtet wird. Aus dem Vorkommen der Spec. *bupleuroides* und *villosum* oder ähnlicher Pflanzen in den gleichen Gebieten darf nur auf ihre Ansprüche an die Vegetationsbedingungen und auf die Concurrenzfähigkeit geschlossen werden, nicht auf genetische Beziehungen, die in jedem einzelnen Fall zu erweisen wären.

4. Spec. **glaucum All.**,

fl. pedem. (1785) p. 214 = *? H. fluminense*[1]) Kern. in Oest. bot. Zeitschr. 1874 p. 171 = *H. poliochlorum* Vukot., Hierac. croat. (1858) p. 16 = *H. porrifolium* Vill., hist. pl. Dauph. III (1789) p. 115; Lamk et DC., fl. fr. IV (1805) p. 26; Schultes, Oest. Fl. II (1815) p. 436 part.; Reichb., Fl. Germ. excurs. (1836) p. 265 part. (aus Citaten und Standorten); Pacher, Fl. Kärnt. 1882 p. 181 part. = *H. porrifolium δ. dentatum* Froel. in DC. Prodr. VII (1838) p. 220 = *H. porrifolium β. graminifolium* Tausch in Flora 1828 p. 68 = *H. saxatile* Schult., Oest. Fl. II (1815) p. 436 part.; Doell, Rhein. Fl. (1843) p. 525; Koch in Flora 1830 p. 151; ? Gmel., fl. bad. III (1808) p. 318 = *H. saxatile β. angustifolium* Neilr., Fl. Wien (1846) p. 290, Nachtr. Fl. Wien (1851) p. 176; Hausm., Fl. Tir. (1854) p. 535 = *H. saxatile var. nudicaule* Neilr., krit. Zusammenstellung (1871) p. 453 = *H. scorzoneraefolium* Villars, hist. pl. Dauph. III (1789) p. 111 part.; Gmel., fl. bad. (1808) p. 315; Bluff et Fing., comp. fl. Germ. II (1825) p. 286. — Stengel meist unter 50 (aber auch bis 75) cm hoch, schlank bis dünn, meist tief hinab (oft bis zum Grunde) verzweigt, phyllopod. Rosettenblätter zahlreich, lanzettlich bis lineal-lanzettlich, sehr spitz, gezähnelt bis gesägt-gezähnt, glauk, steiflich oder derb, deutlich gestielt, flach; Stengelblätter 2—6(—10), lineal (selten lanzettlich), sitzend, ± rasch decrescirend. Kopfstand gablig bis lax rispig, gleichgipflig, öfters sparrig, (2—)4—8(—15) köpfig; Akladium (15—)30—100(—150) mm lang; Strahlen 2. Ordnung (1—)2—4(—6), sehr entfernt, schlank oder dünn, öfters an der Spitze ± verdickt (turbinat); Verzweigungswinkel (35—)40—60(—70)°; Ordnungen 2—3(—4). Hülle 9—11(—13,5) mm lang, oval oder (wenigstens später) kuglig, mit gerundeter, später oft etwas niedergedrückter Basis; Schuppen breit oder breitlich (bis schmal), stumpf bis spitz, grau oder dunkel bis schwarz, meist ± hellrandig oder durch Flocken grau. Bracteen am Akladium sehr verschieden zahlreich, kürzeste meist nur 1—2 mm lang. Haare an der Hülle oft in geringer Zahl vorhanden, sehr kurz, dunkel, aber auch nicht selten 0, an den Caulomen meist mangelnd, auf den Blättern gewöhnlich nur am Grunde und Mittelnerv der Unterseite zerstreut bis mässig entwickelt. Drüsen der Hülle meist 0, selten bis mässig zahlreich, sonst fehlend. Flocken die ganze Hülle oder doch die Schuppenränder besonders gegen die Hüllenbasis stark bekleidend und für den Farbenton der Hülle oder die Schuppenberandung mass-

1) Die durch Pichler in dessen Plantae Croatiae litoralis etc. 1881 unter der Bezeichnung *H. fluminense* A. Kerner ausgegebene Pflanze ist ein *H. glaucum-murorum* mit gestielten, elliptischen, gesägten Blättern; Originalexemplare vom Autor sahen wir nicht.

gebend, an den Kopfstielen ganz oben ziemlich zahlreich, abwärts meist bald verschwindend oder den ganzen Stengel bis zum Grunde in abnehmender Menge bekleidend. Blüthen gelb oder dunkelgelb, Griffel meist ± dunkel, selten hell. Früchte schwarz oder dunkelbraun bis bräunlich-strohfarbig, (2,8—)3,3—4 mm lang.

Bemerkungen zu den Merkmalen von Spec. glaucum.

Durch streng phyllopoden Wuchs, die ± lanzettlichen Blätter mit deutlichem Stiel und ausgeprägter Bezahnung, ferner durch die rasche Decrescenz der wenigen Stengelblätter und den dadurch bedingten Eindruck eines mehr schaftartigen Aufbaues, zusammen mit der sparrigen Verzweigung stellt sich Spec. *glaucum* habituell zwischen die Spec. *silvaticum* (*murorum* L.) und *porrifolium*. Mit Rücksicht hierauf wäre demnach Spec. *glaucum* als Zwischenart aufzufassen, wenn nicht die typische Subspecies wie mehrere ihr nahestehende Sippen so breite und so stumpfe, durch reiche Flockenbekleidung grau erscheinende Hüllschuppen und so grosse Köpfchenhüllen besässe, dass sie in diesen Eigenschaften über die Spec. *porrifolium* und *silvaticum* hinausginge. *H. glaucum* verhält sich bezüglich Beblätterung und Verzweigung ungefähr so zu *H. porrifolium* wie *H. silvaticum* zu *H. vulgatum*.

Der nahe Zusammenhang von Spec. *glaucum* mit Spec. *porrifolium* gibt sich, abgesehen von den schon erwähnten morphologischen Eigenschaften, namentlich in zweierlei Thatsachen zu erkennen. Einmal bewirkt kräftige Ernährung nicht bloss grössere Höhe der Pflanze und Ueppigkeit der Verzweigung, sondern sie verwischt auch öfters den Gegensatz zwischen Rosetten- und Stengelblättern, welcher bei der Spec. *glaucum* stärker als bei anderen Arten der *Glaucina* beobachtet wird, in ziemlich hohem Grade, so dass eine allmählichere Decrescenz der Blattorgane von unten nach oben stattfindet; dadurch nähern sich cultivirte *Glauca* habituell dem *H. porrifolium*. — Zweitens gibt es unter den von uns zu Spec. *glaucum* gestellten Sippen einige, die in diesem oder jenem Merkmal deutlich an Eigenschaften der Spec. *porrifolium* erinnern: einige haben helle Früchte, andere sehr schmale Blätter oder kleinere Köpfchen.

Was die einzelnen Merkmale der Spec. *glaucum* betrifft, so verhalten dieselben sich bezüglich ihrer Permanenz ähnlich wie diejenigen der anderen Species der *Glaucina*. Kopfgrösse, Schuppenbreite, Schuppenspitze, Beblätterung und Blattform bewegen sich innerhalb ziemlich weiter Grenzen und machen eine scharfe Trennung der Sippen äusserst schwierig. Trotzdem erscheint das bei einer derselben (*H. Willdenowii δ. scabrellum*) beobachtete Schwanken der Fruchtfarbe sehr auffällig, nicht nur weil die letztere bei allen anderen *Glaucina* ein sehr permanentes Merkmal der Varietät bildet, sondern auch wegen des ungewöhnlich weiten Spielraumes, in welchem die Farbe wechselt (siehe S. 38).

Die Frage, welche Sippe mit dem Namen *H. glaucum* All. zu bezeichnen sei, ist nicht ohne weiteres zu entscheiden, weil schon bei der

Aufstellung dieses Namens dadurch Unsicherheit geschaffen wurde, dass Allioni seiner Species zwei unter einander verschiedene Abbildungen mitgab. Taf. 28 zeigt eine Pflanze mit kahler Hülle und kahlen lanzettlichen Blättern, Taf. 81 dagegen eine solche mit kurzhaariger Hülle und behaarten schmäleren Blättern. Hier muss die Diagnose den Ausschlag geben, und diese passt besser zu Taf. 81 als zu 28, denn sie verlangt behaarte Blätter. Aber auch Taf. 28 darf nicht vernachlässigt werden; weist sie, wie es nicht unwahrscheinlich ist, auf *H. chrysostylum* hin, so kann weder vom systematischen noch vom pflanzengeographischen Standpunkte aus dagegen viel eingewendet werden, wenn wir als Spec. *glaucum* alle zur Diagnose und den beiden Abbildungen Allioni's passenden oder denselben nahestehenden Sippen vereinigen, als *Subsp. glaucum* aber die von uns in Piemont beobachtete, der Taf. 81 gut entsprechende Pflanze bezeichnen.

Mit Spec. *glaucum* stellen wir auch einige Sippen zusammen, welche genetisch streng genommen nicht hierher gehören. Es sind einige wahrscheinlich hybride Pflanzen, die sich habituell an Spec. *glaucum* anschliessen, aber in den einzelnen Merkmalen ihre Abstammung deutlich zu erkennen geben (siehe *H. goritiense* und *H. tenerum*).

Uebersicht der Subspecies-Gruppen.

Kopfstiele oben nicht oder kaum verdickt. Hüllenbasis gerundet oder niedergedrückt. Bracteen am Akladium meist 3—8. Behaarung am Blattgrunde höchstens mässig: I. *Glaucum*.

Kopfstiele an der Spitze angeschwollen. Hüllenbasis vorgezogen. Bracteen am Akladium 15—20, unter der Hülle einen lockeren Aussenkelch bildend. Behaarung am Blattgrunde reichlich: II. *Turbinatum*.

I. ***Glaucum*** (siehe oben).

1. *Subsp. glaucum All.*, fl. pedem. (1785) p. 214 tab. 81 = *H. glaucum α.* Burn. et Gremli, Hierac. Alp. marit. (1883) p. 9 part. = *H. glaucum β. vestitum* Fries symb. (1848) p. 82 = *H. Allionii* Monn. Essai (1829) p. 15; dazu wohl auch *H. arenicola* God. in Gremli, Fl. d. Schweiz 4. Aufl. (1881) p. 274. — Stengel bis 57 cm hoch, schlank, in den oberen $^{1}/_{2}$—$^{2}/_{3}$ verzweigt. Rosettenblätter zahlreich, äussere lanzettlich, innere schmallanzettlich, sehr spitz, gezähnt; Stengelblätter 3, lineal, rasch decrescirend. Kopfstand lax rispig, 5—7köpfig, Akladium (30—)60—85 mm, Strahlen 2. Ordnung 2—3, Winkel 40—60°, Ordnungen 3—4. Hülle 11—12 mm lang, oval mit gerundeter Basis; Schuppen breit, stumpflich, schwärzlich, durch Flocken grau. Bracteen am Akladium 5, kürzeste 1,5 mm lang. Haare der Hülle spärlich, dunkel, 0,5 mm, an den Caulomen 0, auf den Blättern gegen die Basis an Rand und Hauptnerv zerstreut bis mässig zahlreich, weich, 3—5 mm lang. Drüsen der Hülle 0 oder vereinzelt, klein, sonst mangelnd. Flocken der Hülle reichlich, Schuppenränder grau, Kopfstiele nur ganz oben reichflockig, abwärts nackt. Blüthen gelb, Griffel hell. Früchte schwarz-

braun, 3,3 mm lang. — Piemont 1500—1900 m: Oulx, Val Grana bei Cuneo (N.), Valdenser Alpen, Perrero di Pinerolo (Rst.).

Eine ganz ähnliche Pflanze, mit zerstreuten Flocken am Stengelgrunde, wurde bei Oulx und Cuneo (N.) beobachtet.

2. *Subsp. goritiense.* Stengel bis 40(—74) cm hoch, sehr schlank oder dünn, im oberen 1/3 verzweigt. Rosettenblätter sehr zahlreich, schmallanzettlich, sehr spitz, gezähnelt, steiflich; Stengelblätter 3—4, lineal, sehr rasch decrescirend. Kopfstand lax rispig, 4—7 köpfig, Akladium 16—20 mm lang, Strahlen 2. Ordnung 2—4, an der Spitze kaum verdickt, Winkel 35—40°, Ordnungen 3. Hülle 10—12 mm lang, oval mit etwas vorgezogener Basis; Schuppen breitlich, stumpf, dunkel, hellrandig. Bracteen 3, kürzeste 2 mm lang. Haare mangeln, nur auf den Blättern am Grunde ziemlich reichlich, auf dem Hauptnerv unterseits zerstreut bis mässig, weich, 2—3 mm lang. Drüsen der Hülle zerstreut, sonst 0. Flocken der Hülle ziemlich reichlich, an den Kopfstielen nur ganz oben mässig zahlreich, sonst 0. Blüthen gelb, Griffel dunkel. Früchte bräunlich-strohfarben, 3,5 mm lang. — Küstenland: am Mt. Santo bei Görz 100—400 m (N.).

Nach Habitus und Merkmalen ist diese Pflanze ein *H. porrifolium-leiocephalum*; sie wurde mit Formen beider Species zusammen an ihrem Standorte in nur 4 Exemplaren beobachtet und ist möglicherweise ein Bastard derselben. Die Früchte scheinen taub zu sein, die Köpfchen leicht zu verkümmern.

Aus dem Wallis (Pas de Cheville zwischen dem Bergsturz der Diablerets bis Anzeindaz) sandte Wolf eine sehr ähnliche Pflanze in nur zwei kleinen Exemplaren; diese kann nicht hybrid sein, sie ist weiterer Beobachtung zu empfehlen.

Es schliesst sich ferner hier eine Pflanze an, welche wir nur in cultivirtem Zustand kennen. Dieselbe stammt von Dürrenstein (bei Meran?) und unterscheidet sich von *H. goritiense* durch das bis 60 mm lange Akladium, zahlreichere Bracteen des Akladiums und geringere Beflockung, wodurch die Hüllschuppen mehr schwärzlichgrün erscheinen. Auch diese muss noch weiter beobachtet werden.

3. *Subsp. tephrolepium* = ? *H. glaucum* Rchb. f., Deutschl. Fl. XIX (1860) p. 116 tab. 206 fig. 1 = ? *H. glaucum β. limonense* Burn. et Gremli Hierac. Alp. marit. (1883) p. 9. — Stengel bis 32 cm hoch, schlank oder dünn, oft bis zum Grunde verzweigt. Rosettenblätter mehrere, schmallanzettlich bis lineal, sehr spitz, ± gezähnelt; Stengelblätter 3, lineal, rasch decrescirend. Kopfstand gablig, bis 14 köpfig, Akladium 60—90(—130) mm lang, Strahlen 2. Ordnung bis 4, Winkel 45°, Ordnungen 3. Hülle 12,5—13 mm lang, bauchig-kuglig, dann etwas niedergedrückt; Schuppen breit, stumpf bis spitzlich, dunkel, hellrandig. Bracteen 6—8, kürzeste 2 mm lang. Haare mangeln, nur am Blattgrunde zerstreut oder mässig, unterseits am Hauptnerv bis mässig zahlreich, weich, 2—3 mm lang. Drüsen der Hülle mässig,

sonst 0. Flocken der Hülle ziemlich reichlich, auf den Schuppenrändern reichlich, an den Kopfstielen oben ebenso, abwärts bald verschwindend. Blüthen gelb, Griffel immer sehr dunkel. Früchte braun, 4 mm lang.

α) *genuinum.*

1. *normale.* — Bayerische Alpen: über dem Spitzingsee bei Schliersee 1100—1230 m (N., P.); Tirol: Hallthal 900—1000 m, Bergerthal bei Kals 1430—1490 m (N.), Hagauer Wald (Wn.), Seiss am Schlern 975 m (Hsm.); Schweiz: Chur an der Plessur (Br.), Val Chiamuera im Engadin (M.). — Exsicc. 316, 317.

   Wir erhielten diese Pflanze auch aus den botanischen Gärten von Würzburg und Petersburg.

   Es existirt eine durch etwas schmälere, minder flockige und -drüsige Hüllschuppen abweichende, dadurch etwas gegen Subsp. *Willdenowii* hinneigende Form in Kärnten oberhalb Heiligenblut gegen die Pasterze 1620 m (N.), die auch aus dem botanischen Garten von Krakau uns zugeschickt worden ist. — Ferner cultiviren wir eine Form mit kleinen schmalschuppigen Köpfchen von unbekanntem Ursprung.

2. *calviceps.* Hülle drüsenlos, graulich-filzig. Blätter lanzettlich. — Tirol 800 m: Innthal unterhalb Nassereit, über Imst gegen den Muttekopf (N.), Mt. Baldo bei Torbole 130—200 m (N.).

3. *nudius.* Drüsen mangeln. Flocken der Hülle zerstreut, auf den Schuppenrändern ziemlich reichlich. — Tirol: Fernpass 1300 m (N.).

4. *puberulum* = *H. glaucum* Fries, Hierac. europ. exsicc. No. 46. — Flocken gegen den Grund des Stengels hin und auf den Blättern am Rande und Hauptnerv der Unterseite zerstreut bis mässig zahlreich. — Bayerische Alpen: Spitzingsee 1100 m (N.), Mittenwald 925 m (Sdt.); Tirol: Hallthal 900—1000 m, Kals (N.); Wallis: im Saltinetobel am Simplon 1625 m auf Glimmerschiefer (N.).

5. *latiusculum.* Blätter lanzettlich, spitz; Stengelblätter klein. Hülle 10—10,5 mm lang; Schuppen breitlich, spitzlich, mit vereinzelten Drüsen. — Kärnten: unterhalb Heiligenblut an Kalkfelsen 1230 m (N.), auch auf Serpentin 1350—1400 m (Mdo.); Tirol: Bergerthal bei Kals auf Serpentin 1690—1820 m (Mdo.); Gösting an Mauern.

β) *brachyanthum* (cult.). Hülle 9,5—10,5 mm lang; Schuppen etwas breitlich, stumpflich, dunkel, stark hellrandig, drüsenlos, mit zerstreuten, dunkeln, 0,5 mm langen Haaren. Blüthen kurz, röhrig. Blätter stark gezähnt. — Kopfstand hochgablig, Akladium 40—65 mm lang, Verzweigungswinkel 50—55°. Hülle durch Flocken graulich. Früchte 3,5 mm lang. — Wallis: Ormonts; Tirol: Höhlenstein bei Ampezzo; Kärnten: Heiligenblut (N.).

γ) *lusehariense.* Hülle 11 mm lang, oval, dann mehr kuglig; Schuppen etwas breitlich, spitz, grau, heller gerandet, drüsenlos, sehr reichflockig, mit zerstreuten, schwarzen, 1 mm langen Haaren. Stengel dünn oder sehr dünn. Verzweigungswinkel 60—70°. — Stengel über der Mitte verzweigt, mit fast pfriemlichen Blättern. Blatthaare 3—5 mm lang. — Kärnten: am Fusse des Luschariberges bei Tarvis (P.), daselbst auch einzelne Exemplare mit breiten Hüllschuppen und grösseren schwarzbraunen Früchten. — Exsicc. 318.

4. *Subsp. nipholepium.* Stengel bis 55 cm hoch, schlank oder dünn, in den oberen ²/₃ verzweigt. Rosettenblätter zahlreich, schmallanzettlich bis lanzettlich-lineal (äussere oft lanzettlich), sehr spitz, gezähnelt; Stengelblätter 6—10, lineal, obere pfriemlich, ziemlich allmählich decrescirend. Kopfstand hochgablig, 3—7(—18)köpfig, Akladium 30—65 mm, Strahlen 2. Ordnung 2—5(—8), Winkel 50—60°, Ordnungen 2(—4). Hülle 10—11 mm lang, oval, dann mehr kuglig; Schuppen etwas breitlich, spitz oder spitzlich, dunkel, stark hellrandig. Bracteen 6—8, obere genähert, kürzeste 1,5 mm. Haare mangeln, nur am Blattgrunde mässig zahlreich. Drüsen fehlen. Flocken der Hülle reichlich (oder mässig), auf den Schuppenrändern sehr zahlreich, an den Kopfstielen oben reichlich, abwärts 0. Blüthen gelb, Griffel hell, später beim Trocknen leicht dunkel werdend. Früchte etwas schwarzbraun, 2,8—3 mm lang.

1. *normale* = *H. glaucum β. angustifolium* Huter in sched. part. — Tirol 900—2010 m: zwischen Imst und Tarenz 780 m heruntergeschwemmt, Hallthal, Eingang des Thales gegen den Rothstein am Fernpasse, Anfang des schwarzen Rienzthales beim Höhlenstein, oberhalb Cortina d'Ampezzo und oberhalb Misurinaalp gegen Trecroci bei Ampezzo (N.), Campo bei Ampezzo 975 m (Hut.); Küstenland: Predilpass zwischen Ober- und Mittel-Breth, Thäler Trenta und Slatenik bei Flitsch, zwischen Plusna und Flitsch (P.).

In Cultur werden die Stengelblätter grösser und breiter, den Rosettenblättern ähnlich, gezähnelt, allmählich decrescirend; die Pflanze ist viel höher und reich verzweigt.

2. *trichocephalum.* Haare der Hülle spärlich, dunkel, 0,5 mm lang. Blätter lanzettlich; am Stengel 3—4, ziemlich rasch decrescirend. Kopfstand minder reich als bei 1., Akladium bis 85 mm.

a) *verum.* Flocken an den Kopfstielen ganz oben reichlich, abwärts tief hinab vermindert, auf den Blättern mangelnd. — Wallis: Creux de Champ in Ormonts 1350—1450 m; Tirol: Mt. Pian bei Ampezzo 2080—2140 m; Krain: zwischen Veldes und Radmannsdorf 420 m (N.).

In Cultur sind manchmal alle oder doch viele Blüthen des Köpfchens kurz und röhrig.

b) *hirtellum.* Flocken am Stengel bis zum Grunde mässig, auf den Blättern unterseits am Mittelnerv ebenso, am Rande zerstreut.

Drüsen an der Hülle 0 oder vereinzelt. — Wallis: Creux de Champ in Ormonts dessus 1350—1450 m (N.). — Exsicc. 320, 321.

Ferner gibt es eine Form mit mässig behaarter aber drüsenloser Hülle, sonst wie 2., so in Tirol: oberhalb Misurinaalp bei Ampezzo 1950—2010 m (N.), Ratzes gegen die weisse Wand, Kals (Pr.); Bayerische Alpen: Reichenhall (Pr.); Steiermark: Kapellen im Mürzthal (Paul); Krain: unter der Roschiza bei Lengenfeld (P.); Waldstein.

3. *atrichum* = *H. glabratum* H. P. R. it. ital. III No. 561 part. — Mit zerstreut-drüsiger aber haarloser Hülle, sonst wie 1. — Kärnten: Predilpass (P.); Tirol: Pfitscher Thal zwischen Rematten und Sterzing (Dgl.); Abruzzen: Valle di Orfenta am Majella 1600 bis 1800 m (H. P. R.).

5. *Subsp. gymnolepium* = *H. glaucum β. angustifolium* Huter in sched. part. — Stengel bis 67 cm hoch, schlank oder dünn, im oberen ¼ verzweigt. Rosettenblätter einige, lineal-lanzettlich, sehr spitz, entfernt buchtig-gezähnt; Stengelblätter 4—6, lineal, ziemlich allmählich decrescirend. Kopfstand hochgablig, 2—4 köpfig, Akladium 45 bis 50 (bis 115) mm, Strahlen 2. Ordnung 1—3, Winkel 45—50°, Ordnungen 2. Hülle 11—13,5 mm lang, kuglig-oval mit gerundeter Basis; Schuppen etwas breitlich, sehr spitz, dunkelgrün, etwas hellrandig. Bracteen 3—4, kürzeste 3—4 mm lang. Haare mangeln, nur ganz am Blattgrunde spärlich. Drüsen 0. Flocken der Hülle spärlich oder fast 0, auf den Schuppenrändern zerstreut, ganz oben an den Kopfstielen ebenso, sonst 0. Blüthen sattgelb, Griffel ziemlich dunkel. Früchte braun, 4 mm lang. — Tirol 1430 m: zwischen Höhlenstein und Dürrensee und Eingang ins schwarze Rienzthal (N.), Pfitscher Thal zwischen Rematten und Sterzing (Dgl.), Campo bei Ampezzo 975 m (Hut.); Krain: Pischenzathal bei Kronau (P.).

Eine sonst sehr ähnliche Form weicht ab durch ziemlich reichflockige Hülle, schmälere Schuppen, hellen Griffel, dunkel-kastanienbraune Früchte und nähert sich dadurch der Subsp. *nipholepium*; diese Pflanze wurde auch kleinköpfig beobachtet. Standorte in Tirol: wie vorher (N.); Kärnten: Kaltwasserthal bei Raibl, Pontebanathal bei Pontafel (P.); Krain: Pischenzathal bei Kronau (P.).

6. *Subsp. tenerum.* Stengel bis 50 cm hoch, dünn oder sehr dünn, in der oberen Hälfte (oder bis zum Grunde) verzweigt. Rosettenblätter mehrere, lineal-lanzettlich, innere lineal, sehr spitz, weich, gezähnelt; Stengelblätter 3—5, ± lineal, etwas langsam decrescirend. Kopfstand lax rispig, 4—8 köpfig, Akladium 35—50 mm, Strahlen 2. Ordnung 2—5, Winkel 40—45°, Ordnungen 3—4. Hülle 9—10 mm lang, oval, dann breiter; Schuppen breitlich, stumpf, dunkel, breit hellrandig. Bracteen 3—4, kürzeste 1 mm. Haare 0, nur an der untersten Stengelbasis spärlich. Drüsen mangeln. Flocken der Hülle mässig oder zerstreut, auf den Schuppenrändern

reichlich, an den Kopfstielen oben ebenso, abwärts bald 0. Blüthen hellgelb, Griffel dunkel. Früchte bräunlich-strohfarben, 3,5 mm lang. — Küstenland 60—400 m (N.): Isonzothal zwischen Woltschach und Canale und Görz, Mt. Santo und S. Mauro am Valentinberg bei Görz, Tolmein; Croatien: Berg Lubiko Brdo (Pichler).

Ohne Zweifel als *H. porrifolium-turbinatum* aufzufassen, mit beiden zuweilen in grösserer, zuweilen in geringerer Anzahl vorkommend. Ob es ein Bastard sei, ist sehr zweifelhaft.

7. *Subsp. Willdenowii* Monn., Essai (1829) p. 14 [1]) = *H. glaucum* Hofmann, Fl. Isar. (1883) p. 173 pro max. parte = *H. porrifolium* Jacquin, fl. austr. III (1775) tab. 286. — Stengel bis 50 cm hoch, schlank bis dicklich, in der oberen Hälfte (oder bis zum Grunde) verzweigt. Rosettenblätter mehrere oder zahlreich, äusserste lanzettlich, übrige schmal-lanzettlich bis lineal, sehr spitz, steiflich, gezähnt; Stengelblätter 6—10, lineal, ziemlich rasch (in Cultur allmählicher) decrescirend. Kopfstand hochgablig, 3—5 (cult. — ∞)-köpfig, Akladium 40—70 mm lang, Strahlen 2. Ordnung zwei bis so viel möglich, Winkel 60—70°, Ordnungen 2(—3). Hülle 9—11 mm lang, oval, dann kuglig und etwas niedergedrückt. Schuppen schmal, spitz, dunkel, durch Flocken stark hellrandig. Bracteen 6—12, obere genähert, kürzeste 1,5 mm. Haare und Drüsen mangeln. Flocken der Hülle zerstreut, auf den Schuppenrändern sehr zahlreich, an den Kopfstielen oben mässig, abwärts bald verschwindend. Blüthen gelb, Griffel dunkel. Früchte kastanienbraun, knapp 3 mm lang.

α) genuinum.

1. *normale* = *H. rhodanense* Gandog. in sched. sec. Gremblich = *H. glaucum* Schultz-Bip., Cichoriac. No. 140 part. — Ostschweiz: Schuls im Unter-Engadin (Pr.), Val Chiamuera im Ober-Engadin 1690—1950 m, Val Tuors bei Bergün 1400—1600 m, Albulapass (P.), Plessurthal bei Chur, zwischen Tarasp und Schmolz, Davos, Schmitten bei Alveneu 1300 m (Br.); Algäu: Trettachkies bei Obersdorf (Cfl., Wacker, Mdo., Sdt.), Füssen, Stieglerberg bei Pfronten (Kugler); Tirol: Val Furba 1625 m, Mt. Campeglio auf Granit (Ltz.), Bozen, Bieberwier bei Lermos, Finstermünz, Lechauen bei Holzgau (Pr.); Venetien: Bäder von Bormio (Pr.); Bayerische Alpen: oberhalb der Scholastica gegen den Unnütz bei Tegernsee 1140—1300 m (N.), Mittenwald und Partenkirchen (Pr.), Wallgau; Oberbayern: Sonthofen (Schrk.), Menterschwaige bei München (N., P., Mdo., Dgl.). — Exsicc. 322.

2. *pilosiusculum.* Blätter alle ± lanzettlich; Haare am Rande derselben gegen die Basis zerstreut, am Hauptnerv ziemlich

1) Die in Reichenbach's Deutschl. Fl. XIX (1860) p. 118 tab. 212 fig. 1 gegebene Abbildung mit der Bezeichnung *H. Willdenowii* lässt sich wegen Unzulänglichkeit der Diagnose und Abbildung nicht näher bestimmen.

reichlich, weich, 2—3(—5) mm lang. Hülle 12 mm; Früchte schwarz, 3,5 mm lang. — Tirol: Kalkfelsen bei Zeil 650 m (U.), zwischen Brad und Gamogai im Suldenthal auf Schiefer 1140 m (Ltz.), Isarauen im Hinterauthal (Pr.); Algäu: bei Füssen.

3. *porrifolioides* Prantl im Bericht bot. Ver. Landshut 1874 p. 13. — Blätter lanzettlich-lineal und lineal, gezähnelt. Hüllschuppen minder zahlreich, breitlich, zugespitzt, dunkel, schmal hellrandig.[1]) — Früchte roth? — Bayerische Alpen: Griesen bei Partenkirchen (Pr.), Reitsteig an der Naidernach in der Langenau 844 m (Sdt.); Algäu: Obersdorf (N., Hll.), Sonthofen (Schrk.), Trettachkies bei Rabbi 780 m (Sdt.).

β) *badense Wiesb.* = *H. badense* Wiesb. in Schultz herb. norm. No. 1812. — Blätter lanzettlich, am Stengel 5—6, allmählich decrescirend. Hüllschuppen sehr schmal, sehr spitz, dunkel, schmal hellrandig. — Blätter gezähnelt oder fast ganzrandig. Bracteen 5—6. Blüthen dunkelgelb; Früchte 3,5 mm lang. — Niederösterreich: Baden bei Wien (Wsb.), Mödling (P.).

Diese Pflanze wird in Cultur sehr viel höher und reicher verzweigt; Stengelblätter bis zehn, Rosettenblätter gegen die Basis zu etwas behaart: demnach einen Uebergang zu *H. saxatile* Jacq. bildend.

γ) *spitzingense.* Blätter lanzettlich, gezähnt; am Stengel 2—3, rasch decrescirend. Hüllschuppen etwas breitlich, spitz, schwarz, etwas hellrandig. Bracteen 3—4. Haare der Hülle spärlich, dunkel, 0,5 mm lang. Flocken auf Rand und Unterseite der Blätter zerstreut. — Akladium 25—35 mm. Haare gegen die Blattbasis mässig zahlreich, 2—3 mm. Flocken der Hülle mässig, auf den Schuppenrändern ziemlich reichlich. — Bayerische Alpen: am Spitzingsee 1100 m (N.).

Blüthen zuweilen theilweise röhrig. — In Frankreich (Dép. Hautes Alpes: Le Frémy leg. Loret) kommt eine ähnliche Pflanze vor mit etwas grösseren Köpfen und ohne Sternhaare auf den Blättern.

δ) *scabrellum* = *H. porrifolium* F. Schultz, herb. norm. No. 899 part. — Blätter: äussere lanzettlich, schwach gezähnelt, innere lanzettlich-lineal, fast ganzrandig, weich. Hüllschuppen schwarz, hellrandig. Haare der Hülle zerstreut, schwarz (bis fast mässig zahlreich und heller), 1—1,5 mm. Drüsen der Hülle vereinzelt bis zerstreut, an den Kopfstielen ganz oben sehr spärlich. Früchte dunkel-kastanienbraun bis strohfarbig, 3,5 mm lang. — Stengelblätter 2—3, obere fast pfriemlich. Caulome ± dünn. Hüllschuppen kaum etwas

1) Wir konnten diese Pflanze bisher nicht cultiviren. Die angegebenen Unterschiede von der typischen Form sind geringe und so, dass sie vielleicht eher eine Standortsmodification darstellen. Dies ist auch nach mündlicher Mittheilung die jetzige Auffassung des Autors.

breitlich, spitz. Flocken der Hülle mässig oder zerstreut, auf den Schuppenrändern sehr zahlreich, an den Kopfstielen oben grau, abwärts spärlich oder sehr zerstreut, oft bis zur Stengelbasis hinabgehend. Blüthen dunkelgelb, Griffel etwas dunkel. — Kärnten: Karlsteig bei Tarvis, am Raibler See, Kaltwasserthal und Fuss des Königsberges bei Raibl, zwischen Flitschl und Raibl (P.); Oberösterreich: Windischgarsten 1000 m (Oblt.). — Exsicc. 323.

Diese Pflanze bietet, wie schon erwähnt, eine sehr auffallende Erscheinung dar: die Fruchtfarbe wechselt von dunkel-kastanienbraun bis strohfarbig durch alle Zwischenstufen. Diese Verschiedenheit wird nicht etwa durch Altersunterschiede oder durch Standortsverhältnisse bedingt, sondern im gleichen Stadium der Reife und an der nämlichen Localität zeigen die einen Exemplare strohfarbige, die anderen hellbraune, noch andere sattbraune und wieder andere kastanienbraune Früchte, ohne dass weitere Merkmale gleichzeitig wechselten. Es unterliegt also bei dieser Sippe das sonst constante Merkmal der Fruchtfarbe ungewöhnlichen Schwankungen. Wahrscheinlich sind dieselben ohne weitere Bedeutung, möglicherweise aber sind sie als beginnende Varietätbildung aufzufassen, oder *H. scabrellum* steht nur äusserlich dem *H. Willdenowii* nahe, ist seinem Ursprunge nach aber ein Bastard aus *H. porrifolium* und einem dunkelfrüchtigen *glaucum*, welcher in seiner Fruchtfarbe ein schwankendes Merkmal [1]) darbietet. Für die letztgenannte Auffassung würde der Umstand sprechen, dass namentlich die extrem gefärbten Früchte häufig taub sind, ferner dass die Pflanze nur in der Umgebung von Raibl in Kärnten gefunden wurde, — dagegen aber, dass die Pflanze in grösserer Menge daselbst vorkommt.

8. *Subsp. isaricum* Naeg. in litt.; Prantl, Fl. Bay. (1884) p. 533 = *H. glaucum var. isaricum* Pet. in Hofm., Fl. Isar. (1883) p. 173 = *H. saxatile* Rchb. f., Deutschl. Fl. XIX (1860) p. 117 tab. 209 excl. fol. — Stengel bis 54 cm hoch, schlank, im oberen 1/3 (auch bis zum Grunde) verzweigt. Rosettenblätter mehrere, ± lanzettlich, spitz, steiflich, gezähnelt oder gezähnt; Stengelblätter 4—5, lanzettlich, obere lineal, ziemlich allmählich decrescirend. Kopfstand hochgablig oder lax rispig, 2—12 köpfig, Akladium 40—75 mm, Strahlen 2. Ordnung 1—6, entfernt, schlank, Winkel 50—60°, Ordnungen 2—3. Hülle 10—12 mm lang, kuglig, dann bauchig; Schuppen breitlich bis breit, stumpflich, dunkel, breit grünrandig. Bracteen 3—4, obere genähert, kürzeste 1,5 mm lang. Haare 0, nur am Blattgrunde mässig bis ziemlich reichlich. Drüsen mangeln. Flocken der Hülle zerstreut, an den Kopfstielen oben spärlich, abwärts bald verschwindend, auf dem Blattrücken 0, aber auch öfters zerstreut. Blüthen sattgelb, Griffel etwas dunkel. Früchte schwarzbraun, 2,8 mm lang.

1) A. Peter in Engler's Bot. Jahrbüchern V, 1884 S. 222.

α) genuinum.

1. *normale* = *H. glaucum* F. Schultz, herb. norm. No. 93 part. — Oberbayern: Auen und Abhänge an der Isar oberhalb München (N., P.); Bayerische Alpen: Loisachauen bei Partenkirchen und Garmisch, Isarauen bei Tölz (Pr.), am Wallberg bei Tegernsee (Sdt., Eins.), Eiskapelle am Königssee (Sdt.); Tirol: Hallthal 900—1600 m (N.); Kärnten: Heiligenblut (Doebner); Salzburg: Lofer (Spitzel); Croatien: Fiume (Noë). — Exsicc. 324.

   Es kommen einzelne Exemplare mit schmäleren Hüllschuppen vor (Menterschwaige bei München leg. Progel); im Hallthal (N.) auch eine Form mit kleineren Köpfen und stumpfen breiten Hüllschuppen, dieselbe in einzelnen Individuen auch in den Münchener Isarauen (P.) und bei Steyr in Oberösterreich (Saut.).

2. *floccosius* = *H. scorzonerifolium var. Burlei* Fries, Suppl. ad. Hierac. europ. exsicc. No. 38, d part. = *H. glaucum* Schultz, herb. norm. No. 93 part. — Hüllschuppen breitlich, spitzlich, dunkel, hellrandig; Flocken derselben mässig oder ziemlich reichlich, an den Kopfstielen oben mässig. Haare der Hülle spärlich oder zerstreut, dunkel, 0,5 mm lang. — Oberbayern: Auen und Abhänge an der Isar oberhalb München (N., P.); Bayerische Alpen: Tegernsee (Einsele); Tirol: Hallthal 900—1600 m, Imst gegen den Muttekopf 1700 m, Thal gegen den Rothstein am Fernpass 1400—1650 m, am Wildsee gegen den Seekofel bei Neuprags 1690—2010 m (N.), Pinzgau (Kitt.); Krain: Idria (Mayr, Dll.); Algäu: Füssen; Frankreich: Col de Glaise bei Gap (Burle); Siebenbürgen: Kronstadt (Schur).

   Aeussere Blätter (die man zu Beginn der Blüthezeit noch findet, später nicht mehr) öfters bis länglich und stumpf, innere lanzettlich und spitz. — Exsicc. 325.

   Es kommen Exemplare vor mit breit-lanzettlichen, stark gezähnten Blättern, auch kleinköpfige Pflanzen wurden beobachtet; erstere bei München, letztere im Hallthal 975—1300 m (N.), bei Reichenhall und Wien (Rohde). — Ferner gibt es Uebergänge zu 1. *normale* und auch zu Spec. *bupleuroides* an den gleichen Orten bei München wie 1.

β) Reichardtii = *H. glaucum* Fries, Supplem. ad Hierac. europ. exsicc. No. 46, b = ? *H. glaucum α. genuinum* Burnat et Gremli, Hierac. Alp. marit. (1883) p. 9 part. = *H. saxatile* Jacq., Icon. pl. rar. I (1781) tab. 163 = *H. saxatile f. iconum* Wiesbaur in Baenitz, herb. europ. sine num. — Blätter (oft breit-) lanzettlich, fast ungestielt oder kurzgestielt, gezähnelt. Hüllschuppen breitlich, spitz, ± schwärzlich, hellrandig. Haare der Hülle spärlich bis zerstreut, dunkel, 0,5 mm; Flocken derselben spärlich. — Hülle 9—10 mm lang, kuglig. Haare gegen den Blattgrund hin und am Rückennerv bis reichlich, 3—5 mm. Flocken an den Kopfstielen oben mässig, abwärts bis zum Stengelgrunde vermindert oder 0. Blüthen gelb, Griffel dunkel. Früchte schwarz, 3,5 mm lang. — Niederösterreich, bei Wien: Perchtoldsdorf (Juratzka, Wsb.), Baden (Dgl., Hal., Reuss, Rch.), Kalksburg (Wsb.), Mödling (N.), Gaisberg bei Rodaun (P.), Mitterberg bei Rauhenstein (Dgl.), Hohlbauerhütte am Kuhschneeberge; Steiermark: Sulzbach bei Cilli (N.); Siebenbürgen: Pietra Mare (Schur).

γ) *chlorolepium*. Hüllschuppen breit, stumpflich, dunkel, sehr breit hellrandig, sehr spärlich- bis zerstreut-mehlig. Stengelblätter 5—6, lanzettlich, allmählich decrescirend. — Stengel dünn. Blätter lanzettlich, gezähnelt. Hülle 9—11 mm lang, kuglig. — Tirol: zwischen der Triftklause und Bärenbadalpe im Kaiserthale bei Kufstein 1070 m (N.).

9. *Subsp. amaurodes* = *H. saxatile* Reichenb., Flor. Germ. exsicc. No. 595. — Stengel bis 23 cm hoch, sehr schlank, in der oberen Hälfte verzweigt. Rosettenblätter wenige, lanzettlich-lineal und lineal, sehr spitz, steiflich, gezähnelt, glaucescirend-dunkelgrün; Stengelblätter 2, lineal, rasch decrescirend. Kopfstand gablig, 1—2(—3)köpfig, Akladium 65—75(—120) mm, Strahlen 2. Ordnung (0—)2, sehr schlank, Winkel 60°, Ordnungen 2(—3). Hülle 10,5—11 mm lang, ± kuglig; Schuppen sehr breit, stumpf, schwarz, breit dunkelgrün gerandet. Bracteen 4—5, obere genähert, dunkel, kürzeste 2,5—3 mm. Haare der Hülle zerstreut, dunkel, 1 mm, an den Kopfstielen ganz oben vereinzelt, abwärts 0, auf den Blättern gegen die Basis bis mässig, 2—3 mm lang. Drüsen fehlen. Flocken der Hülle zerstreut oder spärlich, auf den Schuppenrändern mässig, an den Kopfstielen oben fast 0, abwärts bald verschwindend. Blüthen hellgelb, Griffel dunkel. Früchte? — Bayerische Alpen: Weg nach dem Spitzingsee bei Schliersee 1235 m (N.), Schellerkahr 1790 m (Sdt.); Tirol: im hohen Winkel im Kaiserthal 1460—1625 m (N.), Wormserjoch (Pr.); Südschweiz: wo? (Thom.); Dalmatien: wo? (Ptt.).

Kommt auch mit kurzen röhrigen Blüthen vor, die von den dunkeln Griffeln weit überragt werden (Bayerische Alpen: Weg nach dem Soinsee an der Rothwand bei Schliersee 1235 m, N.).

10. *Subsp. subporrifolium*. Stengel bis 27 cm lang, sehr dünn, zickzackförmig hin- und hergebogen, bis zur Mitte (oder bis zum Grunde) verzweigt. Rosettenblätter mehrere, lineal, obere fast pfriemlich, steif, gezähnelt; Stengelblätter 2, lineal, rasch decrescirend. Kopfstand hochgablig, sparrig, 3—6köpfig, Akladium 20—40(—95) mm, Strahlen 2. Ordnung 2—3, entfernt, sehr dünn, oben nicht verdickt, Winkel 70°, Ordnungen 3. Hülle 8,5—9 mm lang, oval mit gerundeter Basis; Schuppen breitlich, spitzlich, hellgrün, in der Mitte dunkler. Bracteen 5—7, kürzeste 1 mm lang. Haare 0, nur ganz am Blattgrunde reichlich. Drüsen mangelnd. Flocken der Hülle spärlich, auf den Schuppenrändern mässig zahlreich, sonst 0. Blüthen gelb, Griffel dunkel. Früchte hellbraun, 3 mm lang. — Küstenland: zwischen Ober- und Mittel-Breth am Predilpasse (P.).

Steht der Spec. *porrifolium* nahe; darauf weisen kleine Köpfe, helle Hüllschuppen, schmale Blätter und die Fruchtfarbe.

11. *Subsp. stenobracteum.* Stengel bis 32 cm hoch, dünn oder sehr schlank, im oberen 1/3 (auch 2/3) verzweigt. Rosettenblätter mehrere, schmal-lanzettlich und lineal-lanzettlich, sehr spitz, gezähnelt, steif, glaucescirend-dunkelgrün; Stengelblätter 3—4, lineal, ziemlich rasch decrescirend. Kopfstand ± gablig, 2—5köpfig, Akladium 40—80(—110) mm, Strahlen 2. Ordnung 1—2, entfernt, dünn, Winkel 40°, Ordnungen 2. Hülle 10—11 mm lang, kuglig; Schuppen schmal, stumpflich, dunkel, sehr schmalrandig. Bracteen 5, alle in der oberen Hälfte des Akladiums inserirt, kürzeste 0,5 mm lang. Haare der Hülle vereinzelt, dunkel, 0,5 mm, sonst mangelnd, nur am Blattgrunde spärlich. Drüsen 0. Flocken der Hülle mässig, auf den Schuppenrändern reichlich, an den Kopfstielen oben mässig zahlreich, abwärts 0, auf den Blättern mangelnd oder gegen die Basis unterseits spärlich bis zerstreut. Blüthen hellgelb, oft ± röhrig, Griffel dunkel. Früchte braun?, knapp 3 mm lang. — Bayerische Alpen: am Spitzingsee 1100 m (N.); Ostschweiz: Tiengen und Conters im Oberhalbstein; kam auch aus dem botanischen Garten von Paris.

Es gibt ferner eine Form mit bis 12 mm langen spitzen Schuppen der bis ziemlich reichlich behaarten Hülle: Vischbachalp bei Raibl in Kärnten 1460 m (P.).

12. *Subsp. Chiamuerae.* Stengel bis 30 cm hoch, schlank, in den oberen 3/5 verzweigt. Rosettenblätter zahlreich, lineal-lanzettlich, sehr spitz, ganzrandig oder kaum etwas gezähnelt; Stengelblätter 3—4, lineal, ziemlich rasch decrescirend. Kopfstand gablig, 2—4köpfig, Akladium 60—100 mm, Strahlen 2. Ordnung 1—3, schlank, entfernt, Winkel 40—45°, Ordnungen 2. Hülle 11 mm lang, kuglig; Schuppen ± breitlich, spitz, schwarz, schmal hellrandig. Bracteen 4—5, kürzeste 4—5 mm lang. Haare der Hülle und an den obersten Kopfstielspitzen zerstreut, hell, 1 mm, sonst 0, nur an der Blattbasis spärlich. Drüsen 0. Flocken der Hülle mässig, auf den Schuppenrändern reichlich, an den Kopfstielen oben ziemlich reichlich, abwärts bald verschwindend. Blüthen gelb, Griffel dunkel. — Ostschweiz, Engadin: Val Chiamuera 1690—1950 m, Alp Giop bei St. Moritz 2000 bis 2500 m (P.).

H. Chiamuerae ist möglicherweise ein Bastard von den am gleichen Standorte vorkommenden *H. Willdenowii* und *H. scabriceps β. polylepium.*

13. *Subsp. chrysostylum.* (Dazu Allioni, fl. pedem. [1785] tab. 28?) Stengel bis 28 cm hoch, kräftig, in der oberen Hälfte verzweigt. Rosettenblätter zahlreich, lanzettlich, spitz, buchtig gezähnelt; Stengelblätter 3—4, fast lineal, ziemlich rasch decrescirend. Kopfstand lax rispig oder hochgablig, 3—5köpfig, Akladium 23—28 mm, Strahlen 2. Ordnung 2—4, ziemlich entfernt, schlank, Winkel 45—50°, Ordnungen zwei. Hülle 10 mm lang, kuglig; Schuppen breitlich, stumpf, schwärz-

lich, grünlich gerandet. Bracteen 2—3, unter dem Kopf genähert, kürzeste 2 mm lang. Haare mangelnd, nur am Blattgrunde bis mässig zahlreich. Drüsen 0. Flocken der Hülle zerstreut bis mässig, auf den Schuppenrändern mässig, an den Kopfstielen nur ganz oben ziemlich reichlich, abwärts verschwindend. Blüthen sattgelb, Griffel hell. Früchte kastanienbraun?, 3 mm lang. — Piemont: Oulx 1900 m (N.); dieselbe Pflanze erhielten wir auch aus dem botanischen Garten von Triest.

II. ***Turbinatum*** (vgl. S. 31). — In mancher Hinsicht, namentlich bezüglich Kopfbau und Zahl der Bracteen, zwischen Spec. *glaucum* und *porrifolium* stehend, aber durch Blattbreite und Indument eigenartig.

1. *Subsp. turbinatum.* Stengel bis 50 cm hoch, schlank, öfters bis zum Grunde verzweigt. Rosettenblätter zahlreich, lanzettlich, derb, sehr spitz, kurzgestielt, gezähnt (oder gezähnelt); Stengelblätter 3—5, lineal, rasch decrescirend. Kopfstand gablig, sparrig, 3—8 köpfig, Akladium 35—100 mm, Strahlen 2. Ordnung 2—4, schlank, an der Spitze kreiselförmig erweitert, entfernt, Winkel 60—70°, Ordnungen 2—3. Hülle 11—13 mm[1]) lang, oval mit vorgezogener Basis, dann kuglig; Schuppen breitlich, spitzlich oder stumpflich, dunkel, breit weisslich gerandet. Bracteen 15—20, obere gedrängt, sparrig, hell, kürzeste 1 mm lang. Haare an Hülle und Caulomen mangelnd, auf den Blättern am Grunde bis reichlich, unterseits am Hauptnerv mässig, hell, 3—5 mm lang. Drüsen der Hülle zerstreut, sonst 0. Flocken der Hülle mässig bis reichlich, auf den Schuppenrändern sehr zahlreich, an den Kopfstielen nur ganz oben mässig oder reichlich, abwärts verschwindend. Blüthen gelb, Griffel dunkel. Früchte schwarzbraun, 3,5 mm lang. — Küstenland: Isonzothal 50—60 m und am Mt. Santo bei Görz 100—400 m, zwischen Woltschach und Canale 160 m (N.); Krain: am Veldessee 470—570 m (N.); Karst: Mt. Spaccato bei Triest 450 m (N.). — Exsicc. 326.

2. *Subsp. subturbinatum.* Stengel bis 40 cm hoch, schlank oder dünn, oft bis zum Grunde verzweigt. Rosettenblätter zahlreich, kurzgestielt, lanzettlich und schmal-lanzettlich, sehr spitz, steiflich, gezähnelt oder gezähnt; Stengelblätter 3—5, lineal, rasch decrescirend. Kopfstand hochgablig oder lax rispig, 3—15 köpfig, Akladium 30—60 mm, Strahlen 2. Ordnung 2—6, dünn, an der Spitze wenig verdickt, entfernt, Winkel 60—70°, Ordnungen 2—3. Hülle 10—11 mm lang, oval mit fast gerundeter Basis, später fast kuglig; Schuppen breitlich, stumpflich, dunkel, stark hellrandig. Bracteen 5—6, oben genähert, kürzeste 1 mm lang. Haare an Hülle und Caulomen 0, auf den Blättern gegen die Basis und am Rande mässig zahlreich, weich, 3—6 mm lang. Drüsen fehlen. Flocken der Hülle ziemlich zahlreich, auf den Schuppenrändern sehr reichlich, an den Kopfstielen nur ganz oben mässig, abwärts 0. Blüthen sattgelb, Griffel hell. Früchte schwarz, 3,5 mm lang. — Tirol:

1) Wegen der vorgezogenen Basis schwer anzugeben.

zwischen Torbole und Nago 120—260 m, über Brentonico am Mt. Baldo 715—1070 m (N.); Küstenland: Predilpass zwischen Ober- und Mittel-Breth, von der Flitscher Klause bis ins Thal Slatenik und bis Plusna bei Flitsch (P.); ? Istrien: Val Reçina bei Fiume (verblüht, Engl.). — Exsicc. 327.

Es wurden auch folgende Zwischenformen beobachtet:

H. poliodes — *amaurodes* (Bayerische Alpen: am Spitzingsee 1100 m, N.);

H. poliodes — *inulifolium* (Tirol: Bergerthal oberhalb Kals 1430—1490 m, N.);

H. nipholepium — *Schenkii* β. *glabrifolium* in 2 Formen, vgl. S. 28.

Geographische Verbreitung der Spec. glaucum.

In der ganzen Alpenkette von der Dauphiné bis Wien und Steiermark gibt es Sippen der Spec. *glaucum*, auch in den Ebenen nördlich der Alpen werden dieselben noch als Begleiter der Flüsse beobachtet, ohne jedoch über die Donau hinauszugehen. Im Süden bildet der Fuss der Alpen die Grenze der Species, nur in den Abruzzen kommt eine Sippe isolirt vor, und ein Ausläufer des Speciesgebietes erstreckt sich über Fiume nach Dalmatien; im Osten liegt, ähnlich wie bei *H. porrifolium*, ein abgetrenntes Areal in Siebenbürgen. — Den Sippen der Gr. *Turbinatum* begegnet man ausschliesslich in den Südostalpen (Südtirol, Krain, Küstenland, Karst); sie nähern sich durch ihre Köpfchen der Spec. *porrifolium* und theilen mit ihr auch das gleiche geographische Gebiet.

5. Spec. **stupposum Rchb.**,

fl. Germ. excurs. (1830) p. 265 als *H. saxatile var. ? stupposum* = *H. stuppeum* Griseb.[1]), comm. (1852) p. 71; Fries, Epicr. (1862) p. 68 = *Crepis heterogyna* Froel. in DC. Prodr. VII (1838) p. 169. — In die Nähe dieser Species gehört der Beschreibung nach auch vielleicht *H. undulatum* Boiss., fl. orient. III (1875) p. 867. — Stengel bis 40 (und 50) cm hoch, dünn, bis zum Grunde verzweigt, phyllopod. Rosettenblätter mehrere, sehr lang, langgestielt, ± lanzettlich bis spatelig- oder länglich-lanzettlich, wellig, spitz bis stumpf, oft faltspitzig, ganzrandig (zuweilen äusserst fein gezähnelt), glauk; Stengelblätter 3 bis mehrere, lanzettlich bis lineal, öfters sehr klein, dadurch der Stengel schaftartig, rasch decrescirend. Kopfstand ± gablig (mit Neigung zur Traube), (3—)5—∞köpfig; Akladium (4—) 15—35 mm lang; Strahlen 2. Ordnung 3—∞, entfernt, dünn, nicht turbinat; Verzweigungswinkel (20—)45—70°; Ordnungen 2—3. Hülle 9—12 mm lang, oval mit gerundeter Basis; Schuppen ± breitlich, sehr spitz bis stumpflich, dunkelgrün oder schwärzlich, ± hellgrün gerandet. Bracteen am Akladium 1—2, kürzeste 1 mm lang. Haare der Hülle mangelnd, nur am Kopfe 1. Ordnung zuweilen spärlich, hell, 3—4 mm lang, an den Caulomen 0 oder oben zerstreut, gegen die Basis zahlreicher,

---

1) Zuerst hat Froelich in DC. Prodr. l. c. das unrichtige Citat „*H. stuppeum*“; auch Reichenbach fil. hat auf seiner Tafel in Deutschl. Fl. XIX dieses Wort.

bis ziemlich reichlich, hell, steiflich, verbogen (wergartig), bis 13 mm, auf den Blättern oberseits 0, am Rande mässig oder ziemlich reichlich, unterseits zerstreut bis ziemlich zahlreich, bis 15 mm lang, steiflich. Drüsen sehr klein, an der Hülle ziemlich reichlich, an den Kopfstielen oben ebenso oder minder zahlreich, abwärts bald verschwindend. Flocken der Hülle ± ziemlich reichlich, an den Kopfstielen oben ebenso, an den Caulomen abwärts bis zur Basis gleichmässig ebenso oder allmählich vermindert, seltener unten verschwindend, auf den Blättern 0. Blüthen hellgelb, Griffel hell (etwas grünlich-gelb), Früchte strohfarbig, 4 bis fast 5 mm lang.

Bemerkungen zu Spec. stupposum.

Bei keinem Hieracium tritt die Thatsache, dass das wahre Wesen in inneren (molekularen) Verhältnissen beruht und nur mangelhaft in den äusseren, sinnlich wahrnehmbaren Merkmalen verwirklicht ist, deutlicher hervor, als bei der Spec. *stupposum*. Eine knappe Charakteristik derselben ist eine der schwierigsten Aufgaben der Systematik. Niemand wird im Zweifel sein, ob er ein *stupposum* vor sich habe oder nicht, aber dessen Merkmale in Worte zu fassen, ist deswegen kaum thunlich, weil die Elasticität jedes einzelnen Merkmales eine so ungewöhnlich weite ist, dass dadurch scheinbar weitgehende Annäherungen an andere Arten gegeben werden. Namentlich ist der enge Zusammenhang von *H. stupposum* mit einigen Sippen der Spec. *glaucum* augenfällig. Trotzdem ist *H. stupposum* durch die Gesammtheit seiner Eigenschaften eine Hauptart: man könnte nicht angeben, zwischen welche andere Arten sie sich stellen würde. Zu ihren hervorragendsten Merkmalen gehören: lange Blattstiele, wellige ± längliche Blätter, sehr lange verbogene Haare, Beflockung der Caulome bis zum Grunde, Neigung des Kopfstandes zur Pyramidenform und zur Traubenbildung, schlanke Köpfchenhüllen, reichliche aber winzig kleine Drüschen an Hülle und Kopfstielen, strohfarbige Früchte. Aber es gibt auch Exemplare, deren Blätter nur kurzgestielt sind, andere mit flachen Blättern, fast ohne Behaarung, flockenloser unterer Stengelhälfte, gabliger Verzweigung mit allen Uebergängen, so dass eigentlich nur die Hüllenform, Bedrüsung und Fruchtfarbe als permanent zu erachten sind. Denn auch die Breite und die Gestaltung der Spitze der Hüllschuppen unterliegen bei der gleichen Varietät erheblichen Schwankungen. Richtig wäre es daher, alle Formen von *H. stupposum* als eine einzige Subspecies aufzufassen; wenn wir trotzdem einige wenige Formen davon abtrennen, so geschieht dies theils aus Zweckmässigkeitsgründen, theils deswegen, weil wir nach unserer Erfahrung annehmen dürfen, in den Merkmalscombinationen, wie sie uns bei *H. eriopodum* und namentlich bei *H. crepidifolium* entgegentreten, Entwickelungszustände von Sippen erfasst zu haben, welche in Zukunft sich noch besser ausprägen und dadurch selbständiger werden werden.

Dass in der That auf die oben genannten Verschiedenheiten der einzelnen Merkmale wenig Werth zu legen ist, lehren auch Culturversuche. Im Garten werden die Pflanzen viel höher, die Akladien länger (bis 95 mm), Behaarung und Blattbreite ändern sich, erstere dahin, dass kahlere Pflanzen behaarter werden, letztere nimmt eine zwischen den am natürlichen Standorte beobachteten Extremen mehr intermediäre Stellung.

Froelich gibt bei seiner *Crepis heterogyna* an: »stigmata saepissime 3, singulare in genere exemplum«. Es muss ein Irrthum vorliegen; wir sahen nie mehr als 2 Narben, besitzen aber über 300 Exemplare aus den verschiedensten Gegenden Dalmatiens.

Aussaaten des *H. stupposum* sind niemals geglückt; es gingen immer Bastarde auf, über welche unter *H. leucopelmatum* zu vergleichen ist. Dieses Verhalten weist darauf hin, dass durch das Versetzen des *H. stupposum* in ein mitteleuropäisches Klima die Function des Pollens in so hohem Grade geschwächt oder auch völlig vernichtet wird, dass Kreuzbefruchtung zur Regel wird. Auch lebend in den Garten gebrachte Sätze gingen bisher fast ausnahmslos in den ersten Jahren zu Grunde. Nur einzelne derselben wurden durch 8—10 Jahre unter sorgfältigster Behandlung und am besten bei Topfcultur erhalten. Aber auch diese Sätze bestockten sich nur schwach und führten stets ein gefährdetes Dasein. Es liegt hier ein Fall vor, in welchem die Ursache des schlechten Gedeihens im Garten klarer ist als sonst. *H. stupposum* wächst hauptsächlich in Felsritzen und in den eigenthümlichen, für das Karstgebirge charakteristischen senkrechten Auswitterungslöchern der Felsplatten, aus denen es wegen ihres geringen Durchmessers öfters schwer ist, die vollständige Pflanze auszuheben. Es lebt also unter ganz eigenartigen physikalischen Verhältnissen, welche im Garten schwer nachzuahmen sind. Am meisten nähert sich Topfcultur den natürlichen Existenzbedingungen des *H. stupposum*, und erstere ist es auch thatsächlich, welche den besten Erfolg liefert. Wahrscheinlich ist das Vorkommen des *H. stupposum* an die genannte Beschaffenheit des Gesteines gebunden, so dass diese Pflanze nur auf einem beschränkten Areal mit karstähnlicher Felsbildung in den nordöstlichen adriatischen Küstengebieten gefunden wird.

---

1. *Subsp. stupposum Rchb.* l. c.; Reichenb. fil., Deutschl. Fl. XIX (1860) p. 118 tab. 207[1]). — Stengel bis 40 (auch bis 50) cm hoch, dünn oder schlank, oft bis zum Grunde verzweigt. Rosettenblätter mehrere, sehr lang, langgestielt, ± lanzettlich bis spatelig-lanzettlich oder länglich, wellig, spitzlich und spitz, oft faltspitzig; Stengelblätter mehrere, lanzettlich bis lineal, wellig, öfters sehr klein und dadurch die Pflanze schaftartig erscheinend, rasch decrescirend. Kopfstand hochgablig oder lax rispig bis fast traubig, gleich- oder etwas übergipflig, 3—15 köpfig, Akladium (10—)15—35 mm lang,

1) Eine im oberen Theile des Stengels haarlose Pflanze; die Behaarung ist zu kurz für den Typus.

Strahlen 2. Ordnung 3—∞, dünn, entfernt, Winkel 60—65°, Ordnungen 2—3. Hülle 9—12 mm lang, oval mit gerundeter Basis. Schuppen ± breitlich, sehr spitz bis stumpflich, dunkelgrün bis schwärzlich, hellgrün gerandet. Bracteen 1—2, kürzeste 1,5 mm lang. Haare der Hülle 0, nur am Kopfe 1. Ordnung spärlich, hell, 3—4 mm, an den Caulomen oben zerstreut, abwärts vermehrt bis ziemlich reichlich, hell, steiflich, verbogen (wergartig), bis 13 mm lang, auf den Blättern oberseits 0, am Rande mässig, unterseits zerstreut, steiflich, bis 15 mm lang. Drüsen der Hülle ziemlich reichlich, sehr klein, an den Kopfstielen oben mässig, sehr klein, abwärts zerstreut, dann verschwindend. Flocken der Hülle ziemlich reichlich, an den Caulomen oben ziemlich reichlich bis grau, abwärts wenig vermindert bis zum Grunde oder nach unten hin verschwindend, auf den Blättern mangelnd. Blüthen ziemlich hellgelb, Griffel hell; Früchte strohfarbig, 4 mm lang.

α) *genuinum*. — Am nämlichen Standorte kommen alle Zwischenstufen der Behaarung bis zu einem hohen Grade von Kahlheit vor; man könnte etwa folgende Stufen unterscheiden:

a) Caulome und Blätter überall behaart;

b) nur der untere Theil des Stengels und die Blätter behaart;

b_2) ebenso, aber Haare kurz (so nur vereinzelte Individuen, vielleicht Kranke?);

c) Stengel haarlos, Stengelblätter gewimpert, Grundblätter behaart;

d) Stengel und Stengelblätter haarlos (siehe 2. *calvicaule*);

e) ganze Pflanze fast oder völlig haarlos (so immer nur einzelne meist kümmerlich entwickelte Exemplare, welche den Verdacht abnormalen Befindens offen lassen).

Wegen reichlichen Vorkommens oder leichter Erkennbarkeit kann man folgende Formen festhalten:

1. *normale* = *H. glaucum* Petter No. 475 * part. — Eine der Behaarungsstufe c) entsprechende Pflanze sahen wir als *H. glaucum* = *H. stupposum* Petter, Fl. dalm. exsicc. No. 198. — Dalmatien: Spalato, Goritza bei Sebenico, zwischen Scardona und Sebenico (Walter N.), S. Stefano an der Strasse von Salona nach Castelli (Petter, Vis.).

2. *calvicaule* = *H. glaucum* Petter No. 475 * part. — Caulome haarlos, Blätter am Rande mit zerstreuten, unterseits mit spärlichen, weicheren Haaren. Flocken bis zum Stengelgrunde ziemlich reichlich. — Dalmatien: Spalato, zwischen Sebenico und Scardona, Goritza bei Sebenico, Clissa (W. N.), S. Stefano (Petter). — Exsicc. 328.

3. *denticulatum* = *H. glaucum* Petter No. 475 * part. — Blätter lanzettlich oder länglich-lanzettlich, flach oder minder wellig, ganzrandig, äusserst fein gezähnelt. Haare am Stengel nur gegen die Basis spärlich, auf den Blättern am Rande vereinzelt oder 0, am Stiele zerstreut, 3—5 mm lang. Flocken

bis zum Stengelgrunde gehend. — Dalmatien: an den gleichen Orten wie vorige; eine ähnliche Pflanze bei Ragusa.

β) *pyramidatum* = *H. stuppeum* Fries, Supplem. ad Hierac. europ. exsicc. No. 45. — Blätter: äussere sehr lang, länglich, stumpf bis spitz, nach oben sehr rasch decrescirend; Stengelblätter klein. Kopfstand zeigt durch Abort der Köpfchen höherer Ordnungen Neigung zur Traube, untergipflig. Akladium öfters nur 4—5 mm lang, Winkel der Aeste 20—30°, Verzweigung bis zur Basis. Haare mangeln, nur am Rande der Blätter, besonders gegen die Basis hin sehr spärlich, am Stiele verschieden, bis reichlich. Flocken bis zum Stengelgrunde. — Dalmatien: zwischen Spalato und Salona, Spalato, zwischen Sebenico und Scardona (W. N.). — Exsicc. 329.

2. *Subsp. pachychaetium.* Stengel ca. 25 cm. hoch, dick, bis zum unteren $^1/_3$ herab verzweigt. Rosettenblätter einige, lang, gestielt, wie die unteren Stengelblätter länglich, wellig, faltspitzig, spitz, glauk; Stengelblätter zahlreich, aufwärts rasch decrescirend, obere lineal. Kopfstand locker rispig, ca. 35köpfig; Akladium 22—25 mm lang; Strahlen 2. Ordnung ca. 16, dicklich, ziemlich dicht stehend, Winkel ca. 45°, Ordnungen 3. Hülle 10—11 mm lang, kuglig; Schuppen breitlich, stumpf oder stumpflich, dunkelgrau, hellrandig. Bracteen 3—5, kürzeste 1 mm lang. Haare der Hülle 0, an den Akladien spärlich, 1—2 mm, an den übrigen Kopfstielen 0, am Stengel ziemlich reichlich, steif, dicklich, braun, bis 18 mm, auf den Blättern oberseits nur gegen den Rand hin zerstreut, unterseits auf der Fläche zerstreut, am Rande mässig zahlreich, borstlich, bis 20 mm lang, auf den Achselknospen der unteren Stengelblätter dichte braune Borstenschöpfe bildend. Drüsen der Hülle mässig zahlreich, sehr klein, sonst mangelnd. Flocken auf Hülle und Caulomen bis zum Stengelgrunde reichlich, auf den Schuppenrändern minder zahlreich, auf den Blättern 0. Blüthen hell ? gelb, Griffel hell. Früchte ? — Wir kennen nur das Exemplar im Wiener Herbarium, welches von Botteri mitgetheilt wurde. Fundort?

3. *Subsp. eriopodum.* Stengel bis 40 cm hoch, dünn, bis zum Grunde verzweigt. Rosettenblätter mehrere, lanzettlich und länglich-lanzettlich, langgestielt, etwas wellig, stumpf bis spitz, etwas steiflich, glauk; Stengelblätter 3—4, lanzettlich-lineal, rasch decrescirend. Kopfstand gablig, gleichgipflig, 6—10köpfig, Akladium 14—25 mm lang, Strahlen 2. Ordnung 3—6, sehr dünn, sehr entfernt, Winkel 45—70°, Ordnungen 2—3. Hülle 9—11 mm lang, oval mit gerundeter Basis; Schuppen etwas breitlich, sehr spitz, schwärzlich, etwas hellrandig. Bracteen am Akladium 1, 1 mm lang. Haare an Hülle und Kopfstielen mangelnd, am Stengel vereinzelt, auf den Blättern oberseits 0, am Rande mässig bis ziemlich reichlich, unterseits ebenso, am Blattstiele reichlich, steiflich, bis 15 mm lang. Drüsen an Hülle und Kopfstielspitzen ziemlich reichlich, sehr klein, sonst 0. Flocken

der Hülle mässig, an den Kopfstielen oben ziemlich reichlich, abwärts bis zum Stengelgrunde ebenso, auf den Blättern 0. Blüthen hellgelb, Griffel hell. Früchte strohgelb, fast 5 mm lang. — Dalmatien: Spalato, Goritza bei Sebenico (W. N.).

4. *Subsp. crepidifolium.* Stengel bis 28 cm hoch, dünn, bis zum Grunde verzweigt. Rosettenblätter zahlreich, obovat bis länglich, stumpf bis spitzlich, glauk, fast flach, derb; Stengelblätter ca. 3, lineal, klein, sehr rasch decrescirend. Kopfstand gablig, stark übergipflig, bis ca. 20 köpfig, Akladium 50—55 mm, Strahlen 2. Ordnung mehrere, dünn, sehr entfernt, Winkel 35—40°, Ordnungen 3—4. Hülle 10—10,5 mm lang, cylindrisch mit etwas vorgezogener Basis; Schuppen schmal, sehr spitz, dunkel, stark hellgrün gerandet. Bracteen 1—3, kürzeste 1,5 mm lang. Haare der Hülle 0, an den Caulomen zerstreut, hell, 2—3 mm lang, auf den Blättern oberseits gegen den Rand hin zerstreut, unterseits mässig, am Rande ebenso, steiflich, 3—5 mm lang. Drüsen sehr klein, an der Hülle ziemlich zahlreich, an den Kopfstielen oben fast reichlich. Flocken der Hülle mässig, an den Kopfstielen oben grau, abwärts bis zum Grunde vermindert. Blüthen hellgelb, Griffel hell. Früchte strohfarbig, 4,3 mm lang. — Dalmatien: Spalato (W. N.).

Verbreitung der Spec. stupposum.

Uns ist *H. stupposum* nur aus Dalmatien bekannt; von den übrigen in neueren Reiseberichten angeführten Standorten ausserhalb Dalmatiens sahen wir noch keine Exemplare.

Zwischenformen der Glaucina unter einander.

H. porrifolium — glaucum siehe Spec. *glaucum Subsp. tenerum,* Seite 35.

H. bupleuroides — glaucum siehe Seite 28, 29, 43.

Zwischenformen und Bastarde der Glaucina mit anderen Species.

Es ist eine sehr grosse Anzahl solcher Hieracien bekannt und zum Theil auch schon beschrieben worden, welche zwischen den oben aufgeführten Hauptarten der *Glaucina* und anderen Archieracien vermitteln. Von diesen sollen hier zunächst alle diejenigen ausgeschlossen werden, welche von den *Glaucina* in ihren Merkmalen nur wenig aufweisen, vielmehr sich enger an sonstige Species anlehnen. Demgemäss bleiben namentlich einstweilen ausser Betracht:

H. scorzonerifolium, *glabratum* = *Glaucina — villosum*,
H. speciosum Horn. . . . . . . = *Glaucina — villosum — sabaudum*,
H. laevigatum Griseb. . . . . . = *Glaucina — vulgatum*,
H. caesium Fr. . . . . = *Glaucina — silvaticum*.

Dagegen sollen folgende 14 bisher uns bekannt gewordene Gruppen, welche überwiegend an die *Glaucina* sich anschliessen, in nachstehender Reihenfolge besprochen werden:

1.	*H. porrifolium*	— *villosum*	=	*H. oligodon n. sp.*
2.	„ „	— *tridentatum*	=	„ *illyricum Fr.*
3.	„ „	— *umbellatum*	=	„ *leiosoma n. sp.*
4.	„ „	— *sabaudum*	=	„ *leiocephalum Fr.*
5.	„ *leiocephalum*	— *glaucum*	=	„ *sanctum n. sp.*
6.	„ *bupleuroides*	— *villosum*	=	„ *sparsiramum n. sp.*
7.	„ „	— *prenanthoides*	=	„ *glaucoides Muelln.*
8.	„ „	— *umbellatum*	=	„ *virgicaule n. sp.*
9.	„ „	— *sabaudum*	=	„ *pseudobupleuroides n. sp.*
10.	„ *glaucum*	— *prenanthoides*	=	„ *glaucocephalum n. sp.*
11.	„ „	— *tomentosum*	=	„ *tomentellum n. sp.*
12.	„ *stupposum*	— *umbellatum*	=	„ *leucopelmatum n. sp.*
13.	„ „	— *sabaudum*	=	„ *Tommasinii Rchb.*
14.	„ „	— *silvaticum*	=	„ *macrodon n. sp.*

Aus dieser Liste ist ersichtlich, dass die *Glaucina* nur mit den *villosum*- und *silvaticum*-artigen und mit den Accipitrinen in näherer Verbindung stehen, und zwar nicht etwa bloss durch Bastarde, sondern zum Theil durch gleitende Uebergangsreihen. So sind die Reihen

glaucum — silvaticum,
glaucum — villosum und
porrifolium — tridentatum lückenlos bekannt; die Reihen
porrifolium — sabaudum und
bupleuroides — sabaudum wenigstens der grösseren Hälfte nach (siehe die umstehende Figur). Anderen Combinationen entsprechen dagegen oft nur sehr wenige bekannte Sippen, und diese sind in manchen Fällen

sicher oder wahrscheinlich hybrid, so *H. leiosoma, leucopelmatum, sanctum*; vgl. darüber das bei den einzelnen Zwischenarten Gesagte.

In der Figur sind die Hauptarten der *Glaucina* und *Accipitrina*, ferner Spec. *tomentosum*, *silvaticum* und *villosum* auf einem Kreise in gleichen Abständen angeordnet. Existiren Uebergänge zwischen den Arten, so ist dies durch eine dieselben verbindende Linie angedeutet, welche ausgezogen ist, so weit die Uebergangsformen eine gleitende Reihe darstellen,

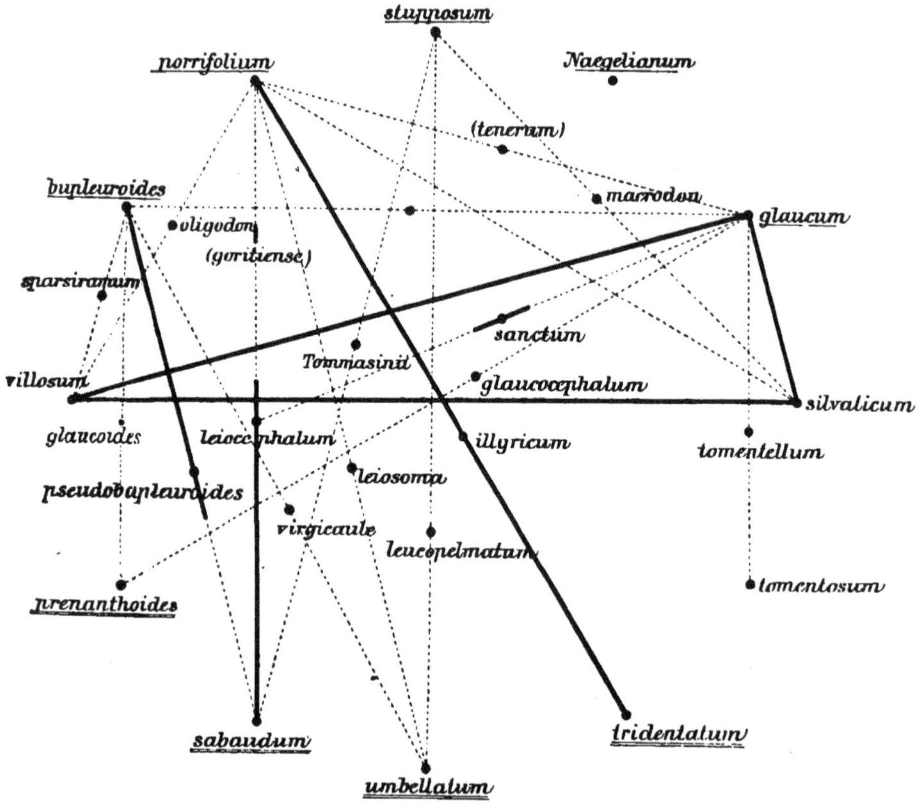

Fig. 1.

punktirt, wo dies nicht der Fall ist. — Von *H. Naegelianum* sind Zwischenformen oder Bastarde nicht bekannt.

Von diesen Uebergangsreihen sind nur diejenigen Species in dem Schema mit Namen bezeichnet, welche als den *Glaucina* näher stehend im Anschluss an dieselben hier beschrieben werden.

Von den kreisförmig angeordneten Hauptarten sind die *Glaucina* mit einmal unterstrichenen Namen bezeichnet, die *Accipitrina* mit doppelt unterstrichenen. Um die Uebersicht nicht zu erschweren, sind viele der wirklich existirenden, aber erst bei den späteren Gruppen der Archieracien zu behandelnden Uebergangslinien hier weggelassen.

6. Spec. **oligodon**

= *porrifolium — villosum.*

Stengel ca. 40 cm hoch, kräftig, bis zum Grunde verzweigt, phyllopod. Rosettenblätter wenige, lineal, sehr spitz, ganzrandig oder mit vereinzelten Zähnchen, steiflich, glauk; Stengelblätter 6—7, lineal, lang, sehr allmählich decrescirend. Kopfstand gablig, gleichgipflig, ca. 15 köpfig, Akladium 40—50 mm lang, Strahlen 2. Ordnung alle entwickelt, sehr entfernt, schlank, Verzweigungswinkel 25—35°, Ordnungen 3. Hülle 10 mm lang, bauchig-kuglig; Schuppen schmal, stumpflich, dunkelgrau, hellrandig. Bracteen am Akladium 1—2, pfriemlich, 8—18 mm lang. Haare der Hülle ziemlich reichlich, hell mit dunkler Basis, 1—2 mm, an den Kopfstielen nur ganz oben spärlich, abwärts verschwindend, sonst 0. Drüsen nur gegen die Schuppenspitzen zuweilen spärlich, sehr klein, sonst mangelnd. Flocken der Hülle zerstreut, auf den Schuppenrändern mässig, gegen die Hüllenbasis reichlich, an den Kopfstielen oben ebenso, abwärts bald verschwindend. Blüthen hellgelb, Griffel hell. Früchte?

Die beschriebene Pflanze ist nur in zwei Exemplaren bekannt, welche im Münchener Garten 1875 cultivirt worden sind; der Satz starb schon im nächstfolgenden Jahre aus. Ihr Ursprung ist unsicher, wahrscheinlich ging sie aus Früchten auf, die bei Mori in Südtirol gesammelt worden waren. Auf den ersten Blick erscheint *H. oligodon* wie ein armblätteriges *H. porrifolium* mit grossen kugligen Köpfen, die Untersuchung der Merkmale ergibt aber eine Mittelstellung zwischen der genannten Species und Spec. *glabratum*, also eigentlich eine Combination *porrifolium — villosum*, weil in *H. glabratum* die Eigenschaften der *Glaucina* und *Villosa* neben einander erscheinen. Blätter und Verzweigung hat *H. oligodon* mehr von Spec. *porrifolium*, Köpfchen und Behaarung derselben mehr von *H. glabratum*.

H. glaucum Schultz-Bip., Cichoriaceotheca Suppl. II No. 140 enthält auf dem uns vorliegenden Blatte auch ein Exemplar einer dem *H. oligodon* sehr nahestehenden, wohl am Drachenstein bei Mondsee 650 bis 812 m von Hinterhuber gesammelten Pflanze, welche unterschieden werden kann als

2. *calvius*. Hüllschuppen spitz, schwärzlich, sehr schmal hellrandig. Bracteen 1,5 mm lang. Haare der Hülle nur mässig zahlreich. — Stengel schlank, ca. 5 blätterig. Hülle 10—11 mm lang, kuglig. Drüsen 0. Kopfstielspitzen mit zerstreuten Flocken. Griffel etwas dunkel.

Auch dieses Exemplar stellt sich zwischen Spec. *porrifolium* und *glabratum*. — Ob beide *oligodon*-Formen hybrid seien, kann nicht angegeben werden; bei der grossen Seltenheit derselben ist es nicht unwahrscheinlich, es fehlt aber sonst jeder aus den Vorkommensverhältnissen, dem Grade der Fruchtbarkeit etc. zu entnehmende Hinweis darauf. Besondere Ueppigkeit des Wachsthums ist nicht ersichtlich.

7. Spec. **illyricum Fr.**, Epicr. (1862) p. 71
= *porrifolium* – *tridentatum*.

Dazu gehören: *H. calcareum* Fries, Symb. (1848) p. 83; ? Monn. essai (1829) p. 17[1]); Rchb., fl. Germ. excurs. (1830) p. 265 = *H. glaucum* γ. *calcareum* Gren. et Godr., fl. fr. II. (1850) p. 354 = *H. glaucum* δ. *saxetanum* Arv.-Touv., Monogr. (1873) p. 19 = *H. graveolens* Froel. in DC. Prodr. VII (1838) p. 219; Griseb., comm. (1852) p. 71 = *H. politum* Griseb. l. c. p. 73; Rchb. f., Deutschl. Fl. XIX (1860) p. 118 tab. 213 fig. 1 = *H. saxatile* Willd., sp. pl. III, 3 (1800) p. 1576 part.; Schult., Oesterr. Fl. II. (1815) p. 436 part.; Bluff et Fing., comp. fl. Germ. II (1825) p. 286 part.; Griseb. l. c. p. 51 = *H. saxatile var. latifolium* Hausm., Fl. Tir. (1854) p. 535; Neilr., Fl. N. Oest. (1859) p. 436 part. — Stengel (20—)30—50(—80) cm hoch, dünn oder schlank (in Cultur kräftiger), bis zum Grunde oder doch bis zur Mitte herab verzweigt, phyllopod, seltener aphyllopod. Rosettenblätter, wenn vorhanden, ± zahlreich, schmal- bis breit-lanzettlich, spitz, kurz- oder undeutlich gestielt, gezähnelt bis stark gesägt, ± derb, glaucescirend oder glauk; Stengelblätter (3—)5—∞, sitzend, meist allmählich decrescirend. Kopfstand locker-rispig, gleich- oder etwas übergipflig, mehr- bis vielköpfig; Akladium 30—80(—120) mm lang; Strahlen 2. Ordnung (2—)4—∞, alle durch deutliche Internodien getrennt, untere entfernt, schlank oder dünn, unter den Köpfchen oft ± angeschwollen; Verzweigungswinkel 35—45(—60)°; Ordnungen 2—4. Hülle 10—13 mm lang, ± oval oder dick cylindrisch, dann ± kuglig; Schuppen schmal bis breitlich, spitz (selten stumpflich oder stumpf), dunkel oder schwärzlich, heller bis weisslich gerandet. Bracteen am Akladium 4—12(—16), obere genähert oder gedrängt, kürzeste nicht über 2 mm lang. Haare der Hülle 0 bis höchstens zerstreut, dunkel, sehr kurz, an den Caulomen meist fehlend, auf den Blättern oberseits 0, unterseits oder doch gegen den Grund hin zerstreut bis mässig zahlreich, weich, 2—6(—10) mm lang. Drüsen höchstens an der Hülle zerstreut, sonst 0. Flocken an der Hülle verschieden zahlreich, an den Kopfstielspitzen mässig bis Filz bildend, an den Caulomen abwärts oft bald verschwindend, seltener allmählich vermindert, auf den Blättern meist 0, bei einigen Sippen unterseits oder am Rande in geringer Zahl vorhanden. Blüthen gelb bis dunkelgelb, Griffel meist dunkel (nur bei *H. saxatile* hell). Früchte schwarz oder kastanienbraun, 2,5—3,3 (—3,7) mm lang.

Bemerkungen zu Spec. illyricum.

Fries hat eine Spec. *illyricum* beschrieben, deren Merkmale sie zwischen die *Glaucina* einerseits und die Gruppe des *H. tridentatum* andrerseits stellen. Auch gibt es noch weitere, eine ähnliche Stellung

1) Die Diagnose lässt in Zweifel darüber, ob die Blätter auch oberseits oder nur unterseits behaart sind, und ob sie nicht vielleicht eine geöhrelte Spreite haben. Das Citat »Spreng. syst. p. 640« (false 646), welches sich auf *H. humile* bezieht, bestärkt diese Zweifel noch.

einnehmende Pflanzen, unter welche z. B. das bei Wien so oft beobachtete *H. saxatile* Jacq. gehört. Alle diese zeichnen sich durch hochwüchsigen mehrblätterigen Stengel, ziemlich reiche Verzweigung, glauke Blätter und den *Glaucina* nahestehende Köpfchen aus, während sie in den übrigen Merkmalen bald mehr zu *H. porrifolium,* bald mehr zu *H. tridentatum* hinneigen. So wechselt Blattform, Bezahnung, Verzweigungsform, Beblätterung von einer Sippe zur andern, und es ist nöthig, die genannten Hauptarten genau zu kennen, um die Zwischenformen richtig beurtheilen zu können. Es wäre leichter, die unten beschriebenen Subspecies als Arten hinzustellen und ihre Unterschiede von den typischen Sippen ihrer Hauptarten anzugeben; die morphologisch-phylogenetische Auffassung der Sippen jedoch gestattet eine solche Behandlung nicht, zumal es zwischen den einzelnen Subspecies Uebergangsformen gibt.

In Cultur werden alle Sippen viel höher, kräftiger, tiefer hinab verzweigt, ihre Stengelblätter breiter und allmählicher decrescirend, die Blattzähne grösser und deutlicher.

Von dem *H. australe* Fr. sahen wir kein Originalexemplar. Ist die von Fries selbst als bezüglich der Köpfchen gut bezeichnete Abbildung in Reichenbach's Deutschl. Flora XIX (1860) tab. 169 massgebend, so könnte diese Pflanze entweder auch in die Spec. *illyricum* oder vielleicht noch eher in die Spec. *leiocephalum* gehören.

Uebersicht der Subspecies-Gruppen.

Untere Blätter lanzettlich, deutlich gezähnt oder gesägt, ± derb. Pflanzen kräftiger.
- Blätter reichhaarig, wenigstens unterseits ± flockig, gesägt, derb, am Stengel rasch decrescirend. Pflanze kräftig, mit armblätterigem Stengel: III. *Baldense.*
- Blätter wenig oder mässig behaart, etwas derb.
  - Pflanze phyllopod, schlank, tief hinab sparrig verzweigt. Rosettenblätter zahlreich, gesägt-gezähnt, nackt. Stengelblätter wenige, rasch decrescirend: I. *Illyricum.*
  - Pflanze aphyllopod, seltener phyllopod, kräftig, meist nur im oberen Theile verzweigt. Rosettenblätter 0 oder wenige, gesägt, unterseits ± flockig. Stengelblätter zahlreich, allmählich decrescirend: IV. *Saxatile.*
- Blätter fast kahl, derb, gesägt, ± flockig, allmählich decrescirend. Pflanze kräftig, mit mehrblätterigem Stengel: V. *Coriifolium*

Blätter lineal-lanzettlich, undeutlich oder wenig gezähnelt, weich, reichhaarig, flockenlos, am Stengel wenige oder mehrere, rasch decrescirend. Pflanzen zart: II. *Crinopodum.*

I. ***Illyricum*** (siehe oben).

1. *Subsp. illyricum Fr.*, Epicr. (1862) p. 71 (non Fries Hierac. europ. exsicc.!) — Stengel bis 50 cm hoch, ziemlich schlank, phyllopod[1]), bis zum Grunde verzweigt. Rosettenblätter zahlreich, ± lanzettlich, sehr spitz, gesägt-gezähnt, kurzgestielt, glauk; Stengelblätter 7—8, ± lineal (cult. breiter), allmählich decrescirend. Kopfstand gablig-rispig, sehr

1) Cultivirt oft fast aphyllopod.

locker, sparrig, ziemlich gleichgipflig, 6—10köpfig; Akladium bis 95 (—120)mm lang, Strahlen 2. Ordnung 5 bis viele, kräftig, etwas bogenförmig, Winkel 45—60°, Ordnungen 3(—4). Hülle 11,5—13 mm lang, oval mit etwas vorgezogener Basis, dann breiter; Schuppen breitlich, spitz, dunkel, breit hellrandig. Bracteen 12—16, obere gedrängt, kürzeste 1,5 mm lang. Haare an Hülle und Caulomen 0, auf den Blättern am Hauptnerv unterseits zerstreut, am Stiele bis mässig zahlreich, weich, 1—2 mm lang. Drüsen der Hülle zerstreut, sonst 0. Flocken der Hülle mässig, auf den Schuppenrändern ziemlich reichlich, an den Kopfstielen oben ebenso, abwärts bald verschwindend, auf den Blättern 0. Blüthen gelb, Griffel dunkel; Früchte schwarz, dick, 2,5 (cult. 3) mm lang.

α) *genuinum.* — Küstenland: zwischen Karfreit und Woltschach (Hll.), Görz (N.), Mt. Santo bei Görz (Tmm.); Istrien: Mt. Spaccato bei Triest (N.); Krain: am Veldessee (N.).

Hierher gehört auch eine Form mit schmal-lanzettlichen Blättern und nur 8—12 Bracteen am Akladium; so Küstenland: Karfreit an der Strasse nach Flitsch (P.); Krain: Veldes (N.).

β) *thyrsodes* (cult.). Pflanze aphyllopod, Stengel bis 20blätterig, nur bis zur Mitte verzweigt. Bracteen 8—10. Haare der Hülle zerstreut oder spärlich, dunkel, bis 1 mm, am Stengel gegen die Basis hin ± zerstreut. Drüsen fehlen. Früchte braun, 3,3 mm lang. — Hülle 11—12 mm lang, oval, dann kuglig. Kopfstielspitzen turbinat, Stiele dünn. Haare auf den Blättern gegen die Basis, besonders an Hauptnerv und Stiel bis mässig, 1—3 mm lang. Flocken der Hülle ziemlich zahlreich, auf den Schuppenrändern reichlich, an den Kopfstielen oben zerstreut. Blüthen sattgelb. — Südtirol: Trient (N.).

2. *Subsp. carnicum* = *H. illyricum* Fries, Hierac. europ. exsicc. No. 50, non Epicr. — Stengel bis 35 cm hoch, sehr schlank, bis zum Grunde verzweigt, phyllopod. Rosettenblätter zahlreich, lanzettlich, sehr spitz, buchtig gezähnelt, steiflich, glauk; Stengelblätter 4—5, lineal, rasch decrescirend. Kopfstand hochgablig, etwas übergipflig, vielköpfig, Akladium ca. 50 mm lang, Strahlen 2. Ordnung bis 7, dünn, an der Spitze etwas verdickt, Winkel 35—45°, Ordnungen 3—4. Hülle 10 mm lang, oval mit etwas vorgezogener Basis; Schuppen schmal, spitz, dunkelgrün, heller gerandet. Bracteen ca. 5, kürzeste 1 mm lang. Haare mangelnd, nur gegen die Blattbasis spärlich. Drüsen gegen die Schuppenspitzen vereinzelt, sonst 0. Flocken am oberen Theile der Hülle 0 oder sehr spärlich, gegen die Basis zerstreut bis mässig, sonst überall 0 oder an den Kopfstielspitzen mässig zahlreich. Blüthen gelb, Griffel dunkel. Früchte? — Venetien: Fusea bei Tolmezzo (Tmm.); ? Küstenland: Isonzothal bei Görz 60 m (N.).

II. ***Crinopodum*** (vgl. S. 53); dazu *H. porrifolium β. denticulatum* Koch, synops. fl. Germ. II (1844) p. 517; Fries, symb. (1848) p. 79.

1. *Subsp. crinopodum.* Stengel bis 50 cm hoch, sehr dünn, im oberen 1/4 verzweigt, phyllopod. Rosettenblätter zahlreich, sehr schmal lanzettlich, sehr spitz, kaum etwas gezähnelt, glauk; Stengelblätter 3—5, fast pfriemlich, ziemlich rasch decrescirend. Kopfstand lax rispig, gleichgipflig, 4—8köpfig, Akladium 50—60 mm, Strahlen 2. Ordnung 2—4, sehr dünn, oben nicht verdickt, Winkel 45°, Ordnungen 3(—4). Hülle 10—12 mm lang, cylindrisch-oval mit gerundeter Basis; Schuppen schmal, sehr spitz, schwärzlich, durch Flocken sehr schmal hellrandig. Bracteen 4—5, oben ± genähert, kürzeste 1 mm lang. Haare der Hülle sehr spärlich bis vereinzelt, dunkel, 0,5 mm, an den Caulomen 0, auf den Blättern oberseits ebenso, unterseits oder nur am Mittelnerv ziemlich reichlich, sehr weich, 3—8 mm lang. Drüsen der Hülle vereinzelt, sehr klein, sonst fehlend. Flocken der Hülle mässig, auf den Schuppenrändern reichlich, an den Kopfstielen nur ganz oben mässig, abwärts 0. Blüthen gelb, Griffel dunkel. Früchte schwarz, 2,5 mm lang. — Südtirol: Mt. Baldo über Brentonico 910—1070 m, Trient; Krain: am Wocheiner See 530 m (N.), Berg Perazky Klanc nächst Lepopolje 500 m (Rastern).

In Cultur wird die Pflanze viel höher, kräftiger, tiefer hinab verzweigt, Blätter breiter, stark gesägt-gezähnt, Akladium bis 100 mm, Blüthen sehr schmal und fast röhrig, Beflockung an Hülle und Kopfstielspitzen reichlicher, erstere dadurch weisslich erscheinend.

Es kommen Exemplare mit grünen Hüllschuppen vor.

2. *Subsp. baldensiforme.* Stengel bis 75 cm hoch, schlank oder dünn, bis zur Mitte verzweigt, phyllopod. Rosettenblätter ± zahlreich, schmal-lanzettlich oder lanzettlich, sehr spitz, sparsam entfernt-gezähnt, stark glaucescirend; Stengelblätter 3—4, lineal, allmählich decrescirend. Kopfstand lax rispig, gleichgipflig, 5—8köpfig, Akladium 50—80 mm, Strahlen 2. Ordnung 4, entfernt, ziemlich dünn, kaum etwas turbinat, Winkel 45°, Ordnungen 3. Hülle 10 mm lang, oval, dann kuglig; Schuppen ziemlich schmal, sehr spitz, schwärzlich, durch Flocken hellrandig. Bracteen ca. 6, kürzeste 1 mm lang. Haare der Hülle zerstreut, dunkel, bis 1 mm, an den Caulomen 0, nur gegen den Stengelgrund spärlich, auf den Blättern oberseits 0, unterseits bis mässig, am Mittelnerv bis ziemlich zahlreich, am Stiel bis reichlich, weich, 4—10 mm lang. Drüsen der Hülle sehr spärlich, sonst fehlend. Flocken der Hülle ziemlich reichlich, auf den Schuppenrändern sehr reichlich, an den Kopfstielen ganz oben mässig, abwärts bald verschwindend. Blüthen gelb, Griffel dunkel. Früchte kastanienbraun, 2,5 mm lang. — Südtirol: über Sardagna bei Trient 770 m, Mt. Baldo über Brentonico 715—1072 m; Küstenland: am Isonzo unterhalb der Eisenbahnbrücke bei Görz 55 m (N.).

In Cultur viel höher, kräftiger, die Blätter allmählich decrescirend.

Manche Exemplare haben bis 12 Stengelblätter, 15 mm lange Hülle, 4 mm lange Früchte; obwohl sie sich sonst sehr nahe an *H. baldensiforme* anschliessen, ist es doch zu bezweifeln, ob sie hierher zu stellen sind.

III. ***Baldense*** (vgl. S. 53).

1. *Subsp. baldense.* Stengel bis 30 cm hoch, schlank, bis zum Grunde verzweigt, phyllopod. Rosettenblätter zahlreich, ± lanzettlich, sehr spitz, gezähnt, derb, kaum oder kurz gestielt; Stengelblätter 3—5, lineal, rasch decrescirend. Kopfstand gablig, sparrig, gleichgipflig, 3—10köpfig, Akladium 50—80 mm lang, Strahlen 2. Ordnung 2—5, ± entfernt, schlank, oben etwas verdickt, Winkel 45—55°, Ordnungen 2(—3). Hülle 11—12 mm lang, cylindrisch mit gerundeter Basis, dann kuglig; Schuppen breitlich, sehr spitz, dunkel, durch Flocken hellrandig. Bracteen bis 10, obere genähert, kürzeste 1—1,5 mm lang. Haare der Hülle spärlich, dunkel, 1 mm, an den Caulomen 0, auf den Blättern am Stiel reichlich, unterseits zerstreut bis mässig, weich, 4—6 mm lang. Drüsen fehlen. Flocken der Hülle mässig bis reichlich, auf den Schuppenrändern bis sehr reichlich, an den Kopfstielen oben ± reichlich, abwärts tief hinab am Stengel allmählich vermindert, auf den Blättern 0, aber am Rande öfters bis mässig zahlreich. Blüthen gelb, Griffel etwas dunkel. Früchte schwarz, 3,7 mm lang.

1. *normale.* — Südtirol: über Brentonico am Mt. Baldo 715—780 m, Mori bei Roveredo, über Sardagna bei Trient (hier mit grobzähnigen Blättern) 770 m, Eingang in das Thal gegen den Rothstein am Fernpasse 1300 m (N.). — Exsicc. 330.
2. *pilosiusculum* = *H. saxetanum* Fries, Supplem. ad Hierac. europ. exsicc. No. 47, b = ? *H. Papperitzii* Rchb. fil., Deutschl. Fl. XIX (1860) p. 117 tab. 210 fig. 2. — Haare der Hülle fast mässig zahlreich, hell, an den Kopfstielen spärlich, 1—1,5 mm, auf den Blättern 2—3 mm lang. Hüllschuppen stumpf. — Stengel unter 20 cm hoch. Kopfstiele oben turbinat. Hülle fast kuglig, Schuppen (nicht durch Flocken) hellrandig. Haare auf den Blättern am Rande mässig, unterseits zerstreut bis mässig. Drüsen an der Hülle vereinzelt. Flocken sehr klein, an der Hülle oben zerstreut, gegen die Basis und an den Kopfstielspitzen mässig. — Westschweiz: Morlon im Ct. Freiburg (Lgg.); Tirol: Mori bei Roveredo (N.).

Es gibt eine Uebergangsform von *H. baldense* zu *H. crinopodum* am Mt. Baldo über Brentonico 715—780 m in Südtirol (N.).

2. *Subsp. calcareum Bernh.* in Hornem. hort. hafn. II. p. 762; Fries' Hierac. europ. exsicc. No. 47*. — Stengel bis 60 cm hoch, dick, im oberen 1/4 verzweigt, aphyllopod[1]). Blätter: untere lanzettlich, mit wenigen grossen linealen abstehenden Zähnen, in einen geflügelten Stiel verschmälert, langspitzig, spitz, glaucescirend, obere mehr sitzend, minder gezähnt, langsam decrescirend. Kopfstand lax rispig, etwas übergipflig, bis 20köpfig; Akladium bis 45 mm; Strahlen 2. Ordnung bis 6, dicklich, an der Spitze etwas verdickt, entfernt, Winkel 35°; Ordnungen 3—4. Hülle ca. 14 mm lang, erst dick-oval,

1) Fries in sched.: »vulgo decumbens et pseudophyllopodum«.

dann kuglig, am Grunde etwas vorgezogen; Schuppen breit, etwas zugespitzt, spitzlich, grau, hellgrün gerandet. Bracteen ca. 6, obere genähert, kürzeste 1,5 mm lang. Haare an der Hülle und im Kopfstande mangelnd, am Stengel von $^2/_3$ seiner Höhe ab mässig zahlreich, abwärts vermehrt, weich, bis 3 mm, auf den Blättern oberseits 0, am Rande bis ziemlich reichlich, 1—2 mm, unterseits mässig, weich, 1—1,5 mm, auf dem Mittelnerv besonders gegen die Blattbasis noch zahlreicher und länger. Drüsen der Hülle zerstreut, klein, sonst mangelnd. Flocken der Hülle zerstreut, an deren Basis ziemlich reichlich, an den Caulomen oben fast 0, abwärts zerstreute Gliederflocken vorhanden, Blätter oberseits nackt, am Rande mit mässig zahlreichen Gliederflocken, unterseits bis ziemlich reichlich sternflockig. Blüthen sattgelb, Griffel dunkel. Früchte? — Cultivirt.

3. *Subsp. Holleri.* Stengel bis 55 cm hoch, schlank, selten bis zur Mitte herab verzweigt, phyllopod. Rosettenblätter zahlreich, fast ungestielt, lanzettlich, langgespitzt, in der Mitte mit einigen grossen vorwärts gerichteten spitzen Zähnen, glaucescirend, derb; Stengelblätter 6—8, langsam (bei kleineren Exemplaren zuweilen rasch) decrescirend, den unteren Blättern ähnlich, aufwärts minder gezähnt. Kopfstand lax rispig, etwas sparrig, etwas übergipflig, bis 15köpfig; Akladium 40—70 mm; Strahlen 2. Ordnung 2—7, schlank, steif, an der Spitze kaum etwas verdickt, entfernt; Winkel 40—45°; Ordnungen 3(—4). Hülle 10—11 mm lang, oval, am Grunde ein wenig vorgezogen; Schuppen schmal, stumpf, dunkel, stark hellrandig. Bracteen 3—5 in der oberen Hälfte des Akladiums, kürzeste 1 mm lang. Haare an Hülle und Caulomen 0, nur am Stengelgrunde vereinzelt, auf den Blättern oberseits mangelnd, am Rande und unterseits auf Fläche und Mittelnerv reichlich, gegen die Basis hin sehr zahlreich, seidenartig weich, (trocken) bräunlich, bis 6 mm lang. Drüsen der Hülle zerstreut oder mässig, sonst 0. Flocken der Hülle zerstreut, an deren Basis mässig zahlreich, an den Caulomen (ausser an den Kopfstielspitzen) mangelnd, auf den Blättern beiderseits 0. Blüthen sattgelb, Griffel etwas dunkel. Früchte schwarz, 3 mm lang.

1. *normale*[1]). — Küstenland: zwischen Porzella und Woltschach, zwischen Karfreit und Woltschach, zwischen Porzella und Ronzina (Hll.).
2. *holotrichum* (cult.). Hülle 12—13 mm lang, kuglig; Schuppen spitz. Haare an Hülle und Kopfstielen mässig zahlreich, dunkel, 1 bis 1,5 mm, am Stengel abwärts bis ziemlich reichlich, hell, 4—5 mm lang. Blätter mit kleineren Zähnen als 1, untere gestielt, unterseits bis mässig flockig. — Krain: Lengenfeld (P.).
3. *acutisquamum* (cult.). Hülle 10—12 mm lang, fast kuglig; Schuppen spitz, mit breiten grasgrünen Rändern. Haare der Hülle fast mässig zahlreich, hell, 1 mm, an den Kopfstielen 0, am Stengel von $^2/_3$

---

1) Von Fries in sched. als *H. calcareum* Bernh. bestimmt.

seiner Höhe abwärts mässig, dann ziemlich reichlich, hell, 3 bis 5 mm lang. Blätter wie 2, doch minder flockig. — Küstenland: Thal Slatenik bei Flitsch (P.).

4. *Subsp. glauciforme.* Stengel bis 50 cm hoch, dünn, im oberen ⅓ verzweigt, phyllopod. Rosettenblätter zahlreich, ± lanzettlich, spitz, gezähnelt oder gezähnt, kurzgestielt oder fast stiellos, glauk; Stengelblätter 5—8, fast lineal bis lanzettlich, rasch oder ziemlich allmählich decrescirend. Kopfstand lax rispig, gleichgipflig, 3—6 köpfig, Akladium 35—70 mm, Strahlen 2. Ordnung 2—5, dünn, an der Spitze verdickt, Winkel 45—50°, Ordnungen 2(—3). Hülle 12 mm lang, oval mit vorgezogener Basis; Schuppen ziemlich schmal, spitz, dunkel, hellrandig. Bracteen bis 5, obere gedrängt, kürzeste 2 mm lang. Haare der Hülle ganz vereinzelt, dunkel, 0,5 mm, an den Caulomen 0, auf den Blättern oberseits spärlich bis zerstreut, unterseits ziemlich reichlich, sehr weich, 2—3 mm, am Hauptnerv reichlich, 3—5 mm lang. Drüsen 0 oder an der Hülle spärlich, sehr klein. Flocken der Hülle mässig (cult. grau), auf den Schuppenrändern reichlich, an den Kopfstielen oben ± ebenso, abwärts an den Caulomen stark vermindert, dann 0, auf den Stengelblättern beiderseits ziemlich reichlich, auf den Grundblättern beiderseits mässig zahlreich. Blüthen sattgelb, Griffel dunkel. Früchte schwarz, 3,3 mm lang. — Südtirol: zwischen der Schlucht Bucche di Velo und Cadine, dann über dem Castell und über Sardagna bei Trient, über Brentonico am Mt. Baldo 910—1070 m (N.).

IV. ***Saxatile*** (vgl. S. 53).

1. *Subsp. saxatile Jacq.* observ. bot. II (1764) p. 30 tab. 50 (gute Abbildung); Sturm, Deutschl. Fl. I, 39; Whlnbg., fl. carp. (1814) p. 241[1]); Rchb., fl. Germ. excurs. (1830) p. 265; Froel. in DC. Prodr. VII (1838) p. 220 = *H. glaucum γ. saxetanum* Fr., symb. (1848) p. 82 = *H. porrifolium γ. Froelichii* Koch, synops. fl. Germ. II (1844) p. 517 = *H. saxatile β. latifolium* Neilr., Fl. Wien (1846) p. 290, Nachtr. Fl. Wien (1851) p. 176 = *H. saxatile* 2. *foliatum* Neilr., krit. Zsmmstllg. (1871) p. 453 = *H. saxetanum* Fries, Epicr. (1862) p. 69. — Stengel bis 70 cm hoch, kräftig, bis zur Mitte herab verzweigt, phyllopod. Rosettenblätter einige, breitlanzettlich, spitz, gezähnelt oder gezähnt, derb, glauk; Stengelblätter ca. 10, untere gestielt, obere lanzettlich, sitzend, allmählich decrescirend. Kopfstand lax rispig, etwas übergipflig, mehrköpfig, Akladium 35—70 mm, Strahlen 2. Ordnung 5 und mehr, dick, oben nicht angeschwollen, Winkel 45°, Ordnungen 4(—5). Hülle 11—12 mm lang, dick cylindrisch mit gestutzter Basis, dann kuglig; Schuppen breit, stumpflich, dunkelgrün, hellgrün gerandet. Bracteen

1) v. Uechtritz (in Oest. bot. Zeitschr. 1874 p. 244) hält das *H. saxatile* Whlnbg. für verschieden von *H. saxatile* Jacq. und für identisch mit *H. bupleuroides* Gmel.; dies lässt sich aber aus der Wahlenberg'schen Diagnose kaum folgern, schon wegen des Ausdruckes »foliis argute dentatis basi attenuatis«.

6—8, oben genähert, kürzeste 1,5 mm lang. Haare der Hülle zerstreut, schwarz, bis 1 mm, an den Caulomen 0, auf den Blättern ebenso, nur Rosettenblätter gegen die Basis zerstreut-behaart. Drüsen fehlen. Flocken oben an der Hülle fast 0, gegen die Basis bis zerstreut, an den Caulomen oben reichlich, abwärts allmählich vermindert, dann verschwindend, auf den Blättern 0 oder unterseits zerstreut bis fast mässig zahlreich. Blüthen sattgelb, Griffel hell. Früchte schwarzbraun, 3,5 mm lang. — Niederösterreich: Baden (Jur.) und Mödling bei Wien (N., P.); Oberösterreich: Steyr (Zmm.); Siebenbürgen: Kronstadt (Sch.); wurde uns auch aus den botanischen Gärten von Berlin und Göttingen geschickt. — Exsicc. 331. — Eine wahrscheinlich hierher zu stellende Pflanze aus der Schweiz (leg. Schleicher) liegt im Münchener Staatsherbarium als *H. flexuosum v. tubulosum* Schleich.

Es herrscht keineswegs Einigkeit darüber, welche Pflanze als *H. saxatile* zu bezeichnen sei. Am meisten hat wohl Neilreich in seinen zahlreichen Publicationen durch die unbegründete Zusammenziehung aller *Glaucina* zur Verwirrung beigetragen, und auch heute noch verstehen österreichische Floristen unter *H. saxatile* mehrere verschiedene Pflanzen. Der historische Sachverhalt ist folgender. Zunächst stehen sich ein *H. saxatile* Jacq. und ein *H. saxatile* Vill. (1789) gegenüber, von denen ersteres die Priorität hat und daher Geltung beanspruchen muss. Aber auch Jacquin's Pflanze ist nicht ganz klar, denn dieser Autor bildet seine Species zweimal in ungleichen Formen ab. In den Observ. bot. II (1764) tab. 50 findet sich die hochwüchsige reichblätterige Pflanze, welche soeben von uns beschrieben wurde; unter demselben Namen kommt dann in den Icones pl. rarior. I (1781—86) tab. 163 das zu Spec. *glaucum* gehörige *H. isaricum var. Reichardtii* nob. Die Observ. bot. erschienen zuerst, daher bleibt für die hochwüchsige Pflanze der Name *H. saxatile* Jacq. bestehen[1]), wenn auch Jacquin selbst im Laufe der Zeit unter *H. saxatile* mehrere Sippen verstanden hat.

Das Wiener Herbarium enthält ein Exemplar mit der Bezeichnung »an sonnigen Kalkfelsen, von der Brühl bis zum Schneeberge«, welches durch nur 10 mm lange Hüllen mit nur breitlichen, spitzlichen Hüllschuppen abweicht und wohl einer eigenen Subspecies entspricht.

2. *Subsp. albomarginatum* (cult.) = ? *H. crassifolium* Schult., observ. (1809) p. 165. — Stengel bis 80 cm hoch, ziemlich schlank, in den oberen $^2/_3$ verzweigt, aphyllopod. Blätter am Stengel zahlreich, sehr allmählich decrescirend, lanzettlich, sehr spitz oder etwas zugespitzt, stark gesägt mit gekrümmten linealen Zähnen, untere gestielt, obere sitzend. Kopfstand lax rispig, gleichgipflig, vielköpfig, Akladium 35—45 mm, Strahlen 2. Ordnung ∞, dünn, etwas turbinat, Winkel 40—45°, Ordnungen 3—4. Hülle 12—13 mm lang, ± kuglig mit zuerst vorgezogener, dann gerundeter Basis; Schuppen breitlich, spitz-

1) In den Icon. pl. rar. wird für *H. saxatile* auch eine Stelle in den Miscellan. III citirt; wir kennen dieselbe nicht.

lich, schwärzlich, schmal weisslich gerandet. Bracteen ca. 10, obere genähert, kürzeste 1,5 mm lang. Haare an Hülle und Kopfstielen 0, am Stengel oben ebenso, unter dessen Mitte bis mässig zahlreich, hell, weich, 2—3 mm, auf den Blättern am Rande ziemlich reichlich, 0,5—1 mm, gegen die Basis hin reichlich, unterseits bis mässig zahlreich, 3—6 mm lang. Drüsen der Hülle zerstreut, sonst mangelnd. Flocken der Hülle zerstreut oder mässig, auf den Schuppenrändern sehr reichlich, an den Kopfstielen oben reichlich, abwärts bald verschwindend, auf den Stengelblättern unterseits zerstreut, sonst 0. Blüthen gelb, Griffel dunkel. Früchte schwarz, 3—3,3 mm lang.

1. *normale.* — Ist uns nur cultivirt bekannt. Wir erhielten es aus den botanischen Gärten von Göttingen, Karlsruhe, Padua und Prag. — Exsicc. 332.
2. *latiusculum.* Blätter länglich-lanzettlich. Hüllschuppen stumpflich, dunkel, hellrandig (aber nicht weisslich gerandet). — Küstenland: am Mt. Matajur bei Karfreit 1300 m (P.).

3. *Subsp. feliciense.* Stengel bis ca. 50 cm hoch, kräftig, in der oberen Hälfte (cult. tief hinab) verzweigt, phyllopod (cult. fast aphyllopod). Blätter in der Rosette wenige, gestielt, länglich-lanzettlich, etwas zugespitzt, spitz, entfernt gesägt mit sehr spitzen Zähnen; am Stengel zahlreich, breit-lanzettlich, zugespitzt, oft stärker gesägt, mit langen Zähnen, sehr allmählich decrescirend. Kopfstand lax rispig, (fast gleich- oder) etwas übergipflig, mehrköpfig, Akladium 30—50 mm, Strahlen 2. Ordnung ca. 3 (cult. ∞), dünn, nicht turbinat, Winkel 40—45°, Ordnungen 3—4. Hülle 10—11 mm lang, dick, cylindrisch mit gestutzter Basis, dann kuglig; Schuppen schmal, sehr spitz, schwärzlich, stark (cult. schmal-) hellrandig. Bracteen ca. 5, kürzeste 2 mm lang. Haare der Hülle fast mässig, schwarz, bis 1 mm, an den Caulomen 0, nur am Stengelgrunde zerstreut, auf den Blättern am Rande mässig, gegen die Basis und unterseits am Hauptnerv zerstreut, 2—3 mm lang. Drüsen der Hülle zerstreut, sonst 0. Flocken der Hülle zerstreut, auf den Schuppenrändern reichlich, an den Kopfstielen oben weisslich, abwärts vermindert, dann verschwindend, auf den Blättern 0, nur an den oberen, besonders am Rande, bis mässig zahlreich. Blüthen dunkelgelb, Griffel dunkel. Früchte schwarz, 2,7 mm lang.

1. *normale.* — Küstenland: Thäler Slatenik und Bosča bei Flitsch 450 m (P.), an der Parkmauer bei Tolmein (N.); Kärnten: Karlsteig bei Tarvis (P.).
2. *subintegrum.* Blätter lanzettlich, ganzrandig oder kaum etwas gezähnelt. Flocken am Stengel tief hinabgehend. Stengel im unteren Drittel behaart. Behaarung der Blätter bis 1,5 mm lang. Früchte hellbraun. — Küstenland: Thal Slatenik bei Flitsch (P.).

4. *Subsp. prediliense* (cult.). Stengel bis 35 cm hoch, sehr schlank, an der Spitze verzweigt, phyllopod. Rosettenblätter

wenige, gestielt, lanzettlich, entfernt-gesägt, spitz, derb, glancescirend; Stengelblätter ca. 8, allmählich decrescirend, untere gestielt, wie die Rosettenblätter, obere sitzend, lineal, ganzrandig. Kopfstand lax rispig, gleichgipflig, mehrköpfig (aber nur 2—3 Köpfchen voll entwickelt); Akladium 10—20 mm, Strahlen 2. Ordnung 3—6, etwas genähert, dünn, nicht turbinat; Winkel 45—50°, Ordnungen 2. Hülle 8,5—9 mm lang, oval mit gerundeter Basis; Schuppen etwas breitlich, spitzlich, dunkel, schmal hellrandig. Bracteen ca. 2 unter dem Köpfchen, 2 mm lang. Haare der Hülle zerstreut, dunkel, 0,5 mm, im Kopfstande mangelnd, am Stengel oben vereinzelt, abwärts bis ziemlich reichlich, weiss, weich, 3—4 mm, auf den Blättern oberseits 0, an Rand und Hauptnerv unterseits mässig oder ziemlich reichlich, weich. 2—3(—4) mm lang. Drüsen der Hülle vereinzelt, sonst 0. Flocken der Hülle ziemlich reichlich, Schuppenränder weisslich, Kopfstiele reichflockig, Stengel tief herab abnehmend-flockig, Blätter nackt, höchstens unterseits gegen die Basis spärlich-flockig. Blüthen sattgelb, Griffel kaum dunkler.

1. *normale.* — Kärnten: zwischen Tarvis und dem Predilpass (P.).

2. *calvius.* Haare der Hülle ziemlich reichlich, schwarz, bis 1 mm lang, an den Caulomen 0, auf den Blättern nur am Stiele bis mässig oder auch am Rande zerstreut, bis 2,5 mm lang. Griffel dunkel. — Kärnten: Karlsteig bei Tarvis (P.).

Beide Formen könnten auch als *H. porrifolium-silvaticum* angesehen werden.

V. ***Coriifolium*** (vgl. S. 53).

Subsp. coriifolium (cult.) = *H. saxatile* Hoppe in sched. — Stengel bis 50 cm hoch, schlank oder kräftig, in den oberen $^3/_4$ oder mehr verzweigt, aphyllopod. Blätter am Stengel bis 15, lanzettlich, spitz, gezähnt mit kurzen Zähnen, derb, sehr allmählich decrescirend. Kopfstand lax rispig, gleich- bis übergipflig, 6—25 köpfig, Akladium 40—75 mm, Strahlen 2. Ordnung 4—6, schlank, nicht turbinat, Winkel 40°, Ordnungen 3. Hülle 12—13 mm lang, kuglig, dann etwas niedergedrückt; Schuppen breitlich, spitzlich, schwärzlich, stark hellrandig. Bracteen bis 12, obere genähert, kürzeste 2 mm. Haare an Hülle und Kopfstielen 0, am Stengel oben ebenso, im unteren Theile desselben und am Blattgrunde bis mässig. Drüsen der Hülle zerstreut, sonst 0. Flocken der Hülle zerstreut, auf den Schuppenrändern sehr reichlich, an den Kopfstielen oben grau, abwärts an den Caulomen allmählich vermindert bis zum Grunde, auf den Blättern oberseits 0, unterseits zerstreut, am Hauptnerv bis ziemlich reichlich. Blüthen dunkelgelb, öfters wenig zungig, Griffel dunkel. Früchte schwarz?, 3 mm lang. — Kärnten: Heiligenblut (N.), Pasterze (Hpp.).

Verbreitung der Spec. illyricum.

Die hierhergehörigen Sippen sind fast alle im Gebiete der Spec. *porrifolium* verbreitet (Südtirol, Kärnten, Krain, Küstenland, Istrien,

Oesterreich, Siebenbürgen), nur *H. saxatile* bei Wien und eine Form der Westschweiz machen Ausnahmen. Für hybrid kann man jedoch mit Wahrscheinlichkeit nur wenige halten; manche sind uns überdies nur cultivirt bekannt.

8. Spec. **leiosoma**

= *porrifolium* — *umbellatum*.

Stengel bis 125 cm hoch, schlank bis dick, verschieden tief hinab verzweigt, aphyllopod. Stengelblätter zahlreich, meist lineal- oder schmal-lanzettlich, sehr spitz, gezähnt bis ganzrandig, glaucescirend, ± derb, allmählich decrescirend, sitzend. Kopfstand lax rispig, öfters mit Neigung zur Doldenbildung im oberen Theile, reichköpfig, gleich- oder etwas übergipflig; Akladium 25—80(—110) mm lang, Strahlen 2. Ordnung zahlreich, ± dünn oder schlank, obere zuweilen genähert, übrige ± entfernt, an der Spitze oft ± turbinat, Verzweigungswinkel 30—40(—50)°, Ordnungen 3—5. Hülle (8—)10—11(—13) mm lang, meist oval bis kuglig; Schuppen schmal oder etwas breitlich (selten breitlich), sehr spitz bis stumpf, grün bis schwarz, ± hellrandig. Bracteen am Akladium (5—)10—15, obere unter dem Köpfchen genähert, kürzeste 1—2 mm lang. Haare an Hülle und Caulomen, meist auch auf den Blättern, mangelnd oder nur am Blattgrunde spärlich. Drüsen meist 0. Flocken der Hülle gering entwickelt, gegen deren Basis reichlicher, sonst meist nur noch an den Kopfstielspitzen vorhanden, manchmal auch auf dem Blattrücken in geringer Menge. Blüthen verschieden gelb, Griffel meist dunkel. Früchte meist taub, die guten hellbraun bis schwarz, 2,8—3,8 mm lang.

Vorstehende Beschreibung umfasst eine Anzahl Pflanzen, die wahrscheinlich alle aus Sippen der Spec. *porrifolium* und *umbellatum* durch spontane Kreuzung hervorgegangen sind. Denn dieselben stellen sich ihren Merkmalen nach zwischen die genannten Hauptarten, ihre Früchte sind in mehreren Fällen steril, und das Vorkommen ist, wo es festgestellt werden konnte, immer ein sporadisches im Gebiete der beiden muthmasslichen Elterspecies; eine ist ein Gartenbastard.

1. *Subsp. leiosoma.* Stengel ca. 45 cm hoch (cult. viel höher), schlank, in der oberen Hälfte verzweigt. Stengelblätter ∞, schmal-lanzettlich-lineal, obere lineal, sehr spitz, gezähnt, etwas glaucescirend, sehr allmählich decrescirend. Kopfstand lax rispig (in Cultur oben ± doldig), gleichgipflig, vielköpfig, Akladium 35—75 mm, Strahlen 2. Ordnung ∞, schlank, oben turbinat, Winkel 50°, Ordnungen 3(—4). Hülle 8 mm (cult. 10—11,5) mm lang, kuglig; Schuppen schmal, spitz, grün, hellrandig (cult. dunkel, grünrandig). Bracteen 5—8, obere gedrängt, kürzeste 4—5 mm lang. Haare mangelnd, nur gegen die Basis der unteren Blätter sehr spärlich oder vereinzelt. Drüsen fehlen. Flocken der Hülle spärlich, nur gegen deren Basis zerstreut, an den Caulomen oben ziemlich reichlich, abwärts vermindert, tief hinabgehend oder bald verschwindend, auf dem Blattrücken 0 oder sehr spärlich. Blüthen gelb, Griffel dunkel.

α) genuinum.

1. *normale.* — Küstenland: Karfreit an Felsen neben der Flitscher Strasse ca. 300 m; Kärnten: Tarvis 750 m (P.).

In Cultur werden (abgesehen von der Grösse der Organe) die Blätter deutlich gezähnt, die Hülle grösser und dunkler, der Kopfstand oben doldig oder doch mit Neigung zur Doldenbildung. — Exsicc. 333.

2. *brevibracteum* (cult.). Kopfstand übergipflig. Hüllschuppen schwärzlich, hellrandig, mit vereinzelten Drüsen. Kürzeste Bracteen nur 1 mm lang. — Blätter lineal-lanzettlich, obere lanzettlich, spitz, sehr entfernt gezähnelt, gegen die Basis ganzrandig, Kopfstiele fast dünn, oben wenig turbinat. Hülle 10—10,5 mm lang, oval, dann fast kuglig. Flocken der Hülle zerstreut, auf den Schuppenrändern mässig, an den Kopfstielen nur ganz oben ebenso, abwärts verschwindend. Griffel hell. Früchte strohfarbig, taub. — Südtirol: Trient (N.).

β) exumbellatum (cult.). Blätter sehr klein-gezähnelt, am Rande etwas umgebogen. Kopfstand nicht doldig, mehrköpfig; Verzweigung tiefer herabgehend. Hüllschuppen stumpf, äusserste locker, dunkelgrün, etwas heller gerandet. — Haare mangeln, nur am Grunde der unteren Blätter zuweilen spärlich. Flocken der Hülle zerstreut, Kopfstiele und Blattrücken bis mässig-mehlig. Stengel bis 40 cm hoch. Kürzeste Bractee 2 mm lang. — Ein spontan im Münchener botanischen Garten aufgegangener Bastard von der Zusammensetzung *H. (porrifolium) longibracteum* 1. *normale* + *umbellatum normale.*

2. *Subsp. abortivum* (cult.). Stengel bis 80 cm hoch, schlank bis kräftig, tief hinab verzweigt. Stengelblätter ∞, lineal-lanzettlich, sehr spitz, entfernt schwach gezähnelt, glaucescirend, allmählich decrescirend. Kopfstand locker rispig, etwas übergipflig, sehr reichköpfig, aber meist nur bis 15 Köpfchen ausgebildet, die übrigen abortirend; Akladium 25—80 mm, Strahlen 2. Ordnung ∞, sehr verlängert, ziemlich dünn, nach oben etwas verdickt, Winkel ca. 30°, Ordnungen 4—5. Hülle 10,5—11 mm lang, ± kuglig; Schuppen etwas breitlich, spitz, dunkel, schmal heller gerandet. Bracteen 5—15, obere genähert, kürzeste 1,5—2 mm lang. Haare an Hülle und Kopfstielen 0, am Stengel oben ebenso, gegen die Basis zerstreut, auf den Blättern nur am Rande gegen die Basis zerstreut oder spärlich, hell, etwas steiflich, 2—3 mm lang. Drüsen fehlen. Flocken der Hülle zerstreut, am Grunde derselben bis ziemlich reichlich, an den Kopfstielen ganz oben zerstreut oder mässig, abwärts wie am Stengel 0, auf den Blättern oberseits in der Jugend zerstreut, später verschwindend, unterseits spärlich oder zerstreut, am Mittelnerv bis mässig, später nackter. Blüthen gelb, Griffel dunkel. — Küstenland: Görz (N.).

3. *Subsp. subumbellatum* (cult.). Stengel mehr als 50 cm hoch, ziemlich schlank, in der oberen Hälfte verzweigt. Stengelblätter ∞,

schmal-lanzettlich, sehr spitz, gesägt, etwas glaucescirend-sattgrün, allmählich decrescirend. Kopfstand oben doldig, abwärts rispig, ziemlich gleichgipflig, mehrköpfig; Akladium 75—80 mm, Strahlen 2. Ordnung in der Dolde ca. 5, darunter noch bis 10 zerstreut und ziemlich entfernt stehende, schlank, etwas turbinat; Winkel 35—40°; Ordnungen 3(—4). Hülle 10—11 mm lang, oval mit gerundeter Basis; Schuppen schmal, spitzlich, dunkel, grünrandig. Bracteen 8—10, obere genähert, kürzeste 1,5 mm lang. Haare an Hülle und Caulomen mangelnd, nur am unteren Theile des Stengels (bei jugendlichen Exemplaren) bis reichlich, hell, 3 mm, auf den oberen Blättern nur ganz am Grunde mässig, auf den unteren Blättern längs des ganzen Mittelnervs unterseits und am Rande mässig bis zerstreut, bis 2,5 mm lang. Drüsen der Hülle vereinzelt, sonst 0. Flocken der Hülle sehr spärlich, an den Kopfstielen nur dicht unter dem Köpfchen ziemlich reichlich, sonst 0. Blüthen gelb, Griffel gleichfarbig. — Küstenland: Görz (N.).

4. *Subsp. calocalycium.* Stengel bis 50 cm hoch (cult. höher), schlank, fast bis zum Grunde verzweigt. Stengelblätter ziemlich zahlreich, lineal, sehr spitz, ganzrandig, glaucescirend, allmählich decrescirend (in Cultur untere schmal-lanzettlich, gezähnelt oder gezähnt, obere lanzettlich-lineal). Kopfstand locker rispig, ziemlich gleichgipflig, 6—15 (cult. mehr-) köpfig, Akladium 25—50 mm, Strahlen 2. Ordnung bis 7 (cult. mehr), dünn, sehr verlängert, obere genähert, Winkel ca. 35°, Ordnungen 3—4. Hülle 10,5—11 mm lang, oval mit etwas vorgezogener, dann gerundeter Basis; Schuppen etwas breitlich, stumpf, dunkel, hellrandig. Bracteen ca. 15, obere gedrängt, kürzeste 1 mm lang. Haare[1]) und Drüsen fehlen. Flocken der Hülle fast 0 bis zerstreut, auf den Schuppenrändern mässig, sonst 0 (in Cultur an den Kopfstielen oben reichlich, abwärts vermindert, dann 0). Blüthen hellgelb, Griffel dunkel. Früchte hellbraun, 3,3—3,8 mm lang. — Küstenland: Görz (N.), Karfreit auf Felsen an der Strasse nach Flitsch (P.).

5. *Subsp. timaviense* = *H. australe* F. Schultz, herb. norm. nov. ser. No. 291 part. — Stengel ca. 60 cm hoch, schlank, im oberen ⅓ verzweigt, fast hypophyllopod. Stengelblätter zahlreich, schmal-lanzettlich, spitz, gesägt, kaum etwas glaucescirend, allmählich decrescirend. Kopfstand sehr locker rispig, gleichgipflig, vielköpfig, Akladium 60—80 mm, Strahlen 2. Ordnung ∞, entfernt, dünn, an der Spitze etwas verdickt, verlängert, Winkel 40°, Ordnungen 3—4(—5). Hülle 9—10 mm lang, cylindrisch mit etwas vorgezogener Basis, dann breiter, gestutzt; Schuppen etwas breitlich, spitz, dunkelgrün, hellgrün gerandet. Bracteen bis 8, obere genähert, kürzeste 1 mm lang. Haare und Drüsen mangeln. Flocken der Hülle zerstreut, an den Kopfstielen oben graulich, abwärts bald verschwindend. Blüthen gelb, Griffel dunkel. Früchte

1) Die in Cultur beobachteten unteren Blätter sind gegen die Basis ebenso wie der Stengel etwas behaart.

oft alle taub, gute schwarz, 2,8 mm lang. — Küstenland: Isonzothälchen und S. Mauro am Fusse des Valentinberges bei Görz 60—100 m (N.), am Isonzo bei Sulcano (Tmm.). — Exsicc. 334.

In Cultur geht eine grosse Veränderung mit der Pflanze vor sich. Sie wird durch Abtrocknen der meisten Blätter aphyllopod, der untere Theil des Stengels von den verwelkten Blattresten eingehüllt. Der obere Theil ist stark verzweigt, Stengel und Aeste kräftig, letztere gegen die Stengelspitze hin mit Neigung zur Doldenbildung; das Akladium eher länger; Hülle 10—12 mm lang, bald kuglig, ihre Schuppen schwarzgrün und dunkelgrün gerandet; Stengel unten reichlich behaart; Blätter mehr lanzettlich, mehr buchtig gezähnt oder gezähnelt, am Hauptnerv unterseits bis reichhaarig, jüngste namentlich am Rande reichlich-, auf der Fläche bis mässig-flockig.

6. *Subsp. melanocalyx* (cult.). Stengel ca. 60 cm hoch, schlank, in den oberen $^2/_3$ verzweigt. Stengelblätter ziemlich zahlreich, zerstreut, lanzettlich, sehr spitz, entfernt-sehr klein gezähnelt, glaucescirend, etwas derb, sehr allmählich decrescirend, mit schmaler Basis sitzend. Kopfstand sehr lax rispig, gleichgipflig, vielköpfig, Akladium 40—50 mm, Strahlen 2. Ordnung ziemlich zahlreich, fast dünn, oben nicht angeschwollen, ± entfernt, Winkel 30—40°, Ordnungen 3(—4). Hülle 11 mm lang, kuglig; Schuppen breitlich, stumpf bis spitzlich, schwarz, verschwommen heller gerandet. Bracteen bis 10, obere genähert, kürzeste 1,5 mm lang. Haare überall 0, oder an der Hülle vereinzelt, dunkel, 0,5 mm lang. Drüsen fehlen. Flocken der Hülle zerstreut, an deren Basis etwas reichlicher, an den Kopfstielen ganz oben mässig zahlreich, abwärts bald verschwindend. Blüthen lebhaft gelb, Griffel sehr dunkel. Früchte? — Kam nach München aus dem Wiener botanischen Garten.

7. *Subsp. trochocephalum* (cult.). Stengel bis ca. 1 m hoch, dick, tief hinab verzweigt. Stengelblätter ∞, lanzettlich, spitz, schwach gezähnelt oder etwas gesägt, glaucescirend, derb, ziemlich breit sitzend, sehr allmählich decrescirend. Kopfstand sehr lax rispig, ziemlich gleichgipflig, mit Neigung zur Doldenbildung, vielköpfig, Akladium 70—110 mm, Strahlen 2. Ordnung ∞, ± entfernt, schlank, oben stark verdickt, Winkel 30—35°, Ordnungen 3. Hülle 12—13 mm lang, etwas oval mit vorgezogener Basis, dann kuglig; Schuppen schmal, sehr spitz, schwarz, wenig heller gerandet. Bracteen 10—12, obere gedrängt, kürzeste 2,5—3 mm lang. Haare der Hülle zerstreut, schwarz, bis 1 mm, sonst mangelnd. Drüsen der Hülle fast mässig zahlreich, sonst 0. Flocken der Hülle fast 0, gegen die Basis derselben bis mässig, an den Kopfstielen ganz oben zerstreut, abwärts 0. Blüthen sattgelb, Griffel etwas dunkel. Früchte meist taub. — Kommt aus dem botanischen Garten von Göttingen.

9. Spec. **leiocephalum Bartl.** ap. Grisebach comment. (1852) p. 72. == *porrifolium — sabaudum.*

Dazu möglicherweise *H. australe* Fr. (siehe S. 53) und *H. glaucum b. Facchinii* Rchb. f., Deutschl. Fl. XIX (1860) p. 116 tab. 206. — Stengel bis 80 cm hoch, schlank oder kräftig, höchstens bis zur Mitte herab, meist nur im oberen $^1/_3$ verzweigt, phyllopod, hypophyllopod oder aphyllopod. Blätter ansehnlich, zahlreich, lanzettlich oder breit-lanzettlich bis länglich, spitz, gezähnelt bis scharf gesägt, etwas derb oder weich, ± glaucescirend, untere gestielt, obere sitzend, allmählich decrescirend. Kopfstand lax rispig, gleichgipflig, 4—8 (— ∞) köpfig; Akladium 25—55 (—90) mm lang, Strahlen 2. Ordnung (2—) 3—7 (— ∞), schlank oder dünn, an der Spitze nicht oder nur wenig verdickt, entfernt; Verzweigungswinkel 35—50°, Ordnungen 2—4 (—5). Hülle 10—12 mm lang, dick cylindrisch oder kuglig; Schuppen breit bis breitlich (selten schmal), stumpf, grün, heller gerandet. Bracteen am Akladium 6—8, obere genähert, kürzeste 1 mm lang. Haare an Hülle und Kopfstielen meist 0, am Stengel ebenso oder gegen die Basis hin bis reichlich, auf den Blättern oberseits 0 oder gegen den Rand zerstreut, unterseits wenigstens am Mittelnerv mässig bis reichlich, weich, 2—5 mm lang. Drüsen der Hülle spärlich oder 0, selten mässig zahlreich, an den Caulomen meist fehlend. Flocken der Hülle oben gering, gegen deren Basis bis reichlich entwickelt, an den Caulomen oben ebenso, abwärts vermindert, auf den Blättern oberseits 0, unterseits öfters ± zerstreut. Blüthen ± gelb, Griffel dunkel. Früchte schwarz (bis roth), 3—4,5 mm lang.

Diese Species, vom Aussehen einer Accipitrine, verbindet stumpfe, grüne, kahle Hüllschuppen mit reich beblättertem hohem Stengel, ± glaucescirenden Phyllomen und lax rispigem Kopfstande. Sie stellt sich demnach zwischen die Spec. *porrifolium* und die zu der Gruppe von *H. sabaudum* gehörigen Hieracien, deren Grenzen sie in keinem Falle überschreitet. An manchen Orten kommt die Hauptform in grosser Individuenzahl vor, auch an Stellen, wo eine der Hauptarten oder beide mangeln. Hybridität darf also durchaus nicht angenommen werden. Dieselbe ist nur in einem Falle, bei *H. pseudoboreale*, möglich, wo ein einzelnes Exemplar im Gebiete der vermeintlichen Eltern gefunden wurde; und diese Pflanze sieht anders aus als die übrigen hier zusammengestellten Sippen.

1. *Subsp. nudatum Rochel* = *H. polyphyllum var. nudatum* Roch. in sched. — Stengel bis ca. 40? cm hoch, kräftig, in der oberen Hälfte verzweigt, phyllopod. Blätter in der Rosette wenige, undeutlich gestielt, etwas länglich-lanzettlich, spitzlich bis spitz, entfernt-gezähnelt, derb, glaucescirend; Stengelblätter zahlreich, sehr langsam decrescirend, sitzend, obere mehr elliptisch. Kopfstand lax rispig, etwas übergipflig, bis 8 köpfig; Akladium 35—45 mm; Strahlen 2. Ordnung bis 5, dick, turbinat, Winkel ca. 30°, Ordnungen 3. Hülle 14—16 mm lang, niedergedrückt-bauchig; Schuppen sehr breit, zugespitzt,

stumpf, dunkel, heller gerandet. Bracteen ca. 5, kürzeste 4 mm lang. Haare der Hülle spärlich, schwarz, 1 mm, an den Caulomen 0, nur am Stengelgrunde spärlich, auf den Blättern nur am Rande und Hauptnerv unterseits spärlich bis zerstreut, weich, 2—3 mm lang. Drüsen der Hülle spärlich, sonst 0. Flocken der Hülle zerstreut, an den Kopfstielen oben mässig, abwärts vermindert, sonst 0. Blüthen hell? gelb, Griffel etwas dunkel. Früchte schwarz, 4,5 mm lang. — Karpathen: wo? leg. Rochel.

2. *Subsp. leiocephalum Bartl.* l. c. et in sched. = *H. australe* F. Schultz, herb. norm. nov. ser. No. 291 part. — Stengel bis 80 cm hoch, schlank, im oberen ⅓ verzweigt, phyllopod, hypophyllopod oder aphyllopod. Blätter: untere länglich-lanzettlich (auch länglich), spitz, gezähnelt oder gezähnt (auch fast ganzrandig), spitz, gestielt, etwas derb, glaucescirend, äusserster Rand nach unten ein wenig umgebogen; am Stengel zahlreich, lanzettlich bis länglich, sitzend, allmählich decrescirend. Kopfstand lax rispig, gleichgipflig, 4—20köpfig, Akladium 40—90 mm, Strahlen 2. Ordnung 3—6, sehr schlank, oben ein wenig turbinat, Winkel 35—50°, Ordnungen 3—4(—5). Hülle 10—12 mm lang, dick cylindrisch mit gerundeter Basis, dann kuglig; Schuppen breit bis breitlich, stumpf, grün, an den Spitzen oft roth, heller gerandet. Bracteen 6—8, obere genähert, kürzeste 1 mm lang. Haare der Hülle vereinzelt oder sehr spärlich, dunkel, bis 1 mm, an den Caulomen 0, auf der Blattoberseite ebenso, unterseits am Hauptnerv mässig bis ziemlich reichlich, weich, 3—5 mm lang. Drüsen der Hülle vereinzelt oder sehr spärlich, sonst 0. Flocken der Hülle sehr spärlich bis mässig, an den Kopfstielen nur ganz oben zerstreut, abwärts 0, oder oben bis reichlich und nach abwärts vermindert, am Stengel 0, auf den Blättern 0, selten unterseits oder doch am Mittelnerv zerstreut. Blüthen gelb, Griffel dunkel. Früchte schwarz, 3—3,3 mm lang. — Kärnten: Pontebanathal bei Pontafel 570—620 m (P.); Krain: Veldes hinter dem Wocheiner See 650 m (N.), Idria (Doll.); Karst: Grube Parcedol (N.); Küstenland: von der Flitscher Klause durch das ganze Isonzothal bis Görz überall 60—600 m (N., P., Tmm., Hll., Bartl.). — Exsicc. 335.

Es wechseln: Schuppenbreite, Kopfgrösse, Blattform, Blattrand, Hüllenfarbe, Beflockung der Caulome; manchmal begegnet man Exemplaren mit äusserst armflockiger Hülle, aber es gibt alle Uebergänge zu mehrflockigen.

Schon in freier Natur kommen öfters sehr dunkelschuppige Individuen vor, mitten unter den gewöhnlichen hellschuppigen, in Cultur werden die Hüllen meistens, besonders gegen die Schuppenspitzen hin, sehr dunkel grün.

3. *Subsp. carstiense.* Stengel bis 50 cm hoch, kräftig, im oberen ⅓ verzweigt, hypophyllopod oder phyllopod. Blätter: untere sehr gross, breit-lanzettlich, gesägt-gezähnt, etwas glaucescirend; am Stengel zahlreich, breit-lanzettlich, obere klein, fast ganzrandig, allmählich decrescirend; Internodien in der Stengelmitte am kürzesten. Kopfstand lax

rispig, gleichgipflig, 4—8köpfig, Akladium 30—55mm, Strahlen 2. Ordnung 4—7, schlank, oben nicht verdickt, Winkel 50°, Ordnungen 2—3. Hülle 10—11 mm lang, kuglig; Schuppen breitlich, stumpf, grün (kommt auch sehr dunkel vor). Bracteen bis 6, kürzeste 1mm lang. Haare an Hülle, Caulomen und Blattoberseite mangelnd, auf den Blättern unterseits zerstreut, am Hauptnerv mässig, am Rande gegen die Basis hin zerstreut, weich, 1—3mm lang. Drüsen fehlen. Flocken der Hülle spärlich, gegen deren Basis ziemlich reichlich, an den Kopfstielen oben mässig, abwärts vermindert, am Stengel zerstreut, auf den unteren Blättern 0, auf den mittleren und oberen unterseits oder nur an Rand und Mittelnerv zerstreut. Blüthen hellgelb, Griffel dunkel. Früchte schwarz, 3mm lang. — Karst: Grube Parcedol 460m (N.); Küstenland: am Mt. Matajur bei Karfreit ca. 1300m (P.).

Untere Blätter sehr gross, folgende allmählich decrescirend, dann Internodien rasch an Länge abnehmend und ihre Blätter plötzlich kleiner, von hier ab letztere bei wieder zunehmender Internodienlänge klein bleibend.

4. *Subsp. dragicola.* Stengel bis 60cm hoch, schlank, in der oberen Hälfte verzweigt, hypophyllopod. Blätter zahlreich (untere sehr lang), lanzettlich, spitz, scharf gesägt, etwas glaucescirend-hellgrün, allmählich decrescirend. Kopfstand sehr locker (traubig oder) rispig, gleichgipflig, ca. 10—∞köpfig, Akladium 25mm, Strahlen 2. Ordnung (2—)7—∞, dünn, oben nicht verdickt, Winkel 35—45°, Ordnungen 2(—3). Hülle 11mm lang, dick cylindrisch mit gestutzter Basis; Schuppen breit, stumpf, dunkel oder grün, hellgrün gerandet. Bracteen? Haare an Hülle und Kopfstielen 0, am Stengel oben spärlich, unter der Mitte bis reichlich, 2—4mm, auf den Blättern am Rande mässig, 1—2mm, unterseits zerstreut oder spärlich, am Hauptnerv ziemlich reichlich, 2—3mm lang. Drüsen der Hülle mässig, an den Caulomen oben zerstreut, abwärts allmählich vermindert. Flocken der Hülle zerstreut, gegen deren Basis bis ziemlich reichlich, an den Kopfstielspitzen ebenso, abwärts an den Caulomen bis zum Grunde vermindert, auf den Blättern 0. Blüthen gelb, Griffel dunkel. Früchte roth, zum Theile taub, 4—4,5mm lang. — Karst: Draga d'Orleigh 460m (N.).

Verhält sich bezüglich Beblätterung und Internodienlänge wie *H. carstiense.* — In Cultur sind alle Caulome behaart, Haare oben mässig zahlreich, steif, abwärts bis reichlich, auch die Hülle etwas behaart; Akladium bis 100mm; Hülle sehr breit, etwas niedergedrückt.

5. *Subsp. pseudoboreale.* Stengel 75cm hoch, schlank, im oberen 1/6 verzweigt, aphyllopod. Blätter zahlreich, lanzettlich, spitz, obere länglich, sehr entfernt gezähnelt, mit etwas umgebogenem Rande, weich, etwas glaucescirend, allmählich decrescirend. Kopfstand lax rispig, ziemlich gleichgipflig, ca. 6köpfig, Akladium ca. 40mm, Strahlen 2. Ordnung 3, dünn, oben etwas turbinat, Winkel 45°, Ord-

nungen 3. Hülle 10—11 mm lang, kuglig; Schuppen schmal, stumpf, grün. Bracteen ca. 6, kürzeste 1 mm lang. Haare an Hülle und Kopfstielen 0, Stengel oben von mässig zahlreichen Haarpostamenten rauh, abwärts ziemlich reichlich weichhaarig, Haare 2 mm, auf den Blättern oberseits, besonders gegen den Rand hin, zerstreut, unterseits mässig, 1 mm, am Hauptnerv reichlich, 2—3 mm lang, an der Blattbasis sehr zahlreich. Drüsen der Hülle spärlich, sonst 0. Flocken der Hülle oben mässig, abwärts reichlich, an den Caulomen oben ebenso, abwärts allmählich vermindert, nur auf den oberen Blättern unterseits zerstreut, auf den übrigen 0. Blüthen? Früchte kastanienbraun, 3,3 mm lang. — Küstenland: im Isonzothälchen bei Görz 60 m (N.).

10. Spec. **sanctum**

= *leiocephalum — glaucum*

= *H. leiocephalum* Rchb. f., Deutschl. Fl. XIX (1860) p. 117 tab. 210 fig. 1. — Stengel bis 40 (— 70) cm hoch, schlank, im oberen 1/3 verzweigt, phyllopod. Rosettenblätter mehrere, lanzettlich, sehr spitz, ganzrandig oder entfernt gezähnelt, ± gestielt, derb, glauk; Stengelblätter 10—12, lanzettlich, allmählich decrescirend. Kopfstand lax rispig, gleichgipflig, etwas sparrig, 6—10 köpfig, Akladium 35—55 (—90) mm lang, Strahlen 2. Ordnung 2—5, etwas entfernt, ziemlich dünn, etwas turbinat, Verzweigungswinkel 45—50°, Ordnungen 2(—3). Hülle 11 (—13) mm lang, oval, dann kuglig; Schuppen breit, stumpf, schwärzlichgrün, breit heller gerandet. Bracteen am Akladium 10—12, obere gedrängt, kürzeste 1 mm lang. Haare mangelnd, nur an den untersten Blättern gegen die Basis kaum mässig zahlreich. Drüsen fehlen. Flocken der Hülle mässig, gegen deren Basis reichlich (unten grau), an den Kopfstielen oben grau, abwärts bald verschwindend, sonst 0. Blüthen etwas hell gelb, Griffel dunkel. Früchte hellbraun, die meisten taub, 3,3 mm lang. — Küstenland 100—500 m: Mt. Santo bei Görz, zwischen Woltschach und Canale, hinter Canale an einer Mauer, mit stark gezähnten Blättern bei Tolmein an der Parkmauer (N.).

Vom Habitus des *H. leiocephalum*, unterscheidet sich aber von demselben leicht durch den phyllopoden Wuchs, zahlreiche Bracteen des Akladiums, Drüsenmangel und helle Fruchtfarbe. Die Pflanze steht ihren Merkmalen nach zwischen *H. leiocephalum* und *H. turbinatum*, wenn auch ersterem näher, vermehrt sich in Cultur gut auf vegetativem Wege, bildet aber meist taube Früchte. Da sie bei Görz an mehreren Stellen in nicht ganz geringer Menge beobachtet wurde, so bleibt die sonst naheliegende Vermuthung ihrer Hybridität noch zu erweisen.

Zuweilen ist die Pflanze tiefer hinab verzweigt, die Aeste sind verlängert, die Köpfchenhüllen bis 13 mm lang; oder sie ist fast aphyllopod; oder die Blätter sind entfernt-buchtig-gezähnt. In Cultur wird sie viel höher, dem *H. leiocephalum* habituell sehr ähnlich, tiefer und reicher verzweigt.

An verschiedenen Orten des Isonzothales wurde auch eine dem *H. turbinatum* nahestehende Form beobachtet, möglicherweise ein zurückkehrender Bastard = *H. sanctum — turbinatum*, von der eine Beschreibung folgen möge:

H. turbinatiforme. Stengel bis 40 cm hoch, dünn, bis zur Mitte herab verzweigt, phyllopod oder hypophyllopod. Rosettenblätter zahlreich, schmal-lanzettlich, sehr spitz, entfernt gezähnelt, glauk, ziemlich derb; Stengelblätter 4(— 10), rasch decrescirend, fast lineal, ganzrandig. Kopfstand lax rispig, gleichgipflig, bis 10köpfig, Akladium 15—60 mm lang, Strahlen 2. Ordnung 2—5, entfernt, dünn, turbinat, Winkel 45—60°, Ordnungen 3. Hülle 10—12 mm lang, oval mit vorgezogener Basis; Schuppen schmal, stumpflich bis spitz, schwärzlich, hellrandig. Bracteen 8—12, obere gedrängt, kürzeste 1 mm lang. Haare nur auf den Schuppenspitzen mässig zahlreich, 0,5 mm, am Grunde der Rosettenblätter spärlich, bis 3 mm lang, sonst mangelnd. Drüsen 0. Flocken an Hülle und Kopfstielspitzen ziemlich reichlich, sonst mangelnd. Blüthen hellgelb, Griffel dunkel. Früchte hellbraun, viele derselben taub, 3 mm lang. — Küstenland: an den Abhängen des Isonzo 55 m und am Mt. Santo bei Görz 100—400 m (N.), Karfreit auf Felsen an der Strasse nach Flitsch, Thal Slatenik bei Flitsch (P.).

Unterscheidet sich von *H. turbinatum* namentlich durch schmälere, minder breit gerandete Hüllschuppen, kürzeres Akladium, weniger sparrigen Kopfstand, minder tief herabreichende Verzweigung, Drüsenmangel, helle Früchte.

11. Spec. **sparsiramum**

= *bupleuroides — glabratum* resp. *villosum.*

Stengel ca. 26 cm hoch, dicklich, bis zum Grunde verzweigt, phyllopod. Rosettenblätter einige, äussere schmal-lanzettlich, sehr spitz, gezähnt, innere lineal, ganzrandig, glauk, dicklich; Stengelblätter 5, lanzettlich, schmal sitzend, lang zugespitzt, ganzrandig, allmählich decrescirend. Kopfstand gablig, sparrig, etwas untergipflig, 6 köpfig (die beiden unteren abortirt); Akladium 110 mm lang; Strahlen 2. Ordnung 5, entfernt, schlank, oben nicht verdickt; Verzweigungswinkel 60°; Ordnungen 2. Hülle 13—14 mm lang, niedergedrückt-kuglig; Schuppen etwas breitlich, sehr spitz, schwärzlich, schmal hellrandig. Bracteen am Akladium ca. 5, untere blattartig, kürzeste 3 mm lang. Haare der Hülle ziemlich reichlich, hell, 1—1,5 mm lang, sonst 0. Drüsen mangeln. Flocken der Hülle spärlich, auf den Schuppenrändern reichlich, an den Kopfstielen nur ganz oben reichlich, abwärts bald 0, sonst fehlend. Blüthen dunkelgelb, Griffel dunkel. Früchte hellbraun, 3 mm lang.

An *H. inulifolium* schliesst sich diese bisher nur in einem Exemplar beobachtete Pflanze an (Benedictenwand bei Tölz in den Bayerischen Alpen), welche dessen Merkmale mit solchen der Spec. *villosum* vereinigt. Man glaubt, in *H. sparsiramum* ein *H. inulifolium — glabratum* vor sich zu haben; aus der mitgetheilten Beschreibung ist dies deutlich ersichtlich. Vielleicht ist es in der That ein Bastard der genannten Sippen, die beide in den bayerischen Alpen gefunden werden. Da die Combination *bupleuroides — villosum* resp. *bupleuroides — glabratum* ein Seitenstück zu dem oben aufgeführten *H. oligodon* sein würde, so sei die Pflanze der Beobachtung empfohlen.

Zugleich fügen wir die Beschreibung einer anderen Pflanze hinzu, welche ihren Merkmalen nach ebenfalls zwischen *H. bupleuroides* und *villosum* vermittelt, uns jedoch leider wie die vorhergehende nur in einem Stück bekannt ist:

Subsp. bactiacense = *H. bupleuroides* Fries, Hier. europaea exsiccata No. 51 part. — Stengel ca. 25 cm hoch, dünn, im oberen ⅓ verzweigt, phyllopod. Rosettenblätter wenige?, fast lineal, sehr spitz, fast ganzrandig, glauk, steiflich; Stengelblätter ca. 5, lineal, allmählich decrescirend. Kopfstand hochgablig, 3köpfig, Akladium ca. 40 mm, Strahlen und Ordnungen 2. Hülle ca. 13 mm lang, kuglig; Schuppen breitlich, spitz, schwärzlich, sehr schmal hellrandig. Bracteen ca. 4, pfriemlich, kürzeste 3 mm lang. Haare der Hülle reichlich, hell, 2—3 mm, an den Kopfstielen oben zerstreut, hell mit schwarzem Fuss, 1—2 mm lang, sonst 0. Drüsen mangeln. Flocken der Hülle sehr spärlich, gegen deren Basis mässig, an den Kopfstielen oben zerstreut, abwärts bald verschwindend, sonst 0. Blüthen gelb, Griffel hell. Früchte? — Wallis: Anzeindaz über Bex (Lgg.).

12. Spec. **glaucoides Muellner**
in Beck, Flora von Hernstein (1884) p. 271 tab. 7 fig. 2, b.
= *H. bupleuroides — prenanthoides*.

Stengel 28—40 cm hoch, schlank, steif, gestreift, vom unteren ⅓ ab verzweigt, hypophyllopod. Grundständige Blätter zur Blüthezeit vertrocknet; stengelständige ca. 7—9, sehr langsam decrescirend, untere länglich-lanzettlich, in den Grund verschmälert, obere eiförmig-lanzettlich, mit breiter runder Basis sitzend, alle glauk, derb, spitz, ganzrandig, am Rande oft wellig. Kopfstand sehr locker rispig, grenzlos, gleichgipflig, ca. 5 bis 7köpfig; Akladium 22—40 mm lang; Strahlen 2. Ordnung 4(—5), schlank, entfernt; Verzweigungswinkel 35—40°, Ordnungen 2(—3). Hülle 11,5 mm lang, eiförmig mit gerundeter Basis; Schuppen breitlich, spitz, dunkel, breit grünrandig, äussere locker oder etwas abstehend. Bracteen am Akladium 2—3, untere zuweilen blättchenartig, kürzeste 5 mm lang. Haare der Hülle mässig zahlreich, hell mit dunklem Fuss, an den Caulomen und Blättern mangelnd, nur am Mittelnerv des Rückens der unteren Blätter zerstreut, weich, 2 mm, und zuweilen auch am Rande derselben gegen die Basis vereinzelt. Drüsen der Hülle zerstreut[1]), kaum auf die Kopfstielspitzen übergehend, sonst 0. Flocken der Hülle kaum mässig zahlreich, Kopfstielspitzen weisslichgrau, von hier die Flockenzahl rasch vermindert, Caulome abwärts bald wie die Blätter beiderseits nackt. Blüthen gelb, Zähnchen etwas gewimpert, Griffel dunkel. Früchte?

1) Muellner gibt drüsentragende Haare nicht an.

Dieser Beschreibung liegen zwei im Besitze des Autors befindliche Exemplare vom Wiener Schneeberg zu Grunde (Heuplagge ca. 1600 m, leg. Muellner 8. August 1881). Dieselben weisen unverkennbar auf eine Stellung der Pflanze zwischen den Spec. *bupleuroides* und *prenanthoides* hin. An *H. bupleuroides* erinnern Kopfbau, Beblätterung des Stengels, glauke Blattfarbe und Indument, an *H. prenanthoides* Drüsenbekleidung der Hülle, Wimperung der Blüthen, Form und breite Insertion der Blätter, sowie das Abtrocknen der Grundblätter zur Blüthezeit; die Verzweigung hält etwa die Mitte.

Da die Pflanze nur in wenigen Exemplaren angetroffen wurde, so liegt die Vermuthung der Hybridität nahe; sie hält sich etwa intermediär zwischen den beiden Hauptarten. Aber es sind an den uns vorliegenden Exemplaren keine Früchte vorhanden, und auch der Autor macht a. a. O. keine Angabe über dieselben, so dass bezüglich der Fruchtbarkeit nichts bekannt ist. Auf dem Schneeberge sind beide Hauptarten vertreten.

Eine andere der Combination *bupleuroides — prenanthoides* entsprechende Pflanze ist *H. orthophyllum* Beck, Fl. Hernst. p. 272 tab. 6. Dieselbe steht indessen dem *H. prenanthoides* viel näher und wird erst weiter unten im Anschluss an diese Species behandelt werden.

13. Spec. **virgicaule**
= *bupleuroides — umbellatum.*

Stengel bis 80 cm hoch, kräftig, im oberen $^1/_3$ verzweigt, aphyllopod. Blätter zahlreich, sehr langsam decrescirend, lanzettlich, spitz, ± gesägtgezähnt, am Rande etwas umgeschlagen, sitzend, ± derb, glaucescirend. Kopfstand rispig oder oben doldig, locker, ziemlich gleichgipflig, mehrköpfig, Akladium 20 — 50 mm lang, Strahlen 2. Ordnung zahlreich, schlank, an der Spitze ± turbinat, Verzweigungswinkel 30 — 40°, Ordnungen 3(—4). Hülle 11—12,5 mm lang, späterhin ± kuglig; Schuppen breitlich, stumpf oder spitzlich, dunkel, heller gerandet, äussere etwas abstehend oder doch locker. Bracteen am Akladium 4—7, obere genähert, kürzeste 1,5 — 2 mm lang. Behaarung fast mangelnd. Drüsen 0 oder zerstreut und klein. Beflockung sehr gering oder auf dem Blattrücken bis mässig. Blüthen gelb, Griffel dunkel. Früchte kastanienbraun bis fast schwarz, viele unfruchtbar, ± 3 mm lang.

Wir cultiviren seit längerer Zeit 2 aus anderen botanischen Gärten zu uns gelangte Pflanzen, die ihren Merkmalen nach sich zwischen die Spec. *bupleuroides* und *umbellatum* stellen. Habituell nähern sie sich der Spec. *pseudobupleuroides*, unterscheiden sich aber von derselben nicht nur durch die Neigung des Kopfstandes zur Doldenbildung, sondern namentlich durch die ± abstehenden äusseren Schuppen der einem turbinaten Stiele aufsitzenden Köpfchenhüllen. Die Blattränder sind in ganz ähnlicher Weise ein wenig nach unten umgeschlagen, wie bei Spec. *umbellatum*. Mit den meist zarteren und schlanker gebauten *leiosoma*-Formen können diese Pflanzen nicht zusammengestellt werden, weil sie breitere und immer gezähnte Blätter mit gedrungenerem, viel mehr an *H. bupleuroides* erinnerndem Wuchs vereinigen. Die theilweise Sterilität der Früchte weist darauf hin, dass die unter der Bezeichnung *virgicaule* stehenden Pflanzen hybriden Ursprunges sein mögen.

1. *Subsp. virgicaule* (cult.). Stengel bis 60 cm hoch, kräftig, meist nur im oberen Drittel verzweigt, aphyllopod. Stengelblätter zahlreich, lanzettlich, mit schmaler Basis sitzend, sehr langsam decrescirend, spitz, entfernt gesägt-gezähnt, glaucescirend, etwas derb. Kopfstand rispig, nach abwärts sehr locker, etwas übergipflig, mehrköpfig, Akladium 20—30 mm, Strahlen 2. Ordnung bis 12, obere genähert, untere ziemlich entfernt, schlank, etwas turbinat, Winkel ca. 40°, Ordnungen 3(—4). Hülle 11—12,5 mm lang, eiförmig, dann fast kuglig; Schuppen breitlich, stumpf, dunkel, hellrandig, äussere locker oder etwas abstehend. Bracteen 4—6, obere genähert, kürzeste 1,5 mm. Haare ausser am Blattgrunde und gegen die Stengelbasis mangelnd. Drüsen fehlen. Flocken der Hülle sehr spärlich, nur an den Schuppenrändern mässig, an den Kopfstielspitzen ziemlich reichlich, sonst 0. Blüthen gelb, Griffel schwärzlich. Früchte kastanienbraun, 3,3 mm lang, theilweise steril. — Aus dem botanischen Garten von Pavia, auch seit alter Zeit im Münchener Garten cultivirt. — Exsicc. 336.

2. *Subsp. odontophyllum* (cult.). Stengel bis 80 cm hoch, kräftig, gegen die Spitze verzweigt, aphyllopod. Stengelblätter zahlreich, sehr allmählich decrescirend, lanzettlich, spitz, untere mit langen krummen Zähnen, obere bis ganzrandig, derb, glaucescirend, mit breiter Basis sitzend. Kopfstand oben ± doldig, abwärts rispig, locker, ± gleichgipflig, mehrköpfig, Akladium 30—50 mm lang, Strahlen 2. Ordnung zahlreich, obere gedrängt oder sehr genähert, untere locker stehend, schlank, an der Spitze turbinat, Winkel 30—40°, Ordnungen 3. Hülle 11—12 mm lang, kuglig; Schuppen breitlich, ± spitzlich, dunkelgrün, heller gerandet, äussere locker. Bracteen 4—7, kürzeste ca. 2 mm lang. Haare der Hülle spärlich, dunkel, bis 1 mm, an der Basis der unteren Blätter und am Stengelgrunde ebenso, länger, sonst fehlend. Drüsen der Hülle zerstreut, klein, sonst 0. Flocken der Hülle fast 0, an den Caulomen oben Filz bildend, abwärts allmählich vermindert bis zum Grunde, auf den Blättern oberseits 0, an Rand und Nerven unterseits ziemlich zahlreich, sonst auf der Fläche zerstreut. Blüthen gelb, Griffel dunkel. Früchte tief schwarzbraun, knapp 3 mm lang, die meisten unfruchtbar. — Aus dem botanischen Garten von Wien. — Exsicc. 337.

Es gibt ferner eine Pflanze, welche zwischen *H. Tatrae* und Spec. *umbellatum* vermittelt und dem ersteren näher steht; sie wurde von Uechtritz im Waagthal gesammelt (vgl. S. 23). Da sie uns in nur einem unvollständigen Exemplare zugänglich wurde, so müssen wir uns mit ihrer Erwähnung begnügen.

14. Spec. **pseudobupleuroides**

= *bupleuroides — sabaudum*.

Dazu *H. graminifolium γ. polyphyllum* [1]) et *δ. rigidum* [2]) Froel. in DC. Prodr. VII (1838) p. 219 = *H. polyphyllum* Willd., enum. suppl. p. 54 sec. Spreng., syst. veg. III (1816) p. 644 et Koch synops.; Hegetschw., Fl. d. Schweiz (1840) p. 793. — Stengel hochwüchsig, bis ca. 80 cm hoch, meist nur gegen die Spitze hin, seltener bis zum unteren ¹/₃ herab verzweigt, kräftig oder dick, aphyllopod. Blätter zahlreich, untere meist etwas gestielt, übrige mit verschmälerter Basis sitzend, schmal- bis länglich-lanzettlich, spitz, entfernt-gezähnelt bis scharf gesägt, ± derb, glaucescirend bis glauk, ganz allmählich decrescirend, mit unterseits ± stark hervortretenden Nerven. Kopfstand sehr locker rispig, gleich- bis übergipflig, zuweilen mit Neigung zur Doldenbildung, (6—)10—∞ köpfig, Akladium (15—)25—60 mm lang, Strahlen 2. Ordnung (3—)6—∞, obere ± genähert oder locker, übrige ± entfernt, schlank bis dicklich, an der Spitze sehr wenig angeschwollen, Verzweigungswinkel 30—40(—50)°, Ordnungen 2—3(—4). Hülle (10—)12—15 mm lang, kuglig, später oft ± niedergedrückt; Schuppen breit oder breitlich, öfters etwas zugespitzt, spitz bis stumpf, dunkelgrün bis schwärzlich, heller gerandet. Bracteen am Akladium (1—)4—9, kürzeste (2—)4—6 mm lang. Behaarung der Hülle gering, kurz, hell oder dunkel, an den Caulomen wenigstens oben 0, gegen die Basis oft bis ziemlich reichlich, auf den Blättern unterseits und am Rande verschieden zahlreich, weich, höchstens 6 mm lang. Drüsen gewöhnlich völlig mangelnd. Flocken an der Hülle meist wenig zahlreich, auf den Schuppenrändern reichlicher, Caulome oben armflockig bis graufilzig, Flocken abwärts bald verschwindend (selten tief hinabreichend), auf den Blättern oberseits 0, unterseits und am Rande ebenso oder ± zerstreut (bis mässig). Blüthen gelb bis dunkelgelb, Griffel dunkel oder hell. Früchte schwarz bis rothbraun, 3—4 mm lang.

Bemerkungen zu Spec. pseudobupleuroides.

Die meisten der in vorstehender Beschreibung zusammengefassten Sippen kennen wir nur in cultivirten Exemplaren; woher dieselben stammen, ist nicht bekannt, da sie nach München aus zahlreichen botanischen Gärten gelangten, letztere aber Herkunftsangaben erst in allerneuester Zeit zu geben anfangen. Morphologisch stellen diese Pflanzen sich zwischen Spec. *bupleuroides* und die *sabaudum*-artigen Accipitrinen etwa so, wie *H. leiocephalum* zwischen die letzteren und Spec. *porrifolium*. Am meisten erinnern sie an die *Glaucina* durch Blattfarbe, Gestaltung der Hülle und die in vielen Fällen dunkle Griffelfarbe, dann durch die eben so oft zutreffende Kahlheit und Nacktheit der Caulome resp.

1) Dazu wird *H. polyphyllum* Spreng. citirt nach Originalexemplaren, welche Froelich von Sprengel erhalten hatte. Aus der Diagnose bei Sprengel würde man die Zugehörigkeit der Pflanze zu Spec. *pseudobupleuroides* kaum erkennen können.

2) Es ist zu bezweifeln, ob das Citat des *H. denudatum* Schult. richtig ist.

Phyllome, während sie im übrigen namentlich durch reiche Beblätterung des hochwüchsigen, derben, aphyllopoden Stengels, die mehr auf den oberen Theil desselben beschränkte Verzweigung und die Blattform an die *Sabauda* sich anlehnen. Sie als Bastarde zu betrachten, würde jeder Grund fehlen. — In den Gärten gehen sie meist als *H. bupleuroides* Gm., *graminifolium* Gaud. oder *saxatile* Jacq.

Uebersicht der Subspecies-Gruppen.

Stengel bis zum Grunde haarlos; Blattrücken kahl.
- Blätter glauk, ganz flockenlos; Früchte 3 mm lang: I. *Tardiflorum.*
- Blätter glaucescirend, beiderseits oder unterseits oder doch wenigstens am Rande von Sternflocken oder Gliederflocken bekleidet; Früchte länger als 3 mm: II. *Pseudobupleuroides.*

Stengel im unteren Theile reichhaarig; Blattrücken ± behaart: III. *Crinicaule.*

I. ***Tardiflorum*** (siehe oben).

1. *Subsp. tardiflorum* (cult.). Stengel meist bis 65 cm hoch, kräftig, oben verzweigt. Blätter zahlreich, untere gestielt, mittlere und obere mit verschmälerter Basis sitzend, schmal-lanzettlich, spitz, entfernt gezähnelt, ziemlich dünn mit hervortretenden Nerven, glaucescirend und glauk, allmählich decrescirend. Kopfstand lax rispig, ziemlich gleichgipflig, 4—8(—12) köpfig, Akladium 15—45 mm, Strahlen 2. Ordnung 3—6(—9), locker stehend, dicklich bis schlank, oben etwas turbinat, Winkel 30°, Ordnungen 2(—3). Hülle 12 mm lang, kuglig; Schuppen breit, äussere spitzlich, innere stumpfer, dunkel, hellrandig. Bracteen 1—2, kürzeste 2 mm lang. Haare der Hülle spärlich, dunkel, bis 1 mm, an den Caulomen 0, auf den Blättern nur am Grunde spärlich. Drüsen mangeln. Flocken der Hülle zerstreut oder spärlich, an den Kopfstielen oben graulich, abwärts vermindert, an Stengel und Blättern 0. Blüthen gelb, Griffel etwas dunkel. Früchte schwarz, 3 mm lang. — Wird im Münchener botanischen Garten seit alter Zeit cultivirt; kam ferner aus dem Garten von Kopenhagen. — Exsicc. 338.

2. *Subsp. oxeilema* (cult.). Stengel bis 80 cm hoch, dick, oben verzweigt. Blätter zahlreich, lanzettlich, etwas zugespitzt, sehr spitz, scharf gesägt, derb, glauk, schmal-sitzend, sehr allmählich decrescirend. Kopfstand sehr lax rispig, gleichgipflig, mit Neigung zur Doldenbildung, ziemlich reichköpfig, Akladium 45—60 mm, Strahlen 2. Ordnung 6—12, ± entfernt, ziemlich schlank, oben wenig turbinat, Winkel 35°, Ordnungen 3. Hülle 10—12 mm lang, kuglig, dann etwas niedergedrückt; Schuppen breitlich, etwas zugespitzt, spitzlich und spitz, schwärzlich, blassrandig. Bracteen 4—5, kürzeste 4 mm lang. Haare der Hülle mässig, hell, 0,5—1 mm, sonst mangelnd. Drüsen 0. Flocken an Hülle und Blättern 0, an den Kopfstielen ganz oben mässig, abwärts zerstreut und bald verschwindend. Blüthen sattgelb, Griffel etwas dunkel. Früchte schwarz, 3 mm lang. — Wurde uns aus den Gärten von Madrid, Prag, Würzburg und Wien mitgetheilt. — Exsicc. 339.

3. *Subsp. aquacetiense* = *H. bupleuroides var. vindobonense* Wiesb. in F. Schultz herb. norm. nov. ser. No. 1409. — Stengel über 60 cm hoch, ziemlich schlank, oben verzweigt. Blätter schmal-lanzettlich, sehr spitz, entfernt gezähnelt, derb, glauk, schmal-sitzend, sehr allmählich decrescirend. Kopfstand sehr lax rispig, gleichgipflig, 5—12köpfig, Akladium 40—55 mm, Strahlen 2. Ordnung ca. 6, ± entfernt, schlank, oben etwas turbinat, Winkel 50°, Ordnungen 3. Hülle 14—15 mm lang, kuglig mit vorgezogener Basis, dann etwas niedergedrückt; Schuppen breit, stumpf, grün, heller gerandet. Bracteen 4—6, kürzeste 4 mm lang. Haare und Drüsen mangeln. Flocken der Hülle spärlich, auf den Schuppenrändern mässig zahlreich, sonst 0. Blüthen sattgelb, Griffel ziemlich hell. Früchte? — Niederösterreich: Baden bei Wien (Wiesb.).

II. ***Pseudopubleuroides*** (vgl. S. 75).

1. *Subsp. pseudobupleuroides* (cult.). Stengel ca. 80 cm hoch, dick, oben verzweigt. Blätter sehr zahlreich (untere an Frühjahrspflanzen kaum gestielt, gezähnelt), lanzettlich, spitz, am Rande etwas umgerollt, scharf gesägt, derb, mit starken Nerven, glaucescirend, schmalsitzend, sehr allmählich decrescirend. Kopfstand lax rispig, gleichgipflig, vielköpfig, Akladium 20—40 mm, Strahlen 2. Ordnung 4—14, locker, untere ± entfernt, dicklich, kaum etwas turbinat, Winkel 30—35°, Ordnungen 2—3(—4). Hülle 13—15 mm lang, breit kuglig; Schuppen breit, etwas zugespitzt, ± stumpf, dunkelgrün, heller gerandet. Bracteen 1—5, kürzeste 3—5 mm lang. Haare der Hülle zerstreut, dunkel, bis 1 mm, sonst 0. Drüsen mangelnd. Flocken der Hülle fast 0, auf den Schuppenrändern zerstreut bis mässig, an den Kopfstielen oben ziemlich reichlich, abwärts allmählich vermindert, am Stengel 0, auf den Blättern oberseits ebenso, an Rand und Nerven unterseits mässig, auf der Fläche zerstreut. Blüthen gelb, Griffel hell. Früchte rothbraun, 3,3 mm lang.

α) *genuinum*. — Aus den botanischen Gärten von Kopenhagen und Wien; wurde auch in München seit alter Zeit cultivirt. — Exsicc. 340.

β) *curvisquamum* (cult.). Blätter länglich-lanzettlich, gesägt. Hüllschuppen breitlich, breit hellgrün gerandet, mässig drüsig. Flocken auf den Blättern nur am Rande zerstreut bis kaum mässig zahlreich, am Hauptnerv sehr spärlich, sonst 0. Früchte schwarz. — Am Grunde der unteren Blätter spärliche Haare. — Diese Pflanze erhielten wir aus den botanischen Gärten von Antwerpen, Bologna, Bonn, Budapest, Florenz, Göttingen, Giessen, Leipzig, Petersburg, Prag und Wien; wild aus Siebenbürgen: wo? (Sch.). — Exsicc. 341.

2. *Subsp. latissimum* (cult.). Stengel über 60 cm hoch, sehr dick, tief hinab verzweigt. Blätter zahlreich, elliptisch, etwas zugespitzt, spitz, mit schmaler Basis sitzend, gezähnelt, ziemlich derb, fast glauk, sehr langsam decrescirend. Kopfstand lax rispig, über- oder gleichgipfelig, 6—∞köpfig, Akladium 25—60 mm, Strahlen 2. Ordnung ∞, obere genähert, untere ± entfernt, dicklich, oben stark verdickt, Winkel 35°,

Ordnungen 3. Hülle 14—15 mm lang, breitkuglig mit vorgezogener Basis; Schuppen breitlich, stumpflich bis fast spitz, dunkelgrün, hellgrün gerandet. Bracteen 6—9, kürzeste 5—6 mm lang. Haare der Hülle spärlich oder vereinzelt, dunkel, bis 1 mm lang, sonst mangelnd. Drüsen überall 0 oder an der Hülle sehr spärlich, sehr klein. Flocken der Hülle sehr spärlich oder fast 0, an den Kopfstielen oben grau, abwärts allmählich vermindert, am Stengel 0, auf den Blättern ebenso, nur am Rande ± zerstreut. Blüthen gelb, Griffel etwas dunkel. Früchte schwarz, 4 mm lang. — Aus dem botanischen Garten von Gent.

3. *Subsp. achnophorum* (cult.). Stengel bis über 60 cm hoch, kräftig, im oberen 1/3 verzweigt. Blätter zahlreich, etwas schmal-lanzettlich, spitz, klein-gesägt, am Rande etwas umgerollt, derb, glaucescirend, schmal-sitzend, sehr allmählich decrescirend. Kopfstand lax rispig, gleichgipfelig, 10—15köpfig, Akladium 35—40 mm, Strahlen 2. Ordnung 6—8, ± entfernt, dicklich, an der Spitze kaum etwas turbinat, Winkel 40°, Ordnungen 3. Hülle 12—15 mm lang, kuglig mit etwas gestutzter Basis; Schuppen breit, stumpf, dunkel, hellgrün gerandet. Bracteen 4—6, kürzeste 5—6 mm lang. Haare der Hülle sehr spärlich, dunkel, 0,5 mm lang, sonst 0. Drüsen fehlen. Flocken der Hülle fast 0, an den Schuppenrändern mässig zahlreich, an den Caulomen oben graulich, abwärts ziemlich reichlich bis zum Grunde, auf den obersten Blättern oberseits zerstreut, auf den übrigen 0, unterseits zerstreut bis mässig zahlreich. Blüthen gelb, Griffel hell. Früchte?

1. *normale.* — Wir erhielten diese Pflanze aus dem botanischen Garten von Kopenhagen. Hierher gehört vielleicht auch ein einzelnes Exemplar im Herbarium Schur, von Letzterem bei Rodna in Siebenbürgen »in saxosis alpium« gesammelt.
2. *catotrichum* (cult.). Blätter länglich-lanzettlich, kräftig gesägt. Haare der Hülle fast mässig zahlreich, hell, bis 1 mm, am Stengel oben 0, abwärts bis ziemlich reichlich, 2—3 mm, auf den unteren Blättern an Rand und Mittelnerv bis mässig, weich, 1—3 mm lang. Flocken auf den Blättern beiderseits bis mässig zahlreich. — Aus dem botanischen Garten von Wien.

Bildet durch seine Behaarung den Uebergang zur folgenden Gruppe.

III. ***Crinicaule*** (vgl. S. 75).

1. *Subsp. crinicaule* (cult.). Stengel bis über 70 cm hoch, dick, oben verzweigt. Blätter zahlreich, lanzettlich, spitz, gesägt mit kleinen sehr spitzen Zähnchen (Frühlingsblätter noch viel weniger gezähnt), glaucescirend, schmal sitzend, sehr langsam decrescirend. Kopfstand lax rispig, gleichgipflig, mit Neigung zur Doldenbildung, 10—∞köpfig, Akladium 35—55 mm, Strahlen 2. Ordnung 8—∞, dicklich, oben kaum etwas angeschwollen, oberste genähert, untere ± entfernt, Winkel 45°, Ordnungen 3. Hülle 13 mm lang, kuglig, dann nieder-

gedrückt; Schuppen breitlich, spitz, innere zugespitzt, schwärzlich, hellrandig. Bracteen 6—8, kürzeste 3 mm lang. Haare der Hülle zerstreut oder spärlich, hell, 0,5 mm, an den Caulomen oben 0, abwärts am Stengel bis reichlich, hell, weich, 3—5 mm, auf den Blättern oberseits 0, unterseits nur gegen den Rand hin zerstreut, am Rande selbst gegen die Basis und am Mittelnerv ziemlich reichlich, weich, 3—6 mm lang. Drüsen fehlen. Flocken an der Hülle sehr spärlich, gegen deren Basis mässig zahlreich, an den Caulomen oben reichlich, abwärts vermindert und in der Mitte des Stengels verschwindend, auf den Blättern 0, nur deren Rand mit mässig zahlreichen Gliederflocken besetzt. Blüthen dunkelgelb, Griffel dunkel. Früchte schwarzbraun, 3,5 mm lang.

1. *normale.* — Aus den botanischen Gärten von Greifswald und Prag. — Exsicc. 342.

2. *calvius* (cult.). Blätter länglich-lanzettlich. Haare der Hülle fast mässig, dunkel, bis 1 mm, am Stengel erst tief unten bis mässig, 1—3 mm, auf den Blättern nur am Hauptnerv unterseits zerstreut bis mässig zahlreich, 1—3 mm lang. — Hülle 12 mm lang. Flocken der Hülle zerstreut, am Stengel bis zum Grunde allmählich vermindert, auf den Blättern unterseits ± zerstreut, am Rande ziemlich reichlich. Früchte braun. — Aus den botanischen Gärten von Breslau und Wien; wurde auch in München seit alter Zeit cultivirt.

2. *Subsp. trichobasis* (cult.). Stengel bis 60 cm hoch, ziemlich schlank, in den oberen $^2/_3$ verzweigt. Blätter zahlreich, lanzettlich, spitz, entfernt gezähnelt, etwas derb, glauk, schmal sitzend, sehr langsam decrescirend. Kopfstand sehr locker, rispig, stark übergipflig, ziemlich reichköpfig, Akladium 30—55 mm, Strahlen 2. Ordnung 3—∞, fast dünn, oben etwas verdickt, ziemlich entfernt, Winkel 30—35°, Ordnungen 3. Hülle 12—13 mm lang, oval, dann fast kuglig mit zuerst etwas vorgezogener, dann gerundeter Basis; Schuppen breitlich, spitz, schwärzlichgrün, hellgrün gerandet. Bracteen 5—6, kürzeste 4 mm lang. Haare der Hülle spärlich, dunkel, 0,5 mm, an den Caulomen oben 0, abwärts bis ziemlich reichlich, hell, weich, 3—4 mm, auf den oberen Blättern nur am Grunde spärlich, auf den unteren zahlreicher, alle Blätter oberseits kahl, letztere unterseits mässig-, am Rande ziemlich reichlich- 2—5 mm lang weichhaarig. Drüsen fehlen. Flocken der Hülle sehr spärlich, auf den Schuppenrändern mässig, an den Kopfstielen nur ganz oben spärlich, abwärts bald verschwindend, sonst mangelnd. Blüthen gelb, Griffel dunkel. Früchte braun, 3,3 mm lang. — Kam aus dem botanischen Garten von Göttingen.

15. Spec. **glaucocephalum**

= *glaucum — prenanthoides.*

Stengel bis 42 cm hoch, etwas kräftig, bis zum Grunde verzweigt, phyllopod. Rosettenblätter mehrere, ansehnlich, breit gestielt, lanzettlich, dünn, stark glaucescirend, sehr spitz, spitz gesägt, Zähne vorwärts gerichtet; Stengelblätter 4—5, schmal-lanzettlich, gleichbreit, ziemlich breit sitzend, zuerst langsam, dann plötzlich decrescirend. Kopfstand lax rispig, sparrig, gleichgipflig, bis 15köpfig, Akladium 20—40mm lang, Strahlen 2. Ordnung 4—6, sehr entfernt, ziemlich dünn, oben nicht angeschwollen; Verzweigungswinkel 40—50°, Ordnungen 3. Hülle 11,5—12 mm lang, ± kuglig; Schuppen breitlich, stumpf, schwarz, durch Flocken stark hellrandig. Bracteen ca. 5, kürzeste 3 mm lang. Haare der Hülle fast mässig, dunkel, 1 mm, an den Caulomen 0, auf den Blättern am Rande zerstreut, unterseits am Mittelnerv ebenso bis mässig, weich, 2—4 mm lang. Drüsen der Hülle spärlich oder zerstreut, sonst mangelnd. Flocken der Hülle ziemlich-, auf den Schuppenrändern sehr reichlich, an den Kopfstielen oben mässig, abwärts bald verschwindend, sonst fehlend. Blüthen gelb, Griffel dunkel. Früchte schwarz, alle fruchtbar, 4 mm lang. — Piemont: Berg nördlich von Oulx 1900 m (N.).

In Cultur höher, mehr verzweigt, Stengelblätter zahlreicher, allmählicher decrescirend.

Habituell nur wenig von Spec. *glaucum* sich entfernend, weist *H. glaucocephalum* doch in einigen Merkmalen solche Unterschiede von derselben auf, dass es mit jener nicht vereinigt werden kann. Diese Abweichungen beruhen wesentlich in breiten grossen Rosettenblättern, etwas zahlreicheren breit sitzenden, gleichbreiten, allmählich decrescirenden Stengelblättern, in der Behaarung der Blätter und in der Drüsenbekleidung der Hülle. Darf auch nicht angenommen werden, dass die Pflanze ein Bastard ist — denn sie bildet vollkommen taugliche Früchte und wurde in einer grösseren Anzahl von Exemplaren gefunden —, so beweisen diese Merkmale doch eine Hinneigung zu Spec. *prenanthoides*. Es ist uns nicht bekannt, dass eine ähnliche Pflanze von Anderen beobachtet wurde; sie ist wohl auf ein sehr enges Gebiet beschränkt und muss als ein Rest jener Zwischenstufen angesehen werden, welche die *Prenanthoidea* und *Glaucina* ehemals in grösserer Anzahl verbanden, nun aber grösstentheils ausgestorben sind.

16. Spec. **tomentellum**

= *glaucum — tomentosum.*

(Cult.). Stengel bis über 45 cm hoch, kräftig, oft etwas zickzackförmig, gestreift, meist bis zum Grunde verzweigt, phyllopod. Rosettenblätter wenige (2—3), ansehnlich, lanzettlich, langsam in die Basis verschmälert, spitz, entfernt-spitz-gesägt, glaucescirend, dünn; Stengelblätter ca. 4, untere lanzettlich, sitzend, wie die Rosettenblätter, obere rasch decrescirend, schmal-lanzettlich, minder gesägt oder fast ganzrandig. Kopfstand gablig, etwas übergipflig, etwas sparrig, 6—10köpfig, Akladium 60—85 mm lang, Strahlen 2. Ordnung 3—5, sehr entfernt, kräftig, an der Spitze nicht verdickt, Verzweigungswinkel 40—50°, Ordnungen 3. Hülle 12—14 mm lang, kuglig; Schuppen breitlich, spitz, innerste an der Spitze selbst stumpf, dunkel, stark hellrandig. Bracteen am Akladium 2—3, alle in der oberen Hälfte desselben, pfriemlich, kürzeste 5 mm lang. Haare überall hell und seidenartig, an der Hülle sehr reichlich, 2 mm, an den Caulomen oben (1—1,5 mm) und unten (2—3 mm) ziemlich reichlich, in der Mitte minder zahlreich, auf den Blättern oberseits 0, am Rande ziemlich reichlich, 1 mm, unterseits obenso, am Hauptnerv reichlich, 3—4 mm lang, stark gezähnelt, Zähne besonders am unteren Theile der Pflanze länger als der Durchmesser des Haares. Drüsen fehlen. Flocken auf der Mitte der Hüllschuppen 0, auf den Rändern derselben Filz bildend, an den Kopfstielspitzen zerstreut, sonst an den Caulomen 0 oder vereinzelt, nur am Stengelgrunde bis mässig zahlreich, auf beiden Blattflächen 0, nur unterseits am Mittelnerv zerstreut. Blüthen gelb, Griffel dunkel. Früchte kohlschwarz, 3,5 mm lang. — Exsicc. 343.

Die Pflanze steht zwischen den Spec. *glaucum* und *tomentosum*, habituell der ersteren näher, doch weist sie auch entschieden die Merkmale der letzteren auf. Sie hat einen stärker beblätterten Stengel als *H. glaucum* und die Blätter nehmen in anderer Weise an Länge und Breite ab, die Rosettenblätter zeigen einen minder deutlichen Stiel, die Behaarung nähert sich etwas dem *H. tomentosum*, besonders auch in der Länge der Haarzähne, welche sich zwischen den durch *H. glaucum* und *tomentosum* gegebenen Grenzen hält. — Sehr ähnlich ist *H. tomentellum* in der Tracht dem *H. glaucocephalum*, doch ist es von demselben sofort durch das Indument der Köpfchen und Blätter zu unterscheiden.

Möglicherweise ist *H. tomentellum* hybrider Herkunft, da wir es nur aus Piemont: Limone (N.) und aus dem Cognethal kennen, wo beide Hauptarten vorkommen; die Früchte sind fertil, eine Aussaat gelang.

17. Spec. **leucopelmatum**
= *stupposum* + *umbellatum*.

Stengel bis über 80 cm hoch, ± dick, bis zum Grunde oder nur bis zur Mitte herab verzweigt, hypophyllopod oder aphyllopod. Blätter zahlreich, etwas derb, etwas wellig, ziemlich glauk, allmählich decrescirend, länglich-lanzettlich oder lanzettlich, spitz oder zugespitzt. Kopfstand lax rispig bis doldig, mit Neigung zur Uebergipflung, reichköpfig, Akladium 18—40 mm lang, Strahlen 2. Ordnung zahlreich, schlank oder dicklich, oben ± verdickt, obere gedrängt oder genähert, untere ± entfernt, Verzweigungswinkel 35—50°, Ordnungen 3. Hülle 10—13 mm lang, wenigstens später ± kuglig; Schuppen ± schmal, spitz, äussere locker, ± schwärzlich, hellgrün gerandet. Bracteen am Akladium 2—4. Haare an Hülle und Caulomen 0 oder bis mässig zahlreich, auf den Blättern oberseits 0, an Rand und Unterseite ± entwickelt, 2—3 mm lang. Drüsen der Hülle bis mässig, sehr klein, sonst mangelnd. Flocken der Hülle ziemlich zahlreich, an den Caulomen oben weisslich oder grau, abwärts bis zum Grunde allmählich vermindert, auf den Blättern mangelnd. Blüthen ± gelb, Griffel hell. Früchte? Blüthezeit theils Anfang Juli, theils Ende Juli beginnend.

Im Jahre 1875 sammelte Dr. W. Nägeli an verschiedenen Orten Dalmatiens die S. 45 ff. beschriebenen Sippen von Spec. *stupposum* in grösseren Mengen und schickte lebende Exemplare derselben zur Cultur in den

Münchener botanischen Garten. Die meisten der 9 überwinterten Sätze starben bald, ohne Früchte geliefert zu haben; sie gingen entweder vor dem Blühen zu Grunde oder ihre Früchte waren taub. Nur von 3 derselben und von einem aus Samen erzogenen Satze konnten Aussaaten gemacht werden, aber es ging nicht etwa *H. stupposum* auf, sondern es zeigten sich hochwüchsige Pflanzen mit anders gearteter Behaarung, Beblätterung und Verzweigung, deren Merkmale mit Wahrscheinlichkeit auf stattgehabte Kreuzung zwischen *umbellatum*-artigen Pflanzen und *H. stupposum* ♀ hinweisen. Diese Thatsache wird begreiflich, wenn man berücksichtigt, dass *H. stupposum* in der Cultur geschwächt wird (S. 45), und dass bei Hieracien die Schwächung oft zuerst in der männlichen Geschlechtssphäre sich bemerklich macht [1]), so dass Fremdbestäubung allein oder doch viel eher möglich ist. So wird es erklärlich, dass bei 11 Aussaaten 7 mal keine Pflanzen aufgingen, 4 mal Bastarde erschienen. — Welche Sippen als Vaterpflanzen anzunehmen sind, sei einstweilen dahingestellt. Im Münchener Garten werden so zahlreiche *umbellatum*-Formen cultivirt, dass es kaum möglich ist, die hier in Frage kommenden festzustellen.

1. *Subsp. leucopelmatum.* Stengel bis 50 cm hoch, kräftig, bis zum Grunde verzweigt, hypophyllopod. Blätter zahlreich, auch die unteren fast sitzend, länglich-lanzettlich, spitz, etwas wellig, entfernt gezähnt, steiflich, glaucescirend, allmählich decrescirend. Kopfstand lax rispig oder oben doldig, ziemlich gleichgipflig, vielköpfig, Akladium 30—40 mm, Strahlen 2. Ordnung ∞, entfernt oder obere gedrängt, schlank, an der Spitze etwas verdickt, Winkel 35—40°, Ordnungen 3. Hülle 10—11 mm lang, oval, dann kuglig mit zuerst vorgezogener, dann gerundeter Basis; Schuppen schmal, spitz, schwärzlichgrün, hellgrün gerandet. Bracteen 2—4, kürzeste 1,5 mm lang. Haare an Hülle und Caulomen mangelnd, auf den oberen Blättern am Rande vereinzelt oder spärlich, abwärts vermehrt, auf den unteren Blättern gegen den Rand hin und am Rande selbst ziemlich reichlich, steiflich, 2—3 mm lang. Drüsen der Hülle zerstreut bis mässig zahlreich, sehr klein, an den Kopfstielen 0 oder vereinzelt, sonst fehlend. Flocken der Hülle mässig, gegen deren Basis bis reichlich, an den Caulomen oben weisslich oder grau, abwärts bis zum Grunde allmählich vermindert, auf den Blättern mangelnd. Blüthen sattgelb, Griffel hell. Früchte?

Spontaner Bastard, im Münchener botanischen Garten aus *H. stupposum* ♀ und einem *H. umbellatum* entstanden.

2. *Subsp. blepharistum.* Stengel bis 80 cm hoch, dick, bis zur Mitte herab verzweigt, aphyllopod. Blätter sehr zahlreich, lanzettlich, lang zugespitzt, etwas wellig, fast ganzrandig oder entfernt gezähnelt, ziemlich derb, ziemlich glauk, schmal sitzend, sehr allmählich decrescirend. Kopfstand lax rispig mit Neigung zur Doldenbildung, etwas übergipflig, vielköpfig, Akladium 18—22 mm, Strahlen 2. Ordnung zahlreich, dicklich, an der Spitze kaum etwas verdickt, obere

1) Vgl. Nägeli u. Peter, die Piloselloiden Mitteleuropa's S. 129.

genähert, untere ± entfernt, Winkel 45—50°, Ordnungen 3. Hülle 12—13 mm lang, kuglig; Schuppen ziemlich schmal, spitz, schwärzlich, grünrandig. Bracteen 2—3, kürzeste 3 mm lang. Haare der Hülle mässig bis zerstreut, hell, 1 mm, an den Kopfstielen ebenso, am Stengel oben zerstreut, abwärts allmählich zahlreicher, auf den Blättern am Rande zerstreut bis mässig, unterseits zerstreut, 2—3 mm lang. Drüsen der Hülle fast 0 bis zerstreut, sehr klein, sonst mangelnd. Flocken der Hülle spärlich bis mässig, an deren Basis ziemlich reichlich, an den Kopfstielen oben weisslich oder grau, abwärts bis zum Stengelgrunde allmählich vermindert, sonst 0. Blüthen gelb, Griffel etwas dunkel. Früchte?

Herkunft wie *H. leucopelmatum*.

3. *Subsp. tridentatiforme.* Stengel bis über 70 cm hoch, schlank, bis zur Mitte herab oder noch tiefer verzweigt, aphyllopod. Blätter zahlreich, lanzettlich, zugespitzt, ziemlich klein, buchtig gezähnelt, dicklich, flach, fast glauk, sehr allmählich decrescirend. Kopfstand lax rispig, kaum mit Neigung zur Doldenbildung, etwas übergipflig, vielköpfig; Akladium 25—35 mm, Strahlen 2. Ordnung zahlreich, dünn, an der Spitze etwas verdickt, etwas entfernt, Winkel 35—40°, Ordnungen 3. Hülle 10—10,5 mm lang, oval mit gerundeter Basis, dann fast kuglig; Schuppen schmal, spitzlich oder stumpflich, dunkel, schmal grünrandig. Bracteen ca. 3, kürzeste 1,5 mm lang. Haare der Hülle spärlich, hell, bis 1 mm, an den Kopfstielen spärlich, am Stengel oben 0, gegen die Basis vereinzelt oder spärlich, auf den Blättern am Rande gegen den Grund hin und unterseits am Hauptnerv zerstreut oder spärlich, 1—2 mm lang. Drüsen sehr klein, an der Hülle fast mässig oder zerstreut, an den Kopfstielen zerstreut oder sehr zerstreut, sonst 0. Flocken der Hülle mässig zahlreich, an deren Basis reichlicher, an den Caulomen oben ziemlich reichlich, abwärts bis zum Grunde allmählich vermindert, auf den Blättern 0. Blüthen sattgelb, Griffel hell. Früchte steril.

Spontaner Bastard aus *H. stupposum* ♀ und einem *H. umbellatum* oder möglicherweise eher einem *H. tridentatum*, da die Pflanze kaum eine Neigung zur Doldenbildung andeutet. — Im Kopfstande kommen häufiger kurze Astverwachsungen vor.

18. Spec. **Tommasinii Rchb. fil.**, Deutschl. Fl. XIX (1860) p. 118 tab. 208[1])
= *stupposum — sabaudum.*

(Cult.). Stengel bis 1 m hoch, dick, tief hinab verzweigt, aphyllopod. Blätter zahlreich, gross, breit, fast rautenförmig, zugespitzt, entfernt-grobgesägt, mit vorwärts gerichteten Zähnen, dicklich, glaucescirend, sehr allmählich decrescirend. Kopfstand sehr locker rispig, übergipflig,

1) Die Tafel zeigt 2 durch die Behaarung etwas verschiedene Pflanzen: links mit kahlen, rechts mit reichhaarigen Hüllschuppen. — Nach Tommasini's brieflicher Mittheilung an Neilreich (krit. Zusammenstllg. 1871 p. 457) ist die Pflanze vielleicht ein *H. stupposum* + *sabaudum* oder *H. stupposum* + *tridentatum*.

8—∞köpfig, Akladium 40—42 mm lang, Strahlen 2. Ordnung 3—6, entfernt, schlank, Winkel 45—50°, Ordnungen 3(—4). Hülle 12—13 mm lang, kuglig; Schuppen etwas breitlich, sehr spitz, dunkel, grünrandig. Bracteen 2—3, grün, kürzeste 3 mm lang. Haare der Hülle zerstreut, ziemlich dunkel, 1—1,5 mm, an den Kopfstielen 0, am Stengel unten ziemlich reichlich, nach oben mässig, ganz oben fast 0, steiflich, 4—8 mm, auf den Blättern oberseits 0 oder vereinzelt, am Rande mässig, unterseits ± zerstreut, am Hauptnerv bis mässig zahlreich, steif, unten 3—5, oben 7—8 mm lang. Drüsen fehlen, nur zuweilen an der Hülle spärlich, sehr klein. Flocken der Hülle zerstreut, auf den Schuppenrändern mässig, an den Kopfstielen oben grau, abwärts rasch vermindert, am Stengel zerstreut bis spärlich, auf den Blättern mangelnd. Blüthen gelb, Griffel dunkel. Früchte kastanienbraun, 3,8 mm lang. — Insel Veglia.

Seinen Merkmalen nach steht *H. Tommasinii* zwischen Spec. *stupposum* und *sabaudum*. Auf letztere weist der Habitus und die Beblätterung hin, auf ersteres kann jedoch nur die lange Behaarung und die Verzweigung bezogen werden, da die übrigen den Glaucina zuneigenden Merkmale eben so gut auf eine andere Hauptart als auf *H. stupposum* passen würden.

Die Pflanze scheint äusserst selten zu sein. Von Tommasini wurde sie nur einmal auf Veglia gefunden, später gibt A. Kerner in Oest. bot. Zeitschr. 1874 p. 171 noch weitere Fundstellen an, von denen uns jedoch keine Exemplare zu Gesicht gekommen sind. Vielleicht ist sie ein Bastard, doch lässt sich dies bei der Mangelhaftigkeit des verfügbaren Materials und der Unzulänglichkeit der von den Entdeckern der Fundorte gegebenen Notizen nicht feststellen. Ihr schliesst sich eine mehr an *H. stupposum* erinnernde Sippe an, von der leider nur ein noch nicht blühendes Exemplar im Herbarium Pancic vorliegt. Bei dem hohen Interesse, welches sich an alle diese Pflanzen knüpft, mag hier die Beschreibung des genannten Exemplares folgen als

Subsp. setosissimum. Stengel ca. 40 cm hoch, schlank, gegen die Spitze hin verzweigt, aphyllopod. Blätter über 20, lanzettlich, wellig, spitz, entfernt gezähnelt, glauk, sehr langsam decrescirend. Kopfstand (scheint) traubig, 5 köpfig, Akladium ?, Strahlen 2. Ordnung 4, ziemlich genähert, Ordnungen 2. Hülle kuglig; Schuppen breit, spitz, grün, in der Mitte etwas dunkler. Bracteen 2?, kürzeste 2 mm lang. Haare der Hülle mässig, hell, 1 mm, an den Caulomen oben zerstreut, abwärts vermehrt bis reichlich, dann wieder vermindert bis fast zerstreut, dünnborstlich, 6—8 mm, auf den Blättern oberseits 0, an Rand und Mittelnerv unterseits mässig zahlreich, sonst unterseits sehr zerstreut, alle dünnborstlich und nicht verbogen, bis 10(—12) mm lang. Drüsen der Hülle mässig zahlreich, sehr klein, hell, sonst fehlend. Flocken der Hülle 0, nur gegen deren Basis mässig, an den Caulomen oben grau, abwärts allmählich vermindert fast bis zum Grunde, auf den Blättern mangelnd. Blüthen? Früchte? — Erinnert durch die steife Behaarung an *H. stupposum subsp. pachychaetium.* — Südl. Serbien: Mokra gora (Pancic).

19. Spec. **macrodon**

= *stupposum* — *silvaticum*.

Stengel ca. 40 cm hoch, schlank, im oberen ⅓ verzweigt, fast hypophyllopod. Blätter gegen die Stengelbasis gedrängt, gestielt, lanzettlich, spitz, mit einzelnen groben Sägezähnen, etwas wellig; darüber am Stengel etwa 3 lanzettliche, zerstreute, rasch decrescirende Blätter. Kopfstand lax rispig, gleichgipflig, 3(—6)köpfig, Akladium 18 mm lang, Strahlen 2. Ordnung 2(—5), schlank, ziemlich entfernt, Ordnungen 2(—3). Hülle ca. 13 mm lang, kuglig; Schuppen sehr schmal, sehr spitz, dunkel, kaum gerandet. Bracteen 4, obere genähert, pfriemlich, kürzeste 2 mm lang. Haare der Hülle ziemlich reichlich, hell, 2 mm, an den Caulomen oben 0, unter der Stengelmitte zerstreut, auf den Blättern oberseits gegen den Rand hin zerstreut, am Rande mässig, unterseits zerstreut, steif, überall bis 11 mm lang. Drüsen an Hülle und Kopfstielen zerstreut, sonst 0. Flocken der Hülle sehr spärlich, an den Caulomen oben reichlich, abwärts vermindert, auf den Blättern oberseits 0, unterseits mässig zahlreich. Blüthen hellgelb, Griffel dunkel. Früchte braun, 4 mm lang. — Dalmatien.

Diese Pflanze stellt sich zwischen Spec. *stupposum* und *silvaticum* so, dass sie von beiden deutlich Merkmale erkennen lässt. Leider besitzen wir nur 1 Exemplar derselben und müssen deswegen noch einen Vorbehalt machen bezüglich der Bedeutung des hier angegebenen Befundes. Ebenso bedauerlich ist es, dass in dem uns zur Verfügung stehenden Material sich kein Exemplar des von A. Kerner in Oest. bot. Zeitschr. 1874 p. 170 besprochenen *H. melanotrichum* vorfindet, denn nach den Angaben des genannten Autors ist es wahrscheinlich, dass diese Pflanze eine ähnliche Stellung hat wie unser *H. macrodon*: identisch aber sind beide sicher nicht, wie schon aus der Verschiedenheit des Indumentes ersichtlich ist.

Ausgeschlossene oder zweifelhafte Arten.

H. armeriaefolium Rchb., fl. Germ. excurs. (1830) p. 464 ist wohl kein Archieracium, vielmehr zu Spec. florentinum Gr. Nivigemmum gehörig.

H. australe Fries, symb. (1848) p. 120 siehe S. 53.

H. calycinum Arv.-Touv., supplém. (1876) p. 6 wohl zu Spec. subspeciosum.

H. chondrillaefolium Fries, epicr. (1862) p. 67 ob überhaupt ein Hieracium?

H. glaberrimum Spreng., syst. veg. III (1826) p. 643 wohl zu Spec. scorzonerifolium oder villosum.

H. inclinatum Arv.-Touv., essai de classif. (1880) p. 5 ohne Diagnose; auch im Spicil. (1881) p. 25 sind die Angaben zur Beurtheilung zu dürftig.

H. leucophaeum Gren. et Godr., fl. fr. II (1850) p. 354 ob zu Spec. subspeciosum gehörig?

H. melanotrichum A. Kern. in Oest. bot. Zeitschr. 1874 p. 170 siehe oben.

H. polyodon Fries, epicr. (1862) p. 67 vom Cap, uns nicht zugänglich.

H. Reuterianum Boiss., pl. orient. IV (1844) p. 30 zu Spec. italicum?; ist auch in Fries Symb. p. 85 sicher kein Glaucinum.

H. undulatum Boiss., fl. orient. III (1875) p. 867 siehe S. 43.

II. Villosina.

Alpine und hochalpine Pflanzen; Stengel mässig hoch, phyllopod, mehrblättrig, grenzlos-gablig-verzweigt, wenigköpfig; Rosettenblätter mehrere, nicht oder undeutlich gestielt, lanzettlich bis länglich, glaucescirend, weich; die mit breiter oder umfassender Basis sitzenden allmählich decrescirenden Stengelblätter in die zahlreichen blättchenartigen Bracteen und äusseren Hüllschuppen übergehend; Köpfe sehr gross, bauchig-kuglig, mit ± lanzettlichen meist sparrig abstehenden äusseren und mehr linealen lang- und sehr spitz-zugespitzten inneren Hüllschuppen; Blüthen hellgelb, mit ± behaarten oder gewimperten Zähnchen; Haarbekleidung an allen Theilen der Pflanze sehr reichlich und lang, weiss, weich, Haarzähne nicht oder kaum länger als der Durchmesser des Haares; Drüsen ausser gegen die Spitze der längsten Hüllschuppen fehlend, klein; Flocken auf den Phyllomen nicht vorhanden, am oberen Theil des Stengels dagegen Filz bildend.

Bezüglich ihrer Gesammterscheinung schliessen die so charakterisirten *Villosina* sich zwar sowohl an *H. bupleuroides* als auch an *H. prenanthoides* an, aber sie wahren sich doch einen selbständigen Habitus, welcher durch die Combination einer sehr bedeutenden Kopfgrösse mit gabliger Verzweigung, langsamer Decrescenz der Phyllome, ziemlich niedrigem Wuchs und reicher Behaarung bedingt wird.

Das Axensystem ist in dieser Gruppe ein sehr einfaches, es steht im allgemeinen auf der niedersten bei Hieracien vorkommenden Stufe der Ausbildung. Häufig allerdings wird nur das Endköpfchen entwickelt, und Aeste fehlen. Aber an irgend besser ernährenden Localitäten bei natürlichem Vorkommen oder im Garten zeigt sich die typische gablige Verzweigung, welche sich ohne Grenze bis in die Rosette hinab erstrecken kann. Gewöhnlich ist ein ansehnliches Akladium vorhanden, welches bis zu $^2/_5$ der gesammten Stengellänge einnimmt. Die Aeste sind immer durch gestreckte Internodien von einander getrennt, und die Länge der letzteren nimmt an der Pflanze über der Rosette zuerst rasch zu, dann langsamer ab, so zwar, dass das längste Internodium etwas über der Mitte des Stengels liegt. Eine Verzweigung der Aeste in höhere Ordnungen kommt vor, ist aber nicht allzu häufig und immer eine spärliche, die ziemlich verlängerten Aeste tragen daher gewöhnlich nur einen Kopf und bedingen dadurch mit das eigenartige Aussehen der Pflanze. Es zeigt sich also eine beginnende Differenzirung zwischen Haupt- und Seitenaxen bezüglich der Verzweigungsfähigkeit, die auch in üppiger Cultur nicht erhöht werden kann. Irgend eine Andeutung zur Strauss- oder Doldenbildung fehlt den *villosum*-artigen Hieracien, eher ist noch zuweilen die Anbahnung einer Traubenstellung ersichtlich.

Auch die Beblätterung ist eine sehr einfache. Von der grossblättrigen Rosette nimmt die Blattlänge aufwärts allmählich ab, die Breite der Blattbasis und die Tendenz derselben zur Umfassung des Stengels in gleichem Maasse zu. Selbst an dem Akladium schreitet die Decrescenz der Phyllomé meist nicht rascher vorwärts, als am eigentlichen Stengel, so dass alle Uebergangsstufen in die Hüllblättchen beobachtet werden können. Die Aeste verhalten sich zuweilen ähnlich wie das Akladium, meist aber sind sie mit minder zahlreichen und kleineren Phyllomen besetzt als jenes. — Fast immer beobachtet man, wie soeben angedeutet, mit der Decrescenz der Blätter auch eine Aenderung der Blattgestalt. Die Rosettenblätter sind in einen mehr oder minder deutlich stielartigen Basaltheil zusammengezogen, welcher bei den Stengelblättern mehr und mehr verschwindet, je höher aufwärts das Blatt inserirt ist. Sind auch die unteren Stengelblätter noch am Grunde verschmälert, so sitzen wenigstens die mittleren und namentlich die oberen mit gerundeter bis herzförmig-umfassender Basis; entsprechend ändert sich der Gesammtumriss der Blattspreite von lanzettlich bis herz-eiförmig. Aber immer ist das Blatt der *Villosina* einfacher gestaltet als z. B. bei *H. prenanthoides,* es steht morphologisch auch entschieden niedriger als selbst bei manchen *Glaucina.*

Was die sonstigen Merkmale der *Villosina* betrifft, so weicht deren Verhalten im allgemeinen von demjenigen bei anderen Archieracien nicht ab. Reichliche Nahrung bedingt wie überall eine grössere Zahl von Aesten, aber hier kaum eine Zunahme in dem Verzweigungsgrade. Nicht bei allen Sippen bekommt die Pflanze in Cultur einen höheren Stengel; es herrscht hier ein so verschiedenartiges Verhalten, dass weiter unten im einzelnen darauf eingegangen werden muss.

Die individuellen Schwankungen der Merkmale sind in freier Natur sehr beträchtlich, namentlich bezüglich der Stengelhöhe. Sie hängen vom Standort ab derart, dass jede Verschiedenheit in der Feuchtigkeitsmenge, Besonnung und Bodenbeschaffenheit sich in der kräftigeren oder dürftigeren Entwickelung der Individuen spiegelt. Häufig sind bei allen Sippen zahlreiche Exemplare 1köpfig ohne jede Andeutung von Verzweigung; man muss sich hüten, diesem Zustande die Bedeutung einer Varietät zuzuschreiben: er ist ohne alle Permanenz.

Im allgemeinen ist die Länge des Akladiums bei jeder einzelnen Sippe der *Villosina* innerhalb weiterer Grenzen schwankend, als bei vielen anderen Hieracien. Differenzen, welche das doppelte und dreifache der geringsten beobachteten Länge bedeuten, kommen nicht selten vor. Unzweifelhaft hängt dieses Schwanken damit zusammen, dass der Kopfstand der *Villosina* noch zu keiner charakteristischen Ausbildung gelangt ist, sondern eine solche erst erwerben muss. Ein stärkerer Gegensatz zwischen dem oberen Theil der Pflanze und dem unteren besteht noch nicht, die Verzweigung ist nach abwärts grenzlos und kann durch geeignete Cultur weiter herabgerückt werden; die untersten Aeste zeigen zuweilen noch eine Beblätterung, welche derjenigen des Haupt-Axenstrahles entspricht; die Differenzirung von Laubblättern und Bracteen ist kaum erst angebahnt. Aehnliche Verhältnisse sind bei den gabelästigen oder unbegrenzt-lockerrispigen Piloselloiden vorhanden, und auch dort kann man eine grössere Schwankung der Akladiumlänge beobachten, als bei den zu abgesetztem Kopfstande gelangten Arten. — Bei den *Villosina* finden ferner gar nicht selten Verwachsungen des obersten Seitenstrahles mit dem Akladium statt, welchen sogar das diesen Strahl stützende Blatt folgen kann. Man erkennt den Hergang öfters leicht an der entsprechenden Verbreiterung und Furchung der Axe. Dieses Hinaufrücken des obersten Astes kann sich bis ziemlich dicht unter das Endköpfchen erstrecken, so dass der Anschein eines ungewöhnlich verkürzten Akladiums entsteht. Uebrigens fallen solche Abnormitäten schon dadurch auf, dass der oberste hinaufgerückte Ast seine normale Länge von der Spaltungsstelle ab beibehält und dadurch den Kopf 1. Ordnung stark übergipfelt.

Grossen Schwankungen unterliegen, je nach dem Exemplar, auch die Dimensionen der Köpfchenhülle. In dieser Hinsicht sind Differenzen von 3—4 mm noch als innerhalb des normalen Verhaltens liegend zu erachten. Aber es giebt auch microcephale Formen, wie bei den *Glaucina* und *H. silvaticum*, bezüglich deren unserer früher begründeten Ansicht hier nichts zuzufügen ist. Ebenso zeigt sich öfters ein beträchtlicherer Wechsel in dem Verhältniss der äusseren zu den inneren Hüllschuppen, sowie auch bezüglich des Köpfchens 1. Ordnung zu denjenigen höherer Ordnungen. Die äusseren Schuppen können nämlich individuell verschmälert erscheinen, das Endköpfchen kann von den Seitenköpfchen in Bau und Grösse mehr oder minder abweichen; extrem verhält sich in letzterer Beziehung aber *H. heterocephalum,* übrigens eine wegen ihres Indumentes und der Blattform unter Spec. *scorzonerifolium* einzureihende Sippe.

Den *Villosina* fehlt im allgemeinen die Drüsenbekleidung, doch nicht völlig, denn regelmässig sind sehr kleine Drüsenhaare an den Rändern der inneren Hüllschuppen gegen deren Spitze hin in geringer bis mässiger Zahl vorhanden. Es ist nicht recht einzusehen, welche Function ihnen zukommen könnte, da sie von den langen Haaren ganz verdeckt werden, erst mit schärferer Lupe erkennbar sind und auch mit Rücksicht auf die Stelle ihres Auftretens einen Anhalt zur Beurtheilung ihrer Bedeutung kaum gewähren. Man kann sich vielleicht denken, dass diese Drüschen solche Insecten abhalten, welche in das Blüthenköpfchen einzudringen versuchen, während letzteres noch geschlossen ist. — Kein echtes *villosum* hat Sternhaare auf den Phyllomen, selbst die Hüllschuppenränder sind immer frei von solchen. Dagegen besitzen alle Sippen der *Villosina* an den oberen Theilen des Caulomsystemes eine dichte bis zum weisslichen Filz sich steigernde Bekleidung aus Flocken, die sich mehr oder weniger tief herabzieht, gewöhnlich aber schon in der Mitte des Stengels verschwindet.

Die *Villosina* zeigen einen deutlich ausgeprägten Typus, welchem sich alle sonst vorkommenden ähnlichen Sippen bequem anreihen lassen. Dieser Typus wird durch eine Pflanze dargestellt, welche die breitesten, sparrigsten äusseren Hüllschuppen mit der längsten Behaarung und den breitesten, umfassendsten Blättern vereinigt: unser *H. villosissimum*. Da aber diese Pflanze nicht überall in dem Gebiete der Species vorkommt, daher auch von den Autoren gewöhnlich nicht gemeint ist, wenn *H. villosum* in Rede steht, sondern eine die genannten Merkmale in etwas minder extremer Weise zeigende, allgemein verbreitete Subspecies, so lassen wir letzterer den Linné'schen Namen unter ausdrücklicher Betonung, dass sie von einer anderen Sippe an Charakteristik der Erscheinung übertroffen wird, also nicht eigentlich das Endglied einer phylogenetischen Entwickelungsrichtung repräsentirt.

Die typische Subspecies und die ihr nächstverwandten Sippen sind alle durch $\pm$ lanzettliche, sparrig-abstehende äussere Hüllschuppen ausgezeichnet, welche von den inneren Schuppen nach Form und Breite abweichen. Es gibt aber zahlreiche andere Sippen, welche im grossen Ganzen Habitus und Merkmale der *villosum*-Gruppe wiederholen, aber höchstens etwas locker stehende, meist aufrecht-anliegende schmale Hüllschuppen besitzen. Da es, wie weiter unten ausgeführt wird, fast immer leicht gelingt, die zur letztgenannten Gruppe gehörigen Sippen eben durch ihren Hüllenbau von den echten Villosen zu unterscheiden, so erscheint es angezeigt, sie in eine besondere Species zusammenzufassen und dem eigentlichen *H. villosum* als *H. villosiceps* zur Seite zu stellen. Demnach fassen wir die *Villosina* auf als aus zwei Species bestehend, von denen *H. villosiceps* jedoch einen geringeren systematischen Werth besitzt als *H. villosum*.

Etwas complicirt sind die systematischen Beziehungen der *Villosina*. Sie zeigen zu mindestens 12 oder 13 anderen Hieracienspecies Uebergangsglieder, welche ohne Zweifel zum Theil als Bastarde aufzufassen sind, zum Theil aber auch continuirliche Verbindungsreihen darstellen, welche aus Variation hervorgegangen sind. Mit manchen Arten werden sie durch mehr als eine Zwischengruppe verbunden (so mit *H. silvaticum, glaucum, prenanthoides, cerinthoides*): Verhältnisse, über welche die weiter unten (S. 119) folgende graphische Darstellung Aufschluss ertheilt.

Villosina, Uebersicht der Arten.

Aeussere Hüllschuppen $\pm$ länglich bis lanzettlich, blättchenartig, sparrig-abstehend, den inneren Schuppen unähnlich; Stengelblätter langsam decrescirend: *H. villosum L.*

Aeussere Hüllschuppen lineallanzettlich oder lineal, aufrecht-anliegend oder wenig locker, den inneren Schuppen ähnlich- oder gleichgestaltet; Stengelblätter meist ziemlich rasch decrescirend: *H. villosiceps n. sp.*

20. Spec. **villosum Linné**[1])

sp. pl. ed. 2, II (1763) p. 1130 = *H. criniferum Vukot.* Hierac. croat. (1858) p. 15 = ? *H. pilocephalum Link* enum. pl. hort. Berol. II (1822) p. 286. — Stengel aufrecht, 15—30 (—40) cm hoch, dick oder kräftig, verbogen, ± gestreift, in der oberen Hälfte verzweigt, phyllopod. Blätter in der Rosette wenige bis mehrere, ungestielt oder am Grunde ± deutlich stielartig zusammengezogen, länglich bis lanzettlich, oft etwas wellig, fast stumpf bis spitz, ganzrandig oder gezähnelt bis gezähnt, glauk oder glaucescirend, meist weich; Stengelblätter (3—) 4—8 (—12), langsam decrescirend, untere mit verschmälerter, mittlere und obere mit gerundeter oder ± umfassender Basis sitzend, allmählich in die Bracteen und durch diese in die Hüllschuppen übergehend. Kopfstand gablig, grenzlos, ± gleichgipflig, (1—) 2—4 köpfig; Akladium 3—10 (—13) cm lang; Strahlen 2. Ordnung (0—) 1—3, entfernt, meist unverzweigt; Verzweigungswinkel (25—) 35—45°. Hülle 14—17 (—23) mm lang, kuglig oder niedergedrückt; Schuppen sparrig-abstehend, innere locker, äussere blättchenartig, elliptisch oder länglich bis lanzettlich, grün, innere mehr lineal, langspitzig, alle sehr spitz, dunkel bis hellgrün. Bracteen am Akladium 3—8, blättchenartig. Haare an allen Theilen sehr reichlich, weiss, weich, an der Hülle 3—5, am Stengel bis 10 (und 12), auf den Blättern bis 8 mm lang, seltener auf der Blattoberseite fast mangelnd. Drüsen winzig, nur gegen die Spitzen der längeren Hüllschuppen hin vorhanden, sonst 0. Flocken an Hülle und Blättern fehlend, an den Caulomen oben Filz bildend, abwärts zuweilen tief herab vermindert. Blüthen ± hellgelb, Zähnchen derselben ± gewimpert; Griffel gleichfarbig oder etwas dunkel. Früchte hellbraun bis rothbraun und schwarz, meist 3,3—4,5 mm lang. Blüthezeit Juli, August. — Hochgebirgspflanzen.

Bemerkungen zu Spec. villosum.

Wie aus dieser Beschreibung ersichtlich ist, leidet dieselbe unter einem ziemlich hohen Grade von Unbestimmtheit, obwohl in ihr nur die dem Typus der Spec. *villosum* nächststehenden Sippen berücksichtigt werden. Fast alle Merkmale bewegen sich innerhalb sehr weiter Grenzen[2]), so dass für eine knappe Charakteristik der Art kaum etwas anderes übrig bleibt, als der Heteromorphismus der Hüllschuppen und die durch das sparrige Abstehen der sehr breiten äusseren (und mittleren) Schuppen sehr dick erscheinende Köpfchenform. Damit vereinigt sich in den meisten Fällen ein mehrblättriger Stengel mit ± umfassenden oder breit sitzenden Blättern und die lange dichte Haarbekleidung, um der Species das wohlbekannte auffällige Aussehen zu verleihen. Dasselbe ist so charakteristisch,

1) Neilreich (Nachtr. z. Fl. v. Wien 1851 p. 179) sagt: *H. villosum Jacq.* und versteht darunter die Spec. *villosum, dentatum* und *piliferum.*

2) Auf den Polymorphismus und die individuellen Abweichungen macht besonders Fries aufmerksam; vgl. auch Frölich in De Candolle's Prodromus.

dass Zugehörige der Spec. *villosum* schon dadurch allein ziemlich sicher als solche erkannt werden können.

Als Hauptsippe ist unsere *subsp. villosissimum* anzusehen; dieselbe hat die breitesten und sparrigsten Hüllschuppen, dadurch die dicksten Köpfe, die längste und reichste Behaarung, und die Breite der stark umfassenden Basis ihrer oberen Stengelblätter wird von keiner anderen Sippe der Species übertroffen. Auch bezüglich der allmählichen Decrescenz der Stengelblätter bildet *H. villosissimum* ein Extrem. Es stellt sich dadurch, wie auch mittelst der grenzlos tief herabgehenden Verzweigung auf die unterste Stufe der morphologischen Ausbildung des Axen- und Blattsystemes, welches in der Gattung *Hieracium* vorkommt. Man könnte es in dieser Hinsicht mit *H. (porrifolium) longibracteum* in Parallele stellen, indessen zeigt sich doch der letztgenannten Pflanze gegenüber insofern ein Fortschritt, als bei *H. villosissimum* die Neigung zur Verzweigung der Aeste eine sehr geringe ist, so dass hier meist rispig-traubige Gesammtinflorescenzen entwickelt werden.

Von der Spec. *villosum* gehen nach den verschiedensten Richtungen hin Uebergangsreihen aus, welche dieselbe mit den *Glaucina, H. silvaticum* und *vulgatum*, den *Accipitrina*, mit *H. alpinum, glanduliferum, humile, cerinthoides, tomentosum* u. a. verbinden. Diese Zwischenformen bilden zum Theil isolirte Gruppen, meist aber gleitende Uebergänge zu den fremden Species, so dass eine durch einigermassen deutliche Lücken bedingte Umgrenzung der Spec. *villosum* kaum möglich ist, und fast noch weniger eine klare systematische Eintheilung der genannten Uebergangsformen. Es herrscht hier eine so innige und complicirte Verwandtschaft der Sippen, wie sie unter den Piloselloiden etwa bei der Gruppe des *H. furcatum* angetroffen wird, die dadurch auch zu einer kaum entwirrbaren wird und bekanntlich nur mit Hilfe der genauesten Kenntniss der typischen Sippen der Hauptarten übersehbar ist. Diese ausserordentlichen Schwierigkeiten, welche sich der systematischen Behandlung der Spec. *villosum* und ihrer Verwandten entgegenstellen, hat schon Monnier empfunden. Es schien ihm unmöglich, die von uns als Spec. *scorzonerifolium, elongatum, eriophyllum, longifolium, dentatum, speciosum* etc. besonders behandelten Sippen abzutrennen, so dass sein *H. villosum* (Essai monogr. 1829 p. 55—59) eine Pflanzengruppe von sehr bedeutendem Umfange darstellt, die nach den verschiedensten Richtungen hin sich anderen Species stark nähert. Andere Autoren sind ihm darin mehr oder minder weit gefolgt.

Uebersicht der Subspecies-Gruppen.

Blätter ± glaucescirend-hellgrün, weich, oberseits überall reichhaarig: I. *Villosum.*
Blätter glauk, etwas derb, oberseits ganz kahl oder nur gegen den Rand hin armhaarig: II. *Calvifolium.*

I. ***Villosum*** (siehe oben).

1. *Subsp. villosissimum Naeg.* in litt. (vgl. Sitzungsber. d. k. bayer. Akad., math.-phys. Klasse 1873 p. 322) = *H. villosum β. eriophyllum*

Froel. in DC. Prodr. VII (1838) p. 228 part. = ? *H. villosum β. grandiflorum* Lamk. et DC. fl. fr. 3e éd. IV (1805) p. 20. — Stengel 20—35 cm hoch, dick, verbogen, stark gestreift, bis zur Mitte oder zum unteren Drittel herab verzweigt, phyllopod. Blätter in der Rosette mehrere bis wenige, länglich bis lanzettlich, undeutlich gestielt, fast stumpf bis spitz, weich, zuweilen etwas wellig, ± glaucescirend-hellgrün; Stengelblätter (4—) 6 (—12), sehr allmählich decrescirend, untere länglich, obere aus breit herzförmiger halbumfassender Basis eiförmig, spitz, langsam in die blattartigen Bracteen und Hüllschuppen übergehend. Kopfstand gablig oder hochgablig, gleichgipflig, grenzlos, (1—) 2—4 köpfig; Akladium 4—8 (—11) cm lang; Strahlen 2. Ordn. (0—) 1—3, kräftig, entfernt, meist unverzweigt; Winkel 35—40°; Ordnungen 2. Hülle 20—23 mm lang, niedergedrückt-kuglig; Schuppen grün, sehr spitz, äussere blattartig, sparrig-abstehend, oval oder länglich bis lanzettlich, wellig, zugespitzt, mittlere lanzettlich, innere lineal, sehr lang zugespitzt. Bracteen 3—8, blattartig, in die Hüllschuppen unmerklich übergehend. Haare überall sehr reichlich, weich, oft ± verbogen, weiss, mit dicken Postamenten, gezähnt (nicht gefedert, Zähne nicht länger als der Durchmesser des Haares), an der Hülle 4—5, an den Caulomen bis 12, auf den Blättern 6—8 mm lang. Drüsen an den äusseren Hüllschuppen 0, auf den mittleren am Rande oder nur gegen die Spitze hin und auf den innersten am Rande überall bis mässig zahlreich, klein, sonst mangelnd. Flocken an Hülle und Blättern fehlend, an den Kopfstielen weisslichen oder grauen Filz bildend, von der Stengelmitte abwärts verschwindend. Blüthen ziemlich hellgelb, Griffel gleichfarbig. Früchte kastanienbraun, 4 mm lang.

1. *normale.* — Bayerische Alpen 1625—1790 m: Berchtesgaden (Sp.), Rothwand und Miesing bei Schliersee (N., P.), Benedictenwand (hier schmalblätterig) (W.). Salzburg: Untersberg (Htbr.). Tirol: Vennerthal des Brenner 1660—1690 m (N.). Kärnten: Pasterze (Hppe, H. Mueller), Plöcken 2600 m (Pch). Ostchweiz 1400—2030 m: Splügen-Kalkberg (N.), Alp Uglix bei Bergün (P.), Albulapass zwischen Bergün und Weissenstein (N., P.), Oberengadin (Zll.). Jura: Dôle (N.). Frankreich: La Faucille bei Ain (Dsgl.) — Exsicc. 344.

Blüthen aussen etwas behaart, auch die Blüthenzähnchen öfters mit einigen längeren Haaren besetzt, bei Exemplaren von der Pasterze letztere nur mit kurzen Wimpern. — In Cultur wird der Stengel nicht höher, dagegen reicht die Verzweigung zuweilen fast bis zum Grunde desselben und die Zahl der Aeste vermehrt sich bis auf sechs, die Rosettenblätter sind häufig (wie dies auch am natürlichen Standorte hin und wieder vorkommt) zur Blüthezeit vertrocknet, sonst sind sie öfters in einen ± deutlichen Stiel zusammengezogen, und die Stengelblätter bekommen eine mehr verschmälerte Basis, so dass die Pflanze der *var. stenobasis* ähnlich erscheint.

Häufig kommen Exemplare vor mit (namentlich an Hülle und Blättern) viel kürzerer und minder reichlicher Behaarung, während sie im übrigen die Merkmale der Hauptform gut inne halten. Einzelne Individuen aber weichen durch *prenanthoides*-artige Blattbasis noch mehr vom Typus ab, wieder andere gehen in die nächstgenannte Varietät über, so dass sich hier ein leichtes Hinneigen gegen *H. elongatum* resp. gegen die Spec. *prenanthoides* kundgibt. Diese kahleren Pflanzen wurden beobachtet in den Bayr. Alpen: Rothwand 1790 m (N.), Miesing (P.), Benedictenwand (W.); Tirol: Fleimsthal; Kärnten: Bärenlahn und Wischbachalp bei Raibl 1300—2110 m (P.); Ostschweiz: Albulapass 1400—2030 m (P.).

2. *calvescens*. = *H. villosum γ. bracteolatum Froel.* in DC. Prodr. VII (1838) p. 228. — Ueberall viel weniger behaart, Haare an den Caulomen 3—5 mm, auf den Blättern nur mässig zahlreich, 3 bis 4 mm, am Rande nur 2—3 mm lang. — Stengel bis 38 cm hoch, nur im oberen Drittel verzweigt. Rosettenblätter vertrocknend, untere Stengelblätter mit verschmälerter Basis, unregelmässig gezähnelt. Bracteen wenige. Griffel dunkel.—Vorarlberg: Oefenpass 2275m(Dgl.).

3. *stenobasis*. Entweder alle Stengelblätter mit verschmälerter (sogar kurzgestielter) Basis; oder so nur die unteren, dann die mittleren ebenfalls verschmälert oder höchstens abgerundet, die oberen bis etwas umfassend-sitzend. Rosettenblätter oft vertrocknend. — Bayr. Alpen: Rothwand (N.). Ostschweiz 1500—2000 m: Kalkberg über dem Dorfe Splügen (N.), Aufstieg zum Stätzerhorn bei Parpan (P.), Val Celerina im Engadin (P.). Westschweiz 1495—2200 m: Ormonts, Fully und Griesberg im Eginenthal (N.). Siebenbürgen: Alp Corongisin bei Rodna (Porcius).

Bei cultivirten Pflanzen nimmt das Akladium öfters mehr als ²/₃ des ganzen Stengels ein und es ist dann mit ansehnlichen Blättern besetzt; die Aeste sind alle 1 köpfig und etwas übergipfelnd, wodurch die Pflanze ein eigenartiges Aussehen erhält. — Auch hier gibt es manchmal viel weniger behaarte Individuen: Val Celerina im Oberengadin 1800—1950 m (P.).

2. *Subsp. eurybasis* = *H. villosum elatius* Fries Symb. (1848) p. 51. — Stengel 25—40 (cult. bis über 60) cm hoch, kräftig, oft etwas verbogen, leicht gestreift, bis zur Mitte oder bis zum untern Drittel verzweigt, phyllopod. Blätter in der Rosette wenige oder zur Blüthezeit vertrocknet, länglich oder lanzettlich-länglich, ± spitz oder spitzlich, undeutlich gestielt, oft etwas wellig, etwas glaucescirend-hellgrün, weich; Stengelblätter 6—10, untere ± länglich, obere aus breit herzförmig-umfassender Basis etwas zugespitzt, langsam in die Bracteen übergehend. Kopfstand hochgablig, wenig übergipflig, grenzlos, 2—5 (—7) köpfig; Akladium 30—90 (—130) mm lang; Strahlen 2. Ordn. 1—3 (—5), dicklich, entfernt, zuweilen aus den untersten Blattachseln noch einige wenige entspringend, die auch verzweigt sein können; Winkel

ca. 45°; Ordnungen 2 (—3). Hülle 14—17 mm lang, niedergedrückt-kuglig, an den Seitenstrahlen mehr eiförmig; Schuppen dunkel, lanzettlich-lineal, sehr spitz, äussere breiter, lanzettlich, etwas blattartig, heller grün, abstehend. Bracteen 2—4, blattartig, gross, in die Hüllschuppen allmählich übergehend. Haare überall reichlich, hell, weich, an Hülle und Blättern 3—4 mm, an den Caulomen 6—7 (—8) mm lang. Drüsen nur am Rande der inneren Hüllschuppen zerstreut, klein, sonst mangelnd. Flocken an der Hülle 0, nur am Grunde der Schuppen vereinzelt; an den Caulomen oben grauen Filz bildend, abwärts allmählich vermindert, von $^1/_3$ der Stengelhöhe ab verschwindend, auf den Blättern 0. Blüthen ziemlich hellgelb, Griffel dunkel. Früchte kastanienbraun, gut 4 mm lang. — Bayerische Alpen: Gipfel der Rothwand und Tiefenthalalp bei Schliersee 1525—1790 m (N., Sdt.), Benedictenwand (W.). Jura: wo?

Ist einer der vielen Uebergänge der Spec. *villosum* zu Spec. *prenanthoides* und stellt den ersten Schritt von *H. villosissimum* gegen *H. elongatum* dar. Ein Exemplar dieser Sippe wurde von Schleicher in sched. als *H. villosum e. canescens* bezeichnet.

3. Subsp. heterophyllum = *H. villosum ε. dentatum* Gaud.-Monn. syn. fl. helv. (1836) p. 683. — (cult.). Stengel 50 bis über 60 cm hoch, kräftig, gerade, stark gestreift, bis zur Mitte herab verzweigt, phyllopod. Blätter in der Rosette wenige, deutlich gestielt, länglich, stumpf, ungleichmässig kurzgezähnt, etwas wellrandig, kaum etwas glaucescirend-hellgrün, weich; Stengelblätter bis ca. 15, sehr langsam decrescirend, ± spitz, untere länglich, mit gleichmässig verschmälerter Basis, mittlere elliptisch, breit sitzend, beide ± *prenanthoides*-artig, obere eiförmig, mit herzförmiger Basis halbumfassend, bei grossen Individuen öfters noch die obersten unregelmässig-buchtig-grobzähnig. Kopfstand lax gablig-rispig, grenzlos, etwas übergipflig, 6—15 köpfig; Akladium 3—6 (—10) cm lang; Strahlen 2. Ordn. 5—8 (—12), obere wenig-, untere mehr entfernt, dicklich, zuweilen aus den untersten Blattachseln noch ein oder der andere Ast entspringend; Winkel ca. 35°; Ordnungen 2—3. Hülle 15—17 mm lang, kuglig, dann etwas niedergedrückt; Schuppen: äussere blattartig, sparrig, lanzettlich, hellgrün, innere bis lineal, dunkel, alle sehr spitz. Bracteen 4—5, blattartig, unmerklich in die Hüllschuppen übergehend. Haare überall reichlich, hell, am oberen Theil der Pflanze mit dicken schwarzen Postamenten, an der Hülle und auf den Blättern 2—3 mm, an den Caulomen bis 7 mm lang. Drüsen nur an den inneren Hüllschuppen gegen deren Spitze spärlich, sonst 0. Flocken an Hülle und Blättern 0, Kopfstiele oben weisslich, abwärts allmählich minder flockig, Stengel schon über der Mitte nackt. Blüthen ziemlich sattgelb, Zähnchen langgewimpert; Griffel dunkel. Früchte rothbraun, 4,5 mm lang. — Bayerische Alpen: am Tanzeck im Rothwandstock bei Schliersee (N.); wurde uns auch aus den botan. Gärten von Hamburg, Dorpat und Petersburg geschickt.

Neigt durch Blattform und Behaarung noch etwas mehr gegen Spec. *prenanthoides* als die vorige Subspecies. — Hier schliesst sich eine in den Tiroler Dolomiten (Fuss der Rosszähne) in zahlreichen Exemplaren beobachtete, durch etwas minder zahlreiche, starkwellrandige, lang-längliche, sehr spitze Blätter mit aufgesetzten, vorwärts gerichteten spitzen Zähnchen ausgezeichnete und mit schmaleren äusseren Hüllschuppen versehene Form an, von der auch einzelne Exemplare in den Bayr. Alpen (Rothwand bei Schliersee [P.]) angetroffen wurden.

4. *Subsp. villosum Linn.* sp. pl. ed. 2, II (1763) p. 1130 = *H. villosum a. cordifolium* Froel. in DC. Prodr. VII (1838) p. 228. — Stengel bis 30 cm hoch, kräftig, verbogen, gestreift, höchstens bis zur Mitte herab verzweigt, phyllopod. Blätter in der Rosette wenige, ungestielt, lanzettlich und länglich-lanzettlich, in den Grund verschmälert, ± spitz oder spitzlich, öfters etwas wellig, ganzrandig oder entfernt-gezähnelt, glaucescirend-hellgrün; Stengelblätter 4—8, langsam decrescirend, untere länglich, ± zugespitzt, spitz, mit breiter gerundeter oder gestutzter Basis sitzend, obere kurz-eiförmig mit umfassender Basis. Kopfstand gablig, grenzlos, 1—3 köpfig, ziemlich gleichgipflig; Akladium 5—10 cm lang; Strahlen 2. Ordn. (0—) 1—2, dicklich, entfernt; Winkel 35—40°; Ordnungen 2. Hülle 16—17 mm lang, bauchig-kuglig; Schuppen: äussere sparrig, blättchenartig, hellgrün, ± lanzettlich, innere mehr lineal werdend, dunkel, alle sehr spitz. Bracteen 4—6, blättchenartig, allmählich in die Hüllschuppen übergehend. Haare überall sehr reichlich, weiss, weich, an den Caulomen mit schwarzen Postamenten, bis 10 mm, an der Hülle 3—4 mm, auf den Blättern bis 6 mm lang. Drüsen nur am Rande der inneren Hüllschuppen gegen deren Spitze spärlich, sonst 0. Flocken an Hülle und Blättern 0, an den Caulomen oben weisslichen oder grauen Filz bildend, tief herabgehend. Blüthen etwas hellgelb, aussen behaart, Zähnchen spärlich gewimpert; Griffel etwas dunkel. Früchte hellbraun, 3,5 mm lang.

Dies ist die Beschreibung derjenigen Pflanze, für welche wir den Linné'sche Namen besonders in Anspruch nehmen, weil man ihr unter allen Sippen am häufigsten begegnet. Es gibt zahllose Abänderungen der oben angeführten Merkmale, welche theils in Standortsmodificationen, theils in constanten Verhältnissen beruhen. Zu den ersteren gehören einerseits die reicher verzweigten hochwüchsigeren Pflanzen, welche an fruchtbareren Stellen des Gebirges angetroffen werden oder einer zufälligen Düngung ihr kräftiges Gedeihen verdanken, andrerseits die niedrigen meist 1 köpfigen Exemplare der dürren sonnigen Felswände und wasserarmen Trümmerfelder, bei denen die Rosette auf Kosten des seine unteren Internodien verkürzenden Stengels an Blätterreichthum zunimmt[1]). Auch

1) Solche Individuen sind öfters als Varietäten betrachtet worden; vgl. Gaudin-Monnard, Synops. u. Frölich in DC. Prodr. — Von einer solchen Form berichtet auch Krašan in Engler's Jahrbüchern V p. 369.

die öfters zu beobachtenden erheblichen Unterschiede in der Kopfgrösse und Hüllschuppenbreite, welche dort mehrere Millimeter, hier bis nahezu die Hälfte der gewöhnlichen Breite betragen können, sind auf Rechnung des Standortes zu setzen, wie Culturversuche gezeigt haben. Aber es gibt auch einen constanten Zwergwuchs und eine constante Schmalschuppigkeit, welche demnach zur Ausscheidung von Varietäten benutzt werden können. Es bietet sich hier also der Fall dar, dass morphologisch identisch erscheinende Merkmale von ungleichem physiologischen Werth sind. Ist der niedrige Wuchs z. B. in dem einen Fall als eine Anpassungserscheinung an das gerade herrschende Klima zu erkennen, welche ohne alle Constanz ist und schon im nächsten Jahre bei etwas günstigeren Vegetationsbedingungen der Hochwüchsigkeit Platz macht, so kann in dem anderen Fall durch Cultur in gutem Gartenboden keine Aenderung der Stengelhöhe und des Verzweigungsgrades herbeigeführt werden, und es muss diese Eigenschaft demnach in der uns verborgenen molecularen Beschaffenheit der Pflanze ihre Ursachen haben, welche so stark sind, dass jene Eigenschaft erblich übertragen wird. — Andere Abänderungen von Individuum zu Individuum betreffen die Dimensionen der Blätter, auch die Länge und Dichtigkeit der Behaarung, die Farbe der Griffel. Daher ist es kaum möglich, die Subsp. *villosum* einigermaassen fest zu umgrenzen, und man muss sich im allgemeinen darauf beschränken, die ausgeprägteste Form als typisch festzuhalten und um dieselbe die zahllosen Abweichungen mehr oder weniger nahe zu gruppiren. Der nachstehende Versuch einer Sichtung dieses Sippenschwarmes möchte daher als willkürlich oder doch als überflüssig erscheinen, — und man könnte in der That sich auch ohne denselben behelfen, — aber einerseits ist es die in unserer Monographie überall befolgte Regel der Hervorhebung morpholopisch wichtigerer Sippen als Varietäten, welche eine solche Ausscheidung stützt, andrerseits die auf Analogie begründete und in mehreren Fällen durch Culturversuche als richtig erwiesene Annahme von der Constanz der als wesentlich hervorgehobenen Merkmale. Die wichtigsten dieser Varietäten sind dementsprechend folgende.

α) *genuinum.*

1. *normale.*

a) *verum* = *H. villosum* Schultz-Bip. Cichoriac. 11 = *H. villosum β. obscurum* Schultz-Bip. Cichoriac. suppl. II, 136. — Eine der gemeinsten Hochgebirgspflanzen von 1300—2600 m: Bayerische Alpen, Algäu, Tirol, Nord- und Ostschweiz, Westschweiz, Jura, Savoyen, Kärnten, Krain, Salzburg, Ober- und Niederösterreich, Steiermark, Küstenland, Lombardische Alpen; Siebenbürgen: Kerondsis bei Rodna. Tatra: Kriwan. — Exsicc. 345.

b) *simplicius* = *H. villosum β. glabrescens* Schultz-Bip. Cichoriac. suppl. II, 137. — Niedriger, mit weniger beblättertem Stengel, meist 1 köpfig. Hülle nur 11—13 mm lang; Schuppen schmaler, namentlich die äusseren nicht blättchenartig und minder sparrig abstehend. Stengelblätter oft nur mit abgerundetem Grunde sitzend, etwas stärker glaucescirend als bei der Hauptform. — Durch die genannten Abweichungen vom Typus neigt diese ebenfalls häufig vorkommende Sippe gegen Spec. *villosiceps*, zwischen letzterer und Spec. *villosum* finden sich überhaupt mancherlei Uebergänge. — Bayerische Alpen, Algäu, Tirol, Ostschweiz, Westschweiz, Jura, Savoyen, Kärnten, Oberösterreich.

c) *erectisquamum* = *H. villosum* Rchb. f. Deutschl. Fl. XIX (1860) p. 113 tab. 200 Fig. I, II. — Hüllschuppen nicht sparrig, sondern aufrecht-abstehend. — Bayerische Alpen: Kramer bei Garmisch (Kr.). Oberösterreich: Steyr. Ostschweiz: Splügen über dem Dorfe 1950 m (N.), Albula über Weissenstein 2030—2300 m (P.), Faulhorn. Siebenbürgen: Alpe Corongisin und Mihojana bei Rodna (Porc.).

2. *humilius* (cult.). — Stengel höchstens 18 cm hoch, schlank, 1 köpfig. 4—6 blätterig. Blätter stark glaucescirend. Behaarung weiss, an den Caulomen bis 5 mm lang. Flocken bis zum Stengelgrunde herabgehend. Blüthen schmalzungig. — Tirol: Brenner (N.).

3. *calvescens*. Untere Blätter wellrandig, mit einzelnen groben Zähnen, glaucescirend; Form und Basis der oberen stark wechselnd. Behaarung überall geringer, namentlich auf der Blattoberseite (± zerstreut), aber nicht viel kürzer (bis 8 mm) als bei der typischen Sippe. — Stellt die ersten Uebergangsstufen gegen Spec. *scorzonerifolium* dar.

a) *verum* = *H. villosum* Schultz-Bip. Cichoriac. 11 part. — Blätter breiter, untere länglich oder lanzett-länglich, obere ± eiförmig. — Bayerische Alpen: Miesing über Grosstiefenthal 1625—1720 m (P.). Tirol: Höttinger Berg bei Innsbruck (Roth). Oesterreich: Schneeberg am Grafensteig zwischen Saugraben und Bocksgrube 1600 m (Mlln.), Schafberg bei Mondsee (Hthbr.). Ostschweiz: Bergüner Stein 1350 m (P.), über dem Dorfe Splügen 1525—1950 m (N.). Westschweiz: Creux de Champ 1400—1600 m und M. d'Arpille 2100—2200 m in Ormonts dessus (N.). Jura: Dôle 1450—1600 m (N.). Kärnten: Bartolograben bei Tarvis (P.). Auch erhielten wir die Pflanze aus dem botan. Garten von Paris.

b) *angustum*. Untere Blätter lanzettlich, oft in einen deutlichen Stiel verschmälert, obere lanzettlich-länglich oder aus eiförmiger Basis zugespitzt. Hülle öfters nur 10—13 mm lang. — Bayerische Alpen 1230—1625 m: Brecherspitz (N.), Benedictenwand (W.). Algäu: Fellhorngrat 1950—2015 m (Mdo., Cfl.). Tirol: Kaiserthal, Kaserenwiesen bei Neuprags 2210—2370 m (N.). Salzburg: Untersberg (Sp.). Kärnten 1300—2110 m: bei Raibl an mehreren

Orten (P.). Ostschweiz: über St. Moritz in Engadin 1850—2200 m (P.). Westschweiz: Creux de Champ in Ormonts dessus 1350 bis 1400 m (N.). Jura: Dôle (N.), Chasseron (Lerch).

4. *stenobasis.* Blätter im allgemeinen schmaler, oft stumpfer; Rosettenblätter oft in einen mehr oder minder deutlichen Stiel zusammengezogen. Stengelbätter: untere mit (oft stark- und lang-) verschmälerter Basis, obere mit breiterer, oberste mit gerundeter Basis sitzend. — Ebenso verbreitet wie die typische Sippe, nämlich Bayerische Alpen, Nord- und Südtirol, Kärnten, Krain, Küstenland, Ost- Nord- und Westschweiz, Jura, Algäu, Steiermark, Niederösterreich, Piemont. — Exsicc. 346, 347.

Nicht selten sind die meisten Blätter der Pflanze lanzettlich mit verschmälertem Grunde, der Stengel ist schlanker, die Blattfarbe stärker glaucescirend. Ob aber diese Merkmale in Cultur unverändert bleiben, kann nicht angegeben werden.

5. *involucratum Rochel* pl. rar. Banat. (1828) p. 69 tab. 29 Fig. 60 = *H. villosum* Baumgarten in sched. = *H. villosum β. eriophyllum* Fröl. in DC. Prodr. VII (1838) p. 228 part. = *H. floccosum* Schur in sched. = *H. criniferum* et *H. criniferum β. flexuosum* Vukotin. in sched. — Wie 1, aber mittlere und obere Blätter mit gerundeter Basis sitzend, untere mit verschmälerter Basis; obere mehr eiförmig, öfters stumpf und mucronat. Hüllschuppen (auch die äusseren) dunkel. Stengel schlank, oft 1 köpfig. — Banat (Rch.). Siebenbürgen: auf den Bergen Arpas, Oecsem Teteje, Arozyietjo, Padruschel (Arpaser Alpen) 1950 m, Königstein und Butzez bei Kronstadt (Schur), Torotzko (Bmg.), Kühhorn bei Rodna (Wolff), Piroska in den Barcaser Alpen (Bmg.), Felswände des Grohotisin auf der Alpe Bucsécs 1950 m (Fr.). Karpathen: Thal Swistowka 2000 m (Rhm.). Tatra: Thal von Koszielisko (U.). Croatien: Velebit (Vuk.). Krain: Voischiza (Dll.). Kärnten: obere Wischbachalp gegen die Kernadulscharte bei Raibl 1900—2050 m (P.).

Von dieser Form kommen hin und wieder Exemplare vor, welche der oben sub 1 aufgeführten *f. simplicius* entsprechen.

6. *amplexissimum* = *H. villosum β. obscurum* Schultz-Bip. Cichoriac. suppl. II, 136; Schultz herb. norm. 95. — Stengelblätter 5—8, alle gross, sattgrün, mit breiter, mittlere und obere mit stark umfassender Basis; untere länglich, obere eiförmig, mit vereinzelten grösseren Zähnen oder ganzrandig. Hüllschuppen alle nahezu gleichgestaltet, sehr lang- und feinspitzig, äussere nicht auffallend blattartig, dunkel. Behaarung besonders weich, auf der Blattoberseite nicht so dicht wie bei *H. villosum normale.* — Kärnten: Karlsteig bei Tarvis und von da bis zum Predilpass, Schluchten am Raibler See (P.). Krain: Voischiza, Zhavn, Strug bei Idria (Dll.),

Planitzathal bei Wurzen, Srawenza, Roschiza und Golitza 1400 bis 2080 m in den Karawanken (P.). Siebenbürgen: Berg Keprercare (Sch.).

7. *fuliginosum Kern.*
Stengelblätter 3—4, herzeiförmig, umfassend, sattgrün. Hüllschuppen alle ziemlich gleichgestaltet, schwärzlich, äussere nicht blättchenartig, wenig sparrig. Haarpostamente bis zum Stengelgrunde schwarz; Behaarung der Hülle etwas rauchig-weiss. In Cultur wird die Blattbasis mehr gerundet. — Tirol: Oetzthal unterhalb Vent (Engl.) und zwischen Vent und Heiligkreuz 1720 m (N., Pr.). Tatra: Thal Koscielisko 1460 m (U.).

8. *cornicola* = *H. neapolitanum var.* Huet fratr. pl. neap. 370. — Pflanze nur bis 18 cm hoch, 1 köpfig. Blätter: unterste in einen kurzen Stiel zusammengezogen, länglich, ± stumpf, mittlere länglich bis lanzettlich, mit verschmälerter Basis, obere mit gerundeter Basis sitzend, alle klein. Hülle aus nahezu gleichgestalteten schwarzen, ± linealen, sehr langgespitzten Schuppen. Behaarung an der Hülle bis 2,5 mm, auf den Blättern und am Stengel bis 4 mm lang. — Abruzzen: auf dem Corno (Huet fr.).

β) *elliptisquamum* = *H. villosum* Schultz-Bip. Cichoriac. 11 part. — Stengelblätter: untere länglich oder lanzettlich, lang in den Grund verschmälert, obere eiförmig, mit gerundeter Basis. Hüllschuppen: äussere fast elliptisch, sparrig, innere aus breiter Basis zugespitzt. — Hülle 15—17 mm lang, sehr breit. Stengel einköpfig, bis 24 cm hoch. Grundblätter zur Blüthezeit vertrocknet. Behaarung etwas kürzer als bei *H. villosum genuinum.* — Oesterreich: Schafberg bei Mondsee (Hthbr.). Salzburger Alpen (Hthbr.).

Von dieser Varietät sind uns nur sehr wenige Exemplare zu Gesicht gekommen; ihre Constanz ist noch zu prüfen. Besser kennen wir eine bezüglich des Hüllenbaues ähnliche, aber durch schmalere, lanzettliche, stark glaucescirende und sehr kahle Blätter abweichende Form, welche den Uebergang zur Spec. *scorzonerifolium* vermittelt und deshalb minder characteristisch erscheint. Dieselbe wurde beobachtet in Tirol: Wolfenalp des Brenner 1625—1755 m (N.); Westschweiz: Creux de Champ in Ormonts 1350—1450 m (N.); Jura: Dôle 1450—1600 m (N.).

γ) *steneilema* (dazu fast auch *H. villosum* Rchb. fl. Germ. exsicc. 442). — Hüllschuppen alle schmal-lineal, äusserst spitz, dunkel. Mittlere und obere Stengelblätter mit herzförmiger oder doch breit eiförmiger Basis sitzend. Früchte braun, kaum über 3 mm lang. — Bayerische Alpen: Partenkirchen (Sp.), Benedictenwand (W.). Algäu: Höfatswanne (Cfl.). Tirol: Zirl am Sollstein 1300—1950 m (Sdt.). Graubünden: Alp Faller im Oberhalbstein; Val Celerina im Engadin (Pr.). Wallis: Zermatt 1625 m (N.). Kärnten: obere Wischbachalp bei Raibl (P.).

Durch die sehr schmalen Hüllschuppen stellt sich *H. steneilema* rücksichtlich der Gestaltung dieser Organe eben so als ein Extrem dar wie *H. villosissimum.* Man kann nicht sagen, dass ersteres nach der Richtung einer anderen Species hin vom Typus der Spec. *villosum* abwiche. Vielleicht gesteht man ihm daher besser den Werth einer Subspecies zu, aber da der Habitus der Pflanze völlig derjenige eines typischen *villosum* ist, die äusseren Hüllschuppen auch eben so sparrig abstehen, die Behaarung eben so reich ist, so besteht dafür kein zwingender Grund.

δ) *Baumgartenianum Schur* = *H. villosum form. Baumgartenianum* Schur in sched. = *H. villosum* Kotschy pl. transsilv. herb. Schott. sine num. — Blätter glaucescirend, unterste lanzettlich, abwärts langverschmälert, daher fast gestielt, spitz, wie die mit schmaler Basis sitzenden mittleren scharf-entfernt-sägezähnig, oberste mit breiter gerundeter oder etwas umfassender Basis sitzend. Hülle 15—16 mm lang, mit fast gleichgestalteten, wenig abstehenden, schwärzlichen, linealen, langgespitzten Schuppen. — Siebenbürgen: Berg Keprercare (Sch.), Korongis bei Rodna (Kotschy).

5. *Subsp. undulifolium* = *H. villosum* Wimm. Fl. Schles. (1857) p. 305; Fiek Fl. Schles. (1881) p. 266 und überhaupt der schlesischen Botaniker. — Stengel bis 32 cm hoch (in Cultur nicht höher), ziemlich schlank, etwas verbogen, gestreift, phyllopod, meist einfach (in Cultur jedoch bis zum untern Drittel herab verzweigt). Blätter der Rosette zur Blüthezeit meist vertrocknet, lanzettlich, gestielt; Stengelblätter 5—7, untere lanzettlich mit verschmälerter Basis, mittlere bis länglich, obere aus gerundeter eiförmiger Basis zugespitzt; alle spitz, etwas glaucescirend-hellgrün, stark wellig und mit aufgesetzten kurzen spitzen Zähnen, aufwärts langsam decrescirend und durch die Bracteen in die Hüllschuppen übergehend. Kopfstand in freier Natur meist nicht entwickelt, Pflanze 1 köpfig, in Cultur gablig, grenzlos, kaum gleichgipflig, 2—5 köpfig; Akladium 4—12 cm lang; Strahlen 2. Ordnung 0 (—4, dick, entfernt; Winkel 25—30°); Ordnungen 1 (—2). Hülle 16—18 mm lang, breit kuglig; Schuppen: äussere blattartig, elliptisch-lanzettlich, hellgrün, zugespitzt, sparrig, innere schmaler, langgespitzt, dunkelgrün. Bracteen 5—6, blattartig, gross, lanzettlich oder eilanzettlich. Haare überall reichlich, hell, weich, fast bis zum Stengelgrunde mit schwarzen Postamenten, an der Hülle und am oberen Theil des Stengels sehr zahlreich, dort 3—4, hier bis 8 mm lang, auf den Blättern bis 6 mm. Drüsen nur an den inneren Hüllschuppen gegen deren Spitze hin zerstreut, sonst mangelnd. Flocken an Hülle und Blättern 0, an den Caulomen oben weisslichen, abwärts langsam undeutlicher werdenden Filz bildend, etwa in der Stengelmitte verschwindend. Blüthen lebhaft gelb, aussen wenig behaart, Zähnchen nur mit vereinzelten Haaren; Griffel etwas dunkel. Früchte schwarz, knapp 3,5 mm lang. — Sudeten: gr. Kessel im

Gesenke 1400—1460 m. Tatra: Chocs 1560 m (Engl.). Bayerische Alpen: Schinder bei Tegernsee 1820 m (N.). Tirol: beim Mahlknecht der Seisser Alp 2110 m (Dgl.). Ostschweiz 1390—2275 m: Val Celerina im Engadin, zwischen Bellaluna und Bergün am Albulapass, Rheinschlucht zwischen Cresta und Cröt im Avers (P.), Kalkberg über dem Dorfe Splügen, Heuthal und Piz Alv beim Bernina, Fuss der Piz Padella und Maria bei Sils im Engadin (N.). Westschweiz: Stockhorn im Kanton Bern (Fischer), Grand Pilou am Salève. Nordschweiz: Rigi-Rothstock 1625 m (N.). — Köpfchen ganz wie typisches *villosum,* aber durch die Blätter und Früchte von demselben abweichend; namentlich in Cultur zeigt es sich deutlich, dass die Sudetenpflanze von dem typischen alpinen *H. villosum* verschieden ist. Uebrigens gibt es in den Alpen zweifelhafte Exemplare.

6. *Subsp. glaucifrons.* Stengel bis 30 cm hoch, schlank, gestreift, etwas verbogen, öfters bis zum untern $^1/_4$ herab verzweigt, phyllopod. Blätter in der Rosette meist mehrere, ± stielartig zusammengezogen bis gestielt, lanzettlich, wellig, sparsam gezähnelt, äusserste stumpf, übrige spitzlich bis spitz; Stengelblätter 3—5 (—7), ziemlich rasch decrescirend, in die Bracteen und Hüllschuppen übergehend, untere länglich-lanzettlich, obere eilanzettlich, mit verschmälerter oder (nur die obersten) mit gerundeter Basis sitzend; alle etwas derb, glaucescirend bis ziemlich glauk. Kopfstand gablig, grenzlos, etwas übergipflig, aber oft nur ein Kopf vorhanden, höchstens dreiköpfig; Akladium (2—) 4—7 cm lang; Strahlen 2. Ordnung 0—1 (—2), entfernt, ziemlich schlank; Winkel ca. 40°; Ordnungen 1—2. Hülle 15—17 mm lang, niedergedrückt, bei den Seitenköpfchen mehr kuglig; Schuppen: äussere blattartig, grün, sparrig, lanzettlich, innere schmaler, dunkler, alle zugespitzt und sehr spitz. Bracteen 3—4, blättchenartig, ± lanzettlich. Haare an Hülle und Caulomen reichlich, dort bis 4 mm, hier bis 6 mm lang, auf den Blättern fast ebenso oder bis mässig zahlreich, bis 5 mm lang. Drüsen nur gegen die Spitzen der inneren Hüllschuppen zerstreut, sonst fehlend. Flocken an Hülle und Blättern 0, an den Caulomen oben grauen Filz bildend, abwärts bis zum Stengelgrunde allmählich vermindert. Blüthen gelb, aussen kaum behaart. Zähnchen kahl; Griffel hell. Früchte braun, 3,3 mm lang.

1. *normale* = *H. villosum* Kovats pl. rar. Austr. Hung. 948. — Sehr verbreitet in den Bayerischen Alpen, Algäu, Nord- und Südtirol, Nord-, Ost- und Westschweiz, Jura, Piemont und Niederösterreich.

Die Pflanze zeichnet sich durch ihren pyramidalen Wuchs aus, welcher durch die bedeutende Länge der Rosettenblätter und die rasche Decrescenz der Stengelblätter bedingt wird. Sie wechselt sehr bezüglich der Behaarung und Beflockung, auch in der Blattbreite, so dass die folgende Form kaum abgetrennt werden kann. Mit letzterer stellt sie eine Uebergangsreihe zur Spec. *scorzonerifolium* dar. Zuweilen sind die Seitenköpfchen viel kleiner als das

Hauptköpfchen. — In Cultur wird die Pflanze nur wenig höher, aber öfters bis zum Grunde verzweigt mit langen 1 köpfigen Aesten. Es scheint auch hier eine constant niedrig bleibende Form (Val Bona bei Ampezzo in Südtirol) zu existiren, da die Exemplare eines unserer Gartensätze auf gutem Boden die übliche Vergrösserung nicht zeigen.

2. *angustius* = *H. villosum* Fries Hierac. europ. exsicc. 37 part. — Alle Blätter schmaler, auch die Stengelblätter lanzettlich mit verschmälerter Basis; neigt etwas mehr zur Verzweigung als 1. — Tirol, Schweiz, Piemont, Kärnten; häufig.

7. *Subsp. albolanatum* (cult.) Stengel bis 40 cm hoch, dick, stark gestreift, wenig verbogen, stets bis zum Grunde verzweigt, phyllopod. Blätter in der Rosette wenige (2—3), in den Grund verschmälert, aber ungestielt, länglich, spitz, etwas wellrandig, unregelmässig-undeutlich gezähnelt, hellgrün, weich; Stengelblätter 3—6, langsam decrescirend, gross, länglich, zugespitzt, mit verschmälerter, zuweilen fast stielartiger Basis. Kopfstand gablig, ein wenig übergipflig, grenzlos, bis 10 köpfig; Akladium = $^1/_4$—$^1/_3$ des Stengels; Strahlen 2. Ordn. 3—5, stengelständig, sehr entfernt, und meist noch 2 oder mehr rosettenständig; alle dicklich, verlängert, 1 köpfig; zuweilen 1—2 Nebenstengel vorhanden; Winkel 20—30°; Ordnungen 2 (—3). Hülle 15—17mm lang, niedergedrückt, an den Seitenköpfen mehr kuglig; Schuppen: äussere lanzettlich, sparrig, grün, innere mehr lineal, dunkler, alle sehr spitz. Bracteen 4—5, blattartig, in die Hüllschuppen übergehend. Haare überall, besonders an der Hülle, sehr reichlich, weiss, seidenartig, mit längeren Zähnen als bei den übrigen hiehergestellten Sippen, an Hülle und Caulomen bis 6 mm, an den Blättern um 4 mm deren Rand überragend, kraus. Drüsen nur gegen die Spitzen der inneren Hüllschuppen vereinzelt bis zerstreut, sonst 0. Flocken an Hülle und Blättern 0, an den Caulomen oben weisslichgrauen Filz bildend, abwärts allmählich vermindert fast bis zum Grunde. Blüthen hellgelb, aussen wie die Zähnchen etwas behaart; Griffel sehr dunkel. Früchte schwarz, 4 mm lang, die meisten taub. — Piemont: Limone (N.).

Wurde im Münchener Garten aus Früchten gezogen, welche am genannten Standorte gesammelt worden waren. Durch Habitus und Indument nähert die Pflanze sich der Spec. *tomentosum*, ohne indessen eine Mittelstellung zwischen dieser und Spec. *villosum* einzunehmen; vielmehr steht sie der letzteren namentlich durch die Kopfbildung noch so nahe, dass sie von derselben nicht abgetrennt werden kann.

8. *Subsp. ovalifolium* = *H. villosum β. sessilifolium* Gaud.-Monn. synops. fl. helv. (1836) p. 683 = *H. villosum δ. bellidifolium* Fröl. in DC. Prodr. VII (1838) p. 228 = *H. villosum α. genuinum* Billot Fl. Gall. et Germ. exsicc. 414. — Stengel bis 23 (cult. —40) cm hoch, schlank, etwas verbogen, feingestreift, in der oberen Hälfte verzweigt, phyllopod. Blätter

in der Rosette mehrere, länglich, gestielt, spitzlich, ganzrandig, weich, glaucescirend; Stengelblätter 3—4 (cult. —6), entfernt, untere länglich-eiförmig, in einen kurzen Stiel zusammengezogen, obere eiförmig, am Grunde verschmälert oder mit gerundeter Basis sitzend, alle spitz, ganzrandig. Kopfstand gablig, grenzlos, gleichgipflig, 1—2 köpfig: Akladium 5—7 cm lang; Strahlen 2. Ordn. (0—) 1, schlank; Winkel 35—40°; Ordnungen (1—) 2. Hülle 15 mm lang, niedergedrückt, an den Seitenköpfchen kuglig; Schuppen: äussere sparrig, lanzettlich bis lanzettlich-lineal, grün, innere lineal, dunkel, alle sehr spitz. Bracteen 3—4, in die Hüllschuppen übergehend, blättchenartig. Haare der Hülle sehr reichlich, an den Caulomen ziemlich-, auf den Blättern oberseits mässig zahlreich, am Rande reichlich, überall 3—4 mm lang, hell, weich. Drüsen nur gegen die Spitze der inneren Hüllschuppen spärlich, sonst 0. Flocken an Hülle und Blättern 0, an den Caulomen oben grauen Filz bildend, abwärts tief herab allmählich vermindert. Blüthen hellgelb, aussen wie die Zähnchen wenig behaart, letztere ausserdem öfters reichlich papillös; Griffel ziemlich dunkel. Früchte hellbraun 2,5—2,7 mm lang, grossentheils taub. — Bayerische Alpen 1300 bis 1720 m: Rothwand und Miesing (N., P., Dgl.), Berchtesgaden (Eins.), Gramatsberg in der Riss (Hll.). Tirol: Brenner (N.). Krain: Vorsez-Sattel bei Kronau (P.). Wallachei: wo?

Im Garten wird die Pflanze öfters nahezu um das Doppelte höher als in freier Natur, die Stengelblätter werden zahlreicher, die Rosettenblätter vertrocknen häufig gegen die Blüthezeit, die Hüllschuppen stehen weniger gespreizt, so dass dadurch eine Annäherung an Spec. *prenanthoides* sich kundgibt. Auch die Ganzrandigkeit der Blätter weist darauf hin.

Zwischen dieser Pflanze und dem typischen *H. villosum* werden oft Uebergänge gefunden; wir kennen solche vermittelnde Exemplare meist von den gleichen Fundorten wie *H. ovalifolium*, nämlich: Bayerische Alpen: Spitzingsee (N.), Rothwand (P.), Miesing (P., Sdt.), Benedictenwand (W.), Höllenthal an der Zugspitze (Kr.), Ursenloch bei Berchtesgaden 1300 m (Sdt.). Jura. Wallachei.

II. ***Calvifolium*** (vgl. S. 90). — Habituell ändert sich bei dieser Gruppe der vorigen gegenüber nur wenig, namentlich bleibt die für Spec. *villosum* charakteristische Beblätterung und Verzweigung die nämliche. Durch die Kahlheit und glauke Farbe der Blätter, sowie durch die öfters auf eine grössere Strecke parallel verlaufenden Blattränder erwecken aber diese Pflanzen die Erinnerung an manche Sippen der Spec. *bupleuroides*. Man müsste sie zur Spec. *scorzonerifolium* stellen, wenn nicht ihre Köpfchen ganz diejenigen von *H. villosum* wären, so zwar, dass ein abgeschnittener Kopf jeder hier in der *Gr. Calvifolium* beschriebenen Pflanze zu typischem *villosum* gebracht werden würde, ohne dass Zweifel übrig blieben.

1. *Subsp. calvifolium* = ? *H. villosum* Link enum. pl. hort. Berol. II (1882) p. 286 = *H. villosum λ. glabrum* Fröl. in DC. Prodr. VII (1838) p. 228 = *H. villosum semiglabratum* Fries symb. (1848) p. 52 = *H. villosum β. nudum* Gren. et Godr. fl. fr. II (1850) p. 357. — Stengel 20—30 (—35) cm hoch, ziemlich kräftig, gestreift, etwas verbogen, nicht oder (selten) im oberen $^1/_3$ verzweigt, phyllopod. Blätter in der Rosette mehrere oder wenige, lanzettlich-länglich bis lanzettlich, abwärts verschmälert, öfters deutlich gestielt, unterste stumpf, übrige ± spitz, wellrandig, zuweilen sparsam unregelmässig-gezähnelt, glauk, etwas derb; Stengelblätter 4—6, lanzettlich, öfters ziemlich gleichbreit, obere mit verschmälerter oder gerundeter Basis sitzend, alle unter kurzer Zuspitzung spitz, langsam decrescirend und in die Bracteen und Hüllschuppen übergehend. Kopfstand gablig, grenzlos, gleichgipflig, 1—3 (cult. —4) köpfig; Akladium 3—11 cm lang; Strahlen 2. Ordnung. 0—2 (cult. —3), sehr entfernt, ziemlich kräftig; Winkel ca. 35°; Ordnungen 1—2. Hülle 13—15 (—17) mm lang, breit-kuglig; Schuppen: äussere blättchenartig, lanzettlich, grün, innere mehr lineal, dunkler, alle sehr spitz. Bracteen 6—8, blättchenartig, in die Hüllschuppen unmerklich übergehend. Haare mit schwarzen Postamenten, an der Hülle sehr reichlich, weiss, weich, bis 3 mm lang, an der Caulomen oben reichlich, bis 6 mm, abwärts allmählich vermindert bis fast zum Stengelgrunde, auf den Blättern oberseits 0 oder (wie auf der Unterseite) gegen den Rand hin zerstreut, am Rande selbst bis ziemlich reichlich, 3—4 mm lang, auf der Fläche der oberen Blätter immer zahlreicher. Drüsen fehlen, nur gegen die Spitze einiger inneren Hüllschuppen microskopische Drüschen vorhanden. Flocken an Hülle und Blättern 0, an den Caulomen oben grauen Filz bildend, abwärts langsam vermindert fast bis zur Basis. Blüthen hellgelb, aussen wenig behaart, Zähnchen meist ohne Haare und Papillen; Griffel gleichfarbig oder etwas dunkel. Früchte schwarzbraun, 3,5 mm lang. — Eine der häufigsten Alpenpflanzen, 1100—2275 m: Bayerische Alpen, Nord- und Südtirol, Salzburger Alpen, Algäu, Nord-, Ost- und Westschweiz, Jura, Piemont, Kärnten. — Exsicc. 348.

Cultivirte Exemplare sind nicht oder nur wenig höher, aber reicher verzweigt mit langen 1 köpfigen Aesten, die Rosettenblätter langgestielt, die Köpfchenhüllen bis 17 mm lang. — Es ist auffallend, dass diese so häufig und in grosser Individuenzahl vorkommende Pflanze bisher nicht in Exsiccatenwerken ausgegeben ist. Sie geht durch allmähliche Zwischenstufen sowohl in typisches *villosum* als auch in *H. scorzonerifolium* und dessen *subsp. heterocephalum* über.

2. *Subsp. doratophyllum.* Stengel bis 40 cm hoch, ziemlich kräftig, etwas verbogen, ziemlich undeutlich gestreift, im oberen Drittel verzweigt, aphyllopod. Blätter: untere sehr lang, schmallanzettlich, weithin fast gleichbreit, abwärts lang-stielartig-verschmälert, spitz, fast ganzrandig, mittlere und obere

lanzettlich, mit verschmälerter Basis sitzend, etwas wellig, lang-zugespitzt, spitz; alle glauk, etwas derb, ansehnlich, langsam decrescirend, in die Bracteen und Hüllschuppen übergehend. Kopfstand gablig, aber die Pflanze häufiger 1 köpfig; Akladium ca. 13 cm lang; Strahlen 2. Ordnung. 0—1, kräftig; Winkel 40°?; Ordnungen 1—2. Hülle 18—20 mm lang, niedergedrückt; Schuppen: äussere lanzettlich, blättchenartig, sparrig, zugespitzt, glauk, innere mehr lineal, sehr spitz-zugespitzt, dunkler. Bracteen ca. fünf, blattartig. Haare der Hülle reichlich, hell, weich, bis 3,5 mm, an den Caulomen ganz oben ziemlich zahlreich, bis 6 mm, abwärts rasch vermindert und etwa in der Stengelmitte verschwindend, auf den Blättern 0, nur gegen die Basis hin am Rande vereinzelt oder spärlich. Drüsen nur gegen die inneren Schuppenspitzen hin spärlich, sonst 0. Flocken mangelnd, nur unter den Köpfen ziemlich reichlich, abwärts sehr rasch verschwindend. Blüthen gelb, aussen wenig behaart, Zähnchen höchstens etwas papillös; Griffel etwas dunkel. Früchte —?— Abruzzen: M. Morrone bei Caramanico 2000—2200 m (H. P. R. iter ital. III sine num.).

Nach dem unteren Theil der Pflanze würde man geneigt sein, dieselbe zu Spec. *bupleuroides* zu stellen, die Köpfchen aber sind ganz so wie bei *subsp. villosum.*

3. *Subsp. acrovillosum.* Stengel 20—30 cm hoch, schlank, gestreift, wenig verbogen, (bei unseren Exemplaren) unverzweigt 1 köpfig, phyllopod. Blätter in der Rosette wenige, lanzettlich, spitz, wellrandig, entfernt-kleingezähnelt, gestielt; Stengelblätter 5—7, lanzettlich, spitz, untere mit stielartiger Basis, obere verschmälert-sitzend; alle glauk, etwas derb. Hülle 13—14 mm lang, niedergedrückt; Schuppen: äussere lanzettlich, blättchenartig, sparrig, glauk, innere mehr lineal, dunkler grün, alle sehr spitz-zugespitzt. Haare der Hülle reichlich, hell, 2 mm, am Stengel nur oben mässig, bis 2,5 mm lang, abwärts rasch vermindert, in der Mitte verschwindend, auf den unteren Blättern 0, auf den oberen am Rande zerstreut oder spärlich, bis 2 mm lang, sonst 0. Drüsen ausser an den inneren Hüllschuppenspitzen (spärlich) fehlend. Flocken an Hülle und Blättern 0, am Stengel ganz oben grauen Filz bildend, abwärts bald verschwindend. Blüthen hellgelb, aussen mässig behaart, Zähnchen ebenso; Griffel kaum etwas dunkel. Früchte — ? — Kärnten: obere Wischbachalp bei Raibl 1900—2110 m (P.). Westschweiz: Fuss des Wetterhornes im Grindelwald (Chr.).

Geographische Verbreitung der Spec. villosum.

Keine einzige Sippe der Spec. *villosum* kommt normaler Weise unterhalb der subalpinen Region der mitteleuropäischen Hochgebirge vor; hier steigt die Species bis zur Höhe von 2600 m empor. Sie bevorzugt stets Felsen und wird oft in den Ritzen senkrechter Wände angetroffen. —

Es sind vier Areale von sehr ungleichem Umfange, welche von der Spec. *villosum* bewohnt werden: die gesammten Alpen, mit Einschluss des Jura, von Piemont bis nach Wien und zum Isonzo; dann die Karpathen von der Tatra bis zur Wallachei mit Anschluss an die Ostalpen in Croatien; ferner das Mährische Gesenke; endlich die Abruzzen. In den Pyrenäen, auf den französischen und deutschen Mittelgebirgen, in Grossbritannien [1]) und in Skandinavien, auch auf dem Balkan und im Kaukasus ist *H. villosum* nicht bekannt. Diese Verbreitung beruht wohl zum grossen Theil darauf, dass es während der Eiszeit zwischen dem Alpengebiete und den genannten Gebirgsgegenden zu wenig für die Species geeignete Standorte (Felsen) gab, um derselben eine weitere Ausdehnung zu gestatten; ferner auch darauf, dass nach der Eiszeit diese alpine Art zu sehr von der übrigen Vegetation beeinträchtigt und an den allermeisten Orten verdrängt werden konnte. Dass sie auch in Nordeuropa gänzlich fehlt, hat seinen Grund wohl in der dort herrschenden Bodenbeschaffenheit (Urgebirge), da *H. villosum* sich in den Alpen als eine kalkliebende (wenn auch nicht kalkstete) Art erweist.

Die dem typischen *H. villosum* nächstverwandten Subspecies (unsere Gruppe *Villosum*) bewohnen die oben bezeichneten Gegenden in ihrer ganzen Ausdehnung; die kahlblättrigen Sippen (Gruppe *Calvifolium*) dagegen finden sich nur im Alpengebiete und in den Abruzzen, lassen aber auch vom ersteren die östlichen Gebiete frei, da sie nur bis Kärnten zu gehen und schon in Krain und Steiermark nicht mehr vorzukommen scheinen: eine um so auffälligere Erscheinung, als die *Glaucina*, gegen welche einige Merkmale der *Gr. Calvifolium* offenbar hinneigen, gerade in diesen östlichen Gegenden stärker vertreten sind, also daselbst ihre Vegetationsbedingungen gut erfüllt finden. Diese Thatsache mahnt zur Vorsicht bei der Beurtheilung und Verknüpfung phytogeographischer und systematischer Fragen. Könnte den morphologischen Eigenschaften nach unsere Pflanzengruppe recht wohl in Gebieten vorkommen, denen sie in der That fehlt, so muss die Ursache dieser Verbreitung in den unserer Einsicht sich entziehenden Einzelheiten der klimatischen Verhältnisse der Eiszeit und in den durch letztere bedingten Florenwanderungen mit ihren complicirten Concurrenzkämpfen liegen.

21. H. villosiceps n. sp.

Stengel aufrecht, 10—25 (—45) cm hoch, aufrecht, (dick oder) schlank bis dünn, $\pm$ gestreift, gerade oder etwas verbogen, einfach oder $\pm$ tief herab verzweigt, phyllopod. Blätter in der Rosette mehrere oder wenige (zuweilen zur Blüthezeit vertrocknet), $\pm$ gestielt oder stielartig in den Grund verschmälert, lineal-lanzettlich bis länglich, spitz, öfters etwas wellig, ganzrandig oder $\pm$ gezähnelt, hellgrün oder $\pm$ glaucescirend,

1) Die in Engl. Bot. XXXIV tab. 2379 abgebildete Pflanze ist kein *H. villosum*, eher ein im Garten entstandener Bastard *sabaudum* + *villosum*.

meist weich; Stengelblätter (2—) 3—6, ± rasch (bis langsam) decrescirend. Kopfstand höher oder tiefer gablig, gleich- oder etwas übergipflig, grenzlos, 2—4 köpfig, jedoch sehr oft unentwickelt und die Pflanze daher 1 köpfig; Akladium 3—7 (—11) cm lang; Strahlen 2. Ordnung höchstens 3, entfernt, schlank oder dünn; Verzweigungswinkel 25—40 (—45)°; Ordnungen 1—2. Hülle (11—) 15—18 mm lang, ± kuglig (bis eiförmig); Schuppen: äussere lineal-lanzettlich oder lineal, langspitzig, sehr spitz, aufrecht-anliegend oder wenig abstehend, ± dunkel, innere ähnlich oder gleich gestaltet. Bracteen am Akladium meist 2—4, alle oder wenigstens die unteren blättchenartig. Haare überall reichlich oder sehr zahlreich, weiss, weich, lang. Drüsen mangeln, nur gegen die Spitzen der inneren Hüllschuppen in geringer bis mässiger Anzahl vorhanden, klein. Flocken an Hülle und Blättern 0, an den Caulomen oben Filz bildend, abwärts vermindert und verschieden tief herabgehend. Blüthen hellgelb, aussen wenig behaart, Zähnchen kahl oder papillös bis kurzgewimpert; Griffel hell bis dunkel. Früchte braun bis schwarz, 2,7—4 mm lang.

Bemerkungen zu Spec. villosiceps.

Diese Species unterscheidet sich von *H. villosum* in der Hauptsache nur durch die nicht sparrigen und nicht blattartigen, sondern aufrecht-abstehenden oder ± anliegenden, den inneren gleichgestalteten äusseren Schuppen des Involucrums, wodurch der Kopf mehr eine Kugelform annimmt, während ersterer bei Spec. *villosum* gewöhnlich mehr oder minder niedergedrückt erscheint. Dazu kommt noch die im allgemeinen raschere Decrescenz der Phyllome von unten nach oben, die grössere Blattzahl der Rosette und die oft schmale Form der häufig deutlich gestielten Blätter. Die Spec. *villosiceps* von *H. villosum* diagnostisch scharf abzugrenzen, ist unmöglich, denn es gibt mancherlei Uebergangsstufen zwischen beiden, zum Theil in gleitenden Reihen. Schon bei der Spec. *villosum* waren Pflanzen mit aufrecht stehenden Hüllschuppen zu beobachten (vgl. S. 96, *H. villosum var. erectisquamum*); an diese knüpfen die *villosiceps*-artigen durch Sippen wie *H. villosifolium, Favrei, Trefferianum* an, um durch *villosiceps* bis zu den schmalschuppigen und schmalblätterigen *comatulum*-ähnlichen Sippen hinüberzuleiten. Es könnte demnach fraglich erscheinen, ob es gerechtfertigt ist, von *H. villosum* eine Spec. *villosiceps* zu unterscheiden. Aber es fallen dafür theils morphologische Gründe, theils praktische Rücksichten ins Gewicht. Die Charakteristik der Spec. *villosum* ginge verloren, wenn auch *villosiceps* in dieselbe hineingezogen würde. Abgesehen von einigen in nicht grosser Individuenzahl auftretenden Zwischenformen kann man nämlich gewöhnlich ganz wohl die sparrig-breitschuppigen Sippen von den anliegend-schmalschuppigen, welche beide in grossen Schaaren an zahlreichen Orten gefunden werden, unterscheiden, und es gibt dieses Merkmal namentlich dem geübteren Blick einen guten Anhalt. Auch sonst grenzt sich *H. villosum* von den meisten übrigen Archieracien als Hauptart ziemlich bestimmt ab, und die Berührungspunkte der *Villosina* mit anderen Species fallen theilweise den *villosiceps*-artigen zu. Nun entsteht aber die Frage, ob man nicht *villosiceps* selbst als eine solche Uebergangsgruppe auffassen müsse? Die Antwort darauf ist eine ähnliche wie die bei Spec. *bupleuroides* gegebene: die einzelnen Merkmale von *villosiceps* gehen in keinem Fall über die durch Spec. *villosum* einerseits, Spec. *silvaticum* und *glaucum* andrerseits gesteckten Grenzen hinaus, höchstens erreichen sie dieselben völlig, aber in den Verhältnissen der Beblätterung und Verzweigung, des Hüllenbaues und Indumentes liegt eine solche eigenartige, leicht wieder erkennbare Combination von Merkmalen vor, dass die systematische Behandlung der *villosiceps*-ähnlichen Sippen als in sich geschlossene Species von der Bedeutung einer Hauptart gerechtfertigt erscheint. Und zwar steht diese Species dem *H. villosum* so nahe, dass die Vermuthung Platz greifen darf, *H. villosum* und *H. villosiceps* stellten die erst vor relativ kurzer Zeit getrennten Zweige einer und derselben phylogenetischen Linie dar, von denen der eine bezüglich der Ausbildung gewisser Merkmale bis zu *H. villosissimum* (robust, grossköpfig, breitschuppig, herzblätterig), der andere bis zu *H. comatulum* (schlank, kleinköpfig, schmalschuppig, lanzettblätterig) gelangt ist und in diesen Sippen gipfelt.

Uebersicht der Subspecies-Gruppen.

Blätter lanzettlich oder breiter; Pflanze kräftig gebaut, mehr *villosum*-ähnlich: I. *Villosiceps*.

Blätter schmal- oder lineallanzettlich; Pflanzen schlank gebaut, mehr *bupleuroides*-ähnlich: II. *Comatulum*.

I. ***Villosiceps*** (siehe oben).

1. *Subsp. Pamphilii Arv.-Touv.* = *H. scorzonerifolium B. Pamphilii* Arv.-Touv. Monogr. (1873) p. 23. = *H. Pamphilii var. β.* Burn. et Gremli Cat. Hier. d. Alpes maritimes (1883) p. 63.

Stengel 30—40 cm hoch, kräftig, verbogen, stark gestreift, oft bis zum Grunde verzweigt, phyllopod. Blätter in der Rosette wenige, länglich bis länglich-lanzettlich, in den Grund verschmälert, aber nicht deutlich gestielt, spitz, zuweilen etwas wellrandig und entfernt-buchtig-gezähnelt oder gezähnt; Stengelblätter 3—4, ansehnlich, langsam decrescirend, länglich, mit runder oder etwas verschmälerter Basis sitzend; alle hellgrün, etwas derb. Kopfstand gablig, gleich- oder etwas übergipflig, grenzlos, 2—4 köpfig; Akladium (3,5—) 7—10 cm lang; Strahlen 2. Ordnung 1—3, sehr entfernt, dicklich; Winkel 40—45°; Ordnungen 2. Hülle 15—17 mm lang, bauchig-kuglig; Schuppen alle lineal, langgespitzt, sehr spitz, äussere locker-aufrecht. Bracteen 2, blättchenartig, in der oberen Hälfte des Akladiums. Haare der Hülle sehr reichlich, weiss, 4 mm, an den Caulomen reichlich, abwärts vermehrt, 6—8 mm, auf den Blättern oberseits mässig bis ziemlich reichlich, unterseits besonders auf der Mittelrippe reichlich, seidenartig, verbogen, bis 6 mm lang, überall mit längeren Zähnen, auch am oberen Theil der Pflanze mit hellen, nicht schwarzen Postamenten. Drüsen mangeln, nur gegen die inneren Hüllschuppenspitzen einige microskopisch kleine Drüschen vorhanden. Flocken an Hülle und Blättern 0, an den Caulomspitzen grauen Filz bildend, abwärts sehr rasch vermindert, dann vereinzelt bis zum untern $^{1}/_{3}$ des Stengels. Blüthen hellgelb, aussen spärlich behaart, Zähnchen wenig gewimpert; Griffel hell. Früchte kastanienbraun, 4,5—4,7 mm lang. — Dauphiné: Roches Noires am Lautaret (Neyra, Loret).

Dass *H. Pamphilii* zur Gruppe des *H. lanatum* gehöre, wie Arvet-Touvet l. c. angibt, kann nicht begründet werden, denn die dafür angezogene Zähnelung der Haare ist doch nur wenig von derjenigen der Spec. *villosum* verschieden. Eher kann man dem genannten Forscher darin zustimmen, dass *H. Pamphilii* ein *H. lanatum-scorzonerifolium* ist. Zuweilen ist nämlich die Mitte des Blattes kahler als die übrige Fläche, so dass sich eine Neigung zur Enthaarung kundgibt wie bei *H. scorzonerifolium.*

2. *Subsp. Schleicheri* = *H. subnudum* Schleich. in sched. part., nec Schleicher in Hegetschw. et Heer, Fl. d. Schwz. (1840) p. 790 = *H. pilosum β. subnudum* Fröl. in DC. Prodr. VII (1838) p. 229.

Stengel 18—22 cm hoch, dicklich, verbogen, feingestreift, öfters bis zum unteren Drittel verzweigt, phyllopod. Blätter in der Rosette mehrere, lanzettlich, abwärts stielartig verschmälert, wellrandig, nahezu oder völlig ungezähnt, spitz; Stengelblätter 3—4, rasch decrescirend, lanzettlich, beiderseits spitz; alle glaucescirend, weich. Kopfstand gablig, grenzlos, wenig übergipflig, 1—3 köpfig; Akladium 3—7 cm lang; Strahlen 2. Ordnung 0—2, entfernt, dicklich; Winkel ca. 35°; Ordnungen 1—2. Hülle 16—18 mm lang, breit kuglig; Schuppen lineal, sehr spitz, langgespitzt, dunkel, äussere lockerabstehend oder etwas sparrig. Bracteen ca. sechs, lanzettlich, die meisten unter dem Köpfchen genähert. Haare ziemlich langzähnig, am oberen Theil der Pflanze mit dunkeln bis schwarzen Postamenten, an Hülle (4 mm) und Caulomen (kraus, bis 8 mm) sehr reichlich, auf beiden Blattseiten ebenso oder etwas weniger reichlich, hier bis 5 mm lang. Drüsen an den inneren Hüllschuppen zerstreut, sonst 0. Flocken auf Hülle und Blättern mangelnd, an den Caulomen oben weisslichen oder grauen Filz bildend, abwärts verschieden tief herabreichend. Blüthen hellgelb, aussen wenig behaart, Zähnchen kahl; Griffel hell. Früchte — ? — Ostschweiz 2100—2200 m: Kalkberg bei Splügen, Valser Berg bei Hinterrhein (N.). Westschweiz: Creux de Champ in Ormonts dessus 1350—1450 m (N.).

Könnte als erste Uebergangsstufe von *H. villosum* gegen *H. piliferum* aufgefasst werden.

3. *Subsp. villosifolium* = *H. eriophyllum* Schleich. in sched. — Stengel 30—45 cm hoch, dick, verbogen, gestreift, bis zur Mitte herab verzweigt, phyllopod. Blätter in der Rosette wenige (oder zur Blüthezeit

vertrocknet), gestielt oder doch stielartig verschmälert, länglich, spitzlich; Stengelblätter 7—9, ansehnlich, langsam decrescirend, untere länglich oder länglich-lanzettlich, abwärts stark verschmälert, spitz, obere mit schmaler bis breiter (gestutzter oder herzförmiger) Basis sitzend; alle etwas glaucescirend-hellgrün, weich, gezähnelt. Kopfstand hochgablig, grenzlos, gleichgipflig, 1—4 köpfig; Akladium 3,5—5 cm lang; Strahlen 2. Ordnung 1—3, entfernt, dicklich; Winkel ca. 30°; Ordnungen zwei· Hülle 16—18 mm lang, kuglig; Schuppen schmal lineal, langgespitzt, sehr feinspitzig, dunkel, äussere locker-abstehend. Bracteen ca. vier, obere den Hüllschuppen ähnlich. Haare am oberen Theil der Pflanze schwarzfüssig, an der Hülle sehr zahlreich, hell, 3 mm, an den Coulomen und Blättern reichlich, dort bis 6 mm, hier 3—4 mm lang. Drüsen an den inneren Hüllschuppen mässig zahlreich, sonst 0. Flocken auf Hülle und Blättern 0, an den Caulomen oben grauen Filz bildend, abwärts langsam vermindert bis zur Stengelmitte. Blüthen gelb, aussen kaum etwas behaart, Zähnchen kahl; Griffel etwas dunkel. Früchte braun, 4 mm lang, viele taub. — Westschweiz: Mt. Fully 2000—2200 m (N.). Ostschweiz: Campsut im Avers 1680 m (Ks.). Abruzzen: Corno (Orsini).

Nähert sich habituell etwas dem *H. elongatum*. — Eine ähnliche Pflanze mit durchweg mehr länglichen Blättern wurde gesammelt (und theilweise von uns cultivirt) in Bosnien (Sdt.) mit überall sehr reichlicher langer Behaarung, Algäu: Schochen (Kr.), Westschweiz: Ormonts dessus (N.).

4. *Subsp. Portae.* Stengel 20—22 cm hoch, ziemlich schlank, verbogen, unverzweigt 1 köpfig, phyllopod. Blätter in der Rosette 3—6, gestielt, äussere kurz, spatelig, gerundet, innere ansehnlich, lanzettlich, spitz; Stengelblätter ca. fünf, ziemlich rasch decrescirend, lanzettlich, spitz, verschmälert-sitzend; alle weich, hellgrün. Hülle 13—17 mm lang, etwas breit kuglig; Schuppen alle lineal, langgespitzt, sehr spitz, dunkel. Bracteen blättchenartig. Haare überall reichlich, seidenartig weich, an der Hülle 3 mm, sonst bis 6 mm lang. Drüsen gegen die Hüllschuppenspitzen zerstreut, sonst 0· Flocken an Hülle und Blättern 0, an der Stengelspitze grauen Filz bildend, abwärts allmählich vermindert bis nahe zum Grunde. Blüthen hellgelb, aussen sehr armhaarig; Zähnchen kurzgewimpert; Griffel hell. Früchte fast schwarz, 3 mm lang. — Abruzzen: M. Morrone (Porta et Rigo). — Liegt uns nur in wenigen Exemplaren vor, daher bleibt es ungewiss, ob die Einköpfigkeit als Regel gilt.

5. *Subsp. faucillense* = *H. elongatum* Schultz herb. norm. nov. ser. 847. — Stengel bis 40 cm hoch, ziemlich schlank, wenig verbogen, an der Spitze verzweigt, feingestreift, phyllopod. Blätter in der Rosette wenige, gestielt, äussere länglich, stumpf, innere lanzettlich, spitz, etwas wellrandig, entfernt gezähnelt; Stengelblätter 5—6, langsam decrescirend, ± länglich bis lanzettlich, mit

(schmaler oder) breiter Basis sitzend, spitz, etwas gezähnt oder gezähnelt; alle weich, etwas glaucescirend. Kopfstand hochgablig, gleichgipflig, 2 köpfig; Akladium 4—5 cm lang; Strahlen 2. Ordnung (0—) 1, ziemlich schlank; Winkel ca. 40°; Ordnungen (1—) 2. Hülle 16—17 mm lang, niedergedrückt; Schuppen schmallineal, langgespitzt, sehr spitz, schwarz. Bracteen 1—2, lineal. Haare überall reichlich, hell, an Hülle (3—4 mm) und Stengel (bis 9 mm) schwarzfüssig, auf den Blättern 5—6 mm lang. Drüsen gegen die Hüllschuppenspitzen zerstreut, sonst 0. Flocken an Hülle und Blättern 0, an den Caulomspitzen grauen Filz bildend, abwärts vermindert bis zur Mitte. Blüthen hellgelb, aussen armhaarig, Zähnchen kahl; Griffel hell. Früchte — ? — Savoyen: La Faucille bei Ain (Déségl.).

6. *Subsp. morronense* = *H. villosum* H. P. R. it. ital. III, 664. — Stengel bis 18 cm hoch, schlank, fast gerade, einfach oder seltener mit einem Ast aus ³/₅ seiner Höhe, undeutlich feingestreift, phyllopod. Blätter in der Rosette 2—4, ungestielt, länglich, spitz, etwas wellrandig, entfernt-klein-gezähnelt; Stengelblätter 3—5, ziemlich rasch decrescirend, mit herzförmiger oder gerundeter Basis sitzend, spitz, ganzrandig; alle glaucescirend, ziemlich derb. Kopfstand gablig, untergipflig ?, 1—2 köpfig; Akladium ca. 5 cm lang; Strahlen 2. Ordnung 1—2, schlank; Winkel 45°; Ordnungen 1—2. Hülle ca. 16 mm lang, etwas eiförmig bis kuglig; Schuppen: äussere etwas abstehend, lanzettlich, grün, innere lineal, dunkel, oder alle fast gleichgestaltet, langspitzig, sehr spitz. Bracteen ca. zwei, blattartig. Haare der Hülle sehr reichlich, hell, 3 mm, an den Caulomen (bis 7 mm) und Blättern (3—4 mm lang) reichlich, weich. Drüsen gegen die Hüllschuppenspitzen fast mässig zahlreich, sonst 0. Flocken an Hülle und Blättern 0, an den Caulomen oben grauen Filz bildend, abwärts bis zum Stengelgrunde langsam vermindert. Blüthen hellgelb, aussen sehr armhaarig oder fast kahl, Zähnchen ungewimpert, höchstens etwas papillös; Griffel hell. Früchte — ? — Abruzzen: M. Morrone auf Kalk 2200 m (H. P. R.).

7. *Subsp. villosiceps* = *H. villosum* δ. *intermedium* Gaud.-Monn. synops. fl. helv. (1836) p. 683. — Stengel 10—20 cm hoch, schlank oder dünn, gerade oder kaum etwas verbogen, feingestreift, meist unverzweigt, phyllopod. Blätter in der Rosette mehrere, ± gestielt, lanzettlich, spitz, ganzrandig oder mit spärlichen entfernten Zähnchen; Stengelblätter 2—4, ziemlich rasch decrescirend, lanzettlich, spitz, mit verschmälerter Basis sitzend; alle ± glaucescirend, etwas derb. Kopfstand sehr selten entwickelt, dann gablig, untergipflig; Akladium 4—9 cm lang; Strahlen 2. Ordnung 0 (—2), schlank; Winkel ca. 30°; Ordnungen 1 (—2). Hülle 15—17 mm lang, kuglig oder eiförmig; Schuppen alle lineal, langgespitzt, sehr spitz, dunkel bis schwärzlich. Bracteen ca. vier, untere blattartig. Haare überall reichlich oder sehr reichlich, hell,

seidenartig weich, an der Hülle bis 4 mm, am Stengel bis 6 mm, den Blattrand um 3 mm überragend. Drüsen an den Hüllschuppenspitzen zerstreut, sonst 0. Flocken an Hülle und Blättern 0, am Stengel oben grauen Filz bildend, abwärts stark vermindert bis unter die Stengelmitte. Blüthen hellgelb, aussen kahl, Zähnchen höchstens papillös; Griffel hell oder wenig dunkel. Früchte schwarzbraun[1]), 3—3,5 mm lang.

1. *normale* = *H. villosum* Billot, Fl. Gall. et Germ. exsicc. 1095 = *H. villosum β. glabrescens* Schultz-Bip. Cichoriac. suppl. II, 137. — Eine weit verbreitete Pflanze, beobachtet und uns vorliegend aus Jura, Nord-, Ost- und Westschweiz, Algäu, Bayerische Alpen, Nord- und Südtirol, Kärnten, Salzburg und Oberösterreich. — Sie erscheint fast immer 1 köpfig und gewinnt durch ihre lanzettlichen, am Stengel rasch decrescirenden Blätter ein pyramidenförmiges Aussehen. Wenn die Blätter nicht oder undeutlich gestielt sind, so sind sie öfters ± wellrandig. Selten werden minder reichhaarige Exemplare gefunden, oder solche mit breiteren Blättern. Im Jura gibt es Uebergänge zu Spec. *villosum* und *elongatum*. — Exsicc. 349.
2. *calvulum* = *H. villosum* Fries Hierac. europ. exsicc. 37. — Behaarung am Stengel reichlich, bis 3 mm, auf den Blättern oberseits geringer, besonders in der Mitte der Fläche öfters nur zerstreut oder spärlich; Blätter mehr glauk; Neigung zur Verzweigung grösser als bei 1. — Bayerische Alpen 1100—1720 m: Spitzingsee, Rothwand (N.), Benedictenwand (W.), Reitalpe, Hochwies an der Grasleithen, Reichenhall (Sp.). Tirol: Kaserenwiesen bei Neuprags 2210—2370 m (N.), M. Baldo 1790—1950 m (Bracht), Lofer (Sp.). Kärnten: Osternig 1885—2080 m (P.). Wallis: Griesberg im Eginenthal (Lgg.). Siebenbürgen: Torotzko bei Szekelykö (Wolff). — Eine ähnliche, noch weniger bekleidete Form in den Bayerischen Alpen: Benedictenwand (W.); Kärnten: böse Platte der Pasterze 1950 bis 2080 m (N.), Bärenlahn bei Raibl 1700—2110 m (P.); Graubünden: Splügen über dem Dorfe auf Glimmerschiefer 1460—1525 m (N.).

Dieser Subspecies reihen sich einige minder charakteristische Sippen an. Eine derselben, welche bei Campsut im Avers (1600 m, Ks.) vorkommt, neigt durch reichlichere Beblätterung, glauk-dunkelgrüne wenig behaarte Blätter, kleinere dunkle Köpfchen und sattgelbe Blüthenfarbe theils gegen Spec. *bupleuroides*, theils gegen Spec. *prenanthoides* und nähert sich etwas dem *H. digeneum* Beck, welches seinen Merkmalen nach eine ähnliche Stellung behauptet. Da dieselbe aber in zu geringer Anzahl von Individuen vorliegt, so mag sie hier nur erwähnt sein. — Eine andere Pflanze besitzt ebenfalls zahlreichere lanzettliche Stengelblätter, welche mit schmaler Basis sitzen, und breit-kuglige Köpfchenhüllen, wodurch eine Annäherung an *H. villosum* gegeben ist: diese bei Berchtesgaden (Eins.) und im Wallis am Griesberge des Eginenthales 2145—2275 m (N.).

1) Unreif rothbraun.

8. *Subsp. simplex Baumg.* (Enum. Transsilv. II 1816 p. 30 ?) sec. Schur in sched. — Stengel bis ca. 20 cm hoch, schlank oder dünn, gerade, undeutlich feingestreift, einfach, phyllopod. Blätter in der Rosette ca. 3, gestielt, lanzettlich, spitzlich, ungezähnelt, etwas wellrandig; Stengelblätter ca. 3, rasch decrescirend, mit etwas verschmälerter Basis sitzend, spitz; alle etwas glaucescirend-dunkelgrün, etwas derb. Hülle ca. 15 mm lang, kuglig; Schuppen schmal lineal, langspitzig, sehr spitz, dunkel, äussere locker-abstehend. Bracteen blättchenartig. Haare überall reichlich, weich, an der Hülle 2 mm, an Caulomen und Blättern 4—5 mm lang. Drüsen gegen die Hüllschuppenspitzen fast mässig zahlreich, sonst 0. Flocken an Hülle und Blättern 0, am Stengel oben grauen Filz bildend, abwärts ± rasch vermindert. Blüthen hellgelb, aussen wenig behaart, Zähnchen kahl, nur etwas papillös; Griffel dunkel. Früchte — ? — Siebenbürgen: Königstein, oberhalb des Domnatonsees in den Kerzeschorer Alpen (Sch.).

Verhält sich zu *H. villosum var. involucratum* so, wie *Subsp. villosiceps* zu typischem *H. villosum.* Unsere Beschreibung passt nicht völlig auf die a. a. O. von Baumgarten gegebene, namentlich ist die Pflanze im unteren Theile stärker behaart.

9. *Subsp. Favrei.* Stengel bis 24 cm hoch, schlank, gestreift, einfach oder im oberen Drittel verzweigt, phyllopod. Blätter in der Rosette zur Blüthezeit wenige (öfters vertrocknet), undeutlich gestielt, wenig ansehnlich, lanzettlich, oft etwas wellrandig oder faltspitzig, ganzrandig oder mit vereinzelten Zähnchen; Stengelblätter 4—6 (—9), langsam decrescirend, untere lanzettlich, wie die mehr länglichen mittleren mit breiter Basis, obere eiförmig mit umfassender Basis sitzend; alle spitz, glaucescirend-dunkelgrün, etwas derb. Kopfstand hochgablig, gleichgipflig, 1—2 (—3) köpfig; Akladium 4—6 cm lang; Strahlen 2. Ordnung 0—1 (—2), entfernt, schlank; Winkel ca. 30°; Ordnungen 2. Hülle 12—16 mm lang, kuglig; Schuppen: äussere locker, ± lanzettlich, innere mehr lineal, alle sehr langspitzig, sehr spitz, dunkelgrün. Bracteen 2—3, blättchenartig. Haare überall reichlich, hell, an Hülle und Blättern bis 3 mm, am Stengel bis 6 mm lang. Drüsen gegen die Hüllschuppenspitzen zerstreut bis fast mässig zahlreich, sonst 0. Flocken an Hülle und Blättern 0, an den Caulomen oben weisslichgrauen Filz bildend, abwärts sehr allmählich vermindert bis zum untern Drittel. Blüthen etwas hellgelb, aussen etwas behaart, Zähnchen armhaarig oder kahl; Griffel hell. Früchte hellbraun, gut 3 mm lang, viele taub. — Westschweiz: Griesberg im Eginenthal 2145—2275 m (N.), Fuss des Catogne bei Sembrancher 1950 m (Favre).

10. *Subsp. Trefferianum.* Stengel bis 25 cm hoch, etwas dick, gerade, feingestreift, im oberen Drittel verzweigt, phyllopod. Blätter in der Rosette wenige, etwas gestielt, länglich-lanzettlich, stumpf

und mucronat oder ± spitz, fast ganzrandig bis unregelmässig-entfernt-gezähnt; Stengelblätter 4—6, langsam decrescirend, untere länglich mit breiter Basis, obere herzeiförmig, umfassend-sitzend; alle glaucescirend, ziemlich derb. Kopfstand hochgablig, gleichgipflig, grenzlos, (1—) 2—3 köpfig; Akladium 3—5 cm lang; Strahlen 2. Ordnung 1—2, etwas entfernt, dicklich; Winkel 25—30°; Ordnungen 2. Hülle 17—18 mm lang, breit-kuglig; Schuppen lanzettlich-lineal, sehr langspitzig, sehr spitz, schwärzlich. Bracteen 2—3, blättchenartig. Haare der Hülle reichlich, hell, bis 3 mm, an den Caulomen mässig oder ziemlich zahlreich, 3—4 mm, auf den Blättern mässig, 2—3 mm lang, überall weich. Drüsen gegen die Hüllschuppenspitzen zerstreut, sonst 0. Flocken an der Hülle spärlich, auf den Blättern 0, an den Caulomen oben weisslichen Filz bildend, abwärts langsam vermindert bis zum Stengelgrunde. Blüthen sattgelb, aussen fast haarlos, Zähnchen höchstens mit vereinzelten Haaren; Griffel dunkel. Früchte — ? — Tirol: Wolferkofel in Schwarzenbach 1800 m (Treffer), am Schlern zwischen Mahlknechthütte und Rosszähren (Pr.).

Durch die ansehnlichen Köpfe mit sattgelben Blüthen und zerstreuten Flocken auf den Hüllschuppen sehr ausgezeichnet. — Eine ähnliche Pflanze mit überall reicherer und längerer Behaarung im Wallis: Montagne de Fully 2000—2200 m (N.) und vielleicht auch in den Bayerischen Alpen: Rothwand bei Schliersee 1490 m (N.).

II. ***Comatulum*** (vgl. S. 107). — Die hierhergehörigen Sippen sind in allen Theilen schlank gebaut und nähern sich habituell ziemlich stark der *Spec. bupleuroides Gr. Crinifolium* (siehe S. 25), welche demnach zwischen jenen und dem typischen *bupleuroides* vermittelt.

1. *Subsp. comatulum.* Stengel bis 30 cm hoch, schlank bis dünn, wenig verbogen, feingestreift, öfters bis zur Mitte herab verzweigt, phyllopod. Blätter in der Rosette zahlreich, abwärts stielartig verschmälert, lineal-lanzettlich, sehr spitz, mit vereinzelten oft undeutlichen Zähnchen oder ganzrandig; Stengelblätter 4—6, rasch decrescirend, wie die Rosettenblätter, mit verschmälerter Basis sitzend; alle etwas glaucescirend-gelblichgrün, etwas derb. Kopfstand hochgablig, grenzlos, ± übergipflig, (1—) 2—4 köpfig; Akladium 3—4 cm lang; Strahlen 2. Ordnung (0—) 1—3, entfernt, schlank, verlängert, steif; Winkel 25—30°; Ordnungen 2. Hülle 11—13 mm lang, kuglig; Schuppen lineal, langgespitzt, sehr spitz, dunkel, durch die Behaarung ziemlich verdeckt. Bracteen 3—4, lineal oder pfriemlich. Haare überall sehr reichlich, seidenartig, weiss, an Hülle und Blättern bis 3 mm, an den Caulomen bis 7 mm lang. Drüsen gegen die Hüllschuppenspitzen bis mässig zahlreich, sonst 0. Flocken an Hülle und Blättern 0, an den Caulomen oben grauen Filz bildend, abwärts rasch vermindert, schon in der Mitte des Stengels verschwindend. Blüthen etwas hellgelb, aussen fast kahl wie die Zähnchen; Griffel etwas dunkel. Früchte braun, 2,7 mm lang, viele taub.

α) *genuinum.* — Tirol: Kaserenwiesen bei Neuprags 2210—2370 m (N.). Bayerische Alpen: Untersberg (Mdo.). Wird auch in Cultur nicht höher, aber bis zum Grunde verzweigt mit 1 köpfigen Aesten; Blätter mehr lanzettlich; Hülle etwas bauchiger.

Es gibt in den Dolomiten von Tirol ganz ähnliche Pflanzen mit kleineren Köpfchenhüllen, bei denen ausserdem die Kopfstiele 2. Ordnung weniger und kürzer behaart sind als das Akladium (Kaserenwiesen bei Neuprags); — dann solche mit mehr lanzettlichen Blättern (M. Pian bei Ampezzo 2080—2210 m); — endlich Uebergänge zu *H. scorzonerifolium Gr. Divaricatum* (M. Pian, und Abstieg von der Hochalpe zum Wildsee bei Neuprags 2110 m, N.).

β) *lonchiphyllum.* Blätter deutlich langgestielt, lanzettlich und schmallanzettlich, am Stengel 3—5, weniger rasch decrescirend als bei α; Griffel sehr dunkel.

1. *normale.* — Westschweiz: Eginenthal (Lgg.), Creux de Champ in Ormonts dessus 1350—1450 m (N.). Ostschweiz 1400—2030 m: am Fexbach bei Sils im Oberengadin (N.), Albula zwischen Bergün und Weissenstein (P.). Bayerische Alpen: Oberspitzingalp bei Schliersee (N.). Tirol: Kaserenwiesen bei Neuprags (N.). Jura: Dôle 1460 m (N.).

Diese Varietät weicht durch gestielte lanzettliche Blätter und völlig aufrecht-anliegende Hüllschuppen ein wenig gegen die Spec. *silvaticum* hin ab und vermittelt demnach zu *H. dentatum.* Auch sonst sind derartige Uebergangsformen bekannt, so eine sich nahe an *H. Gaudini* anschliessende (Westschweiz: Col de Bounondon bei Montbovon leg. Cottet); — ein einzelnes Exemplar, welches von Gander unter *H. leontinum* gesammelt wurde, kann als *H. comatulum-leontinum* aufgefasst werden. (Tirol: Kerschbaumer Alp bei Lienz 1950—2270 m). — Im Garten wird *H. lonchiphyllum* höher, bis zum Grunde verzweigt, die Aeste sind öfters gegabelt, die Rosette ist sehr reich- und langblättrig, so dass sich eine habituelle Annäherung an *Spec. dentatum Gr. Villosiforme* ergibt.

Ein in dieser Ausdehnung auffälliges Vorkommniss ist bei dieser Sippe besonders hervorzuheben. Am Hinterrhein in Graubünden wurde an zwei Stellen (Steinschläg, und über dem Dorfe Hinterrhein gegen den Valser Berg 1660 m, N.) eine grosse Anzahl (mehrere hundert) Exemplare mit ungewöhnlich kleinen Köpfchen unter gleichzeitiger ± dürftiger Ausbildung der ganzen Pflanze, namentlich des oberen Caulomtheiles derselben, angetroffen. Zwar wurden einige derselben lebend in den Münchener botanischen Garten geschickt, aber der Satz ging zu Grunde, ohne ein Resultat bezüglich der Beständigkeit der Microcephalie ergeben zu haben. Nach den bei *H. silvaticum* gemachten Erfahrungen möchte trotz der grossen Individuenzahl, welche von der Kleinköpfigkeit betroffen worden ist, anzunehmen sein, dass hier wie dort nur eine krankhafte Erscheinung vorliegt. Diese Ansicht wird gestützt durch das Vorkommen aller Zwischenstufen von normalem *H. lonchiphyllum* bis zu äusserst kleinköpfigen Exemplaren, so zwar, dass die Differenz in der Hüllenlänge bis zu 8 mm (Hülle 4—12 mm lang) betragen kann. An der Verzweigungsweise ist keine Verminderung zu bemerken, wenigstens kommen nicht öfter 1 köpfige Exemplare vor als unter normalen Verhältnissen. Es ist möglich, dass in solchen Fällen, wo eine grössere Anzahl Individuen von der gleichen Abänderung betroffen wird, besonders wenn die abändernde Ursache längere Zeit hindurch wirkt, endlich eine erbliche Verschiedenheit hervorgebracht wird, und dass die letztere sich bei dem vorliegenden Beispiel in einer späteren constanten Herabminderung der Hüllengrösse zeigen würde. — Exsicc. 350.

2. *anopsilon.* Blätter undeutlich gestielt, am Stengel zahlreicher (bis 10). Behaarung am oberen Theile der Caulome minder reichlich und kürzer. Pflanze bis 45 cm hoch, robuster, mit schon am natürlichen Standort reicherer und tiefer herabgehender Verzweigung. — Hülle 12—13 mm lang, bauchig oder niedergedrückt. Früchte hellbraun, 3,5 mm lang. — Krain: am Wurzener See ca. 800 m (P.). Graubünden: über dem Dorfe Hinterrhein 1660 m (N.). — Exsicc. 351.

Auch bei dieser Sippe sind die Seitenstrahlen des Kopfstandes kürzer behaart als das Akladium, so dass sich also innerhalb der Subsp. *comatulum* eine Differenzirung bezüglich des Indumentes anzubahnen scheint. Allerdings hat dieselbe noch wenig Permanenz, denn in Cultur bemerkt man diese Verschiedenheit viel weniger und öfters nur an den Auszweigungen letzter Ordnung der hier meist bis zum Grunde verästelten Pflanze. — Eine sehr nahestehende aber im ganzen lockerer bekleidete Pflanze zeigt jene ungleiche Haarlänge ebenfalls (Kärnten: Luschari bei Tarvis auf den Felsen des Gipfels 1770 m, P.); andere Exemplare haben schwärzliche Hüllschuppen und fast lineale Blätter (Bayerische Alpen: Korspitze bei Ammergau [Mdo.], Südseite der Benedictenwand [W.].)

2. *Subsp. laniceps* = *H. villosum β. pseudoerectum* Christen. sec. Huter in sched.[1]) — Stengel bis 32 cm hoch, schlank, verbogen, gestreift, in den oberen $^2/_5$ verzweigt, phyllopod. Blätter in der Rosette wenige, undeutlich gestielt, schmal-lanzettlich, wellig, mit vereinzelten winzigen Zähnchen am Rande, spitzlich; Stengelblätter 4—5, langsam decrescirend, wie die Rosettenblätter, spitz, mit verschmälerter Basis sitzend; alle glauk, weich. Kopfstand gablig, etwas übergipflig, grenzlos, oder häufiger die Pflanze 1köpfig; Akladium 8—11 cm

1) Doch wohl irrthümlich für *pseudoporrectum*, da es unseres Wissens ein *H. pseudoerectum* Christen. nicht gibt.

lang; Strahlen 2. Ordnung 0—1, ziemlich schlank; Winkel ca. 35°; Ordnungen 1—2. Hülle 13—14 mm lang, kuglig; Schuppen lineal, sehr spitz, dunkel, äussere etwas dunkel. Bracteen 2—3, in der Nähe des Kopfes, lanzettlich-lineal, etwas blättchenartig. Haare der Hülle sehr reichlich, weiss, 3 mm, an Caulomen und Blattrücken fast ebenso, bis 5 mm, am Blattrande oft nur 2 mm lang, auf der Blattoberseite meist minder reichlich, zuweilen nur mässig zahlreich. Drüsen nur an der Spitze der innersten Hüllschuppen spärlich, sonst 0. Flocken an Hülle und Blättern 0, an den Caulomen oben grauen Filz bildend, abwärts rasch vermindert bis zur Stengelmitte. Blüthen hellgelb, aussen kahl, Zähnchen ziemlich gewimpert; Griffel etwas dunkel. Früchte — ? — Tirol: Teuschnitzthal am Grossglockner 1625—1950 m (Ht.), Vennerthal des Brenner 1950—2110 m (N.). Krain: oberhalb der Schafalp am Triglav 1950 m (Dgl.). Bayerische Alpen: Ampergebirge (Enhuber).

Geht in sehr ähnliche, aber mit mehr lanzettlichen und deutlicher gestielten Blättern versehene Pflanzen über, so im Vennerthal (N.); es gibt auch Exemplare mit tubulösen, von den Griffeln überragten Blüthen (Ampergebirge).

3. *Subsp. sericotrichum.* Stengel bis 24 cm hoch, ziemlich schlank, feingestreift, meist unverzweigt, phyllopod. Blätter in der Rosette 2—6, meist deutlich gestielt, lanzettlich, spitz, ganzrandig oder entfernt-gezähnelt, flach; Stengelblätter 3—6, lanzettlich, mit verschmälerter Basis sitzend, spitz, ziemlich rasch decrescirend; alle etwas glaucescirend, derb. Kopfstand meist unentwickelt, selten 2köpfig gablig; Akladium bis 9 cm lang; Strahlen 2. Ordnung 0 (—1), schlank; Winkel ca. 25°; Ordnungen 1 (—2). Hülle 12—13 mm lang, kuglig; Schuppen: äussere ± lanzettlich, locker, innere mehr lineal, alle sehr spitz, dunkel. Bracteen 2—3, blättchenartig. Haare überall sehr reichlich, seidig, weiss, an Hülle und Blättern 3—4 mm, am Stengel bis 7 mm lang. Drüsen gegen die inneren Hüllschuppenspitzen mässig zahlreich, sonst 0. Flocken an Hülle und Blättern 0, am Stengel oben grauen Filz bildend, abwärts allmählich vermindert bis zur Mitte. Blüthen hellgelb, aussen wie die Zähnchen mässig behaart; Griffel dunkel. Früchte schwarz, 3,8 mm lang.

α) *genuinum.* — Tirol: Farrenalp in Mühlwald 2400 m (Tr.), Vennerthal des Brenner, Schlernklamm 1625—1950 m (Dgl.), Enneberger Alpen (Ht.), Kerschbaumer Alp bei Lienz (Pr.). Vorarlberg: zwischen Scesaplana und Lünersee 2275—2435 m (Dgl.). Bayerische Alpen: Oberlahneralp hinter dem Königssee 1740 m (Sdt.), Watzmann, Kühkranz (Sp.). Kärnten 1885—2080 m: Auernig bei Pontafel, Osternig bei Tarvis (P.).

Im Garten haben wir eine vom Mt. Rosa stammende Pflanze, die sich ganz ähnlich verhält, jedoch über den lanzettlichen Rosettenblättern ovale breit-, sogar fast herzförmig-sitzende Stengelblätter zeigt.

β) decrescens. Stengel meist nur bis 15 cm hoch, sehr selten gegabelt, dünn oder schlank. Rosette reichblättrig; äussere Blätter ± spatelig-lanzettlich, stumpf, innere lanzettlich, spitz; Stengelblätter 2—4, rasch decrescirend.

1. *normale.* — Tirol 1950—2370 m verbreitet: M. Pian bei Ampezzo, Neupragser Dolomite, Drei Zinnen (N.), M. Spinale (Engl.), Rosszähne, von M. Cristallo nach Trecroci (Bronold), Lamprechtskofel auf der Plecken (Pichler), Vennerthal des Brenner (N.), Seisser Alp beim Mahlknecht (Dgl.), Fügerhorn bei Kals (Mdo.), Bachgebirge bei St. Anton am Arlberg (Pr.); Kärnten: Pasterze an verschiedenen Orten 1950—2440 m (Hoppe, N.); Krain: Sravenza bei Wurzen (P.). — Exsicc. 352.

Zu einigen Exemplaren von der Pasterze schrieb Hoppe »*H. alpinum.*« — Auch bei dieser Sippe kommen so kleinköpfige Individuen vor wie bei *H. comatulum β. lonchiphyllum*, wenn auch nicht entfernt in der gleichen Menge. — Auf den Kaserenwiesen in den Neupragser Dolomiten wird der Stengel bis 26 cm hoch, und die Beblätterung desselben ist minder rasch decrescirend. — In Cultur wird *H. decrescens* verzweigt, die Blätter werden länger gestielt, die Blüthen zeigen etwas Neigung flosculos zu werden. Im allgemeinen giebt sich einige Annäherung an *H. dentatum* kund.

Es wurden kürzer behaarte Pflanzen in ziemlicher Menge beobachtet an den Abhängen des Gartnerkofel und Auernig bei Pontafel in Kärnten 1885—2080 m (P.), auch Uebergangsformen zu *H. villosum*, letztere in Kärnten: obere Wischbachalp bis zur Kernadulscharte bei Raibl 1800—2050 m (P.); Graubünden 1830—2500 m: Alp Giop bei St. Moritz und bei Sils im Oberengadin (P.), am Splügen (N.).

2. *spathulosum.* Rosettenblätter fast alle ± spatelig-lanzettlich, (oft gerundet-) stumpf, auch die unteren Stengelblätter ± stumpflich, die oberen mehr länglich-lanzettlich. Pflanze meist höher (zuweilen bis 32 cm). — Kärnten: von der Thörler Alp über die Lahnspitzen zum Predilpass bei Raibl (P.), Görriacher Berg bei Tarvis 1755 m (P.).

Geographische Verbreitung der Spec. villosiceps.

Wie die Spec. *villosum*, so kommt auch die Spec. *villosiceps* nur im Bereiche der Hochgebirge Mitteleuropas vor, von Dauphiné und Jura bis zu den Oesterreichischen und Krainer Alpen; ausserdem hat sie kleinere Gebiete in Siebenbürgen, Bosnien und den Abruzzen. Aber die Spec. *villosiceps* ist nicht so streng eine hochalpine Art wie *H. villosum*, denn man findet manchmal grössere Ansiedelungen in geringen Erhebungen (wie z. B. an dem Quellsee der Save in Oberkrain, ca. 800 m), ohne dass dieselben etwa auf Herabschwemmung zurückzuführen wären. Dieses

Vorkommen befindet sich sehr wohl in Einklang mit der morphologischen Stellung der *villosiceps*-artigen Pflanzen. Denn da die Merkmale derselben von den echten Villosen in der Richtung gegen die Spec. *silvaticum* und *glaucum* abweichen, welche beide Arten der tieferen Berg- und Ebenenregion sind, so ist es begreiflich, dass auch die Existenzfähigkeit der zu Spec. *villosiceps* gehörigen Sippen eine weitere ist als bei Spec. *villosum*.

Das oben bezeichnete Areal (Dauphiné, Jura, West-, Ost- und Nordschweiz, Vorarlberg, Algäu, Bayerische Alpen, Nord- und Südtirol, Kärnten, Salzburg, Oesterreich; Siebenbürgen; Bosnien; Abruzzen) wird ganz von der Subspeciesgruppe *Villosiceps* eingenommen; die Gruppe *Comatulum* hält sich dagegen allem Anschein nach von den peripherisch gelegenen Gebieten desselben, namentlich von den westlichen und südlichen Gegenden fern: wir kennen sie nur aus Jura, West- und Ostschweiz, ganz Tirol, Vorarlberg, den Bayerischen Alpen, aus Salzburg, Kärnten und Krain. Es ist ersichtlich, dass sie zwar weiter nach Osten sich ausdehnt als Spec. *villosum Gr. Calvifolium*, dass sie aber doch auch in grossen Gebieten, denen *H. glaucum* reichlich zukommt, ebenso wie erstere fehlt.

Zwischenformen der Villosina unter einander.

Es gibt deren eine grosse Anzahl, doch können sie wegen der weit gehenden morphologischen Uebereinstimmung der Spec. *villosum* und *villosiceps* nicht als besondere Gruppe hervorgehoben werden, und sie wurden daher entweder der einen oder der anderen dieser beiden Species zugetheilt.

Zwischenformen und Bastarde der Villosina mit anderen Species.

Ein Blick auf die S. 50 gegebene graphische Uebersicht der Beziehungen der *Archieracia Glaucina* und ein Vergleich derselben mit der nachstehenden Figur, welche die systematische Verwandtschaft der *Villosina*

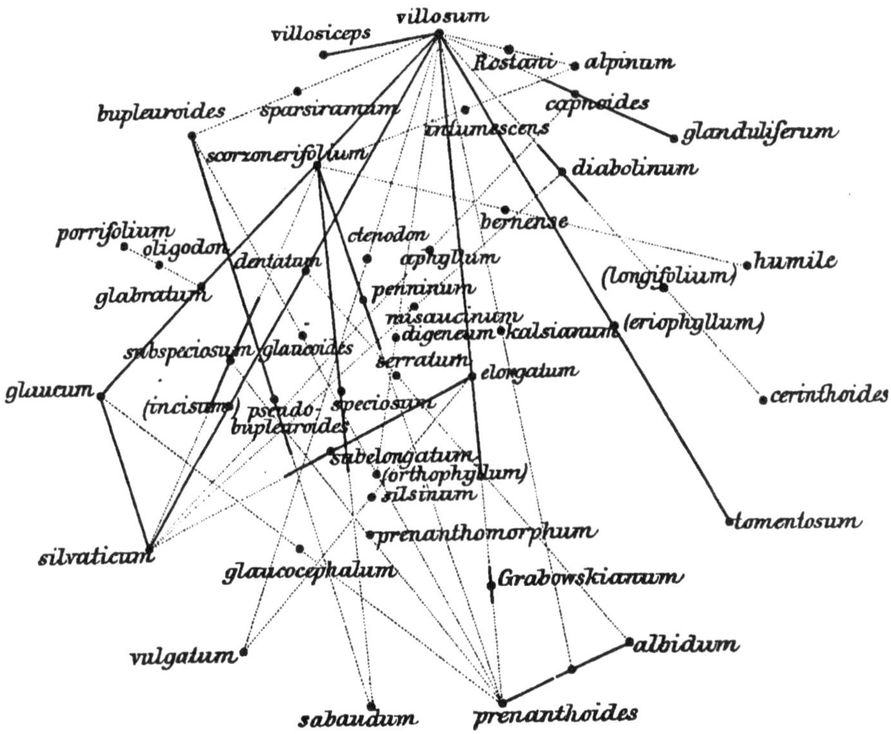

Fig. 2.

mit den übrigen Archieracien darstellen soll, lehrt, dass bei den letzteren diese Verbindungen ungleich zahlreicher und verwickelter sind. Von *H. villosum* gehen, abgesehen von dem engen Zusammenhange mit *H. villosiceps* [1]), vier gleitende Reihen aus (durch starke ausgezogene Striche

1) Der Einfachheit der Darstellung wegen ist immer *H. villosum* als Ausgangspunkt der Verbindungslinien genommen; selbstverständlich müssten letztere in mehreren Fällen eigentlich durch *H. villosiceps* verlaufen.

angedeutet), von denen drei zu den Spec. *glaucum, silvaticum* und *tomentosum* völlig hinüberleiten, während die vierte bis in die Nähe von *H. prenanthoides* verläuft und dann lückenhaft wird. Ausserdem ist *H. villosum* noch mit den Hauptarten *bupleuroides, vulgatum, cerinthoides, glanduliferum* und *alpinum* und mit der Zwischengruppe *orthophyllum* durch einzelne Uebergangssippen oder kleinere Gruppen von solchen verbunden. Manche Zwischenarten, wie *H. scorzonerifolium, elongatum, dentatum* u. a. stehen ihrerseits wieder mit fremden Species in Beziehungen, sei es durch Bastardbildungen, sei es durch selbständige Uebergangsglieder, so dass ein ziemlich complicirtes Bild der systematischen Verwandtschaft der *Villosina* entsteht.

Werden auch hier wieder, entsprechend dem bei den *Glaucina* befolgten Verfahren, diejenigen Zwischenformen der Spec. *villosum* ausgeschieden, welche sich morphologisch näher an anderweitige Arten anlehnen, so bleiben folgende Verbindungen an dieser Stelle zu behandeln:

1.	*H. villosum*	$>$ *glaucum*	=	*H. scorzonerifolium Vill.*
2.	„ „	— „	=	„ *glabratum Hoppe.*
3.	„ „	— *glaucum—silvaticum*	=	„ *subspeciosum Naeg.*
4.	„ (*villosum*	— *glaucum-silvatic.*)-*prenanth.*	=	„ *prenanthomorphum n. sp.*
5.	„ „	— *glaucum—humile*	=	„ *bernense Christen.*
6.	„ „	— *glaucum—prenanthoides*	=	„ *penninum n. sp.*
7.	„ „	— *glaucum—sabaudum*	=	„ *speciosum Hornem.*
8.	„ „	— *silvaticum*	=	„ *dentatum Hoppe.*
9.	„ „	— *silvaticum—albidum*	=	„ *serratum n. sp.*
10.	„ „	— *vulgatum*	=	„ *ctenodon n. sp.*
11.	„ „	+ *prenanthoides*	=	„ *Grabowskianum n. sp.*
12.	„ „	— *prenanthoides*	=	„ *elongatum Willd.*
13.	„ „	— (*prenanthoides—bupleuroid.*)	=	„ *digeneum Beck.*
14.	„ (*villosum*	— *prenanth.*)—*silvaticum*	=	„ *subelongatum n. sp.*
15.	„ (*villosum*	— *prenanth.*)—*vulgatum*	=	„ *silsinum n. sp.*
16.	„ „	— (*prenanth.—albidum*)	=	„ *kalsianum Hut.*
17.	„ „	— *alpinum*	=	„ *Rostani n. sp.*
18.	„ „	— *alpinum—glaucum*	=	„ *intumescens n. sp.*
19.	„ „	— *glanduliferum*	=	„ *capnoides Kern.*
20.	„ „	— *glanduliferum—silvaticum*	=	„ *aphyllum n. sp.*
21.	„ „	$>$ *cerinthoides*	=	„ *diabolinum n. sp.*
22.	„ „	— *cerinthoid.—silvaticum*	=	„ *misaucinum n. sp.*

H. oligodon = *villosum-porrifolium* (S. 51) und *H. sparsiramum* = *villosum-bupleuroides* (S. 70) sind schon beschrieben worden; *H. incisum* Hoppe = *villosum* $<$ *silvaticum*, dann *H. longifolium* Schleich. = *villosum* $<$ *cerinthoides* und *H. eriophyllum* Schleich. = *villosum* $<$ *tomentosum* sind erst weiter unten im Anschluss an die je letztgenannte Hauptart aufzuführen. Andere Uebergangslinien, namentlich die meisten zwischen den in der Fig. 2 enthaltenen *Glaucina* und sonstigen Arten existirenden, sind der

Deutlichkeit wegen weggelassen worden; über dieselbe gibt Fig. 1 auf S. 50 Aufschluss.

Die *Villosina* besitzen also, wie aus dieser Uebersicht hervorgeht, viel mannigfachere Beziehungen als die *Glaucina*. Denn ausser mit den letzteren, den *silvaticum*-artigen, *tomentosum* und einigen Accipitrinen existiren auch mit *H. alpinum, glanduliferum, cerinthoides, humile* und *albidum* Verbindungen, die zum Theil sicher nicht hybrider Abkunft sind. Andrerseits fällt es auf, dass von den *Villosina* weder zu *H. umbellatum* noch zu *H. tridentatum* Uebergänge existiren. Möglicherweise gab es überhaupt niemals solche zwischen den *Villosina* und den echten *Accipitrina*, denn die *speciosum*-artigen Pflanzen, welche in unserer Figur zwischen den Spec. *scorzonerifolium* und *sabaudum* stehen, sind mit Rücksicht auf ihre Seltenheit[1]) vielleicht nur als Bastarde anzuerkennen, und andere Uebergangsformen fehlen. In freier Natur können selbst Bastarde allem Erwarten nach nicht leicht angetroffen werden, da die Existenzbedingungen der beiden Artengruppen völlig verschiedene sind. Allenfalls würde die Möglichkeit der Kreuzung zwischen *H. tridentatum* (resp. den *gothicum*-artigen Sippen) und *H. villosum* bestehen, da ersteres im Gebirge hoch emporsteigt, aber diese Möglichkeit muss als gering bezeichnet werden, da im Münchener Garten sehr zahlreiche Sätze von Villosinen und Accipitrinen seit langer Zeit neben einander cultivirt werden, ohne dass jemals ein Bastard zwischen denselben sich gebildet hätte. — Es besteht dagegen eine nicht geringe Aehnlichkeit des *H. villosum* mit *H. prenanthoides*, und durch diese systematische Verknüpfung wird ein interessanter Hinweis auf die phylogenetische Entstehung der beiden Arten gegeben. Allerdings würde man mit Rücksicht auf die so verschiedenartige Hüllengestaltung wohl kaum beide Arten in näheren Zusammenhang bringen, wenn die gleitenden Reihen von Zwischenformen nicht existirten, welche die Möglichkeit eines Ueberganges von einem zum andern Extrem aufs deutlichste demonstriren. Da ferner bezüglich der Blattform, Beblätterung und Verzweigung, sowie rücksichtlich des Indumentes die Schwierigkeiten des Verständnisses eines solchen Zusammenhanges erheblich geringer erscheinen und auch manche andere Verhältnisse (z. B. die Wimperung der Blüthenzähnchen) auf die engere Verknüpfung hinweisen, so darf angenommen werden, dass *H. villosum* und *prenanthoides* trotz ihrer in manchen Stücken so bedeutenden Unterschiede mit einander nahe verwandt sind. Vielleicht hat *H. prenanthoides* nach seiner Abtrennung von der bis dahin mit *H. villosum* gemeinsamen Abstammungslinie ein rascheres Tempo der morphologischen Ausgestaltung eingeschlagen als letzteres, denn wir dürfen es phylogenetisch höher stellen. Mehr geschlossener Kopfstand mit ausgeprägterer Hochblattbildung, schärferer Gegensatz zwischen Hüllschuppen und Laubblättern, cylindrische Kopf-

---

1) Siehe unten; die meisten sind nur aus Gärten bekannt, wo sie recht wohl entstanden sein können.

form, eigenthümliche Blattgestalt und vorherrschende Neigung zur Aphyllopodie bedeuten offenbar Fortschritte gegenüber dem grenzlosen Kopfstande mit allmählichen Uebergängen der Laubblätter in die Hüllschuppen, der kugligen Kopfform, den unbestimmt gestalteten Blattumrissen und dem phyllopoden Wuchs der Spec. *villosum.*

22. **H. scorzonerifolium Vill.,** Hist. pl. Dauph. III. (1789) p. 111.
= *villosum* > *glaucum.*

Dazu *H. glabratum* Fries symb. (1848) p. 49 part.; Gren. et Godr. fl. fr. II (1850) p. 358; Rchb. f. Deutschl. Fl. XIX (1860) p. 114 tab. 202 fig. I, auch *H. flexuosum* Lamk. et DC. fl. fr. 3ᵉ éd. V (1815) p. 436; Gaud.-Monn. synops. fl. helv. (1836) p. 683 excl. var. δ.; Fröl. in DC. Prodr. VII (1838) p. 229 excl. varr. nonnull.; ? *H. villosum* Link enum. pl. hort. Berol. II (1822) p. 286; *H. trichocephalum* Link l. c. p. 287. — Stengel meist unter 35 (—40) cm hoch, dünn bis dicklich (oder dick), feingestreift, ± verbogen, phyllopod. Blätter in der Rosette wenige bis viele, undeutlich- bis langgestielt, lineal-lanzettlich bis lanzettlich, spitz oder sehr spitz, ganzrandig oder entfernt-gezähnelt, stark glaucescirend oder glauk, ± derb; Stengelblätter (3—) 4—7 (—10), langsam oder (in Gruppe II und III) ± rasch decrescirend, untere schmal sitzend, obere mit mehr gerundeter Basis, in die Bracteen übergehend. Kopfstand gablig, grenzlos, gleich- oder untergipflig, 2—4 (—8) köpfig; Akladium 3—13 (—20) cm lang; Strahlen 2. Ordnung (0—) 1—3, entfernt, schlank oder dünn; Verzweigungswinkel 25—45°; Ordnungen (1—) 2 (—3). Hülle (10—) 13—17 mm lang, oval bis niedergedrückt-kuglig; Schuppen: äussere locker, ± lanzettlich, oder wie die inneren lineal, sehr langspitzig, sehr spitz, dunkel. Bracteen 2—4 (—6), oft wenigstens die unteren blättchenartig. Haare der Hülle reichlich oder sehr zahlreich, weiss oder hell, 1—3 mm, an den Caulomen gering bis ziemlich reich entwickelt, lang, auf der Blattoberseite 0 bis spärlich oder zerstreut, unterseits meist in mässiger oder ziemlicher Zahl vorhanden. Drüsen nur gegen die Hüllschuppenspitzen zerstreut bis mässig zahlreich, sonst 0. Flocken der Hülle spärlich oder besonders an den Schuppenrändern bis reichlich, an den Caulomen oben Filz bildend, abwärts vermindert, auf den Blättern 0. Blüthen hellgelb, Zähnchen kahl; Griffel dunkel oder hell. Früchte schwarz bis hellbraun, 3,2—4 mm lang.

Bemerkungen zu Spec. scorzonerifolium.

Die in vorstehender Beschreibung zusammengefassten Sippen sind öfters zu *H. villosum* gestellt worden. In der That haben sie mit letzterem viel gemeinsames, andrerseits jedoch in Hüllenbau, Beblätterung und Indument so viel gegen die Spec. *glaucum* (oder zum Theil gegen *H. porrifolium ?*) abweichendes, dass sie als Zwischengruppe behandelt werden müssen. Dieselbe charakterisirt sich — etwas unvollkommen zwar — durch lanzettliche, ± deutlich gestielte sehr spitze glauke oberseits kahle oder armhaarige Blätter, grosse ± kuglige reich- und langhaarige Köpfchen mit wenig oder nicht heteromorphen und meist wenig abstehenden sehr spitzen, gegen die Spitze hin kleindrüsigen Hüllschuppen, kahle Blüthenzähnchen und ziemlich zahlreiche langsam decrescirende Stengelblätter. — Einige durch besonders schmale Blattform ausgezeichnete Sippen weichen auch sonst noch mehr gegen die Spec. *glaucum* hin ab, so in der rascheren Decrescenz der Blätter; sie bilden unsere Gruppe *Divaricatum.* — Anhangsweise ist an dieser Stelle auch *H. graecum* Boiss. et Heldr. aufgeführt, eine bezüglich ihrer systematischen Bedeutung noch zu studirende Sippe, über welche unten Näheres mitgetheilt wird.

Für die meisten unter *H. scorzonerifolium* vereinigten Sippen kann es keinem Zweifel unterliegen, dass sie selbständig durch Variation entstanden sind; wohl nur für wenige dürfte eine hybride Abstammung erwiesen oder auch nur wahrscheinlich gemacht werden können, am ehesten noch für *H. heterocephalum* und *H. longistipes,* in denen — nebenher bemerkt — die Merkmale der Hauptarten mehr oder minder unvermittelt neben einander liegen. Manche Subspecies werden in grösserer Individuenzahl an ihren Standorten beobachtet und unter Verhältnissen, welche die Hybridität ziemlich sicher ausschliessen; andere finden sich wenigstens an manchen Orten ohne *H. villosum,* wie das in Ungarn vorkommende *H. flexuosum* W. K.

Es herrscht wenig Uebereinstimmung darüber, welche Sippe als *H. scorzonerifolium* zu bezeichnen sei. Hier kommen zunächst die Angaben von Villars in Betracht. Dieser Autor vermengt zwar in der kurzen Diagnose und den Citaten eine Species mit *H. glaucum, saxatile* und behaarten zu *H. villosum* neigenden Sippen, die dann folgende ausführlichere Beschreibung aber bezieht sich auf eine Pflanze mit nachstehenden Charakteren: Stengel etwas aufsteigend, mit 2—3 ansehnlichen[1]) Köpfen und kleinem Verzweigungswinkel, wenig behaart, Haare nach oben hin dunkler; Blätter sehr wechselnd, glatt, glauk, spitz, verschieden zahlreich, wenig behaart (besonders am Grunde und unterseits); Hülle gross, glauk, wollig oder staubig, mit nicht gespreizten Schuppen; Früchte klein, schwarz.

Diesen Merkmalen nach könnte man immer noch mehrere der unten beschriebenen Sippen als *H. scorzonerifolium* ansprechen, so dass es vor allem nöthig wäre, um Sicherheit in die Nomenclatur zu bringen, Originalexemplare in Vergleich zu ziehen. Leider war dies auch uns nicht möglich. In Folge dieser Schwierigkeit der Identificirung ist *H. scorzonerifolium* bisher von einer bekannteren Species zur anderen gewandert oder auch als eigene Art behandelt worden. Es scheint uns nun praktisch zu sein, um nicht einen neuen Namen schaffen zu müssen, dass man sich an bestimmte leicht zugängliche Exsiccata halte und diese hinfort mit jener Bezeichnung versehe. Zwischen *H. scorzonerifolium* in Fries Hierac.

1) „belles fleurs."

europ. exsicc. No. 38 und Schultz-Bip. Cichoriac. suppl. II No. 138 herrscht gute Uebereinstimmung, so dass der Vorschlag, diese beiden Exsiccatennummern als Ausgang zur Verständigung zu wählen, annehmbar erscheinen dürfte. Der unten mitgetheilten Beschreibung liegen die vorgenannten Exemplare mit zu Grunde.

Uebersicht der Subspecies-Gruppen.

Blätter lanzettlich und breiter, am Stengel aufwärts ziemlich langsam decrescirend; äussere Hüllschuppen sparrig bis locker; Habitus fast *villosum*-artig: I. *Scorzonerifolium.*

Blätter lanzettlich und schmaler, am Stengel aufwärts meist rasch decrescirend; äussere Hüllschuppen aufrecht-anliegend oder kaum etwas locker; Habitus mehr *glaucum*-artig.

Hüllschuppen sehr spitz, wenigstens die inneren gegen die Spitze hin drüsig; Flocken an den Kopfstielspitzen Filz bildend: II. *Divaricatum.*

Hüllschuppen stumpf, drüsenlos; Flocken an den Kopfstielspitzen nur spärlich: III. *Graecum.*

I. ***Scorzonerifolium*** (siehe oben). — Eine scharfe Grenze zwischen dieser und der folgenden Subspeciesgruppe zu ziehen ist unthunlich, weil es, namentlich betreffs der Beblätterung, Uebergangsformen gibt. Im allgemeinen unterscheiden sich beide Gruppen so, wie die Spec. *villosum* und *villosiceps*, nur stehen erstere sich noch näher als die letzteren, so dass man dort um so weniger eine specifische Trennung vorzunehmen vermag. Dies wird leicht verständlich, wenn man in Erwägung zieht, dass die Zwischenformen zweier ohnehin nahestehender Arten mit einer und derselben dritten Art einander noch ähnlicher sein müssen als die beiden ersteren unter sich. Es ist ganz wohl anzunehmen, das die *Gr. Scorzonerifolium* mit Spec. *villosum*, die *Gr. Divaricatum* dagegen mit Spec. *villosiceps* in engerer phylogenetischer Verbindung steht.

1. *Subsp. heterocephalum.* Stengel bis 38 cm hoch, schlank, $\pm$ verbogen, feingestreift, phyllopod. Blätter in der Rosette einige, schmal-lanzettlich oder fast lineal-lanzettlich, sehr spitz, abwärts stielartig verschmälert; Stengelblätter bis zum Akladium 5—7, langsam decrescirend, breit-lanzettlich, mit stark verschmälerter Basis, lang- und rasch zugespitzt, sehr spitz, allmählich in die Bracteen und Hüllschuppen übergehend; alle glauk, ziemlich derb, ganzrandig oder entfernt-gezähnelt. Kopfstand sehr tief gablig, grenzlos, gleichgipflig; Akladium 13—20 cm lang; Strahlen 2. Ordnung (0—) 1—2, entfernt, schlank, nach oben stetig verdickt, beblättert und dem mit zahlreichen (bis 10) blattartigen Bracteen besetzten Akladium ähnlich; Winkel ca. 30°; Ordnungen (1—) 2. Hülle 12—13 mm lang, das endständige Köpfchen breit, niedergedrückt-kuglig, von den obersten Bracteen und den unteren sparrigen blättchenartigen Schuppen umhüllt, die Seitenköpfchen mehr kuglig bis oval, oft ohne eine solche Umhüllung mit fast anliegenden und minder blättchenartigen äusseren

Schuppen; innere Hüllschuppen lineal, langgespitzt, alle sehr spitz. Haare der Hülle reichlich, hell, 1—2 mm, an den Seitenköpfchen meist minder zahlreich, an den Caulomen nur oben fast vereinzelt, bis 3 mm, an den Seitenstrahlen kürzer, auf den Blättern nur am Rande und Mittelnerv der Unterseite zerstreut bis vereinzelt oder 0, weich, 2—3 mm lang. Drüsen gegen die Spitzen der inneren Hüllschuppen bis mässig zahlreich, sonst 0. Flocken auf den mittleren und inneren Hüllschuppen reichlich, am Köpfchen 1. Ordnung öfters fast grauen Filz bildend, an den Seitenköpfchen meist minder zahlreich, auf den Blättern 0, an den Caulomen ganz oben grauen Filz bildend, abwärts rasch vermindert und meist schon am Akladium verschwindend. Blüthen hellgelb, Zähnchen kahl; Griffel fast gleichfarbig. Früchte schwarz, 3,2—3,5 mm lang.

1. *normale.*

a) *verum.* — Westschweiz: Creux de Champ in Ormonts dessus 1350—1500 m (N.). Jura: Röthifluh (N.).

Etwas ungewöhnlich ist das Verhalten des Akladiums bei dieser Sippe. Es ist sehr verlängert und nimmt von $^2/_5$ bis $^3/_5$ des Stengels ein; immer ist es mit grossen blattartigen Bracteen in fast gleichmässiger Vertheilung besetzt und wird dadurch den ebenfalls mehrblättrigen Kopfstandsästen ähnlich. Weder in der Spec. *villosum* noch bei Spec. *glaucum* oder *bupleuroides* kommt ein so wenig ausgebildetes Akladium vor, so dass bezüglich dieses Merkmales eine allerdings geringe Ueberschreitung der Hauptarten stattfindet. Es wäre nun denkbar, das *H. heterocephalum* einen Bastard aus irgend zwei Sippen der genannten Arten darstellte, und dann befände sich die erwähnte geringe Ueberschreitung in Einklang mit den bei zahlreichen Piloselloiden-Bastarden gemachten Beobachtungen. Auch würde mit einer solchen Annahme das ungleiche Verhalten der Hüllen bezüglich ihrer Zusammensetzung aus den Involucralschuppen und des Indumentes in Einklang zu bringen sein, insofern hier ein schon am nämlichen Individuum von Ast zu Ast schwankendes Merkmal vorläge. Aber es muss dagegen geltend gemacht werden, erstens das die Fertilität der Pflanze eine normale zu sein scheint (Aussaaten der am natürlichen Standorte gesammelten Früchte sowie Culturen einer zweiten Generation von Gartenpflanzen gelangen mehrfach), zweitens dass *H. heterocephalum* in nicht unbeträchtlicher Individuenzahl an verschiedenen Orten beobachtet worden ist. Trifft der nicht hybride Ursprung für die Pflanze zu, was das wahrscheinlichere ist, so liefert letztere das Beispiel einer Sippe, welche uns zeigt, wie die Vorfahren gewisser Hauptarten ausgesehen haben mögen. In *H. heterocephalum* sind Hülle und Indument noch zu keiner festeren

Ausgestaltung gediehen, auch steht die Verzweigung noch auf einer tieferen Stufe als bei *H. villosum*, *glaucum* und *bupleuroides*, denjenigen Species, welche am wahrscheinlichsten aus *heterocephalum*-ähnlichen Formen hervorgegangen sind.

In einzelnen Fällen kommt es vor, dass ein Ast sich nicht in gewöhnlicher Weise entwickelt, sondern eine kleine stengelständige Rosette ohne Blüthenköpfchen darstellt, eine Erscheinung, die auch bei mehreren anderen Species (z. B. *H. porrifolium, dentatum*) beobachtet werden kann. — Im Garten wird die Pflanze nur wenig höher, aber sie ist bis zum Grunde verzweigt, die oberen Blätter werden breiter, aus eiförmiger Basis lang-zugespitzt, und die oben angegebenen Verschiedenheiten der Köpfe ungleicher Ordnung treten oft besonders deutlich hervor.

b) *villicaule*. Behaarung überall reichlicher und länger: an der Hülle 1. Ordnung bis 3 mm, an den Caulomen oben zerstreut, abwärts bis zum Grunde vermindert, bis 8 mm, auf den Blatträndern zerstreut bis mässig zahlreich, 4—6 mm lang. Früchte kastanienbraun, 3,2 mm lang. — Westschweiz: Creux de Champ in Ormonts dessus 1350—1450 m (N.). Piemont: Berg nordöstlich von Limone 1500—1700 m (N.). — Wurde uns auch aus dem botanischen Garten von Grenoble geschickt. Scheint wenig Constanz zu haben, da bei Aussaat dieser im Garten gezogenen Form einmal auch die kahlere Form a. aufging.

2. *bupleuroidiforme*. Stengel bis 35 cm hoch, mit nur 2—3 rascher decrescirenden Blättern; Akladium mit höchstens sechs theilweise unscheinbaren Bracteen; Hülle ohne deutliche, aus blättchenartigen Schuppen und Bracteen bestehende Umhüllung, ca. 11 mm lang, mehr kuglig; Unterschiede zwischen den Köpfchen ungleicher Ordnung geringer; Verzweigungswinkel 40°. — Westschweiz: Creux de Champ in Ormonts dessus 1350—1450 m (N.).

Kann manchmal als ein *H. heterocephalum* → *villosiceps* aufgefasst werden. — Wird im Garten viel höher (bis 50 cm), reicher verzweigt, der Stengel mehrblättrig, zuweilen durch Abtrocknen der Rosettenblätter aphyllopod erscheinend.

Eine zwischen *H. heterocephalum* und *H. villosum* stehende, dem *H. acrovillosum* (S. 104) nicht unähnliche Pflanze wurde in nur einem Exemplar am M. Pian bei Ampezzo in 1950 m beobachtet. Der Stengel ist grossblättrig, wie die Blätter ganz kahl, letztere langsam decrescirend, die Köpfe völlig *villosum*-artig, und nur diese tragen nebst den Caulomspitzen Indument aus Haaren und Sternfilz. Diese Pflanze ist weiter zu beachten und namentlich auch mit *H. doratophyllum* (S. 103) zu vergleichen.

2. *Subsp. polybracteum.* Stengel bis 42 cm hoch, schlank oder etwas dicklich, aufrecht, stark gestreift, ± (zickzackförmig) verbogen, aphyllopod bis phyllopod. Grundblätter, wenn vorhanden, lang, etwas undeutlich gestielt, weil sehr lang in den Grund verschmälert, schmal-lanzettlich, sehr spitz, entfernt gezähnelt; Stengelblätter 7—10, gross, zuerst langsam-, weiter aufwärts ziemlich rasch decrescirend, untere den Grundblättern ähnlich, lanzettlich bis fast lineal-lanzettlich, mit langverschmälerter Basis, mittlere und obere relativ breiter, oberste aus gerundet-eiförmiger Basis ± zugespitzt, in die Bracteen übergehend. Kopfstand hochgablig, gleichgipflig, grenzlos, (1—) 2—4 köpfig; Akladium 5—13 cm lang; Strahlen 2. Ordnung (0—) 1—3, entfernt, schlank; Winkel ca. 35°; Ordnungen 2. Hülle 14—16 mm lang, fast kuglig, später etwas niedergedrückt; Schuppen schmal, lineal, langgespitzt, sehr spitz, dunkel (-grün), äussere stark abstehend. Bracteen 5—6, untere blättchenartig, erst die obersten fast lineal. Haare der Hülle reichlich, hell, 3—4 mm, an den Caulomen oben mässig, abwärts bis reichlich, hell, 5—8 mm, auf den Blättern oberseits 0, unterseits sehr zerstreut, sehr weich, ca. 4 mm, am Rande ± zerstreut, 2—3 mm lang. Drüsen gegen die Hüllschuppenspitzen zerstreut, winzig, sonst 0. Flocken der Hülle zerstreut, auf den Schuppenrändern nicht besonders vermehrt, an den Caulomen oben ± grauen Filz bildend, abwärts rasch vermindert und sehr bald verschwindend, auf den Blättern 0. Blüthen gelb, Zähnchen kahl; Griffel dunkel. Früchte kastanienbraun, 3,5 mm lang.

1. *normale.* — Westschweiz: Creux de Champ in Ormonts dessus 1350—1500 m (N.).

   In Cultur mit höherem Stengel, breiteren Blättern (oberste fast rhombisch) und bis 8 noch mehr blattartigen Bracteen. — Wir cultiviren ferner eine sehr ähnliche Pflanze mit minder zahlreichen (ca. 6) breitlanzettlichen, gröber gezähnten und wellrandigen Stengelblättern, fast schwarzen Hüllschuppen, dunkelgelben Blüthen, sehr grossen unteren Bracteen und meist langem Akladium; dieselbe erhielten wir aus dem botanischen Garten von Paris. Uebrigens hat die Subsp. *polybracteum* viel Aehnlichkeit mit *H. heterocephalum,* namentlich im Habitus.

2. *hemitrichum.* Haare an den Caulomen oben mässig zahlreich, abwärts vermindert (zerstreut), gegen die Stengelbasis zu wieder zahlreicher, 3—4 mm, auf den Blättern unterseits zerstreut, 2—3 mm lang. Früchte schwarz, 3,8 mm lang. — Westschweiz: Creux de Champ 1350—1450 m (N.); ausserdem erhielten wir hieherzustellende Pflanzen aus den botanischen Gärten von Paris, Gent, Hamburg, Leipzig und Würzburg. — Exsicc. 353.

Bei cultivirten Exemplaren ist das Akladium manchmal mit bis 15 blattartigen langsam decrescirenden Bracteen besetzt, die Ränder aller Blätter tragen mässig zahlreiche Gliederflocken oder ausgebildete Sternflocken, die Hülle ist sehr dunkel mit nur 2—2,5 mm langer Behaarung. — Im Engadin: Val Chiamuera bei Ponte (P.) kommt eine minder beblätterte Form vor mit oberseits mässig- oder zerstreut-behaarten Blättern, (in Cultur) 13—17 cm langem Akladium und ziemlich reichlicher 3—5 mm langer Behaarung des ganzen Stengels.

3. *atrichum*. Wie 2., aber Haare der Hülle kaum mässig, 1,5—2 mm, an den Caulomen 0, auf den Blättern fast ebenso, nur am Rande zerstreut, 1,5—2 mm lang. Flocken auf den Nerven und Rändern der Blätter mässig zahlreich. — Westschweiz: Creux de Champ (N.).

3. *Subsp. speciosiforme* (cult.). Stengel bis 60 cm hoch, ziemlich schlank, aufrecht, stark gestreift, etwas verbogen, aphyllopod. Stengelblätter 9—11, langsam decrescirend, ansehnlich, untere langgestielt, lanzettlich, spitz, entfernt-buchtig-gezähnelt, mittlere und obere relativ breiter, erstere mit stielartiger Basis, letztere schlank, rhombisch; alle glaucescirend, weich. Kopfstand gablig, gleichgipflig, grenzlos, 4—8 köpfig; Akladium 5—14 cm lang; Strahlen 2. Ordnung 3—6, entfernt, schlank; Winkel 30—35°; Ordnungen 2—3. Hülle 14—15 mm lang, niedergedrückt-kuglig; Schuppen etwas breitlich, lineal, spitz, dunkel, hellrandig. Bracteen 6—8, lineal, unterste blattartig. Haare der Hülle ziemlich reichlich, hell, 2 mm, an den Caulomen oben zerstreut, abwärts bis mässig zahlreich, hell, 3—4 mm, gegen den Stengelgrund hin vermindert, endlich spärlich, auf den Blättern oberseits 0, unterseits zerstreut und sehr zerstreut, weich, 2—3 mm, auf den Rändern mässig, 1,5—2 mm lang. Drüsen fehlen. Flocken der Hülle fast 0, auf den Schuppenrändern zerstreut bis mässig, an den Caulomen oben grauen Filz bildend, abwärts vermindert höchstens bis zur Stengelmitte, auf den Blättern 0. Blüthen lebhaft gelb, Zähnchen kahl; Griffel ziemlich dunkel. Früchte kastanienbraun, 3,2—3,5 mm lang. — Tirol: Vennerthal des Brenner (N.).

An den jungen Pflanzen sind Ende Mai die grundständigen Blätter noch erhalten; dieselben sind langgestielt und unterscheiden sich von den unteren Stengelblättern der Gestalt nach nicht. Bei manchen Exemplaren sind die Blätter mit groben vorwärtsgekrümmten Zähnen versehen.

Auch in dieser Sippe wiederholen sich die Unterschiede in der Behaarung, welche bei *H. polybracteum* stattfinden: eine besonders an den Caulomen minder behaarte Pflanze kommt vor in Tirol: Vennerthal, Bergerthal bei Kals 1430—1495 m (N.), kam auch aus dem botanischen Garten von Grenoble; — eine andere mit haarlosem Stengel und fast eben so kahlem Blattrücken wird im Münchener Garten seit langer Zeit cultivirt.

4. *Subsp. scorzonerifolium Vill.* l. c.

Stengel bis ca. 32 cm hoch, ± schlank, feingestreift, im oberen Drittel verzweigt, phyllopod. Blätter in der Rosette einige oder mehrere, lanzettlich, spitz oder spitzlich, in einen undeutlichen oder deutlichen Stiel verschmälert, flach, entfernt-gezähnelt; Stengelblätter bis neun, langsam decrescirend, mit verschmälerter, obere mit gerundeter Basis sitzend, ± lanzettlich, spitz; alle stark glaucescirend, weich. Kopfstand hochgablig, grenzlos, untergipflig, 2—4köpfig; Akladium 3—13 cm lang; Strahlen 2. Ordnung 1—3, entfernt, etwas dicklich; Winkel ca. 40°; Ordnungen 2. Hülle 15—16 mm lang, bauchig oder kuglig; Schuppen: äusserste locker, etwas lanzettlich oder alle ± lineal, langgespitzt, sehr spitz, dunkel. Bracteen 3—4, untere ± blättchenartig, obere in die Hüllschuppen übergehend. Haare der Hülle sehr reichlich, weiss, 3—4 mm, an den Caulomen ± reichlich, hell mit dunkelm Fuss, bis 7 mm, auf den Blättern oberseits 0 oder vereinzelt, am Rande mässig zahlreich, 2—3 mm, unterseits zerstreut, am Hauptnerv ziemlich reichlich, 4—5 mm lang. Drüsen nur gegen die Spitze der inneren Hüllschuppen zerstreut, sonst 0. Flocken an Hülle und Blättern 0 oder an den Hüllschuppenrändern sehr spärlich, an den Caulomen oben grauen Filz bildend, abwärts bald verschwindend. Blüthen hellgelb, Zähnchen etwas papillös; Griffel hell. Früchte fast schwarz, 4 mm lang.

α) genuinum.

1. *normale* = *H. scorzonerifolium* Schultz-Bip. Cichoriac. suppl. II, 138; Fries Hierac. europ. exsicc. 38. — Westschweiz: Allières, Ryfels und Gornergletscher bei Zermatt (Lgg.), Mockausa (Mt.), Sex rouge in Ormonts dessus 1800—2000 m (N.). Ostschweiz: Samaden am Fusse des Piz Padella 1820 m (N.), vom Valettapass bis Cresta im Avers 1950—2580 m (P.). Tirol: M. Pian bei Ampezzo 2080—2300 m (N.). Tatra: Drechselhäuschen.
2. *latifolium.* Blätter alle breiter-, mehr länglich-lanzettlich, mehr gezähnt, obere Stengelblätter bis eiförmig-zugespitzt; Rosette reichblättrig. — Ostschweiz: Fuss des Piz Padella 1790—1950 m (N.). Westschweiz: Ormonts dessus, zwischen Zermatt und Z'Mutt im Walde 1430 m (N.). Jura: Röthifluh (N.). Tirol: Kalser Alpen 1950 m (Hut.), über der Krutersalp 1850 m (Mdo.). Lombardei: Mt. Legnone (N.).

β) Jurassi = *H. flexuosum δ. juranum* Gaud.-Monn. synops. fl. helv. (1836) p. 683. — Blätter glauk, lanzettlich bis fast lineal, fein gezähnelt, sehr spitz, ziemlich rasch decrescirend. Haare am Stengel oben ziemlich reichlich, bis 9 mm lang, abwärts zahlreicher. Bracteen bis sechs, mehr blättchenartig. Stengel bis 40 cm hoch, schlank, verbogen. — Jura: Dôle 1450—1600 m (N.). Westschweiz: Zermatt am Wege gegen St. Theodul 2000 m, Salève 650—1300 m (N.). — Exsicc. 354.

In Cultur werden die oberen Blätter mehr länglich. — Auf der Dôle werden habituell ähnliche, aber durch reicher flockige Hüllschuppenränder, rasche Decrescenz der Stengelblätter und sehr geringe Behaarung ausgezeichnete Pflanzen gefunden, welche gegen die Spec. *bupleuroides* hin den Uebergang bilden.

5. *Subsp. flexuosum Waldst. et Kit.* in Willd. sp. pl. III, 3 (1800) p. 1581; Plant. rar. Hung. III (1812) p. 231 tab. 209 = *H. flexuosum var. Kitaibelii* Fröl. in DC. Prodr. VIII (1838) p. 229. — Stengel bis 35 cm hoch, schlank, verbogen, feingestreift, öfters bis zur Mitte herab verzweigt, phyllopod. Blätter in der Rosette einige, lanzettlich bis lineallanzettlich, abwärts in einen undeutlichen Stiel verschmälert, wellrandig, sehr spitz, entfernt-gezähnelt oder fast ganzrandig; Stengelblätter 4—8, ziemlich langsam decrescirend, lanzettlich, untere mit verschmälerter, obere mit mehr eiförmiger Basis sitzend; alle glauk, ziemlich derb. Kopfstand gablig, grenzlos, gleichgipflig, bis 3 köpfig; Akladium 5—7 cm lang; Strahlen 2. Ordnung (0—)1—2, entfernt, schlank, öfters verbogen; Winkel 40—45°; Ordnungen 2. Hülle 15—17 mm lang, bauchig, an den Seitenstrahlen mehr kuglig; Schuppen alle ± lineal, sehr langspitzig, sehr spitz, dunkel. Bracteen 3—4, untere blättchenartig, in die Hüllschuppen übergehend. Haare der Hülle reichlich, hell, bis 3 mm, an den Caulomen oben ziemlich zahlreich, 4—6 mm, abwärts vermindert, auf den Blättern oberseits 0, unterseits ebenso oder sehr zerstreut, am Mittelnerv mässig, am Rande besonders gegen die Basis hin zerstreut, 2—3 mm lang. Drüsen nur gegen die inneren Hüllschuppenspitzen zerstreut, sonst 0. Flocken an den Hüllschuppenrändern bis mässig zahlreich, auf den Blättern 0, an den Caulomen oben grauen Filz bildend, abwärts allmählich vermindert fast bis zum Stengelgrunde. Blüthen hellgelb, Zähnchen kahl; Griffel fast gleichfarbig. Früchte schwarzbraun, 3,7 mm lang.

1. *normale.* — Croatien: Berg Laginac (Pich.). Dauphiné: Lautaret (Lor.). Westschweiz: Zermatt (N.), Neuchâtel an Felsen bei Buttes (Bulnheim). — Eine aus dem Pariser botanischen Garten geschickte, in München cultivirte Pflanze hat deutlicher gestielte Rosettenblätter mit spitzen, vorwärts gerichteten Zähnen, ein etwas längeres Akladium und reichere Behaarung an Stengel und Blatträndern.

2. *macracladium* = *H. villosum f. glabrescens* Fries Epicr. (1862) p. 64. — Akladium 11—22 cm lang; Stengel sehr verbogen; Grundblätter deutlicher gestielt. — Ostschweiz: Val Chiamuera bei Ponte im Engadin 1690—1950 m, von Weissenstein über den Albula bis Ponte 1690—2310 m (P.). Westschweiz: M. de Fully 2000 m, Hohlicht 1800 m (N.), ob Rappaz gegen den Catogne bei Sembrancher (Wf). Tirol: Finstermünz, Wormserjoch (Pr.). Kam auch aus dem Göttinger botanischen Garten. — Hierher gehört wohl auch, trotz geringerer Akladiumlänge, das *H. glaucophyllum* Huet fr., pl. neapol. 374 vom M. Majella über Caramanico in den Abruzzen.

6. *Subsp. longistipes* (cult.). Stengel bis über 50 cm hoch, schlank bis dick, etwas verbogen, gestreift, phyllopod. Blätter in der Rosette zahlreich, lanzettlich, spitz, in einen ± stielartigen Basaltheil lang-verschmälert, entfernt-gezähnelt; Stengelblätter 4—10, lanzettlich, sehr spitz, mit lang-verschmälerter Basis, langsam decrescirend; alle glauk, weich. Kopfstand tief gablig, gleichgipflig, grenzlos, bis 8 köpfig; Akladium 13—17 cm lang; Strahlen 2. Ordnung 1—7, ziemlich schlank, entfernt; Winkel 25—40°; Ordnungen 2 (—3). Hülle 15—16 mm lang, bauchig-kuglig; Schuppen lineal, langespitzt, spitz, innere stumpflich. Bracteen bis zehn, lineal bis pfriemlich. Haare der Hülle reichlich, hell, 3 mm, an den Caulomen 0, auf den Blättern beiderseits ebenso, nur an Rand und Mittelrippe unterseits mässig zahlreich, weich, 3—4 (—6) mm lang. Drüsen nur an der Spitze der innersten Hüllschuppen spärlich, sonst 0. Flocken der Hülle spärlich, auf den Blättern 0, an den Caulomen oben grauen Filz bildend, abwärts bald verschwindend. Blüthen gelb, Zähnchen kahl; Griffel etwas dunkel. Früchte schwarz, 4 mm lang. — Ostschweiz: Val Tuors bei Bergün ca. 1400 m (P.).

Fällt besonders durch die sehr langen Akladien und den völlig haarlosen Stengel auf.

7. *Subsp. turritum.* Stengel bis 24 cm hoch, schlank, etwas verbogen, feingestreift, phyllopod. Blätter in der Rosette mehrere, ansehnlich, langgestielt, etwas länglich-lanzettlich, spitz, zuweilen faltspitzig, entfernt-klein-gezähnelt; Stengelblätter 6—8, langsam decrescirend, länglich-lanzettlich, spitz, in den Grund verschmälert, auch die obersten mit kaum eirunder Basis; alle ziemlich glauk, etwas derb. Kopfstand hochgablig, fast gleichgipflig, 2—4 köpfig; Akladium 2—4 cm lang; Strahlen 2. Ordnung (0—) 1—2 (—3), schlank, entfernt; Winkel ca. 50°; Ordnungen 2. Hülle 15—16 mm lang, niedergedrückt-kuglig; Schuppen: äussere locker, ± lanzettlich, oder alle fast lineal, langspitzig, sehr spitz, dunkel. Bracteen 3—5, untere blättchenartig. Haare der Hülle sehr reichlich, hell, 2—3 mm, an den Caulomen oben reichlich, 3—5 mm, abwärts vermindert, am Stengelgrunde fast 0, auf den Blättern oberseits zerstreut, 4—6 mm, gegen den Blattgrund hin meist mangelnd, unterseits mässig, am Rande ziemlich reichlich, 2—3 mm lang. Drüsen nur gegen die Spitze der inneren Hüllschuppen spärlich, sonst 0. Flocken der Hülle vereinzelt, auf den Blättern 0, an den Caulomen oben grauen Filz bildend, abwärts rasch vermindert und über der Stengelmitte verschwindend. Blüthen hellgelb, Zähnchen kahl; Griffel dunkel. Früchte braun, knapp 3 mm lang. — Bayerische Alpen: Rothwand und Miesing bei Schliersee 1450—1755 m (N., P., Sdt., Dgl.).

8. *Subsp. neapolitanum Huet du Pav. fr.*, plant. Neap. 369 = ? *H. villosum β. nudiusculum* Bertol. fl. ital. VIII (1850) p. 490 [1]). —

1) Wird auch von Fries in Epicr. p. 64 zu *H. villosum* gezogen.

Stengel bis über 34 cm hoch, dick, gestreift, wenig verbogen, phyllopod. Blätter in der Rosette mehrere, länglich-lanzettlich, äussere stumpf, innere spitz, gezähnelt, ziemlich flach; Stengelblätter 5—8, langsam decrescirend, mit breiter oder fast herzförmiger Basis sitzend, länglich, zugespitzt; alle glauk, derb. Kopfstand hochgablig; Akladium zwei und mehr cm lang. Strahlen 2. Ordnung 1—3, entfernt, dicklich; Winkel ca. 40°; Ordnungen 2. Hülle 16—17 mm lang, etwas breit-kuglig; Schuppen breit, schwärzlich, etwas lanzettlich-lineal, langgespitzt, äussere etwas locker, spitz, innere stumpflich. Bracteen wenige, etwas blättchenartig. Haare der Hülle reichlich, hell, 2—2,5 mm, an den Caulomen zerstreut, 3—4 mm, auf den Blättern oberseits 0, unterseits zerstreut bis spärlich, an Rand und Mittelrippe mässig zahlreich, 2—3 mm lang. Drüsen nur an der Spitze der innersten Hüllschuppen mit Mühe wahrnehmbar, spärlich und sehr klein, sonst 0. Flocken der Hülle 0, an den Caulomen oben grauen Filz bildend, abwärts rasch vermindert und schon über der Stengelmitte verschwindend, auf den Blättern 0. Blüthen hellgelb, Zähnchen kahl; Griffel ziemlich dunkel. Früchte hellbraun?, 3,7 mm lang. — Abruzzen: Corno 2000—2500 m (Huet fr.). Etrurien: Dirupi del Corno alle Scale.

II. ***Divaricatum*** (vgl. S. 124). — Dazu gehören wohl *H. villosum o. scorzonerifolium* und *π. acutifolium* Fröl. in DC. Prodr. VII (1838) p. 228.

1. *Subsp. basiglaucum.* Stengel bis 30 cm hoch, dünn, feingestreift, wenig verbogen, phyllopod. Blätter in der Rosette 2—5, lineal-lanzettlich, spitz, gestielt, ganzrandig oder mit vereinzelten winzigen Zähnchen; Stengelblätter (3—) 5—7, langsam bis ziemlich rasch decrescirend, ± lanzettlich (untere noch lineal-lanzettlich, obere breiter), untere mit lang-verschmälerter, obere mit gerundeter Basis sitzend; alle glauk, etwas derb. Kopfstand gablig, gleichgipflig, 2—3 köpfig, aber oft die Pflanze nur 1 köpfig; Akladium 4—6 cm lang; Strahlen 2. Ordnung 0—2, dünn; Winkel ca. 40—45°; Ordnungen 1—2. Hülle 10—15 mm lang, kuglig; Schuppen lineal, langgespitzt, sehr spitz, dunkel. Bracteen 2—3, den äusseren Hüllschuppen ähnlich. Haare der Hülle reichlich, hell, 2—2,5 mm, an den Caulomen oben ziemlich zahlreich, 3—4 mm, abwärts bald zerstreut, gegen den Stengelgrund verschwindend, auf den Blättern beiderseits 0, am Rande der oberen Blätter und an der Mittelrippe ± zerstreut bis mässig, 2—3 mm lang, auf der Spreite der unteren Blätter öfters ganz fehlend. Drüsen nur an der Spitze der innersten Hüllschuppen sehr spärlich, sonst 0. Flocken an Hülle und Blättern 0, an den Caulomen ganz oben grauen Filz bildend, abwärts rasch vermindert und bald 0. Blüthen hellgelb, Zähnchen kahl; Griffel etwas dunkel. Früchte hellbraun, 3,3 mm lang.

1. *normale.* — Ostschweiz: Kalkberg des Splügen 2000—2200 m (N.); vielleicht auch Westschweiz: Creux de Champ in Ormonts dessus 1400—1600 m (N.).

2. *villosius.* Behaarung überall reichlicher und länger, am Stengel bis zum Grunde desselben gehend; Blätter breiter, mehr lanzettlich, deutlicher gezähnelt und wellig. — Ostschweiz: Kalkberg des Splügen 1950—2200 m (N.). Kärnten: wo? (Hauser). Niederösterreich: Schneeberg.

2. *Subsp. myocomum.* Stengel bis 32 cm hoch, dünn oder sehr schlank, verbogen, feingestreift, phyllopod. Blätter in der Rosette wenige, ± deutlich gestielt, lanzettlich-lineal oder schmal-lanzettlich, spitz, etwas wellrandig, meist nicht gezähnelt; Stengelblätter 4—7, ziemlich rasch decrescirend, lanzettlich-lineal, mit verschmälerter Basis; alle glauk, ziemlich weich. Kopfstand selten gablig, dann gleich-, unter- oder übergipflig, 2 köpfig; Akladium 3—10 cm lang; Strahlen 2. Ordnung 0—1, dünn; Winkel ca. 30°; Ordnungen 1—2. Hülle 13—14 mm lang, kuglig, später breiter werdend; Schuppen schmal-lineal, langgespitzt, sehr spitz, dunkel. Bracteen 2—3, lineal. Haare der Hülle sehr reichlich, 3 mm, an den Caulomen oben reichlich, abwärts langsam vermindert, 4—5 mm, auf den Blättern oberseits gegen den Rand hin zerstreut, unterseits und am Rande reichlich, 3—4 mm lang. Drüsen gegen die Spitze der inneren Hüllschuppen mässig zahlreich, sonst 0. Flocken an der Hülle vereinzelt, an den Caulomen oben grauen Filz bildend, abwärts allmählich vermindert bis zum unteren Drittel des Stengels, auf den Blättern 0. Blüthen hellgelb, Zähnchen kahl, nur ein wenig papillös; Griffel dunkel. Früchte sattbraun, 3,5 mm lang, viele taub. — Tirol: Mt. Pian in den Dolomiten 2080—2210 m (N.).

Eine minder behaarte Form in den Dolomiten von Ampezzo: oberhalb Misurina-Alp gegen Trecroci 1950—2010 m (N.); eine andere mit kürzerer Behaarung auf dem Mt. Pian (N.). — Aehnlich ist auch eine Pflanze mit mehr lanzettlichen, am Stengel minder zahlreichen und rascher decrescirenden Blättern und eher noch schmaleren Hüllschuppen, beobachtet in Tirol: Neuprags am Abstieg von der Hochalpe zum Wildsee 2110 m (N.); Kärnten: Görriacher Berg bei Tarvis 1755 m (P.); Steiermark: obere Dulwitz am Hochschwab (Rch.).

3. *Subsp. pantotrichum* = *H. speciosum* Schultz herb. norm. 1092 part. — Stengel bis 22 cm hoch, schlank, verbogen, feingestreift, phyllopod. Blätter in der Rosette zahlreich, undeutlich gestielt, ± schmallanzettlich bis fast lineal, öfters wellig, ganzrandig oder öfters entfernt-gezähnelt; Stengelblätter 3—4, klein, rasch decrescirend, lanzettlich, mit ziemlich breiter Basis sitzend, sehr spitz; alle glauk, derb. Kopfstand gablig, untergipflig, 2—3 köpfig, oder die Pflanze unverzweigt; Akladium 6—8 cm lang; Strahlen 2. Ordnung 0—2,

entfernt, schlank; Winkel ca. 40°; Ordnungen 2. Hülle (11—) 15 bis 17 mm lang, kuglig; Schuppen lineal, sehr langspitzig, sehr spitz, schwärzlich. Bracteen ca. 2, lineal. Haare der Hülle reichlich, hell, 2—3 mm, an den Caulomen ziemlich reichlich bis fast zerstreut, 4—6 mm, auf den Blättern oberseits 0 oder gegen den Rand spärlich, unterseits zerstreut, an Rand und Mittelrippe ziemlich reichlich, 3—4 mm lang. Drüsen nur gegen die Spitze der innersten Hüllschuppen sehr spärlich, sonst 0. Flocken an Hülle und Blättern 0, an den Caulomen oben weisslichgrauen Filz bildend, abwärts allmählich vermindert fast bis zum Grunde. Blüthen hellgelb, Zähnchen kahl; Griffel hell. Früchte braun, 3,3 mm lang. — Jura: zwischen Reculet und Roche Franche, Dôle 1460 m (N.). Piemont: Waldenser Alpen (Rst.). Westschweiz: Zermatt 1625 m (N.), Gr. Muveran in Waadt 1400 m (Masson). Ostschweiz: Val Fex bei Sils im Oberengadin 1830—1980 m (P.). Bayerische Alpen: Korspitze bei Oberammergau 1885 m (Mdo.). Oberösterreich: Windischgarsten 1300 m (Oblt.). Krain: Nanos.

Eine Form mit viel geringerer und kürzerer Behaarung und mit längerem Akladium wurde nur in einzelnen Exemplaren gefunden im Engadin: Val Chiamucra bei Ponte 1690—1950 m (P.); Savoyen: Archamp am Salève.

4. *Subsp. divaricatum Huter, Porta et Rigo*, it. ital. III. 486. — Stengel bis 25 cm hoch, schlank, verbogen, gestreift, bis zum Grunde verzweigt, phyllopod. Blätter in der Rosette zahlreich, etwas undeutlich gestielt, lanzettlich bis schmal-lanzettlich, sehr spitz, entfernt-gezähnelt, wellrandig; Stengelblätter ca. 3, rasch decrescirend, lanzettlich, mit verschmälerter Basis; alle glauk, derb. Kopfstand gablig, etwas gespreizt, gleichgipflig, grenzlos, 4—6 köpfig; Akladium 3—6 cm lang; Strahlen 2. Ordnung 3—5, entfernt, schlank; Winkel 40—60°; Ordnungen 2 (—3). Hülle 13—15 mm lang, breitkuglig; Schuppen schmal-lineal, sehr langspitzig, spitz, schwärzlichgrün. Bracteen 4—6, lineal. Haare der Hülle reichlich, hell, 1—2 mm, an den Caulomen mässig zahlreich, 2—3 mm, auf den Blättern oberseits oder nur gegen den Rand hin zerstreut, unterseits mässig, am Rande ziemlich reichlich, 1,5—2 mm lang, überall weich. Drüsen gegen die Spitze aller Hüllschuppen zerstreut bis mässig zahlreich, sonst 0. Flocken an Hülle und Blättern 0, an den Caulomen oben weisslichen Filz bildend, abwärts sehr allmählich vermindert bis zum Grunde. Blüthen hellgelb, Zähnchen kahl; Griffel fast gleichfarbig. Früchte hellbraun, 3,8 mm lang, alle untersuchten taub. — Calabria III: Piani di Pollino auf Kalk 2000 m selten (H. P. R.); — daselbst auch mit kürzerer Behaarung, so anscheinend in zahlreicheren Exemplaren.

5. *Subsp. triglaviense.* Stengel bis 40 cm hoch, dicklich, stark verbogen, gestreift, tief herab verzweigt, fast hypophyllopod.

Blätter in der Rosette 2—3, klein, lanzettlich, am Stengel bis 7, untere ziemlich ansehnlich, lanzettlich, entfernt-grobgezähnt, spitz, in den Grund verschmälert, ziemlich rasch decrescirend; alle glauk, etwas derb. Kopfstand hoch-gablig, gleichgipflig, grenzlos, 3—8 köpfig; Akladium 5—6 cm lang; Strahlen 2. Ordnung 2—5, entfernt, dünn; Winkel ca. 50°; Ordnungen 2 (—3). Hülle 11—13 mm lang, kuglig; Schuppen sehr schmal, lineal, langspitzig, sehr spitz, schwarz. Bracteen ca. 5, fast pfriemlich. Haare der Hülle reichlich, trüb weiss, 1—2 mm, an den Caulomen reichlich, 3—4 mm, in der Stengelmitte vermindert bis fast zerstreut, auf den Blättern oberseits mässig zahlreich, unterseits und am Rande ziemlich reichlich, 2—3 mm lang. Drüsen gegen die Hüllschuppenspitzen bis mässig zahlreich, an den Kopfstielen dicht unter den Köpfchen spärlich, sonst 0. Flocken der Hülle spärlich, an den Kopfstielspitzen kaum mässig, abwärts sehr rasch verschwindend, sonst 0. Blüthen hellgelb, fast völlig röhrig, Griffel dieselben überragend, dunkel. Früchte — ? — Krain: Alp Bielopole am Triglav (Dgl.).

III. ***Graecum*** (vgl. S. 124). — Es kann fraglich erscheinen, ob *H. graecum* Boiss et Heldr. hier an richtiger Stelle im System sich befindet. Denn seine Merkmale weichen theilweise von denjenigen der übrigen hierhergestellten Sippen ziemlich erheblich ab und bieten jedenfalls eine eigenartige Combination dar, welche es erlauben würde, diese Pflanze als Species zu behandeln. Aber unser Material erscheint uns ungenügend, um diese Frage in befriedigender Weise zu beantworten, so dass namentlich Culturversuchen das Schlusswort überlassen werden muss. Hierbei ist noch ein anderer Umstand ganz besonders hervorzuheben: gewisse Merkmale des *H. graecum* (stumpfe Hüllschuppen, Gegensatz der äusseren und inneren Rosettenblätter, schaftartiger Stengel, weisser Pappus) erinnern nämlich so sehr an *H. Naegelianum* Panc., dass an die Möglichkeit eines näheren Zusammenhanges mit dieser Species gedacht werden darf; andrerseits macht sich namentlich in Behaarung und Kopfform sehr entschieden der *villosum*-Typus geltend. Sicher ist es, dass *H. graecum* seiner Gesammterscheinung und allen seinen Eigenschaften nach zwischen die *Villosina* und *Glaucina* fällt und sich theils an *H. glabratum*, theils an *H. myocomum* anschliesst[1]).

Subsp. graecum Boiss. et Heldr., diagn. pl. orient., ser. 2, III p. 101; herb. graec. norm. No. 737; Heldreich pl. exsicc. anno 1852

1) Mit der Anerkennung, dass *H. graecum* mindestens eine ausgezeichnete Subspecies ist, fällt die Berechtigung, eine andere Sippe als *H. graecum* zu bezeichnen, und es muss daher die unter diesem Namen im I. Bande unserer Monographie S. 579 aufgeführte Pflanze anders benannt werden: letztere mag wegen der schmalen weissen Hüllschuppen- und Bracteenränder *H. stenoleucum* heissen.

No. 2727 = *H. glabratum* ? Huet fr. plant. neapol. 363 part. ? — Stengel bis 25 cm hoch, dünn, feingestreift, etwas verbogen, unverzweigt, phyllopod. Blätter in der Rosette zahlreich, äusserste spatelig, gerundet-stumpf, übrige ± lanzettlich bis fast lineal, allmählich in den Grund verschmälert ohne deutlichen Stiel, sehr spitz, ganzrandig; Stengelblätter 2—3, ± lineal, rasch decrescirend; alle glauk, weich. Hülle ca. 12 mm lang, kuglig; Schuppen lineal, langspitzig, an der Spitze selbst ± stumpf, schwärzlich. Haare der Hülle sehr reichlich, bräunlich (auch im Leben?) 3—4 mm, am Stengel spärlich, 1—2 mm, auf den Blättern oberseits 0 bis fast mässig zahlreich, unterseits mässig bis reichlich, 5—6 mm lang. Drüsen fehlen. Flocken nur dicht unter dem Köpfchen spärlich, sonst mangelnd. Blüthen hellgelb, Zähnchen etwas gewimpert; Griffel hell. Früchte braun?, 4 mm lang, Pappus fast weiss. — Griechenland: Parnass 1950 m (Hldr.); — dazu vielleicht auch das oben citirte Exemplar aus den Abruzzen: Corno 2000—2500 m (Huet fr.).

Die Pflanze wird von Fries (Epicr. p. 56) zu den *Cerinthoidea* gestellt, ohne zwingenden Grund jedoch, denn die Wimperung der Blüthenzähnchen kann dafür nicht in Anspruch genommen werden, weil die *Villosina* eine solche gar nicht selten ebenfalls besitzen.

Geographische Verbreitung der Spec. scorzonerifolium.

Die von der Spec. *scorzonerifolium* bewohnten Gebiete sind folgende:

I. *Scorzonerifolium:* Dauphiné, Piemont, Norditalien, Jura, West-, Ost- und Nordschweiz, Nord- und Südtirol, Bayerische Alpen, Kärnten, Croatien; Tatra; Abruzzen.

II. *Divaricatum:* Dauphiné, Piemont, Jura, West- und Ostschweiz, Südtirol, Bayerische Alpen, Oesterreich, Kärnten, Krain, Steiermark; Calabrien.

III. *Graecum:* Griechenland; Abruzzen?

Demnach greift *H. scorzonerifolium* nur im Süden seines Areales über die Spec. *villosum* hinaus, sonst hält es sich ziemlich an das Gebiet der letzteren. Da auch die *Glaucina* eine ähnliche Verbreitung haben, so ist in dieser Beziehung nichts auffälliges an *H. scorzonerifolium* zu beobachten. — *H. graecum,* morphologisch von den übrigen Sippen erheblich abweichend, kommt auch in einem isolirten Gebiete vor; es hat offenbar andere Existenzbedingungen als jene und ist wahrscheinlich niemals nach Mitteleuropa gelangt.

23. **H. glabratum Hoppe,** in Willd. spec. pl. III, 3 (1800) p. 1562, in Sturm Deutschl. Fl. Heft 39 c. tab.
= *villosum — glaucum.*

Dazu gehören: *H. glabratum* Fries Symb. (1848) p. 49 part.; *H. villosum β. glabratum* Neilr. Nachtr. z. Flora v. Wien (1851) p. 178; *H. scorzonerifolium* Rchb. f. Deutschl. Fl. XIX (1860) p. 114 tab. 202 fig. II und *H. glabratum* p. 114 tab. 203 fig. II. — Stengel (6—) 10—30 (—40) cm hoch, schlank bis dünn, ± verbogen, (oft fein-) gestreift, phyllopod. Blätter in der Rosette mehrere oder viele, meist undeutlich- bis deutlich lang-gestielt, lanzettlich bis lineal-lanzettlich, spitz oder sehr spitz, öfters wellig, ganzrandig bis deutlich gezähnelt und gezähnt, ± derb, glauk; Stengelblätter 2—5 (—8), meist ± rasch decrescirend, lanzettlich oder lineal, mit schmaler bis gerundeter Basis sitzend. Kopfstand öfters unentwickelt, übrigens (meist etwas hoch-) gablig, gleichgipflig, grenzlos, 2—4 köpfig; Akladium meist = $^1/_5$—$^1/_3$ des Stengels; Strahlen 2. Ordnung 0—2 (—3), entfernt, schlank oder dünn; Verzweigungswinkel (30—) 40—60°; Ordnungen 1—2. Hülle (10—) 12—15 (—17) mm lang, dick-eiförmig bis niedergedrückt-kuglig; Schuppen schmal bis breitlich, lineal, sehr langspitzig, spitz und sehr spitz, dunkel bis schwarz. Bracteen 3—6, blättchenartig bis pfriemlich. Haare der Hülle ± zahlreich bis sehr reichlich, weiss, weich, meist ziemlich lang, an den Caulomen oben oft in ziemlicher Menge vorhanden, abwärts vermindert und öfters schon in der Stengelmitte verschwindend, auf den Blättern 0 oder nur am Rande gegen die Basis in sehr geringer Zahl vorhanden. Drüsen sehr klein, nur gegen die Hüllschuppenspitzen zerstreut, sonst 0. Flocken der Hülle meist gering entwickelt, an den Caulomen oben Filz bildend, abwärts bis zur Mitte oder zum Grunde des Stengels vermindert, auf den Blättern 0. Blüthen oft hellgelb, Zähnchen kahl bis kurzgewimpert; Griffel dunkel bis hell. Früchte hellbraun bis schwarz, 3—4 mm lang.

Bemerkungen zu Spec. glabratum.

Zwischen den *Glaucina* und *Villosina* existiren zwei deutlich unterscheidbare Sippengruppen als deren vermittelnde Bindeglieder. Eine dieser Gruppen ist unsere Spec. *scorzonerifolium*, die andere kann nach *H. glabratum* Hoppe benannt werden. Beide haben selbstverständlich manche Aehnlichkeiten, aber wenn die Summe der Merkmale von Spec. *scorzonerifolium* eher zur Hauptart *villosum* hinneigt, so dass die meisten von uns dorthin gerechneten Sippen im allgemeinen mehr den Habitus des *H. villosum* zeigen, so kann dasselbe von *H. glabratum* nicht behauptet werden. Vielmehr liegen hier die Eigenschaften so, dass die Pflanzen fast durchgehends im unteren Theile wie die *Glaucina*, im oberen Theile viel mehr wie die *Villosina* sich verhalten, und dass demnach für *H. glabratum* eine mehr intermediäre Stellung zwischen den Hauptarten sich ergibt. Das Laubwerk der *Glabrata* erinnert namentlich in hohem Grade an die *bupleuroides*-artigen Sippen, aber man würde unseres Erachtens fehl greifen, wollte man daraus für *H. glabratum* und Verwandte einen engeren Zusammenhang mit der Spec. *bupleuroides* oder gar die hybride Herkunft von derselben vermuthen[1]). Denn *H. villosum*, *glabratum*, *bupleuroides* und *porrifolium* bilden durchaus keine Reihe; eher noch könnte eine solche Reihe heissen: *H. villosum—scorzonerifolium—bupleuroides*—

1) Dies ist nur für einzelne Fälle möglich.

porrifolium, und eine andere: *H. villosum—glabratum—glaucum—silvaticum.* Während in der ersteren die Beblätterung des Stengels mit jedem Schritt an Reichthum gewinnt, wird sie in der letztgenannten Reihe auf jeder Stufe geringer. Ausserdem aber kommt in jeder Reihe jeder Gruppe vermöge eigenartiger oder extremer Ausbildung einzelner Organe eine ziemliche Selbständigkeit zu, so dass von einer wirklich reihenweisen Anordnung der oben genannten Haupt- und Zwischenarten die Rede nicht sein kann. Es ist ferner zu betonen, dass *H. glabratum* meist an Standorten angetroffen wird — zuweilen in grosser Individuenzahl —, denen *H. bupleuroides* wie *H. glaucum* ganz fehlen. Die meisten hier behandelten Sippen sind zweifelsohne selbständig ohne Kreuzung entstanden.

H. glabratum unterscheidet sich von *H. villosum* und *scorzonerifolium* namentlich durch zahlreiche kahle ± deutlich gestielte Rosettenblätter, raschere Decrescenz und geringere Zahl der Stengelblätter, schmale anliegende gleichgestaltete Hüllschuppen; — von *H. glaucum* besonders durch Form, Indument und Schuppengestalt der Hülle.

1. *Subsp. glabratum Hoppe* l. c. = *H. scorzonerifolium * glabratum* Fries Epicr. (1862) p. 65. — Stengel 20—30 (—35) cm hoch, schlank, ± verbogen, gestreift, phyllopod. Blätter in der Rosette zahlreich, schmal- und lineal-lanzettlich, abwärts in einen öfters deutlichen Stiel lang-verschmälert, sehr spitz, ganzrandig oder mit einzelnen winzigen Zähnchen, derb, glauk; Stengelblätter 3—5, ziemlich rasch decrescirend, lineal-lanzettlich, sitzend. Kopfstand hoch-gablig, gleichgipflig, grenzlos, (1—) 2—4 köpfig; Akladium 4—6 (—11) cm lang; Strahlen 2. Ordnung (0—) 1—3, entfernt, ziemlich dünn, gegen die Spitze langsam und wenig verdickt; Winkel ca. 40°; Ordnungen 2. Hülle 12—14 (—15) mm lang, kuglig oder bauchig; Schuppen sehr schmal, (öfters fast pfriemlich-) lineal, langgespitzt, sehr spitz, schwarz. Bracteen 3—5, ± pfriemlich. Haare der Hülle sehr reichlich, weiss, weich, 3—4 (—5) mm lang, an den Kopfstielen ziemlich oder mässig zahlreich, 2—5 mm, am Stengel abwärts rasch vermindert und im oberen Drittel verschwindend, auf den Blättern 0 oder höchstens am Rande gegen die Basis hin oder am Hauptnerv unterseits vereinzelt, weich, 1—2 mm lang. Drüsen winzig, nur gegen die Hüllschuppenspitzen zerstreut, sonst 0. Flocken der Hülle vereinzelt, an den Kopfstielen oben grauen oder graulichen Filz bildend, abwärts vermindert und noch in der oberen Hälfte des Stengels verschwindend. Blüthen gelb, Zähnchen kahl; Griffel dunkel. Früchte sattbraun, 3,5 mm lang.

α) genuinum = *H. villosum* Rchb. Flor. Germ. exsicc. 442 part. = *H. villosum β. glabrescens* Billot Flor. Gall. et Germ. exsicc. 1095 bis, part. = *H. glabratum* Schultz-Bip. Cichoriac. supplem. II. 139; Schultz herb. norm. 94; Fries Hierac. europ. exsicc. 38*. — Eine sehr häufige

Hochalpenpflanze, welche uns von zahlreichen Fundorten zwischen 1300 und 2370 m vorliegt aus Nord- und Südtirol, den Bayerischen Alpen, Ober- und Niederösterreich, Salzburg, Algäu; geht manchmal bis ca. 800 m herab. Aus der Schweiz sahen wir keine zur Subspec. *glabratum* gehörigen Exemplare. — Exsicc. 355.

In Cultur wird die Pflanze oft höher, das Akladium entsprechend länger, und die Verzweigung kann bis zum Stengelgrunde herabgehen; zuweilen strecken sich die Internodien der Rosette (dies kommt auch in den Alpen vor), die Blätter derselben rücken etwas auseinander und lassen solche Exemplare hypophyllopod erscheinen. Trotz reicherer Verzweigung der Hauptaxe sind die Strahlen 2. Ordnung niemals weiter verzweigt.

Die Pflanze wechselt ziemlich stark bezüglich der Zahl der Stengelblätter, der Länge der Behaarung, des Herabsteigens des Indumentes am Stengel, der Breite und Stielbildung der Blätter. Man darf vielleicht zwei häufig vorkommende Formen von der oben beschriebenen trennen, doch sind dieselben noch wenig permanent, wie sich bei Culturversuchen gezeigt hat:

a) mit tiefer-, öfters fast bis zum Stengelgrunde herabgehender Behaarung, so in den Bayerischen Alpen und in Tirol 1100—2145 m an zahlreichen Orten;

b) mit nur spärlich-kurzhaarigen Kopfstielen, so in den gleichen Gebieten und im Pinzgau 1300—2110 m.

Ausserdem beobachteten wir grosse kräftige Exemplare mit lanzettlichen Blättern in Tirol: Kaiseralp im Kaiserthal bei Kufstein 1950 m (N., P.). — Eine Zwischenform gegen *H. scorzonerifolium* liegt vor aus der Waadt: Fuss des Gr. Muveran 1400 m (Mss.).

β. ampezzanum = *H. glabratum* var. *rigens* Huter in sched. — Blätter sehr schmal lanzettlich-lineal, undeutlich gestielt, am Stengel lineal. Haare der Hülle nur ziemlich reichlich, 3—4 mm lang, an den Kopfstielen fast oder völlig mangelnd. Flocken der Hülle besonders an den Schuppenrändern mässig zahlreich, an den Kofpstielen nur ganz oben mässig, abwärts fast mit dem Akladium verschwindend. Hülle 15 mm lang; Schuppen lineal, innere etwas stumpflich. Griffel hell. — Tirol: Ampezzo an der Boita bei Campo 975 m (Ht.). Salzburg: Loferer Steinberge (Sp.). Steiermark: in der oberen Dulwitz am Hochschwab (Rch.).

2. *Subsp. Orfentae* = *H. glabratum* H. P. R. iter ital. III, 561 part. — Stengel bis 40 cm hoch, schlank, verbogen, stark gestreift, phyllopod. Blätter in der Rosette mehrere, selten deutlich gestielt, schmallanzettlich bis lanzettlich- lineal, wellig, spitz, fast ganzrandig (ohne Zähnchen); Stengelblätter 6—8, langsam decrescirend, untere wie die Rosettenblätter, obere aus breiterer Basis langspitzig,

fast zugespitzt; alle glauk, derb. Kopfstand hoch-gablig, grenzlos, gleich- bis etwas übergipflig, (1—) 2—4köpfig; Akladium 3—7 cm lang; Strahlen 2. Ordnung (0—) 1—3, schlank, bogig und verbogen, entfernt; Winkel ca. 50°; Ordnungen 2. Hülle 12—14 mm lang, niedergedrückt-kuglig; Schuppen lineal, langspitzig, äussere spitz, innere stumpf, dunkelgrün, hellrandig. Bracteen 4—5, untere blättchenartig und ansehnlich, obere fast pfriemlich, unter dem Kopfe gedrängt. Haare der Hülle ziemlich reichlich bis nur mässig zahlreich, weiss, 1,5—4 mm, an Caulomen und Blättern mangelnd, nur gegen den Grund der Rosettenblätter hin spärlich, weich, 3—5 mm lang. Drüsen nur gegen die Hüllschuppenspitzen spärlich, sonst 0. Flocken der Hülle sehr zerstreut, an den Kopfstielen nur ganz oben mässig oder zerstreut, abwärts rasch vermindert, öfters schon am Akladium verschwindend, sonst 0. Blüthen hellgelb. Zähnchen kahl; Griffel hell. Früchte hellbraun, 4 mm lang. — Abruzzen: Valle di Orfenta am M. Majella 1600—1800 m (H. P. R.).

Steht morphologisch zwischen *H. praetutiense* und *H. doratophyllum*; ob es ein Bastard sei, kann nicht angegeben werden.

3. *Subsp. Ozanonis F. Schultz*, Archives de la Flore de Fr. et d'Allem. II (1854—1869) p. 281 = *H. Ozanoni* F. Schultz, herb. norm. 313 = *H. scorzonerifolium* Billot, Flor. Gall. et Germ. exsicc. 2705. — Stengel 14—20 cm hoch, ziemlich dünn, stark gestreift, phyllopod. Blätter in der Rosette mehrere, lanzettlich, undeutlich gestielt, sehr spitz, gezähnelt; Stengelblätter 3—5, rasch decrescirend, mit etwas breiter Basis sitzend; alle glauk, sehr derb. Kopfstand gablig, gleichgipflig, 1—2 köpfig; Akladium 5—6 cm lang; Strahlen 2. Ordnung 0—1, schlank; Winkel ca. 30°; Ordnungen 2. Hülle ca. 17 mm lang, bauchig; Schuppen breitlich, lineal, langgespitzt, sehr spitz, dunkel, wenig zahlreich (längste ca. 20). Bracteen ca. 6, unterste blättchenartig, die übrigen lineal bis pfriemlich. Haare der Hülle ziemlich reichlich, hell, 2—2,5 mm[1]), an den Kopfstielen spärlich, 1 mm, sonst 0, nur am Rande gegen den Blattgrund spärlich. Drüsen nur gegen die Hüllschuppenspitzen spärlich, winzig, sonst 0. Flocken der Hülle spärlich, an den Schuppenrändern bis ziemlich reichlich, an den Kopfstielen oben graulichen Filz bildend, abwärts allmählich vermindert fast bis zum Stengelgrunde, auf den Blättern 0. Blüthen hellgelb, Zähnchen kahl; Griffel hell. Früchte sattbraun, 3,6 mm lang. — Piemont: Rochers de Beauregard und La Lauzette près de La Grave 2000 m (Ozanon). Jura: Reculet gegen Ardon.

Fällt auf durch niedrigen Wuchs, etwas lederige Blätter und den hier besonders deutlichen Schopf der Schuppenspitzen.

---

1) An den Schuppenspitzen durch ziemlich zahlreiche einzellige verlängerte Haare vertreten, welche einen Schopf bilden.

4. *Subsp. leontinum Huter et Gander* in sched. -- Stengel 15—20 cm hoch, sehr dünn, undeutlich feingestreift, phyllopod. Blätter in der Rosette mehrere, lanzettlich-lineal, undeutlich gestielt, sehr spitz, entfernt-gezähnelt; Stengelblätter 2—3, rasch decrescirend, lanzettlich-lineal, unansehnlich; alle glauk, derb. Kopfstand gablig, gleichgipflig, 1—2 köpfig; Akladium ca. 6 cm lang; Strahlen 2. Ordnung 0—1, sehr dünn; Winkel ca. 35°; Ordnungen 1—2. Hülle 10—11 mm lang, kuglig oder eiförmig mit gerundeter Basis; Schuppen breitlich, lineal, langspitzig, äussere sehr spitz, innere bis stumpflich, alle schwarz, etwas heller gerandet. Bracteen ca. 4, pfriemlich. Haare der Hülle zerstreut bis ziemlich reichlich hell, 2—3 mm, an den Kopfstielen nur ganz oben spärlich, sonst an Caulomen und Blättern mit Ausnahme der armhaarigen Blattbasis mangelnd. Drüsen gegen die Hüllschuppenspitzen zerstreut, sonst 0. Flocken der Hülle zerstreut bis sehr spärlich, an den Kopfstielen ganz oben reichlich oder mässig, abwärts bald verschwindend, sonst 0. Blüthen gelb, Zähnchen kahl; Griffel dunkel. Früchte ? (unreif rothbraun, 3 mm lang). — Erinnert habituell an *H.* (*glaucum*) *amaurodes*. — Tirol: Kerschbaumer Alp bei Lienz 1950—2275 m (Gd.); ein vielleicht hierhergehöriges Exemplar auf dem Unnütz am Achensee 1625 m (N.).

5. *Subsp. trichoneurum Prantl* im 4. Ber. d. bot. Vereines Landshut (1874) p. 13; Flora v. Bayern (1884) p. 534 et in sched.; Beck, Fl. v. Hernstein (1884) p. 267 tab. 5 fig. 2[1]). — Stengel bis 23 cm hoch, schlank, etwas verbogen, feingestreift, phyllopod. Blätter in der Rosette mehrere, deutlich gestielt, lanzettlich, spitz, gezähnt oder gezähnelt; Stengelblätter ca. 3, rasch decrescirend, lanzettlich, mit schmaler Basis; alle glauk, derb. Kopfstand gablig, grenzlos, untergipflig, 1—2 (—3) köpfig; Akladium 7—13 cm lang; Strahlen 2. Ordnung 0—1 (—2), sehr entfernt, schlank; Winkel ca. 50°; Ordnungen 2. Hülle 13 mm lang, niedergedrückt-kuglig; Schuppen sehr schmal, langspitzig, sehr spitz, schwärzlich. Bracteen ca. 6, ± pfriemlich. Haare der Hülle reichlich, hell, 2—3 mm, an den Kopfstielen zerstreut, 1—2 mm, abwärts bald 0, auf den Blättern oberseits 0, unterseits an der Mittelrippe ziemlich reichlich, weich, 3—4 mm lang. Drüsen nur gegen die Hüllschuppenspitzen zerstreut, klein, sonst 0. Flocken der Hülle spärlich oder an den Schuppenrändern bis mässig zahlreich, an den Kopfstielen oben grauen Filz bildend, abwärts allmählich vermindert bis meist unter die Stengelmitte, sonst 0. Blüthen gelb, Zähnchen kahl; Griffel dunkel. Früchte schwarzbraun, 3,5 mm lang. — Bayerische Alpen: Schachenkopf 1625 m und Gramer bei Partenkirchen (Pr.), Juifen? am Achensee, Spitzingsee und Obersteilenalp an der Rothwand bei Schliersee (N.). Oesterreich: Schneeberg 1500—1600 m, Raxalp, Oetscher etc. (sec. Beck).

---

1) Nach Beck = *H. glaucum* + *villosum*.

Wir haben Exemplare in Cultur, deren Stengel hypophyllopod erscheint, das Akladium 3,5—5,5 cm, der Kopfstand bis 7 köpfig, die Strahlen 2. Ordnung zuweilen mit einem Strahl 3. Ordnung.

6. *Subsp. niphoneurum.* Stengel 20—40 cm hoch, schlank, etwas verbogen, gestreift, phyllopod. Blätter in der Rosette zahlreich, äussere ± spatelig, stumpf, innere etwas länglich-lanzettlich, kurzgestielt, sehr spitz, zuweilen faltspitzig, entfernt-klein-gezähnelt; Stengelblätter 3—4, rasch decrescirend, lanzettlich, unterste noch ziemlich deutlich gestielt; alle ziemlich derb, glauk mit weisslicher Mittelrippe. Kopfstand gablig; gleichgipflig, 1—2 köpfig; Akladium 6—10 (—15) cm lang; Strahlen 2. Ordnung 0—1 (—2), sehr entfernt, dicklich, etwas bogenförmig; Winkel ca. 60°; Ordnungen 2. Hülle 12—17 mm lang, breit-kuglig; Schuppen lineal, langspitzig, spitz, innere spitzlich, dunkel, etwas hellrandig. Bracteen ca. 5, fast pfriemlich. Haare der Hülle reichlich, hell, 3—5 mm, an den Caulomen oben ziemlich reichlich, abwärts allmählich vermindert bis zum Stengelgrunde, 2—4 mm lang, auf den Blättern oberseits 0, unterseits an der Mittelrippe und am Rande gegen die Basis hin zerstreut bis mässig, weich, 2—3 mm lang. Drüsen nur gegen die Hüllschuppenspitzen spärlich, sonst 0. Flocken der Hülle zerstreut, an den Kopfstielen oben grauen Filz bildend, abwärts langsam vermindert bis zum Stengelgrunde, sonst 0. Blüthen etwas hellgelb, Zähnchen höchstens etwas papillös; Griffel etwas dunkel. Früchte fast schwarz, 3 mm lang. — Tirol: Kaiserthal bei Kufstein im hohen Winkel hinter der Bärenbadalp 1300—1625 m (N.).

Eine auffällige schöne Pflanze, welche die Merkmale der Spec. *glaucum* und *villosum* sehr deutlich zur Schau trägt, wie es scheint sehr selten. — Am gleichen Standort wurde eine sehr ähnliche, an den Caulomen haarlose Form beobachtet, bei welcher zugleich die Beflockung schon über der Stengelmitte verschwindet.

7. *Subsp. doratolepium.* Stengel 20 cm hoch, sehr schlank oder dünn, feingestreift, phyllopod. Blätter in der Rosette zahlreich, langgestielt, äussere ± spatelig, stumpf, die meisten elliptisch-lanzettlich, sehr spitz, entfernt-gezähnelt; Stengelblätter 2—3, unansehnlich, sehr rasch decrescirend, ± lanzettlich, ± gestielt; alle glauk mit heller Mittelrippe, ziemlich derb. Kopfstand gablig, gleichgipflig, 1—3 köpfig; Akladium 4—7,5 cm lang. Strahlen 2. Ordnung 0—2, entfernt, dünn; Winkel 40—60°; Ordnungen 2. Hülle 14—15 mm lang, zuerst dick eiförmig, dann kuglig; Schuppen lineal, langspitzig, sehr spitz, dunkel. Bracteen 5—6, pfriemlich. Haare der Hülle reichlich, hell, 3—4 mm, an den Caulomen oben mässig, 1,5—3 mm, abwärts rasch vermindert öfters bis zum Stengelgrunde, auf den Blättern oberseits 0, unterseits an der Mittelrippe

mässig oder zerstreut, weich, 3—5 mm lang, am Blattrande öfters zerstreut, kürzer. Drüsen fast 0. Flocken der Hülle mässig zahlreich, an den Kopfstielen oben grauen Filz bildend, abwärts langsam vermindert bis nahe zum Stengelgrunde, auf den Blättern 0 oder an Rand und Hauptnerv spärlich. Blüthen hellgelb, Zähnchen kahl bis stark papillös; Griffel dunkel. Früchte kastanienbraun, 3 mm lang. — Tirol: Kaiserthal bei Kufstein im hohen Winkel hinter der Bärenbadalp 1300—1625 m (N.).

Durch die Exemplare mit papillösen Blüthenzähnchen in die folgende, übrigens ohnehin nahestehende Subspecies übergehend. — Wir kennen zwei verwandte Pflanzen, deren eine durch 17 mm lange Köpfchenhüllen, minder lang gestielte grosse Blätter und reichere bis 6 mm lange Behaarung ausgezeichnet ist, so Schweiz: Ebenalp bei Appenzell 1400 m (N.), während die andere nur 11—12 mm lange Hüllen und die gewöhnliche Behaarung zeigt, diese in Südtirol: Mt. Pian bei Ampezzo 2080—2300 m, Kaserenwiesen unter der Hochalpe bei Neuprags 2210 bis 2370 m (N.).

8. *Subps. trichocephalum Fries*, Symb. (1848) p. 56 et in sched. — Stengel ca. 28 cm hoch, dicklich, verbogen, feingestreift, phyllopod. Blätter in der Rosette mehrere, äussere spatelig, gerundet-stumpf, innere länglich bis länglich-lanzettlich, gestielt, sehr spitz; Stengelblätter 3, sitzend, lanzettlich, rasch decrescirend; alle glauk, mit heller Mittelrippe, weich. Kopfstand gablig, gleichgipflig, 2 (—3) köpfig; Akladium ca. 5 cm lang; Strahlen 2. Ordnung 2 (nur 1 entwickelt), entfernt, ziemlich schlank; Winkel ca. 50°; Ordnungen 2. Hülle ca. 17 mm lang, kuglig; Schuppen breitlich, lineal, langspitzig, äussere sehr spitz, innere spitzlich, dunkel. Bracteen ca. 4, gegen den Kopf genähert, pfriemlich. Haare der Hülle reichlich, hell mit dunkelm Fuss, weich, 3—4 mm, an den Caulomen oben ziemlich reichlich, ebenso, abwärts vermindert bis nahe zur Stengelbasis, auf Rand und Mittelrippe der Blätter unterseits fast mässig zahlreich, weich, 1,5—4 mm lang. Drüsen fehlen. Flocken der Hülle 0, an den Kopfstielen oben grauen Filz bildend, abwärts rasch vermindert und noch über der Stengelmitte verschwindend, an den Blättern 0. Blüthen (hell?) gelb, Zähnchen gewimpert; Griffel dunkel. Früchte — ? (mindestens dunkelbraun). — Bayerische Alpen: Berchtesgaden (Eins.).

Das einzige im Herb. boicum zu München vorliegende Exemplar ist von Fries selbst bestimmt; Grisebach bezeichnete es als *H. pilosum* Schleich. Es steht den vorstehend beschriebenen Sippen so nahe, dass es unmöglich von denselben specifisch getrennt werden kann, trotz der Cilien der Blüthen, auf Grund deren offenbar Fries die Pflanze zu den *Cerinthoidea* stellte. Wie oben erwähnt, ist die Anwesenheit von Cilien den letzteren durchaus nicht eigenthümlich, da auch die *Villosina* oft deutliche Cilien besitzen.

9. *Subsp. gymnophyllum.* Stengel bis ca. 30 cm hoch, schlank, verbogen, gestreift, phyllopod, (bei unseren Exemplaren) unverzweigt. Blätter in der Rosette mehrere, deutlich gestielt, äussere spatelig-lanzettlich, stumpf, innere lanzettlich, spitz, entfernt-ungleich-gezähnt-gesägt; Stengelblätter ca. 4, ziemlich rasch decrescirend, lanzettlich, untere fast gestielt; alle glauk mit weisslicher Mittelrippe, wenig derb. Hülle 14—15 mm lang, kuglig; Schuppen schmal, langspitzig, sehr spitz, schwarz, äussere ± abstehend. Bracteen wenige, schmal-lineal. Haare der Hülle sehr reichlich, hell, 2—3 mm, am Stengel oben ziemlich reichlich, abwärts langsam vermindert bis fast zum Stengelgrunde, hell mit schwarzem Fuss, 1,5—3 mm lang, auf den oberen Stengelblättern an Rand und Hauptnerv unterseits mässig zahlreich, auf allen unteren Blättern 0, höchstens gegen die Basis spärlich oder vereinzelt. Drüsen nur gegen die Hüllschuppenspitzen zerstreut, sonst 0. Flocken der Hülle zerstreut, am Stengel ganz oben weisslichen Filz bildend, abwärts bis gegen die Basis hin sehr langsam vermindert. Blüthen hellgelb, Zähnchen papillös oder mit einzelnen kurzen Cilien; Griffel hell. Früchte sattbraun, knapp 3 mm lang. — Tirol: Kaiserthal bei Kufstein hinter der Bärenbadalp im hohen Winkel 1300—1625 m (N.). Niederösterreich: wo? (Schenk), Bodenwiese am Gahns bei Payerbach (Witting). Steiermark: Hochschwab (Hölzl). Krain: Alp Selenitza (Jgg).

Zuweilen wird eine durch breitere, mehr lanzettlich-lineale Hüllschuppen und breitere Blätter abweichende Uebergangsform gegen Spec. *villosum* beobachtet, so in Tirol: Kaiserthal mit vorigem (N.); Bayerische Alpen: Reitersalp am bösen Steig 1490 m (Sdt.); Niederösterreich: Gahns bei Payerbach (Witting).

10. *Subsp. nudum Kern.* Stengel 6—25 cm hoch, dünn, verbogen, feingestreift, gegen die Basis oft roth, phyllopod, meist unverzweigt. Blätter in der Rosette einige bis mehrere, (öfters lang-) gestielt, äussere etwas spatelig, gerundet, die meisten lanzettlich und schmal-lanzettlich bis fast lineal, ± spitz, ganzrandig oder entfernt-undeutlich-gezähnelt bis gezähnt; Stengelblätter 3—4, mässig rasch decrescirend, untere ± gestielt oder sitzend mit verschmälerter, obere öfters mit gerundeter Basis; alle glauk, derb. Kopfstand sehr selten entwickelt, gablig, gleichgipflig, 1—2 köpfig; Akladium 4—6 cm lang; Strahlen 2. Ordnung 0—1, dünn; Winkel 25—30°; Ordnungen 1—2. Hülle 11—14 mm lang, ± kuglig, Schuppen etwas breitlich oder schmal, sehr spitz, dunkel, äussere etwas locker. Bracteen wenige, klein. Haare der Hülle sehr reichlich, hell, 2—3 mm, am Stengel oben mässig, 1,5—2,5 mm, abwärts langsam vermindert und kürzer werdend bis zum unteren Drittel, auf den oberen Stengelblättern am Rande ziemlich reichlich, auf allen unteren Blättern 0, höchstens am Rande gegen deren Basis vereinzelt. Drüsen nur gegen die Hüllschuppenspitzen zerstreut, sonst 0. Flocken

der Hülle sehr spärlich, am Stengel oben grauen oder weisslichen Filz bildend, abwärts allmählich vermindert wenigstens bis zum unteren Drittel, öfters bis zum Grunde, auf den Blättern 0. Blüthen hellgelb, Zähnchen kahl, Griffel hell. Früchte schwarz, 3 mm lang.

1. *normale* = *H. villosum* var. *glabrescens* Schultz Archives I (1842—48) p. 178; Billot Fl. Gall. et Germ. exsicc. 1095 bis, part. — Verbreitet in Nord- und Südtirol, Kärnten, Krain, Niederösterreich, Salzburg, den Bayerischen Alpen zwischen 1300 und 2600 m, auch in Siebenbürgen: Rodna (Kv.), Butzetz und Piroska bei Kronstadt (Sch.). — Exsicc. 356.

   Das Indument ist je nach dem Individuum einem ziemlich starken Wechsel unterworfen. — In Cultur werden die Blätter nach Form und Bezahnung manchmal denjenigen von *H. gymnophyllum* ähnlich, die Verzweigung reichlicher (bis 5 köpfig), die Stengelinternodien zahlreicher, die Hüllschuppen breiter und deutlicher abstehend, so dass die Pflanze einen viel mehr *villosum*-ähnlichen Habitus annimmt. — Wenig hervorragende und wohl auch wenig permanente Abweichungen sind:

2. *catopsilon*. Behaarung und Beflockung höchstens bis zur Stengelmitte herabgehend oder doch viel rascher vermindert als bei 1. — Tirol 1900—2370 m: Mt. Pian bei Ampezzo, Fuss der drei Zinnen, Kaserenwiesen bei Neuprags, Lavatscher Joch (N.). Krain: am Triglav oberhalb der Schafalpe 1950 m (Dgl.). — Exsicc. 357.

3. *latifolium*. Blätter länglich- oder elliptisch-lanzettlich; Hüllschuppen ± lineal-lanzettlich, äussere öfters fast sparrig. Wechselt übrigens bezüglich des Indumentes ebenso wie 1. — Tirol 1625—2300 m: Lavatscher Joch, Mt. Pian (N.), Sexten (Gd.), Altlerstein bei Sexten (Ht.), Innsbruck und Blaser bei Matrei (Kern.), Nockspitz bei Innsbruck (U.). Bayerische Alpen: Benedictenwand (W.), Wettersteinalp bei Partenkirchen. Kärnten: Wischbachalp bei Raibl 1800—2050 m (P.).

   Ausserdem cultiviren wir eine Form (unbekannter Herkunft) mit Verzweigung bis zum Grunde, nach oben stark erweiterten und hier fast weissfilzigen Kopfstielen, braunen knapp 3 mm langen Früchten. — Die Subspecies geht in *H. villosum* resp. deren *Gr. Calvifolium* über; eine Anzahl solcher Exemplare wurde gefunden am Mt. Pian in den Dolomiten von Südtirol 2080 bis 2300 m (N.).

11. *Subsp. gymnosoma* (cult.). Stengel bis 45 cm hoch, kräftig, wenig verbogen, stark gestreift, phyllopod. Blätter in der Rosette zahlreich, langgestielt, lanzettlich, gross, spitz, ganzrandig oder entfernt- sehr klein gezähnelt; Stengelblätter ca. 7, langsam decrescirend, untere fast gestielt, lanzettlich, obere ellip-

tisch, mit verschmälerter Basis; alle glauk, etwas derb. Kopfstand gablig, gleichgipflig, grenzlos, 4—6 köpfig; Akladium ca. 6 cm lang; Strahlen 2. Ordnung 3—5, entfernt, ziemlich schlank; Winkel ca. 30°; Ordnungen 2. Hülle 13—14 mm lang, kuglig; Schuppen breitlich, lineal, langspitzig, sehr spitz, dunkelgrün, hellergerandet. Bracteen ca. 6, ± lineal. Haare der Hülle mässig zahlreich, hell mit schwarzem Fuss, 2—2,5 mm, an den Kopfstielen nur ganz oben spärlich, sonst mangelnd, nur am Rande jüngerer und gegen die Basis älterer Rosettenblätter ± spärlich oder zerstreut. Drüsen nur gegen die Schuppenspitzen spärlich, sonst 0. Flocken der Hülle sehr spärlich, an den Schuppenrändern bis mässig, an den Kopfstielen nur ganz oben zerstreut, abwärts bald verschwindend, sonst 0. Blüthen sattgelb, Zähnchen kahl; Griffel hell. Früchte braun, 4 mm lang. — Fundort unbekannt, wurde irgendwoher aus den Südalpen durch einen Gärtner in den Münchener botanischen Garten gebracht.

12. *Subsp. subglaberrimum Sendtn.* = *H. villosum* var. *subglaberrimum* Sendtn. in Flora 1854 p. 332 et in sched. — Stengel 8—14 cm hoch, sehr dünn, etwas verbogen, feingestreift, phyllopod, (bei den vorliegenden Exemplaren) unverzweigt. Blätter in der Rosette mehrere, etwas undeutlich gestielt, lanzettlich, spitz, wellig, gezähnelt; Stengelblätter 2—4, langsam decrescirend, breit-lanzettlich, sitzend; alle glauk mit weisslicher Mittelrippe, derb. Hülle 11—13 mm lang, kuglig-eiförmig; Schuppen etwas schmal, lineal, langspitzig, äusserst spitz, schwarzgrün. Bracteen einige, heller grün, lineal. Haare der Hülle sehr spärlich, hell, 1—1,5 mm, an Caulomen und Blättern mangelnd. Drüsen fehlen. Flocken am oberen Theil der Hülle 0, gegen deren Basis bis reichlich, am Stengel oben grauen Filz bildend, abwärts bis gegen den Grund langsam vermindert, sonst 0. Blüthen gelb, Zähnchen kahl; Griffel hell. Früchte — ? — Algäu: zwischen Gierenalp und Gottesackeralp 1610 m (Sdt.).

Völlig von dem Habitus eines *H. glabratum*, aber durch die fast kahlen dunkeln äusserst spitzen Hüllschuppen sehr auffällig; stellt eine eigenartige Variationsrichtung dar.

Zwischenformen dieser Subspecies zur folgenden mit zuweilen zahlreicheren Stengelblättern, reicherem Indument und mehr *villosum*-ähnlichen Köpfchenhüllen wurden beobachtet in der Schweiz am Fusse des Wetterhornes (Chr.) und in Salzburg am Untersberg (Sp.); — eine andere liegt unter *H. villosum* var. *glabratum* F. Schultz in Billot Fl. Gall. et Germ. exsicc. 1500 part. aus den Bayerischen Alpen: Wallberg bei Tegernsee (Eins.).

13. *Subsp. pseudoflexuosum* = *H. villosum* F. Schultz herb. norm. Cent. IX No. 95 bis, part. — Stengel 8—17 cm hoch, schlank bis dünn,

verbogen, feingestreift, phyllopod. Blätter in der Rosette meist zahlreich, (oft undeutlich-) kurzgestielt, äussere ± spatelig, stumpf, übrige lanzettlich, spitz, gezähnelt; alle glauk mit weisslichem Hauptnerv, etwas derb. Kopfstand selten entwickelt, dann gablig, gleichgipflig, 2köpfig; Akladium 3—10 cm lang; Strahlen 2. Ordnung 1; Winkel ca. 35°; Ordnungen 2. Hülle 12—13 mm lang, kuglig; Schuppen breitlich, lineal, langgespitzt, sehr spitz, schwarz. Bracteen wenige. Haare der Hülle reichlich, hell, 1,5—3 mm, an den Caulomen oben mässig zahlreich, hell, 3—4 mm, abwärts rasch vermindert, aber öfters tief herabgehend, an den Rändern der Stengelblätter bis mässig, auf den Grundblättern nur am Rande gegen die Basis zu zerstreut bis fast 0. Drüsen nur gegen die Schuppenspitzen zerstreut, sonst mangelnd. Flocken der Hülle 0, an den Caulomen oben graulichen oder grauen Filz bildend, abwärts allmählich vermindert bis zum Stengelgrunde. Blüthen hellgelb, Zähnchen kahl; Griffel kaum etwas dunkel. Früchte —? — Bayerische Alpen: Schönfeld am Hanauerlaubl 1990 m (Sdt.), Benedictenwand (W.). Tirol: wo? (Hpp.). Niederösterreich: Oetscher (Dll.), Schneeberg. Oberösterreich: Windischgarsten 2000 m (Obltnr.). Steiermark: Hochschwab. Savoyen: Brezon 1300 m (N.), M. Vergy 1300 m (Hldr.). Jura: Thuiry (Schm).. Wallis: Simplon (de Not.). Siebenbürgen: Butsets bei Kronstadt (Sch.).

Geographische Verbreitung der Spec. glabratum.

Bekannt sind uns Standorte der zu *H. glabratum* gehörigen Sippen aus Dauphiné, Piemont, Savoyen, Jura, West- und Nordschweiz, Nord- und Südtirol, Bayerischen Alpen, Oesterreich, Salzburg, Kärnten, Krain, Steiermark, Siebenbürgen und Abruzzen. Demnach umfasst die Species so ziemlich das nämliche Areal wie *H. villosum*, aber es muss hervorgehoben werden, dass wir keine Sippe derselben aus Tatra, Ostschweiz und Vorarlberg gesehen haben. Vielleicht fehlt sie diesen Gegenden in der That: es wäre dies ein Beleg mehr für die Selbständigkeit der Spec. *glabratum*, da sowohl *Glaucina* als *Villosina* hier überall angetroffen werden.

24. H. subspeciosum Naeg. in litt.

= *villosum — glaucum — silvaticum*,

vgl. Prantl's Flora v. Bayern (1884) p. 534. — Dazu *H. calycinum* Arv.-Touv., supplém. (1876) p. 6? — Stengel (6—) 15—40 cm hoch, schlank bis dünn, aufrecht, gerade oder ± verbogen, zuweilen zickzackförmig, gestreift, phyllopod. Blätter in der Rosette einige bis zahlreich, ungestielt in den Grund verschmälert oder gestielt, lanzettlich bis länglich oder elliptisch, stumpf bis spitz, fast ganzrandig bis grobgesägt, glauk oder glaucescirend, ± derb; Stengelblätter 2—5, langsam bis sehr rasch decrescirend, lanzettlich, mit schmaler Basis sitzend. Kopfstand ± gablig, gleichgipflig, unbegrenzt, (1—) 2—4köpfig; Akladium (2—) 4—10 cm lang; Strahlen 2. Ordnung (0—) 1—3, entfernt oder sehr entfernt, schlank oder dünn, schief abstehend bis sparrig: Verzweigungswinkel (20—) 30—50 (—60°); Ordnungen 2 (—3). Hülle (10—) 11—16 mm lang, oft zuerst eiförmig, aber immer bald kuglig; Schuppen schmal bis breitlich, langspitzig, äussere locker abstehend, alle spitz oder die inneren bis stumpf, schwarz oder dunkel und öfters heller berandet. Bracteen einige (auch bis 8), unansehnlich. Haare der Hülle mässig bis reichlich, hell oder etwas dunkel, 1—2,5 mm, an den Caulomen 0 bis mässig, auf den Blättern oberseits 0 oder meist nur gegen den Rand hin zerstreut, unterseits immer vorhanden und zahlreicher, weich, bis 3 (—5) mm lang. Drüsen sehr klein, an der Hülle zerstreut oder spärlich, sonst 0. Flocken der Hülle meist zerstreut bis ziemlich reichlich, auf den Schuppenrändern oft viel reichlicher, an den Caulomen oben Filz bildend, abwärts vermindert und verschieden tief herabgehend, zuweilen auf den oberen oder allen Blättern unterseits in geringer Zahl vorhanden. Blüthen hell- bis sattgelb, Zähnchen kahl oder höchstens etwas papillös; Griffel ± dunkel. Früchte braun bis schwarz, 3—3,5 (—4,5) mm lang.

Bemerkungen zu Spec. subspeciosum.

An die Zwischenformen der Spec. *villosum* mit den *Glaucina* schliessen sich zahlreiche andere Sippen an, deren Merkmale aus den Charakteren der genannten Pflanzengruppen allein nicht verstanden werden können, dagegen genügend sich erklären, wenn noch die Eigenschaften der Spec. *silvaticum* mit in Rechnung gezogen werden. An *H. villosum* erinnern im allgemeinen Kopfform, Indument und Beblätterung, an *H. glaucum* Laubfarbe, Consistenz der Blätter und Beflockung, an *H. silvaticum* gestielte Blätter, die Gestalt derselben, Verzweigungsmodus und Kopfstand. Aber in diesen Zwischenformen überwiegt bald die eine, bald die andere oder dritte Hauptart, so dass ein ziemlich mannigfaches Aussehen der Pflanzen und ziemlich verschiedene Diagnosen das Resultat sind.

Aus dem Verhalten der Merkmale kann man bekanntlich nicht erkennen, ob eine Zwischenform der Gattung *Hieracium* hybrid sei; nur der Fertilitätsgrad der Früchte kann dafür Anhalt gewähren. Unter der Menge der *subspeciosum*-artigen Pflanzen sind es aber nur zwei (*H. patulum, H. megalocladum*), welche zahlreiche taube Früchte tragen, alle übrigen sind, soweit bekannt, normal-fruchtbar. Man hat daher keinen Grund, für diese Sippen eine hybride Abstammung zu vermuthen, vielmehr hat man in den meisten derselben die noch vorhandenen Verbindungsglieder der als die Extreme dreier Variationsrichtungen sich darstellenden Species *villosum, glaucum* und *silvaticum* anzuerkennen.

Die wichtigste, in den Bayerischen Alpen verbreitete Subspecies führt schon seit längerer Zeit den Namen *H. subspeciosum*; sie zeigt die Merkmale der drei Hauptarten am besten gemischt und zwar in ziemlich eigenartiger Weise, wobei im unteren Theil der Pflanze mehr *H. glaucum*, im oberen mehr *H. silvaticum* zum Ausdruck gelangt, während *H. villosum* hauptsächlich in Indument und Beblätterungsweise sich kundgibt. Um diese Hauptsippe gruppiren sich andere minder ckarakteristische Formen, welche ausserdem noch öfters durch Uebergänge verbunden werden. Daher ist eine einigermaassen natürliche Gruppirung der Subspecies äusserst schwierig; die hier versuchte beruht fast mehr auf dem systematischen Taktgefühl als auf definirbaren Merkmalen und stellt daher den Habitus der Sippen stark in den Vordergrund.

Es kommt diese Schwierigkeit daher, weil in den *subspeciosum*-artigen Pflanzen die Eigenschaften dreier sehr polymorpher Species sich vereinigen und die Combination dieser Merkmale in mannigfachster Weise stattfindet. Um eine zu *H. subspeciosum* gehörige Sippe im System an den rechten Ort zu stellen, ist es nothwendig, die typischen Merkmale der Hauptarten ganz genau zu kennen; auf diese erste Anforderung beim Hieracienstudium kann nicht genug hingewiesen werden: ohne deren Erfüllung wird eine Bestimmung an Sicherheit immer zu wünschen lassen.

Uebersicht der Subspecies-Gruppen.

Stengelblätter wenige, rasch decrescirend; Wuchs sparrig.
- Habitus *silvaticum*-artig; Hülle mehr sich *H. villosum* nähernd: I. *Patulum.*
- Habitus und Hülle *glaucum*-artig: II. *Pseudorupestre.*

Stengelblätter mehrere, ± langsam decrescirend; Wuchs nicht besonders sparrig.
- Habitus *bupleuroides*-artig; Hülle wie *H. glaucum;* Basis der Pflanze auffallend reichhaarig: III. *Glaucopsis.*
- Habitus *villosum*-artig; Hülle mehr sich *H. villosiceps* nähernd; Pflanze überall ziemlich gleichmässig behaart: V. *Crinisquamum.*
- Habitus eigenartig gemischt; Hülle meist mehr wie *H. villosiceps;* Pflanze nicht am Grunde auffällig länger behaart: IV. *Subspeciosum.*

I. ***Patulum*** (siehe oben). — In der Tracht stark an *H. silvaticum* erinnernd, besonders durch gestielte ziemlich breite Rosettenblätter, niederen Wuchs und wenige rasch decrescirende Stengelblätter.

1. *Subsp. supracalvum.* Stengel bis 20 cm hoch, schlank, verbogen, gestreift, phyllopod. Blätter in der Rosette mehrere oder zahlreich, gestielt, äussere fast umgekehrt-eiförmig bis spatelig-länglich, gerundet oder stumpf, innere eiförmig oder elliptisch bis lanzettlich, stumpf und mucronat bis spitz, gezähnelt oder gezähnt; Stengelblätter ca. 3, ± lanzettlich, mit verschmälerter Basis sitzend, rasch decrescirend; alle stark glaucescirend, weich. Kopfstand höher oder tiefer gablig, grenzlos, gleichgipflig, 3—4 köpfig; Akladium 2,5—6,5 cm lang; Strahlen 2. Ordnung 2—3, sehr entfernt, fast dünn; Winkel ca. 30—40°; Ordnungen 2. Hülle 11—12 mm lang, kuglig; Schuppen schmal, lineal, langspitzig, sehr spitz, dunkel, schmal heller gerandet. Bracteen 3—4, lineal, nahe dem Köpfchen inserirt. Haare der Hülle ziemlich reichlich, hell, 2—2,5 mm, an den Caulomen überall mässig zahlreich, hell, 2—2,5 mm, auf den Blättern oberseits 0 oder zerstreut, weich, unterseits zerstreut bis mässig, am Rande

mässig, überall 1,5—2,5 mm lang. Drüsen der Hülle sehr spärlich, sonst mangelnd. Flocken der Hülle zerstreut, an den Caulomen oben weisslichen oder grauen Filz bildend, abwärts sehr allmählich vermindert bis zum Stengelgrunde, auf den Blättern 0. Blüthen hellgelb, Zähnchen kahl, höchstens etwas papillös; Griffel hell. Früchte tief braunschwarz, 3 mm lang.

1. *normale.* — Tirol: Lavatscher Joch 2000 m (N.). Algäu: Füssen (Th. Sdt.).

Zahlreiche cultivirte Exemplare, die wir besitzen, sind kaum um 5 cm höher; das Akladium nimmt hier öfters mehr als die Hälfte des ganzen Stengels ein, die Früchte sind ganz schwarz. Sonst ändert sich in Cultur der wilden Pflanze gegenüber nichts.

Vom Mt. Pian bei Ampezzo brachte uns Th. Sendtner eine ähnliche Pflanze, die wir ebenfalls cultivirten und welche sich von Gartenexemplaren des vorigen in folgender Weise unterscheidet:

2. *majoriceps.* Stengel bis 35 cm hoch, dick, Aeste dicklich. Hülle 14—15 mm lang, niedergedrückt-kuglig, reichlich 3—4 mm lang behaart. Haare an den Caulomen oben mässig zahlreich, in der Stengelmitte fast mit den Flocken verschwindend, an den lanzettlichen oder länglichen grobsägezähnigen Blättern nur an Rand und Mittelrippe unterseits vorhanden.

2. *Subsp. Boissieri Huet du Pav. fr.*, pl. neap. 371[1]). — Stengel bis 16 cm hoch, dünn, fast gerade, gestreift, phyllopod. Blätter in der Rosette mehrere, ungestielt, allmählich in den Grund verschmälert, lanzettlich, spitz und mucronat, gezähnelt; Stengelblätter 3—4, klein, rasch decrescirend, breit sitzend; alle fast glauk, etwas derb. Kopfstand gablig, gleichgipflig, 1—2 köpfig; Akladium ca. 4 cm lang; Strahlen 2. Ordnung 0—1, dünn; Winkel ca. 35°; Ordnungen 2. Hülle 11—12 mm lang, eiförmig, dann fast kuglig; Schuppen ziemlich schmal, fast lineal, langspitzig, sehr spitz, innerste nur spitzlich, schwärzlich. Bracteen 3—4, pfriemlich. Haare der Hülle ziemlich reichlich, hell, 1,5—2 mm, an den Kopfstielen zerstreut, hell, bis 2 mm, am Stengel 0, auf den Blättern nur am Hauptnerv unterseits zerstreut, 2—3 mm lang, sonst 0. Drüsen winzig, an der Hülle spärlich, sonst 0. Flocken der Hülle zerstreut, an deren Basis reichlicher, an den Caulomen ganz oben graulichen Filz bildend, abwärts rasch vermindert bis zur Stengelmitte, sonst 0. Blüthen hellgelb, Zähnchen kahl; Griffel etwas dunkel. Früchte — ? — Abruzzen: Corno 2200—2500 m (Huet fr.).

---

1) Wird von Fries in Epicr. p. 64 mit *H. megalocladum* zu *H. villosum* gezogen.

3. *Subsp. patulum* (cult.). Stengel bis 32 cm hoch, schlank, gestreift, phyllopod. Blätter in der Rosette mehrere bis viele, gestielt, lanzettlich, gezähnelt bis grob gezähnt (ersteres mehr an Herbstpflanzen, letzteres an Sommerpflanzen), spitz und etwas mucronat; Stengelblätter ca. 4, rasch decrescirend, lanzettlich mit verschmälerter Basis, oberstes fast lineal; alle glauk, etwas derb. Kopfstand gablig, grenzlos, ein wenig übergipflig, 5—10 köpfig; Akladium 4—10 cm lang; Strahlen 2. Ordnung 3—5, sehr entfernt, schlank; Winkel oben 20°, unten 50°; Ordnungen 3. Hülle 11—12 mm lang, eiförmig, dann ± kuglig; Schuppen breitlich, lanzettlich, lang zugespitzt, alle sehr spitz, dunkel, durch Flocken grau. Bracteen ca. 3, pfriemlich. Haare der Hülle ziemlich reichlich, hell, 1,5 mm, an den Caulomen überall zerstreut, hell, 1,5—2,5 mm, auf den Blättern oberseits 0 oder vereinzelt, unterseits bis zerstreut, weich, 2—3 mm, am Blattstiel etwas zahlreicher. Drüsen 0. Flocken an der Hülle graulichen, an den Caulomen oben grauen Filz bildend, am Stengel abwärts vermindert bis zum Grunde, auf den Blättern 0. Blüthen hellgelb, Zähnchen kahl; Griffel ziemlich dunkel. Früchte braun, 3—3,3 mm lang, viele taub. — Tirol: Dolomite von Neuprags (N.).

Andere ähnliche, namentlich auch am oberen Theil armhaarige Pflanzen wurden beobachtet in Kärnten: Alp Selenitza (Jgg.) und in der Schweiz: Gr. Mythen in Schwyz (Bbg.); für diese könnte man die Formel *H. Schenkii—dentatum* in Anspruch nehmen.

4. *Subsp. melananthum.* Stengel bis 26 cm hoch, sehr schlank, nicht verbogen, phyllopod. Blätter in der Rosette 2—3, gestielt, lanzettlich, spitz, grobzähnig, Zähne abstehend; Stengelblätter 2—3, sehr rasch decrescirend, lanzettlich mit verschmälerter Basis; alle glauk, ziemlich weich. Kopfstand gablig, gleichgipflig, 1—2 köpfig; Akladium ca. 4 cm lang; Strahlen 2. Ordnung 0—1, dünn; Winkel ca. 25°; Ordnungen 1—2. Hülle 13—15 mm lang, fast kuglig; Schuppen schmal, lineal, sehr langspitzig, sehr spitz, schwarz, innere hellrandig. Bracteen 2, lineal, dicht am Kopf sitzend. Haare der Hülle ziemlich reichlich, hell, 1,5—2 mm, an den Caulomen oben ebenso, hell mit schwarzem Fuss, 3—4 mm, abwärts vermindert, am Stengelgrunde fast 0, auf den Blättern oberseits mangelnd, unterseits nur gegen die Spitze und am Mittelnerv zerstreut, 2—3 mm, am Rande mässig zahlreich, 0,5—1,5 mm lang. Drüsen nur gegen die Hüllschuppenspitzen spärlich, sonst 0. Flocken der Hülle fast 0, an den Schuppenrändern bis mässig, an den Caulomen oben reichlich, abwärts bis zur Stengelmitte vermindert. Blüthen hellgelb, Zähnchen kahl; Griffel dunkel. Früchte braun, 3,5 mm lang. — Tatra: Nosal bei Zakopane (Rhm.); — eine sehr ähnliche, aber an allen Theilen reichlicher und länger behaarte Pflanze mit fast ganzrandigen Blättern ebenfalls in der Tatra: Thal Swistowka 2000 m (Rhm.).

In Tirol: Kaiserthal bei Kufstein im hohen Winkel hinter der Bärenbadalp 1300—1620 m (N.) kommt eine nahe verwandte Subspecies vor, die namentlich durch fast spatelige stumpfe äussere Rosettenblätter ausgezeichnet ist.

5. *Subsp. dolichocephalum.* Stengel bis 32 cm hoch, schlank oder dünn, wenig verbogen, phyllopod. Blätter in der Rosette mehrere, kurzgestielt, lanzettlich, sehr spitz, gezähnelt; Stengelblätter 2—4, meist unansehnlich, rasch decrescirend, lanzettlich; alle glauk, etwas derb. Kopfstand (oft nicht entwickelt) gablig, gleichgipflig, grenzlos, 1—3 köpfig; Akladium 3,5—8 cm lang; Strahlen 2. Ordnung 0—2, entfernt, schlank; Winkel 30—40°; Ordnungen 1—2. Hülle 14—16 mm lang, eiförmig, dann bis kuglig: Schuppen ziemlich schmal, lineal, langspitzig, sehr spitz, schwarz, durch Indument grau überlaufen, äussere locker. Bracteen 4—5, pfriemlich. Haare der Hülle reichlich, hell, 1,5—2 mm, an den Caulomen oben 0 oder fast 0, nur gegen die Stengelbasis spärlich (selten sind die Caulome stärker behaart), bis 3 mm, auf den Blättern oberseits 0 oder höchstens gegen den Rand hin sehr zerstreut, unterseits zerstreut bis sehr spärlich, am Mittelnerv bis mässig, am Rande ebenso, 1,5—3 mm lang. Drüsen nur gegen die Hüllschuppenspitzen sehr spärlich, sonst 0. Flocken an den Rändern der Hüllschuppen bis mässig zahlreich, sonst fast 0, an den Caulomen ganz oben graulichen Filz bildend, abwärts rasch vermindert bis zur Stengelmitte. Blüthen gelb, Zähnchen kahl; Griffel hell. Früchte kastanienbraun bis schwarz, 3,5 mm lang. — Schweiz: Splügen über dem Dorfe 1450—1530 m, Hinterrhein, Appenzell gegen den Kamor 812 m (N.). Algäu: untere Seealp bei Oberstdorf (Schnizlein). Tirol: zwischen Hochfinstermünz und Nauders (U.) — Exsicc. 358, 359.

Selten geht die Verzweigung bis fast zum Stengelgründe und die Ordnungen bis zum 3. Grade, so an üppiger entwickelten Exemplaren, die sich genau so verhalten, wie im Garten kultivirte Pflanzen. Bei letzteren ist die reichere Verzweigung Regel, auch werden die Rosettenblätter grösser, länger gestielt, etwas grobzähniger, die Stengelblätter zahlreicher (bis 7), der Stengel wird höher, die Flockenbekleidung reichlicher, stärkeren Filz bildend.

II. ***Pseudorupestre*** (vgl. S. 149). — Habitus *glaucum*-artig, am meisten sich dem *H. turbinatum* nähernd. Man könnte geneigt sein, für die hier an erster Stelle beschriebene Subspecies die Bezeichnung *H. rupestre* All. in Anspruch zu nehmen, da zwischen letzterem und *H. pseudorupestre* eine grosse äussere Aehnlichkeit besteht. Beide haben eine reiche Rosette aus lanzettlichen glauken bis grob-gesägten Blättern und einen kaum beblätterten armköpfigen Stengel. Aber schon das Indument lässt sofort die phylogenetische Kluft erkennen, welche beide Sippen trennt. Bei *H. rupestre* sind die Haare deutlich federig, d. h. die Haarzähne sind etwas länger als der Durchmesser des Haares, bei *H. pseudo-*

rupestre sind die Haare nur gezähnt; dort ist die Hülle sehr spärlich-, hier bis nahezu mässig behaart; dort fehlen Drüsen, hier sind sie vorhanden. Dazu kommen bei *H. rupestre* stiellos in den Grund verlaufende, bei *H. pseudorupestre* oft deutlich gestielte Blätter.

1. *Subsp. pseudorupestre* = *H. rupestre β. pluriflorum* Gaud.-Monn. synops. fl. helv. (1836) p. 682 = *H. saxetanum* Fries Hierac. europ. exsicc. 47. — Stengel meist 6—15 (—20) cm hoch, sehr schlank oder dünn, zickzackförmig, feingestreift, phyllopod. Blätter in der Rosette zahlreich, (zuweilen etwas undeutlich-) kurzgestielt, lanzettlich, spitz und mucronat, ± gezähnt bis grobgesägt-gezähnt; Stengelblätter ca. 3, rasch decrescirend, unteres lanzettlich, den Grundblättern ähnlich, schon das zweite ± lineal, ganzrandig; alle glauk, derb. Kopfstand gablig, sparrig, gleichgipflig, grenzlos, 1—2 köpfig; Akladium 2—4,5 cm lang; Strahlen 2. Ordnung 0—1, sehr schlank; Winkel 45—60°; Ordnungen 2. Hülle 10—11 mm lang, kuglig; Schuppen etwas breitlich, lanzettlich-lineal, langspitzig, stumpflich und stumpf, dunkel oder grau, stark hellrandig, äussere locker. Bracteen 3—4, klein, pfriemlich. Haare der Hülle zerstreut oder kaum mässig zahlreich, hell, bis 1 mm, an den Caulomen überall oder nur gegen die Basis hin zerstreut, weich, hell, 1—3 mm, auf den Blättern oberseits 0, unterseits und am Rande bis mässig, weich, 1—3 mm, am Blattstiel oder Blattgrunde ziemlich zahlreich oder reichlich, 3—5 mm lang. Drüsen fehlen. Flocken der Hülle zerstreut oder mässig, auf den Schuppenrändern bis reichlich, an den Caulomen nur ganz oben reichlich, abwärts rasch vermindert, aber bis zum Grunde des Stengels herabgehend, auf den Blättern 0. Blüthen gelb, Zähnchen kahl; Griffel ziemlich hell. Früchte fast schwarz, 3 mm lang.

1. *normale*. — Wallis: Rappaz bei Sembrancher 750 m (Wf., Lgg., Fv., Del.), Anzeindaz bei Bex (Th.). — Exsicc. 360.

2. *calvescens*. Haare an den Caulomen 0, nur gegen den Stengelgrund zerstreut, hell, 2—3 mm, auf den Blättern oberseits 0, unterseits ebenso, nur an der Mittelrippe bis mässig zahlreich, am Blattstiel ebenso bis ziemlich reichlich, hell, weich, 3—5 mm lang. Stengel bis 30 cm hoch, meist reichlicher verzweigt, bis 6 köpfig; Akladium 4—9 cm lang; Strahlen 2. Ordnung 2—4, sehr entfernt. Hüllschuppen stumpf. — Schweiz: Visp 720 m (Wf.), Waldnachtalp am Surenenpass 1625 m (N.).

Ausserdem gibt es Uebergänge zu Subsp. *glaucopsis* mit noch reicher behaartem Blattrücken, längeren kastanienbraunen Früchten, zuweilen gefleckten Blättern, auch solche mit nur 9 mm langen schmalschuppigen Köpfchenhüllen und äusserst dünnem Stengel, so Dauphiné: Crutune (Lt.); Schwäbische Alb: Grüner Felsen (Vogel); — ferner eine Zwischenform von *H. rupestre* und *H. Delasoiei* im Wallis: Rappaz bei Sembrancher 900 m (Fv.).

2. *Subsp. subrupestre.* Stengel bis 28 cm hoch, dünn, gerade, feingestreift, phyllopod. Blätter in der Rosette mehrere, deutlich kurzgestielt, breit- bis schmal-lanzettlich, spitz, gezähnelt oder mit vereinzelten gröberen Zähnen; Stengelblätter 2—3, unansehnlich, rasch decrescirend, mit schmaler Basis sitzend; alle glaucescirend, ziemlich derb. Kopfstand gablig, gleichgipflig, grenzlos, 2—3 (—5) köpfig; Akladium 4—7 cm lang; Strahlen 2. Ordnung 1—3, sehr entfernt, dünn; Winkel 40—45°; Ordnungen 2—3. Hülle 11—12 mm lang, eiförmig, dann fast kuglig werdend; Schuppen breitlich, langspitzig, spitz, innere stumpf, schwarz, schmal hellrandig, äussere locker. Bracteen 2—3, lineal. Haare der Hülle mässig oder ziemlich reichlich, hell, 1,5—2 mm, an den Caulomen oben mässig, hell mit dunkelm Fuss, 1,5—2,5 mm, abwärts bis zerstreut, 3—4 mm, auf den Blättern oberseits 0 oder nur gegen den Rand hin sehr zerstreut, weich, 1,5—2 mm, unterseits zerstreut bis mässig, 2—3 mm, an der Mittelrippe ziemlich reichlich, am Blattstiel ebenso, 2,5—4 mm lang. Drüsen winzig, an der Hülle zerstreut, an den Kopfstielen oben spärlich oder vereinzelt, sonst 0. Flocken der Hülle spärlich, auf den Schuppenrändern ziemlich reichlich, an den Caulomen oben grauen oder graulichen Filz bildend, abwärts vermindert fast bis zum Stengelgrunde. Blüthen gelb, Zähnchen kahl; Griffel etwas dunkel. Früchte (nicht völlig reif) braun, 3 mm lang. — Ostschweiz: Kalkberg des Splügen 2000—2200 m (N.).

3. *Subsp. amauradenium.* Stengel bis 25 cm hoch, sehr schlank, etwas verbogen, sehr fein gestreift, phyllopod. Blätter in der Rosette 3—4, gestielt, lanzettlich, spitz, kurzgezähnt; Stengelblätter 1, schmal-lanzettlich oder lineal; alle glaucescirend, etwas derb. Kopfstand gablig, etwas untergipflig, 2 (—4) köpfig; Akladium 5—6 cm lang; Strahlen 2. Ordnung 1 (—2), entfernt, dünn; Winkel ca. 50°, Ordnungen 2 (—3). Hülle 10—11 mm lang, fast kuglig; Schuppen ziemlich schmal, lineal, spitz, schwarz, durch Flocken schmal hellrandig. Haare der Hülle mässig, schwarz, 1 mm, an den Caulomen oben spärlich, dunkel, 1 mm, abwärts kaum vermehrt, erst am Stengelgrunde bis mässig zahlreich, hell, 2—3 mm lang, auf den Blättern oberseits 0, unterseits zerstreut bis mässig, weich, 2—3 mm, am Rande ziemlich reichlich, 1,5—2 mm lang. Drüsen der Hülle fast mässig, schwarz, an den Kopfstielen zerstreut, abwärts fast bis zur Stengelmitte gehend. Flocken der Hülle ziemlich reichlich, an den Schuppenrändern reichlich, an den Kopfstielen oben ebenso, abwärts langsam vermindert fast bis zum Stengelgrunde. Blüthen ziemlich sattgelb, Zähnchen kahl; Griffel sehr dunkel. Früchte sattbraun, 3 mm lang. — Engadin: Val Fex bei Sils 1830—1980 m (P.).

Von dieser Pflanze kennen wir nur zwei Exemplare; dieselben stehen der Spec. *silvaticum* etwas näher als die vorige Subspecies.

III. ***Glaucopsis*** (vgl. S. 149).

Subsp. glaucopsis Gren. et Godr. fl. fr. II (1850) p. 355 = *H. bupleuroides* var. *glaucopsis* Griseb. comm. (1852) p. 70. — Stengel bis ca. 38 cm hoch, ziemlich schlank, gerade oder etwas verbogen, feingestreift, phyllopod. Blätter in der Rosette mehrere, ± deutlich gestielt, lanzettlich, oft wellig oder doch faltspitzig, am Rande mit ungleichen, gröberen und kleineren Zähnen, sehr spitz; Stengelblätter 3—4, ziemlich langsam decrescirend, lanzettlich, mittlere und obere sitzend; alle glauk, etwas derb. Kopfstand sehr hoch gablig (sehr lax rispig), gleichgipflig, etwas abgesetzt, bis 4 köpfig; Akladium 1—2,5 cm lang; Strahlen 2. Ordnung 1—3, mässig entfernt, schlank; Winkel ca. 35°; Ordnungen 2. Hülle 10—12 mm lang, kuglig; Schuppen breit, lanzettlich, etwas zugespitzt, schwarz, breit weissrandig, äussere spitzlich, innere bis stumpf. Bracteen ca. 2, dem Köpfchen sehr genähert. Haare der Hülle ziemlich reichlich bis kaum mässig zahlreich, hell, 1 mm, an den Caulomen oben zerstreut, 1—1,5 mm, abwärts allmählich zahlreicher, gegen die Stengelbasis reichlich, weiss, weich, 3—4 mm, auf den Blättern oberseits 0, unterseits mässig oder ziemlich reichlich, weich, 3—4 mm, an der Mittelrippe reichlicher und länger, so dass der ganze untere Theil der Pflanze langhaarig erscheint, der obere kahl. Drüsen der Hülle fast 0, winzig, sonst mangelnd. Flocken an der Hülle auf der Mitte der Schuppen zerstreut, auf den breiten Rändern derselben weissen Filz bildend, an den Caulomen nur ganz dicht unter den Köpfchen mässig, sonst 0. Blüthen goldgelb, Zähnchen höchstens etwas papillös; Griffel gleichfarbig. Früchte fast schwarz, 3,3 mm lang.

α) *genuinum.*

1. *normale* = *H. glaucopsis* Grenier in Fries Hierac. eur. exsicc. 48. — Dauphiné: zwischen Villard d'Arène und dem Lautaret (Grenier), Lauzet 1900 m (Neyra), La Grave (Verlot), Montagne de Glaize bei Gap (Solms). Piemont: Perrero di Pinerolo (Rst.).

2. *stenolepium.* Blätter kürzer, fast länglich, fast ganzrandig, derb; Stengelblätter klein, rascher decrescirend; Kopfstand deutlicher hoch-gablig, bis 5 köpfig, grenzlos; Kopfstiele dünn; Hülle 10 mm lang, mit schmaleren linealen spitzen Schuppen; Caulome fast haarlos. — Dauphiné: Monetier de Briançon (Lt.).

   Im unteren Theil sehr an *H. silvaticum* erinnernd, im Kopfstande ganz wie *H. glaucum* aussehend.

β) *Delasoiei Lagg.* in sched.; Burnat et Gremli, Catal. (1883) p. 10, 54, 56. — Blätter kurzgestielt, länglich-lanzettlich bis lanzettlich, spitz, flach oder wenig wellrandig, gleichmässiger klein-gezähnt als α.; Stengelblätter klein, rasch decrescirend; Kopfstand hoch gablig, etwas sparrig, 1—3 köpfig; Akladium meist 2—4 cm lang; Ordnungen 2; Winkel 40—45°. Hüllschuppen spitz bis fast stumpf.

Haare am Stengel zerstreut, etwas steiflich, gerade, auch am Grunde nur mässig zahlreich, 2—3 mm, auf dem Blattrücken 3—4 mm lang. — Wallis: Rappaz bei Sembrancher, rarissime, 900 m (Wf., Fv.).

IV. ***Subspeciosum*** (vgl. S. 149). — An den hierhergehörigen Sippen erkennt man leicht die Merkmale der *Glaucina* in Laubfarbe und Verzweigung, diejenigen des *H. silvaticum* an den gestielten breiten Grundblättern und an der Hüllenbildung; auf die *Villosina* deuten bei näherem Zusehen die Verhältnisse des Indumentes und die Beblätterung. Diese Pflanzen besitzen einen eigenartigen Habitus, der sich zwar öfters an gewisse *dentatum*-ähnliche Sippen anlehnt, aber doch jedes *subspeciosum* zweifellos zu erkennen erlaubt.

1. *Subsp. subspeciosum Naeg.* in litt. Stengel bis 32 (—40) cm hoch, schlank, fast gerade oder etwas zickzackförmig, gestreift, phyllopod. Blätter in der Rosette einige oder mehrere, gestielt, lanzettlich und länglich-lanzettlich, spitz, fast ganzrandig oder ± gezähnelt; Stengelblätter 4—5, langsam decrescirend, lanzettlich, auch die unteren fast sitzend; alle glauk, ziemlich derb. Kopfstand hoch gablig, gleichgipflig, fast grenzlos, 2—4 köpfig; Akladium 2,5—7 cm lang, oft nach Art der Spec. *glaucum* bei der Insertion des obersten Astes abgelenkt; Strahlen 2. Ordnung 1—2, entfernt, schlank, schief-abstehend; Winkel 45—50°; Ordnungen 2 (—3). Hülle 12—13 mm lang, ± kuglig; Schuppen etwas breitlich, langspitzig, äussere sehr spitz, locker-abstehend, innere bis stumpf, schwarz mit etwas helleren Rändern. Bracteen 5—6, die meisten unter den Köpfchen genähert. Haare der Hülle mässig zahlreich, etwas dunkel, 1 mm, an den Caulomen mangelnd, nur gegen den Stengelgrund spärlich, auf den Blättern oberseits 0, unterseits zerstreut bis mässig, weich, am Mittelnerv ziemlich reichlich, bis 3 mm, am Rande ebenso, 1—1,5 mm lang. Drüsen der Hülle zerstreut, sehr klein, sonst 0. Flocken der Hülle zerstreut oder kaum mässig zahlreich, an den Schuppenrändern bis ziemlich reichlich, an den Caulomen oben reichlich, abwärts rasch vermindert, aber bis zum unteren Drittel des Stengels herabreichend, auf den oberen Blättern überall oder doch an Rand und Mittelrippe unterseits zerstreut, auf den unteren Blättern wenigstens an letzterer in geringer Zahl vorhanden, aber zuweilen auch hier über die ganze Fläche zerstreut bis mässig zahlreich. Blüthen etwas hell gelb, Zähnchen kahl; Griffel dunkel. Früchte dunkelbraun, 3,5 mm lang.

α) *genuinum.* — Bayerische Alpen 1100—1720 m: Spitzingsee, Jägerkamp, Oberspitzingalp und Tanzeck im Rothwandstock bei Schliersee (N., P., Pr., Dgl., Hll.), Schinder bei Tegernsee (N.), Loisachkies bei Griesen, Gramer, Schachenthor bei Partenkirchen, Isarauen im Hinterauthal (Pr.). — Exsicc. 361, 362.

Im Garten wird die Pflanze bis 45 cm hoch, kräftiger, hypophyllopod; die Stengelinternodien werden dabei zahlreicher, die unteren Stengelblätter sind gestielt, die Rosettenblätter haben Stiel und Spreite von gleicher Länge. Die Verzweigung geht aber meist nicht sehr tief herab, so dass auch in Cultur eine ziemlich geschlossene Astregion erkennbar bleibt.

Eine namentlich durch sehr kurzgestielte längliche, oft stumpfe oder nur spitzliche Rosettenblätter, nur 2—3 Stengelblätter, bis 12 cm langes Akladium und kurze spärliche Behaarung der Blätter abweichende Form wurde beobachtet in Tirol: Hallthal 900—1600 m (N.).

β) *oxylepium.* Hüllschuppen schmal, sehr spitz mit fast pfriemlicher Spitze, reichlich bis 1,5 mm lang-hellhaarig. Flocken an den Caulomen oben grauen Filz bildend, abwärts bis zum Stengelgrunde langsam vermindert. — Bayerische Alpen 1100—1495 m: Obersteilenalp und von da bis zum Soinsee an der Rothwand (N.), über dem Spitzingsee (P.).

Wird in Cultur viel tiefer herab verzweigt und die Verzweigung geht öfters bis in den vierten Grad. Die Rosettenblätter sind dann langgestielt, sehr ansehnlich und zahlreich, so dass die Pflanze hiedurch und durch den reicheren Kopfstand ein mehr *silvaticum*-artiges Aussehen annimmt.

γ) *cuneatum* = *H. dentatum γ. floccosum* et *δ. subglaberrimum* Sendtn. in sched. — Blätter lanzettlich oder länglich-lanzettlich, am Grunde lang keilförmig, in den dadurch öfters undeutlich werdenden Stiel verschmälert. Hülle 14—16 mm lang; Schuppen aus lanzettlichem Grunde lang zugespitzt, die meisten sehr spitz, innerste spitzlich, sattgrün mit helleren Rändern. Behaarung gering, an der Hülle bis ziemlich reichlich, hell, 1,5—2 mm lang. Früchte schwarz, 4,2 mm lang. — Algäu: Seealpengründle 1625 m, Bettlerrücken im Dietersbachthal (Cfl.), zwischen Söllerkopf und Schlappoltereck 1820—1885 m (Mdo.). Bayerische Alpen: Geiglstein (Rauchenberger). Tirol: wo? Schweiz: Gr. Mythen 1690 m (N.), Praz Fluri im Canton Freiburg (Cottet).

Manchmal entwickeln sich (bei cultivirten Exemplaren) lange nach dem Abblühen aus den unteren Blattachseln des Stengels reichblätterige Rosetten, die sofort wenig verzweigte oder einfache blühende Stengel entfalten und eine etwas ungewohnte Erscheinung darbieten. Uebrigens kommt dies auch bei anderen Species, namentlich bei den *vulgatum*-ähnlichen, da und dort im Garten zur Beobachtung.

Eine der letztbeschriebenen Varietät sehr ähnliche, aber bis 6 mm lang behaarte Form mit reicher beblättertem Stengel in Tirol: an der Festung Finstermünz (Engl.).

2. *Subsp. canisquamum.* Stengel bis 30 cm hoch, schlank, etwas verbogen, feingestreift, phyllopod. Blätter in der Rosette zahlreich, gestielt, (lanzettlich bis) länglich-lanzettlich, spitz, gezähnt; Stengelblätter

bis sechs, langsam decrescirend, untere gestielt, mittlere und obere sitzend mit schmaler Basis; alle glauk, wenig derb. Kopfstand häufig unentwickelt, übrigens sehr hoch gablig, grenzlos, 2—3 köpfig; Akladium 2—3 cm lang; Strahlen 2. Ordnung 0—2, etwas entfernt, schlank; Winkel ca. 25° ?; Ordnungen 2. Hülle ca. 13 mm lang, kuglig; Schuppen breitlich, spitz, innere spitzlich, schwärzlich, durch Flocken grau überlaufen und weisslich gerandet. Bracteen einige. Haare der Hülle mässig zahlreich, hell, 1—1,5 mm, an den Caulomen oben 0, etwa vom oberen Drittel des Stengels abwärts sehr zerstreut, dann zahlreicher, am Stengelgrunde mässig, hell, 3—4 mm, auf den Blättern oberseits 0, unterseits zerstreut, an Rand (2—3 mm) und Mittelrippe ziemlich reichlich, hier 4—6 mm lang. Drüsen winzig, nur gegen einige Hüllschuppenspitzen spärlich, sonst 0. Flocken der Hülle ziemlich reichlich, auf den breiten Schuppenrändern weisslichen Filz bildend, an den Caulomen oben ebenso, abwärts rasch vermindert, oft nur bis zum oberen 1/3 des Stengels herabgehend. Blüthen hellgelb, Zähnchen kahl; Griffel dunkel. Früchte (unreif braun, 2,8 mm lang). — Bayerische Alpen: Oberspitzingalp 1490 bis 1530 m (N.). Graubünden: Cuolm da Latsch bei Bergün 1600—2500 m (P.); — ein an den Caulomen überall langhaariges Exemplar im Engadin: über Samaden gegen den Piz Padella 1800—1850 m (P.).

3. *Subsp. comolepium* = *H. dentatum* Fries Hierac. europ. exsicc. 36. — Stengel bis 35 cm hoch, dicklich oder schlank, wenig verbogen, stark gestreift, phyllopod. Blätter in der Rosette zahlreich, meist nur kurz gestielt, länglich bis lanzettlich, in den Stiel verschmälert, spitzlich und mucronat bis spitz, ± gesägt-gezähnt; Stengelblätter 5—7, ziemlich langsam decrescirend, ungestielt, mit verschmälerter Basis sitzend, mehr elliptisch, sonst wie die Grundblätter, oberste ungezähnt; alle etwas glaucescirend, ziemlich weich. Kopfstand hoch- bis tief-gablig, gleichgipflig (oder selten etwas übergipflig), grenzlos, bis 4 köpfig; Akladium 3,5—6,5 (—14) cm lang; Strahlen 2. Ordnung 0—3, entfernt, schlank; Winkel ca. 35°; Ordnungen 2. Hülle 15—16 mm lang, kuglig; Schuppen breitlich, lineal, langspitzig, spitz, schwarz, durch Flocken hellrandig, äussere locker. Bracteen ca. 5, pfriemlich. Haare der Hülle reichlich, weiss, 2,5 mm, an den Caulomen oben mässig bis zerstreut, hell, 2—3 mm, abwärts zerstreut bis spärlich, erst ganz am Grunde wieder mässig, auf den Blättern oberseits 0, unterseits besonders gegen Basis und Spitze zerstreut, auf Rand und Hauptnerv mässig bis reichlich, dort 2—3 mm, hier bis 8 mm lang. Drüsen nur gegen die Hüllschuppenspitzen hin sehr spärlich, sehr klein, zwischen den Haaren versteckt, sonst 0. Flocken an der Hülle auf der Mitte der Schuppen fast 0, an deren Rändern reichlich, an den Kopfstielen ganz oben grauen Filz bildend, abwärts rasch vermindert und noch im Kopfstande verschwindend, sonst 0. Blüthen hellgelb, Zähnchen kahl; Griffel gleichfarbig oder etwas dunkel. Früchte glänzend

sattbraun, 4 mm lang. — Bayerische Alpen: Spitzingsee 1100 m, Oberspitzingalp bei Schliersee 1490 m (N.). Tirol: Vennerthal des Brenner 1690—1790 m (N.). Algäu: Sperrbachschlucht (Cfl.). Graubünden: Fuss des Piz Padella bei Samaden 1820 m (N.). Wallis: Zermatt und über Allières (Lgg.).

Rosettenblätter öfters sehr kurz gestielt oder stiellos, viel kürzer und dann mehr elliptisch, oft auch nur gezähnelt, zugleich der Stengel niedrig, die Stengelblätter wenig ansehnlich, rasch decrescirend. Ueberhaupt ist die Pflanze sehr polymorph, auch wechselt sie stark bezüglich des Indumentes. Es wurden beobachtet eine Form mit erheblich geringerer und kürzerer Behaarung besonders an der Hülle (Tirol: Vennerthal des Brenner 1690—1790 m [N.], Algäu: Gerstrubenthal [Cfl.], Graubünden: Alp Uglix bei Bergün [P.]); — dann eine andere mit glauken schmalen Blättern und überall langhaarigem Stengel (Tirol: Kaiserthal bei Kufstein im hohen Winkel hinter der Bärenbadalp 1300—1620 m [N.]), welche auch mit breiten Blättern und noch länger behaarten Caulomen vorkommt (Graubünden: am Fusse des Piz Padella 1800—1885 m [N., P.], Vorarlberg: Oefenpass 2275 m [Dgl.], Bayerische Alpen: Jägerkamp bei Schliersee 1720 m [P.]).

Subsp. melanophaeum. Stengel bis 27 cm hoch, schlank, gerade oder wenig verbogen, gestreift, phyllopod. Blätter in der Rosette 3—5, kurzgestielt (oder Stiel undeutlich), lanzettlich, spitz, gezähnt oder gezähnelt; Stengelblätter 3—4, ziemlich langsam decrescirend, mit verschmälerter (obere mit gerundeter) Basis sitzend, lanzettlich, gezähnelt; alle glaucescirend, weich. Kopfstand (meist nicht entwickelt) gablig, gleichgipflig, grenzlos, 1—3 köpfig; Akladium 9—13 cm lang; Strahlen 2. Ordnung 0—2, sehr entfernt, ziemlich schlank; Winkel ca. 30°; Ordnungen 1—2. Hülle 14—17 mm lang, kuglig; Schuppen breitlich, lanzettlich-lineal, langgespitzt, sehr spitz, schwärzlichgrün. Bracteen 3—4, lineal, im oberen Drittel des Akladiums inserirt. Haare der Hülle reichlich, hell, 2—3 mm, an den Caulomen oben ziemlich zahlreich, abwärts etwas vermindert, gegen die Stengelbasis wieder vermehrt, hell mit schwarzem Fuss, weich, 1,5—3 mm, auf den Blättern beiderseits ziemlich reichlich, etwas steiflich, unterseits weich, namentlich an der Mittelrippe reichlich, am Rande ebenso, 3—4 mm lang. Drüsen nur gegen die Hüllschuppenspitzen spärlich, sonst 0. Flocken der Hülle fast 0, nur an den Schuppenrändern spärlich, an den Caulomen oben graulichen Filz bildend, abwärts rasch vermindert und etwa in der Mitte des Stengels verschwindend. Blüthen sattgelb, Zähnchen kahl; Griffel dunkel. Früchte hellbraun, 3 mm lang.

1. *normale.* — Schweiz: Kalkberg am Splügen 1950—2200 m (N.). Tirol: Vennerthal des Brenner 1950—2110 m (N.). Niederösterreich: Dürrenstein. — Exsicc. 363.

2. *calvius*. Blätter am Stengel 4—6, ziemlich langsam decrescirend. Stengel bis 35 cm hoch, oft verzweigt, Akladium meist 4—8 cm lang. Hülle 12—15 mm lang. Haare auf der Blattoberseite spärlich oder fast 0, unterseits zerstreut, am Stengelgrunde öfters bis 6 mm lang. Hüllschuppen etwas mehr lanzettlich, schwärzlich, Früchte hell rothbraun, 3—3,8 mm lang. — Schweiz: Kalkberg und über dem Dorfe Splügen 1950—2200 m, Kaltwasser am Simplon 1885—2275 m (N.). — Ferner wurde eine Form mit gerundeter breiter Basis fast aller Stengelblätter beobachtet am Kalkberge des Splügen 1950—2110 m (N.).

5. *Subsp. calcicola*. Stengel bis 40 (—55) cm hoch, schlank, etwas verbogen, gestreift, phyllopod. Blätter in der Rosette 3—5, langgestielt, die 1—2 äussersten ± länglich und stumpf, die übrigen lanzettlich, lang in den Stiel verschmälert, spitz und sehr spitz, fast ganzrandig oder mit vereinzelten Zähnchen bis ± gezähnt und grobzähnig; Stengelblätter 2—3 (—4), ebenso, ziemlich langsam bis ± rasch decrescirend; alle glaucescirend, ziemlich weich. Kopfstand hoch gablig, gleichgipflig (selten etwas übergipflig), begrenzt, (1—) 2—4 köpfig; Akladium (1—) 3—6 cm lang; Strahlen 2. Ordnung (0—) 1—3, entfernt, schlank; Winkel ca. 30°; Ordnungen 2. Hülle 11—13 mm lang, eiförmig, später fast kuglig; Schuppen breitlich, lanzettlich, ziemlich rasch zugespitzt, spitzlich und spitz, dunkel (schwärzlichgrün), sehr schmal heller gerandet, äusserste etwas locker. Bracteen 3—4, unter dem Köpfchen genähert, pfriemlich. Haare der Hülle ziemlich reichlich, hell, 1,5—2 mm, an den Caulomen überall ebenso, 1,5—5 mm, auf den Blättern oberseits 0 oder nur gegen die Spitze zerstreut oder spärlich, unterseits zerstreut bis mässig, an Mittelrippe und Rand ziemlich reichlich, weich, 3—5 mm lang. Drüsen der Hülle zerstreut, an den Kopfstielen ganz oben spärlich, sonst 0. Flocken der Hülle 0, auf den schmalen Schuppenrändern mässig, an den Kopfstielen ganz oben reichlich oder graulichen Filz bildend, abwärts vermindert etwa bis zur Stengelmitte, auf den Blättern 0. Blüthen etwas hellgelb, Zähnchen kahl; Griffel dunkel. Früchte hellbraun, 3,5 mm lang. — Graubünden: über dem Dorfe und am Kalkberg bei Splügen 1950 bis 2200 m (N.). — Exsicc. 364, 365.

Habitus ziemlich *silvaticum*-artig, oder noch eher den alpinen Sippen der Spec. *vulgatum* sich nähernd, übrigens auch demjenigen der Subsp. *crinisquamum* ähnlich. Die Hüllschuppen sind entweder alle etwas abstehend oder alle anliegend, oder die inneren anliegend, die äusseren wenigstens mit der Spitze etwas abstehend; ebenso wechselt die Bezahnung der Blätter sehr erheblich, ohne dass andere Merkmale vorhanden wären, die eine Trennung in Varietäten erlaubte. Aus den untersten Blattachseln des Stengel werden in seltenen Fällen Blattrosetten entwickelt, eine Eigenthümlichkeit, welche auch in Cultur beibehalten wird.

Cultivirte Exemplare sind öfters fast bis zum Grunde des Stengels verzweigt unter Vergrösserung aller vegetativen Theile (die Hüllenlänge ändert sich nicht), haben bis zu vier Strahlenordnungen und stärkere Beflockung der oberen Caulomtheile.

Ganz nahestehende Pflanzen mit behaarten Blättern, flockigen Köpfchenhüllen und noch breiteren Hüllschuppen am gleichen Standorte auf dem Splügen und bei Sils im Engadin 1850 m (N.).

V. ***Crinisquamum*** (vgl. Seite 149).

1. *Subsp. megalocladum* = *H. Boissieri* var. *villosum* Huet fr. plant. neapol. 372. — Stengel bis über 40 cm hoch, ± schlank, etwas verbogen, gestreift, phyllopod. Blätter in der Rosette mehrere, gestielt, lanzettlich, äussere stumpflich, innere ± spitz und oft noch mucronat, gezähnelt bis ziemlich grob gezähnt; Stengelblätter 4—5, lanzettlich, sitzend, langsam-decrescirend; alle glaucescirend, wenig derb. Kopfstand gablig, fast gleich- bis übergipflig, grenzlos, 1—4 (—6) köpfig; Akladium (4—) 6—12 cm lang; Strahlen 2. Ordnung 0—3, entfernt, schlank; Winkel 30—40°; Ordnungen 2 (—3). Hülle 13—14 mm lang, kuglig; Schuppen etwas breitlich, lineal, spitz, innere sehr spitz, dunkel, hellrandig. Bracteen 5—8, fast pfriemlich. Haare der Hülle ziemlich reichlich, hell, 1,5—2,5 mm, an den Caulomen oben mässig zahlreich, abwärts bis reichlich, hell mit schwarzer Basis, weich, verbogen, 3—8 mm, auf den Blättern oberseits 0 oder nur gegen Rand und Spitze hin zerstreut, weich, 3—4 mm, unterseits mässig, am Hauptnerv reichlich, 3—5 mm, am Rande ziemlich reichlich, 2—3 mm lang. Drüsen winzig, nur gegen die Schuppenspitzen hin spärlich, sonst 0. Flocken der Hülle fast 0, an den Schuppenrändern bis mässig zahlreich, an den Caulomen oben ± grauen Filz bildend, abwärts ziemlich rasch vermindert etwa bis zur Mitte des Stengels. Blüthen hellgelb, Zähnchen kahl; Griffel ziemlich dunkel. Früchte tief braunschwarz, 4—4,5 mm lang, oft viele taube heller braun gefärbte darunter. — Tirol: Brenner beim Dorfe auf einer Mauer 1365 m (N.). Dauphiné: Mtge de Glaize bei Gap (Solms). Abruzzen: Corno (Huet fr.).

Blätter zuweilen ungestielt. — Die uns vorliegenden wenigen Exemplare des oben citirten *H. Boissieri* var. *villosum* sind niedriger, mit armblätterigem Stengel; diese Abruzzenpflanze ist weiter zu beobachten.

2. *Subsp. crinisquamum*. Stengel bis 30 cm hoch, sehr schlank, etwas verbogen, gestreift, phyllopod. Blätter in der Rosette mehrere, undeutlich gestielt, lanzettlich, spitz, gezähnelt oder fast ganzrandig; Stengelblätter 3—4, langsam decrescirend, untere mit verschmälerter, obere mit gerundeter Basis sitzend; alle glaucescirend, weich oder etwas derb. Kopfstand gablig, gleich- oder übergipflig, ziemlich begrenzt, 1—2 köpfig; Akladium (1—) 3—8 cm lang; Strahlen 2. Ordnung 0—1, schlank; Winkel ca. 40°; Ordnungen 2. Hülle 12—14 mm lang, kuglig, dann etwas niedergedrückt; Schuppen etwas breitlich,

lineal, langspitzig, sehr spitz, dunkel. Bracteen ca. 3, untere blattartig, obere lineal. Haare der Hülle reichlich, weiss, 2--3 mm, an den Caulomen mässig, weich, hell, 3—7 mm, auf den Blättern oberseits 0, unterseits zerstreut oder fast mässig zahlreich, weich, 3—4 mm, am Rande ziemlich reichlich, 1,5—2,5 mm lang. Drüsen gegen die Hüllschuppenspitzen zerstreut, sonst 0. Flocken der Hülle nur an den Schuppenrändern zerstreut, an den Caulomen oben grauen Filz bildend, abwärts vermindert bis fast zum Stengelgrunde, sonst 0. Blüthen hellgelb, Zähnchen kahl; Griffel etwas dunkel. Früchte hellbraun, 3 mm lang. — Graubünden: Splügen beim Dorfe 1450—1530 m, Nufenen im Rheinwald 1625—1950 m (N.). — Exsicc. 366.

In Cultur verändert sich die Pflanze folgendermaassen: Blätter zahlreich, deutlichst langgestielt, bis grobzähnig, auch die oberen Stengelblätter mit sehr verschmälerter Basis, mittlere öfters mit einzelnen lappenartigen Zähnen. Bracteen alle blättchenartig. Hüllschuppen dunkelgrün. Früchte 3,5 mm lang. Akladium sehr verlängert. — Es gibt Uebergänge von dieser Subspecies zu *H. dentatum* am Splügen über dem Dorfe 1460—1525 m (N.).

3. *Subsp. leucophaeum Gren. et Godr.* fl. fr. II (1850) p. 354; Schultz herb. norm. nov. ser. 1408. — Stengel bis 26 cm hoch, schlank, wenig verbogen, feingestreift, phyllopod. Blätter in der Rosette 3—4, gestielt, lanzettlich, äussere stumpf, die übrigen ± spitz, alle mucronat, unregelmässig gezähnelt oder gezähnt, etwas wellrandig; Stengelblätter ca. 4, langsam decrescirend, unterstes gestielt, mittlere mit verschmälerter, obere mit breiter Basis sitzend; alle glaucescirend, etwas derb. Kopfstand hoch gablig, gleichgipflig, 1—2 köpfig; Akladium 4,5 cm lang; Strahlen 2. Ordnung 0—1, schlank; Winkel ca. 30°; Ordnungen 2. Hülle ca. 13 mm lang, eiförmig, dann fast kuglig; Schuppen breitlich, lanzettlich, langspitzig, stumpflich, schwarz mit breiten weissen oder (innere) grünlichen Rändern. Bracteen 2—4, lineal. Haare der Hülle ziemlich reichlich, weiss, 1,5 mm, an den Caulomen oben zerstreut, abwärts bis fast mässig zahlreich, hell, 1,5 bis 3 mm, auf den Blättern oberseits besonders gegen den Rand hin zerstreut, weich, unterseits zerstreut bis mässig, am Rande ziemlich reichlich, überall 1,5—2 mm lang. Drüsen der Hülle besonders gegen die Schuppenspitzen hin zerstreut, an den Kopfstielen vereinzelt, sonst 0. Flocken der Hülle fast mässig zahlreich, an den Schuppenrändern Filz bildend, an den Caulomen oben ± ebenso, abwärts rasch vermindert bis unter die Stengelmitte. Blüthen goldgelb; Zähnchen kahl; Griffel etwas dunkel. Früchte — ? — Dauphiné: Schluchten von Engins 900 m (Neyra).

Die in der citirten Sammlung ausgegebenen Exemplare stimmen in befriedigender Weise mit der von Grenier und Godron mitgetheilten Beschreibung überein.

Geographische Verbreitung der Spec. subspeciosum.

Das Vorkommen der unter *H. subspeciosum* beschriebenen Zwischenformen erstreckt sich über die Alpen von der Dauphiné bis Oesterreich und Kärnten, ferner auf die Tatra und die Abruzzen, und zwar vertheilen sich die hier unterschiedenen Subspeciesgruppen in folgender Weise:

I. *Patulum:* Algäu, Nord- und Ostschweiz, Nord- und Südtirol, Kärnten, Tatra, Abruzzen.

II. *Pseudorupestre:* Dauphiné, West-, Ost- und Nordschweiz, Schwäbische Alb.

III. *Glaucopsis:* Dauphiné, Piemont, Westschweiz.

IV. *Subspeciosum:* West- und Ostschweiz, Nordtirol, Vorarlberg, Algäu, Bayerische Alpen, Oesterreich.

V. *Crinisquamum:* Dauphiné, Ostschweiz, Nordtirol, Abruzzen.

Hieraus ist ersichtlich, dass die dem eigentlichen *H. subspeciosum* am nächsten stehenden Sippen sich streng an die Alpen halten und deren Central- und Nordketten bevorzugen, ferner dass die mehr gegen *H. silvaticum* hinneigenden Sippen (*Gr. Patulum*) eine entsprechend weite Verbreitung besitzen. Sehr auffällig ist das Vorkommen des kleinköpfigen *H. pseudorupestre* in der Schwäbischen Alb; da die nämliche Pflanze sonst nur in der Dauphiné gefunden wird und ihre nächsten Verwandten in der Westschweiz vorkommen, so wäre dieser vorgeschobene Posten wenig verständlich, wenn es nicht in der nördlichen Schweiz verbindende Standorte von *H. pseudorupestre* gäbe. Letzteres ist ohne Zweifel als ein südlicher Typus anzusehen, der ungewöhnlich weit bis über den Bodensee hinausstrahlt.

25. H. prenanthomorphum n. sp.

= *(villosum — glaucum — silvaticum) — prenanthoides.*

Stengel bis 60 cm hoch, kräftig, verbogen, gestreift, phyllopod. Blätter in der Rosette 5—9, langgestielt, elliptisch, spitzlich und spitz, klein-gesägt-gezähnt; Stengelblätter 7—8, sehr langsam decrescirend, ziemlich gleichmässig vertheilt, unterste wie die Rosettenblätter, mittlere und obere mehr länglich, sitzend; alle glauk, ziemlich derb. Kopfstand sehr lax rispig, grenzlos, übergipflig, 4—18 köpfig; Akladium 2,5—3,5 cm lang; Strahlen 2. Ordnung 3—7, entfernt, schlank; Winkel ca. 40°; Ordnungen 3—4. Hülle 11—12 mm lang, kuglig; Schuppen breit, lanzettlich, etwas zugespitzt, äussere spitzlich, innere stumpf, schwarz, breit weisslich gerandet. Bracteen 3—4, klein, lineal. Haare der Hülle kaum mässig zahlreich, hell mit schwarzem Fuss, 1 mm, an den Kopfstielen oben zerstreut oder spärlich, 1 mm, am Stengel oben 0, abwärts bald zerstreut und dann vermehrt bis zum mässig reichhaarigen Grunde, weich, 3—4 mm, auf den Blättern oberseits 0, unterseits bis ziemlich zahlreich, an Rand und Mittelrippe bis reichlich, weich, 1—4 mm lang. Drüsen der Hülle sehr klein, zerstreut, an den Kopfstielen höchstens ganz oben vereinzelt, sonst 0. Flocken an der Hülle auf der Mitte der Schuppen zerstreut, auf dem breiten Rande Filz bildend, an den Kopfstielen nur ganz dicht unter den Köpfen spärlich, sonst 0. Blüthen gelb, Zähnchen papillös oder kurz gewimpert; Griffel dunkel. Früchte schwarz, 3,5 mm lang. — Dauphiné: Le Monetier de Briançon (Lor.).

Bemerkungen. Von der soeben beschriebenen Pflanze haben wir nur zwei Exemplare in Besitz. Sie sind sehr auffallend durch ihre elliptischen langgestielten Rosettenblätter, die langsam decrescirende reiche Beblätterung des Stengels und die vielköpfige Inflorescenz. Die Merkmale dieser Sippe sind nur dann zu verstehen, wenn beachtet wird, dass hier die Eigenschaften der vier Species *H. villosum, glaucum, silvaticum* und *prenanthoides* sich nach der oben angegebenen Formel vereinigen, d. i. = *glaucopsis — prenanthoides.* Denkt man nämlich die reichköpfige Verzweigung des *H. prenanthoides* und seine zahlreichen Stengelblätter zum *H. glaucopsis* hinzu, so kann man sich leicht eine Gestalt wie *H. prenanthomorphum* vorstellen. Die Köpfchen sind ganz wie bei *H. glaucopsis* oder gewissen Sippen der Spec. *glaucum.* — Zu bemerken ist indessen, dass die Haarzähne etwas lang sind, dass also möglicherweise *H. tomentosum* statt *H. villosum* an der Pflanze Theil hat. Daher sei letztere der Beachtung der in der Dauphiné sammelnden Botaniker empfohlen.

26. H. bernense Christen.

in Mitth. d. Bern. naturforsch. Gesellsch. 1860; Hierac. der Schweiz (1863) p. 12 tab. 1, et in sched.

= *villosum — glaucum — humile.*

Stengel bis 11 cm hoch, dünn, etwas verbogen, sehr fein gestreift, phyllopod. Blätter in der Rosette mehrere, undeutlich kurzgestielt, lanzettlich, ± spitz, klein-gezähnelt; Stengelblätter ca. 4, klein, mässig rasch decrescirend, sitzend; alle glaucescirend, etwas derb. Kopfstand (an den vorliegenden wilden Exemplaren unentwickelt) in Cultur gablig, gleichgipflig, grenzlos, 5köpfig; Akladium ca. 8 cm lang; Strahlen 2. Ordnung 4, mässig entfernt, schlank, an der Spitze etwas verdickt; Verzweigungswinkel 35—40°; Ordnungen 2. Hülle ca. 15 mm lang[1]), fast kuglig; Schuppen breitlich, lineal, sehr spitz, sattgrün, hellgrün gerandet. Bracteen (in Cultur) ca. 5, untere blättchenartig, lineal-lanzettlich. Haare der Hülle ziemlich reichlich, hell, 1,5—2,5 mm, am Stengel mässig, hell, etwas steiflich, 3—4 mm, auf den Blättern oberseits zerstreut oder mässig, unterseits bis ziemlich reichlich, überall 2—3 mm lang, weich. Drüsen sehr klein, an der Hülle zerstreut, am Stengel dicht unter dem Köpfchen vereinzelt, sonst 0. Flocken der Hülle 0, am Stengel ganz oben

1) Kümmerlinge haben nur 8 mm lange Hüllen.

zerstreut, abwärts rasch verschwindend. Blüthen etwas hellgelb, Zähnchen kahl; Griffel gleichfarbig (zuweilen beim Trocknen sich dunkler färbend). Früchte —? — Schweiz: Bachalp im Grindelwald (Chr., Bbg.).

Bemerkungen zu Spec. bernense.

Trotz vieler Aehnlichkeit mit manchen *subspeciosum*- und *dentatum*-Sippen kann die vorstehend beschriebene Pflanze mit denselben nicht zusammengestellt werden, da sie durch die grünen flockenlosen Hüllschuppen, die etwas steifliche horizontal-abstehende Behaarung und den etwas gebrochenen Verlauf des oberen Stengeltheiles auf die Spec. *humile* und nicht auf *H. silvaticum* hinweist. Daher möchten wir, obwohl das uns vorliegende Material zur Beurtheilung der systematischen Stellung der Pflanze etwas gering ist, für *H. bernense* die Formel = *villosum* — *glaucum* — *humile* in Anspruch nehmen, ohne damit über die Abstammung desselben etwas aussagen zu wollen. Diese Zwischenstellung nimmt *H. bernense* dadurch ein, dass es in den genannten Merkmalen und in der Bezahnung der Blätter zu Spec. *humile*, in Verzweigung, Laubfarbe und schmaler Form der Blätter zu Spec. *glaucum*, in Beblätterungsweise und Behaarung zu Spec. *villosum* hinneigt. Die Eigenschaften der drei Hauptarten sind innig gemischt, so dass kein Merkmal des *H. bernense* völlig einem solchen der ersteren entspricht.

Ein Exemplar vom gleichen Fundorte, welches Christener in seinem Garten cultivirte, zeigt ausser den oben angegebenen Verhältnissen deutlich gestielte länglich-lanzettliche grobzähnige Grundblätter, etwa acht langsam decrescirende Stengelblätter, von denen die unteren fast noch gestielt, mindestens in die Basis lang-verschmälert sind, 16 mm lange Hüllen und einen stark gestreiften, im oberen Theil etwas zickzackförmigen Stengel.

Vom Eisboden im Grindelwald (Chr.) liegt ein einzelnes Exemplar vor, welches sehr grosse vorwärts gekrümmte Blattzähne besitzt, an allen Theilen fast um das doppelte länger behaart ist und eine 17 mm lange Hülle aufweist.

27. H. penninum n. sp.

= *villosum* — *glaucum* — *prenanthoides*.

Stengel 20—45 cm hoch, aufrecht (selten aufsteigend), dünn, ± verbogen oder etwas zickzackförmig, phyllopod, hypophyllopod oder aphyllopod. Blätter in der Rosette, wenn vorhanden, 1—3 (—5), meist undeutlich gestielt, in die Basis lang-verschmälert, lanzettlich und schmallanzettlich, spitz oder spitzlich, gezähnelt, glauk oder glaucescirend, ziemlich derb bis weich; Stengelblätter 4—7 (—11), langsam decrescirend, untere lanzettlich mit verschmälerter oder gerundeter Basis, mittlere und obere mit gerundeter bis etwas umfassender Basis sitzend, in der unteren Hälfte des Stengels öfters etwas über dem Blattgrunde mit eingezogenen Rändern. Kopfstand gablig bis lax-rispig, grenzlos, gleich- oder untergipflig, 1—3 (—11) köpfig; Akladium (1—) 2,5—8 cm lang; Strahlen 2. Ordnung 0—2 (—4), ± entfernt, schlank oder dünn; Verzweigungswinkel 30—40°; Ordnungen 1—3. Hülle 12—15 (—17) mm lang, oval oder kuglig, später am Grunde gestutzt oder niedergedrückt; Schuppen breitlich oder breit, ± lineal, alle oder nur äussere spitz, innere stumpflich bis stumpf, dunkel bis schwarz, öfters (durch Filz) hellrandig oder milchig überlaufen. Bracteen 2—4, untere meist blättchenartig, obere pfriemlich. Haare der Hülle mässig oder ziemlich reichlich, hell, 1—3 mm, an den Caulomen und Blättern gering entwickelt oder fast völlig mangelnd. Drüsen klein, nur an der Hülle zerstreut oder spärlich, oder ganz fehlend. Flocken der Hülle zerstreut bis reichlich, auf den Schuppenrändern dichter stehend und oft Filz bildend, an den Caulomen oben grauen Filz bildend, abwärts vermindert und in der Stengelmitte verschwindend, auf den Blättern 0. Blüthen verschieden gelb, zuweilen fast ganz röhrig, Zähnchen kahl bis kurzgewimpert; Griffel dunkel oder hell. Früchte meist rothbraun, 4—4,8 mm lang.

Bemerkungen zu Spec. penninum.

Es gibt eine nicht sehr grosse Anzahl Sippen, an deren Merkmalen sich die Eigenschaften der Spec. *villosum, prenanthoides* und einer *Glaucina* betheiligen. Während die Köpfchen sich wie ein mehr oder minder intermediäres Mischungsproduct aus *H. villosum* und *bupleuroides* verhalten, zeigt die Beblätterungsweise eine noch grössere Annäherung an die letztgenannte Species, die Blattgestalt dagegen weist öfters sehr deutlich auf *H. prenanthoides* hin. Wenn man aber daneben in der Behaarung noch eine weitere Beziehung zu *H. villosum* erkennt, in der so häufig vorkommenden Hypophyllopodie eine solche zu *H. prenanthoides*, so darf unserer Ansicht nach zur Erklärung der Beblätterung nicht sowohl *H. bupleuroides* als vielmehr *H. glaucum* herangezogen werden. Denn die Vereinigung von *H. prenanthoides* und *villosum* ergibt reichblättrige Pflanzen, welche, wenn zu deren Merkmalen sich noch eben so reichblättriges *bupleuroides* addirte, dadurch nicht wesentlich anders beblättert sein könnten. Um daher die minder zahlreichen Stengelblätter zu erklären, muss das armblättrige *H. glaucum* in Rücksicht genommen werden.

Vielleicht sind einige dieser Pflanzen hybrid, da sie in nur geringer Individuenzahl beobachtet wurden; doch ist hervorzuheben, dass die Subsp. *penninum* an mehreren Orten in grösserer Menge gefunden wird, ihre Früchte aber zum grossen Theil steril bleiben: eines der vielen Beispiele, welche die kaum zu bewältigenden Schwierigkeiten der Hieracienforschung darthun.

---

1. *Subsp. Vulpianum.* Stengel bis 36 cm hoch, schlank, aufsteigend, gerade oder ein wenig verbogen, gestreift, phyllopod. Blätter in der Rosette 3—4, lang in die Basis verschmälert, daher etwas undeutlich gestielt, lanzettlich, spitz oder spitzlich und mucronat, ± gezähnt;

Stengelblätter 4—5, ziemlich langsam decrescirend, unterste mit verschmälerter Basis, mittlere gleichbreit-länglich-lanzettlich, obere mit gerundeter Basis sitzend; alle glauk, weich. Kopfstand gablig, gleichgipflig, 1—2 köpfig; Akladium 6—7,5 cm lang; Strahlen 2. Ordnung 0—1 (oft abortirt), schlank; Winkel ca. 35°; Ordnungen 1—2. Hülle 15—16 mm lang, breit-kuglig; Schuppen: äussere schmal, spitz, schwärzlich, randlos, mittlere breitlich, spitz, dunkel, hellrandig, innere ebenso, ± stumpf. Bracteen ca. 3, fast pfriemlich. Haare der Hülle ziemlich reichlich, hell, 2—3 mm, an den Caulomen nur vereinzelt, 3—4 mm, auf den Blättern beiderseits 0, nur an der Mittelrippe unterseits bis mässig zahlreich, 3—4 mm, am Rande besonders gegen die Basis zerstreut bis fast mässig, 1,5—3 mm lang. Drüsen fehlen. Flocken der Hülle spärlich, auf den Schuppenrändern bis ziemlich reichlich, an den Kopfstielen ganz oben reichlich oder leichten Filz bildend, abwärts rasch vermindert, nicht die Stengelmitte erreichend, auf den Blättern 0. Blüthen (hell?) gelb, Zähnchen höchstens etwas papillös; Griffel hell. Früchte schwarzbraun, gut 4 mm lang. — Westschweiz: Binnenthal am Wege nach dem Albrun 1755—1820 m (Vulpius).

Nur unter grossen Zweifeln ist diese von Vulpius als *H. speciosum* vertheilte Pflanze von uns in die Spec. *penninum* gestellt worden. Es wurde dies hauptsächlich durch die Gestalt der mittleren Stengelblätter veranlasst; sonst weisen so zahlreiche Merkmale auf *H. subspeciosum* hin, dass das Studium besseren Materiales *H. Vulpianum* vielleicht dieser Species einordnen wird.

2. *Subsp. leoninum.* Stengel bis 30 cm hoch, sehr schlank oder dünn, aufrecht, wenig verbogen, feingestreift, phyllopod. Blätter in der Rosette 3—5, nicht gestielt, sehr allmählich in den Grund verschmälert, lanzettlich und schmal-lanzettlich, spitz, zuweilen etwas wellrandig, entfernt-kleingezähnelt; Stengelblätter ca. 4—5, langsam decrescirend, lanzettlich, untere mit gerundeter, obere mit halbumfassender Basis sitzend, erstere manchmal mit im unteren $^1/_3$ etwas eingezogenen Rändern; alle glaucescirend, ziemlich derb. Kopfstand (meist nicht entwickelt) gablig, untergipflig, 1—2 köpfig; Akladium 2,5—8 cm lang; Strahlen 2. Ordnung 0—1 (—2), schlank, entfernt; Winkel ca. 40°; Ordnungen 1—2. Hülle 13—14 mm lang, breit oval mit gestutzter Basis; Schuppen breitlich, lineal, langspitzig, spitz, schwärzlich, hellrandig. Bracteen ca. 3, lineal, zuweilen untere blättchenartig und lanzettlich. Haare der Hülle ziemlich reichlich, hell, 2—3 mm, an den Caulomen zerstreut, abwärts bis mässig zahlreich, hell, 3—4 mm, auf den Blättern oberseits 0, unterseits ebenso oder sehr zerstreut, am Hauptnerv mässig, 3—5 mm, am Rande meist nur gegen die Basis hin zerstreut bis fast mässig, 1,5—2,5 mm lang. Drüsen der Hülle spärlich, klein, sonst 0. Flocken der Hülle zerstreut, auf den ziemlich breiten Schuppenrändern reichlich, an den Caulomen oben grauen Filz bildend, abwärts langsam vermindert etwa bis zur Mitte, auf den Blättern 0. Blüthen hellgelb,

Zähnchen kahl oder etwas papillös; Griffel dunkel. Früchte rothbraun, 4 mm lang. — Westschweiz: Kaltwassergletscher im Schallbett am Simplon (Fv.), ebenda Kaltwassertobel 1885—2275 m und Schutzhaus No. 5 1950—2110 m (N.), Hohe Schlicke, Monvoisin (kleinköpfig, Wf.).

Grössere Individuen erinnern etwas an die Spec. *elongatum*. Dies wird verständlich, wenn man die Formeln beider Sippen vergleicht: in beiden sind die Spec. *prenanthoides* und *villosum* enthalten, zu welchen hier noch Spec. *glaucum* kommt. — Im Kaltwassertobel des Simplon wurde eine Uebergangsform zwischen *H. leoninum* und Spec. *silvaticum* in einem Exemplar gefunden, am 20. VIII. 1866 noch nicht blühend.

In Cultur haben wir eine Form mit kleineren (11—12 mm langen) Köpfchenhüllen und minder deutlich umfassenden oberen Stengelblättern; der Stengel ist reicher behaart, und an den Kopfstielen treten zerstreute Drüsen auf, so dass die Pflanze dadurch noch mehr der Spec. *prenanthoides* sich nähert. Sie kam aus der Westschweiz: Ormonts (N.).

3. *Subsp. penninum* = *H. flexuosum* * *helveticum* Fries Hierac. europ. exsicc. 39 * = *H. glabratum* ? Huet fr. pl. neapol. 363 part. — Stengel bis 45 cm hoch, dünn, aufrecht, etwas verbogen, am Grunde öfters roth angelaufen, phyllopod, hypophyllopod oder aphyllopod. Blätter in der Rosette, wenn vorhanden, 1—3, in einen etwas undeutlichen Stiel lang-verschmälert, lanzettlich und schmal-lanzettlich, spitz, gezähnelt; Stengelblätter 7—9, langsam decrescirend, unterste mit verschmälerter, mittlere mit gerundeter, obere mit gestutzter oder etwas umfassender Basis, lanzettlich, obere entsprechend verkürzt und mehr ganzrandig; alle glaucescirend, weich, sehr spitz. Kopfstand hochgablig oder lax rispig, gleichgipflig, grenzlos, 3—11 köpfig; Akladium 1—5 cm lang (selten länger); Strahlen 2. Ordnung 1—4, entfernt, dünn; Winkel 30—40°; Ordnungen 2—3. Hülle 12—14 mm lang, oval mit gerundeter, dann etwas gestutzter Basis; Schuppen breit, lineal, spitzlich bis fast stumpf, schwarz, durch Flocken milchig überlaufen. Bracteen 2—3, pfriemlich. Haare der Hülle kaum mässig zahlreich, dunkel, 1 mm, an den Caulomen oben zerstreut, hell mit dunklem Fuss, abwärts bis mässig, hell, 1,5—3 mm, auf den Blättern oberseits 0, unterseits ebenso, nur am Hauptnerv mässig, 2 mm, am Rande zerstreut oder spärlich, 2—3 mm lang. Drüsen der Hülle zerstreut, klein, sonst 0. Flocken der Hülle ± reichlich, an den Caulomen oben grauen Filz bildend, abwärts rasch vermindert und noch oberhalb der Stengelmitte verschwindend, auf den Blättern 0. Blüthen hellgelb, fast nur röhrig, tief in schmale kurzgewimperte Zähnchen zerschlitzt; Griffel hervorragend, dunkel. Früchte dunkel rothbraun, 4,5 mm lang, viele taub. — Westschweiz: Creux de Champ in Ormonts dessus 1350 m, zwischen Zermatt und Zmutt im Walde 1755 m (N.), Zermatt (Lgg.). Piemont: Formazzathal oberhalb der Tosafälle 1755 m (N.). Abruzzen: Corno 2000—2500 m (Huet fr.). Wurde uns auch aus dem botanischen Garten von Leipzig geschickt. — Exsicc. 367.

H. penninum hat ziemlich viel habituelle Aehnlichkeit mit *H. glaucoides* Muelln., unterscheidet sich aber leicht von demselben durch Hüllenbau, Blattfarbe und namentlich durch das Indument. — Im Garten wird es sehr viel höher und mehr beblättert, die Verzweigung ist reicher, vielköpfig, die Hülle bis 15 mm lang, und es gehen einige kleine Drüsen noch auf den obersten Theil der Kopfstiele herunter. In unseren Culturen bleibt die Akladiumlänge meist unter 2 cm.

Eine reichlicher und länger behaarte Form aus den Bayerischen Alpen (Wornitschamp der Zugspitze 2600 m, v. Kolb) gehört möglicherweise hierher; das zur Beurtheilung stehende Material ist aber für eine sichere Bestimmung unzureichend.

4. *Subsp. chlorifolium* Arv.-Touv. Essai p. 44; Monogr. (1873) p. 23; Supplém. à la Monogr. (1876) p. 7. — (cult.) Stengel 35—50 cm hoch, dicklich, gestreift, etwas zickzackförmig mit leicht gebogenen Internodien, aufrecht, phyllopod. Blätter in der Rosette 1—2, undeutlich gestielt, lanzettlich, spitz, gezähnelt; Stengelblätter 6—11, sehr langsam decrescirend, untere lanzettlich, mit lang-verschmälerter Basis, mittlere breiter, ± lanzettlich-elliptisch mit schmaler Basis, obere noch breiter, aus eiförmig-gerundeter und an der Insertion ganz kurz fast stielartig zusammengezogener Basis zugespitzt; alle undeutlich gezähnelt oder fast ganzrandig, glauk, weich. Kopfstand hoch-gablig, grenzlos tief herabgehend[1]), gleichgipflig, 5—15 köpfig; Akladium 2,5—8 cm lang; Strahlen 2. Ordnung 4—12, schlank, sehr entfernt; Winkel ca. 40°; Ordnungen 2—3. Hülle 13—17mm lang, kuglig; Schuppen breit, lanzettlich-lineal, wenig imbricat[2]), schwärzlichgrün, durch Filz sehr schmal weissrandig, äussere spitz, innere stumpflich bis stumpf. Bracteen 3—4, untere blättchenartig, obere fast pfriemlich. Haare der Hülle ziemlich reichlich, weiss, 2—3 mm, an den Caulomen nur ganz oben vereinzelt bis mässig zahlreich, 3—4 mm, abwärts 0, auf den Blättern 0, höchstens am Rande gegen die Basis der Rosettenblätter sehr spärlich. Drüsen fehlen. Flocken der Hülle zerstreut bis mässig, auf den Schuppenrändern sehr reichlich, an den Caulomen ganz oben weisslichen, später nur graulichen Filz bildend, abwärts rasch vermindert und bald verschwindend, sonst 0. Blüthen lebhaft goldgelb, Zähnchen kahl; Griffel hell. Früchte hell rothbraun, 4,2—4,8 mm lang. — Gelangte zu uns durch die botanischen Gärten von Paris und Neapel.

5. *Subsp. isoplates* = *H. glabratum* H. P. R. it. ital. III. 561 part. — Stengel bis 26 cm hoch, dünn, aufsteigend, verbogen, gestreift, am Grunde oft wie die Blattmittelrippen roth angelaufen, phyllopod bis aphyllopod. Blätter in der Rosette (0—) 1—4, gestielt, lanzettlich, spitzlich, mucronat, entfernt gezähnelt; Stengelblätter 5—7, zuerst langsam, dann sehr rasch

---

1) In dem verzweigten Theil der Pflanze finden häufig Concaulescenzen statt.

2) d. h. rasch an Länge zunehmend.

decrescirend, unterste mit lang-verschmälerter Basis, mittlere und obere mit gestutzter oder gerundeter Basis sitzend, breit lineal-lanzettlich, auf eine lange Strecke mit parallelen Rändern, entfernt-gezähnelt, sehr spitz; alle glauk, ziemlich derb. Kopfstand gablig (aber durch Abort oder Ablast 1 köpfig); Akladium 5—8 cm lang; Strahlen 2. Ordnung 0—1; Ordnungen 1—2. Hülle 12—15 mm lang, kuglig, dann niedergedrückt; Schuppen breitlich, lineal, langgespitzt, alle sehr spitz, dunkel, randlos. Bracteen ca. 3, untere lanzettlich. Haare der Hülle mässig oder ziemlich reichlich, weiss, ca. 3 mm, an den Caulomen nur ganz oben spärlich, 3—4 mm, abwärts 0, auf den Blättern höchstens am Rande gegen die Basis (der Grundblätter) sehr spärlich. Drüsen fehlen. Flocken der Hülle mässig, auf den Schuppenrändern reichlich, an den Caulomen oben grauen Filz bildend, abwärts langsam vermindert, aber in der Stengelmitte verschwindend, sonst 0. Blüthen gelb, Zähnchen kahl; Griffel gleichfarbig. Früchte kastanienbraun, 3,8 mm lang. — Abruzzen: Valle di Orfenta am Majella 1600—1800 m (H. P. R.).

28. **H. speciosum Hornem.** hort. hafn. (1815) p. 764
= *villosum—glaucum—sabaudum.*

Stengel bis 65 cm hoch, dicklich, stark gestreift, aufrecht, aber durch eigene Schwere sich öfters niederstreckend, gerade, aphyllopod, zuweilen nach dem Grunde zu roth angelaufen. Stengelblätter 20—25, ansehnlich, sehr langsam decrescirend, untere zur Blüthezeit vertrocknet, mittlere lanzettlich, abwärts lang-stielartig verschmälert, entfernt gezähnelt oder kurz gezähnt bis gesägt, spitz, etwas mucronat, am Rande ein wenig umgebogen, stark glaucescirend, obere relativ breiter, lanzettlich und rasch in die schmale Basis zusammengezogen, in die Bracteen übergehend. Kopfstand lax rispig, grenzlos, gleichgipflig, 2—8 (—12) köpfig; Akladium 1,5—6 cm lang; Strahlen 2. Ordnung 1—6, $\pm$ entfernt, schlank; Verzweigungswinkel ca. 30°; Ordnungen 2—3. Hülle 13—15 mm lang, bauchig-kuglig, später niedergedrückt; Schuppen etwas breitlich, lineal, langspitzig, alle sehr spitz, schwärzlich oder dunkel, schmal heller gerandet. Bracteen 3—4, untere $\pm$ lanzettlich, blättchenartig, obere lineal. Haare der Hülle ziemlich reichlich, hell oder etwas graulich, 3 mm, an den Caulomen oben spärlich, abwärts langsam vermehrt bis zum reichhaarigen Stengelgrunde, 3—8 mm, auf den Blättern oberseits 0, unterseits zerstreut, weich, 4—6 mm, am Rande mässig, 3—4 mm lang. Drüsen fehlen. Flocken der Hülle zerstreut oder spärlich, auf den Schuppenrändern ziemlich reichlich, an den Caulomen oben $\pm$ grauen Filz bildend, abwärts langsam vermindert bis fast zum Stengelgrunde, auf den Blättern oberseits 0 bis fast mässig zahlreich, unterseits wenigstens am Hauptnerv und am Rande, bei den mittleren und oberen Blättern auch auf der Fläche $\pm$ zerstreut bis mässig zahlreich. Blüthen citrongelb, Zähnchen kahl; Griffel hell. Früchte schwarzbraun, 4 mm lang.

α) *genuinum* = *H. speciosum* Fries Hierac. europ. exsicc. 40 = *H. polyphyllum var. nudatum* Rochel in sched[1]). — Diese Pflanze erhielten wir aus den botanischen Gärten von Lyon, Grenoble, Montpellier, Paris, Wien, Würzburg, Berlin, Kopenhagen, Münster, Göttingen, auch sahen wir cultivirte Exemplare aus Upsala und Zürich. Ferner: Ungarn: wo?, Karpathen (Rch.). Dauphiné. Kärnten: wo? — Exsicc. 368.

Die grundständigen Frühjahrsblätter sind ziemlich deutlich gestielt, lang- und ziemlich schmal-lanzettlich, unterscheiden sich aber sonst kaum von den unteren Stengelblättern. Die Pflanze ist von sehr stattlichem Aussehen und trägt ihren Namen mit Recht.

Obenstehender Beschreibung liegen nur cultivirte Exemplare zu Grunde. Einige uns vorliegende anscheinend von natürlichen Standorten stammende Exemplare sind nur bis ca. 30 cm hoch, mit schlankem Stengel, schmal-lanzettlichen gezähnelten Blättern, 13 mm langen Köpfchenhüllen, geringerer Behaarung des oberen Theiles des Stengels und nur 3,6 mm langen Früchten. Da jedoch das cultivirte *H. speciosum* bezüglich des Indumentes ziemlich wechselt, so ist diesen Verschiedenheiten von unserer Pflanze eine grössere Bedeutung nicht beizumessen. Manchmal kommt letztere mit viel geringerer und kürzerer Behaarung vor, oder die Köpfchenhüllen sind nur spärlich mit kurzen dunkeln Haaren bekleidet, ähnlich wie bei *H.* (*bupleuroides*) *scabriceps*.

β) *laxiramum*. Kopfstand sehr lax rispig, tief herabreichend, mit 5—16 entfernt stehenden Aesten. Behaarung am oberen Theil der Pflanze etwas reichlicher, an der Hülle nur ca. 2 mm lang. Früchte auffallend glänzend, fast schwarz, 3,8 mm lang. Bracteen mehr blattartig. — Aus den Gärten von Paris und Würzburg. — Exsicc. 368*

Bemerkungen zu Spec. speciosum.

Hornemann diagnosticirte[2]) a. a. O. eine ihm nur im cultivirten Zustande bekannte Pflanze, welche den angegebenen Merkmalen zufolge dem *H. scorzonerifolium* sehr nahe stehen muss, demnach als *H. villosum—glaucum* zu betrachten wäre. Heute ist, wie oben gezeigt wurde, in den botanischen Gärten unter dem Namen *speciosum* die beschriebene hoch-

1) Vgl. *H. nudatum* Roch. S. 66. — Reichenb. f. Deutschl. Fl XIX (1860) p. 115 tab 205 gibt eine ziemlich zutreffende Beschreibung, aber eine Abbildung, welche Reichenbach selbst als nicht genau bezeichnet, und welche eher zu Spec. *scorzonerifolium* gehören könnte; diese Abbildung bleibt also am besten ausser Betracht.

2) „Caule erecto ramoso pubescenti-tomentoso; foliis glaucis subtus pilosis, radicalibus lanceolatis denticulatis, caulinis ovatis sessilibus; calycibus villosis.“

wüchsige aphyllopode Sippe sehr verbreitet, deren Merkmale noch auf eine dritte Hauptart hinweisen: unseres Erachtens auf *H. sabaudum* oder eine verwandte Pflanze. Die Knappheit der Hornemann'schen Diagnose erlaubt ein ganz befriedigendes Urtheil nicht, so dass es wohl möglich erscheint, dass die heutige Gartenpflanze schon von diesem Autor gemeint wurde, und dass die Angabe über die Grundblätter sich auf deren im Frühling zuerst sich entwickelnde Blätter bezieht. Da nun auch Fries in seinen Exsiccaten unsere Pflanze als *H. speciosum* ausgegeben hat, so empfiehlt es sich, in Zukunft diesen Namen im besprochenen Sinne festzuhalten, um weiteren Verwechselungen zu begegnen.

Von den Eigenschaften des so fixirten *H. speciosum* deuten auf Spec. *villosum* namentlich das Indument und die Grösse der Köpfchen, auf Spec. *glaucum* (resp. *bupleuroides*) die Gestalt und Farbe der Blätter und die Verminderung der Behaarung, auf Spec. *sabaudum* die sehr reiche Beblätterung und die mehrköpfige Inflorescenz, auch die leichte Umrollung des Blattrandes nach der Unterseite. Kein Merkmal der Hauptarten tritt in *H. speciosum* rein in die Erscheinung, so dass man auf Grund dieser Thatsache berechtigt ist, als dritte Hauptart *H. sabaudum* und nicht etwa *H. tridentatum*, auf welches die schmale Blattbasis hinlenken würde, zu betrachten. Denn die dicke niedergedrückte Hüllengestalt kann nur dadurch verständlich werden, wenn zu *H. villosum* und *glaucum* noch eine ähnlich dick- und breitköpfige Species hinzutritt, nicht aber eine mit zierlichen Köpfchen ausgestattete Sippe.

Man kann sich angesichts des Umstandes, dass *H. speciosum* mit aller Sicherheit nur im cultivirten Zustande bekannt ist, der Vermuthung kaum erwehren, dass in ihm eine hybride Pflanze vorliege. Allein es mangelt einerseits jeder Nachweis dafür, und die Pflanze ist auch vollkommen fertil, andrerseits dürfte es schwierig sein, die Abstammungsformel festzustellen. Da die Merkmale der *Villosina* und *Glaucina* in *H. speciosum* vorherrschen, so könnte die Formel $=$ *H. scorzonerifolium* $>$ *sabaudum* dem wahren Thatbestande am nächsten kommen. Mit *H. scorzonerifolium* steht *H. speciosum* ohnehin sicherlich in nahen Beziehungen, da die *var. laxiramum* gegen ersteres hinneigt und einige bei *H. scorzonerifolium* beschriebene Sippen (*H. polybracteum*, *speciosiforme*) als weitere Zwischenformen sich darstellen.

29. **H. dentatum Hoppe** in Sturm, Deutschl. Fl. 19 c. tab. = *villosum* — *silvaticum*.

Dazu gehört *H. pilosum* Fröl. in DC. Prodr. VII (1838) p. 229, *H. glabratum γ. elatum* Gren. et Godr. fl. fr. II (1850) p. 358, als kurzhaarige Form *H. dentatum b. hirtum* Fries Epicr. (1862) p. 63. — Stengel meist unter 30 (—45) cm hoch, schlank bis dünn (auch dicklich), aufrecht, ± verbogen, ± gestreift, phyllopod. Blätter in der Rosette einige bis mehrere (zuweilen zahlreich), ± gestielt, elliptisch oder länglich bis lanzettlich, stumpf bis spitz, äussere öfters etwas spatelig, grün bis stark glaucescirend, ganzrandig oder gezähnelt bis stark sägezähnig mit groben abstehenden Zähnen, weich oder etwas derb; Stengelblätter meist 2—5 (selten bis 10), langsam bis rasch decrescirend, wenigstens die untersten ansehnlich und öfters ± gestielt, obere sitzend, oft sehr klein und bis lineal. Kopfstand ± gablig, gleichgipflig bis übergipflig, grenzlos, (1—) 2—4 (—6) köpfig; Akladium 2—12 cm lang, damit zuweilen die halbe Stengellänge einnehmend; Strahlen 2. Ordnung (0—) 1—3, schlank bis dünn, seltener dicklich, entfernt; Verzweigungswinkel 25—40 (—45)°; Ordnungen (1—) 2 (—3). Hülle (11—) 12—16 (—18) mm lang, meist oval und später bis kuglig oder selbst niedergedrückt; Schuppen schmal bis breitlich, alle gleichgestaltet, lineal, langspitzig, sehr spitz, dunkelgrün bis schwarz, häufig etwas heller berandet, äusserste fast anliegend oder öfters etwas abstehend-locker. Bracteen wenige, unansehnlich, lineal oder pfriemlich. Haare der Hülle meist mässig zahlreich bis reichlich, hell, 1—3 mm, an den Caulomen in sehr verschiedener Menge vorhanden, auf den Blättern 0 bis reichlich, immer weich, 1—3 mm lang. Drüsen sehr klein, nur an der Hülle besonders gegen die Schuppenspitzen zerstreut bis mässig, sonst 0, zuweilen überhaupt fehlend. Flocken an der Hülle fast 0 bis zerstreut, an den Schuppenrändern bis ziemlich reichlich, an den Caulomen oben Filz bildend, abwärts vermindert und verschieden tief herabgehend, auf den Blättern zuweilen unterseits in spärlicher Anzahl vorhanden, meist völlig mangelnd. Blüthen ± gelb, Zähnchen kahl bis kurzgewimpert; Griffel ± dunkel. Früchte hellbraun bis schwarz, (2,6—) 3—4 (—4,2) mm lang.

Bemerkungen zu Spec. dentatum.

Zwischen den Spec. *villosum* und *silvaticum* sind so zahlreiche Uebergangsformen vorhanden, dass man eine völlig gleitende Verbindung beider Hauptarten annehmen darf. Es ist schwer, irgendwo eine Grenze zu ziehen, welche jede der letzteren von den Zwischensippen trennt. Diese Grenze muss jedoch gezogen werden, denn es widerstrebt dem systematischen Gefühl, habituell und in jedem einzelnen Merkmal so sehr abweichende Pflanzen in eine Species zusammenzustellen, wie die extremen (typischen) Sippen der beiden genannten Arten; auch muss die Fassung der Species mit der sonst in der Gattung üblichen in Einklang sich befinden. Es wird also dort eine Scheidung vorzunehmen sein, wo die Zwischenformen minder dicht stehen. — Die Durchsicht eines grossen Materiales zeigt nun zunächst, dass die von der Spec. *villosum* gegen Spec. *silvaticum* hin abweichenden Sippen, wenn sie der ersteren auch noch ziemlich ähnlich sind, doch fast immer durch zwei Merkmale sich erkennen lassen: die fast anliegenden äusseren Hüllschuppen und die gestielten Grundblätter. Wirklich zweifelhafte Exemplare sind ziemlich selten, so dass die Spec. *villosum* von den Uebergangsformen noch verhältnissmässig gut sich scheidet. Damit aber beginnt ein dichter Schwarm von Zwischengliedern, die theilweise und nur mühsam in etwa vier Gruppen sich bringen lassen (unsere Gr. *Villosiforme*, *Subvillosum*, *Dentatum* und *Dentatiforme*), und von denen einige in der Ausbildung einzelner Merkmale schon etwas gegen die Spec. *subspeciosum*, also eigentlich gegen *H. glaucum* hinneigen (unsere Gr. *Expallens*). Erst ziemlich weit entfernt von der Spec. *villosum* auf deren Verbindungslinie mit der Spec. *silvaticum* werden die gleitenden Zwischenstufen minder zahlreich, um dann, noch näher der letztgenannten, abermals an Zahl zu gewinnen und die später zu behandelnde Gruppe der dem *H. incisum* Hoppe ähnlichen Sippen (und Bastarde) zu bilden. Diese zwischen *H. dentatum* und *H. incisum* existirende, freilich etwas undeutliche Lücke ist zu benutzen, um eine weitere systematische Grenze zu ziehen. — In der beifolgenden Skizze wird versucht, diese und andere

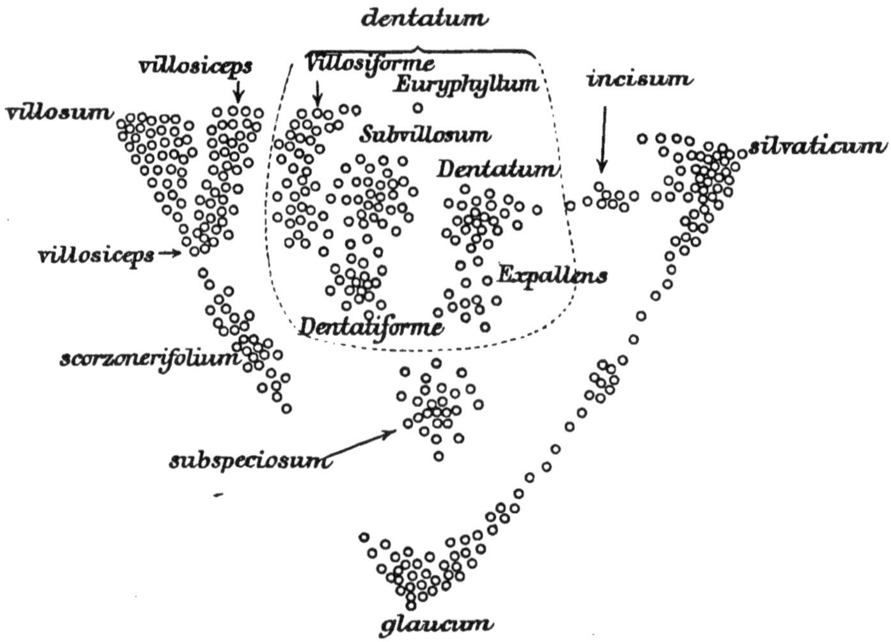

Fig. 3.

Beziehungen der drei Hauptarten *villosum*, *silvaticum* und *glaucum* anschaulich zu machen. Durch die Zahl und den Ort der kleinen Kreise innerhalb des Dreiecks wird die Menge und systematische Bedeutung der uns bekannt gewordenen Sippen annähernd bestimmt.

Uebersicht der Subspecies-Gruppen.

Stengelblätter meist mehrere, aufwärts langsam decrescirend.
- Blätter grün bis glaucescirend, oberseits ± reichhaarig.
  - Blätter viele oder mehrere; Habitus *villosum*-artig: I. *Villosiforme*.
  - Blätter mehrere; Habitus intermediär zwischen Spec. *villosum* und *silvaticum*: II. *Subvillosum*.
  - Blätter mehrere, in der Rosette breit eiförmig, fast abgesetzt-gestielt, dadurch Habitus *silvaticum*-ähnlich: III. *Euryphyllum*.
- Blätter glaucescirend, oberseits armhaarig, meist ziemlich schmal: IV. *Dentatiforme*.

Stengelblätter meist wenige, aufwärts rasch decrescirend.
- Blätter grün oder etwas glaucescirend, oberseits reich- oder mehrhaarig: V. *Dentatum*.
- Blätter ± glaucescirend, oberseits wenig behaart oder haarlos: VI. *Expallens*.

I. ***Villosiforme*** (siehe oben). — Diese Pflanzen stehen habituell der Spec. *villosum* nahe, in ihren Köpfchen eher der Spec. *villosiceps*; demnach nehmen sie zwischen den Hauptarten einen Platz ein, welcher viel näher an Spec. *villosum* liegt als an Spec. *silvaticum*. Sie sind die ersten Vermittler von *H. villosum* gegen *H. dentatum* hin, welchem sich am meisten *H. turritiforme* nähert.

1. *Subsp. villosiforme* = *H. villosum c. grossidens* Fries Epicr. (1862) p. 64. — (cult.) Stengel bis 50 cm hoch, dick, verbogen, stark gestreift, aufrecht, phyllopod. Blätter in der Rosette wenige oder einige (bis 8), gestielt, länglich, abwärts lang-verschmälert, stumpf bis spitz und mucronat, unregelmässig grob-gesägt-gezähnt mit vorwärts gerichteten kurz- und scharf zugespitzten Zähnen; Stengelblätter 7—10, gross, sehr langsam decrescirend, in die Bracteen übergehend, untere länglich, in einen ziemlich undeutlichen Stieltheil verschmälert, mittlere mit verschmälerter Basis sitzend, obere fast elliptisch, die obersten aus nahezu eirunder Basis zugespitzt; alle glaucescirend, weich, in der Bezahnung den Rosettenblättern ähnlich, meist etwas wellrandig. Kopfstand gablig, gleichgipflig, grenzlos, 5 köpfig; Akladium 1,5—7 cm lang; Strahlen 2. Ordnung 2—6, schlank oder etwas dicklich, entfernt; Winkel 25—30°; Ordnungen 2. Hülle 14—15 mm lang, kuglig, später breiter werdend; Schuppen breit, lanzettlich, ± zugespitzt, sehr spitz, dunkel, äussere (namentlich am Kopf 1. Ordnung) locker, aber nicht sparrig und auch nicht sehr abstehend. Bracteen ca. 5, alle blättchenartig. Haare der Hülle reichlich, hell, 3 mm, an den Caulomen überall ebenso, hell mit schwarzem Fuss, 3—5 mm, am oberen Theil der Pflanze länger als am unteren, auf den Blättern oberseits mässig oder ziemlich zahlreich, etwas steiflich, 4—5 mm, unterseits noch dichter, am Rande reichlich, 2,5—3,5 mm lang. Drüsen winzig, an der Hülle besonders gegen die Schuppenspitzen hin mässig zahlreich, sonst 0. Flocken der Hülle nach oben hin fast 0, gegen die Basis bis

reichlich, an den Caulomen oben grauen oder fast weisslichen Filz bildend, abwärts langsam vermindert bis unter die Stengelmitte, auf den Blättern 0. Blüthen hellgelb, Zähnchen etwas papillös oder mit vereinzelten kurzen Wimpern; Griffel hell oder dunkel werdend. Früchte rothbraun, 4—4,5 mm lang. — Diese Pflanze erhielten wir aus den botanischen Gärten von Würzburg und Prag.

Zuweilen ist die Behaarung überall weich. — Eine nahestehende Pflanze mit durchweg breiteren minder gezähnten Blättern (mittlere länglich bis elliptisch, obere eiförmig bis fast stengelumfassend) cultiviren wir von den Kaserenwiesen bei Neuprags in den Südtiroler Dolomiten (N.), — eine andere mit nur lanzettlichen gezähnelten Blättern kommt vor in Tirol: Vennerthal des Brenner 1950—2080 m (N.) und Kärnten: Albitzenwiesen über dem Brettboden der Pasterze 2110 bis 2440 m (N.).

2. *Subsp. aechmetes.* Stengel bis 30 cm hoch, schlank, aufrecht, fast gerade, gestreift, phyllopod. Blätter in der Rosette 2—5 (zuweilen mehr), nicht oder undeutlich (seltener deutlich) gestielt, länglich, ± stumpf bis fast spitz, mucronat, gezähnelt oder mit einzelnen etwas gröberen Zähnen; Stengelblätter 3—4, langsam decrescirend, mit gerundeter, obere mit etwas umfassender Basis sitzend, breit, eiförmig, ± spitz, meist auch mucronat; alle etwas glaucescirend, etwas derb. Kopfstand hochgablig, ein wenig übergipflig, grenzlos, 1—3 köpfig; Akladium 2—5 (—11) cm lang; Strahlen 2. Ordnung 0—2, sehr entfernt, schlank; Winkel 35—40°; Ordnungen 1—2. Hülle 14—16 mm lang, eiförmig, dann kuglig; Schuppen etwas breitlich, sehr langspitzig-zugespitzt, sehr spitz, schwarz, äussere locker. Bracteen ca. 4—5, untere lanzettlich, blättchenartig, obere lineal. Haare an Hülle und Caulomen reichlich, hell, dort 2—3,5 mm, hier 5—8 mm, auf den Blättern oberseits ziemlich reichlich, weich, 3—4 mm, unterseits noch zahlreicher, am Rande reichlich, 2—3 mm lang. Drüsen gegen die Spitzen der längeren Hüllschuppen zerstreut, sonst 0. Flocken der Hülle 0, auf den Blättern ebenso, nur an der Mittelrippe der oberen Stengelblätter zuweilen spärlich, Caulome oben weisslich bis grau, abwärts bis zum Grunde ziemlich reichflockig. Blüthen gelb, Zähnchen kahl oder mit vereinzelten kurzen Wimpern; Griffel hell. Früchte hellbraun, 3—4 mm lang.

1. *normale.* — Tirol: Wolfenalp am Brenner 1790—1885 m (N.), Fleimsthal. Kärnten: Pasterze (N.). Dauphiné: zwischen La Faucille und Loretay (Richter). Schweiz: Berner Alpen; Parpan gegen das Weisshorn 1500—1700 m (P.); ein offenbar cultivirtes unvollständiges Exemplar wird in sched. herb. Monac. als *H. eriophyllum* bezeichnet.

In Cultur reicher (zuweilen bis in den dritten Grad) verzweigt, etwas grösser, fast immer mit basalen Blattrosetten, Hüllen eher kürzer. — Zuweilen ist die Behaarung überall, namentlich auf den Blättern, geringer und kürzer, so in Kärnten: Pasterze und Heiligenblut in der kleinen Fleiss 1950 m (N.). Schweiz: Churfirsten über Quinten 1700 m, Rochers de Naye oberhalb Chamossale bei Montreux 1600—1800 m (N.), Albulapass zwischen Palpuogna und Weissenstein 1900—2030 m (P.). Tirol: Dolomite von Neuprags (N.).

2. *carpathicola.* Blätter alle lanzettlich, stengelständige 5—6, mit schmaler Basis sitzend. Behaarung etwas geringer. Früchte braun, 3 mm lang. — Tatra: Thal von Koszielisko (U.), Chocz.

Hier schliessen sich einige Sippen an, welche zwischen den Spec. *villosum* und *dentatum* eben so deutlich vermitteln wie die oben genannten. Im unteren Theil sind diese Pflanzen jedoch durch langgestielte zu *H. silvaticum* hinneigende Blätter, im oberen Theil durch *villosiceps*-ähnliche Ausbildung der Köpfchenhüllen ausgezeichnet, so dass an ihnen mehr ein Nebeneinander der Merkmale ihrer Hauptarten als eine Durchdringung der Eigenschaften stattfindet. Wir erhielten solche Formen aus den botanischen Gärten von Hamburg und Würzburg, aber es wurden dieselben auch aus dem Cognethal und von der Alp Gressoney bei Aosta durch Obrist in den Münchener Garten eingeführt.

3. *Subsp. pseudovillosum.* Stengel bis 25 (—35) cm hoch, schlank, etwas aufsteigend, gestreift, phyllopod. Blätter in der Rosette einige oder mehrere, ± gestielt, länglich bis lanzettlich, spitzlich und spitz, gezähnelt oder klein-gezähnt, oft wellrandig; Stengelblätter 3—4, langsam decrescirend, untere lanzettlich mit verschmälertem Grunde, obere mit gerundeter Basis sitzend; alle glaucescirend, weich. Kopfstand gablig, grenzlos, gleich- oder übergipflig, 2—3 köpfig; Akladium 3—7 cm lang; Strahlen 2. Ordnung 1—2, entfernt, ziemlich schlank; Winkel 30°; Ordnungen 2. Hülle 13—16 mm lang, zuerst eiförmig-kuglig, später breiter; Schuppen fast schmal, lineal, sehr langspitzig, sehr spitz, schwarz bis dunkelgrün, äussere ± locker oder etwas abstehend. Bracteen 2—4, untere meist lanzettlich, blättchenartig, obere lineal. Haare der Hülle reichlich, weiss, 3 mm, an den Caulomen oben ziemlich zahlreich, abwärts reichlicher, hell, 3—5 mm, auf den Blättern beiderseits reichlich, weich, 3—4 mm lang. Drüsen der Hülle zerstreut, klein, sonst 0. Flocken der Hülle oben 0, abwärts zerstreut, an den Caulomen oben grauen Filz bildend, abwärts langsam vermindert bis fast zum Stengelgrunde, auf den Blättern 0. Blüthen hellgelb, Zähnchen kahl; Griffel ziemlich hell. Früchte schwärzlich-rothbraun, 3,5 mm lang. — Tirol: Vennerthal, Wolfenalp und Griesberg des Brenner 1625—2110 m (N). Bayerische Alpen: Karwendel, Partenkirchen. Algäu: Gr. Seekopf 1980 m (Cfl.). Kärnten: Pasterze (N.). Westschweiz 1350—2300 m: Les

Verreaux bei Vevey, Creux de Champ, Alp Lécheret und gegen Sex rouge und M. de Marnex in Ormonts (N.), Generoso in Tessin (Mt.). Jura: Dôle (N.). — Exsicc. 369.

Diese Pflanze geht in *H.* (*villosum*) *calvifolium* über, zu welchem die Zwischenformen namentlich in der Hüllenbildung und durch geringeres Indument hinneigen; ausserdem kommen Annäherungen an Spec. *elongatum* vor: alle diese im Jura: Dôle (N.).

4. *Subsp. turritiforme.* Stengel bis 25 cm hoch, fast aufrecht, ± schlank, gestreift, phyllopod. Blätter in der Rosette mehrere, langgestielt, äussere eiförmig, gerundet, in den Stiel verschmälert, die übrigen ± lanzettlich, stumpf bis spitz, mucronat, gezähnelt bis grob gezähnt, glaucescirend, ziemlich weich; Stengelblätter 4—7, etwas rasch decrescirend, lanzettlich, untere ± gestielt, übrige mit verschmälerter Basis sitzend. Kopfstand hochgablig, etwas übergipflig, ziemlich abgesetzt, 3köpfig; Akladium 2—4 cm lang; Strahlen 2. Ordnung 2, etwas entfernt, schlank bis fast dünn; Winkel ca. 30°; Ordnungen 2. Hülle ca. 12 mm lang, fast oval, dann kuglig; Schuppen sehr schmal, sehr langspitzig, sehr spitz, schwärzlich. Bracteen ca. 3, pfriemlich. Haare der Hülle ziemlich reichlich, hell, 2 mm, an den Caulomen überall mässig zahlreich, hell, 2—3 mm, auf den Blättern beiderseits ebenso (bis fast zerstreut), weich, 2—3 mm lang. Drüsen winzig, nur gegen die Spitzen der längsten Hüllschuppen spärlich, sonst 0. Flocken der Hülle spärlich, an den Caulomen oben grauen Filz bildend, abwärts bis fast zum Stengelgrunde langsam vermindert. Blüthen lebhaft gelb, Zähnchen spärlich-kurzgewimpert oder nur papillös; Griffel dunkel. Früchte schwarzbraun, 2,6 bis knapp 3 mm lang. — Tirol: Wolfenalp am Brenner 1885—1950 m (N.). Bayerische Alpen: Kirchstein (Th. Sdt.). Kärnten: Pasterze (N.). Abruzzen: Thal Orfenta am Majella (H. P. R.). Wurde uns auch aus dem botanischen Garten von Hamburg geschickt. — Exsicc. 370.

Cultivirte Exemplare sind bis über 40 cm hoch, oft tief herab verzweigt, haben eine reichblättrige Rosette von sehr langgestielten kurzhaarigen Blättern und einen bis zwölfblättrigen Stengel, so besonders diejenigen von der Pasterze.

Sehr ähnlich ist eine Pflanze mit durchweg breiteren Blättern, grasgrünen bis schwärzlichgrünen Hüllschuppen und sehr reichlicher Flockenbekleidung der Caulome, bei welcher sich auch auf dem Blattrücken, mindestens an der Mittelrippe, ± zahlreiche Flocken finden. Dieselbe kommt vor in Tirol: am Grossglockner 1625—1950 m (N., Hut.), Gratalven bei Kals 1950—2270 m (Mdo.), Alp im Lueg beim Abstieg vom Wolfendorn am Brenner 1625 m (N.); Ostschweiz: Schuls im Unterengadin 2000 m (Pr.), beim Dorfe Splügen (N.). — Noch eine andere nahestehende Form mit ebenfalls breiteren Blättern und mit breitlichen Hüllschuppen, aber ohne auffällig starke Flockenbekleidung, fanden wir in Graubünden: am Stätzerhorn bei Parpan 1500—2000 m (P.).

II. ***Subvillosum*** (vgl. Seite 175). — Von ziemlich intermediärem Habitus zwischen den Spec. *villosum* und *silvaticum*, jedoch durch Zwischenformen mit der vorigen und mit anderen Gruppen verknüpft. Beblätterung und Indument erfahren eine der Spec. *silvaticum* entsprechende Abschwächung, die Verzweigung stellt sich im allgemeinen näher an Spec. *villosum*, die Ausbildung der Hülle ist eher der Spec. *silvaticum* nähergerückt. Die hier vereinigten Subspecies sind schlecht geschieden und gehen unmerklich in einander über.

1. *Subsp. pseudoporrectum Christener*, Hierac. d. Schwz. (1863) p. 18 (sine descr.) et in sched. = *H. dentatum* Rchb. f. Deutschl. Fl. XIX (1860) p. 114 tab. 201 fig. 1. — Stengel bis 40 cm hoch, dicklich bis schlank, aufrecht, meist wenig verbogen, ziemlich feingestreift, phyllopod. Blätter in der Rosette mehrere, ± kurz- (zuweilen etwas undeutlich) gestielt, länglich-lanzettlich bis lanzettlich, mit einigen gröberen Sägezähnen, äussere stumpf oder stumpflich, innere spitz; Stengelblätter 4—5, langsam decrescirend, mit breiter (unterstes mit verschmälerter) Basis sitzend, grob gesägt, spitz; alle wenig glaucescirend, weich. Kopfstand hochgablig, gleichgipflig, grenzlos, 3—6 köpfig; Akladium 1—3 (—9) cm lang; Strahlen 2. Ordnung 2—4, sehr entfernt, dicklich; Winkel 30—35°; Ordnungen 2—3. Hülle 15—16 mm lang, dick eiförmig, dann kuglig; Schuppen breitlich, langspitzig, äussere sehr spitz, innerste an der Spitze selbst stumpflich (oder ebenfalls sehr spitz), alle schwarz. Bracteen ca. 2, dicht am Köpfchen sitzend, lineal-pfriemlich. Haare der Hülle ziemlich reichlich, hell, 2—3 mm, an den Caulomen oben mässig, abwärts bis ziemlich zahlreich, hell, 3—4 (—5) mm, auf den Blättern beiderseits ± reichlich, oberseits weich, 2,5—3,5 mm lang, unterseits meist zahlreicher. Drüsen der Hülle besonders gegen die Schuppenspitzen zerstreut, sonst 0. Flocken der Hülle ± zerstreut, auf den Blättern 0, Caulome oben weisslichgrau, abwärts mit langsam verminderten Flocken bis fast zum Stengelgrunde. Blüthen etwas hellgelb, Zähnchen kahl; Griffel dunkel. Früchte etwas hellbraun, 4,5 mm lang. — Westschweiz: Fuss des Wetterhornes im Grindelwald (Chr.), am Fusse der Nufinen im Eginenthal (Lgg.). Ostschweiz: Kalkberg und über dem Dorfe Splügen 1495—2110 m (N.), Schuls gegen die Muotta Naluns im Unterengadin (Pr.). Nordschweiz: Appenzeller Alpen (Bbg.). Jura: Röthifluh (Chr.). Algäu: Schochen 2110 m (Sdt.). Tirol: Teischnitz bei Kals (Pich.), Bergerthörl bei Kals (Pr.), Kaserenwiesen bei Neuprags 2210—2370 m (N.). Bayerische Alpen: Hochwies, Reitalpe (Sp.), Benedictenwand, Miesing (Pr.). Kärnten: Heiligenblut (Schnizlein). — Exsicc. 371.

Vorstehende Beschreibung ist nach Originalexemplaren des Autors hergestellt, zu welchen Letzterer 1864 die Bemerkung machte: „Ich halte diese Pflanze je länger je mehr für eine gute Art. Ich habe sie auch schon aus den Waadtländer Alpen erhalten, auch aus den Glarneralpen. Bleibt, wenn ausgesäet, unverändert.“ — An anderen Standorten aber findet man mannigfache Abänderungen, denn Behaarung, Beblätterung und Bezahnung der Blätter unterliegen ziemlich bedeutenden individuellen Verschiedenheiten. — Cultivirte Exemplare haben länger und deutlicher gestielte grosse Blätter und eine sich bis in die Rosette herab erstreckende reichere Verzweigung.

2. *Subsp. subruncinatum* = ? *H. villosum B.* (sine nom.) Vill. hist. pl. Dauph. III (1789) p. 106 = ? *H. Chaixi* Serres in Bull. Soc. bot. de France IV (1857) p. 438. — Stengel bis 45 cm hoch, dick bis schlank, etwas aufsteigend, etwas verbogen, feingestreift, phyllopod. Blätter in der Rosette mehrere, deutlich oder undeutlich gestielt, länglich bis lanzettlich, ± spitz oder spitzlich und mucronat, ± grobgesägt-gezähnt; Stengelblätter 4—5, langsam decrescirend, unterstes mit verschmälerter Basis, übrige mit breiter oder ± halbumfassender Basis sitzend; alle glaucescirend, etwas derb bis weich. Kopfstand ± gablig, grenzlos, gleichgipflig, 2—6 köpfig; Akladium 5—13 cm lang; Strahlen 2. Ordnung 1—4, entfernt, dicklich bis schlank; Winkel 30—35°; Ordnungen 2—3. Hülle 14—16 mm lang, kuglig; Schuppen wenig breitlich, lineal, langspitzig, sehr spitz, dunkel bis fast schwarz. Bracteen 4—5, untere blättchenartig oder lineal, obere den Hüllschuppen ähnlich. Haare der Hülle reichlich, hell, 3—4 mm, an den Caulomen oben ziemlich zahlreich, abwärts bis reichlich, hell, 3—5 mm, auf den Blättern beiderseits ebenso, weich, 3—5 mm lang. Drüsen winzig, an der Hülle zerstreut, sonst 0. Flocken am oberen Theil der Hülle fast 0, gegen die Basis hin bis mässig zahlreich, auf den Blättern 0, Caulome oben weisslich bis graufilzig, abwärts mit langsam verminderten Flocken bis zum Stengelgrunde. Blüthen gelb, Zähnchen kurzgewimpert; Griffel dunkel. Früchte braun, 4 mm lang. — Ostschweiz 1690—2500 m: Splügen über dem Dorfe gegen den Kalkberg, Fuss des Piz Padella bei Samaden (N.), Val Chiamuera bei Ponte, Alp Giop über St. Moritz, Val Fex bei Sils-Maria, Rheinschlucht zwischen Cresta und Cröt im Avers (P.), Bernhardin (N.), zwischen Parpan und dem Weisshorn. Westschweiz: Generoso im Tessin (Mt.), M. de Marnex in Ormonts 2200—2300 m (N.). Tirol 1625—2370 m: Wolfenalp und Vennerthal des Brenner, Kaserenalp und Kaserenwiesen bei Neuprags, Pass zwischen Schluderbach und Altprags, Fernpass (N.), Nockspitz bei Innsbruck (U.), Wormserjoch (Pr.). Algäu 2110—2210 m: Rauhhorn (Sdt.), Rappenkopf (Cfl.). Bayerische Alpen: Jägerkamp bei Schliersee 1560—1720 m (P.), Benedictenwand (W.). Küstenland: Matajur bei Karfreit 1300—1690 m (P.). Jura: Creux du Nan (Buhlnheim). — Exsicc. 372.

Auch diese Sippe wechselt beträchtlich in Haarmenge, Kopfgrösse und Bezahnung der Blätter, so zwar, dass alle denkbaren Combinationen innerhalb der oben angegebenen Grenzen wirklich vorkommen können. Etwas stärker weicht eine Form ab mit ca. 12 mm langen nur mässig behaarten Köpfchenhüllen, diese in Tirol: Innsbruck (Hepperger) und in den Bayerischen Alpen: Benedictenwand (Sp.).

3. *Subsp. subvillosum.* Stengel bis 35 (—48) cm hoch, etwas aufsteigend, schlank, ± verbogen, gestreift, phyllopod. Blätter in der Rosette 2—5, kürzer oder länger (öfters etwas undeutlich) gestielt, oft etwas wellrandig, äussere länglich, stumpf, kleiner, innere ± lanzettlich, bis spitz, ansehnlicher, gezähnelt bis fast ganzrandig oder mit einigen etwas grösseren Zähnen; Stengelblätter 3—4, langsam decrescirend, ± lanzettlich bis länglich, mit wenig verschmälerter oder gerundeter Basis sitzend; alle wenig glaucescirend-hellgrün, weich. Kopfstand hochgablig, ± gleichgipflig, grenzlos, 1—3 köpfig; Akladium 3—7 cm lang. Strahlen 2. Ordnung (0—) 1—2, entfernt, schlank; Winkel ca. 35°; Ordnungen (1—) 2. Hülle 13—15 mm lang, kuglig; Schuppen fast schmal, lineal, langspitzig, sehr spitz, schwarz, äussere locker oder abstehend-locker. Bracteen 2—3, lineal. Haare der Hülle reichlich, hell, 2—3 mm, an den Caulomen überall ziemlich reichlich, hell, 3—4 mm, auf den Blättern beiderseits ebenso, sehr weich, 3—4 mm lang. Drüsen nur gegen die Hüllschuppenspitzen zerstreut, sonst 0. Flocken an Hülle und Blättern mangelnd, Caulome oben graufilzig, abwärts vermindert-flockig bis zum Stengelgrunde. Blüthen gelb, Zähnchen kahl oder sehr kurz- und spärlich gewimpert; Griffel hell bis sehr dunkel. Früchte schwarzbraun bis hellbraun, 3,6—4 mm lang.

Geht ganz allmählich in *H. subruncinatum*, *prionodes* und *aechmetes* über, steht mit dem erstgenannten in engstem Zusammenhange und könnte auch mit ihm vereinigt werden. Es wechseln bei *H. subvillosum* in hohem Grade die Länge der Behaarung, Kopfgrösse und Fruchtfarbe, so dass in letzterer Hinsicht hier sich ein weiteres Beispiel des bei *H. Willdenowii* δ. *scabrellum* besprochenen Verhaltens darbietet. Manchmal wird die Blattoberseite ziemlich kahl, in anderen Fällen dagegen die Behaarung an allen Theilen sehr reichlich und lang, und dies alles so, dass kein Merkmal in einigermaassen enge Grenzen zu fassen ist, um mit ihrer Hülfe eine Diagnose zu formuliren. Die Entfaltungsfähigkeit der Merkmale ist demnach eine sehr labile, so dass ungewöhnlich grosse individuelle Differenzen auftreten können. Die Bestimmung darüber, wie ein Merkmal zur Erscheinung gelangt, wird, wie dieses Beispiel auf das deutlichste zeigt, offenbar getroffen von der inneren Zusammenstimmung der idioplasmatischen Anlagen, nicht durch äussere Umstände. Denn am nämlichen Standorte finden sich zahllose Abänderungen neben einander, ohne dass für die einzelne irgendwie die Ursachen erkennbar wären. Was in dieser Hinsicht für *H. stupposum* gesagt werden musste, gilt also auch in fast eben so hohem Grade für die *subvillosum*-Gruppe der *dentatum*-ähnlichen Zwischenstufen der Spec. *villosum* und *silvaticum*.

α) *genuinum.*

1. *normale.* — Tirol 1625—2270 m: Vennerthal und Wolfenalp des Brenner, Kaserenalp und Kaserenwiesen bei Neuprags, Pass zwischen Schluderbach und Altprags, Mt. Pian bei Ampezzo (N.), Lamprechtskofel auf Plöcken bei Kals 2600 m (Pich.) Vorarlberg: Oefenpass 2275 m (Dgl.). Bayerische Alpen: Miesing bei Schliersee 1760 m (Sdt.). Kärnten: Wischbachalp bei Raibl gegen die Kernadulscharte 1800—2050 m (P.). Ostschweiz 1400—2400 m: Kalkberg des Splügen, Albula (N.), Avers vom Valettapass bis Cresta, Val Tuors bei Bergün, Val Fex bei Sils und Berg über St. Moritz im Engadin (P.). Westschweiz: Fuss des Wetterhornes (Chr.), M. de Marnex in Ormonts 2200—2300 m, Les Verreaux bei Vevey 1500—1550 m (N.). Jura: Weissenstein (Mt.), Reculet. — Exsicc. 373.

2. *calvius.* Blätter deutlicher und länger gestielt, äussere ± spatelig-lanzettlich, stumpf, innere lanzettlich; Stengelblätter meist 2—3, verschmälert-sitzend; alle fast ganzrandig. Haare auf der Blattoberseite nur mässig zahlreich, 2—3 mm lang, an den Caulomen oben reichlicher als unten. — Tirol: Kaserenwiesen unter der Hochalpe bei Neuprags 2210—2370 m (N.). — Exsicc. 373 *.

Ausserdem gibt es eine Form mit längerer Behaarung an allen Theilen, namentlich an Hülle und Blättern, mit grösserer Neigung zur Verzweigung und oft kürzeren Akladien, so in Tirol: Kaserenwiesen bei Neuprags 2210—2370 m (N.), Drei Brunnen bei Trafoi (Engl.); Schweiz: Engadin, Creux de Champ in Ormonts 1350—1450 m (N.), Fuss des Catogne bei Sembrancher 1950 m (Fv.); — dieselbe tritt manchmal sehr schmalschuppig auf, so Bayerische Alpen: Hocheckalp bei Berchtesgaden (Pr.); Ostschweiz: Val Lischana bei Schuls (Pr.), Abstieg von Scopi nach Campo 1790 m (N.).

β) *vulgatiforme.* Rosettenblätter langgestielt, unteres Stengelblatt mit lang-verschmälerter Basis, übrige mit schmaler bis ± gerundeter Basis sitzend, alle ± sägezähnig, kaum etwas glaucescirend-hellgrün. Hülle 10—15 mm lang; Schuppen sehr schmal, äusserst spitz, schwärzlich, etwas heller berandet. Früchte 3 mm lang. Haare der Hülle mässig zahlreich, 1,5—2 mm, auf den Blättern beiderseits reichlich, oben 2—3 mm lang. Habitus etwas dem *H. vulgatum* ähnlich, namentlich dadurch, dass die Aeste etwas zahlreicher sind und etwas näher zusammenrücken als bei *α.* und dadurch öfters einen ziemlich abgesetzten Kopfstand bilden. — Der Farbenwechsel an der Frucht ist der gleiche wie bei var. *α.* — Westschweiz: M. d'Arpille und Palette in Ormonts 2100—2300 m (N.). — Exsicc. 373 **.

III. ***Euryphyllum*** (vgl. Seite 175). — Die einzige uns bekannte Sippe, welche diese Gruppe vertritt, hat einen auffälligen Habitus. Im unteren Theil trägt die Pflanze fast genau das Gepräge der Spec. *silva-*

ticum, da die reichblättrige Rosette aus langgestielten elliptischen Blättern besteht, im oberen Theil dagegen ist die Annäherung an Spec. *villosum* sehr deutlich in Hüllenbildung, Kopfstand und Indument. Demnach liegen in *H. euryphyllum* die Merkmale seiner Hauptarten wenig gemischt neben einander.

Subsp. euryphyllum. Stengel fast 30 cm hoch, dick, aufrecht, feingestreift, phyllopod, an der Spitze verzweigt. Blätter in der Rosette ca. 8, gestielt, elliptisch oder eiförmig, stumpf bis spitzlich, alle mucronat, mit kurz zugespitzten und in eine lange Spitze ausgezogenen Zähnen, glaucescirend; Stengelblätter ca. 5, langsam decrescirend, unterstes wie die Rosettenblätter, das folgende mit schmaler Basis sitzend, obere mit eiförmigem Grunde; alle ziemlich weich. Kopfstand lax-rispig, abgesetzt, gleichgipflig, 5köpfig; Akladium 1,5 cm lang; Strahlen 2. Ordnung 4, ziemlich genähert, dicklich; Winkel ca. 40°; Ordnungen 2. Hülle 14 bis 16 mm lang, kuglig; Schuppen etwas breitlich, lineal, sehr langspitzig, sehr spitz, schwärzlich, heller gerandet, äussere locker. Bracteen 1, dem Kopfe sehr genähert. Haare der Hülle ziemlich reichlich, dunkel, 2—3 mm, an den Caulomen oben ebenso, abwärts langsam vermindert, heller, 3—5 mm, auf den Blättern oberseits ziemlich reichlich, etwas steiflich, mit weisslichen Postamenten, 2—4 mm lang, unterseits weicher. Drüsen am oberen Theil der Hülle mässig zahlreich, klein, sonst 0. Flocken der Hülle oben 0, gegen deren Basis hin besonders an den Schuppenrändern mässig, an den Caulomen oben weisslichen Filz bildend, abwärts vermindert bis etwa zur Stengelmitte, dann verschwindend, auf den Blättern 0. Blüthen ? hellgelb, Zähnchen kahl oder mit vereinzelten Wimperchen; Griffel etwas dunkel. Früchte — ? — Ostschweiz: St. Moritz im Oberengadin (Zllk.).

IV. ***Dentatiforme*** (vgl. Seite 175).

1. *Subsp. depressum* = *H. villosum* Billot, Flor. Gall. et Germ. exsicc. 1095 = *H. villosum α. vulgare* F. Schultz Arch. I (1842—1848) p. 178. — Stengel bis 32 (bis über 60) cm hoch, schlank, aufrecht, gestreift, phyllopod (oder hypophyllopod). Blätter in der Rosette (0—) 2—5, langgestielt, äussere fast spatelig-länglich, stumpf, innere ± länglich bis lanzettlich, spitzlich und mucronat, fast ganzrandig oder entfernt gezähnelt bis gezähnt, glaucescirend, weich; Stengelblätter 3—5, langsam decrescirend, untere ± gestielt, mittlere mit verschmälerter Basis sitzend. Kopfstand tiefgablig (Pflanze meist nur 1 köpfig), sehr übergipflig, 1—2 köpfig; Akladium 7—16 cm lang; Strahlen 2. Ordnung 0—1, schlank oder dünn; Winkel 25—30°; Ordnungen 1—2. Hülle 14—15 mm lang (an den Seitenköpfchen um 2—3 mm kürzer), kuglig, bald ± niedergedrückt; Schuppen etwas breitlich, lineal, langspitzig, sehr spitz, dunkel oder schwärzlich, mittlere und innere etwas hellrandig, äussere etwas locker. Bracteen 3 bis viele, die meisten blattartig. Haare der Hülle ziemlich reichlich, hell, 2,5 mm, an den Caulomen oben mässig,

hell, abwärts (oder überall) bis ziemlich zahlreich, 3—5 mm, auf den Blättern oberseits fast 0 oder besonders gegen den Rand hin zerstreut, weich, unterseits mässig, am Hauptnerv ziemlich reichlich, überall 3—4 mm lang. Drüsen der Hülle zerstreut, sehr klein, sonst 0. Flocken der Hülle spärlich oder zerstreut, an den Caulomen oben grauen Filz bildend, abwärts langsam vermindert bis fast zum Stengelgrunde, auf den Blättern 0. Blüthen ziemlich lebhaft gelb, Zähnchen kahl oder papillös oder mit vereinzelten kurzen Wimperchen; Griffel etwas dunkel. Früchte hellbraun, 3,5 mm lang. — Westschweiz: Creux de Champ in Ormonts dessus 1350—1700 m (N.). Nordschweiz: Meglisalp bei Appenzell 1450—1600 m (N.). Algäu: Kegelkopf, Linkerskopf (Cfl.), Schachengipfel 2095 m (Sdt.). Bayerische Alpen: Hochgöhl bei Berchtesgaden (Eins.), Hirschbühel am Wetterstein (Sdt.), Benedictenwand (W.). Tirol: Neuprags (N.). Kärnten: Pasterze (N.), zwischen Tarvis und dem Predilpass (P.). — Exsicc. 374.

Eine überall weniger und kürzer behaarte Abänderung dieser Sippe am Creux de Champ (N.); — daselbst auch einzelne Exemplare mit erheblich breiteren eiförmig-sitzenden Stengelblättern.

2. *Subsp. tricephalum.* Stengel bis 35 cm hoch, schlank, aufrecht, etwas verbogen, gestreift, phyllopod. Blätter in der Rosette 3—7, ansehnlich, gestielt, länglich oder einige elliptisch, stumpf bis spitzlich, mucronat, etwas buchtig-gezähnt bis gesägt, im oberen Theil ganzrandig, dünn, glaucescirend; Stengelblätter 4—6, langsam decrescirend, untere länglich, mit verschmälerter Basis, obere mit eiförmiger oder etwas umfassender Basis sitzend. Kopfstand hochgablig, etwas übergipflig, ziemlich abgesetzt, (1—) 3 köpfig; Akladium 2—3 cm lang; Strahlen 2. Ordnung (0—) 1—2, ± entfernt, schlank; Winkel 30—35°; Ordnungen 2 (—3). Hülle 13—15 mm lang, oval, bald kuglig und dann etwas niedergedrückt; Schuppen etwas breitlich, rasch- und lang-zugespitzt, sehr spitz, dunkel, wenig heller gerandet, äussere etwas locker. Bracteen ca. 3, lineal. Haare der Hülle ziemlich oder mässig zahlreich, hell, 2 mm, an den Caulomen fast zerstreut, hell, oben 2—3, unten bis 4 mm, auf den Blättern oberseits zerstreut oder beiderseits mässig, weich, 2—3 mm, am Rande ziemlich reichlich, 1,5 mm lang. Drüsen der Hülle nur gegen die Schuppenspitzen zerstreut, sehr klein, sonst 0. Flocken an Hülle und Blättern 0, an den Caulomen oben graulichen oder grauen Filz bildend, abwärts vermindert bis unter die Stengelmitte. Blüthen lebhaft citrongelb, Zähnchen kahl oder öfters kurz-gewimpert; Griffel etwas dunkel. Früchte braun, 3,8 mm lang.

1. *normale.* — Bayerische Alpen: Benediktenwand (W.). Westschweiz: Sadoz im Canton Freiburg (Ct.).

Verbindet *H. pseudoporrectum* mit *H. dentatiforme;* kommt manchmal mit fast ganzrandigen, höchstens entfernt-klein-gezähnelten Blättern vor, so in Tirol: Vennerthal des Brenner 1920—1980 m (N.), Westschweiz: Alpe La Léchere im Val Ferret (Wf.); — ferner mit oberseits fast kahlen mehr *silvaticum*-artigen Blättern, so in den Bayerischen Alpen: Rothwand und Miesing bei Schliersee an mehreren Stellen 1625—1720 m (N., P.), Benediktenwand (W.); Kärnten: zwischen Tarvis und dem Predilpass (P.).

2. *undulatum.* Blätter wenig ansehnlich, wellrandig, gezähnelt oder mit einzelnen gröberen Zähnen, mehr lanzettlich, Stengelblätter 3—4, alle mit verschmälerter Basis. Akladium 3—10 cm lang; Aeste sehr entfernt. Behaarung auf der Oberseite der Rosettenblätter gering, an den Caulomen bis 5 mm lang. Früchte 3,5 mm lang. — Tirol: Imst, Kaiserthal bei Kufstein im hohen Winkel 1300—1620 m (N.).

3. *Subsp. carinthicola.* Stengel bis 20 (—27) cm hoch, schlank oder fast dünn, aufrecht, undeutlich feingestreift, phyllopod. Blätter in der Rosette 2—4, gestielt, lanzettlich, langsam in den Stiel verschmälert, äussere stumpf, innere spitz, scharf und ziemlich regelmässig gesägt, glaucescirend, dünn; Stengelblätter 2—3, langsam decrescirend, mit ziemlich breiter Basis sitzend, sehr spitz. Kopfstand hochgablig, gleichgipflig, 1—3 köpfig; Akladium 1,5—4 cm lang; Strahlen 2. Ordnung 0—2, dünn; Winkel 30—40°; Ordnungen 1—2. Hülle 11—12 mm lang, oval, später fast kuglig; Schuppen etwas breitlich, langspitzig, sehr spitz, schwärzlich, etwas hellrandig, nur äusserste etwas locker. Bracteen ca. 2, dem Köpfchen sehr genähert. Haare der Hülle mässig bis ziemlich reichlich, hell, an den Caulomen mässig, hell, auf den Blättern oberseits nur gegen den Rand hin zerstreut oder spärlich, weich, überall 1,5—2 mm, unterseits bis ziemlich reichlich, 2—3 mm lang. Drüsen der Hülle zerstreut, klein, sonst 0. Flocken der Hülle zerstreut, an den Caulomen oben weisslichen Filz bildend, abwärts langsam vermindert bis zum unteren Drittel des Stengels, auf den Blättern 0. Blüthen gelb, fast ganz röhrig, kurz, in lange kahle Zähnchen zersplissen; Griffel dunkel. Früchte fast schwarz, 3,8 mm lang. — Kärnten: Gartnerkofel und Auernig bei Pontafel 1885—2080 m (P.).

In Cultur wurde die Pflanze aphyllopod, der Stengel bis 10 blättrig, der Kopfstand bis 6 köpfig, die Blätter alle mit verschmälerter Basis. — Eine mit kleineren Blattzähnen versehene, überall um ca. 1—1,5 mm länger behaarte Form ebenfalls in Kärnten: Thörler Alp und obere Wischbachalp gegen die Kernadulscharte 1800—2050 m bei Raibl (P.).

4. *Subsp. ormontense.* Stengel bis 30 cm hoch, aufrecht, gerade oder wenig verbogen, dünn, gestreift, phyllopod. Blätter in der Rosette 2—4, gestielt; abwärts lang-verschmälert, äusserste eiförmig oder fast obovat, gerundet-stumpf, übrige ± länglich oder länglich-lanzettlich, stumpf bis spitz, mucronat, glaucescirend, dünn; Stengelblätter

2—3, langsam decrescirend, plötzlich in die Bracteen übergehend, untere in den Grund verschmälert, oberstes mit ± gerundeter Basis sitzend. Kopfstand hochgablig, gleich- bis übergipflig, 1—2 köpfig; Akladium 3—4 (—9) cm lang; Strahlen 2. Ordnung 0—1, dünn; Winkel 35—40°; Ordnungen 1—2. Hülle 12—14 mm lang, ± kuglig; Schuppen breitlich, langspitzig, sehr spitz, schwarz, fast randlos, nur die äussersten etwas locker. Bracteen ca. 3, dem Köpfchen sehr genähert, fast pfriemlich. Haare der Hülle mässig, ziemlich hell, 1,5 mm, an den Caulomen oben fast 0 oder 0, erst gegen die Stengelbasis zerstreut bis mässig, hell, 2—3 mm, auf den Blättern oberseits 0, unterseits zerstreut oder spärlich, an Rand und Mittelrippe bis mässig, 2—3 mm lang. Drüsen der Hülle sehr zerstreut, sonst 0. Flocken der Hülle zerstreut, an den Caulomen nur ganz oben reichlich, abwärts rasch vermindert höchstens bis zur Stengelmitte, auf den Blättern 0. Blüthen lebhaft gelb, Zähnchen kahl oder etwas papillös; Griffel dunkel. Früchte kastanienbraun, 3,5—3,8 mm lang. — Westschweiz: Sex rouge und Lécheret in Ormonts dessus 1800—2100 m (N.).

Manchmal nehmen die Stengelblätter durch Verbreiterung ihrer Basis, welche bis zum halbumfassenden gehen kann, eine an *H. prenanthoides* erinnernde Form an, ohne dass sonst irgend ein Merkmal auf diese Species hindeutete.

Am gleichen Standorte und in der Nähe desselben (Creux de Champ und Palette 1700—2100 m, N.) kommt eine Form vor mit fast ganzrandigen, elliptisch-lanzettlichen Grundblättern und stärkerer Behaarung aller Theile, namentlich der Blattoberseite.

5. *Subsp, dentatiforme.* Stengel bis 25 cm hoch, dünn, verbogen, aufrecht, phyllopod. Blätter in der Rosette 3—5, langgestielt, lanzettlich bis schmal-lanzettlich, spitz oder spitzlich und mucronat, gezähnelt oder kurz gezähnt, öfters wellrandig, glaucescirend, weich; Stengelblätter 3—4, ziemlich langsam decrescirend, lanzettlich, mit verschmälerter Basis. Kopfstand gablig, gleich- oder etwas übergipflig, 1—3 köpfig; Akladium 3—7 cm lang; Strahlen 2. Ordnung 0—2, dünn; Winkel 30—50°; Ordnungen 1—2. Hülle 11—13 mm lang, ± kuglig; Schuppen schmal, langspitzig, sehr spitz, dunkel oder schwärzlich, äussere randlos, ± locker, innere etwas heller gerandet. Bracteen 3—5, pfriemlich. Haare der Hülle mässig oder ziemlich reichlich, hell, 1—1,5 mm, an den Caulomen oben mässig, 1—1,5 mm, abwärts bis ziemlich zahlreich, 2—3 (—4) mm, auf den Blättern oberseits zerstreut bis mässig, fast weich, unterseits ziemlich zahlreich bis reichlich, 2—3 mm lang. Drüsen sehr klein, an der Hülle zerstreut, sonst 0. Flocken der Hülle spärlich, an den Caulomen oben grauen Filz bildend, abwärts bis gegen die Stengelbasis vermindert, auf den Blättern 0. Blüthen ziemlich lebhaft gelb, Zähnchen kahl; Griffel sehr dunkel. Früchte sattbraun, 3 mm lang. — Ostschweiz: Val Fex in Oberengadin

1800—1980 m, von Bivio im Oberhalbstein zum Valettapass 1775—2580 m, im Avers von diesem Passe bis Cröt 1900—2580 m, Parpan gegen Weiss- und Schwarzhorn 1500—1700 m (P.). Westschweiz: Bounondon bei Freiburg (Lgg.). Tirol: Vennerthal des Brenner 2210 m (N.). Algäu: Kl. Rappenkopf 1950 m (Kr.), Schochen 2110 m (Sdt.). Kärnten: Albitzenwiesen über dem Brettboden auf der Pasterze 2110—2440 m (N.). — Exsicc. 375.

Dieselbe Pflanze mit überall reicherer und längerer Behaarung, so dass sie sich als eine Uebergangsform gegen *H. villosiceps* darstellt, wurde beobachtet in Tirol: Kaserenwiesen unter der Hochalpe bei Neuprags 2210—2370 m, Lavatscher Joch im Hallthal 1900—2100 m (N.). — Andere zwischen vorstehender Subspecies und *H. villosum* (resp. *scorzonerifolium*) vermittelnde Sippen, in Hüllenbau und Indument mehr wie *villosum*, mit breit-sitzenden Stengelblättern, undeutlich gestielten Rosettenblättern, grenzlos-gabliger Verzweigung und braunen 3,5 mm langen Früchten finden sich in der Ostschweiz: Hinterrhein über dem Dorfe gegen den Valser Berg 1660 m (N.); — eine etwas an *H. diabolinum* erinnernde fast schwarzfrüchtige in der Westschweiz: Sex rouge und Lécheret in Ormonts dessus 1900—2100 m (N.).

V. ***Dentatum*** (vgl. S. 175).

1. *Subsp. marmoratum.* Stengel bis 25 cm hoch, sehr schlank, aufrecht, fein gestreift, phyllopod. Blätter in der Rosette mehrere, langgestielt, äussere oval, übrige länglich bis länglich-lanzettlich, spitz, gezähnelt bis grob gesägt, hellgrün, reichlich mit braunen zusammenfliessenden Flecken bedeckt, weich; Stengelblätter 2—3, rasch decrescirend, alle ± gestielt, unregelmässig grobgesägt. Kopfstand hochgablig, übergipflig, 1—3 köpfig; Akladium 3—5 cm lang; Strahlen 2. Ordnung 0—2, entfernt, schlank; Winkel 30—40°; Ordnungen 2—3. Hülle 13—16 mm lang, dick oval, dann niedergedrückt-kuglig; Schuppen schmal, lineal, sehr spitz, dunkel, sehr schmal hellrandig, äussere locker. Bracteen ca. 4, pfriemlich. Haare der Hülle ziemlich reichlich, hell, 2,5 mm, an den Caulomen oben ziemlich zahlreich, hell, 2—3 mm, abwärts vermindert, endlich fast zerstreut, 3—5 mm, auf den Blättern oberseits mässig, weich, 2—2,5 mm, unterseits ziemlich zahlreich bis reichlich, am Rande ebenso, 1,5—2 (—4) mm lang. Drüsen fehlen oder nur gegen die Hüllschuppenspitzen vereinzelt. Flocken der Hülle zerstreut, an den Caulomen oben grauen Filz bildend, abwärts sehr langsam vermindert bis zum Stengelgrunde, auf den Blättern 0. Blüthen gelb, Zähnchen kahl; Griffel dunkel. Früchte dunkelbraun, 3 mm lang.

1. *normale.* — Ostschweiz: Kalkberg des Splügen (N.). Kärnten: Albitzenwiesen über dem Brettboden an der Pasterze 2110—2440 m (N.). ? Vorarlberg: zwischen der Scesaplana und dem Lüner See 2270—2440 m (Dgl.). — Wird in Cultur bis 45 cm hoch, die Blätter können ihre Flecken verlieren, sind sehr gross und grob gesägt, die Hülle etwas heller. — Essicc. 376.

2. *calvifolium* (cult.). Blätter ± elliptisch, sehr unregelmässig grob- (schrotsäge-) zähnig, oberseits ganz kahl. Hülle 11,5 mm lang, fast oval, mit graugrünen hellrandigen angedrückten Schuppen. Früchte schwarz, 3,3 mm lang. Stengel bis zum Grunde gablig verzweigt; Akladium 4—20 cm lang. — Ostschweiz: Hinterrhein (N.).

2. *Subsp. prionodes.* Stengel meist bis 25 (—35) cm hoch, schlank, aufrecht, verbogen, gestreift, phyllopod, zuweilen bis zum Grunde verzweigt. Blätter in der Rosette mehrere, kurzgestielt, elliptisch bis länglich, stumpf bis spitz, stark grob-sägezähnig; Stengelblätter 2—3, rasch decrescirend, lanzettlich, mit schmaler Basis, oberes klein, lineal; alle etwas glaucescirend-hellgrün, weich. Kopfstand gablig, gleichgipflig, grenzlos, 3—6 köpfig; Akladium 3,5—6 cm lang; Strahlen 2. Ordnung 2—5, sehr entfernt, dünn; Winkel 35—40°; Ordnungen 2. Hülle 13—14 mm lang, oval, dann kuglig; Schuppen schmal, lineal, allmählich verschmälert, sehr spitz, schwarz, sehr schmal hellrandig, äusserste etwas locker oder fast anliegend. Bracteen ca. 3, pfriemlich. Haare der Hülle ziemlich reichlich, hell, 1—1,5 mm, an den Caulomen mässig bis ziemlich reichlich, 2—3 mm, auf den Blättern beiderseits ziemlich zahlreich, weich, 2,5—3 mm lang, am Rande ebenso. Drüsen nur gegen die Spitzen der Hüllschuppen spärlich, winzig, sonst 0. Flocken der Hülle zerstreut oder mässig, auf den Schuppenrändern reichlich, auf den Blättern 0, an den Caulomen oben grauen Filz bildend, abwärts sehr langsam vermindert bis zum Stengelgrunde. Blüthen lebhaft gelb, Zähnchen nicht oder sehr kurz gewimpert; Griffel dunkel. Früchte kohlschwarz, 4 mm lang.

1. *normale.* — Tirol: Vennerthal, Griesberg und Wolfenalp des Brenner 1525—2110 m (N.) — Exsicc. 377.

   An den gleichen Orten wurden auch zahlreiche mit meist drei Stengelblättern versehene, überall nur 1—2 mm lang behaarte Exemplare beobachtet; in Cultur ist aber die Behaarung 2—3 mm lang. Ausserdem gibt es alle Uebergänge zu *subsp. subvillosum*, darunter

2. *microcarpum.* Früchte braun, 3 mm lang. Behaarung des Stengels spärlich bis höchstens mässig. Aeussere Rosettenblätter eiförmig bis elliptisch, stumpf, innere bis länglich, spitzlich, alle langgestielt. — Tirol: Vennerthal am Brenner 1950—2110 m (N.).

   Eine mit reichhaarigen Blättern versehene Pflanze, mit nur einem Stengelblatt im Wallis: Griesberg im Eginenthal 2440 m auf Glimmerschiefer (N.).

3. *Subsp. oblongifolium.* Stengel bis 40 cm hoch, sehr schlank oder dünn, aufrecht, stark verbogen, feingestreift, phyllopod. Blätter in der Rosette 3—5, langgestielt, elliptisch bis kurz-länglich,

spitzlich und mucronat (äusserste viel kleiner und stumpfer), grasgrün, ganzrandig oder gezähnelt bis (selten) sägezähnig, weich; Stengelblätter 2—3, rasch decrescirend, wenigstens das untere gestielt, oberes lanzettlich, sitzend. Kopfstand gablig, gleichgipflig, grenzlos, 2—3 köpfig; Akladium 4—11 cm lang; Strahlen 2. Ordnung 1—2, sehr entfernt, dünn; Winkel 30—40°; Ordnungen 2. Hülle 13—15 mm lang, oval, dann kuglig; Schuppen schmal, lineal, langspitzig, äusserst spitz, schwarz, etwas heller berandet, äussere mit den Spitzen etwas abstehend. Bracteen ca. 2, pfriemlich, oder die unteren lineal, dem Kopfe sehr genähert. Haare der Hülle ziemlich reichlich, hell, 2—3 mm, an den Caulomen überall ebenso, hell, oben ca. 2, unten bis 4 mm, auf den Blättern spärlich bis zerstreut, weich, 1,5—2 mm, unterseits mässig zahlreich, länger, am Rande ziemlich reichlich, 1,5 mm lang. Drüsen winzig, nur gegen die Hüllschuppenspitzen spärlich, sonst 0. Flocken an der Hülle nur gegen deren Basis zerstreut, an den Caulomen oben graulichen Filz bildend, abwärts vermindert etwa bis zur Stengelmitte, auf den Blättern 0. Blüthen gelb, Zähnchen zerstreut-kurzgewimpert; Griffel dunkel. Früchte dunkel kastanienbraun, 3 mm lang. — Tirol: Vennerthal, Griesberg und Wolfenalp am Brenner 1625—2110 m (N.). Bayerische Alpen: Teufelspass und Schachen bei Partenkirchen (Pr.). Westschweiz: Creux de Champ in Ormonts dessus 1900—2100 m (N.). — Excicc. 378.

4. *Subsp. dentatum Hoppe* in Sturm Deutschl. Flora (1815) Heft 19 c. tab. et in sched. = *H. flexuosum ε. dentatum* Fröl. in DC. Prodr. VII (1838) p. 229. — Stengel bis 20 cm hoch, schlank bis dünn, aufrecht, gerade oder ± verbogen, gestreift, phyllopod. Blätter in der Rosette mehrere, gestielt, äussere klein, länglich, stumpf, die meisten ansehnlich, lanzettlich bis länglich-lanzettlich, stumpf bis spitzlich und mucronat, gezähnelt bis gesägt, etwas glaucescirend-hellgrün, dünn; Stengelblätter 3—5, rasch decrescirend, breitlanzettlich bis fast elliptisch, spitz, mit verschmälerter Basis. Kopfstand hochgablig, grenzlos, gleichgipflig, 1—3 köpfig; Akladium 2,5—3,5 (—10) cm lang; Strahlen 2. Ordnung 0—2, dicklich oder schlank; Winkel 20—30°; Ordnungen 1—2. Hülle 15—17 mm lang, breitkuglig; Schuppen breitlich, lineal, sehr langspitzig, äusserst spitz, grün bis dunkel, dann etwas heller gerandet, äussere etwas abstehend. Bracteen ca. 3, schmal lineal, lang. Haare der Hülle mässig bis ziemlich reichlich, hell, 1,5 mm, an den Caulomen oben fast zerstreut, abwärts bis ziemlich reichlich, hell, 3—4 mm, auf den Blättern beiderseits ziemlich reichlich, weich, 1—3 mm, am Rande noch zahlreicher, 1,5—2 mm lang. Drüsen klein, an der Hülle zerstreut, sonst 0. Flocken der Hülle fast 0, gegen deren Basis bis mässig, an den Caulomen oben grauen oder graulichen Filz bildend, abwärts langsam oder kaum vermindert bis zur Stengelbasis, auf den Blättern 0, nur an der Mittelrippe der Stengelblätter unterseits spärlich.

Blüthen hellgelb, Zähnchen kahl; Griffel dunkel. Früchte sattbraun, 3 mm lang.

Hoppe hat nicht nur die vorstehend nach Originalexemplaren beschriebene Pflanze in sched. als *H. dentatum* bezeichnet, sondern auch mehrere andere Sippen, welche durch Indument oder Beblätterung mehr oder minder abweichen. Da *H. dentatum* überhaupt nach diesen Richtungen wechselt, so ist es immer nicht leicht, dasselbe gegen andere Sippen abzugrenzen, beispielsweise gegen *H. subnudum* Schleich.: eine solche Zwischenform existirt auf dem Bernhardin 2200 m (N.).

1. *normale*. — Kärnten: Pasterze (Hpp.), Heiligenblut (Pch.), Alp Platten (Hauser). Tirol: Kals (Hut.). Salzburg: Pinzgau 1950 m (Ktt.). Bayerische Alpen: Benediktenwand (W.), Reitalpe bei Reichenhall (Sp.). Algäu: Schochen 2080 m (Sdt.). Ostschweiz 1500—2270 m: Valser Berg, Sufers, Bernhardin (N.), Albulapass von Bergün bis Weissenstein (P.). Westschweiz: Ganterisch in der Stockhornkette (Chr., Mt.).

   In Cultur bis 32 cm hoch, kräftig, übergipflig, bis zum Grunde verzweigt (so auch selten in freier Natur) und etwas länger behaart. — An mehreren Orten kommen Exemplare mit kleineren Köpfchenhüllen vor, besonders auf dem Albulapass, im Oberengadin.

2. *villosiceps* = *H. dentatum* Hoppe in sched. part. = *H. villosum* Schultz-Bip. Cichoriac. 11 part. — Haare der Hülle reichlich, hell, 3—4 mm lang, an den Caulomen ganz oben ziemlich reichlich, abwärts vermindert, am Stengelgrunde verschwindend. Blätter stark glaucescirend, lanzettlich. Hüllschuppen lineal-lanzettlich, äussere abstehend; — also eine Uebergangsform zu Spec. *villosum*. — Kärnten: Pasterze (Hpp.). Oesterreich: Schafberg bei Mondsee (Htbr.). Bayerische Alpen: Funtenseertauern (Prog.). Algäu: Muttenkopf 2225 m, unter der Hohen Trettach 1980 m (Sdt.).

3. *pleiophyllum* = *H. dentatum* Hoppe in sched. part. — Stengelblätter bis 9, langsam decrescirend, breit, fast rhombisch. Pflanze bis 4 (—5) köpfig. Früchte hellbraun, 3,5 mm lang. Hülle zerstreut- bis ziemlich reichflockig. — Kärnten: Pasterze (Hpp.), daselbst böse Platte und oberhalb derselben 1950—2080 m, über dem Brettboden gegen die Pfandelscharte 2110—2440 m (N.), Ochsenbrett (Pr.). Salzburg: Reitalpe bei Lofer (Sp.). Tirol: Kaserenwiesen bei Neuprags 2210—2370 m (N.). Bayerische Alpen: Krotenkopf bei Partenkirchen (Sp.).

5. *Subsp. Gaudini* Christen. Hierac. d. Schwz. (1863) p. 10. — Stengel bis 20 (—35) cm hoch, schlank oder dünn, aufrecht, wenig verbogen, gestreift, phyllopod. Blätter in der Rosette mehrere, gestielt, lanzettlich, spitzlich bis spitz, mucronat, äussere mehr länglich

oder fast obovat, gerundet-stumpf; Stengelblätter 2—3, rasch decrescirend, oberes sehr klein, ± lanzettlich, mit verschmälerter Basis sitzend; alle kaum etwas glaucescirend-hellgrün, ganzrandig oder entfernt-gezähnelt bis klein-gezähnt, weich. Kopfstand gablig, gleich- bis übergipflig, 1—2 (—3) köpfig; Akladium 4—13 cm lang; Strahlen 2. Ordnung 0—1 (—2), dünn; Winkel 35—40°; Ordnungen 1—2. Hülle 13—15 mm lang, oval, dann ± kuglig werdend; Schuppen schmal, lineal, langspitzig, sehr spitz, dunkel, äusserste locker. Bracteen ca. 3, fast pfriemlich. Haare der Hülle ziemlich reichlich, hell, 2—3 mm, an den Caulomen mässig oder ziemlich reichlich, hell, 3—4 mm, auf den Blättern oberseits zerstreut bis ziemlich reichlich, weich, 3—4 mm, unterseits reichlich. Drüsen klein, nur gegen die Hüllschuppenspitzen zerstreut, sonst 0. Flocken der Hülle ± spärlich, an den Caulomen oben grauen Filz bildend, abwärts bis zum Grunde sehr langsam vermindert, auf den oberen Blättern unterseits am Mittelnerv zerstreut, sonst 0. Blüthen satigelb, Zähnchen kahl oder meist etwas gewimpert; Griffel dunkel. Früchte schwarzbraun bis kohlschwarz, 3—3,8 mm lang.

1. *normale* = *H. Gaudini* Christen. in Fries Hierac. europ. exsicc. 35 bis et in sched. part.; F. Schultz herb. norm. nov. ser. 1813 = *H. dentatum* Christen. in sched. part. — Westschweiz: Berner Alpen (Chr., Lgg.), Ormonts dessus 1350—2100 m (N.), Bexer Alpen (Mt.), auf dem Richard im Waadt 1600 m (Mss.). Ostschweiz 1350—2700 m: Parpan, Albulapass von Bergün bis zur Passhöhe und hinab bis ins Engadin, Oberengadin von Ponte bis Sils und zum Heuthal des Bernina (P.), Kalkberg des Splügen (N.), Preda. Tirol: Fernpass 1625—1950 m (N.). Kerschbaumer Alp bei Lienz (Hut.). Algäu: Kegelköpfe, Kl. Rappenkopf 2210 m. Vorarlberg: Oefenpass 2270 m, zwischen Scesaplana und Lüner See 2270—2440 m (Dgl.). — Exsicc. 379.

Kleinere Exemplare haben oft nur 9—10 mm lange Köpfchenhüllen; andere Abweichungen bestehen in breiten bis fast elliptischen Blättern oder ungewöhnlich langen bis ³/₄ der Stengellänge einnehmenden Akladien. — An cultivirten Pflanzen wurden zahlreichere Köpfchen mit 4 mm langen schwarzen Früchten beobachtet.

2. *villosius* = *H. Gaudini* et *H. dentatum* Christen. in sched. part. — An Hülle und Caulomen reichlicher und hier bis 6 mm lang behaart. Pflanze mit mehr Neigung zur Verzweigung, zuweilen mit 3—4 1 köpfigen Aesten. — Westschweiz: Fuss des Wetterhornes (Chr.), Zaland (Wf.), Gemmi 1790 m (N.). Ostschweiz: zwischen Frohnalpstock und Mürtschenstock und Karrenfeld des letzteren 1790 m, Albula 2275 m, Heuthal und Piz Alv am Bernina 2270 bis 2730 m (N.), Val Fex und Piz Padella im Engadin 1710—2600 m (P.). Algäu: Hochvogel am Felskamm hinterm Balken 2170 m

(Sdt.). Vorarlberg: zwischen Scesaplana und dem Lüner See 2270—2440 m (Dgl.). Tirol: St. Johann am Arlberg (Pr.), Imst (N.). Bayerische Alpen: Schachen bei Partenkirchen (Pr.).

3. *tubulosum.* Blüthen fast völlig röhrig; Griffel hervorragend, sehr dunkel. Haare der Hülle reichlich, weiss, 3—4 mm, an den Caulomen mässig zahlreich, 4—6 mm lang; Kopfstiele oben weissfilzig. — Ostschweiz: vom Valettapass bis zur Kirche von Cresta im Avers 1950—2580 m, Stätzerhorn bei Parpan (P.).

Andere sich hier anschliessende Sippen wurden beobachtet in der West- und Ostschweiz und in Tirol an verschiedenen Orten.

6. *Subsp. basifoliatum.* Stengel bis 25 cm hoch, schlank, aufrecht, verbogen, gestreift, phyllopod. Blätter in der Rosette mehrere, kurzgestielt, äussere ± eiförmig oder länglich, stumpf und stumpflich, innere ± lanzettlich, spitz, gezähnelt oder kleingezähnt, hellgrün, weich; Stengelblätter 2—3, rasch decrescirend, lanzettlich, mit verschmälerter Basis. Kopfstand gablig, gleichgipflig, 1 (—2) köpfig; Akladium 5—8 (—12) cm lang; Strahlen 2. Ordnung 0—1, dünn; Winkel ca. 25°; Ordnungen 1—2. Hülle 12—15 mm lang, dick eiförmig, dann kuglig; Schuppen etwas breitlich, langspitzig, sehr spitz, schwarz, äussere ± abstehend-locker. Bracteen ca. 3, lineal. Haare der Hülle ziemlich reichlich, 1,5—2 mm, an den Caulomen mässig, 1,5—4 mm (abwärts länger werdend), auf beiden Blattseiten ziemlich reichlich, weich, 2—3 mm lang. Drüsen der Hülle zerstreut, klein, sonst 0. Flocken an Hülle und Blättern mangelnd, an den Caulomen oben grauen Filz bildend, abwärts vermindert bis zum Stengelgrunde. Blüthen gelb, Zähnchen kahl oder spärlich-kurzgewimpert; Griffel sehr dunkel. Früchte schwarz, 3,8—4 mm lang. — Ostschweiz: Splügen über dem Dorfe und am Kalkberg 1950—2110 m (N.), Bernhardin (Chr.). Tirol: Vennerthal, Griesberg und Wolfenalp des Brenner 1885 bis 2110 m (N.). Salzburg: Lofer (Sp.).

Es gibt einige nahestehende Sippen mit länglichen langgestielten Blättern und kastanienbraunen Früchten (Kalkberg des Splügen 1950 bis 2110 m, N.); — oder mit schmalen lanzettlichen Blättern (Uebergang zu *H. dentatiforme,* so in Tirol: Vennerthal am Brenner 1950—2110 m, N.; Ostschweiz: Val Celerina im Oberengadin 1800—1950 m, P.); — oder mit ziemlich grob sägezähnigen unteren Blättern (Uebergang zu *H. subruncinatum,* so im Vennerthal 2015—2210 m, N.).

7. *Subsp. subnudum Schleich.* in sched. et in Hegetschw. et Heer Fl. d. Schweiz (1840) p. 790[1]. — Stengel bis 32 cm hoch, dicklich bis schlank, aufrecht, verbogen, feingestreift, phyllopod. Blätter in der Rosette einige oder mehrere, kurzgestielt, äussere elliptisch oder länglich, stumpf, innere länglich und länglich-lanzettlich, bis spitz, ± (zuweilen undeutlich aber auch bis sehr grob) gezähnt, kaum

1) Fries hält diese Pflanze für einen lusus von *H. piliferum.*

etwas glaucescirend, weich; Stengelblätter 1—3, rasch decrescirend, ± lanzettlich, am Grunde verschmälert, obere sehr klein. Kopfstand gablig, grenzlos, tief herabgehend[1]), bis 5 köpfig; Akladium meist 4—10 cm lang, Strahlen 2. Ordnung bis 4, sehr entfernt, dicklich; Winkel 35—40°; Ordnungen 2. Hülle 15—17 mm lang, bauchig-kuglig, dick; Schuppen etwas breitlich, lineal, sehr langspitzig, äusserst spitz, dunkel bis schwärlich, äussere locker-abstehend. Bracteen 3—4, lineal bis pfriemlich, lang. Haare der Hülle ziemlich reichlich, hell, 2,5—3 mm, an den Caulomen oben mässig, abwärts bis ziemlich reichlich, hell, 3—4 (—5) mm, auf beiden Blattseiten ebenso, weich, 2—3 mm lang. Drüsen der Hülle fast mässig zahlreich, klein, sonst 0. Flocken der Hülle 0, an den Caulomen oben weisslichen Filz bildend, abwärts wenig vermindert bis zum Stengelgrunde, auf allen Blättern unterseits längs der Mittelrippe zerstreut. Blüthen hellgelb, Zähnchen kahl; Griffel dunkel. Früchte schwarzbraun, 3,6—4,2 mm lang. — Tirol: Viecher Horn bei Kals 1790 m (Mdo.), Trafoi (N.). Schweiz: S. Salvan (Buek), Alpnacher Weg am Pilatus 1800 m (N.). — Bei dem Schleicher'schen Original ist der Fundort nicht angegeben; es stammt wohl aus dem Wallis.

In Cultur bis ca. 45 cm hoch, manchmal bis in den 3. Grad verzweigt. — Andere nahe verwandte Sippen mit grobzähnigen Rosettenblättern, sehr rasch decrescirenden Stengelblättern und minder reichem Filz der Caulome in Tirol: Imst (N.); — eine solche mit überall um 1—2 mm längerer Behaarung in Graubünden: Campsut und Cresta im Avers 1680—1950 m (P., Ks.) und in Tirol: Vennerthal des Brenner 1950—2110 m (N.); — und eine entfernter stehende mit sehr grossen langgestielten Blättern, kürzerem und viel geringerem Indument sowie kleineren Köpfchen im Jura: zwischen Reculet und Roche Franche.

8. *Subsp. lonchites.* Stengel bis 35 cm hoch, dünn, aufrecht, ± verbogen, feingestreift, phyllopod. Blätter in der Rosette 4—6, gestielt, äussere elliptisch, innere mehr länglich bis länglich-lanzettlich, alle spitzlich bis spitz und ± mucronat, ganzrandig oder kaum etwas gezähnelt, ein wenig glaucescirend-gelblich-grün, dünn; Stengelblätter 2—3, sehr rasch decrescirend, unteres gestielt, wie die oberen Rosettenblätter, mittleres lanzettlich, oberstes sehr klein und lineal. Kopfstand hoch-gablig, übergipflig, 1—2 köpfig; Akladium 2,5—6 cm lang; Strahlen 2. Ordnung 0—1, sehr dünn, scharf aufwärts gekrümmt und dadurch fast senkrecht gestellt; Winkel 30—45°; Ordnungen 1—2. Hülle 11—13 mm lang, dick eiförmig mit fast gestutzter Basis, dann niedergedrückt-kuglig; Schuppen fast schmal, langspitzig, äusserst spitz, schwärzlich, heller berandet, äussere abstehend-locker. Bracteen 2—4, pfriemlich. Haare der Hülle ziemlich reichlich, hell, 1,5 mm, an den Caulomen oben mässig zahlreich, 1,5—2 mm, abwärts bis zerstreut, 2—4 mm, auf den Blättern beiderseits ziem-

1) Zuweilen beginnt die Verzweigung erst in der Rosette.

lich reichlich oder unterseits etwas zahlreicher, 1—2mm lang, weich. Drüsen klein, an der Hülle mässig, an den Kopfstielen vereinzelt, sonst 0. Flocken der Hülle zerstreut, auf den Schuppenrändern mässig, an den Caulomen oben grauen Filz bildend, abwärts sehr rasch vermindert, meist nur bis zur Stengelmitte herabgehend, wenigstens auf den oberen Blättern an der Mittelrippe unterseits zerstreut bis spärlich. Blüthen gelb, Zähnchen kahl; Griffel sehr dunkel. Früchte schwarz, 3,5 mm lang. — Westschweiz, Ormonts dessus: Alp Lécheret und gegen Sex rouge 1900—2100 m, M. d'Arpille 2100—2300 m, Creux de Champ 1700—1900 m, Palette 1350 bis 1450 m (N.). Tirol: Vennerthal am Brenner, Kaserenwiesen bei Neuprags 2210—2370 m (N.). — Exsicc. 379 *.

Wechselt nicht unbedeutend in Länge und Dichtigkeit der Behaarung, mit der Grösse der Exemplare auch in der Bezahnung der Blätter. — Im Garten geht die Verzweigung tiefer herab und bis in den 3. Grad.

9. *Subsp. salevense Rapin* = *H. dentatum* * *salevense* Rapin in Fries Epicr. (1862) p. 63. — Stengel bis 30 cm hoch, schlank, aufrecht, ± verbogen, gestreift, phyllopod. Blätter in der Rosette mehrere, gestielt, äussere etwas länglich, stumpf, innere lanzettlich und schmallanzettlich, aber ansehnlich, ganzrandig oder undeutlich gezähnt, spitzlich, mucronat, etwas glaucescirend-blassgrün, dünn; Stengelblätter 2—3 [1]), sehr rasch decrescirend, unteres ± lanzettlich, etwas gestielt, oberes klein, sitzend. Kopfstand gablig, gleich- oder etwas übergipflig, 1—3 köpfig; Akladium 6—10 (—12) cm lang; Strahlen 2. Ordnung 0—2, sehr entfernt, sehr dünn bis schlank; Winkel 30—45°; Ordnungen 1—2. Hülle 16—18 mm lang, dick oval, dann kuglig; Schuppen schmal, lineal, sehr langspitzig, äusserst spitz, schwarz oder schwärzlich, äussere ± locker. Bracteen 3—4, pfriemlich. Haare der Hülle ziemlich reichlich, hell, 1,5 mm, an den Caulomen oben fast zerstreut, hell, 1—1,5 mm, abwärts mässig zahlreich, ca. 3 mm, auf beiden Blattseiten mässig oder ziemlich reichlich, weich, 2—2,5 mm, am Rande bis 4 mm lang. Drüsen an der Hülle besonders gegen die Schuppenspitzen mässig oder zerstreut, sonst 0. Flocken der Hülle zerstreut oder spärlich, an den Caulomen oben graulichen Filz bildend, abwärts rasch vermindert bis unter die Stengelmitte, an den Blättern unterseits wenigstens an der Mittelrippe ± zerstreut. Blüthen sattgelb, Zähnchen kahl oder zuweilen mit vereinzelten sehr kurzen Wimperchen; Griffel dunkel. Früchte schwarz, 3,5 mm lang.

α) *genuinum*. — Westschweiz 2100—2300 m: M. d'Arpille, M. de Marnex und Palette in Ormonts dessus (N.). — Exsicc. 379 **.

Bildet mit der folgenden Varietät den Uebergang zwischen *Gr. Dentatum* und *Expallens*.

---

1) Durch Streckung des Stengelgrundes manchmal bis 5.

β) ochrochlorum. Rosettenblätter langgestielt, äussere fast obovat oder ± spatelig, gerundet, innere länglich bis lanzettlich, alle oft wellrandig und mucronat-gezähnelt, stark glaucescirend. Kopfstand meist 2—4köpfig, übergipflig. Hülle ca. 11 mm lang, kuglig; Schuppen minder langgespitzt, grau oder dunkelgrau, armdrüsig. Haare der Blattoberseite mässig, steiflich, 2—3 mm lang. Früchte fast schwarz, 3,2 mm lang. — Ostschweiz: am See von Silvaplana im Oberengadin 1800 m (P.). Westschweiz: Creux de Champ in Ormonts dessus 1700—1900 m (N.), Torrembec im Bagnesthal (Wf.), Fuss des Wetterhornes (Chr.). Tirol: Kaserenwiesen bei Neuprags 2210—2370 m, Wolfenalp am Brenner 1885 m (N.).

Auch diese Pflanze wurde ehedem von Christener als *H. dentatum* ausgegeben. — Bei Silvaplana, und bei Imst in Tirol (N.) wurden Exemplare mit schmäleren Blättern gesammelt.

10. *Subsp. tigrinum.* Stengel bis 28 cm hoch, schlank oder dünn, aufrecht, ± verbogen, feingestreift, phyllopod. Blätter in der Rosette einige oder mehrere, gestielt, lanzettlich, spitzlich bis spitz, mucronat, gezähnelt bis klein-gesägt[1]), etwas glaucescirend, mit oder ohne verwaschene bräunliche Flecken auf der Oberseite, weich; Stengelblätter 2—3, rasch decrescirend, unteres fast gestielt, obere sitzend, lineal oder lanzettlich. Kopfstand gablig, über- bis gleichgipflig, 1—3 köpfig; Akladium 3—9 cm lang; Strahlen 2. Ordnung 0—2, entfernt, schlank oder dünn; Winkel ca. 40°; Ordnungen 1—2. Hülle 11—13 mm lang, eiförmig-kuglig, bald bis breit-kuglig; Schuppen schmal, lineal, langspitzig, sehr spitz, schwärzlich, öfters durch die Behaarung ziemlich verdeckt, äussere etwas locker. Bracteen 2—3, lineal, zuweilen dem Kopfe so genähert, dass das Akladium blattlos erscheint. Haare der Hülle sehr reichlich, hell mit dunkelm Fuss, 2,5—3 mm lang, an den Caulomen ziemlich reichlich, 3—4 mm, auf den Blättern oberseits ± reichlich, weich, 3—4 mm, am Rande 3 mm lang. Drüsen nur gegen die Hüllschuppenspitzen zerstreut, sonst 0. Flocken der Hülle fast 0, an den Caulomen oben grauen Filz bildend, abwärts vermindert etwa bis zur Stengelmitte, auf den Blättern 0. Blüthen etwas hellgelb, Zähnchen kahl oder mit vereinzelten kurzen Wimperchen; Griffel sehr dunkel. Früchte braunschwarz, 3,2 mm lang. — Ostschweiz: Valser Berg und Mittaghorn im Rheinwald 1790—2440 m, Kalkberg des Splügen 2100—2200 m (N.). Westschweiz: M. de Marnex in Ormonts dessus 2200—2300 m (N.). Tirol: Vennerthal des Brenner 1950—2110 m, Imst (N.) — Exsicc. 380.

Eine sehr ähnliche Pflanze mit noch schmaleren grünen Hüllschuppen und geringerer Behaarung aller Theile in der Ostschweiz: Kalkberg bei Splügen 1950—2110 m (N.); Tirol: Lienz (Hut.).

---

1) Zuweilen auch nur mit wenigen gröberen Zähnen in der Blattmitte, sonst ganzrandig.

VI. ***Expallens*** (vgl. Seite 175).

1. *Subsp. decorum.* Stengel bis 25 cm hoch, schlank, aufrecht oder ein wenig aufsteigend, ± verbogen, gestreift, phyllopod. Blätter in der Rosette zahlreich, ansehnlich, meist ziemlich kurzgestielt, oder fast ungestielt, lanzettlich bis elliptisch, spitz, glaucescirend, weich oder etwas derb, gezähnelt bis kurz-gezähnt; Stengelblätter 2—4, rasch decrescirend, lanzettlich, sitzend, höchstens das unterste etwas gestielt, die oberen klein. Kopfstand gablig, gleichgipflig, (1—) 2—4 köpfig, grenzlos; Akladium 3—6,5 cm lang; Strahlen 2. Ordnung (0—) 1—3, entfernt, ziemlich schlank; Winkel 30—40°; Ordnungen 2. Hülle 17—18 mm lang, sehr breit, bauchig; Schuppen breit, langspitzig, äussere locker, sehr spitz, innere stumpflich, schwärzlich, etwas grünlich gerandet. Bracteen 4—6, ± lineal. Haare der Hülle ziemlich reichlich, hell, 2—2,5 (—3,5) mm, an den Caulomen zerstreut bis spärlich, hell, 3—6 (—8) mm, auf den Blättern oberseits 0, auch unterseits nur gegen Rand und Spitze hin zerstreut, an der Mittelrippe bis mässig, am Rande ebenso, weich, 3—5 mm lang. Drüsen klein, nur gegen die Hüllschuppenspitzen spärlich, sonst 0. Flocken der Hülle oben 0, abwärts gegen die Schuppenränder bis mässig zahlreich, an den Caulomen oben grauen Filz bildend, abwärts vermindert und zuweilen bis gegen den Stengelgrund herabgehend, auf den Blättern 0. Blüthen gelb, Zähnchen kahl; Griffel wenig dunkel. Früchte schwarz, 3,8 mm lang.

1. *normale.* — Schweiz: Wildkirchli und Altenalp bei Appenzell (Zllk.), Meglisalp ebenda 1450—1600 m (N.), Kalkberg des Splügen 1950 bis 2110 m (N.). Algäu: Gr. Seekopf 1920 m (Cfl.), Grünten (Kröber), Fuss des Kratzer, Höfats 1755—1850 m (Mdo.).
2. *pilosiusculum.* Beflockung bis zum Stengelgrunde herabgehend. Haare auch auf der Blattoberseite überall oder nur gegen den Rand hin zerstreut, 1,5—2 mm lang. Blüthenzähnchen papillös oder mit kurzen Wimperchen. Stengelblätter minder rasch decrescirend. — Bayerische Alpen: Berchtesgaden zwischen der Krautkaser- und Mitterkaseralp am Renner (Eins.), Krautkaser, Oberlahneralp hinter dem Königssee (Sdt.), Steinernes Meer (Prog.). Nordschweiz: Wildkirchli bei Appenzell (Zllk.), vom Frohnalpstock zum Mürschenstock 1790 m (N.).

   Hier schliesst sich eine Form an mit elliptischen bis kurzlänglichen noch kahleren Blättern, dunkeln Griffeln, wie es scheint hellbraunen 4,3 mm langen Früchten und breitsitzenden Stengelblättern, welche in den Bayerischen Alpen bei Berchtesgaden vorkommt: zwischen dem Fagstein und dem Salling 1625 m (Sdt.), Mitterkaser (Sp.).

2. *Subsp. dentatifolium.* Stengel bis 25 cm hoch, sehr schlank, aufrecht, wenig verbogen, gestreift, phyllopod. Blätter in der Rosette 4—6, gestielt, lanzettlich, spitz, mucronat, ± stark gezähnt (bis ge-

zähnelt), Zähne abstehend, glaucescirend, weich; Stengelblätter 2[1]), sehr rasch decrescirend, unteres lanzettlich, schmal-sitzend, oberes klein. Kopfstand gablig, gleichgipflig, 1—2köpfig; Akladium 3,5—7cm lang; Strahlen 2. Ordnung 0—1, dünn; Winkel 25—30°; Ordnungen 1—2. Hülle 13—15mm lang, oval mit etwas gestutzter Basis, dann ± kuglig werdend; Schuppen schmal, langspitzig, sehr spitz, schwärzlich, äussere locker. Bracteen 2—3, pfriemlich. Haare der Hülle reichlich, hell, die Schuppen etwas verdeckend, 2,5—4mm, an den Caulomen oben ziemlich reichlich, hell, 2—3mm, abwärts vermindert, endlich spärlich, 3—4 mm, oder 0, auf den Blättern beiderseits 0, unterseits an der Mittelrippe zerstreut, weich, 3—4mm, am Rande gegen die Basis und am Blattstiel mässig, eben so lang. Drüsen klein, gegen die Schuppenspitzen zerstreut, sonst 0. Flocken der Hülle 0 oder gegen die Schuppenränder zerstreut, an den Caulomen oben grauen Filz bildend, abwärts langsam vermindert und tief herabgehend, auf den Blättern 0. Blüthen citrongelb, Zähnchen fast kahl bis kurzgewimpert; Griffel dunkel. Früchte tief kastanienbraun oder schwarz, 3,5mm lang. — Tiroler Dolomite 2210—2370m: M. Pian bei Ampezzo, Fuss der drei Zinnen, Kaserenwiesen bei Neuprags (N.). Bayerische Alpen: Benedictenwand (W.). — Exsicc. 380*.

Mit kleineren Köpfchenhüllen und oberseits ± behaarten mehr ganzrandigen Blättern auf den Kaserenwiesen und in der Ostschweiz: Kalkberg am Splügen 2000—2200m (N.).

3. *Subsp. trentanum.* Stengel bis 27cm hoch, dünn, aufrecht, gerade, feingestreift, phyllopod. Blätter in der Rosette 3—4, kurzgestielt, äussere ± länglich, die meisten lanzettlich, spitz, etwas wellrandig und faltspitzig, sägezähnig, etwas glaucescirend-hellgrün, etwas derb; Stengelblätter 2—3, rasch decrescirend, lanzettlich, sitzend. Kopfstand hochgablig, ziemlich gleichgipflig, 1—2köpfig; Akladium 2,5—5mm lang; Strahlen 2. Ordnung 0—1, dünn; Winkel ca. 25°; Ordnungen 1—2. Hülle 12—13mm lang, oval, dann fast kuglig werdend; Schuppen sehr schmal, lineal, sehr langspitzig, äusserst spitz, schwarz, innere etwas hellrandig, äussere locker-abstehend. Bracteen 2—3, ± pfriemlich. Haare der Hülle mässig zahlreich, hell, 1,5—2mm. an den Caulomen überall ebenso, 2—3mm, auf den Blättern oberseits besonders gegen den Rand hin zerstreut, weich, 1—2mm, unterseits bis mässig zahlreich, am Rande ebenso, bis 2mm lang. Drüsen fehlen. Flocken der Hülle zerstreut, auf den Schuppenrändern reichlich, an den Caulomen oben reichlich oder graulichen Filz bildend, abwärts langsam vermindert bis unter die Stengelmitte, auf den Blättern 0. Blüthen gelb, sehr kurz[2]), Zähnchen kurzge-

---

1) Bei grossen Exemplaren durch Streckung des Basaltheiles des Stengels mehr, bis 5 (selten bis 8).

2) Nicht über die Hüllschuppen hinausragend.

wimpert; Griffel hervorragend, dunkel. Früchte fast schwarz, 3,5 mm lang. — Erinnert etwas an *H. ormontense.* — Küstenland: Vorsezsattel zwischen der Trenta und dem Pischenzathal bei Kronau (P.)

4. *Subsp. expallens Fries* = *H. dentatum α. expallens* Fries Epicr. (1862) p. 63 = *H. pallescens* Schleich. sec. Fries l. c. — Stengel bis 32 cm hoch, dünn, ± aufsteigend oder fast aufrecht, ± verbogen, gestreift, phyllopod. Blätter in der Rosette mehrere, gestielt, äussere ± spatelig, gerundet, innere ± lanzettlich, stumpf oder stumpflich und mucronat, gezähnt oder gezähnelt, öfters etwas wellrandig, fast glauk; Stengelblätter ca. 3, rasch decrescirend, unteres ± gestielt, übrige sitzend, lanzettlich. Kopfstand hoch gablig, gleichgipflig, 1—2köpfig; Akladium 2,5—5 cm lang; Strahlen 2. Ordnung 0—1, dünn; Winkel ca. 30°; Ordnungen 1—2. Hülle 11—13 (—14) mm lang, oval, dann fast kuglig; Schuppen schmal oder etwas breitlich, lineal, langspitzig, sehr spitz, schwarz, etwas heller gerandet, äussere locker. Bracteen ca. 2, schmal-lineal. Haare der Hülle mässig zahlreich, hell, 1,5 mm, an den Caulomen oben fast zerstreut, hell, 1—1,5 mm, abwärts spärlich oder 0, auf den Blättern nur am Rande zerstreut, weich, 1,5—2 mm lang. Drüsen winzig, nur gegen die Hüllschuppenspitzen zerstreut, sonst 0. Flocken der Hülle spärlich, an den Caulomen ganz oben grauen Filz bildend, abwärts rasch vermindert bis zum unteren Drittel des Stengels, auf den Blättern 0. Blüthen gelb, Zähnchen kahl oder seltener mit vereinzelten kurzen Wimpern; Griffel dunkel. Früchte (unreif) sattbraun, 3,3—3,5 mm lang.

1. *normale.* — Bayerische Alpen: Berchtesgaden. Algäu: Lechlerkranz über dem Hornbacher Pass im Oythale 2050 m (Cfl.), vom Tögelberg zum Lobenthal (Lotzbeck), von der Gierenalp zur Gottesackeralp 1610 m, Obermädelepass 1720 m, Pfannenhölzle 2015 m (Sdt.), Grünten. Tirol: Kaiserthal bei Kufstein im hohen Winkel hinter der Bärenbadalp 1300—1620 m, ? Vennerthal am Brenner 1950—2080 m (N.). Salzburg: Gamsberg in der Fusch. Schweiz: Kalkberg am Splügen 1950—2110 m (N.), Schwalmeren 1950 m (Bbg.).

2. *pilosius.* Haare der Hülle reichlich, 2—3 mm, am Stengel mässig zahlreich, 2—4 mm lang, auf den Blättern oberseits ± zerstreut. Blätter oft etwas grobzähnig. Kopfstand bis 4 köpfig. — Tirol, Brenner 1525—2210 m: Griesberg, Vennerthal, Wolfenalp, Alp Zerog (N.). Bayerische Alpen: Nadel am Wetterstein bei Partenkirchen (Pr.).

3. *stenolepium.* Hüllschuppen schmal oder sehr schmal. Die Behaarung ist gewöhnlich derjenigen von 1. ähnlich oder etwas reichlicher, zuweilen aber sind die Haare der Hülle ziemlich reichlich, 3 mm, am Stengel mässig zahlreich, 4—6 mm, auf den Blättern oberseits 0, unterseits besonders an der Mittelrippe bis ziemlich

reichlich, wie am Blattstiel 3—4 mm lang. — Algäu: Pointalp gegen Himmeleck (Sdt.), Mädelepass, Kl. Rappenkopf. Tirol: am Grossglockner 1950 m (Hut.), Fügerhorn beim Grossglockner 1950—2110 m (Mdo.), Daxalp am Brenner 1790—1885 m, M. Pian bei Ampezzo, Kaserenwiesen bei Neuprags 2210—2370 m, zwischen Wildsee und Hochalpe daselbst 2110 m, Pass zwischen Schluderbach und Altprags 1950 m (N.), vom Umbalferner in das Iselthal (Eisenbarth). Bayerische Alpen: Karwendel 2210 m, zwischen der Oberlahneralp und Fundensee 1515 m, obere Schwegelalp auf der Reiteralp 1430 m (Sdt.). Salzburg: Untersberg. Graubünden: Albula zwischen Bergün und Weissenstein 1400—2030 m (P.). Tatra: zwischen dem Nocoy und Hacorany (Fr.).

4. *chlorocephalum.* Hüllschuppen etwas breitlich, graulich-grün, äussere abstehend, blättchenartig, viel kürzer gespitzt. Haare auf den Blättern oberseits zerstreut, 2—3 mm lang. Flocken bis zum Stengelgrunde herabreichend. — Tirol: Lappachthal im Pusterthal 1460 bis 1625 m (Adf.).

5. *Subsp. maculifolium.* Stengel bis 32 cm hoch, schlank, aufrecht, gerade, feingestreift, phyllopod. Blätter in der Rosette mehrere, gestielt, äussere spatelig oder länglich, gerundet und stumpf, innere lanzettlich, spitzlich bis spitz und mucronat, kaum etwas glaucescirend-hellgrün, oberseits mit zahlreichen hellbraunen Flecken, weich; Stengelblätter 3—4, sehr rasch decrescirend, nur das unterste lanzettlich, etwas gestielt, übrige sehr unansehnlich, lineal. Kopfstand (bei unseren ziemlich zahlreichen Exemplaren) nicht entwickelt, Stengel daher 1köpfig. Hülle 14—15 mm lang, dick, eiförmig, dann bauchig-kuglig; Schuppen etwas breitlich, lineal, sehr langspitzig, sehr spitz, schwärzlich, etwas heller gerandet, äussere locker. Bracteen pfriemlich. Haare der Hülle ziemlich reichlich, hell, 2—2,5 mm, am Stengel mässig zahlreich, hell, 3—4 mm, auf den Blättern oberseits höchstens zerstreut, weich, 2—2,5 mm lang, unterseits ziemlich reichlich. Drüsen nur gegen die Hüllschuppenspitzen zerstreut, sonst 0. Flocken an Hülle und Blättern 0, an den Caulomen oben grauen Filz bildend, abwärts langsam vermindert bis nahe zum Stengelgrunde. Blüthen gelb, Zähnchen nur etwas papillös; Griffel dunkel. Früchte schwarz, ± 3 mm lang. — Ostschweiz: Splügen über dem Dorfe gegen den Kalkberg 1950 m (N.). Tirol: Imst (N.), Felskamm vom Kaiserjoch gegen die Alp (Pr.).

Die braungefleckten Blätter erinnern wie bei *H. marmoratum* und *tigrinum* an die Spec. *vulgatum* und *pictum*, ohne dass es möglich wäre, für *H. maculifolium* einen Zusammenhang mit diesen Arten betreffs Merkmale und Standort nachzuweisen. Da die Flecken in Cultur bei letzterem bestehen bleiben, so ist auch an eine Ernährungsmodification nicht zu denken.

Geographische Verbreitung der Spec. dentatum.

Das Verbreitungsgebiet der Spec. *dentatum* ist das gleiche wie dasjenige der Spec. *villosum* unter Ausschluss der Sudeten und siebenbürgischen Karpathen, aus denen *dentatum*-artige Pflanzen uns bisher nicht bekannt wurden. In der Tatra jedoch sind einige Sippen, in den Abruzzen wenigstens eine beobachtet worden, welche hierher gestellt werden müssen. Während die Spec. *dentatum* im Norden und Süden ihre Grenze mit den Alpen findet, liegt die letztere gegen Westen wie gegen Osten hin noch innerhalb des Alpengebietes. Nach beiden letztgenannten Richtungen wird die Species seltener und hört mit vereinzelten Sippen in Piemont und Dauphiné, in Steiermark und an der Quelle der Save auf. Wie das Areal der Species sich unter die von uns unterschiedenen Subspeciesgruppen vertheilt, ist aus folgender Zusammenstellung ersichtlich.

1. *Villosiforme:* Tatra; Algäu, Bayerische Alpen, Nord-, Ost- und Westschweiz, Nord- und Südtirol, Kärnten, Steiermark, Piemont, Dauphiné, Jura; Abruzzen.
2. *Subvillosum:* Algäu, Bayerische Alpen, Vorarlberg, Nord-, Ost- und Westschweiz, Jura, Nord- und Südtirol, Kärnten, Küstenland.
3. *Euryphyllum:* Ostschweiz.
4. *Dentatiforme:* Algäu, Bayerische Alpen, Ost- und Westschweiz, Nord- und Südtirol, Kärnten.
5. *Dentatum:* Algäu, Bayerische Alpen, Vorarlberg, Nord-, Ost- und Westschweiz, Jura, Nord- und Südtirol, Kärnten, Salzburg, Oesterreich.
6. *Expallens:* Tatra; Algäu, Bayerische Alpen, Nord- und Ostschweiz, Nord- und Südtirol, Salzburg, Krain, Küstenland.

Hieraus geht hervor, dass die dem *H. villosum* ähnlichsten Sippen mehr den eigentlichen Kern der Alpen bis zur westlichen Grenze der Spec. *dentatum* bewohnen, die dem *H. glaucum* sich etwas annähernden zur Gr. *Expallens* gestellten Sippen dagegen weiter gegen Osten vorgreifen und selbst die Tatra erreichen. Die morphologisch mehr eine mittlere Stellung einnehmenden Gruppen *Subvillosum, Dentatiforme* und *Dentatum* halten sich sehr streng an die Hauptketten der Alpen vom Genfer- und Bodensee bis zu den Salzburger- und carnischen Alpen.

30. H. serratum n. sp.

= *villosum—silvaticum—albidum.*

Stengel 10—22 cm hoch, dünn, aufrecht, fast gerade, feingestreift, phyllopod, gegen die Spitze hin verzweigt. Blätter in der Rosette mehrere, ansehnlich, ungestielt, in den Grund verschmälert, länglich-lanzettlich bis elliptisch-lanzettlich, spitz, $\pm$ gesägt, gelblich-grün, weich; Stengelblätter 1—3, mittleres noch gross, lanzettlich, aber meist auf eine ziemliche Strecke fast gleichbreit, mit gerundeter oder rasch verschmälerter Basis sitzend, gesägt, oberes klein, lineal. Kopfstand hoch gablig, übergipflig, aber oft die Seitenköpfchen abortirt, dadurch der Stengel 1 köpfig erscheinend; Akladium 1,5—2,5 cm lang; Strahlen 2. Ordnung (0—) 1 (—2), entfernt, dünn, an der Spitze etwas verdickt; Verzweigungswinkel ca. 50°; Ordnungen (1—) 2. Hülle 13—14 mm lang, cylindrisch mit gerundeter, dann gestutzter Basis; Schuppen breitlich, lineal, lang-zugespitzt, äussere spitz, innere spitzlich, alle schwarz, breit weisslich-, innere grün-gerandet, nur die äussersten locker-abstehend. Haare etwas federig-gezähnt, mit öfters gerade-abstehenden oder etwas zurückgebogenen oberen Zähnchen, an der Hülle mässig, hell mit schwarzem Fusse, 1 mm, an den Caulomen ebenso, oben 1—1,5, unten bis 3 mm, auf den Blättern beiderseits ziemlich reichlich oder oberseits etwas minder zahlreich, weich, 1—1,5 mm lang. Drüsen der Hülle mässig, an den Caulomen ganz oben ebenso, abwärts rasch vermindert, jedoch fast bis zum Stengelgrunde vereinzelt, auf den Blättern überall vorhanden, wenn auch (namentlich an den Rosettenblättern) klein, an den oberen zerstreut, an den unteren wenigstens am Rande spärlich. Flocken der Hülle mässig, auf den breiten Schuppenrändern sehr reichlich, an den Caulomen oben grauen Filz bildend, abwärts vermindert bis zum Stengelgrunde, auf den Blättern 0. Blüthen dunkelgelb, Zähnchen nur etwas papillös; Griffel schwärzlich. Früchte dunkelbraun, sehr schlank, fast 4 mm lang, anscheinend alle taub. — Tirol: Pfitscher Joch am Brenner ca. 1790 m (Dgl.).

Bemerkungen. In vorstehend beschriebener Pflanze vereinigen sich die Merkmale der Spec. *villosum* und *silvaticum* in deutlicher Weise: erstere spricht sich in Beblätterung, Verzweigung und Behaarung aus, letztere in plötzlicher Decrescenz der Stengelblätter, kurzem Akladium, Blüthenfarbe, Blattform etc. Somit würde *H. serratum* zur Spec. *dentatum* gestellt werden, wenn es nicht im Bau der Hülle, in der Gestalt der Stengelblätter, in der Stiellosigkeit der Rosettenblätter und vor allem in der an sämmtlichen oberirdischen Theilen der Pflanze nachweisbaren Drüsenbekleidung Merkmale besässe, welche noch auf eine dritte Hauptart hinwiesen. Diese mitbetheiligte Species ist nach unserer Ansicht *H. albidum*, da dieser die meisten genannten Merkmale entsprechen. Wegen der Drüsen könnte auch an Spec. *amplexicaule* gedacht werden; aber dagegen darf geltend gemacht werden, dass unter deren Einfluss wahrscheinlich sowohl die Hüllenform als auch die Blattgestalt eine andere wäre, ferner dass die Rosettenblätter wohl einen deutlichen Stiel besitzen würden, wie es der Zusammensetzung *silvaticum-amplexicaule-villosum* entspräche, wo beide erstgenannten Arten gestielte Grundblätter haben. — Ob *H. serratum* eine hybride Verbindung repräsentirt, ist zwar wahrscheinlich, aber nicht mit Sicherheit anzugeben. Ist es ein Bastard, worauf Seltenheit des Vorkommens und Sterilität hinweisen, so könnte die Abstammungsformel (der Mischung der Merkmale nach) lauten: *H. dentatum* $>$ *albidum* = (*villosum—silvaticum*) $>$ *albidum.*

31. H. ctenodon n. sp.

= *villosum—vulgatum.*

(Cult.) Stengel bis 55 cm hoch, dick, aufrecht, gerade oder etwas verbogen, gestreift, phyllopod, hypophyllopod (oder aphyllopod). Blätter in der Rosette, wenn vorhanden, wenige, gross, langgestielt, länglich oder elliptisch, stumpf bis spitz, entfernt gezähnelt bis (meist) grobgesägt mit abstehenden oder vorwärts gerichteten Zähnen, sattgrün bis etwas glaucescirend-hellgrün, weich; Stengelblätter (3—) 5—9 (—12), untere ± gestielt und wie die Rosettenblätter, mittlere breiter, eiförmig oder elliptisch bis fast rhombisch, meist mit verschmälerter Basis sitzend. Kopfstand hoch-gablig oder lax rispig, gleich- oder übergipflig, grenzlos, 3—10 köpfig; Akladium (1—) 2—7 (—9) cm lang; Strahlen 2. Ordnung 2—5, ± (untere sehr) entfernt, dicklich oder schlank; Verzweigungswinkel 20—45°; Ordnungen 2—3. Hülle 11—15 mm lang, ± kuglig, später oft etwas niedergedrückt; Schuppen schmal (bis breitlich), lineal, langspitzig, äusserst spitz, dunkel, ± hellrandig, äusserste locker. Bracteen (1—) 3—4, pfriemlich. Haare der Hülle mässig oder reichlich, hell, 1—3 mm, an den Caulomen meist etwas geringer an Zahl, weich, 2—4 mm, auf den Blättern oberseits sehr spärlich bis mässig, weich, 1—3 (—5) mm lang, unterseits immer reichlicher und länger. Drüsen klein, an der Hülle spärlich bis mässig, an den Kopfstielen öfters in sehr geringer Zahl vorhanden, sonst 0. Flocken der Hülle fast 0 bis mässig, an den Caulomen oben Filz bildend, abwärts vermindert öfters bis zum Stengelgrunde, auf den Blättern 0, selten unterseits an der Mittelrippe zerstreut. Blüthen heller oder satter gelb, Zähnchen kahl oder kurzgewimpert; Griffel ± dunkel. Früchte braun (selten schwarz), 3—3,6 mm lang.

Bemerkungen zu Spec. ctenodon.

Bei der innigen Verwandtschaft der Spec. *silvaticum* und *vulgatum* ist es von vornherein zu erwarten, dass von *H. villosum* zu beiden hin Uebergänge stattfinden. Die zahlreichen Zwischenformen von *H. villosum* und *H. silvaticum* werden theilweise oben als Spec. *dentatum,* theilweise weiter unten mit *H. incisum* beschrieben; gegen *H. vulgatum* dagegen ist die Zahl der Uebergänge ungleich weniger gross, und die Pflanzen kommen an ihren Fundorten in viel geringerer Menge vor. Es ist schwer zu sagen, warum man in diesen eher die Merkmale des *H. vulgatum* als diejenigen des *H. silvaticum* anzunehmen hat, und diese Schwierigkeit erklärt sich aus der nahen systematischen Stellung der beiden letztgenannten Species. Wenn man aber den ziemlich hohen Wuchs, die relativ reiche Beblätterung, den Stiel der Stengelblätter und die oft kräftige Bezahnung aller Blätter berücksichtigt und mit den entsprechenden Merkmalen der zu Spec. *dentatum* gehörigen Sippen vergleicht, so wird man den *ctenodon*-artigen Hieracien ihre Stellung zwischen *H. villosum* und *vulgatum* anweisen. Denn die aufgezählten Eigenschaften sind durchweg solche, die dem *H. vulgatum* im Unterschiede von *H. silvaticum* zukommen. Auf *H. villosum* weisen Verzweigung, Indument und Köpfchenbildung in deutlichster Weise hin.

Vielleicht sind einzelne der unten beschriebenen Pflanzen Bastarde; von einer derselben ist es sehr wahrscheinlich, dass sie der genannten Formel entspricht, da sie im Garten spontan sich bildete.

Uebersicht der Subspecies-Gruppen.

Hüllschuppen spitz oder sehr spitz. Drüsen höchstens an der Hülle zerstreut. Blüthen gelb oder hellgelb. Kopfstand grenzlos, öfters tief herabgehend: I. *Ctenodon.*

Hüllschuppen stumpflich, nur die innersten spitz. Drüsen an Hülle und Kopfstielen ziemlich reichlich. Blüthen dunkelgelb. Kopfstand ziemlich abgesetzt, auf die Stengelspitze beschränkt: II. *Tephrosoma.*

I. ***Ctenodon*** (siehe oben).

1. *Subsp. prionotum* (cult.). Stengel bis 40 cm hoch, sehr dick, aufrecht, etwas verbogen, gestreift, aphyllopod oder hypophyllopod. Blätter in der Rosette zur Blüthezeit meist 0, selten bis 2, gestielt, länglich, wie die unteren Stengelblätter; letztere an Zahl 6—8, ansehnlich, sehr langsam decrescirend, untere langgestielt, länglich, obere mehr elliptisch, in eine kurze ± stielartige Basis verschmälert, alle spitz, grobgesägt mit etwas vorwärts gekrümmten gleichmässigen sehr spitzen Zähnen, sattgrün, weich. Kopfstand hochgablig, fast gleichgipflig oder etwas übergipflig, grenzlos, 3—10 köpfig; Akladium 4—7 cm lang; Strahlen 2. Ordnung 2—4, entfernt, dicklich; Winkel 30—35°; Ordnungen 2—3. Hülle 13—14 mm lang, kuglig, dann ± niedergedrückt; Schuppen schmal, langspitzig, äusserst spitz, dunkel, hellrandig, äussere locker. Bracteen 3—4, blättchenartig. Haare der Hülle reichlich, hell, 2,5—3 mm, an den Caulomen ebenso, nur gegen die Stengelbasis vermindert, hell, weich, 4—6 mm, auf den Blättern oberseits sehr spärlich bis zerstreut, weich, 3—5 mm, unterseits wie an Rand und Stiel ziemlich reichlich. Drüsen der Hülle zerstreut bis mässig, an den Kopfstielen ganz oben vereinzelt, sonst 0. Flocken der Hülle fast 0 oder sehr spärlich, an den Caulomen oben graulichen Filz bildend, abwärts vermindert etwa bis zur Stengelmitte, auf den Blättern 0. Blüthen gelb, Zähnchen kahl oder etwas behaart; Griffel gleichfarbig. Früchte glänzend röthlichbraun, 3,6 mm lang, ziemlich viele taub.

Diese Pflanze wurde wiederholt im Münchener botanischen Garten aus Früchten erzogen, die aus einem Satze des *H. villosissimum* (Rothwand in den Bayer. Alpen) entnommen waren. Da die angegebenen Merkmale theilweise auf *H. vulgatum* hindeuten, so darf eine spontane Kreuzung des *H. villosissimum* ♀ mit *vulgatum*-artigen Sippen vermuthet werden, deren eine grosse Zahl im Garten cultivirt wird. Aus letzterem Grunde ist es unthunlich, irgend eine weitergehende Angabe bezüglich der Vaterpflanze zu machen.

2. *Subsp. ctenodon* (cult.). Stengel bis über 50 cm hoch, dick, aufrecht, gerade, gestreift, in der oberen Hälfte verzweigt, phyllopod oder hypophyllopod. Blätter in der Rosette 1—3, gross, langgestielt, länglich, stumpf bis spitz, ungleichmässig grobgesägt mit öfters abwechselnd sehr grossen schief- oder etwas gekrümmt-vorwärtsgerichteten und sehr kleinen Zähnen, grasgrün oder sattgrün, weich; Stengelblätter 6—8, sehr langsam decrescirend, untere gestielt, wie die Rosettenblätter, mittlere mehr elliptisch oder wie die oberen fast rhombisch, spitz, bezahnt wie die Grundblätter. Kopfstand hoch-gablig, sehr locker, ein wenig übergipflig, grenzlos, (1—) 3—8 köpfig; Akladium 1,5—6 cm lang; Strahlen 2. Ordnung 2—5, ± (untere sehr) entfernt, dicklich, gegen die Spitze hin ziemlich verdickt; Winkel 20—30°; Ordnungen 2—3. Hülle 14—15 mm lang, bauchig-kuglig, dann niedergedrückt; Schuppen schmal, lineal, langspitzig, äussert spitz, dunkel, ± hellrandig. Bracteen 3—4, pfriemlich. Haare der Hülle reichlich, hell, 1,5—2 mm, an den Caulomen mässig oder ziemlich reichlich, hell, 2—4 mm, auf den Blättern oberseits ± mässig zahlreich, weich, 1,5—2 mm lang, unterseits wie an Rand und Stiel ziemlich reichlich, an letzterem 3—4 mm lang. Drüsen gegen die Hüllschuppenspitzen spärlich, an den Kopfstielen 0 oder nur oben vereinzelt, sonst mangelnd. Flocken der Hülle zerstreut bis fast mässig zahlreich, an den Caulomen oben grauen Filz bildend, abwärts bis gegen die Stengelbasis langsam vermindert, auf den Blättern nur unterseits an der Mittelrippe zerstreut. Blüthen etwas hellgelb, Zähnchen kahl; Griffel dunkel. Früchte hellbraun, 3 mm lang.

α) *genuinum*. — Ostschweiz: Nufenen und Valser Berg bei Hinterrhein (N.). Tirol: Brenner (N.).

Aus den unteren Stengelblattachseln kommen öfters grossblättrige Rosetten. In manchen Jahren kommen die Köpfchen 2. und 3. Ordnung kaum zur Entwicklung.

Vom Splügen wurde eine ähnliche Pflanze mit lanzettlichen Stengelblättern, nur 10 mm langen Köpfchenhüllen, reicher Verzweigung, schlankem Stengel, dünnen Kopfstielen und geringerer kürzerer Behaarung in den Garten gebracht; dieselbe nähert sich dem *H. vulgatum* erheblich mehr als *H. ctenodon*.

β) *petiolosum* (cult.). Hypophyllopod, selten deutlich phyllopod. Blätter: unterste langgestielt, obovat, gerundet, mucronat, folgende gestielt, elliptisch, ± spitz, mittlere Stengelblätter kurzgestielt, ebenso, obere bis lanzettlich und sitzend; am ganzen Stengel 5—6, langsam decrescirend, alle mit ± entfernten kleinen oder mässig grossen abstehenden Sägezähnen. Hülle 12—14 mm lang, kuglig, zerstreut-drüsig, mässig flockig. Früchte schwarzbraun, 3,6 mm lang. Verzweigung selten tief herabgehend, meist nur 2—4 köpfig. — Ostschweiz: Splügen (N.).

3. *Subsp. tenuisquamum* (cult.). Stengel bis 55 cm hoch, schlank, aufrecht, fast gerade, gestreift, phyllopod, in der oberen Hälfte verzweigt. Blätter in der Rosette wenige (3—4), sehr lang gestielt, länglich, stumpf, mucronat, entfernt gezähnelt bis gezähnt oder mit wenigen groben Zähnen, etwas glaucescirend-hellgrün, dünn; Stengelblätter 3—5, zuerst langsam, dann rasch decrescirend, ansehnlich, untere wie die Grundblätter, nur kürzer gestielt, obere länglich oder fast elliptisch, mit verschmälerter Basis sitzend; alle spitz, gezähnelt bis gezähnt. Kopfstand hoch gablig, grenzlos, gleichgipflig, 5—7köpfig; Akladium 2—3 cm lang; Strahlen 2. Ordnung 3—5, sehr entfernt, schlank; Winkel 35°; Ordnungen 2—3. Hülle 12—13 mm lang, kuglig; Schuppen sehr schmal, lineal, langspitzig, sehr spitz, hellgrün, in der Mitte dunkel, äusserste etwas locker. Bracteen ca. 3, dem Köpfchen genähert, fast pfriemlich. Haare der Hülle mässig, hell mit schwarzem Fuss, 2—3 mm, an den Caulomen überall ebenso, oben 1,5—3, unten bis 5 mm lang, auf den Blättern oberseits zerstreut, weich, 1,5—2 mm, unterseits wie an Rand und Stiel mässig zahlreich. Drüsen der Hülle fast mässig, sonst 0. Flocken der Hülle nur gegen deren Basis bis mässig, nach oben hin 0, an den Caulomen ganz oben grauen Filz bildend, abwärts rasch vermindert höchstens bis zur Stengelmitte, auf den Blättern 0. Blüthen hellgelb, Zähnchen kahl; Griffel wenig dunkel. Früchte — ? — Gelangte nach München aus dem botanischen Garten von Wien.

4. *Subsp. largum.* Stengel bis 42 cm hoch, dicklich, aufsteigend, etwas verbogen, gestreift, im oberen Drittel verzweigt, phyllopod. Blätter in der Rosette bis 5, gestielt, eiförmig oder kurz-länglich, gerundet oder stumpf und mucronat, unregelmässig gezähnt bis gezähnelt, etwas glaucescirend-grasgrün, weich; Stengelblätter 3—4, ziemlich langsam decrescirend, länglich oder fast elliptisch, ± spitz, unteres abwärts stielartig verschmälert, übrige fast sitzend mit sehr kurz-verschmälerter Basis. Kopfstand sehr hoch gablig oder lax rispig, sehr locker, etwas übergipflig, grenzlos, 3—8köpfig; Akladium 1,5—2,5 cm lang; Strahlen 2. Ordnung 2—5, ± entfernt, untere sehr entfernt, schlank; Winkel ca. 50°; Ordnungen 2—3. Hülle 12—13 mm lang, oval, dann fast kuglig; Schuppen etwas breitlich, spitz, schwarz, schmal hellrandig, äusserste etwas locker. Bracteen ca. 2, dem Köpfchen sehr genähert, fast pfriemlich. Haare der Hülle ziemlich reichlich, hell, 1,5—2 mm, an den Caulomen oben ziemlich zahlreich, 1,5—2 mm, abwärts nur mässig zahlreich, bis 3 mm, auf den Blättern oberseits zerstreut bis mässig, weich, bis 2 mm lang, unterseits immer reichlicher, an Mittelrippe und Blattstiel ziemlich reichlich. Drüsen der Hülle mässig, an den Kopfstielen ganz oben zerstreut, abwärts sehr bald verschwindend, sonst 0. Flocken der Hülle spärlich, auf den Schuppenrändern mässig oder ziemlich reichlich, an den Caulomen oben grauen Filz bildend, abwärts langsam vermindert fast bis zum Stengelgrunde,

auf den Blättern 0, höchstens an der Mittelrippe der oberen Stengelblätter vereinzelt. Blüthen gelb, Zähnchen papillös oder etwas gewimpert; Griffel dunkel. Früchte schwarzbraun, 3,8 mm lang. — Graubünden, Parpan: Abhänge gegen Weisshorn und Schwarzhorn 1500—1700 m (P.).

Cultivirt höher, reicher verzweigt, aphyllopod, alle Blätter eiförmig oder elliptisch, am Stengel bis 8, die unteren langgestielt, mittlere successive kürzer gestielt, oberste breit-sitzend.

5. *Subsp. multiramum* (cult.). Stengel bis 45 cm hoch, ± dick, aufrecht, etwas verbogen, bis zum Grunde verzweigt, hypophyllopod oder aphyllopod[1]). Grundblätter langgestielt, länglich, spitz, (zuweilen sehr) grob sägezähnig, kaum etwas glaucescirend-hellgrün, weich; Stengelblätter 5—6, zuerst sehr langsam, dann sehr rasch decrescirend, länglich, grobzähnig, spitz, schmal-sitzend, obere mit mehr gerundeter Basis. Kopfstand gablig, stark übergipflig, grenzlos, bis 10köpfig; Akladium 2—9 cm lang; Strahlen 2. Ordnung 3—7, sehr entfernt, ziemlich schlank; Winkel 25—40°; Ordnungen 3. Hülle 12—14 mm lang, kuglig, dann etwas niedergedrückt; Schuppen schmal, sehr spitz, dunkel, sehr schmal hellrandig. Bracteen 1—2, fast pfriemlich. Haare der Hülle ziemlich oder mässig zahlreich, hell, 1,5—2 mm, an den Caulomen mässig, hell, oben 2, abwärts bis 4 mm, auf den Blättern oberseits zerstreut oder fast mässig zahlreich, weich, 2—3 mm lang, unterseits etwas zahlreicher. Drüsen der Hülle ± zerstreut, sonst 0, höchstens noch am Akladium 1. Ordnung vereinzelt. Flocken der Hülle fast 0, an den Caulomen oben grauen Filz bildend, abwärts langsam vermindert bis zum untern Drittel, auf den Blättern 0. Blüthen gelb, Zähnchen reichlich kurzgewimpert; Griffel sehr dunkel. Früchte etwas hellbraun, 3,6 mm lang.

1. *normale.* — Ostschweiz: Splügen (N.).

2. *subintegrum* (cult.). Blätter länglich-elliptisch, ± spitz, fast ganzrandig oder etwas gezähnelt, auch die obersten mit schmaler Basis sitzend. Hülle 11—12 mm lang. Früchte kohlschwarz, 3,5 mm lang. Behaarung überall kürzer und viel geringer, auf der Blattoberseite mangelnd. — Tirol: Bozen (N.).

II. ***Tephrosoma*** (vgl. S. 203). — In der hier beschriebenen Pflanze liegt möglicherweise ein *H. Bocconei—villosum* vor: es deuten darauf Hüllenbau, Drüsenreichthum und Blattform hin.

Subsp. tephrosoma (cult.). Stengel bis 40 cm hoch, aufrecht, wenig verbogen, gestreift, an der Spitze verzweigt, phyllopod oder hypophyllopod. Blätter in der Rosette 1—6, sehr gross, gestielt, elliptisch bis länglich, lang in den Grund verschmälert, spitz, ziemlich grobzähnig, hellgrün, weich; Stengelblätter 5—9 (—12), langsam decrescirend, untere kurz-

1) Am Grunde oft mit einer seitenständigen grossblättrigen Rosette; selten ist durch Persistenz einiger Blätter deutliche Phyllopodie vorhanden.

gestielt, mittlere und obere sitzend, alle ± elliptisch. Kopfstand lax rispig, übergipflig, 3—6 köpfig; Akladium 1—2 cm lang; Strahlen 2. Ordnung 2—4, genähert, schlank; Winkel 35—45°; Ordnungen 2 (—3). Hülle 11—13 mm lang, dick cylindrisch-oval, dann fast kuglig mit gestutzter Basis; Schuppen breitlich, lang zugespitzt, an der Spitze selbst stumpflich, nur die innersten spitz, schwärzlich, breit grünweisslich gerandet, die äussersten etwas locker. Bracteen ca. 2, pfriemlich. Haare der Hülle mässig, etwas dunkel, 1 mm, an den Caulomen ganz oben ebenso, 1—2 mm, abwärts bald ziemlich reichlich, hell, 3—4 mm lang, am Stengelgrunde reichlich, auf den Blättern oberseits ziemlich zahlreich, weich, 1 mm, unterseits und am Blattstiel reichlich, 4 mm lang. Drüsen der Hülle mässig bis fast reichlich, an den Kopfstielen ziemlich zahlreich, am Stengel bald sehr zerstreut und schon im oberen 1/5 verschwindend, sonst 0. Flocken der Hülle mässig, auf den Schuppenrändern sehr reichlich, an den Caulomen oben grauen Filz bildend, abwärts äusserst langsam vermindert bis fast zum Stengelgrunde, auf den Blättern 0. Blüthen dunkelgelb, Zähnchen papillös oder sehr kurz gewimpert; Griffel dunkel. Früchte kohlschwarz, 3,5 mm lang. — Tirol: Heiligkreuz im Oetzthal (N.).

32. H. Grabowskianum nob.

= *villosum* + *prenanthoides*

= *H. villosum β. intermedium* Grab., Fl. Oberschles. p. 229 = *H. villosum β. dentatum* Wimm. Fl. Schles. (1857) p. 305 = *H. villosum* + *prenanthoides* Uechtr. in Oest. bot. Zeitschr. 1862 p. 86; Fick Fl. Schles. (1881) p. 280.

Bemerkung. Seit mehr als 50 Jahren wird in dem Gesenke der Sudeten eine Pflanze beobachtet, welche von dem dort vorkommenden *H. villosum*[1]) gegen *H. prenanthoides* hin abweicht und mit Recht für einen Bastard beider Species erklärt wird. Es sind auch aus dem Alpengebiete zahlreiche Sippen von ähnlicher systematischer Stellung bekannt und besonders unter den Bezeichnungen *H. elongatum* und *valdepilosum* beschrieben worden, doch treffen von keiner derselben die Merkmale in der Weise mit der mährischen Pflanze zusammen, dass man sie identificiren könnte. Auch ist für die Alpensippen die hybride Abstammung meist nicht wahrscheinlich zu machen. Da ferner die hybride Sudetenpflanze sowohl am natürlichen Standorte wie im Garten ein, allerdings schwer in Worte zu fassendes Etwas an sich trägt, wodurch sie sich von allen *elongatum*-Sippen auf den ersten Blick unterscheidet, so erscheint es gerechtfertigt, dieselbe als Vertreter einer Bastardgruppe von der nicht hybriden Spec. *elongatum* getrennt zu halten. Namentlich in Cultur zeigt *H. Grabowskianum*[2]) ein eigenartiges Aussehen; der Stengel wird bis 60 cm

1) Siehe *subsp. undulifolium*, S. 99.

2) Diese neue Bezeichnung könnte unnöthig erscheinen, da Grabowski seine Pflanze *H. villosum β. intermedium* nannte und letzterer der Name *intermedium*

hoch, das Verzweigungssystem sehr ansehnlich und reich, die Blätter gesägt: Merkmale, welche *H. elongatum* unter gleichen Verhältnissen nicht aufweisen kann.

1. *H. Grabowskianum.* Stengel 20—30 cm hoch, schlank, aufrecht, feingestreift, gegen die Spitze verzweigt, aphyllopod oder hypophyllopod. Blätter am Stengelgrunde höchstens 2 (meist 0), undeutlich gestielt, lanzettlich, spitz, entfernt gezähnelt, etwas glaucescirend-hellgrün, etwas derb bis weich; Stengelblätter 7—12, sehr langsam decrescirend, ± länglich-lanzettlich, untere in den Grund verschmälert, folgende mit gleichbreiter Basis oder über derselben ein wenig geigenförmig eingezogen, mittlere und obere mit breiter gerundeter bis etwas herzförmig umfassender Basis sitzend, alle gezähnelt bis gesägt-gezähnt. Kopfstand hoch gablig, ein wenig übergipflig, 1—2 köpfig; Akladium 1—1,5 cm lang; Strahlen 2. Ordnung 0—1, dünn; Verzweigungswinkel ca. 30°; Ordnungen 1—2. Hülle 13 bis 15 mm lang, dick eiförmig, später fast kuglig; Schuppen breitlich, spitz, schwarz, etwas heller berandet, nur die äussersten etwas locker. Bracteen ca. 2, lineal. Haare der Hülle reichlich, hell, 3—4 mm, an den Caulomen oben mässig, abwärts ziemlich reichlich, hell, 4—6 mm, auf den Blättern oberseits mässig zahlreich, etwas steiflich, 3—4 mm lang, unterseits reichlicher und weicher. Drüsen sehr klein, an der Hülle besonders gegen die Schuppenspitzen mässig zahlreich, sonst 0 [1]). Flocken der Hülle nur an den Schuppenrändern vereinzelt, an den Caulomen oben grauen Filz bildend, abwärts vermindert bis unter die Stengelmitte, sonst 0. Blüthen gelb, Zähnchen kurzgewimpert; Griffel dunkel. Früchte braun, 4 mm lang.

1. *normale.* — Mährisches Gesenke: Felsen am oberen Rande des grossen Kessels 1430—1460 m (U., P., zuerst von Grabowski, dann von zahlreichen Forschern gesammelt), mit *H. villosum* und *prenanthoides* in wenigen Exemplaren. — In Cultur wird die Pflanze doppelt so hoch, sie hat dann einen dicken aphyllopoden Stengel, bis 7 in den 3. Grad verzweigte Aeste, und die Stengelblätter sind länglich bis eiförmig, obere aus breiter Basis zugespitzt, alle gesägt. — Exsicc. 381.

2. *longipilum.* Haare auf der Blattoberseite ziemlich reichlich, 4—6 mm lang, weich. Blätter: untere mit verschmälerter, obere mit gerundeter Basis sitzend, lanzettlich bis länglich-lanzettlich. Früchte sattbraun, knapp 3 mm lang. — Tatra: Drechselhäuschen (Hsskn.).

---

bleiben sollte. Allein schon 1813 wurde von Lapeyrouse (Hist. abr. des pl. d. Pyrén. p. 471) ein *H. intermedium* = *silvaticum-humile* beschrieben. — Nach Grisebach in litt. ad cl. Uechtritz soll unsere Pflanze = *H. trichodes* Griseb. sein; sie stimmt aber in ihren Merkmalen mit der nach Originalexemplaren hergestellten Beschreibung in Fries Epicr. p. 123 nicht überein.

1) D. h. microscopisch kleine Drüschen finden sich auch an den Kopfstielen noch zwischen den Stern- und Gliederflocken.

Dieser Pflanze sehr ähnlich ist eine andere, ebenfalls bisher nur an einem einzigen Standorte beobachtete, deren Beschreibung hier unter Angabe der (gesperrt gesetzten) hauptsächlichsten Unterschiede von *H. Grabowskianum* folgen möge. Wegen der etwas stark glaucescirenden Blattfarbe könnte dieselbe möglicherweise für ein *H. scorzonerifolium-prenanthoides* angesehen werden, aber mit den *penninum*-artigen Hieracien ist die Uebereinstimmung ungleich geringer als mit *H. Grabowskianum*.

2. *H. eremocephalum*. Stengel bis 32 cm hoch, schlank, aufrecht, verbogen, gestreift, hypophyllopod. Blätter am Stengel ca. 5, langsam decrescirend, unteres lanzettlich bis länglich, über dem Grunde ein wenig zusammengezogen, am Grunde selbst gerundet, mittlere und obere mit ± umfassender Basis, alle ± unregelmässig gezähnelt, spitz, öfters etwas faltspitzig, glaucescirend, ziemlich weich. Kopfstand (bei unseren Exemplaren) unentwickelt, Pflanze daher 1köpfig, selten ein abortirtes Köpfchen 2. Ordnung vorhanden, dann Akladium ca. 7 cm lang. Hülle 15—17 mm lang, niedergedrückt-kuglig; Schuppen breitlich, langspitzig, spitz, dunkel, hellrandig, äussere etwas locker. Bracteen ca. 3, untere lanzettlich, blättchenartig. Haare der Hülle ziemlich reichlich, weiss, seidig, 3—4 mm lang, an den Caulomen mässig bis ziemlich zahlreich, 4—6 mm, auf den Blättern beiderseits mässig, oberseits etwas steiflich, 3—4 mm lang. Drüsen klein, an der Hülle besonders gegen die Schuppenspitzen zerstreut, sonst 0. Flocken der Hülle 0, nur an den Schuppenrändern spärlich, an den Caulomen oben ± reichlich, abwärts vermindert bis unter die Mitte, sonst 0. Blüthen — ? Früchte schwarz, gut 4 mm lang. — Nordschweiz: Meglisalp bei Appenzell 1450—1600 m (N.).

33. **H. elongatum Willd.** ap. Fröl. in DC. Prodr. VII (1838) p. 229

= *villosum—prenanthoides*.

Dazu *H. valdepilosum* Gaud.-Monn. synops. fl. helv. (1836) p. 684 incl. var. *β.* = *H. villosum var. elongatum* Fries Epicr. (1862) p. 64; Gren. et Godr. fl. fr. II (1850) p. 358 = *H. villosum var. semiglabratum* Fries Symb. (1848) p. 51 = *H. villoso-prenanthoides* F. Schultz, Arch. II (1854—69) p. 61. — Dazu ferner *H. ciliolatum* Serres in Bull. Soc. bot. de France III (1856) p. 276. — Stengel bis 55 cm hoch, schlank bis dicklich oder dünn, aufrecht, gerade oder ± verbogen, gestreift, (phyllopod bis) meist hypophyllopod oder aphyllopod. Blätter in der Rosette, wenn vorhanden, wenige, gestielt, ansehnlich, lanzettlich oder länglich; Stengelblätter zur Blüthezeit meist 7—13 (—20, bei einigen Sippen nur 4—8), sehr langsam decrescirend, ansehnlich, in die Bracteen und Hüllschuppen meist allmählich übergehend, untere länglich, ± gestielt oder mit verschmälerter Basis, mittlere mit breitem oder ± *prenanthoides*-artig geigenförmigem oder herzförmig-umfassendem Grunde, obere immer umfassend, eiförmig oder länglich; alle oberseits grün oder etwas gelblichgrün, unterseits blassgrün, ganzrandig bis wenig gezähnt, weich oder dünn. Kopfstand sehr hoch gablig oder lax rispig, ± übergipflig, grenzlos, 2—6 (—9) köpfig; Akladium 1—5 cm lang; Strahlen 2. Ordnung 1—3 (—6), entfernt, schlank oder dünn (bis dicklich); Verzweigungswinkel 30—40 (—50)°; Ordnungen 2—3. Hülle (10—) 13—15 (—18) mm lang, ± eiförmig, später öfters kuglig oder etwas niedergedrückt; Schuppen: alle ziemlich gleichgestaltet, schmal bis breitlich, lineal, langspitzig, spitz, dunkel, äusserste locker, — oder die letzteren ± blättchenartig, grün, lanzettlich, abstehend. Bracteen wenige (bis 4), blättchenartig oder lineal. Haare der Hülle ± (bis sehr) reichlich, hell, (1—) 2—4 mm, an den Caulomen mässig bis ziemlich zahlreich, hell mit schwarzer Basis, abwärts meist vermehrt, 3—5 (—6) mm, auf den Blättern beiderseits ± reichlich, weich, (1—) 2—4 (—6) mm lang. Drüsen der Hülle zerstreut bis ziemlich reichlich, klein, an den Kopfstielen spärlich bis 0, sonst mangelnd. Flocken der Hülle 0 oder spärlich, nur am Rande der Hüllschuppen und am Grunde zuweilen bis ziemlich reichlich, an den Caulomen oben Filz bildend, abwärts vermindert meist bis zur Stengelmitte, auf den Blättern mangelnd. Blüthen ± gelb, Zähnchen kurzgewimpert (selten kahl); Griffel dunkel. Früchte strohfarbig-hellbraun bis rothbraun oder schwarzbraun, 3,2—4,6 mm lang; Pappus oft bräunlichweiss.

Bemerkungen zu Spec. elongatum.

In *H. Grabowskianum* liegt, wie oben gezeigt wurde, ein unzweifelhafter Bastard der Spec. *villosum* und *prenanthoides* vor, welcher (in Cultur) durch *prenanthoides*-artige Höhe, reichen Kopfstand und reiche Beblätterung an die genannte Species sich näher anschliesst als durch Indument und Hüllenbau an Spec. *villosum.* Das Alpensystem beherbergt eine grosse Anzahl anderer Pflanzen, welche sich ebenfalls ihren Merkmalen nach zwischen die nämlichen Hauptarten stellen, deren morphologische Erscheinung und systematische Bedeutung jedoch eine ganz andere ist. Für diese Pflanzen ergibt sich aus der Abwägung ihrer Eigenschaften den Hauptarten gegenüber eine mehr intermediäre oder dem *H. villosum* nähere Stellung: die Blattform ist zwar oft sehr *prenanthoides*-ähnlich, aber der Beblätterungsmodus ist mehr derjenige von *H. villosum,* und die armköpfige Inflorescenz, das Indument, die Stengelentwickelung schliessen sich entschieden mehr an die letztgenannte Species an. Berücksichtigt man ferner die Vorkommensverhältnisse dieser Sippen, so zeigt sich, dass für fast keine derselben eine hybride Herkunft angenommen werden darf. Häufig werden die *elongatum*-Sippen in grossen Schaaren angetroffen an solchen Orten, die überhaupt reich an Hieracien sind; in den Bayerischen Alpen, auch in Kärnten begegnet man ihnen aber ohne *H. prenanthoides,* welches auf weite Entfernungen fehlen kann.

Zieht man in einer schematischen Darstellung eine Verbindungslinie zwischen *H. villosum* und *prenanthoides,* und trägt man auf derselben alle bekannten Zwischenformen ein, so ergibt sich folgendes Bild: von *H. villosissimum* und *villosum* aus geht eine dichte Schaar von Zwischensippen in der Richtung gegen *prenanthoides* bis über die Mitte der Verbindungslinie hinaus, so dass im allgemeinen ein gleitender Uebergang bis hierher stattfindet; dann aber wird die Reihe lückenhaft, es schalten sich zuerst die unter *H. Grabowskianum* aufgezählten Bastarde ein, dann folgen dem *H. prenanthoides* schon sehr genäherte Pflanzen, die fast nur noch in ihrem Indument Anklänge an *H. villosum* bieten und daher erst weiter unten behandelt werden [1]). — Es ist unverkennbar, dass hier ganz ähnliche phylogenetische Verhältnisse obwalten wie unter den Piloselloiden zwischen den Spec. *Hoppeanum* und *glaciale.* Auch in diesem Falle geht von einer Hauptart (*H. glaciale*) eine gleitende Reihe aus, welche bis über die Mitte der Verbindungslinie

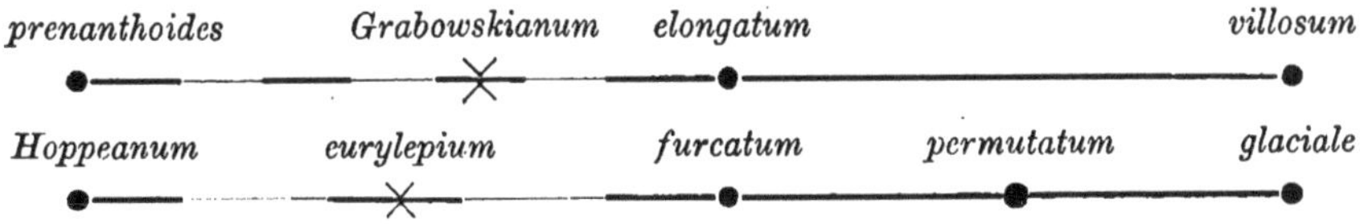

hinausreicht, dann treten Bastarde in die Lücke und zeigen, dass hier ehedem wirklich Zwischenformen existiren konnten, und wie dieselben ausgesehen haben mögen.

Was die Frage der Nomenclatur anlangt, so ist zunächst zu erwähnen, dass zwei verschiedene *H. elongatum* als *n. sp.* aufgestellt worden sind. Das ältere derselben ist *H. elongatum Lapeyr.* (Hist. pl. Pyrén. 1813 p. 476); diese Pflanze besitzt langgestielte sehr deutlich gezähnte Rosettenblätter von länglich-eiförmiger Gestalt und hat auch wegen ihrer sonstigen Eigenschaften sicher keine Beziehungen zu *H. villosum,* sondern viel mehr zu *H. rhomboidale* und *obovatum* Lap., wie Timbal-Lagrave [2]) mit Recht hervorhob. — Das zweite ist *H. elongatum Willd.* bei Frölich in DC. Prodr. VII (1838) p. 229, eine zwischen den Spec. *villosum* und *prenanthoides* stehende Sippe, welche von allen neueren Systematikern unter dieser Bezeichnung verstanden wird. Obwohl *H. elongatum Lap.* früher publicirt wurde als *H. elongatum Willd.,* ist es aus Zweckmässigkeitsgründen besser, den letztgenannten Namen beizubehalten, zumal für das erstere schon die Bezeichnung *H. panduriforme* Timb.-Lagr. existirt. Wir sind überzeugt, dass sich eine Neubenennung des *H. elongatum Willd.* des Beifalles der Systematiker und Floristen nicht erfreuen würde.

Mit *H. elongatum* stehen einige andere Pflanzen in näherer Beziehung, so eine gegen die Spec. *silvaticum* hin abweichende (vgl. *H. subelongatum*) und eine gegen *H. vulgatum* neigende vielleicht hybride Form (siehe *H. silsinum*). Ueberhaupt ist *H. elongatum* eine nach verschiedenen Seiten andere Species berührende Art, da sich z. B. Uebergänge gegen

---

1) Ueber die Verknüpfung der Hauptarten vgl. auch S. 121.

2) Bull. de la Soc. bot. de France XVIII (1871) p. 315.

H. villosiceps, comatulum, villosum u. a. leicht nachweisen lassen (vgl. S. 224).

Die grosse Schaar der nicht hybriden Uebergangsformen zwischen den Spec. *villosum* und *prenanthoides* übersichtlich darzustellen gelingt nur dann, wenn man etwas künstlich verfährt und manche minder hervortretende Merkmale mit berücksichtigt. Von den sich auf diese Weise ergebenden Subspeciesgruppen ist Gr. *Prenanthophyllum* der Spec. *prenanthoides*, Gr. *Oligophyllum* der Spec. *villosum* am ähnlichsten; die Gr. *Elongatum* steht ziemlich intermediär zwischen den Hauptarten, Gr. *Christeneri* weicht von der Hauptlinie etwas gegen die Spec. *bupleuroides* hin ab, so dass die hierhergehörigen Sippen eine gewisse Aehnlichkeit mit *H. digeneum* bekommen.

Uebersicht der Subspecies-Gruppen.

Drüsenhaare an den Kopfstielen vorhanden, wenn auch zuweilen in sehr geringer Zahl. Stengel mehr- oder vielblättrig. Inflorescenz mehrköpfig.

- Stengelblätter zahlreich, ganzrandig, nur mit winzigen aufgesetzten Zähnchen, ± elliptisch: I. *Prenanthophyllum*.
- Stengelblätter mehrere oder viele, gezähnt, die mittleren meist etwas geigenförmig-länglich: II. *Elongatum*.

Drüsenhaare an den Kopfstielen mangelnd. Stengel mehr- bis wenigblättrig. Inflorescenz meist wenigköpfig.

- Mittlere Stengelblätter umfassend- oder doch breit-sitzend; Stengel armblättrig, meist phyllopod (seltener hypophyllopod). III. *Oligophyllum*.
- Mittlere Stengelblätter mit verschmälerter Basis sitzend; Stengel mehrblättrig, hypophyllopod: IV. *Christeneri*.

I. ***Prenanthophyllum*** (siehe oben). — Habitus sehr ähnlich dem *H. prenanthoides*, durch Blattform indessen und grössere anders gestaltete Köpfchen leicht von demselben zu unterscheiden. Steht letzterem unter allen hier beschriebenen Sippen am nächsten.

Subsp. prenanthophyllum (cult.). Stengel bis 60 cm hoch, etwas dicklich, aufrecht, etwas verbogen, gestreift, aphyllopod. Blätter am Stengel zur Blüthezeit 10—15, sehr langsam decrescirend, untere länglich, stielartig verschmälert, mittlere länglich mit (öfters *prenanthoides*-artig) verschmälerter Basis sitzend, obere aus eiförmigem Grunde zugespitzt; alle spitz, entfernt-klein-gezähnelt, oberseits hellgrün, unterseits bläulichgrün, dünn. Kopfstand locker rispig, grenzlos, gleichgipflig, bis 15 köpfig; Akladium 1—1,5 cm lang; Strahlen 2. Ordnung (2—) 5—8, obere genähert, untere entfernt, sehr schlank, oberste oft mit dem Akladium ± verwachsen; Winkel ca. 40°; Ordnungen 2—3. Hülle 12—13 mm lang, eiförmig, später fast kuglig werdend; Schuppen schmal, lineal, äusserst spitz, schwarz, schmal grünrandig, alle anliegend. Bracteen 1—2 ganz dicht unter dem Köpfchen, schmal lineal, unansehnlich. Haare der Hülle mässig, dunkel, 1—1,5 mm, an den Kopfstielen ebenso, am Stengel abwärts heller, bis ziemlich zahlreich, 1,5—2,5 mm, auf den Blättern oberseits ziemlich reichlich, weich, 1—1,5 mm, unterseits zahlreicher, am Rande reichlich, 1 mm lang. Drüsen klein, an der Hülle mässig, an den Kopfstielen oben vereinzelt, sonst 0. Flocken der Hülle zerstreut, am Stengel oben reichlich, abwärts vermindert bis etwa zur Mitte, auf den Blättern 0, Kopfstiele graulich. Blüthen gelb, Zähnchen papillös oder mit vereinzelten kurzen Wimpern; Griffel dunkel. Früchte glänzend braun oder streifig hell- und dunkelbraun, 4,5—4,8 mm lang; Pappus bräunlichweiss. — Kärnten: Kernadulscharte bei Raibl (P.).

II. ***Elongatum*** (vgl. S. 212). — Die in dieser Gruppe zusammengestellten Sippen sind zwischen den Hauptarten so ziemlich intermediär und zeigen die Merkmale derselben in guter Durchdringung. Unter einander sind sie sehr ähnlich, so zwar, dass es nur schwierig gelingt, die eine kurze Reihe darstellenden Subspecies *pseudelongatum, elongatum, subalpinum, valdepilosum* zu trennen. Das letztere glauben wir am besten dadurch zu fixiren, dass wir dafür bei dem Mangel an Originalexemplaren die in den Fries'schen Exsiccaten aufliegende Pflanze in Anspruch nehmen.

1. *Subsp. glandulistipes.* Stengel bis 30 cm hoch, aufrecht, dicklich, etwas verbogen, gestreift, hypophyllopod. Blätter 12—20, langsam decrescirend, ziemlich gleichmässig vertheilt, unterste gestielt, spatelig-länglich, stumpf, folgende länglich und länglich-lanzettlich, zuweilen ein wenig *prenanthoides*-artig eingezogen, ± deutlich gestielt oder sitzend, stumpflich bis spitz, mittlere ebenso, mit verschmälerter Basis sitzend, obere aus eiförmiger oder etwas umfassender Basis zugespitzt, spitz; alle etwas glaucescirend-hellgrün, unterseits etwas graulichgrün, sägezähnig bis (obere) gezähnelt, weich. Kopfstand locker rispig, etwas übergipflig, ziemlich abgesetzt, 4—6 köpfig; Akladium 0,5—1,5 cm lang; Strahlen 2. Ordnung 3—5, genähert oder etwas entfernt, schlank; Winkel 30—40°; Ordnungen 2. Hülle 13—14 mm lang, dick eiförmig, dann kuglig; Schuppen fast schmal, sehr spitz, schwärzlich, etwas heller berandet. Bracteen 2—3, lanzettlich oder lineal, grün. Haare der Hülle fast reichlich, hell, 1,5—2 mm, an den Caulomen ebenso, hell, 3—4 mm, auf den Blättern oberseits spärlich, gegen den Rand hin zerstreut, weich, 2—3 mm, unterseits zerstreut, gegen den Rand mässig zahlreich, am Rande selbst ziemlich reichlich, 2 mm lang. Drüsen der Hülle mässig, an den Kopfstielen zerstreut oder spärlich, am Stengel noch bis zur Mitte vereinzelt, sonst 0. Flocken der Hülle 0, an den Kopfstielen oben zerstreut oder mässig, abwärts und sonst überall 0. Blüthen hellgelb, Zähnchen mit vereinzelten kurzen Wimpern oder kahl; Griffel sehr dunkel. Früchte rothbraun, 4 mm lang, mehr als zur Hälfte taub. — Westschweiz: Creux de Champ gegen Sex rouge in Ormonts dessus 1700—2000 m (N.).

In Cultur verlängern sich die Internodien des Stengels, so dass die bei wildwachsenden Pflanzen etwas dicht inserirten und ein pyramidenförmiges Aussehen bedingenden Stengelblätter mehr zerstreut erscheinen. Die Inflorescenz wird bis 15 köpfig und in den 3. Grad verzweigt, die Früchte sind roth- bis sattbraun, von 3,5—4,5 mm wechselnd, auch hier viele taub, die oberen Blätter nicht oder kaum umfassend.

2. *Subsp. valdepilosum Vill.*, Hist. pl. Dauph. III (1789) p. 106 tab. 30 = *H. valdepilosum* Fries Hierac. europ. exsicc. 137 bis[1]) = *H. villosum γ. simplex* Lamk. et DC., fl. fr. 3e éd. IV (1805) p. 20; dazu auch *H. villosum μ. crinitum* Fröl. in DC. Prodr. VII (1838) p. 228. — Stengel bis 50 cm hoch, schlank bis dicklich, aufrecht, gerade oder ± verbogen, feingestreift, aphyllopod. Stengelblätter zur Blüthezeit bis 12, langsam decrescirend, unterste länglich, spitz, lang in den Grund verschmälert, aber meist nicht deutlich gestielt, folgende mit etwas *prenanthoides*-artiger oder einfach verschmälerter Basis sitzend, länglich, mittlere und obere aus breitem oder ± umfassendem Grunde eiförmig; alle spitz, fast ganzrandig oder gezähnelt oder entfernt gesägt-gezähnt, grün, unterseits etwas heller, weich. Kopfstand lax rispig, etwas übergipflig, grenzlos, bis 8 köpfig; Akladium 2—3 cm lang; Strahlen 2. Ordnung bis 5, entfernt, schlank; Winkel 30—40°; Ordnungen 2 (—3). Hülle 13—14 mm lang, dick eiförmig, später fast kuglig werdend; Schuppen breitlich, zugespitzt, spitz, schwarz, schmal hellrandig, anliegend, äusserste locker. Bracteen wenige, lineal, oder die untersten lanzettlich. Haare der Hülle (bis sehr) reichlich, hell, 1,5 (—3) mm, an den Caulomen oben ziemlich reichlich, hell mit schwarzem Fuss, abwärts zahlreicher, 3—4 (—6) mm, auf den Blättern beiderseits ± reichlich, oberseits weich oder etwas steiflich, 3—4 mm lang. Drüsen der Hülle ziemlich reichlich, sehr klein, an den Kopfstielen sehr spärlich oder vereinzelt, sonst 0. Flocken der Hülle zerstreut, auf den Schuppenrändern ziemlich reichlich, an den Caulomen ganz oben reichlich, abwärts langsam vermindert bis zur Stengelmitte, auf den Blättern 0. Blüthen gelb, Zähnchen kurzgewimpert; Griffel dunkel. Früchte schwarzbraun, 3,8 mm lang. — Dauphiné: Lautaret (Lt.). Westschweiz: Berg Clou bei Sembrancher (Lgg.), M. de Marnex in Ormonts dessus 2200—2300 m (N.), Lavacar sur Bex (Th.). — In Ormonts Uebergänge zu *H. villosum*.

3. *Subsp. subalpinum*. Stengel bis 55 cm hoch, schlank, aufrecht, gerade oder wenig verbogen, gestreift, aphyllopod. Blätter am Stengel bis 12, ansehnlich, langsam decrescirend, unterste länglich, gestielt, spitz, folgende schon mit breiter oder ± *prenanthoides*-artig umfassender Basis sitzend, länglich, mittlere und obere aus umfassender Basis kurz-länglich bis eiförmig, spitz, alle oberseits etwas gelblichgrün, unterseits blass, ganzrandig oder entfernt-gezähnelt bis etwas buchtig-kleinzähnig, weich. Kopfstand sehr lax rispig, übergipflig, grenzlos,

1) Die Pflanze wird von Fries zu den *Cerinthoidea* gestellt.

2—5 (—7) köpfig [1]); Akladium 3—5 cm lang; Strahlen 2. Ordnung 1—4 (—7), dünn, entfernt; Winkel 30—40°; Ordnungen 2 (—3). Hülle 13—15 mm lang, eiförmig, später dicker; Schuppen breitlich, spitz, schwarz, breit grünrandig, äusserste locker. Bracteen wenige, blättchenartig, lanzettlich. Haare der Hülle ziemlich reichlich, hell, 2—3 mm, an den Caulomen ebenso, oben hell mit schwarzem Fuss, abwärts etwas zahlreicher, 3—4 mm, auf den Blättern beiderseits ziemlich reichlich, weich, oberseits 1—1,5 mm lang. Drüsen der Hülle mässig, sehr klein, an den Kopfstielen spärlich oder vereinzelt, abwärts bald verschwindend. Flocken der Hülle oben spärlich, abwärts ziemlich reichlich, an den Caulomen oben grauen Filz bildend, abwärts rasch vermindert und im oberen Drittel verschwindend, auf den Blättern 0. Blüthen hellgelb, Zähnchen kurzgewimpert; Griffel sehr dunkel. Früchte sehr hellbraun bis rothbraun, 4 mm lang; Pappus bräunlichweiss. — Ostschweiz: Parpan zwischen Dorf und Joch 1560 m (N.), Parpan gegen Weisshorn und Schwarzhorn 1500—1700 m (P.). Westschweiz: Creux de Champ in Ormonts dessus 1700 m (N.), Alpe La Léchère im Val Ferret (Wf.).

4. *Subsp. pseudelongatum* = *H. valdepilosum* Rchb. f. Deutschl. Fl. XIX (1860) p. 90 tab. 154 fig. 1. — Stengel bis 45 cm hoch, ± dicklich, gerade, gestreift, aphyllopod oder meist hypophyllopod. Blätter 9—13, gross, langsam decrescirend, unterste gestielt, lanzettlich, spitz, gesägt, etwas wellrandig, folgende länglich mit breiter gerundeter Basis, übrige mit eiförmiger oder umfassender Basis sitzend, länglich bis eiförmig; alle gelblichgrün, unterseits gleichfarbig oder ein wenig blasser, weich. Kopfstand sehr hoch gablig, etwas übergipflig, grenzlos, 2—6 köpfig; Akladium 1—4 cm lang; Strahlen 2. Ordnung 1—4, entfernt, etwas dicklich; Winkel 40—45°; Ordnungen 2—3. Hülle 15—17 mm lang, dick eiförmig, aber bald bis niedergedrückt-kuglig und sehr breit; Schuppen: äussere blättchenartig, sparrig, lanzettlich, übrige breitlich, ± lineal, langspitzig, sehr spitz, dunkel, anliegend. Bracteen mehrere, blattartig, eiförmig bis lanzettlich, in die Hüllschuppen übergehend. Haare der Hülle reichlich, hell, 3—4 mm, an den Caulomen ebenso, 4—6 mm, auf den Blättern beiderseits ± reichlich, weich, 1,5—2,5 mm lang. Drüsen der Hülle gegen die Schuppenspitzen zerstreut bis fast mässig zahlreich, sonst 0. Flocken an Hülle und Blättern 0, an den Caulomen oben ± grauen Filz bildend, abwärts vermindert bis zur Stengelmitte. Blüthen hellgelb, Zähnchen mit spärlichen kurzen Wimpern; Griffel dunkel. Früchte schwarzbraun, 4 mm lang. — Bayerische Alpen: Rothwand bei Schliersee 1790 m (N.), Benedictenwand (W.). Algäu: Höfats 1750 — 1885 m (Mdo.). Tirol 1625 bis 2110 m: Vennerthal des Brenner, Fernpass (N.), Kerschbaumeralp bei Lienz (Gd.). Kärnten: böse Platte der Pasterze 1950—2080 m (N.). Ost-

1) Auf fettem Boden und im Garten bis 12 köpfig, höher, reicher verzweigt.

schweiz: Abhänge bei Parpan 1500—1700 m, vom Valettapass bis Cresta im Avers 1950—2500 m (P.), Samaden im Engadin. Westschweiz: M. de Marnex 2200—2300 m (N.), Eisboden im Grindelwald (Chr.), Lurguy über Allières im Canton Freiburg (Lgg.). Wurde uns auch aus dem Pariser botanischen Garten geschickt. — Exsicc. 382, 383.

Verhält sich zu *H. villosissimum* eben so wie *H. elongatum* zu *H. villosum*. — In Niederösterreich: Saugraben am Schneeberg 1600 m (Mlln.) minder behaarte Exemplare.

5. *Subsp. elongatum Willd.* l. c. = *H. villosum v. eriophyllum* Fröl. in DC. Prodr. VII (1838) p. 228 nec *H. villosum β. eriophyllum* Fröl. l. c. — Stengel bis 45 cm hoch, schlank, aufrecht, gerade oder ein wenig verbogen, feingestreift, aphyllopod. Blätter am Stengel bis 10, ansehnlich, langsam decrescirend, unterste lanzettlich, abwärts stielartig verschmälert, spitzlich oder spitz, folgende länglich, ± *prenanthoides*-artig sitzend, mittlere und obere aus herzförmig-umfassendem Grunde länglich bis eiförmig, spitz, etwas wellig; alle etwas gelblichgrün, unterseits blass, fast ganzrandig oder ± gezähnelt, sehr weich. Kopfstand sehr hoch gablig, ± übergipflig, grenzlos, 2—6 köpfig; Akladium 2—4 cm lang; Strahlen 2. Ordnung 1—4, entfernt, ziemlich dünn; Winkel ca. 40°; Ordnungen 2—3. Hülle 14—16 mm lang, eiförmig mit gerundeter Basis; Schuppen: äussere schmal, lineal, innere breitlich, ± lang zugespitzt, spitz, schwärzlich oder sehr dunkelgrün, etwas heller berandet, äusserste locker. Bracteen 3—4, lanzettlich und etwas blättchenartig bis lineal. Haare der Hülle reichlich, hell, 2—3 mm, an den Caulomen ziemlich reichlich, hell mit schwarzem Fuss, abwärts bis reichlich, 3—4 (—5) mm, auf den Blättern beiderseits zahlreich, weich, ca. 1,5 mm, am Rande 2 mm lang. Drüsen der Hülle mässig, sehr klein, an den Kopfstielen sehr spärlich oder vereinzelt, sonst 0. Flocken der Hülle spärlich bis zerstreut, an den Kopfstielen oben graulichen Filz bildend, abwärts vermindert bis zum oberen Drittel des Stengels, sonst 0. Blüthen gelb, Zähnchen kurzgewimpert; Griffel sehr dunkel. Früchte ± braun bis rothbraun, 3,2—4,6 mm lang; Pappus bräunlichweiss.

α) genuinum.

1. *normale.* — Häufige Alpenpflanze, so: Bayerische Alpen 1625—1790 m (N., P.), in der Röth bei Berchtesgaden (Sdt.). Algäu: Eppeles Gern bis zum Zeiger 1885 m (Sdt.), Rappenkopf 2000 m (Kr.), Kegelkopf (Cfl.). Tirol: Gratalven bei Kals 1950—2275 m (Mdo.), Grossglockner 1950 m (Hut.), Pregratten 1950 m (Mdo.), Vennerthal am Brenner 1655—1690 m (N.). Ostschweiz 1600—2500 m: Cuolm da Latsch bei Bergün (P.), Albula (N.); grössere Exemplare am Eingange des Val Fex bei Sils und am Piz Padella im Oberengadin (P.). Westschweiz 1500—2300 m: Creux de Champ, M. d'Arpille,

M. de Marnex und Alp Lécheret in Ormonts dessus, Les Verreaux bei Vevey (N.), Lavarraz bei Bex (Mt.), Lurguy über Allières in Freiburg (Lgg.), Röthihorn im Grindelwald (Chr.). Kärnten: Pasterze 1970—2080 m (Mdo.), obere Wischbachalp bei Raibl 1800—2050 m (P.). Küstenland: Valentinberg bei Görz. Oberösterreich: Steyr. — Exsicc. 384.

Zeigt sehr beträchtliche individuelle Verschiedenheiten bezüglich Höhe, Verzweigung, Internodienlänge, Kopfgrösse, Fruchtfarbe, Fruchtlänge, Blattform, Beschaffenheit der Bracteen etc., geht in zahlreiche andere Sippen über und ist daher sehr schwer in eine Diagnose zu fassen. Die obenstehende Beschreibung bezieht sich auf eine in den Bayerischen Alpen häufig vorkommende Form, welche als typisch gelten kann. Durch Stauchung der unteren Stengelinternodien auf schlechtem Boden entstehen niedrige hypophyllopode Exemplare mit anscheinend minder zahlreichen Stengelblättern, die Hülle ist dann manchmal nur 10 mm lang, die Schuppen derselben werden relativ breiter und deutlicher zugespitzt; im Engadin beobachteten wir auffallend hochwüchsige mehrköpfige Individuen, die sich dadurch der Spec. *prenanthoides* noch ein wenig mehr nähern. Andere, meist durch Cultur als permanent erwiesene nahestehende Formen sind folgende:

2. *phyllobracteum* = *H. villosum elongatum* Fries Hierac. europ. exsicc. 37[b] part. = ? *H. valdepilosum* γ. *villosissimum* Gaud.-Monn. synops. fl. helv. (1836) p. 684. — Bracteen mehrere, aus halb umfassender oder gerundeter Basis eiförmig, oder obere lanzettlich, blattartig. Blätter öfters unregelmässig gezähnt. — An eben so zahlreichen Orten beobachtet wie die Hauptform, oft mit derselben gesellschaftlich, in den Bayerischen Alpen, Tirol, Oesterreich und Schweiz 1560—2275 m.

3. *viridicalyx*. Hülle fast kuglig; Schuppen sattgrün, in der Mitte schwärzlichgrün, sehr spitz. Blätter kürzer und breiter als bei 1., oberseits höchstens mässig behaart. — Schweiz: Brülltobel und Säntissee (Zllk.), Eisboden und Fuss des Wetterhornes im Grindelwald (Chr.), Creux de Champ 1900—2030 m und M. de Marnex in Ormonts dessus 2200—2300 m (N.). Tirol: Kals (Hut.). Algäu: Kl. Rappenkopf 2015 m (Kr.).

4. *ovatum* = *H. villosum elongatum* Fries Hierac. eur. exsicc. 37[b] part. — Stengelblätter: die meisten mit gerundeter Basis, höchstens die obersten etwas umfassend, untere länglich, obere eiförmig. Akladium meist nur 1—2 cm lang, Kopfstand etwas gedrungener, mehrköpfiger als 1. — Ostschweiz 1500—2300 m: Eingang in das Val Fex bei Sils und im Val Fex, zwischen Samaden und Celerina, Piz Padella (P.), ? Parpan (P.). Westschweiz 1600—1800 m: Rochers de Naye oberhalb Chamossale bei Montreux (N.), Canton Freiburg

(Lgg.), Bounondon (Mt.). Tirol: Vennerthal des Brenner 1950 m, Fernpass 1625—1950 m (N.). Kärnten: Pasterze auf den Albitzenwiesen über dem Brettboden 2110—2440 m, und böse Platte 1950 bis 2080 m (N.), Bärenlahn bei Raibl 1500—2110 m (P.). — Exsicc. 385.

5. *Dolae.* Blätter: untere mit verschmälerter, mittlere und obere mit eiförmiger oder etwas umfassender Basis sitzend, alle ± länglich. Kopfstand stark übergipflig. Haare überall reichlich. Bracteen lanzettlich, blättchenartig. Früchte kastanienbraun, 4 mm lang. — Jura: Dôle (N.). Westschweiz: Les Verreaux bei Vevey (N.). — Exsicc. 386. — Eine nahestehende Pflanze mit längeren Akladien und nur 3 mm langen röthlichbraunen Früchten in der Westschweiz: Creux de Champ gegen Sex rouge 1700—2000 m in Ormonts dessus, Mt. de Fully (N.).

Es ist noch eine durch etwas kahlere breit länglich-spatelige Blätter mit abgerundeter Spitze ausgezeichnete Form zu erwähnen, bezüglich deren es unentschieden bleibt, ob sie als Varietät zu gelten hat, da sie in nur einem Exemplar durch Müllner am Schneeberg in Niederösterreich (Saugraben, oberhalb des Grafensteiges 1600 m) gesammelt worden ist.

β) *stenobasis.* Meist hypophyllopod. Blätter: unterste gestielt, länglich, buchtig gezähnt, folgende stark in den Grund verschmälert, mittlere mit schmaler Basis sitzend, nur die obersten aus eiförmigem Grunde zugespitzt. Hülle 11—13 mm lang. Früchte rothbraun, 3,5 mm lang. — Westschweiz: M. d'Arpille 2100—2200 m, M. de Marnex 2200—2300 m (N.), Fuss des Wetterhornes und Eisboden im Grindelwald (Chr.). Ostschweiz 1500—2100 m: Parpan gegen das Weisshorn, Val Fex im Engadin, zwischen Samaden und Celerina (P.), Fuss des Piz Padella, Hinterrhein über dem Dorfe, Kalkberg des Splügen (N.). Tirol: Fernpass 1625—1950 m (N.). Algäu: Obermädele (Sdt.). Bayerische Alpen: Grat vom Setzberge zum Risserkogel bei Tegernsee (Dgl.), Rothwand 1625 m (N.). Salzburg: Dachstein (Kern.). Kärnten: obere Wischbachalp und Bärenlahn bei Raibl 1800—2050 m (P.). — Exsicc. 387[a], [b].

In Cultur höher, mehrköpfig, Hülle bis 15 mm lang. — Mit glaucescirenden Blättern, übrigens dem *α.* 4. nahe kommend, am Eingange des Val Fex im Oberengadin 1800—1830 m (P.).

6. Subsp. *glabrescens* Lagg. = *H. elongatum var. glabrescens* Lagg. in sched. — Stengel bis 32 cm hoch, schlank, aufrecht, etwas verbogen, feingestreift, hypophyllopod oder aphyllopod. Blätter 7—9, langsam decrescirend, unterste ansehnlich, gestielt, ± spatelig-länglich oder spatelig-lanzettlich, gerundet, folgende ± länglich, in den etwas stielartigen Grund verschmälert, mittlere mit verschmälerter oder gerundeter Basis, obere mit eiförmigem oder halbumfassendem Grunde sitzend, alle diese stumpf

bis spitzlich, obere spitz, etwas glaucescirend-hellgrün, weich, entfernt gezähnelt oder fast ganzrandig. Kopfstand lax rispig, gleichgipflig, grenzlos, 2—4 köpfig; Akladium 1—4 cm lang; Strahlen 2. Ordnung 1—3, entfernt, schlank; Winkel ca. 30°; Ordnungen 2. Hülle 11—12 mm lang, kuglig; Schuppen schmal, lineal, sehr spitz, schwärzlich, randlos, äussere lanzettlich, etwas sparrig, blättchenartig. Bracteen wenige, blattartig, in die Hüllschuppen übergehend. Haare der Hülle reichlich, hell, 2 mm, an den Caulomen oben ziemlich reichlich, hell mit dunklem Fuss, 3—4 mm, abwärts vermindert, gegen die Stengelbasis kaum noch mässig zahlreich, auf den Blättern beiderseits 0, nur gegen den Rand spärlich oder zerstreut, weich, am Rande selbst mässig, etwas steiflich, 1,5—2 mm lang. Drüsen gegen die Hüllschuppenspitzen zerstreut, sonst 0. Flocken an Hülle und Blättern 0, an den Caulomen oben grauen Filz bildend, abwärts vermindert bis zur Stengelmitte. Blüthen gelb, Zähnchen spärlich kurzgewimpert; Griffel etwas dunkel. Früchte — ? — Westschweiz: M. de Marnex und Lécheret in Ormonts dessus 1900—2300 m (N.), Coursys und Bounondon im Canton Freiburg (Lgg.). Ostschweiz: Appenzeller Alpen (Zllk.). Bayerische Alpen: Rothwand bei Schliersee 1690—1790 m (N.).

Wurde an den von uns besuchten Standorten immer nur in sehr wenigen Exemplaren beobachtet, so dass die Vermuthung der Hybridität für diese Pflanze nahe liegt; im zutreffenden Falle dürfte ihre Formel sein = *H. (villosum) calvifolium* + *prenanthoides.*

7. *Subsp. calvulum.* Stengel bis 20 (—32) cm hoch, dünn, aufrecht, gerade, feingestreift, phyllopod. Blätter in der Rosette 3—4, kurzgestielt, länglich, stumpf bis spitzlich und mucronat, blassgrün, unterseits fast gleichfarbig, weich; Stengelblätter 5—8, ziemlich rasch decrescirend, ± länglich, unterstes mit verschmälerter Basis oder etwas geigenförmig, mittlere und obere aus gerundetem oder ± umfassendem Grunde bis eiförmig, alle spitzlich und spitz, entfernt gezähnelt oder ganzrandig. Kopfstand sehr hoch gablig, etwas übergipflig, (1—) 3 köpfig; Akladium 1—2,5 cm lang; Strahlen 2. Ordnung (0—) 1—2, wenig entfernt, sehr dünn; Winkel ca. 30°; Ordnungen (1—) 2. Hülle 10—11 mm lang, eiförmig, dann fast kuglig; Schuppen schmal oder etwas breitlich, lineal, ± lang-zugespitzt, sehr spitz, schwarz, sehr schmal hellrandig, nur die äussersten locker. Bracteen 1—2, lanzettlich oder lineal. Haare der Hülle mässig, hell, 1—1,5 mm, an den Caulomen ebenso, 1,5—3 mm, auf den Blättern oberseits zerstreut oder höchstens mässig zahlreich, weich, 1—1,5 mm lang, unterseits etwas reichlicher. Drüsen der Hülle zerstreut, an den Kopfstielen spärlich, sonst 0. Flocken der Hülle spärlich, auf den Schuppenrändern ziemlich reichlich, an den Caulomen oben grauen Filz bildend, abwärts vermindert bis etwa zur Stengelmitte, auf den Blättern 0. Blüthen hellgelb, Zähnchen kahl; Griffel dunkel. Früchte hellbraun, 3,2 mm lang; Pappus ziemlich weiss.

— Westschweiz: Creux de Champ und Lécheret in Ormonts dessus 1700 bis 2000 m (N.). — Exsicc. 388.

In Cultur wenig höher, aber reicher verzweigt, die Bracteen mehr blattartig, die Stengelblätter alle mit plötzlich verschmälerter Basis, mehr wellig-gezähnelt bis etwas gezähnt.

III. ***Oligophyllum*** (vgl. S. 212). — Die hier zusammengestellten Sippen nähern sich in Beblätterungsweise und Verzweigung etwas mehr dem *H. villosum*, namentlich auch durch den phyllopoden Wuchs. Die Blattform ist viel weniger *prenanthoides*-artig als bei den zur Gr. *Elongatum* gezogenen Sippen.

1. *Subsp. subsinuatum.* Stengel bis 27 cm hoch, dicklich oder ziemlich schlank, aufrecht, verbogen, gestreift, phyllopod. Blätter in der Rosette mehrere, gross, nicht oder undeutlich gestielt, unterste lanzettlich, stumpf oder spitzlich, obere länglich, etwas buchtig gezähnelt bis gezähnt, stumpflich bis spitz und mucronat, grün, unterseits blasser, weich; Stengelblätter 4—7, ziemlich rasch decrescirend, aber ansehnlich, unterstes mit breiter Basis, übrige mit umfassendem Grunde sitzend, länglich bis herz-eiförmig, ± spitz. Kopfstand hoch gablig, grenzlos, ± übergipflig, 2—4 köpfig; Akladium 3—5 cm lang; Strahlen 2. Ordnung 1—3, entfernt, dicklich; Winkel 30—50°; Ordnungen 2. Hülle 14—18 mm lang, dick eiförmig, dann kuglig und am Grunde niedergedrückt; Schuppen schmal oder etwas breitlich, lineal, sehr langspitzig-zugespitzt, äusserst spitz, schwarz, randlos. Bracteen 3—4, blattartig, noch die obersten lanzettlich. Haare der Hülle sehr reichlich, hell, 3—4 (—5) mm, an den Caulomen ebenso, hell mit schwarzem Fuss, 6—8 mm, auf den Blättern beiderseits reichlich, weich, oberseits 4—6 mm lang. Drüsen der Hülle gegen die Schuppenspitzen zerstreut, sonst 0. Flocken der Hülle fast 0, an den Caulomen oben weisslichen Filz bildend, abwärts bis zum Stengelgrunde langsam vermindert, auf den Blättern 0. Blüthen hellgelb, Zähnchen nur etwas papillös; Griffel hell oder wenig dunkel. Früchte fast strohfarbig hellbraun, 4,2 mm lang, viele taub; Pappus wenig gefärbt. — Ostschweiz 1500—2435 m: Albula, Val Bevers im Engadin (N.), im Avers über Cresta gegen das Weisshorn, Stätzerhorn bei Parpan (P.). Bayerische Alpen: Rothwand bei Schliersee 1720 m (N.). Algäu: Raueck (Cfl.).

Ein unter *H. villosum* H. P. R. iter ital. III 664 (M. Morrone in den Abruzzen 2200 m) ausgegebenes Exemplar ist überall weniger hehaart. — Cultivirte Pflanzen haben bis 12 cm lange Akladien, indem sich alle Internodien des Stengels strecken.

2. *Subsp. oligophyllum.* Stengel bis 40 cm hoch, schlank, aufrecht, gerade oder etwas verbogen, gestreift, phyllopod oder hypophyllopod. Blätter am Stengel zur Blüthezeit 6—8, langsam decrescirend, unterstes in den Grund verschmälert, etwas spatelig-länglich, stumpf und mucronat, folgende länglich, mit gerundeter und

bald mit umfassender Basis, obere sehr breit, aus herzförmigem Grunde eiförmig, spitzlich bis spitz, gezähnelt, grün, unterseits wenig blasser, weich. Kopfstand sehr hoch gablig, übergipflig, grenzlos, 3—4 (—9) köpfig; Akladium 2—6 cm lang; Strahlen 2. Ordnung 2—5, entfernt, schlank; Winkel 30—40°; Ordnungen 2—3. Hülle 12—14 mm lang, dick eiförmig, bald kuglig; Schuppen schmal oder etwas breitlich, langspitzig, sehr spitz, schwärzlich, nur innere heller berandet, äusserste abstehend, wie die wenigen Bracteen blättchenartig, oval oder lanzettlich. Haare der Hülle reichlich, hell, 1,5—2 mm, an den Caulomen oben ziemlich reichlich, hell mit schwarzem Fuss, abwärts vermehrt, hell, 2—4 mm, auf den Blättern beiderseits mässig bis reichlich, weich, 2—3 mm lang. Drüsen der Hülle nur gegen die Schuppenspitzen zerstreut, sehr klein, sonst 0. Flocken der Hülle fast 0, an den Caulomen oben weisslichen Filz bildend, abwärts langsam vermindert bis unter die Stengelmitte, an den Blättern 0. Blüthen hellgelb, Zähnchen kahl; Griffel dunkel. Früchte fast schwarz, 3,8 mm lang.

α) *genuinum*. — Bayerische Alpen: Rothwand und Miesing bei Schliersee 1625—1720 m (N., P.). Algäu: Kl. Rappenkopf 2110 m, Höfatswanne (Cfl.), Kegelköpfegrat über der Krutersalpe 1850 m (Mdo.). Ostschweiz: Albulapass über Weissenstein 2030—2300 m (P.), Graubünden (Lehm.). Westschweiz: M. de Marnex in Ormonts dessus 2200—2300 m (N.). Piemont: Formazzathal zwischen Bettelmatten und Morass 1950 m, Berg östlich über Limone 1600—1700 m (N.). Jura: Dôle (N.). Kärnten: Pasterze, Kernadul bei Raibl (P.). — Mit kürzerer und namentlich an den Blättern geringerer Behaarung in den Bayerischen Alpen: Rothwand (N., P.), Reitalpe bei Berchtesgaden am bösen Steig unter dem Spitzhörndlkar 1810 m (Sdt.).

β) *phaeostylum*. Blätter: untere mit deutlichem geflügeltem Stiel, länglich, übrige länglich mit gerundeter oder etwas umfassender Basis, nicht auffällig breit, alle ganzrandig. Hüllschuppen breitlich, lang zugespitzt, schwarz. Früchte kastanien- bis schwarzbraun, 3,6 mm lang. — Nähert sich etwas dem *H. pseudodentatum* Billot. (S. 240).

1. *normale*.

a) *verum*. Hülle 13—16 mm lang. Blüthenzähnchen kahl, höchstens etwas papillös. — Bayerische Alpen: Rothwand 1460—1790 m (N.). Ostschweiz: Kalkberg am Splügen 2000—2100 m (N.). Westschweiz: Fuss des Catogne bei Sembrancher 1950 m (Fv.), Zermatt. Piemont: Formazzathal 1950 m (N.). Dauphiné: Lautaret (Solms).

b) *minoriceps*. Hülle 10—11 mm lang. Blüthenzähnchen öfters kurzgewimpert. Blätter durchweg schmaler, ± lanzettlich bis länglich-lanzettlich, mittlere und obere spitz. — Schweiz: Fuss des Catogne bei Sembrancher 1950 m (Fv.), Creux de Champ in Ormonts dessus 1700—2000 m (N.), Parpan gegen Weiss- und Schwarzhorn 1500—1700 m (P.). Piemont: Berg nordöstlich über Limone 1500—1700 m (N.). — Exsicc. 388 *.

2. *tubuliflorum*. Blüthen kurz, fast ganz röhrig, Griffel hervorragend, sehr dunkel. Früchte kastanienbraun, 4,2 mm lang. Blätter 4—5, sehr zerstreut, ± sägezähnig, unterste länglich, ± gestielt, übrige aus ± umfassender Basis ei- bis herzförmig. — Kärnten: obere Wischbachalp bis zur Kernadulscharte bei Raibl 1800—2045 m (P.).

3. *ovatum*. Blätter lanzettlich oder länglich-lanzettlich, mittlere und obere mit gerundeter Basis sitzend, alle sehr spitz, etwas glaucescirend, oberseits höchstens mässig behaart. Hüllschuppen breitlich, namentlich innere grünrandig. Früchte fast schwarz, 4 mm lang, viele taub. — Kärnten: Albitzenwiesen der Pasterze über dem Brettboden 2110—2440 m (N.). Ostschweiz: Kalkberg am Splügen 1950—2110 m (N.).

4. *subulisquamum* = *H. villosum* Fries, Hierac. europ. exsicc. 37. — Blätter: untere lanzettlich, mittlere und obere ± länglich, mit eiförmiger Basis sitzend, nur die obersten etwas umfassend, glaucescirend, höchstens mässig behaart. Hüllschuppen schmal. Blüthenzähnchen papillös oder kahl. — Ostschweiz: Kalkberg am Splügen 2000—2100 m (N.). Westschweiz: Griesberg im Eginenthal (Lgg.). Algäu: Pointalpe gegen Himmeleck 1480 m (Sdt.).

3. *Subsp. rhaphiolepium*. Stengel bis 25 (—35) cm hoch, sehr dünn, aufrecht, ± verbogen, phyllopod. Blätter in der Rosette 2—5, (zuweilen undeutlich-) gestielt, ± lanzettlich, stumpf und mucronat, oft wellig und faltspitzig, ganzrandig oder entfernt-gezähnelt, glaucescirend, weich; Stengelblätter 5—6, ziemlich rasch decrescirend, ± lanzettlich, untere mit verschmälerter, mittlere und obere mit gerundeter Basis, spitz, wellrandig, entfernt gezähnelt oder fast ganzrandig. Kopfstand sehr hoch gablig, etwas übergipflig, 2—4 (—7) köpfig[1]; Akladium 1—3 (—5) cm lang; Strahlen 2. Ordnung 1—3 (—6), entfernt, sehr dünn; Winkel 25—30 (—40)°; Ordnungen 2. Hülle 10—11 mm lang, eiförmig, dann bis kuglig werdend; Schuppen etwas breitlich, zugespitzt, spitz oder innere stumpflich, schwärzlich oder schwärzlichgrün, etwas hellrandig. Bracteen wenige, lineal oder fast pfriemlich. Haare der Hülle reichlich, hell, 2—3 mm, an den Caulomen mässig zahlreich, hell, 1,5—3 mm, auf den Blättern oberseits ebenso, weich, 2—3 mm lang, unterseits bis ziemlich reichlich. Drüsen der Hülle besonders gegen die Schuppenspitzen zerstreut, sehr klein, sonst 0. Flocken an Hülle und Blättern 0, an den Caulomen oben grauen Filz bildend, abwärts vermindert fast bis zum Grunde. Blüthen hellgelb, Zähnchen spärlich kurzgewimpert; Griffel dunkel. Früchte dunkelbraun, 3,5 mm lang,

1) Gartenpflanzen öfters bis zum Grunde verzweigt.

ziemlich viele taub. — Schweiz: Splügen vom Dorfe bis auf den Kalkberg 1430—2100 m, M. de Marnex in Ormonts dessus 2200—2300 m (N.). — Exsicc. 389.

Eine die Wuchsverhältnisse der vorstehend beschriebenen Sippe mit der breiten Blattform von *H. oligophyllum α. genuinum* verbindende Pflanze in der Westschweiz: Creux de Champ und Alp Lécheret in Ormonts dessus 1700—2000 m (N.), Schwefelbergalp in der Stockhornkette (Chr.). — Dieselbe nähert sich öfters durch am Grunde gerundete Blätter mehr dem *H. rhaphiolepium*, so in der Westschweiz: Creux de Champ 1600—1700 m, M. de Marnex 2200—2300 m, M. de Fully 2000—2200 m (N.), Ostschweiz: Parpan 1625—1780 m (N.). ? Tirol: Imst (N.).

IV. ***Christeneri*** (vgl. S. 212).

Subsp. Christeneri. Stengel bis 40 cm hoch, aufrecht, dicklich, fast gerade oder verbogen, stark gestreift, hypophyllopod oder aphyllopod. Blätter am Stengel 8—13, sehr ansehnlich, langsam decrescirend, untere ± lanzettlich, gestielt oder stielartig verschmälert, stumpf und mucronat bis spitzlich, denticulat, folgende ± länglich-lanzettlich bis länglich, mit verschmälerter, mittlere mit gerundeter Basis, obere aus etwas umfassendem Grunde zugespitzt; alle ± wellig, gesägt-gezähnt oder öfters mit pfriemlichen dem Blattrande aufgesetzten Zähnchen, spitz, glaucescirend, unterseits fast gleichfarbig, etwas derb. Kopfstand sehr hoch gablig, gleich- oder kaum übergipflig, (1—) 2—4 köpfig; Akladium 1,5—6 cm lang; Strahlen 2. Ordnung (0—) 1—3, entfernt, schlank; Winkel ca. 35°; Ordnungen 2. Hülle 13—15 mm lang, dick eiförmig, dann kuglig; Schuppen: äussere abstehend, lanzettlich-lineal, grün, innere breitlich bis schmal, lineal, langspitzig, sehr spitz, dunkel, heller berandet. Bracteen einige, blättchenartig. Haare der Hülle bis sehr reichlich, hell, 3—4 mm, an den Caulomen reichlich, hell, 4—6 mm, auf den Blättern beiderseits ziemlich reichlich, oberseits etwas steiflich, 3—5 mm lang. Drüsen winzig, besonders gegen die Hüllschuppenspitzen zerstreut, sonst 0. Flocken an Hülle und Blättern 0, an den Caulomen oben grauen Filz bildend, abwärts langsam vermindert bis zur Stengelmitte. Blüthen gelb, Zähnchen gewimpert; Griffel dunkel. Früchte strohfarbig-hellbraun, 3,5 mm lang, ziemlich viele taub. — Schweiz: Eisboden im Grindelwald und Fuss des Wetterhornes (Chr.).

Habituell wenig verschieden, aber durch kleinere schwarze Köpfchenhüllen, geringere und kürzere Behaarung aller Theile, niedrigeren Stengel und noch schmälere Blätter ausgezeichnet ist eine Sippe, welche beobachtet wurde in Graubünden 1800—2300 m: Albula von Palpuogna bis Weissenstein, Val Fex im Oberengadin (P.), und im Algäu: Kegelkopf (Cfl.).

Ausser den vorstehend beschriebenen Sippen wurden noch folgende Uebergangsformen in meist nur geringer Stückzahl beobachtet:

valdepilosum—subvillosum (Les Verreaux bei Vevey)
subalpinum—villosum (Parpan)
elongatum α. genuinum—calvifolium (Rothwand)
„ —*villosiceps* (Pasterze)
„ *β. stenobasis—silvaticum* (Val Fex)
„ „ —*subulatum* (Parpan, ziemlich zahlreich)
glabrescens—elongatum phyllobracteum (Plöcken)
oligophyllum β. phaeostylum—subalpinum (Parpan)
„ „ —*calvulum* (Creux de Champ u. Alp Lécheret)
„ „ —*comatulum* (Catogne bei Sembrancher)
subulatum—comatulum (Splügen).

Geographische Verbreitung der Spec. elongatum.

Ausser den Alpen von der Dauphiné bis Wien und zum Isonzo kommen zu Spec. *elongatum* gehörige Pflanzen unseres Wissens nur noch in den Abruzzen vor. Es ist dabei auffällig, dass weder die Tatra noch die Sudeten, obwohl in diesen Gebirgen wie auch in den siebenbürgischen Karpathen beide Hauptarten vorkommen, *elongatum*-artige Pflanzen beherbergen [1]); ob der Mangel an solchen aus Vorarlberg und einem grossen Theil der Schweiz in dem von uns durchgesehenen Material einer Thatsache entspricht oder nur in der Unvollständigkeit der Sammlungen seinen Grund hat, vermögen wir z. Z. nicht anzugeben. Die Species scheint auch in Krain und Steiermark zu fehlen. Die einzelnen Subspeciesgruppen sind folgendermaassen vertheilt:

1. *Prenanthophyllum:* Kärnten.
2. *Elongatum:* Dauphiné, Jura, West- und Ostschweiz, Nord- und Südtirol, Algäu, Bayerische Alpen, Salzburg, Oesterreich, Kärnten, Küstenland.
3. *Oligophyllum:* Dauphiné, Piemont, Norditalien, Jura, West- und Ostschweiz, Nordtirol, Algäu, Bayerische Alpen, Kärnten; Abruzzen.
4. *Christeneri*: West- und Ostschweiz, Algäu.

Wie schon erwähnt, findet sich die Spec. *elongatum* öfters ohne *H. prenanthoides*, aber fast immer mit Sippen von *H. villosum* vergesellschaftet. An ihren Standorten ist dieselbe sehr häufig in reicher Individuenzahl und in mehreren Sippen vertreten.

---

1) In den Sudeten kann das hybride *H. Grabowskianum* als Vertreter von *H. elongatum* gelten.

34. H. subelongatum n. sp.

= (*villosum—prenanthoides*)—*silvaticum*.

Stengel bis 24 cm hoch, aufrecht oder ein wenig aufsteigend, dünn, verbogen, gestreift, phyllopod oder hypophyllopod. Blätter in der Rosette 1—3, obovat oder spatelig-länglich bis lanzettlich, gerundet bis spitzlich, gestielt; Stengelblätter ca. 6, ziemlich langsam decrescirend, untere gestielt, länglich oder länglich-lanzettlich, mittlere ebenso, gegen die Basis *prenanthoides*-artig verschmälert und sitzend, obere mit breitem umfassenden Grunde; alle hellgrün, unterseits etwas glaucescirend, entfernt-kleingezähnelt oder fast ganzrandig, spitz, dünn. Kopfstand lax rispig, etwas untergipflig, abgesetzt, 2—3 köpfig; Akladium 1—3 cm lang; Strahlen 2. Ordnung 1—2, ziemlich entfernt, dünn; Winkel ca. 40°; Ordnungen 2. Hülle 11—13 mm lang, cylindrisch mit ziemlich gestutzter Basis, später fast kuglig werdend; Schuppen ziemlich schmal, sehr spitz, schwarz, etwas heller berandet. Bracteen ca. 2, öfters blättchenartig. Haare der Hülle ziemlich reichlich, hell, 1,5 mm, an den Caulomen überall mässig zahlreich, hell, 2—3 mm, auf den Blättern beiderseits ebenso, weich, am Rande ziemlich reichlich, 2—3 mm lang. Drüsen der Hülle zerstreut oder fast mässig, an den Kopfstielen 0 oder vereinzelt, sonst mangelnd. Flocken der Hülle spärlich oder fast 0, gegen die Schuppenränder bis ziemlich reichlich, an den Kopfstielen oben graulichen Filz bildend, abwärts rasch vermindert, am Stengel bald verschwindend. Blüthen etwas hell gelb, Zähnchen kahl oder etwas papillös; Griffel sehr dunkel. Früchte (unreif) braun, 3,5 mm lang, anscheinend alle taub. — Westschweiz: Alp Lécheret und Creux de Champ gegen Sex rouge in Ormonts dessus 1700—2000 m (N.); hierher wohl auch ein Exemplar aus den Apuanischen Alpen: Tambura (Bert.).

Zuweilen sind Stengel und Blätter viel weniger behaart. — Am Creux de Champ gegen Sex rouge ein Exemplar mit stärker gezähnten Grundblättern, nur drei Stengelblättern und mehr *villosum*-artiger Behaarung.

Bemerkung. Durch niederen phyllopoden Wuchs, endständige Verzweigung, kleine Köpfchen, gestielte ziemlich breite Blätter vor den Sippen des *H. elongatum* ausgezeichnet, weicht die soeben beschriebene Pflanze von letzterem gegen die Spec. *silvaticum* hin ab. Die Seltenheit des Vorkommens gestattet es, an eine hybride Verbindung der genannten Arten zu denken. Zur Stütze dieser Vermuthung würde es dienen, dass die (allerdings noch nicht völlig reifen) Früchte, welche wir sahen, steril zu sein scheinen.

35. H. digeneum Beck, Fl. Hernst. (1884) p. 273 tab. 4 fig. 2.

= *villosum*—(*prenanthoides*—*bupleuroides*).

Stengel bis 50 cm hoch, ± schlank, etwas aufsteigend, fast gerade oder ± verbogen, gestreift, aphyllopod. Stengelblätter 8—12, die 1—2 untersten zur Blüthezeit oft vertrocknet; die unteren grünen Blätter sehr lang, lanzettlich, sehr allmählich in den dadurch stielartigen Basaltheil verschmälert, die folgenden lanzettlich mit verschmälerter Basis oder mit gleichbreitem oder etwas *prenanthoides*-artigem Grunde sitzend; obere länglich, aus eirunder Basis ± zugespitzt; alle glaucescirend-hellgrün, etwas wellig, entfernt gezähnelt, etwas derb, sehr langsam decrescirend. Kopfstand hoch gablig, übergipflig, grenzlos, 2—4 köpfig; Akladium 3—8 cm lang; Strahlen 2. Ordnung 1—3, entfernt, schlank; Winkel 40 bis 50°; Ordnungen 2. Hülle 14—16 mm lang, dick eiförmig, dann fast kuglig werdend, mit gestutzter Basis; Schuppen breitlich, wenig imbricat, äussere spitz, innere stumpf, schwarz, hellgrün gerandet und durch Flocken graulich überlaufen, äusserste etwas locker. Bracteen ca. 3, untere blättchenartig, übrige lineal. Haare der Hülle mässig zahlreich, hell mit schwarzem Fuss, 1,5—2 mm, an den Caulomen oben mässig oder fast zerstreut, hell, abwärts vermehrt bis reichlich, ca. 3 mm, auf den Blättern oberseits ± zerstreut, etwas steiflich, 2—3 mm lang, unterseits mässig, am Rande bis ziemlich reichlich, 1,5—3 mm lang. Drüsen der Hülle mässig zahlreich, an den Kopfstielen zerstreut bis spärlich, sonst 0. Flocken der Hülle mässig, auf den Schuppenrändern fast Filz bildend, an den Kopfstielen nur ganz oben reichlich, abwärts sehr rasch verschwindend, sonst 0. Blüthen dunkelgelb, Zähnchen kurzgewimpert; Griffel sehr dunkel. Früchte röthlichbraun, ca. 4 mm lang. Blüht Mitte Juli. — Niederösterreich: im Saugraben des Wiener Schneeberges oberhalb des Grafensteiges 1600 m (Mlln.).

Bemerkungen zu H. digeneum.

Diese Pflanze wird von Beck l. c. für einen Bastard von *H. orthophyllum* und *H. valdepilosum* gehalten. Durch Herrn Muellner in Wien, welcher beide genannte und zahlreiche andere am gleichen Standorte gesammelte Pflanzen uns mittheilte, sind wir in den Stand gesetzt worden, uns selbst eine Ansicht zu bilden. *H. orthophyllum* Beck, welches weiter unten beschrieben wird, ist ohne Zweifel eine Zwischenform von *H. prenanthoides* und *H. (bupleuroides) laeviceps,* welche dem ersteren näher steht. Kommen zu diesem noch die Merkmale von *H. villosum* hinzu, so kann recht wohl eine Pflanze von dem Aussehen des *H. digeneum* das Resultat sein. Aber es besteht kein zwingender Grund, dieselbe als Bastard zu betrachten. Denn Muellner gibt sie als nicht selten an, und die Früchte sind von durchaus gutem Aussehen.

Die Eigenschaften der Hauptarten vertheilen sich an *H. digeneum* in der Weise, dass eine ziemlich vollständige Durchdringung derselben stattfindet. An Spec. *villosum* erinnern namentlich die wenigen dicken Köpfe und die Behaarung; an Spec. *prenanthoides* die Beblätterungsweise, der aphyllopode hohe Wuchs und die über der Basis wenig, aber doch deutlich eingezogenen Blattränder[1]); an Spec. *bupleuroides* die Schmalheit

1) Beck gibt l. c. ausdrücklich nicht geigenförmige Blätter an.

der unteren Blätter, die glaucescirende Laubfarbe und die Gestaltung des Involucrums. Habituell steht die Pflanze dem *H. scorzonerifolium* und vielleicht noch mehr dem *H. speciosum* nahe.

36. H. silsinum n. sp.

= *(villosum—prenanthoides)—vulgatum.*

Stengel 25—40 cm hoch, dünn (bis schlank), aufrecht, gerade oder wenig verbogen, feingestreift, meist hypophyllopod, seltener deutlich phyllopod, an der Spitze verzweigt. Blätter in der Rosette 1—2 (—3), langgestielt, obovat und stumpf oder elliptisch und spitzlich, rasch in den Stiel verschmälert; Stengelblätter ca. 4, langsam-, oben rasch decrescirend, untere elliptisch-lanzettlich, in den geflügelten Stiel herablaufend, obere mit ± gerundeter oder etwas umfassender Basis sitzend; alle gelbgrün, spitz, klein-gesägt-gezähnt, weich. Kopfstand sehr locker rispig, etwas übergipflig, ziemlich abgesetzt, 1—3 köpfig; Akladium 1—3,5 cm lang; Strahlen 2. Ordnung 0—2, etwas entfernt, sehr dünn, Verzweigungswinkel ca. 30°; Ordnungen (1—) 2. Hülle ca. 12 mm lang, eiförmig mit gerundeter Basis; Schuppen breitlich, spitz, schwarz, schmal hellrandig. Bracteen ca. 2, fast pfriemlich. Haare der Hülle mässig zahlreich, hell, 1,5 mm, an den Caulomen oben ebenso, mit dunkelm Fuss, bis 2 mm, abwärts ziemlich reichlich, auf den Blättern oberseits zerstreut oder mässig, weich, 1—1,5 mm, unterseits zahlreicher, an der Mittelrippe reichlich, 3 mm lang. Drüsen der Hülle mässig zahlreich, an den Kopfstielen oben spärlich, abwärts bald verschwindend, sonst 0. Flocken der Hülle sehr zerstreut, auf den Schuppenrändern ziemlich reichlich, an den Kopfstielen oben grauen Filz bildend, abwärts vermindert, mindestens bis zur Stengelmitte herabgehend, auf den Stengelblättern oberseits 0, unterseits an der Mittelrippe zerstreut bis spärlich. Blüthen gelb, Zähnchen papillös oder sehr kurz gewimpert; Griffel dunkel. Früchte braun, 4 mm lang. — Graubünden: am Eingange des Val Fex bei Sils im Engadin 1800 bis 1830 m (P.).

Bemerkungen. Vorstehend beschriebene Pflanze, welche uns nur von dem genannten Fundorte bekannt ist, lehnt sich im gesammten Habitus, in geringer Beblätterung, gestielten unteren Blättern, wenigköpfiger Inflorescenz und in der Blattbezahnung so entschieden an *H. vulgatum* an, dass an ihrem Zusammenhange mit dieser Species nicht gezweifelt werden kann. Anderseits geben sich in dem Bau der Hülle, in der Drüsenvertheilung und der Gestalt der unteren Stengelblätter Merkmale der Spec. *prenanthoides*, in der Behaarung solche der Spec. *villosum* zu erkennen. Am wenigsten deutlich ist die letztgenannte Art in *H. silsinum* nachzuweisen, ohne dieselbe aber wären die Eigenschaften der Pflanze nicht verständlich. Es scheint, dass *H. silsinum* einen Bastard von der Formel *elongatum* + *vulgatum* = (*villosum*—*prenanthoides*) + *vulgatum* repräsentirt. Nimmt man an, dass die betheiligte *elongatum*-Sippe dem *H. prenanthoides* etwas näher stand als dem *H. villosum*, so würde die genannte Formel der Erscheinung des *H. silsinum* recht wohl entsprechen. In der That kommen am Standorte des letzteren mit diesem gemeinsam mehrere Sippen von *H. elongatum* vor, darunter eine hochwüchsige und dadurch der Spec. *prenanthoides* genäherte Form.

37. **H. kalsianum Hut.** in sched.

= *villosum* — (*prenanthoides* — *albidum*).

Stengel bis 45 cm hoch, dicklich oder schlank, fast aufrecht, etwas verbogen, feingestreift, aphyllopod. Blätter am Stengel 8—11, ansehnlich, langsam decrescirend, alle mit umfassender Basis sitzend, untere leicht geigenförmig, mittlere aus breiter Basis länglich, obere eiförmig; alle spitz, gezähnelt oder klein-gezähnt, etwas gelblich-grün, unterseits fast gleichfarbig, etwas derb. Kopfstand sehr lax rispig, etwas übergipflig, 2—4 köpfig; Akladium 0,5—3 cm lang; Strahlen 2. Ordnung 1—3, etwas entfernt, dicklich; Winkel ca. 30°; Ordnungen 2. Hülle 13—15 mm lang, sehr dick cylindrisch-eiförmig mit bald gestutzter Basis; Schuppen breit, fast lanzettlich, zugespitzt, äussere spitz, innere mit stumpflicher bärtiger Spitze, schwarz, breit dunkelgrün gerandet. Bracteen 2—3, lineal, dem Köpfchen genähert. Haare der Hülle mässig, hell, 2,5—4 mm an den Caulomen oben ziemlich reichlich, hell mit schwarzem Fuss, abwärts bis reichlich, 3—4 mm, auf den Blättern beiderseits ziemlich zahlreich, oberseits etwas steiflich, 1,5—2 mm lang. Drüsen der Hülle reichlich, an den Kopfstielen sehr reichlich und lang, am Stengel allmählich vermindert und kürzer werdend, am Rande und besonders auf der Unterseite der Blätter zerstreut oder spärlich, sehr klein. Flocken der Hülle mässig, auf den Schuppenrändern ziemlich reichlich, an den Caulomen ganz oben reichlich, abwärts rasch vermindert höchstens bis zur Mitte, auf den Blättern 0. Blüthen (hell ?) gelb, Zähnchen sehr kurz gewimpert; Griffel dunkel. Früchte hellbraun, 5 mm lang, alle fertil; Pappus bräunlichweiss. — Scheint sich in Cultur, selbst in der Grösse, gar nicht zu verändern. — Tirol: Lesacherwiesenberg am Grossglockner bei Kals 1950 m (Hut.), Sexten (N.).

Bemerkungen. Wenn man sich zu den Merkmalen des *H. villosum* diejenigen der *ochroleucum*-artigen Zwischenformen von Spec. *albidum* und *prenanthoides* hinzudenkt, so kommt man auf Pflanzen von dem Aussehen des *H. kalsianum*. Denn bei letzterem erinnern Indument und Verzweigung an *H. villosum*, Blattform und Beblätterungsweise an *H. prenanthoides*, Hüllenbau und Drüsenbekleidung an *H. albidum*. Im ganzen ist *H. kalsianum* nicht unähnlich dem *H. elongatum*, von demselben aber sogleich durch die Hülle und den Drüsenreichthum zu unterscheiden; es ist eine rubuste dickköpfige Pflanze, welche ihre Verwandtschaft mit *H. ochroleucum* wie mit *H. villosum* deutlich zur Schau trägt.

Aehnlich ist eine von uns cultivirte Pflanze, deren Beschreibung hier folgt, als

H. adenophorum (cult.). Stengel bis über 40 cm hoch, dick, fast aufrecht, ziemlich gerade, stark gestreift, aphyllopod. Blätter am Stengel 10—12, ansehnlich, sehr langsam decrescirend, einige unterste zur Blüthezeit vertrocknet, folgende länglich, mit breiter Basis sitzend, ± zugespitzt und spitz, gesägt mit vorwärts gerichteten gröberen Zähnen, mittlere mit gestutzter, mehrere obere mit sehr breiter umfassender Basis sitzend, eiförmig und zugespitzt; alle etwas gelblichgrün, unterseits bläulichgrün, etwas derb. Kopfstand lax rispig, gleichgipflig, grenzlos, 4—12 köpfig; Akladium 1,5—2 cm lang; Strahlen 2. Ordnung 2—7, alle ± entfernt[1]), dicklich; Winkel 40—45°; Ordnungen 3. Hülle 13—15 mm lang, sehr dick cylindrisch-oval, bald am Grunde gestutzt; Schuppen breitlich, lineal, etwas zugespitzt, stumpf, schwärzlich, breit grünrandig, anliegend. Bracteen 1, dem Köpfchen sehr genähert, zuweilen lanzettlich und blättchenartig. Haare der Hülle reichlich, ziemlich hell, 2—3 mm, an den Caulomen oben ziemlich zahlreich, hell mit dunkelm Fuss, 5—7 mm, abwärts reichlich, hell, 6—8 mm, auf den Blättern oberseits zerstreut bis (besonders gegen den Rand hin) ziemlich reichlich, etwas steiflich, 3—4 mm, unterseits ebenso, nur etwas weicher. Drüsen der Hülle ziemlich reichlich, an den Kopfstielen sehr spärlich oder 0, auf den Blatträndern (hier sehr klein) zerstreut bis fast 0. Flocken der Hülle ziemlich reichlich, an den Kopfstielen weisslichen Filz bildend, am Stengel abwärts langsam vermindert bis zum unteren Drittel, auf den obersten Blättern unterseits spärlich, auf den übrigen und sonst 0. Blüthen lebhaft gelb, Zähnchen papillös oder kurzgewimpert; Griffel dunkel. Früchte kastanienbraun, 3,8 mm lang, anscheinend alle taub; Pappus bräunlichweiss. — Tirol: Pusterthal (N.).

Wir sahen ein Exemplar einer sehr ähnlichen Pflanze, aber mit langgespitzten sehr spitzen Hüllschuppen und stielartig zusammengezogenen unteren Blättern von der Botenalp am Faulhorn (F. Mueller).

38. H. Rostani n. sp.

= *villosum — alpinum.*

Stengel 23—26 cm hoch, schlank, aufrecht, gerade, schwach gestreift, phyllopod. Blätter in der Rosette 3—5, undeutlich gestielt, länglich, stumpf bis spitz, ganzrandig oder gezähnelt, etwas wellig; Stengelblätter 2—3, sehr rasch decrescirend, länglich-lanzettlich, wellig, spitz, ganzrandig, unteres lang in den Grund verschmälert, obere mit kurzverschmälerter oder fast gerundeter Basis; alle etwas glaucescirend, dunkelgrün, ziemlich weich. Kopfstand gablig, etwas übergipflig, grenzlos, zuweilen bis zur Rosette herabgehend, 2—4 köpfig; Akladium 6—12 cm = $^1/_4$—$^1/_2$ des

1) Am Akladium häufig Concaulescenzen.

Stengels; Strahlen 2. Ordnung 1—3, sehr entfernt, etwas dicklich; Winkel 25—30°; Ordnungen 2. Hülle ca. 12 mm lang, etwas niedergedrückt-kuglig; Schuppen breitlich, lineal, langspitzig, spitz, schwarzgrün, randlos, äussere abstehend, aber den inneren gleich gestaltet. Bracteen ca. 4, lanzettlich, blättchenartig. Haare der Hülle sehr reichlich, etwas dunkel, 2—3 mm, an den Caulomen oben ziemlich zahlreich, hell mit schwarzem Fuss, abwärts reichlicher, 3—5 mm, auf den Blättern beiderseits mässig oder ziemlich reichlich, oberseits steiflich, 2—3 mm lang, unterseits weicher. Drüsen sehr klein, an der Hülle mässig, sonst 0. Flocken der Hülle fast 0, an den Caulomen oben grauen Filz bildend, abwärts langsam vermindert bis zum Stengelgrunde, auf den Blättern 0. Blüthen citrongelb, Zähnchen mit einzelnen kurzen Wimpern; Griffel etwas dunkel. Früchte schwarzbraun, 3,8 mm lang, die meisten fertil.

Bemerkung. Von dieser Pflanze liegen uns nur drei Exemplare vor, welche von Rostan in den Valdenser Alpen Piemonts gesammelt wurden. Sie zeichnen sich dadurch aus, dass sie nach dem ganzen Habitus, in Beblätterungsweise und Blattgestalt an *H. alpinum* sich anlehnen, im Indument eben so deutlich an *H. villosum,* während die Verzweigung mehr die Mitte zwischen diesen beiden Species hält und der Hüllenbau sich sehr demjenigen von *H. villosiceps* nähert. Auf solche Uebergangsformen von *H. villosum* und *H. alpinum* ist auch anderwärts zu achten; sie scheinen sehr selten zu sein und sind wahrscheinlich hybrid.

39. H. intumescens n. sp.

= *villosum — glaucum — alpinum.*

Stengel 17—30 cm hoch, schlank, aufrecht, meist etwas verbogen, feingestreift, phyllopod. Rosette aus 1—3 braunen schuppenartigen Niederblättern und 2—4 Laubblättern bestehend, letztere ± deutlich gestielt, lanzettlich, gerundet-stumpf und mucronat bis stumpflich, ± wellig, in den Grund verschmälert; Stengelblätter 5—6, ansehnlich, ziemlich rasch decrescirend, untere schmal- oder lineal-lanzettlich, gestielt oder stielartig verschmälert, stumpf und mucronat bis spitzlich, mittlere und obere mehr lanzettlich, mit verschmälerter Basis sitzend, spitz; alle glaucescirend, weich, ganzrandig oder mit vereinzelten Zähnen. Kopfstand unentwickelt[1]). Hülle 13—15 mm lang, bauchig-kuglig; Schuppen breit, äussere schmal-lanzettlich, abstehend, grün, innere mehr lineal, dunkler, alle sehr spitz. Bracteen lanzettlich, blättchenartig. Haare der Hülle sehr reichlich, hell, 3—4 mm, am Stengel oben mässig, hell mit schwarzem Fuss, 2—4 mm, abwärts vermindert bis zum Grunde oder zuweilen nur bis zur Mitte, auf den Blättern oberseits besonders gegen den Rand hin

---

1) Cultivirte Exemplare sind tief gablig, bis in die Rosette verzweigt, Akladium mindestens = $^{3}/_{5}$ des Stengels, Bracteen und äusserste Hüllschuppen noch mehr blättchenartig; — die Höhe der Pflanze und die Blüthenform ändern sich nicht.

zerstreut bis spärlich, etwas steiflich, 3—5 mm, unterseits ebenso, weicher, am Rande mässig oder ziemlich reichlich, 3—4 mm lang. Drüsen fehlen. Flocken an Hülle und Blättern 0, am Stengel oben grauen Filz bildend, abwärts vermindert bis zur Mitte oder zum unteren Drittel. Blüthen gelb, meist nicht länger als die inneren Hüllschuppen und tief geschlitzt, seltener strahlend, Zähnchen gewimpert; Griffel dunkel. Früchte schwarz, (im nämlichen Köpfchen) 2,8—3,5 mm lang, alle fertil. — Kärnten: obere Wischbachalp bei Raibl 1800—2010 m (P.).

Bemerkung. Dem *H. Rostani* ziemlich ähnlich, aber durch zahlreichere, schmälere, glaucescirende Blätter, durch das Indument und den Hüllenbau von demselben abweichend, stellt sich *H. intumescens* seinen Merkmalen nach zwischen die Spec. *villosum, alpinum* und *glaucum* (resp. *bupleuroides*). Von *H. villosum* sind Bau und Behaarung der Köpfchen, von *H. glaucum* Blattfarbe und Kahlheit der Blätter zu erkennen, an *H. alpinum* erinnern namentlich die Beblätterungsweise und die geringe tief beginnende Verzweigung. Wenn *H. Rostani* ein *villosum—alpinum* ist, so kann man *H. intumescens* als ein *scorzonerifolium—alpinum* oder eher noch als ein *calvifolium—alpinum* betrachten, an welchem die Merkmale der *Glaucina* deutlich erhalten bleiben.

40. **H. capnoides Kern.**

= *villosum — glanduliferum.*

Stengel bis 20 cm hoch, dicklich bis dünn, aufrecht, gerade, sehr fein gestreift oder ungestreift, phyllopod. Blätter in der Rosette zahlreich, gestielt oder in den Grund verschmälert, länglich bis lanzettlich, gerundet bis spitz, etwas glaucescirend, ganzrandig oder mit winzigen Zähnchen, weich oder ziemlich derb; Stengelblätter 0—3, klein, lanzettlich. Kopfstand selten entwickelt, dann gablig, 2 köpfig; Akladium = $^1/_3$—$^1/_2$ des Stengels; Winkel 20—25°. Hülle 10—16 mm lang, $\pm$ kuglig; Schuppen schmal oder etwas breitlich, lineal, $\pm$ schwärzlich, sehr spitz, durch die Behaarung ziemlich verdeckt, äusserste locker oder etwas abstehend. Bracteen lineal. Haare der Hülle sehr reichlich, rauchgrau bis weiss, seidenartig, bis 6 mm, an den Caulomen $\pm$ reichlich, 4—7 mm, auf den Blättern reichlich, oberseits etwas steiflich oder weich, 3—5 mm lang. Drüsen fehlend oder sehr klein und spärlich. Flocken an Hülle und Blättern 0, an den Caulomen oben grauen oder weisslichen Filz bildend, abwärts bis zum Stengelgrunde langsam oder kaum vermindert. Blüthen verschieden gelb, Zähnchen kahl; Griffel gleichfarbig oder dunkel. Früchte hellbraun, 2,5—3,3 mm lang, viele taub.

Bemerkungen. Obwohl die Sippen von *H. villosum* und *H. glanduliferum* in den Centralalpen überall in Menge vorkommen, sind Zwischenformen derselben nicht häufig, auch werden dieselben meist nur in geringer Individuenzahl angetroffen. Diese Pflanzen halten zwischen den beiden Hauptarten so ziemlich die Mitte ein, erinnern namentlich in der Blattform und der dichten seidigen oft ± grauen Behaarung der Köpfchen an *H. glanduliferum,* in den übrigen Verhältnissen mehr an *H. villosum,* und scheinen, — worauf auch der hohe Grad der Sterilität der Früchte hinweist —, Bastarde zu sein von der Formel *villosum—glanduliferum* oder *villosum—piliferum.* Erstgenannter Formel würde am besten *H. mesomorphum* entsprechen, letztgenannter *H. capnoides.* Da *H. villosum* und *piliferum* manche gemeinsame Merkmale besitzen, so erklärt sich daraus die Schwierigkeit des sicheren Erkennens ihrer Uebergangsformen resp. Bastarde.

1. *Subsp. mesomorphum.* Stengel 11—21 cm hoch, dicklich bis schlank, aufrecht, gerade, sehr fein gestreift, phyllopod. Blätter in der Rosette mehrere oder viele, gestielt, ± lanzettlich, in den Stiel verschmälert, stumpf und mucronat bis spitz, etwas glaucescirend-hellgrün, weich oder etwas derb, ganzrandig oder mit spärlichen winzigen Zähnchen; Stengelblätter 0—1, sehr verschieden gross, lanzettlich mit verschmälerter Basis. Kopfstand meist unentwickelt, selten gablig, gleichgipflig, 2 köpfig; Akladium = $^1/_3$—$^2/_5$ des Stengels; Winkel ca. 25°. Hülle 11—16 mm lang, kuglig; Schuppen schmal, lineal, schwärzlich, äusserst spitz, durch die Behaarung verdeckt, äussere etwas abstehend oder locker. Bracteen 1, lineal. Haare der Hülle sehr reichlich, grauweisslich bis rauchgrau, sehr weich, 4—6 mm, an den Caulomen oben reichlich, etwas graulich, abwärts vermindert, hell, auf den Blättern beiderseits ziemlich zahlreich, oberseits etwas steiflich, 3—5 mm lang. Drüsen der Hülle gegen die Schuppenspitzen zerstreut oder spärlich, sehr klein, an den Kopfstielen vereinzelt oder 0. Flocken der Hülle und Blätter fehlen, an den Caulomen oben grauen Filz bildend, abwärts vermindert bis zum unteren Drittel oder bis zum Stengelgrunde. Blüthen hellgelb, zuweilen tubulös, kurz, Zähnchen kahl; Griffel dunkel. Früchte braun, 3—3,3 mm lang, mindestens zur Hälfte taub. — Westschweiz: Wiese beim Simplon-Hospiz 2015 m, Griesberg im Eginenthal 2145—2275 m (N.). Ostschweiz 1800—2440 m: Val Fex im Oberengadin (P.), am spitzigen Hörnli bei Belfort (Theob.), Bernhardin, Valser Berg und Abhang des Mittaghornes gegen Hinterrhein (N.).

2. *Subsp. pseudopiliferum.* Stengel 5—20 cm hoch, schlank oder dünn, aufrecht, gerade, ungestreift[1]), phyllopod. Blätter in der Rosette zahlreich, länglich-lanzettlich bis lanzettlich, gerundet bis spitz, etwas glaucescirend-dunkelgrün, ganzrandig; Stengelblätter 0—1, klein, lanzettlich. Kopfstand höchst selten gablig, dann 2 köpfig und Akladium = $^1/_2$ des Stengels, Winkel ca. 20°. Hülle 10—14 mm lang, ± kuglig; Schuppen schmal, lineal, äusserst spitz, schwarz, durch die Behaarung ziemlich verdeckt. Bracteen ca. 3, lineal. Haare der Hülle sehr reichlich, graulichweiss bis rauchgrau, sehr weich, 3—4 mm,

1) Trocken undeutlich feingestreift.

an den Caulomen reichlich, oben etwas grau mit schwarzem Fuss, 5—7 mm, abwärts heller, auf den Blättern beiderseits ebenso, oberseits steiflich bis weich, 3—4 mm, unterseits seidig, 4—6 mm lang, an der Mittelrippe noch zahlreicher. Drüsen fehlen. Flocken an Hülle und Blättern 0, an den Caulomen oben weisslichen oder grauen Filz bildend, abwärts bis zum Stengelgrunde sehr allmählich vermindert. Blüthen gelb, Zähnchen kahl; Griffel gleichfarbig. Früchte hellbraun, 2,5—2,8 mm ang, ziemlich viele taub. — Westschweiz: M. de Fully 2100—2200 m (N.).

3. *Subsp. capnoides Kern.* Stengel 7—13 cm hoch, schlank, aufrecht, gerade, ungestreift, phyllopod. Blätter in der Rosette zahlreich, ungestielt oder abwärts ± stielartig verschmälert, äusserste spatelig, gerundet, übrige ± länglich-lanzettlich, spitz, etwas glaucescirend, ziemlich derb, ganzrandig, meist etwas wellig; Stengelblätter 2—3, klein, lanzettlich. Kopfstand unentwickelt, Pflanze 1 köpfig. Hülle 12—15 mm lang, bauchig-kuglig; Schuppen: äussere etwas breitlich, lineal-lanzettlich, abstehend, innere schmäler, lineal, dunkel, alle sehr spitz, durch die Behaarung ziemlich verdeckt. Bracteen lineal-lanzettlich. Haare an Hülle und Stengel sehr reichlich, weiss, seidig, dort 3—4, hier 5—7 mm, auf den Blättern beiderseits reichlich, sehr weich, 3—5 mm lang. Drüsen fehlen. Flocken an Hülle und Blättern 0, am Stengel oben grauen Filz bildend, abwärts kaum vermindert bis zum Grunde. Blüthen sattgelb, Zähnchen kahl; Griffel gleichfarbig. Früchte hellbraun, 2,8 mm lang[1]), anscheinend fast alle taub. — Westschweiz: M. de Fully 2000 bis 2200 m, Merzenbachalp bei Münster 2110 m, Griesberg im Eginenthal 2145—2275 m (N.). Ostschweiz: Kalkberg des Splügen (N.). Tirol: Heiligkreuz im Oetzthal (N.). Savoyen: Val Bona (Obrist).

Wir haben einige Pflanzen in Cultur erhalten, welche im ganzen mit der vorstehenden Beschreibung von *H. capnoides* übereinstimmen, aber einen höheren (bis 27 cm) verzweigten Stengel haben; hier ist die Verzweigung gablig, grenzlos, übergipflig, bis 4 köpfig, Akladium $^{2}/_{5}$—$^{4}/_{5}$ des Stengels einnehmend; Hülle bis 17 mm lang, sehr breit, niedergedrückt; Haare länger, am Stengel bis 11 mm; Früchte braun, 4 mm lang. — Da diese Exemplare aus Früchten erzogen sind, welche am natürlichen Standorte von abgeblühten Stauden entnommen wurden, so kann nicht angegeben werden, ob dieselben mit *H. capnoides* identisch sind oder nicht.

Eine Form mit 3—4 langsamer decrescirenden ziemlich ansehnlichen Stengelblättern und fast gleichartigen Hüllschuppen im Wallis: Fuss des Catogne bei Sembrancher 1950 m (Fv.); — eine andere wie die Hauptform, aber mit geringerer Behaarung kommt im Algäu vor: Höfatswanne (Cfl.). — Auch besitzen wir ein zwischen *H. pseudopiliferum* und *capnoides* vermittelndes Exemplar aus dem Wallis: M. de Fully 2100 m (N.).

---

1) Bei manchen, sonst durch nichts verschiedenen Exemplaren, sind die Früchte schwarz und 3,2 mm lang, auch hier viele taub.

41. H. aphyllum n. sp.

= (*villosum — piliferum*) — *silvaticum*.

Dazu? *H. pilosum* Schleich. in Hegetschw. et Heer, Fl. d. Schweiz (1840) p. 790. — Stengel 11—28 cm hoch, dünn, aufrecht, gerade oder etwas verbogen, sehr fein gestreift, phyllopod, 1—2 köpfig. Blätter in der Rosette 3—10, gestielt, elliptisch oder länglich bis lanzettlich, äussere stumpf, innere bis spitz, ganzrandig oder spärlich gezähnelt, etwas glaucescirend, weich; Stengelblätter 0—3, unansehnlich, öfters sehr klein, lanzettlich, sitzend, sehr rasch decrescirend. Kopfstand, wenn vorhanden, gablig, etwas übergipflig, Akladium = $^1/_5$—$^2/_5$ des Stengels, meist aber ist die Pflanze 1 köpfig. Hülle 9—12 mm lang, kuglig; Schuppen schmal, lineal, spitz, schwärzlich, äusserste locker. Bracteen lineal. Haare der Hülle sehr reichlich, hell, seidig, die Schuppen ± verdeckend, 2—3 mm, am Stengel ± ziemlich zahlreich, verschieden lang, auf den Blättern mässig bis reichlich, weich, 2—3 mm lang. Drüsen sehr spärlich oder nur an der Hülle zerstreut, sehr klein. Flocken an Hülle und Blättern 0, am Stengel oben Filz bildend, abwärts vermindert bis zum Grunde. Blüthen meist sattgelb, Zähnchen kahl; Griffel hell oder dunkel. Früchte ± schwarz, 2,5—3 mm lang, zuweilen grossentheils steril.

Bemerkung. Wenn *H. capnoides* als Uebergangssippe zwischen *H. villosum* und *piliferum* aufzufassen ist, so kann *H. aphyllum* als *H. capnoides* → *silvaticum* gedeutet werden. Denn in dem deutlich ausgesprochenen Blattstiel und der beträchtlicheren Breite der Blätter sind Annäherungen an die letztgenannte Species gegeben, während im übrigen Hülle, Indument, Beblätterung und Verzweigung eine Mischung der Merkmale von *H. villosum* und *piliferum* repräsentiren, und zwar eine solche, in welcher bezüglich jedes einzelnen Merkmales die eine oder die andere Hauptart überwiegt. — In dem hier angereihten *H. torrembecense* dagegen liegt eine ganz andere, viel innigere und gleichheitlichere Mischung der Eigenschaften der Hauptarten vor, wodurch diese Pflanze habituell manchen Sippen von *H. dentatum* nicht unähnlich wird.

1. *Subsp. aphyllum.* Stengel 15—25 cm hoch, dünn, aufrecht, gerade oder meist ± verbogen, sehr fein gestreift, phyllopod, 1 köpfig. Blätter in der Rosette 3—5, ansehnlich, gestielt, länglich-lanzettlich, stumpf bis stumpflich und alle mucronat, ganzrandig oder selten mit vereinzelten winzigen Zähnchen, etwas glaucescirend, weich; Stengelblätter 0 oder 1, meist sehr klein, lanzettlich, etwas unter der Stengelmitte inserirt. Hülle 9—11 mm lang, kuglig; Schuppen sehr schmal, lineal, spitz, innere spitzlich und mit Endpinsel, schwärzlich, äusserste etwas locker. Bracteen fast pfriemlich. Haare der Hülle sehr reichlich, die Schuppen ziemlich verdeckend, weiss, seidig, 2—3 mm, am Stengel mässig, hell, 1,5—2,5 mm, auf den Blättern beiderseits mässig zahlreich, weich, 2—3 mm lang. Drüsen der Hülle fehlen, am Schaft oben vereinzelt, sonst 0. Flocken an Hülle

und Blättern 0, am Schaft oben grauen Filz bildend, abwärts bis gegen die Basis hin vermindert. Blüthen sattgelb, Zähnchen kahl; Griffel hell. Früchte schwarz, 2,5—3 mm lang. — Westschweiz: Sex rouge und Lécheret in Ormonts dessus 1900—2100 m (N.).

2. *Subsp. subdentatum.* Stengel 11—28 cm hoch, dünn, aufrecht, ziemlich gerade, sehr fein gestreift, phyllopod. Blätter in der Rosette 4—10, kurzgestielt, elliptisch bis lanzettlich, äusserste stumpf oder stumpflich, übrige spitz, ganzrandig oder undeutlich gezähnelt, etwas glaucescirend-hellgrün, weich; Stengelblätter 2 bis 3, unansehnlich, rasch decrescirend, ± lanzettlich, sitzend. Kopfstand gablig, etwas übergipflig, 1—2 köpfig; Akladium = $^1/_5$—$^2/_5$ des Stengels; Winkel 20—30°. Hülle 11—12 mm lang, eiförmig, dann kuglig; Schuppen schmal, lineal, äusserst spitz, schwärzlich, äusserste locker. Bracteen 3—4, lineal. Haare der Hülle sehr reichlich, hell, die Schuppen ziemlich verdeckend, 2—2,5 mm, an den Caulomen ziemlich zahlreich, oben 2—4, unten bis 6 mm, auf den Blättern beiderseits reichlich, sehr weich, 2—3 mm, am Rande bis 4 mm lang. Drüsen der Hülle zerstreut, sehr klein, sonst 0. Flocken an Hülle und Blättern 0, an den Caulomen oben grauen Filz bildend, abwärts vermindert bis zum Stengelgrunde. Blüthen gelb, Zähnchen kahl; Griffel dunkel. Früchte schwärzlichbraun, 2,8—3 mm lang, fast alle taub. — Westschweiz: Lécheret und gegen Sex rouge in Ormonts dessus 1900—2100 m (N.).

3. *Subsp. torrembecense.* Stengel 17—23 cm hoch, sehr schlank, aufrecht, gerade, feingestreift, phyllopod. Blätter in der Rosette mehrere, kurzgestielt, äussere eiförmig oder kurzlänglich, gerundet, übrige länglich-lanzettlich, spitz, etwas wellig, mit einzelnen Sägezähnen, dunkelgrün, ziemlich weich; Stengelblätter 1—2, sehr rasch decrescirend, lanzettlich, beiderseits spitz. Kopfstand unentwickelt, Pflanze daher 1 köpfig. Hülle 13—15 mm lang, kuglig; Schuppen schmal, lineal, sehr spitz, schwärzlich, äussere kaum etwas locker. Bracteen lineal. Haare der Hülle reichlich, hell, 1,5—2 mm, am Stengel ziemlich zahlreich, hell, 2—3 mm, auf den Blättern beiderseits ebenso, oberseits etwas steiflich, 1,5—2,5 mm lang. Drüsen der Hülle zerstreut, sehr klein, sonst 0. Flocken der Hülle fast 0, am Stengel oben grauen Filz bildend, abwärts langsam vermindert bis zur Basis, sonst 0. Blüthen sattgelb, Zähnchen mit vereinzelten kurzen Wimpern; Griffel gleichfarbig. Früchte — ? — Wallis: Torrembec im Bagnesthal (Wf.).

42. H. diabolinum n. sp.

= *villosum* > *cerinthoides.*

Dazu ? *H. Morisianum* Rchb. f. Deutschl. Fl. XIX (1860) p. 80 tab. 138. — Stengel bis 48 cm hoch, schlank, aufrecht, verbogen, phyllopod. Blätter in der Rosette bis 7, ansehnlich, ± gestielt, ± lanzettlich, stumpf bis spitz, gezähnelt bis buchtig gezähnt oder mit einzelnen gröberen Zähnen, hellgrün oder glauk; Stengelblätter 3—8, langsam oder etwas rasch decrescirend, untere wie die Rosettenblätter, gestielt oder am Grunde verschmälert, obere mit gerundeter oder etwas herzförmiger Basis sitzend. Kopfstand gablig, etwas sparrig, 2—6 köpfig; Akladium = $^1/_5$—$^1/_3$ des Stengels; Strahlen 2. Ordnung 1—2 (—3), entfernt, schlank, etwas bogenförmig; Verzweigungswinkel 50—60°; Ordnungen 2—3. Hülle 12—17 mm lang, bald kuglig; Schuppen: äussere etwas abstehend, schmal, lineal, spitz, innere breiter, mehr lanzettlich, bis stumpf, schwarz oder mit hellen Rändern. Bracteen 3—5, blättchenartig. Haare der Hülle ± reichlich, hell, 2—4 mm, an den Caulomen etwas minder zahlreich, 3—5 mm, horizontal-abstehend, auf den Blättern oberseits gering oder nur mässig entwickelt, etwas steiflich, bis 3 mm lang. Drüsen der Hülle zerstreut, sonst 0 oder nur am oberen Theil der Caulome spärlich oder vereinzelt. Flocken der Hülle höchstens zerstreut, aber auf den Schuppenrändern bis mässig zahlreich, auf den Blättern 0, an den Caulomen oben Filz bildend, abwärts mehr oder weniger tief herabgehend. Blüthen gelb, Zähnchen kahl oder kurz gewimpert; Griffel hell oder etwas dunkel. Früchte braun, gegen 4 mm lang.

Bemerkungen. *H. villosum* wird mit *H. cerinthoides* durch mehrere Zwischenformen verbunden, die sich in zwei Gruppen ordnen lassen. Die eine derselben wird durch *H. longifolium* repräsentirt (siehe weiter unten), die andere durch einige Sippen, welche in minder deutlicher Weise die Merkmale des *H. cerinthoides* an sich tragen und in unserem *H. diabolinum* ihren typischen Vertreter besitzen. Der Habitus dieser letztgenannten Pflanzen ist demjenigen des *H. villosum* ziemlich ähnlich, doch weisen sparrige Verzweigung, Hüllenbau, Blattform und gerade-abstehende etwas steifliche Behaarung auf eine zweite Species hin, die wir in *H. cerinthoides* vermuthen. Der systematischen Stellung der *diabolinum*-artigen Sippen entspricht demnach die Formel *villosum-longifolium* resp. *villosum* $>$ *cerinthoides.* Es ist nicht anzunehmen, dass die hier besprochenen Pflanzen Bastarde seien, denn es fehlen alle aus Vorkommen und Fertilität abzuleitenden Gründe dafür.

1. *Subsp. diabolinum.* Stengel bis 45 cm hoch, schlank, aufrecht, unten etwas verbogen, nach oben hin zickzackförmig mit gekrümmten Internodien, gestreift, phyllopod (oder durch Welken der unteren Blätter) hypophyllopod. Blätter in der Rosette bis 7, ± gestielt, lanzettlich, stumpf bis spitz, gezähnelt bis entfernt-buchtig-gezähnt, hellgrün, weich; Stengelblätter 4—8, ziemlich rasch decrescirend, untere wie die Rosettenblätter, gestielt, mittlere lanzettlich mit verschmälerter Basis, obere aus breitem ei- oder etwas herzförmigem Grunde langspitzig. Kopfstand gablig, etwas sparrig, (1—) 2—6 köpfig; Akladium = $^1/_6$—$^1/_3$ des Stengels; Strahlen 2. Ordnung (0—) 1—2, sehr entfernt, schlank, etwas bogenförmig aufsteigend; Winkel ca. 60°; Ordnungen (1—) 2—3.

Hülle 12—14 (—17) mm lang, sehr dick cylindrisch, bald kuglig; Schuppen: äussere etwas abstehend, sehr schmal, lineal, sehr spitz, schwarz, innere sehr breit, lanzettlich, zugespitzt, stumpf oder stumpflich, schwarz mit breiten hellen Rändern, mittlere Uebergänge zwischen jenen darstellend. Bracteen 4—5, zerstreut, alle oder nur untere lanzettlich, blättchenartig, obere lineal. Haare der Hülle ziemlich reichlich, hell, 2—2,5 mm, an den Caulomen oben mässig, abwärts ziemlich reichlich, steif horizontal-abstehend, 3—4 mm, auf den Blättern oberseits zerstreut oder fast mässig, etwas steiflich, 1,5—2,5 mm, unterseits etwas zahlreicher und weicher, an Rand und Mittelrippe ziemlich reichlich, 2—3 mm lang. Drüsen der Hülle zerstreut, an den Kopfstielen spärlich, am Stengel vereinzelt bis etwa zur Mitte. Flocken der Hülle zerstreut, auf den Schuppenrändern bis mässig, an den Caulomen oben graulichen Filz bildend, abwärts rasch vermindert, aber bis zum unteren Drittel des Stengels zerstreut, auf den Blättern 0. Blüthen hellgelb, Zähnchen kahl oder spärlich gewimpert; Griffel hell oder etwas dunkel. Früchte braun, 3,5—3,8 mm lang, die meisten fertil.

α) *genuinum.* — Westschweiz: Creux de Champ (Fuss der Diablerets) in Ormonts dessus 1350—1600 m (N.).

Bleibt in Cultur, selbst hinsichtlich der Grössenverhältnisse, ganz unverändert. — Kommt an einem benachbarten Standorte: Sex rouge über Creux de Champ 1900—2100 m (N.) mit überall viel geringerer Behaarung und entschieden dunkeln (bräunlichen) Griffeln vor.

β) *megalodon.* Blätter alle breiter, grobzähniger, untere lanzettlich bis fast länglich, obere Stengelblätter breit eiförmig mit gerundeter oder umfassender Basis; Hüllschuppen alle sehr spitz; Drüsen fehlen; Haare länger, am Stiel bis 7 mm lang. — Westschweiz: Creux de Champ 1350—1450 m (N.). — Eine ähnliche Pflanze mit nur ca. 12 mm langen Hüllen und welligen nur gezähnelten Blättern in Piemont: Valdenser Alpen (Rst.).

γ) *platyphyllum* = *H. scorzonerifolium var. insigne* Lagg. in sched. — Grundblätter (lanzettlich bis) länglich bis elliptisch, meist nicht oder undeutlich gestielt, spitz, entfernt-gezähnt; Stengelblätter 4—6, mittlere mit breiter gerundeter Basis, obere mit eiförmigem Grunde sitzend. Bracteen alle blättchenartig. Hüllschuppen: auch die äusseren breitlich, innere breit, alle spitz oder doch innere spitzlich, flockenlos, armdrüsig. Haare auf den Blättern oberseits nur gegen den Rand hin zerstreut, steiflich, unterseits zahlreicher, am Stengel ziemlich reichlich, 4—6 mm lang. Griffel hell; Früchte braun, 4—4,3 mm lang. — Jura: Dôle 1450—1600 m, Röthifluh 1350 m (N.). Westschweiz: Creux de Champ in Ormonts dessus 1400 m, zwischen

Zermatt und Zmutt 1430 m (N.), Dent de Corjon (Lgg.). Ostschweiz: Nufenen im Rheinwald 1625—1720 m (N.).

Die Breitblättrigkeit tritt in Cultur besonders deutlich hervor.

2. *Subsp. friburgense* = ? *H. Candollei* Fröl. in DC. Prodr. VII (1838) p. 212 part. = *H. cerinthoides* b. *Candollei* Rchb. f. Deutschl. Fl. XIX (1860) p. 79 tab. 137 fig. 2. — Stengel bis 48 cm hoch, schlank, gestreift, verbogen, phyllopod. Blätter in der Rosette wenige oder mehrere, ansehnlich, etwas gestielt, länglich-lanzettlich, etwas wellrandig, mit einzelnen gröberen Zähnen; Stengelblätter (3—) 5—6, ansehnlich, langsam decrescirend, länglich-lanzettlich bis (obere) eiförmig-lanzettlich, untere mit verschmälerter, obere mit gerundeter Basis sitzend; alle glauk, ziemlich derb. Kopfstand ± gablig, gleichgipflig, grenzlos, 2—3 (—4) köpfig; Akladium 3,5—13 cm lang; Strahlen 2. Ordnung 1—2 (—3), entfernt, schlank, am Grunde scharf aufwärts gebogen, dadurch senkrecht gestellt; Winkel ca. 50°; Ordnungen 2. Hülle 15—16 mm lang, kuglig; Schuppen lineal, langspitzig, sehr spitz, schwarz. Bracteen ca. 3, meist unter dem Köpfchen genähert, schmallanzettlich, blättchenartig. Haare der Hülle reichlich, hell, 3—4 mm, an den Caulomen ebenso, etwas steiflich, 4—5 mm, auf den Blättern oberseits nur gegen den Rand hin spärlich, etwas steiflich, unterseits mässig zahlreich, an Rand und Mittelrippe ziemlich reichlich, 2—3 mm lang. Drüsen nur gegen die inneren Hüllschuppenspitzen zerstreut, sonst 0. Flocken der Hülle sehr spärlich, klein, an den Caulomen oben grauen Filz bildend, abwärts vermindert bis zur Mitte, auf den Blättern 0. Blüthen gelb, Zähnchen kurzgewimpert; Griffel etwas dunkel. Früchte — ? — Westschweiz: Bounondon im Canton Freiburg (Lgg.), Creux du Vent (Bulnheim).

Stimmt mit der Diagnose von *H. Candollei* Fröl. überein bis auf die geringere Kopfzahl und die spitzen Hüllschuppen. Originalexemplare des letzteren sahen wir leider nicht; Frölich hat aber unter dieser Bezeichnung sicher mehr als eine Sippe verstanden, denn Fries gibt (in Epicr. p. 61) an, dass Frölich verschiedene, theilweise zu *H. flexuosum* und *H. speciosum* gehörige Pflanzen als *H. Candollei* bestimmte.

Eine an allen Theilen weniger behaarte Form kommt vor im Canton Freiburg: Praz Fluri (Cottet) und vielleicht auch auf der Pasterze in Kärnten (N.); wir erhielten ferner eine sehr ähnliche Pflanze aus dem botanischen Garten von Paris. — Noch eine andere, vielleicht zur Spec. *diabolinum* gehörige Pflanze wurde in nur einem Exemplare am Kalkberge des Splügen 2000—2100 m beobachtet (N.).

43. H. misaucinum n. sp.

= *villosum — cerinthoides — silvaticum.*

Stengel bis 25 cm hoch, aufrecht, schlank, gerade oder wenig verbogen, gestreift, phyllopod. Blätter in der Rosette sehr zahlreich, kurz- und öfters etwas undeutlich gestielt, elliptisch bis lanzettlich, spitz, buchtig gesägt-gezähnt, etwas glaucescirend-hellgrün, ziemlich derb; Stengelblätter 2—4, klein, lanzettlich, rasch decrescirend. Kopfstand gablig, übergipflig, (1—) 2—3 köpfig; Akladium = $^1/_4$—$^2/_5$ des Stengels; Strahlen 2. Ordnung (0—) 1—2, entfernt, schlank; Winkel ca. 30°; Ordnungen 2. Hülle 13—14 mm lang, erst dick eiförmig, dann bald niedergedrückt-kuglig, Schuppen sehr schmal, lineal, sehr spitz, schwarz. Bracteen 2—5, lineal. Haare der Hülle ± reichlich, hell, 1,5—2,5 mm, an den Caulomen mässig bis ziemlich reichlich, hell, 2—4 mm, auf den Blättern beiderseits ziemlich zahlreich, oberseits steiflich, 2,5—4 mm lang. Drüsen der Hülle mässig oder ziemlich reichlich, sehr klein, sonst 0. Flocken an Hülle und Blättern 0, an den Caulomen oben grauen Filz bildend, abwärts tief herab vermindert. Blüthen hellgelb, Zähnchen kahl oder mit vereinzelten Wimpern; Griffel dunkel. Früchte schwarz, 3,5 mm lang, fast alle fertil.

1. *normale.* — Ostschweiz: Misoxerthal unterhalb des Dorfes Bernardino 1300 m, Kalkberg des Splügen 1950—2110 m (N.). Tirol: Pass zwischen Schluderbach und Altprags 1950 m (N.).

2. *supracalvum.* Grundblätter deutlich und länger gestielt, ± lanzettlich, grobzähnig, oberseits kahl, unterseits mässig behaart; Stengelblätter ansehnlicher. Bracteen blättchenartig. Griffel hell. Bildet den Uebergang zu *H. diabolinum.* — Westschweiz: über Lourtier im Bagnesthal 1200 m (Fv.), Creux du Vent bei Neuchâtel (Jessler).

3. *angustifolium* = *H. dentatum* b. *hirtum* Lagg. in sched. — Grundblätter lanzettlich, fast ganzrandig bis etwas gezähnt; Stengelblätter 3—6, ziemlich klein, langsamer decrescirend. Haare am Stengel 4—6 mm lang. Hülle 11—12 mm lang; Hüllschuppen nicht so sehr schmal. Winkel 40—50°, daher Verzweigung etwas sparrig. — Westschweiz: Rappaz bei Sembrancher 900 m (Lgg., Fv.), Pont de Naut bei Bex (Mt.), Bonatschesse (Wf.), Creux de Champ 1350—1600, Sex rouge und Lécheret in Ormonts dessus 1900 bis 2100 m (N.). Ostschweiz: Albulapass von Bergün bis zum Hospiz 1400—2300 m (P.), Val Fex im Engadin. — Exsicc. 390.

4. *pleiophyllum.* Stengelblätter 7—8, ansehnlich, langsam decrescirend, untere gestielt, mittlere mit schmaler Basis, obere mit eiförmigem Grunde sitzend. Hülle 10—12 mm lang; Schuppen breitlich. Haare auf der Blattoberseite spärlich, fast weich, 1—1,5 mm lang. Früchte braun. — Westschweiz: Sex rouge 1900—2100 m und Creux de Champ 1350—1450 m in Ormonts dessus (N.).

Bemerkungen. In *H. misaucinum* und dessen nächsten Verwandten finden sich die Eigenschaften von *H. villosum* und *cerinthoides* gemischt, und hierin sind diese Pflanzen der Spec. *diabolinum* zu vergleichen, aber es liegen in der Blattgestalt und raschen Decrescenz der unansehnlichen

Stengelblätter noch weitere Merkmale, welche aus denjenigen der beiden genannten Hauptarten nicht verständlich werden. Vergegenwärtigt man sich die Spec. *silvaticum* mit ihren breiten Grundblättern, dem armblättrigen schaftartigen Stengel, der mehrköpfigen Inflorescenz mit hoch beginnender Verzweigung, den schmalen Hüllschuppen etc., so wird man des Eindruckes sich kaum erwehren können, dass *H. misaucinum* eine Sippe von der systematischen Stellung *diabolinum* > *silvaticum* = (*villosum* > *cerinthoides*) > *silvaticum* darstellt. Dabei ist nicht anzunehmen, dass hier Bastarde vorliegen, weil die grosse Individuenzahl und die normale Fruchtbarkeit dagegen spricht; nur die nachstehend beschriebene Pflanze könnte hybrid sein:

H. pseudodentatum Billot = *H. villosum L. var. pseudodentatum* Billot, Flora Gall. et Germ. exsicc. 1026 = *H. dentatum var. salevense* Lagg. in sched. non Rapin. — Stengel bis 33 cm hoch, aufrecht, ziemlich schlank, etwas verbogen, feingestreift, phyllopod oder hypophyllopod. Blätter in der Rosette 1—4, gross, ± gestielt oder stielartig verschmälert, äusserste länglich bis obovat, gerundet-stumpf, übrige länglich oder länglich-lanzettlich, spitzlich bis spitz, etwas wellig, undeutlich gezähnelt, etwas glaucescirend, weich; Stengelblätter 4—8, etwas rasch decrescirend, untere länglich oder länglich-lanzettlich, stumpflich und mucronat bis fast spitz, mit verschmälerter Basis, obere aus eiförmigem oder etwas umfassendem Grunde langspitzig, alle gezähnelt bis fast ganzrandig. Kopfstand hoch gablig, etwas übergipflig, grenzlos, tief herabgehend, 3—6 köpfig; Akladium 1,5—3,5 cm lang; Strahlen 2. Ordnung 2—4, sehr entfernt, schlank; Winkel unten 50°, nach oben viel kleiner; Ordnungen 2—3. Hülle ca. 12 mm lang, dick eiförmig, bald kuglig werdend; Schuppen: äussere schmal, innere breitlich, alle schwärzlich, schmal heller gerandet, spitz. Bracteen 1, dem Köpfchen sehr genähert, lineal. Haare der Hülle reichlich, hell, 1,5—2 mm, an den Caulomen oben ziemlich zahlreich, abwärts reichlich, hell, 3—5 mm, auf den Blättern oberseits spärlich oder fast 0, weich, 1—2 mm, unterseits fast reichlich, am Rande ebenso, 3—5 mm lang. Drüsen der Hülle mässig, sehr klein, an den Kopfstielen zerstreut, am Stengel sehr spärlich öfters bis unter die Mitte herabgehend. Flocken der Hülle zerstreut, auf den Schuppenrändern zahlreicher, an den Caulomen oben grauen Filz bildend, abwärts rasch vermindert bis zur Stengelmitte, auf den Blättern 0. Blüthen hellgelb, Zähnchen sehr kurz gewimpert oder nur papillös; Griffel dunkel. Früchte dunkelbraun, 2,8—3 mm lang, viele taub. — Savoyen: Salève (Lgg., Chavin), Saint-Sorlin-d'Arves 1500—1800 m (Didier). Dauphiné: Gap (Stahl). Piemont: Valdenser Alpen (Rst.).

III. Glandulifera.

Hochalpine Pflanzen. Stengel niedrig, phyllopod, am schaftartigen oberen Theile blattlos oder mit einem kleinen Blättchen, unverzweigt oder seltener 1—2 mal gegabelt mit 1 köpfigen Aesten; Nebenschäfte werden häufiger entwickelt. Rosettenblätter zahlreich, undeutlich gestielt oder in einen langen Stiel verschmälert, lanzettlich bis lineal, meist spitz, hellgrün oder ± glaucescirend. Köpfe meist gross (aber starken individuellen Schwankungen unterworfen), kuglig, mit etwas lockeren äusseren und anliegenden inneren, breitlichen bis sehr schmalen, linealen oder aus lanzettlicher Basis verschmälerten, immer sehr langspitzig-spitzen schwarzen Hüllschuppen, welche von der langen seidenartigen, sehr dichten, schwärzlichen oder rauchgrauen bis weissen Behaarung mehr oder weniger verhüllt werden nach der Art von *H. Pseudopilosella* oder *H. alpicola* unter den Piloselloiden. Haare an den Blättern meist reichlich, sehr weich und lang, am Stengel völlig mangelnd bis reichlich; Zähnchen derselben nur so lang als der Durchmesser des Haares. Drüsen und Flocken fehlen an Hülle und Blättern, erstere entweder auch sonst mangelnd oder am Stengel bei Haarmangel in grosser Menge entwickelt mit allen Zwischenstufen bezüglich der Zahl; Flocken oben am Stengel immer Filz bildend, abwärts meist nur langsam dünner stehend. Blüthen ± hellgelb, zungig oder röhrig, mit ungewimperten Zähnchen. Früchte 2,5—2,8 mm lang.

Habituell erinnern die Sippen der *Glandulifera* einerseits an ein *H. Pilosella* ohne Stolonen, anderseits, namentlich bei verzweigten Exemplaren, an *H. alpicola*. Auch sonst ist eine gewisse Anlehnung an die Piloselloiden bemerkbar: die hier stattfindenden Verhältnisse des Indumentes kommen nur noch bei den letztgenannten vor, nicht aber wiederholen sie sich innerhalb der Archieracien, auch sind die Früchte der *Glandulifera* nur so gross wie bei den Piloselloiden.

Die Ausbildung des Axensystemes und dessen Beblätterung stehen morphologisch ungleich höher als diejenigen der *Glaucina* oder *Villosina*, denn die Beblätterung des Stengelgrundes bricht nach aufwärts plötzlich ab, es findet sich dann am Stengel nur noch 1 (selten 2) unscheinbares Blättchen vor, oder es ist der Uebergang in die wenigen Bracteen und die Hüllschuppen ein völlig unvermittelter, sprungweiser. Demnach gibt sich eine stark vorgeschrittene Differenzirung zwischen dem unteren und oberen

Theil des Stengels zu erkennen. Wenn der Stengel sich verzweigt, so entspringt der oberste Ast aus der Achsel des (oberen) Stengelblattes, der nächste entweder tief unten am Stengel oder eher aus der Rosette: Verhältnisse, die man übrigens in der freien Natur fast nur an zufällig gedüngten Stellen, häufiger bei Culturen im Garten zu sehen bekommt. Dann sind die Aeste dem Hauptstrahl des Axensystemes insofern gleich, als sie blattlos mit einem einzigen Köpfchen endigen; Aeste verzweigen sich bei der *Glandulifera* niemals, auch nicht bei den üppigsten Culturexemplaren, so dass die Ordnungszahl der Strahlen höchstens 2 beträgt. Die Aeste stehen immer weit von einander entfernt, ein näheres Zusammenrücken derselben in einer bestimmten Region des Stengels findet nicht statt. Demnach fehlt alle Rispen- oder Doldenbildung. Bezüglich der Verzweigung ist der gewöhnlichste Fall der, dass der Stengel über der Rosette überhaupt unverzweigt bleibt und allenfalls ein Nebenschaft aus der Achsel des obersten Rosettenblattes emporsteigt.

In der Rosette finden sich zur Blüthezeit meist zahlreiche (6—12) frische Blätter, höchstens die äussersten sind verdorrt oder verfault. Bei intacten Rosetten neigen sich die äusseren Blätter derselben meist mehr der Spatelform zu, auch sind sie kürzer als die folgenden, ebenso oft kahler.

Eine lang dauernde Cultur der *Glandulifera* erwies sich als sehr schwer ausführbar. Wir haben immer, wenn wir diesen Pflanzen in den Alpen begegneten, mehrfache Versuche gemacht, lebende Exemplare in den Garten zu versetzen und Sämlinge zu erhalten. Beides gelang zwar, die lebend ausgepflanzten Stöcke aber zerstörte meist schon der nächste Winter, und auch die aus Früchten erzogenen Sätze hatten nur eine Dauer von einigen wenigen Jahren, wobei dann öfters noch ein kümmerliches Fristen der Existenz bemerkbar wurde, so dass nicht immer normal entwickelte Individuen zur Beobachtung standen. Als Folge der Cultur erwies sich indessen bei solchen meist eine Vergrösserung der Dimensionen an Stengel und Blättern ohne Verschiebung der Verhältnisszahlen, während die Hüllenlänge und die Behaarungsweise der Köpfchen die gleichen blieben wie an der wildwachsenden Pflanze. Das Resultat ist also auch hier das nämliche wie bei der Cultur der meisten anderen Hieracien.

Zu den *Glandulifera* ist nach unserer Auffassung nur eine Species zu rechnen, welche die bisher als getrennte Arten behandelten *H. glanduliferum* und *piliferum* Hoppe, *H. Schraderi* Schleich., *H. subnivale* Gren. et Godr., *H. leucopsis* Arv.-Touv. und andere Sippen umfasst, trotz des auf den ersten Blick verschiedenartigen Aussehens dieser Pflanzen. Denn wenn man die Merkmale der genannten Sippen im Einzelnen prüft, so zeigt sich, dass bezüglich der Ausbildung des Axen- und Blattsystemes alle übereinstimmen, und die mannigfache Erscheinung namentlich in ungleichen Combinationen des Indumentes beruht.

44. H. glanduliferum Hoppe

ap. Sturm, Deutschl. Fl. I (1815), 39; Allioni Fl. Ped. (1785) Nr. 771 tab. 14 Fig. 2 sub nom. *H. alpinum*.

Rhizom kurz, dick, senkrecht. Innovation durch Rosetten. Stengel phyllopod, schaftartig, aufrecht, gerade, 5—15 (—40) cm hoch, dicklich bis dünn, ungestreift, meist schwächlich, gewöhnlich unverzweigt 1 köpfig, seltener gabelig verzweigt; häufiger entspringen aus der Rosette 1—2 Nebenschäfte. Blätter in der Rosette zur Blüthezeit mehrere oder zahlreich (meist 6—12), nicht oder undeutlich gestielt oder häufiger in eine stielartige Basis lang-verschmälert, äussere meist etwas anders gestaltet als die inneren, mehr spatelig, die meisten lineal bis lanzettlich oder elliptisch und länglich, stumpf bis sehr spitz, ganzrandig oder mit gering vortretender Zähnelung, öfters wellrandig und faltspitzig, hellgrün bis fast glauk, dünn oder etwas derb; Stengelblätter fehlen, oder 1 (—2) kleine oder unansehnliche Blättchen in verschiedener Höhe inserirt. Kopfstand meist unentwickelt, demnach der Schaft einfach, 1 köpfig; seltener ist ersterer höher oder tiefer gablig, dann das Akladium = $^1/_6$—$^2/_3$ des Stengels; Strahlen 2. Ordnung (0—) 1—2 (—4), entfernt, schief aufsteigend; Verzweigungswinkel 30—35°; Ordnungen 1 (—2); Kopfzahl 1 (—5, dies fast nur an cultivirten Exemplaren). Hülle (9—) 10 bis 15 (—17) mm lang, in den Dimensionen sehr wechselnd, meist kuglig, seltener eiförmig oder niedergedrückt; Schuppen breitlich bis sehr schmal, lineal oder aus lanzettlicher Basis lang-zugespitzt, immer sehr spitz, schwarz, randlos, äussere meist locker, innere anliegend. Brakteen an der Schaftspitze 0—1 (—2), unscheinbar, dunkel. Haare der Hülle stets sehr reichlich, seidenartig weich, fast schwarz durch alle Töne bis schneeweiss, 3—5 mm, auf den Blättern (wenigstens oberseits) meist ebenfalls zahlreich, sehr weich, verbogen, bis 9 mm lang, am Stengel bei den einen Sippen völlig mangelnd, bei anderen sehr reichlich, weich, verschiedenfarbig, lang, bei noch anderen in verschiedener Anzahl vorhanden. Drüsen an Hülle und Blättern fehlend, am Stengel entweder ebenso oder in wechselnder Menge entwickelt oder denselben in dichter Masse bedeckend, dann oben äusserst zahlreich, abwärts langsam vermindert bis zum Stengelgrunde. Flocken an Hülle und Blättern 0, am Stengel mindestens oben grauen oder weisslichen Filz bildend, abwärts meist allmählich an Zahl abnehmend. Blüthen verschieden (meist hell-) gelb, beim Trocknen nicht selten $\pm$ blaugrün werdend in ähnlicher Weise wie bei *H. staticifolium*, zungig oder sehr häufig röhrig, mit verschieden tief eingeschnittenen Zähnchen, diese ungewimpert; Griffel hell bis dunkel, öfters bei der gleichen Sippe (an getrockneten Exemplaren) wechselnd. Früchte braun bis schwarz, 2,5—2,8 mm lang. Blüthezeit Juli, August.

Bemerkungen zu Spec. glanduliferum.

Aus dieser Beschreibung geht hervor, dass fast alle Merkmale der Species sich in einem wenig befestigten Zustande befinden, insofern sie von Individuum zu Individuum zwischen weiten Grenzen wechseln. Am besten lässt sich dies an der Subsp. *piliferum* zeigen. Hier ist nicht bloss Blattgrösse, Stengelhöhe und Hüllenlänge erheblichen Schwankungen unterworfen, sondern auch Gestalt, Zuspitzung und Stielung der Blätter, Farbe und Dichtigkeit der Behaarung aller Theile, Zahl der Hüllschuppen, Dicke des Stengels, Hüllschuppenbreite, Schlitzung der Blumenkrone, Länge der Blüthenzähnchen etc., so dass man je nach der Combination dieser Abänderungen eine Menge Formen zu unterscheiden hätte, wenn man den ersteren eine grössere systematische Wichtigkeit beimessen dürfte. Leider konnte die Permanenz dieser Erscheinungen nicht in dem gewünschten Maasse durch die Cultur geprüft werden, denn die Sippen der Spec. *glanduliferum* gehören, wie gesagt, zu denjenigen Alpenpflanzen, welche im Garten ohne ersichtlichen Grund kümmern und schon nach kurzer Zeit eingehen. Die Beobachtung sehr zahlreicher Exemplare am natürlichen Standorte, welche demnach fast allein zu einem Urtheil über die Permanenz benutzt werden kann, erweckt den Eindruck, dass hier im Wesentlichen individuelle Schwankungen vorliegen, denen eine erheblichere systematische Bedeutung noch nicht zukommt. Wenn daher im Folgenden mehrere Varietäten innerhalb der Subspecies unterschieden werden, so ist dabei zu bemerken, dass zwar diese Unterscheidung sich meist auf ein stärkeres Hervortreten einer bestimmten Eigenschaft oder auf eine auffälligere Combination unterscheidender Merkmale gründet, dass es aber anderseits überall Exemplare gibt, welche durch irgendwie intermediäres Verhalten gewisser Eigenschaften die Grenzen zwischen jenen Varietäten verwischen. Es hat also mehr ein theoretisches Interesse als ein praktisches, diese beginnenden Sippen hervorzuheben: nur wenn man über grosse Materialien verfügt, wird es gelingen, dieselben mit Sicherheit zu erkennen, am einzelnen Herbariumexemplar kann oft nicht viel Bestimmtes ausgesagt werden.

Im Allgemeinen befindet sich unsere Subsp. *piliferum* etwa in jenem Stadium der Ausbildung, welchem in unserer im I. Bande dieser Monographie gegebenen theoretischen Erörterung über die Entstehung der Hieraciensippen[1]) der in der Fig. 2 bei III dargestellte Zustand entsprechen würde. Die Subsp. *piliferum* stellt einen Formenschwarm dar, in welchem alle Elemente durch Bindeglieder so enge verknüpft werden, dass die Unterscheidung bestimmter Sippen kaum möglich erscheint; dennoch heben sich schon einzelne Formen von den übrigen durch stärker ausgeprägte Eigenthümlichkeiten heraus, so dass man in diesen die Anfänge divergirender Entwicklungsreihen vermuthen darf. — Nimmt man auf alle bekannten Formen, die unten als Spec. *glanduliferum* zusammengestellt werden, Rücksicht, so ergibt sich bei graphischer Darstellung der Verwandtschaftsverhältnisse derselben etwa ein Bild, welches in dem genannten Schema der Stufe IV entspricht.

---

[1]) Seite 42, 43.

Es könnte fraglich erscheinen, welche Sippe als Typus der Art aufzufassen ist, wenn mit *H. glanduliferum* Hoppe auch die oben (Seite 242) genannten Sippen zu einer einzigen Species vereinigt werden. Da *H. piliferum* eine so reiche und auffallende Behaarung trägt, dürfte Mancher geneigt sein, von dieser Pflanze den Speciesnamen zu entnehmen; allein es kann unserer Ansicht nach bei näherer Ueberlegung keinem Zweifel begegnen, dass *H. glanduliferum* diejenige Sippe ist, nach welcher die Species benannt werden muss, da sie in dem schroffen Gegensatz zwischen Köpfchenhülle und Stengel bezüglich der Haarvertheilung eine extreme Bildung repräsentirt, während z. B. *H. piliferum* schon ein wenig gegen *H. villosum* hin, *H. Schraderi* ebenso gegen *H. dentatum* hinneigt. Die letztgenannten Sippen aus diesem Grunde etwa von *H. glanduliferum* als eigene Species abzutrennen, halten wir deswegen schon für unstatthaft, weil alle Sippen durch gleitende Zwischenstufen verbunden werden, so dass eine specifische Abgrenzung unmöglich ist. Wären diese Uebergangsformen nicht vorhanden, so würden freilich *H. glanduliferum* und *H. piliferum* Manchem als auffallend verschiedene Arten erscheinen, da die eigenartige Vertheilung des Indumentes sehr in die Augen fällt.

Die Spec. *glanduliferum* wird mit mehreren anderen Arten durch Zwischenglieder verbunden, welche nur zum Theil hybrid sind, der Mehrzahl nach aber selbständige Uebergangsformen bedeuten und auf die phylogenetischen Beziehungen unserer Species hinweisen. Unter diesen Verbindungen ist namentlich diejenige mit *H. silvaticum* eine ziemlich enge. Aber wenn auch angenommen werden muss, dass die meisten der von uns als Spec. *cirritum* zusammengestellten Sippen nicht hybrid sind, so liegt doch für andere die Möglichkeit vor, dass sie Bastarde seien, so dass also die Verknüpfung der Spec. *glanduliferum* und *silvaticum* vielleicht keine so lückenlose ist, wie es auf den ersten Blick den Anschein hat. — Die übrigen aus Fig. 3 (Seite 257) ersichtlichen Verbindungen werden meist nur durch einige wenige Sippen (Bastarde) gebildet.

Uebersicht der Subspecies-Gruppen.

Drüsen am Stengel mangelnd oder nur in sehr geringer Zahl vorhanden, dafür die Behaarung entsprechend reichlich: I. *Piliferum.*

Drüsen am Stengel äusserst zahlreich oder doch ± reichlich vorhanden, dafür die Behaarung entweder völlig mangelnd oder entsprechend gering: II. *Glanduliferum.*

I. ***Piliferum*** (siehe oben).

1. *Subsp. piliferum Hoppe,* Botan. Taschenbuch 1791 p. 129 = *H. rupicaprae* Schrank sec. Hoppe l. c. = *H. Schraderi I. integrifolium* Gaud.-Monn. syn. fl. helv. (1836) p. 674 part. = *H. barbatum* Hegetschw. et Heer Fl. d. Schweiz (1840) p. 791.

Stengel schaftartig, 5—10 (—26) cm hoch, sehr schlank bis dicklich, schwächlich, unverzweigt oder (sehr selten) aus $^{1}/_{3}$—$^{1}/_{2}$ (—$^{4}/_{5}$) seiner Höhe gablig, 1 (—3) köpfig, dann untergipflig. Blätter in der Rosette mehrere oder viele (bis 10), elliptisch oder länglich bis schmallanzettlich, ungestielt oder (bei längeren Blättern) in die Basis verschmälert, zuweilen deutlich gestielt, spitz oder faltspitzig bis stumpf, hellgrün, weich oder etwas derb; Stengelblätter 1 (sehr selten 2), meist klein, in sehr verschiedener Höhe (meist in der oberen Hälfte) inserirt. Hülle (10—) 12—15 (—16) mm lang[1]), kuglig, dick; Schuppen ± locker, breitlich bis schmal, sehr langspitzig, spitz, schwarz, randlos, durch die Behaarung grossentheils verhüllt. Haare der Hülle sehr reichlich, fast seidig, mäusegrau oder rauchgrau, 4—5 mm, am Stengel reichlich, oben ± dunkel mit schwarzen Postamenten, abwärts heller, weich, 4—6 mm, auf den Blättern beiderseits ± reichlich[2]), sehr weich, weiss, 6—8 mm lang. Drüsen überall mangelnd oder am Stengel vereinzelt, klein. Flocken an Hülle und Blättern 0, Stengel oben grau, abwärts graulich oder reichflockig bis zum Grunde. Blüthen sattgelb, zungig, ungewimpert; Griffel gleichfarbig bis ziemlich dunkel. Früchte hellbraun, 2,8—3 mm lang, oft am natürlichen Standorte sowohl wie in Cultur nicht wenige taub. Blüht im August.

Die Behaarung ist nach Dichtigkeit und Länge sehr grossen Schwankungen unterworfen. Während bei manchen Exemplaren die Hüllschuppen wegen der dichten dunklen Bekleidung von aussen nicht sichtbar sind, weisen sie bei anderen Individuen eine lockerere Behaarung auf, so dass man sie einzeln unterscheiden kann. — Ebenso wechselt die Haarfarbe innerhalb der Töne von dunkel-schwarzgrau bis hellgrau; auch die Anzahl der Hüllschuppen, die Form und Breite der Blätter ist grossen Schwankungen unterworfen. Manchmal erinnern die Köpfchen bezüglich ihres Hüllenbaues etwas an die Spec. *alpinum*, ohne dass jedoch andere Merkmale diese scheinbare Hinneigung unterstützten.

In Herbarien und floristischen Werken herrscht Unsicherheit darüber, ob man unsere Subspecies als *H. piliferum* Hoppe oder als *H. Schraderi* Schleich. zu bezeichnen habe. Wir können zur Klärung dieser Frage Folgendes mittheilen. Der Name *piliferum* wurde von Hoppe 1791 geschaffen, die Schleicher'sche Bezeichnung ist ihrer Entstehungszeit nach unsicher, da Schleicher's Sammlungen im Laufe mehrerer Jahre meist unter Beigabe von nur handschriftlichen Notizen erschienen sind, nicht mit gedruckten Etiketten unter bestimmtem Ausgabedatum. Es liegen uns nun Originalexemplare Schleicher's mit der Bezeichnung „*H. Schraderi, distincta species*“ vor, welche zur weisshaarigen Form der Pflanze mit gestielten Blättern gehören. Diese Form kann aber nicht als Typus der Subspecies angenommen werden, deswegen, weil das *piliferum* Hoppe's, wie wir es aus des Letzteren Hand besitzen, in seiner rauchgrauen Be-

[1]) Wegen der dichten Haarbekleidung hier und überhaupt bei den Sippen dieser Species schwer zu messen.

[2]) Aeltere Blätter sind öfters beiderseits weniger behaart, sogar zuweilen fast kahl.

haarung der Köpfchen ein eigenartigeres Aussehen zeigt als die durch helle Haarfarbe an *H. villosum,* durch die Blattform sogar an *H. dentatum* erinnernde Schleicher'sche Pflanze. Es erscheint uns also der Vorschlag zweckmässig zu sein, hinfort das dunkelhaarige *H. piliferum* Hoppe's als Vertreter der Subspecies anzunehmen und das hellhaarige *H. Schraderi* Schleicher's mit demselben als Varietät zusammenzustellen.

Unter Bezugnahme auf das Seite 244 Gesagte können etwa folgende Varietäten unterschieden werden:

α) *genuinum.*

1. *normale.*

a) *verum* = *H. piliferum* Fries Hierac. eur. exsicc. 34 = *H. glanduliferum* Rchb. fl. Germ. exsicc. 1662 part. = *H. alpinum* Hoppe in sched. herb. Vindob. = *H. fuliginatum* Huter in sched. part. — Auf zahlreichen höheren Alpen der West- und Ostalpen (1700—) 1900—2580 m, so Piemont: Valdenser Alpen (Rst.), Valle dell' Abisso bei Limone 2200 m (N.). Westschweiz: Simplon (N., Wf.), Gr. Bernhard (Wf.), Boden bei Zermatt (N.), Eginenthal (N.), Fully (N., Huet, Mt.), Distelalp in Eginen (Lgg.), Münsterthal (Engl.), Javernaz bei Bex (Mt.), Bachalp im Grindelwald (Chr.). Ostschweiz: St. Gotthard und Bedrettothal, Valserberg und Mittaghorn im Rheinwald, Splügen, Bernhardin (N.), Albula, Oberengadin (N., P.), Bernina-Heuthal (N., P., Mt.), Piz Padella (Th.), Parpan (P.). Nordschweiz: Niederbauen in Unterwalden (Harz). Vorarlberg: zwischen Tilisuna und Sulzfluh im Rhaetikon (Pr.), zwischen Lünersee und Schweizerthor 2110—2275 m (Dgl.)[1]. Tirol: Geisstein bei Kitzbüchel (Traunsteiner), Vennerthal und Alp Zerog am Brenner (N.), Finsterstern bei Sterzing (Ht.), Schlernplateau und Seisseralp am Mahlknecht (Dgl.), Neupragser Dolomite (N.), Schleinitzberg bei Lienz (Gd.), Bergerthal und Ködnitzthal bei Kals, Muranzathal am Wormserjoch (Pr.), Iselthal, Mühlwald und Lappach bei Ahrn im Pusterthal (Asdf.), Nemesalp bei Sexten (Ht.), Matreier Thörl und Kalser Alpen (Mdo.), Virgen (Gd.). Kärnten: Heiligenblut, Pfandlschartenthal und Pasterze (Mdo.), Brettboden (Pr.). Salzburg: wo? Niederösterreich: Wechsel (Zahlbr.). Bayer. Alpen: Teufelshorn bei Berchtesgaden (Sdt.). Allgäu: Linkerskopf (Cfl.), Kreuzeck (Sdt.). Grand Charnier bei St. Hugon.

Mehrere Gartensätze, welche von Pflanzen der Pasterze stammen, zeigen übereinstimmend elliptische oder längliche, langgestielte Blätter, sehr dicke Köpfe und einen bis 5 zähligen Kopfstand.

Am Mt. Pian 2210—2310 m in den Tiroler Dolomiten gibt es Uebergänge zu Subsp. *hololeptum.*

---

[1]) Blätter schmaler und kahler.

b) *latifolium*. Blätter elliptisch oder länglich, stumpf oder stumpflich, kaum gestielt oder rasch in einen kurzen Stiel zusammengezogen. Behaarung meist etwas heller als bei a). Hülle bis 17 mm lang. Griffel dunkel. — Stengel einfach oder sehr tief gablig. — Ostschweiz 1700—2600 m: Val Tschita am Albulapass (N.), Val Bevers und Heuthal des Bernina im Engadin (P.), Valserberg im Rheinwald (N.), Furka (Harz). Tirol: Lienz (Ht.).

c) *brevipilum* = *H. fuliginatum* Hut. in sched. part. — Niedrig, Stengel dünn, Köpfe oft kleiner. Behaarung kürzer, am Stengel nur 2—3 (—4) mm lang. Blüthen zungig oder öfters röhrig. — Westschweiz: Simplon 1950—2275 m (N., Wf.). Ostschweiz 1800—2370 m: Bernina-Heuthal, Splügen, Bernhardin, Valserberg über Güngel (N.). Tirol 2110—2370 m: Neupragser Dolomite (N.), Ampezzo (Hut.).

2. *Schraderi Schleich.*[1]), cent. pl. exsicc. 82 et in sched. = *H. piliferum* F. Schultz herb. norm. nov. ser. 94. — Blätter lanzettlich, deutlich gestielt, spitz, wie der Stengel minder behaart als bei 1a). Hülle meist 11—13 mm lang, weiss-seidenartig behaart; Schuppen sehr schmal. Haare am Stengel ebenfalls weiss, mit hellen oder doch nur wenig dunkleren Postamenten. — Stengel schlank bis dünn, ganze Pflanze zierlicher als bei 1a). Verzweigung kommt nur äusserst selten vor, solche Exemplare sind = *H. Schraderi β. polyanthemum* Froel. in DC. Prodr. VII (1838) p. 228. — Piemont: Formazzathal oberhalb Bettelmatten 2110 m, Berg nordöstlich über Limone 2200 m (N.). Westschweiz 1950—2275 m: Simplon (N.), Eginenthal am Faulhorn (Chr., N.) und Griesberg (N.). Ostschweiz 1800 bis 2440 m: Val Roseg bei Pontresina (P.), Valserberg u. Mittaghorn im Rheinwald (N.), Juf im Avers (Th.). Tirol 1950—2500 m.: M. Pian bei Ampezzo, am Fusse der 3 Zinnen (N.), Lienz (Hut.), Sexten (Gd.), Blaser bei Matrei (K.), Windischmatrei (Gd.), Schönberg bei Luttach (Tr.). Kärnten: Sagritzer Alpen (Zw., Pch.).

Es gibt ganz gleiche Pflanzen mit stumpfen Blättern, so: bei Limone 2200 m (N.) und im Rosegthal im Oberengadin (P.); — andere mit beiderseits ganz oder nahezu kahlen, nur am Rande gewimperten Blättern und im unteren Theil armhaarigem Stengel, so:

3. *multiglandulum*. Wie 1a), jedoch am Stengel zwischen den Haaren ± zahlreiche Drüsen vorhanden. — Eine Uebergangsform zu *H. glanduliferum*. Auch von *H. Schraderi* existiren drüsige Exemplare, die demnach in ähnlicher Weise zwischen diesem und *H. glanduliferum* vermitteln. — Piemont: Formazzathal 2110 m (N). West-

[1]) *H. Janshaianum Opiz*, von welchem wir im Breslauer Herbarium 2 Exemplare sahen, denen auf dem gedruckten Zettel die Bemerkung „proxime *H. Schraderi*" beigefügt ist, gehört nicht hieher, sondern zu *H. (glabratum) nudum Kern. 2. catopsilon.*

schweiz 1900—2440 m: Merzenbachalp bei Münster, Eginenthal auf dem Laad und sonst, Fully (N.), Simplon-Hospiz (Wf.). Ostschweiz: Valserberg 2015—2340 m (N.), Albulapass zwischen Palpuogna und Weissenstein 1900—2030 m (P.). Nordschweiz: Furkapass in Uri (Sternberg). Tirol 1950—2275 m: Viecherhorn bei Kals (Mdo.), Mt. Pian bei Ampezzo (N.), Lesacheralp bei Kals (Pch.), Bergeralp in Virgen (Gd.), Antholz im Pusterthal (Hut.), Geisstein bei Kitzbüchel (Traunst.). Kärnten: Pasterze 2210—2440 m (Mdo.).

4. *calvifolium.* Wie 1a), jedoch Blätter schmal- bis lineal-lanzettlich, öfters deutlich gestielt oder doch sehr lang in den Grund verschmälert, beiderseits kahl oder fast kahl, glaucescirend bis glauk, nur einzelne am Rande gewimpert. — Tirol: Farreralp in Mühlwald (Pusterthal) 2280 m (Tr.), Nemesalp bei Sexten 1950—2275 m (Hut.), Schlernplateau 2275—2440 m (Dgl.). Ostschweiz: über dem Dorfe Splügen 2100—2300 m (N.).

5. *tubuliflorum.* Stengel meist dick, häufig gabelig-verzweigt. Köpfe meist niedergedrückt-kuglig. Blüthen röhrig, Griffel dunkel, weit hervorragend. Behaarung überall sehr reichlich, am Stengel 6 bis 8 mm lang. — Stengelblätter (1—) 2—3, öfters ziemlich ansehnlich. — Westschweiz: Distelalp im Eginenthal 1790—1950 m (N., Lgg.), Sitten (Tavernier). Ostschweiz 1800—2580 m: Valserberg bei Hinterrhein (N.), Val Fex bei Sils, Val Roseg bei Pontresina, Heuthal des Bernina und Val Bevers im Oberengadin (P.), im obersten Theil des Avers über Cresta (P.). Tirol 1950—2600 m: Hühnerspiel und Wolfenalp am Brenner, Mt. Pian (N.), Virgen (Gd.), Blaser bei Matrei (K.), Alpen bei Lienz (Hut.), Thoralp bei Kitzbühel (Waldmüller).

Im Val Bevers fanden wir einzelne Riesenexemplare von 40 cm Höhe, 1 köpfig oder mit übergipfelnden langen Aesten.

6. *opeolepium.* Hüllschuppen sehr schmal und sehr spitz. Blüthen zungig oder röhrig. Stengel kräftig, oft verzweigt, bis 5 köpfig. Köpfe meist dick. — Dauphiné: Lautaret (Verl.). Westschweiz: beim Simplonhospiz 2000 m (N., Wf.), Merzenbachalp bei Münster 1950—2110 m (N.), im Eginenthal an verschiedenen Orten 1790 bis 2275 m (N. Lgg.), Gr. Bernhard (Wf.). Ostschweiz: Valserberg 2110—2200 m (N.), Val Bevers, Val Tuors bei Bergün 1700 bis 2000 m (P.), Bernina-Heuthal (Dobener). Tirol 2110—2440 m: Neuprags unter der Hochalp, Längenfeld, Sulzthal und Breitlehnalp im Oetzthal (N.). Bayerische Alpen: Kl. Teufelshorn bei Berchtesgaden (Sdt.).

Verändert sich in Cultur gar nicht, nur die Blattstiele werden dicker.

Eine auffällig zarte Form, welche ebenfalls in diese Verwandtschaft gehört, kommt am M. Pian in den Ampezzaner Dolomiten 2210—2310 m vor (N.); — eine andere mit sehr reichlich seidenhaarigen Blättern und sehr schmalen Hüllschuppen am gleichen Ort und zerstreut in der Ostschweiz.

β) *gracilisquamum* = *H. piliferum* Fries Hierac. europ. exsicc. 34 b; Bordère pl. m. Pyren. altior. ed. Hohenack. 183; Reliquiae Mailleanae 132. — Pflanze niedrig (meist 5—10 cm, sehr selten bis 20 cm), stets 1 köpfig. Hüllschuppen sehr schmal und sehr spitz. Haare hell oder an der Hülle etwas dunkel. Blüthen hellgelb. — Köpfe meist 10—11 mm lang. Stengel schlank. — Pyrenäen: Kamm des Pic Blanc (Bord.); — die gleiche Pflanze in höheren Exemplaren auch im Dauphiné: Grand Galibier bei La Grave (Mathonnet) und im Wallis: Binnenthal (Lgg.).

γ) *fuliginatum Hut. et Gand.* in sched. = *H. glanduliferum* + *piliferum* Hut. et Gand. in sched. = *H. glanduliferum 2. fuliginatum* Arv.-Touv., essai de classif. (1880) p. 6 = *H. glanduliferum* + *villosum Huter* in Oest. Bot. Zeitschr. 1870 p. 338. — Blätter etwas glaucescirend, lanzettlich und schmal-lanzettlich, spitz, öfters wellig. Stengel dick, selten gablig. Haare der Hülle reichlich, dunkel, seidig, aber die Hüllschuppen nicht verdeckend, am Stengel dunkel mit schwarzen Postamenten, auf den Blättern ziemlich reichlich, 3—4 mm lang, auf den älteren Blättern beiderseits 0. Drüsen am Stengel zerstreut. Griffel hell oder etwas dunkel. — Blüthen zungig, halbröhrig und ganzröhrig im gleichen Köpfchen. Dass die Pflanze ein Bastard sei, ist unserer Meinung nach nicht erwiesen. — Tirol 1950—2600 m: Nemesalp bei Sexten, Finsterstern bei Sterzing (Hut.), Virgen (Gd.), Bergerkofl im Iselthal (Asdf.). Ostschweiz: Valser Berg 2150 m (N.).

2. *Subsp. subnivale Gren. et Godr.* fl. fr. II (1850) p. 356. Stengel 10—14 cm hoch, dünn oder schlank, steif, stets schaftartig, unverzweigt, 1 köpfig (auch in Cultur). Blätter in der Rosette zahlreich, äussere ± spatelig und stumpf, übrige ± lanzettlich und spitzlich bis spitz, ungestielt, aber in den Grund verschmälert, glaucescirend bis ziemlich glauk, etwas derb; Stengelblätter fehlen. Hülle 9—14 mm lang, kuglig; Schuppen breitlich oder schmal, spitz, schwärzlich, randlos, durch die Behaarung ziemlich verdeckt. Haare der Hülle sehr reichlich, weiss, seidig, 5—6 mm, am Schaft reichlich, ebenso, 7—9 mm, auf den Blättern oberseits zahlreich, seidig, verbogen, 4—6 (—8) mm lang, unterseits mangelnd. Drüsen fehlen. Flocken an Hülle und Blättern 0, Schaft oben weisslich-filzig, abwärts mit langsam verminderten Flocken bis zum mässig flockigen Grunde. Blüthen hellgelb, zungig, Griffel dunkel. Früchte (unreif) braun, 2,5 mm lang.

1. *normale* = *H. subnivale* F. Schultz herb. norm. nov. ser. 2026. — Piemont: Grat zwischen Besimanda und Boaira bei Limone 2100 bis 2200 m (N.). Savoyen: unter dem Col de Goléon (Neyra).

Ein Exemplar, welches wir (ex horto Paris.) cultivirten, hat lauter obovat-spatelige, kurze, gerundet-stumpfe, glauke Blätter, eine an allen Theilen viel geringere und kürzere Behaarung und sterile

Früchte. Welche von diesen Eigenschaften durch die Cultur hervorgerufen wurden, ist zwar nicht mit aller Sicherheit anzugeben, doch darf angenommen werden, dass die Pflanze sich in unserem Garten schon in einem kümmerlichen, dem Absterben nahen Zustande befand. Dies muss hervorgehoben werden, weil es eine Form des *H. subnivale* gibt, welche sich bezüglich der Blattform und Behaarung ähnlich verhält, aber fertile Früchte besitzt, nämlich:

2. *hypoleion* = *H. subnivale form.* Arvet-Touv. in sched. — Blätter länglich oder elliptisch bis spatelig, gerundet oder stumpf, innere bis länglichlanzettlich und spitz, glauk. Stengel schlank oder dicklich, zuweilen aus der Mitte gablig. Haare an Stengel und Blättern minder reichlich als bei 1, letztere zuweilen fast kahl. Früchte braun, 2,3 mm lang. Blüthen dunkelgelb. — Savoyen (Arv.-Touv.). Dauphiné: Lautaret (A.-T.). Piemont (Rst.).

H. Kokeilii Pacher im Jahrb. naturh. Landesmus. Kärnt. XV (1882) p. 174, eine Pflanze, welche auf Alpentriften der Alp Cordin in Kärnten beobachtet wurde, von der uns leider keine Exemplare vorlagen, scheint der l. c. gegebenen Beschreibung nach eher zu *H. subnivale* als zu *H. piliferum* gestellt werden zu müssen. Da jedoch aus den östlichen Alpen mit dem ersteren näher verwandte Sippen sonst nicht bekannt sind, so wäre zu untersuchen, ob *H. Kokeilii* nicht etwa zur Spec. *villosiceps*, vielleicht zu unserem *H. sericotrichum* gehört.

II. ***Glanduliferum*** (siehe Seite 245). — Ausgezeichnet durch die reiche Drüsenbekleidung des Stengels; übrigens sind die hieher gehörigen Sippen von ziemlich verschiedenem Aussehen.

1. *Subsp. leucopsis Arv.-Touv.* in sched. = *H. subnivale* + *glanduliferum?* Arv.-Touv. in sched. — Stengel 7—9 cm hoch, schlank, steif, unverzweigt, 1 köpfig. Blätter zahlreich, ungestielt, lanzettlich, spitz, etwas glaucescirend, steiflich; Stengelblätter fehlen. Hülle 11 bis 12 mm lang, niedergedrückt-kuglig; Schuppen sehr schmal, sehr spitz, schwärzlich, durch die Behaarung verdeckt. Haare der Hülle sehr reichlich, graulich-weiss, seidig, 2—4 mm, am Schaft nur oben vereinzelt, 3—4 mm, auf den Blättern beiderseits sehr zahlreich, seidig, 4—5 mm lang. Drüsen an Hülle und Blättern 0, am Schaft oben reichlich, abwärts ziemlich reichlich und bis zum Grunde vermindert, hier noch mässig zahlreich. Flocken an Hülle und Blättern fehlend, Schaft weisslich, abwärts graufilzig. Blüthen hellgelb, zungig, Griffel gleichfarbig. Früchte sattbraun, 2,6—2,8 mm lang. — Dauphiné: La Grave (A.-T.).

2. *Subsp. absconditum Huter* in sched. 1874 = *H. fuliginatum* Fries Hierac. eur. exsicc. 33 *bis* (e manu Huteri) = *H. ustulatum var. absconditum* Arv.-Touv. spicileg. (1881) p. 26. — Stengel 12—20 cm hoch, schlank, schaftartig, 1 köpfig oder (selten) gablig 2 köpfig, dann Akladium = 1/4 desselben, Ast schief aufrecht, übergipfelnd. Blätter in der Rosette 2—5, lanzettlich bis elliptischlanzettlich, spitz und sehr spitz, flach, mit

nur angedeuteter Zähnelung oder entfernten kleinen Zähnchen, gestielt, hellgrün, dünn; Stengelblätter 1, klein, bracteenförmig. Hülle (10—) 13 bis 15 mm lang, zuerst dick eiförmig, dann kuglig, endlich niedergedrückt; Schuppen aus breitem Grunde lang zugespitzt, sehr spitz, schwarz, randlos, durch die Behaarung nicht verdeckt. Haare der Hülle reichlich, dunkel, 1—2 mm, am Stengel mässig zahlreich, hell, 1—2 mm, auf den Blättern beiderseits mässig bis ziemlich reichlich, weich, 2—3 mm, gegen die Basis am Rande und Hauptnerv unterseits länger. Drüsen an Hülle und Blättern 0, am Stengel oben mässig zahlreich, abwärts zerstreut und bald verschwindend. Flocken an Hülle und Blättern 0, Stengel oben graulich, abwärts reichflockig. Blüthen hellgelb, zungig oder ± röhrig, Griffel etwas dunkel. Früchte braun, gut 3 mm lang. — Wenn Nebenstengel vorkommen, sind dieselben eher gablig als der Hauptstengel. — Tirol: Rotheck der Nemesalp bei Sexten 2110—2200 mm, Ampezzo (Hut.), Kitzbüchel (Sp.). Westschweiz 2000—2275 m: Simplon (N., Wf.), Wengernalp im Berner Oberlande (Mt.).

3. *Subsp. glanduliferum Hoppe* l. c. et in sched. Stengel 6 bis 15 (—24) cm hoch, schlank bis dicklich, etwas schwächlich, schaftartig, meist 1 köpfig, seltener (sehr verschieden tief) gabelig 2—3 köpfig, dann zuweilen übergipfelt. Blätter in der Rosette mehrere bis viele, lanzettlich bis lineallanzettlich, undeutlich gestielt oder in einen stielartigen Basaltheil verschmälert, spitz, öfters faltspitzig, ganzrandig oder wellrandig oder mit Andeutung von Zähnelung, etwas derb, glaucescirend; Stengelblätter 0 oder 1, sehr klein, im untern $^1/_3$ inserirt. Hülle (10—) 12—15 mm lang, kuglig bis niedergedrückt; Schuppen schmal oder breitlich, langspitzig, sehr spitz, schwarz, randlos, durch die Behaarung grossentheils verdeckt. Haare der Hülle sehr reichlich, schwärzlich oder dunkel (rauch- oder mäusegrau), seidig, 3—4 mm, am Stengel 0, auf den Blättern oberseits ± (bis sehr) reichlich, weich, weiss, 4—7 mm lang, unterseits meist noch zahlreicher und länger, aber bei älteren Blättern öfters beiderseits wenig zahlreich oder fast 0. Drüsen an Hülle und Blättern 0, am Stengel oben äusserst zahlreich, schwarz, lang, abwärts langsam bis zum Grunde vermindert. Flocken an Hülle und Blättern 0, Stengel oben graufilzig, abwärts bis zum Grunde fast ebenso oder mit langsam abnehmender Flockenbekleidung. Blüthen hellgelb, zungig oder röhrig, Griffel dunkel. Früchte kastanienbraun, 2,6 mm lang.

Wie bei der Subsp. *piliferum*, so schwanken auch hier alle Merkmale in erheblichem Grade, am auffälligsten und häufigsten Grösse und Form der Köpfchenhülle, Blattform, Behaarung der Blätter, Blüthengestalt, Hüllschuppenbreite, minder oft die Haarfarbe der Hülle und die Uebergipfelung. Man findet z. B. am nämlichen Individuum das Köpfchen 1. Ordnung mit röhrigen, dasjenige 2. Ordnung mit zungigen Blüthen, oder es wechselt von Exemplar zu Exemplar die Hüllengestalt von eiförmig bis stark niedergedrückt-kuglig, so dass der Kopf bauchig erscheint. — Im Folgenden werden einige auffälligere, meist den bei *H. piliferum* unterschiedenen analoge Formen hervorgehoben, unter der ausdrücklichen Bemerkung, dass die meisten derselben noch zu wenig permanent erscheinen, um wirkliche, den übrigen Hieracienvarietäten gleichwerthige Sippen darzustellen. Sie werden durch zahllose vermittelnde Individuen untereinander und mit den Formen des *H. piliferum* verknüpft.

α) *genuinum.*

1. *normale.*

a) *verum* = *H. glanduliferum* Hoppe in sched.; F. Schultz herb. norm. supplem. 1 ad 312; Schultz-Bip. Cichoriac. 10 part.; Fries Hierac. eur. exsicc. 33 part. — Dauphiné: Lautaret (Mathonnet). Piemont: Valdenser Alpen (Rst.), Grat zwischen Besimanda und Boaira bei Limone 2200—2400 m, Berg nordöstlich über Limone 2500 m (N.), Mt. Bissa am Col di Tenda (Bourg.). Westschweiz 1950—2665 m: Merzenbachalp bei Münster, Fully, Zermatt, Simplon (N.), Alpe Esserze im Val d'Hérens (Wf.), Faulhorn (Vulp.), Furka (Herz), Gorner Grat bei Zermatt (Wkl.), Distelalp und Griesberg im Eginenthal (Lgg.), Saasthal (Vulp., Lgg.). Ostschweiz 1700—2600 m: Rheinwald, Splügen, St. Gotthard, Bernhardin (N.), Albula, Oberengadin (N., P.), Bernina (P.), Oberhalbstein (P., Theob.), Davos (Vulp.), Bergün, (P.), St. Galler Alpen. Tirol 1950—2370 m: Stilfser Joch bis Prader Alp bei Trafoi (Engl., Pr.), Breitkamm am Wormserjoch (Pr.), Pinzgau, Thoralp bei Kitzbüchel (Waldmüller), Gaisberg bei Gurgl im Oetzthal (N.), Teischniz bei Kals (Pich.), Gornitschamp bei Kals (Hll.), Virgen (Gd.), Nemesalp bei Sexten (Hut.), Schlern (Obr.), Camerloi im Fassathal (Facch.), Mt. Pian bei Ampezzo (Pr.), Fuss der 3 Zinnen (N.), Umbalferner. Salzburg: Kitzsteinhorn. Kärnten: Pasterze 2210—2400 m (Hpp., Mdo., Pr.), Sagritzer Alpen (Pach.).

b) *albescens.* Wie a), jedoch die Behaarung der Hülle heller, weisslichgrau, zuweilen fast weiss. Stengel kräftig, öfters gabelig. — Westschweiz 1950—2440 m: Eginenthal, besonders am Fusse des Faulen Hornes, Fully, Merzenbachalp bei Münster (N.). Ostschweiz 2110—2760 m: Valserberg, Splügen, Albula, Bernina-Heuthal (N.), Val Muraigl im Oberengadin (P.), St. Moritz (Wkl.). Tirol: Fuss der 3 Zinnen 2275—2375 m (N.).

2. *pilicaule* = *H. alpinum verum* Schleich. in sched. = *H. glabratum* Hegetschw. et Heer Fl. d. Schwz. (1840) p. 792. — Stengel mit spärlichen bis zertreuten dunkeln 3—5 mm langen Haaren, etwas häufiger gegabelt — 2—3 köpfig — als bei der typischen Sippe. — Verbindet *H. glanduliferum normale* mit *H. piliferum multiglandulum* ohne Grenze. — Piemont: Valdenser Alpen (Rst.). Westschweiz

2000—2600 m: Fully, Eginenthal, Simplon, Merzenbachalp bei Münster (N.), Simplonhospiz (Wf., Mt.). Ostschweiz 2100—2600 m: Engadin, Rheinwald, Splügen (N.). Tirol: 3 Zinnen 2275—2370 m (N.). Kärnten: Pasterze (Mdo.).

3. *calvescens Fr.* = *H. glanduliferum var. calvescens* Fries symb. (1848) p. 48 = *H. glanduliferum γ. glabratum* Schleich. exsicc. sec. Froel. in DC. Prodr. VII. (1838) p. 227. — Blätter glauk, breit lanzettlich bis lineal, öfters faltspitzig oder entfernt-gezähnelt, alle oder die meisten ganz kahl oder nur gewimpert; dabei das Indument an Hülle und Stengel wie bei 1a), oder die Bekleidung der ersteren ist viel schwächer, so dass die Hüllschuppen von aussen einzeln erkennbar werden. — Westschweiz: Eginenthal am Fusse des Faulen Hornes 1950—2275 m (N.), Herbignon. Ostschweiz 2100—2340 m: Valserberg, Splügen westlich über dem Pass (N.). Tirol: Schleinitz bei Lienz 2275 m (Gd.), Schönberg bei Luttach 2270 m (Tr.), Schlern (Obr.).

4. *tubulosum Froel.* = *H. glanduliferum δ. tubulosum* Froel. in DC. Prodr. VII (1838) p. 227. — Köpfe niedergedrückt-kuglig. Blüthen röhrig, von den sehr dunkeln Griffeln weit überragt. — Eine dem *H. piliferum tubuliflorum* analoge, sehr schwach begründete Form. — Westschweiz: Gr. Bernhard (Wf.), Simplon gegen das Schönhorn 2110—2275 m (N.). Ostschweiz: Valserberg 2210—2340 m (N.).

β) *leptophyes.* Stengel dünn, Pflanze von zarter Erscheinung. Blätter lineallanzettlich und lineal, spitz, oft faltspitzig. Hülle 8—10 mm lang, kuglig; Schuppen sehr schmal und spitz. Haare der Hülle nur 2—3 mm, auf den Blättern 3—5 mm lang. Drüsen gegen die Stengelbasis hin stark vermindert. — Ostschweiz: Heuthal des Bernina am Piz Alv 2125—2250 m (P.).

Da die Pflanze in sehr zahlreichen Exemplaren beobachtet wurde, welche alle ganz gleich aussehen und normal entwickelt erscheinen, so ist sie nicht etwa eine microcephale Kümmerlingsform, sondern eine berechtigte Varietät.

Zwischen *H. glanduliferum* und *H. rhombophyllum* (Spec. *cirritum*) gibt es am Simplon (gegen das Schönhorn, 2110—2275 m N.) Uebergänge, die daselbst in ziemlich grosser Individuenzahl beobachtet wurden.

4. *Subsp. hololeptum* = *H. glanduliferum β. lineare* Froel. in DC. Prodr. VII (1838) p. 227. — Stengel (4—) 8—28 cm hoch, sehr schlank oder dünn, schwächlich, schaftartig, unverzweigt 1 köpfig, sehr selten gabelig 2 köpfig, untergipflig. Blätter in der Rosette mehrere oder viele, öfters sehr ungleich lang, lanzettlich-lineal und lineal, sehr spitz, oft etwas wellrandig oder faltspitzig, glaucescirend, weich, allmählich in den stielartigen Grund verschmälert; Stengelblätter 0 oder 1, ± lineal, klein, in der oberen Stengelhälfte inserirt. Hülle (10—) 11—13 (—15) mm lang, kuglig; Schuppen schmal, sehr spitz,

schwarz, durch die Behaarung ziemlich verdeckt. Haare der Hülle sehr reichlich, dunkel oder rauchgrau, seidig, 3 mm, am Stengel mangelnd, auf den Blättern beiderseits 0 bis zerstreut, sehr weich, 2 bis 3 mm, gegen die Blattbasis auf den Rändern oft länger und zahlreicher, aber die obere Hälfte des Blattes meist ganz haarlos. Drüsen an Hülle und Blättern 0, am Stengel oben äusserst zahlreich, schwarz, abwärts langsam vermindert, über der Stengelbasis nur noch vereinzelt. Flocken an Hülle und Blättern mangelnd, am Schaft oben grauen Filz bildend, abwärts langsam vermindert. Blüthen gelb, zungig oder röhrig, Griffel gleichfarbig. Früchte kohlschwarz, 2,5 mm lang.

1. *normale* = *H. glanduliferum* Fries Hier. eur. exsicc. 33 part.; Schultz-Bip. Cichoriac. 10 part.; Bourgeau pl. Alp. marit. (1861) 161; Reliqu. Maillean. 130; F. Schultz herb. norm. 312 = *H. glanduliferum var. calvescens* Fries Hierac. eur. exsicc. 33* et in sched. herb. Vindob.; Lagger in sched. = *H. glabratum* Rchb. flor. Germ. exsicc. 2170. — Dauphiné: Lautaret und anderwärts bei La Grave 2500 m (Oz., Math., Verlot, Lor.), Col des Rochilles im Briançonnais (Solms). Piemont 2000—2400 m: Valle dell' Abisso, Sar Gross und Grat zwischen Besimanda und Boaira bei Limone (N.), M. Bissa am Col di Tenda (Bourg.), M. Viso (Stahl), Valdenser Alpen, Val S. Martin bei Pinerolo (Rst.). Westschweiz 1950—2600 m: Simplon, Eginenthal, Münster, Zermatt, Bagnesthal, Fully (N.), Alpe Esserze im Val d'Hérens, Simplonhospiz (Wf.), Alesse (Mt.), Les Gorges (Th.), Distelalp, Faules Horn im Eginenthal (Lgg.), Herbignon. Ostschweiz 2000—2370 m: St. Gotthard und Bedrettothal, Splügen, Bernina, Gunhorn bei Klosters im Prättigau, Bernhardin, Valserberg (N.), Val Tisch bei Bergün, Valetta im Oberhalbstein (Th.). Tirol 1950—2600 m: Sulzthal im Oetzthal (N.), Lienz (Asdf.), Bergeralp in Virgen (Gd.), Kals, Nemesalp bei Sexten (Hut.), Helm (Wkl.), Mt. Pian bei Ampezzo (N.), Stilfser Joch bis zur Prader Alp bei Trafoi (Engl., Pr.), Schlüsseljoch am Brenner, Schlernplateau (Dgl.), Camerloi im Fassathal (Facch.). Kärnten: Pasterze 2145 m (N.).

   Die Blätter sind zuweilen breiter lanzettlich oder mehr spatelig, stärker und länger behaart, der Stengel dicklich. — Es gibt Microcephalen; manchmal ist am nämlichen Individuum der Kopf 1. Ordnung 12 mm lang, derjenige 2. Ordnung nur 9 mm.

2. *pilosius*[1]). Blätter lineallanzettlich bis lanzettlich. Haare am Stengel zerstreut bis mässig zahlreich, 1,5—4 (—5) mm, auf den Blättern oberseits oder beiderseits bis ziemlich reichlich, 2—3 mm lang. Drüsen erheblich vermindert oder fast 0. — Wechselt ebenso wie 1, stellt einen Uebergang dar zwischen *H. hololeptum* und *H. pili-*

[1]) Hieher gehört das Exemplar im Herb. Willdenow Nr. 14639, 2 unter der Bezeichnung *Leontodon aureum* Vill.

ferum resp. *Schraderi.* — Westschweiz: Gr. Bernhard (Wf.), Fully 2100—2200 m (N.), Alesse (Mt.), Simplon (N., Wf.). Ostschweiz: Val Roseg bei Pontresina 1800—2000 m (P.), Valserberg über Güngel 2300 m (N.). Tirol 2210—2440 m: Fuss der 3 Zinnen, Mt. Pian (N.), Schlernplateau (Dgl.), Bergeralp in Virgen, Lienz (Gd.).

Geographische Verbreitung der Spec. glanduliferum.

Das Vorkommen der zur Spec. *glanduliferum* gehörigen Sippen erstreckt sich über Pyrenäen, Dauphiné, Piemont, Savoyen, West- und Ostschweiz, Vorarlberg, Algäu, Süd- und Nordtirol, Kärnten, Niederösterreich und Salzburg, wo die Pflanzen sowohl auf Urgebirge wie auf Kalkboden gedeihen. In den Pyrenäen kommt nur eine Sippe vor, in den östlichen Alpen wird die Species selten, in den übrigen europäischen Gebirgen ist sie nicht vorhanden. Sie nimmt die höheren und höchsten Alpenregionen ein, gedeiht nicht unter 1700 m üb. M., steigt aber bis 2700 m empor und ist eine Charakterpflanze der genannten Zone.

Zwischenformen und Bastarde der Glandulifera.

Schon oben wurde eine kleine Anzahl Zwischenformen der Spec. *glanduliferum*, und zwar solche zu *H. villosum*, besprochen (vgl. *H. capnoides*, Seite 231), und im Anschluss daran einige weitere Sippen, welche der Combination *villosum-piliferum-silvaticum* entsprechen (siehe *H. aphyllum*, Seite 234). Auch mit anderen Hauptarten steht die Spec. *glanduliferum* theils durch Bastarde, theils durch nicht hybride Zwischenbildungen in Beziehungen. Es sind dies folgende:

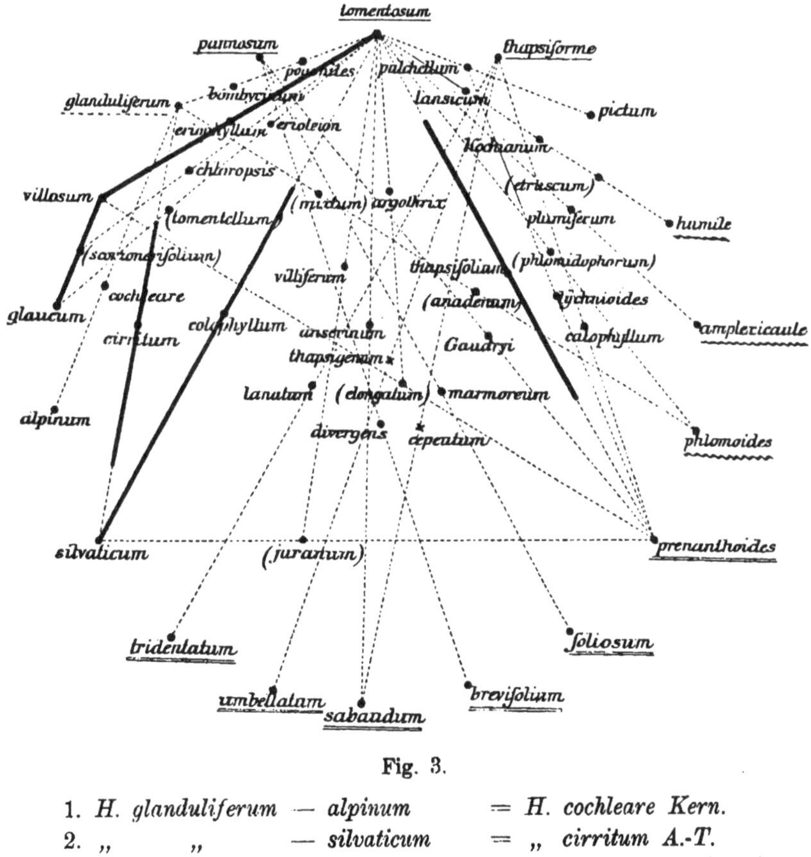

Fig. 3.

1. *H. glanduliferum* — *alpinum* = *H. cochleare Kern.*
2. ,, ,, — *silvaticum* = ,, *cirritum A.-T.*
3. ,, ,, > *tomentosum* = ,, *bombycinum Scheele.*

4. *H. glanduliferum — tomentosum* = *H. pogonites n. sp.*
5. „ „ — *phlomoides* = „ *mixtum Lap.*
6. „ „ < „ = „ *anadenum n. sp.*

Nur die Formen der beiden erstgenannten Kategorien sollen hier beschrieben werden, die übrigen dagegen werden besser im Anschluss an *H. tomentosum* und *H. phlomoides* besprochen, da sie in ihrer äusseren Erscheinung mehr an diese Species erinnern. Den meisten genannten Combinationen entspricht nur eine Sippe oder es gehören dazu nur einige wenige Formen, an *H. cirritum* jedoch schliessen sich zahlreiche andere Sippen an, von denen eine hybride Abstammung nicht immer mit Wahrscheinlichkeit behauptet werden kann.

45. H. cochleare Kern.
= *glanduliferum — alpinum*

= *H. Schraderi* Rchb. fl. Germ. exsicc. 978. — Stengel (6—) 10—20 (—26) cm hoch, schlank oder dünn, aufrecht, etwas schwächlich, gestreift, unverzweigt, selten 1 Nebenschaft entwickelt, phyllopod. Blätter in der Rosette zur Blüthezeit mehrere oder viele, lang, langgestielt, äussere ± spatelig und gerundet, ganzrandig, die längsten lanzettlich oder schmallanzettlich und ebenfalls gerundet oder stumpf bis spitzlich, auch faltspitzig, zuweilen bis lineal und spitz, ± deutlich entfernt-gezähnelt, alle weich, (getrocknet) etwas gelblichgrün; Stengelblätter 0 oder 1 unter der Mitte des Stengels, lineal-lanzettlich, meist noch ein zweites kleineres nahe dem Köpfchen. Hülle 10—13 (—16) mm lang, dick eiförmig mit gerundeter Basis, dann fast kuglig; Schuppen aus breitlichem Grunde lang zugespitzt, sehr spitz, schwärzlichgrün, randlos, äussere locker-abstehend oder fast etwas sparrig, meist durch die Behaarung ziemlich verdeckt. Haare der Hülle sehr zahlreich, etwas dunkel oder hell bis weiss, seidig, 3—4 mm, am Schaft reichlich, oben etwas dunkel, abwärts heller, (4—) 6—8 mm, auf den Blättern beiderseits ziemlich reichlich, oberseits steif, ziemlich derb, 4—7 mm lang. Drüsen klein, an der Hülle mangelnd, am Stengel spärlich, auf den Blatträndern fast mässig zahlreich. Flocken an Hülle und Blättern 0, am Stengel oben reichlich oder leichten Filz bildend, abwärts stark vermindert. Blüthen hellgelb, zungig, aussen lang behaart, Zähnchen reichlich gewimpert; Griffel hell. Früchte braunschwarz, 3,5 mm lang, nicht alle fruchtbar. Blüthezeit beginnt gegen Ende Juli. — Ostschweiz: 1700—2600 m: Val Muraigl bei Celerina, Val Bevers, Piz Padella, über St. Moritz im Oberengadin (P.), Bernina, Val Roseg bei Pontresina (N.), Heuthal am Piz Alv des Bernina (P.), Passhöhe des Splügen (N.), Piz Frislas bei Bergün (P.). Tirol: Vennerthal des Brenner und Pfitscher Joch 2145—2470 m (Dgl.), Schönberg bei Luttach (Tr.), Dona auf Porphyr 2110 m (K.), Fusch (Sp.).

Bemerkungen. Die vorstehend beschriebene Pflanze, ihren Merkmalen nach zwischen den Spec. *glanduliferum* und *alpinum* stehend, ist in den östlichen Alpen ziemlich verbreitet und an ihren Standorten meist in grösserer Individuenzahl anzutreffen. Selbst in der Tatra (in der Krummholzregion bei Zakopane) wurde eine offenbar hierher zu stellende Pflanze durch Rehmann constatirt, so dass die Annahme an Wahrscheinlichkeit gewinnt, nach welcher *H. cochleare* nicht hybrid, sondern eine selbständige Zwischensippe der genannten Hauptarten ist. Wenn man sich freilich fragt, wie möglicherweise ein Bastard dieser Species aussehen würde, so wird man sich ungefähr die Vorstellung einer Pflanze wie die in Rede stehende machen dürfen. Es kann demnach fraglich erscheinen, ob alles, was hier unter *H. cochleare* zusammengestellt ist, der selbständigen Zwischensippe angehöre, um so mehr, als es allerlei anscheinend geringfügige Abweichungen von dem beschriebenen Verhalten gibt, welchen eine tiefere Bedeutung zukommen könnte. Aber man hat kein sicheres Kriterium der Bastardnatur bei wild wachsenden Hieracien, und so kann es zunächst keinem Widerspruch begegnen, wenn in diesem Fall wie in ähnlichen die systematische Betrachtung der Formen von der Annahme einer einheitlichen Sippe ausgeht.

Bei *H. cochleare* erinnern an *H. glanduliferum subspec. piliferum* namentlich die Behaarung, der schaftartige Wuchs und die geringe Beblätterung des Stengels, an *H. alpinum* dagegen die Hüllenbildung, die Wimperung der Blüthenzähnchen, die Blattform und die Anwesenheit von kleinen Drüsen auf den Blättern. Im ganzen ist *H. cochleare* eine ziemlich intermediäre Bildung.

Eine Pflanze aus dem botanischen Garten von Innsbruck, welche wir 1881 unter dem Namen *cochleare* erhielten und kurze Zeit in Cultur hatten, zeigt breitere Hüllschuppen, röhrige Blüthen und kahlere, mehr spatelige Blätter.

Zu den Zwischenformen der nämlichen Hauptarten gehört ferner:

Subsp. pseudalpinum. Stengel c. 18 cm hoch, dick, kräftig, fast aufrecht, ungestreift, unverzweigt 1 köpfig, phyllopod. Blätter in der Rosette 3—6 (ausserdem mehrere abgewelkte vorhanden), ansehnlich, länglichlanzettlich oder lanzettlich, ± spitz, ganzrandig, abwärts in einen breiten geflügelten Stiel verschmälert; Stengelblätter 2—3, in den unteren $^2/_3$ des Stengels inserirt, langsam decrescirend, lanzettlich, untere ziemlich ansehnlich. Hülle 12—13 mm lang, kuglig, dann etwas niedergedrückt; Schuppen aus breiter Basis lang zugespitzt, sehr spitz, schwarz, randlos, durch die Behaarung etwas verdeckt, äussere locker, innere anliegend. Haare der Hülle sehr zahlreich, rauchgrau, weich, 3—4 mm, am Stengel oben 0, erst von der Mitte abwärts zerstreut, dann vermehrt und am Stengelgrunde reichlich, ziemlich hell, 3—4 mm, auf den Blättern beiderseits sehr zahlreich, weich, 4—5 mm lang. Drüsen an Hülle und Blättern fehlend, am Stengel sehr reichlich, lang, schwarz, abwärts kaum vermindert, aber mit der Zunahme der Behaarung rasch an Zahl abnehmend, am Stengelgrunde spärlich. Flocken an Hülle und Blättern fehlend, Stengel graufilzig, gegen die Basis etwas minder flockig. Blüthen gelb, schmalzungig oder fast röhrig, Zähnchen gewimpert; Griffel dunkel. Früchte? Blüthezeit beginnt im ersten Drittel des Juli. — Westschweiz: beim Simplonhospiz 2000 m (Wf.).

Dies ist eine Zwischenform von *H. glanduliferum* und *H. alpinum*, welche dem letzteren näher steht und uns nur in 2 Exemplaren bekannt ist.

Auf dem Splügen (Passhöhe 2110 m, N.), wurde noch eine Pflanze in wenigen Exemplaren beobachtet, welche manche Aehnlichkeit mit der soeben beschriebenen darbietet, auch drüsige Blätter und gewimperte Blüthenzähnchen mit reicher Behaarung des oberen Theiles verbindet, aber vielleicht wegen länglichlanzettlicher, grob-buchtig-gezähnter Blätter eher als ein *H. dentatum—alpinum* aufzufassen ist.

46. H. cirritum Arv.-Touv. monogr. (1873) p. 27.
= *glanduliferum—silvaticum.*

Rhizom kurz, dicklich, senkrecht; Innovation durch sitzende Rosetten. Stengel (10—) 12—25 (—35) cm hoch, dicklich bis dünn, schwächlich bis steif, öfters ± verbogen, meist (wenigstens trocken) feingestreift, phyllopod, schaftartig 1 köpfig oder viel häufiger in der oberen Hälfte oder gegen die Spitze hin ± gabelig-verzweigt. Blätter in der Rosette zur Blüthezeit mehrere oder viele vorhanden, meist ± gestielt, ansehnlich, (fast rhombisch oder) elliptisch und länglich bis ± lanzettlich (oder fast lineal), rascher oder langsamer in den Stiel verschmälert, ganzrandig oder öfter gezähnelt bis gesägt-gezähnt, zuweilen wellrandig, spitzlich oder spitz, hellgrün bis glaucescirend, derb bis dünn; Stengelblätter 0—2, meist ziemlich klein. Kopfstand höher oder tiefer gablig (oder lax rispig), zuweilen unentwickelt, im ersteren Fall gleich- oder übergipflig, Akladium wenige mm bis viel länger, aber selten mehr als die halbe Stengellänge einnehmend; Strahlen 2. Ordnung (0—) 1—2, dicklich bis dünn, schiefabstehend, selten etwas bogenförmig; Verzweigungswinkel 25—50°; Ordnungen 2 (—3); Kopfzahl (1—) 2—4. Hülle (8—) 10—13 (—15) mm lang, dick eiförmig oder (wenigstens später) kuglig und bei der Reife oft ± niedergedrückt; Schuppen schmal oder breitlich, lang zugespitzt, sehr spitz, öfters schopfspitzig, schwarz oder dunkel, randlos oder mit etwas helleren sehr schmalen Rändern, alle anliegend, durch die Behaarung nicht verdeckt. Behaarung fast so mannigfach wie bei Spec. *glanduliferum*, dunkel bis hell, verschieden lang, auf den Blättern ± reichlich bis mangelnd oder nur an den Blatträndern und Stielen vorhanden. Drüsen der Hülle oft, an den Blättern immer fehlend, aber an ersterer auch zuweilen in mässiger Zahl vorhanden, am Stengel oben öfters sehr reichlich, schwarz, lang (selten fast 0), abwärts vermindert. Flocken an Hülle und Blättern meist 0, selten an beiden in geringerer Menge entwickelt, am Stengel oben immer Filz bildend, aber verschieden tief herabsteigend.

Blüthen verschieden gelb, zungig (selten halb oder ganz röhrig), Zähnchen kahl; Griffel ± dunkel. Früchte schwarz bis röthlichbraun, selten strohfarbig, 2,5—3,5 mm lang, fast immer alle fertil. Blüthezeit beginnt etwa Mitte Juli oder später.

Bemerkungen zu Spec. cirritum.

Zwischen den Spec. *glanduliferum* und *silvaticum* steht eine nicht unbeträchtliche Anzahl von Formen, die wir unter der Arvet-Touvet'schen Bezeichnung vereinigen. Die meisten derselben wurden schon von dem genannten Forscher unterschieden und benannt, wenn auch z. Th. in anderer Weise gedeutet, als dies von unserer Seite geschieht. Einige stehen zwischen ihren Hauptarten ziemlich intermediär oder dem *H. silvaticum* näher, so namentlich manche der zur Gruppe I gehörigen, die übrigen nähern sich meist etwas mehr dem *H. glanduliferum*. Man kann nicht immer angeben, ob in diesen Pflanzen hybride Bildungen oder selbständige Zwischenformen vorliegen, da dieselben meist fruchtbar sind, und die nämliche Form zuweilen in grösserer, zuweilen nur in geringer Individuenzahl an ihren Standorten beobachtet wird. Die Wahrscheinlichkeit spricht dafür, dass beiderlei Fälle vorkommen, und zwar dürften u. A. namentlich *H. leucochlorum β. rhombophyllum*, *H. nigritellum* und *H. armerioides* nicht durch Kreuzung entstanden sein, während *H. hypochaeroideum*, *elisum* und *ustulatum* eher Bastarde sein könnten. Ueber die Merkmale der beiden Hauptarten geht keine der hier aufgeführten Pflanzen hinaus; das Vorkommen derselben hält sich ebenfalls völlig innerhalb des gemeinsamen Gebietes beider Arten.

Uebersicht der Subspecies-Gruppen.

Blätter elliptisch, länglich oder lanzettlich, ± gezähnt oder gesägt, in ihrer Form gegen H. silvaticum hinneigend, meist auf der Fläche (wenigstens unterseits) ± behaart: I. *Cirritum.*

Blätter lanzettlich bis lineallanzettlich, ± ganzrandig, glaucescirend, mehr gegen H. glanduliferum neigend, auf den Flächen unbehaart: II. *Armerioides.*

I. ***Gr. Cirritum*** (siehe oben).

1. *Subsp. leucochlorum*[1]) Arv.-Touv. monogr. (1873) p. 28 = *H. piliferum 2. leucochlorum* Arv.-Touv. essai de classif. (1880) p. 6.

Stengel 12—25 cm hoch, dicklich oder schlank, verbogen, aber nicht schwächlich, phyllopod, gabelig verzweigt oder schaftartig 1 köpfig. Blätter in der Rosette 3—6, ansehnlich, ± gestielt, lanzettlich, spitz, entfernt-gezähnelt oder fast ganzrandig, etwas derb, hellgrün; Stengelblätter 2, das untere tief inserirt, ziemlich ansehnlich, wie die Grundblätter, das obere ± lineal, klein, den Ast stützend. Kopfstand unentwickelt oder meist gabelig, dann übergipflig; Strahlen 2. Ordnung 1, dicklich; Winkel c. 50°; Ordnungen 2; Kopfzahl 2. Hülle 11—15 mm lang, kuglig, später etwas niedergedrückt; Schuppen

---

[1]) = *H. leucochloum*, errore typogr.?; im Herb. schreibt A.-T. *leucochlorum.*

schmal, langspitzig, sehr spitz, schwärzlich, mittlere und innere schmal heller berandet, durch die Behaarung wenigstens anfangs ziemlich verhüllt. Haare der Hülle sehr reichlich, weiss, am Stengel oben mässig zahlreich, abwärts zerstreut oder spärlich, hell, auf den Blättern beiderseits ziemlich reichlich, weich, überall 3—4 mm lang. Drüsen an Hülle und Blättern mangelnd, am Stengel ebenso oder sehr spärlich. Flocken der Hülle auf den Schuppenrändern ziemlich reichlich, auf der Fläche derselben 0, am Stengel oben weisslichen Filz bildend, abwärts allmählich vermindert, auf den Blättern 0. Blüthen sattgelb, zungig, Zähnchen kahl; Griffel dunkel. Früchte 3,3 mm lang, fast schwarz.

α) *genuinum.*

1. *normale* = *H. leucochlorum* Arvet-Touv. in sched. — Dauphiné: Mt. Viso (A.-T.).

Arvet-Touvet hielt diese Pflanze bei ihrer Unterscheidung 1873 für eine selbständige Art, nicht für einen Bastard, gibt aber keine Begründung dieser Ansicht. Es wird nur ein einziger Standort genannt; sonst sind a. a. O. die Unterschiede von *H. glanduliferum* und *H. piliferum* angegeben. Das uns vom Autor zugeschickte geringe Material bietet keinen Anhalt zur Beurtheilung dieser Frage, doch ermöglicht es, der Pflanze ihren Platz zwischen *H. piliferum* und *H. silvaticum* mit Sicherheit anzuweisen. — Später änderte Arvet-Touvet seine Ansicht dahin ab, dass er das *H. leucochlorum* nun als eine Varietät des *H. piliferum* hinstellt[1]).

2. *longipilum* = *H. leucochlorum forma* et *H. piliferum subsp. leucochlorum?* Arvet-Touvet in sched. — Haare an Hülle und Stengel 4—5 mm lang. Blätter mehr elliptischlanzettlich, entfernt-gesägt-gezähnt. Früchte schwarz, knapp 3 mm lang. — Die Blattoberseite kann ziemlich kahl werden. — Savoyen (A.-T.). Westschweiz: Simplon, Torrembec im Bagnesthal (Wf.). Ostschweiz: Valserberg im Rheinwald 2015—2275 m (N.).

β) *rhombophyllum.* Blätter gestielt, elliptisch-lanzettlich (in Cultur zuweilen fast rhombisch), gezähnelt bis grob-buchtig-gezähnt. Hüllschuppen breitlich, schwarz, randlos. Haare der Hülle etwas mäusegrau, am Stengel oben spärlich oder zerstreut, abwärts vermehrt bis ziemlich reichlich, auf den Blättern sehr zahlreich, 4—5 mm lang. Drüsen der Hülle höchstens gegen die Schuppenspitzen vereinzelt, am Stengel oben ± reichlich, schwarz, abwärts vermindert. — Pflanze vom Habitus des *α. genuinum,* aber in der Behaarung zu *H. nigritellum* hinneigend. Hülle 12—14 mm lang, bald niedergedrückt. Stengel bis 25 cm hoch. — Westschweiz 2000—2275 m: Simplonhospiz (Wf.), Passhöhe und gegen das Schönhorn (N.),

[1]) Auch hier schreibt Arvet-Touvet „*leucochloum*".

Griesberg im Eginenthal (N.), Gr. Bernhard (Wf.). Ostschweiz: Valserberg 2100 m (N.).

2. *Subsp. nigritellum Arv.-Touv.*, essai p. 49; monogr. (1873) p. 25 = *H. glandulifero-villosum* Arv.-Touv. l. c. = *H. ustulatum b. nigritellum* Arv.-Touv. essai de classif. (1880) p. 6.

Stengel 12—20 (—32) cm hoch, ± dicklich bis dünn, etwas schwächlich, phyllopod, (trocken) feingestreift, gegen die Spitze hin verzweigt oder schaftartig, 1 köpfig. Blätter in der Rosette mehrere (bis 7), lanzettlich, abwärts stielartig-verschmälert bis deutlich gestielt, spitz und etwas zugespitzt, ganzrandig oder meist mit entfernten winzigen Zähnchen bis gesägt-gezähnt, öfters wellrandig, etwas derb, gelblichgrün?; Stengelblätter 0 oder 1, klein, beim unteren Ast. Kopfstand (wenn entwickelt), sehr hoch- (bis tief-) gablig, gleichgipflig bis stark übergipflig; Akladium 6—15 mm lang (bis = $^1/_2$ des Stengels); Strahlen 2. Ordnung 1—3, dicklich, schief-abstehend; Winkel c. 30°; Ordnungen 2; Kopfzahl 2—4. Hülle (meist) 10—11 mm lang, kuglig; Schuppen breitlich, äussere stumpflich, innere (oder alle) sehr spitz, alle schwarz, randlos, bartspitzig, nicht durch die Behaarung verhüllt. Haare der Hülle reichlich, schwarz oder schwärzlich oder (trocken) braun, 1—1,5 mm, am Stengel oben 0 oder fast 0, abwärts bis mässig zahlreich, hell, 3 mm, auf den Blättern beiderseits reichlich, weich, 4—5 mm lang. Drüsen der Hülle mässig, klein, am Stengel oben reichlich, schwarz, ungleich lang, abwärts tief hinab ebenso, erst im unteren Drittel rasch vermindert, auf den Blättern 0. Flocken an Hülle und Blättern mangelnd, am Stengel oben grauen Filz bildend, abwärts langsam vermindert bis zum Grunde. Blüthen gelb, kurz-zungig oder fast röhrig, Zähnchen kahl; Griffel dunkel. Früchte kastanienbraun, 2,5 bis 2,8 mm lang. Blüthezeit von Mitte Juli ab.

1. *normale* = *H. nigritellum f. genuina* Arv.-Touv. in sched. = *H. ustulatum subsp. nigritellum* Arv.-Touv. in sched. — Dauphiné: Mt. Viso (A.-T.). Piemont 2000—2500 m: Val St. Martin bei Pinerolo (Rst.), Valle dell' Abisso, Grat zwischen Besimanda und Boaira nebst Gipfel der Besimanda und Berg nordöstlich über Limone (N.). Westschweiz 2000—2600 m: Simplonabhang gegen das Schönhorn (N.), Simplonhospiz (Wf.), Gr. Bernhard (Th.); Wengernalp im Ct. Bern (Mt., Th.).

Erheblichem Wechsel unterworfen sind nicht bloss die Dimensionen der Stengel und Blätter, sondern namentlich auch die Köpfchenhüllen, welche geradezu microcephal werden können (6 bis 7 mm). Dazu kommt, dass die Aeste den Hauptstrahl des Axensystemes stark übergipfeln können, so zwar, dass, wenn z. B. das Akladium 8 mm lang ist, der oberste Ast 25—40 mm messen kann; von diesem Extrem gibt es dann alle Abstufungen bis zur

Gleichgipfligkeit. Auch die Behaarung, besonders diejenige der Blätter, ist sehr verschieden: zuweilen sind die letzteren fast haarlos.

Der von Arvet-Touvet a. a. O. ausgesprochenen Annahme, dass *H. nigritellum* ein Bastard = *H. glanduliferum* + *villosum* sei, können wir nicht zustimmen. Auf *H. villosum* weist kein einziges Merkmal hin, auf *H. silvaticum* dagegen die Verzweigung, Blattform, Hüllgestaltung, Kürze des Indumentes etc. Bastarde von *H. glanduliferum* und *H. villosum* müssten vor allem eine tiefer gablige Verzweigung, dickere Köpfe mit breiteren und ± abstehenden Hüllschuppen, längere hellere Behaarung, minder reichliche Drüsenbekleidung und grössere Stengelblätter haben als *H. nigritellum* sie aufweisen kann (vergl. *H. capnoides* Seite 231).

2. *Favrei* Arvet-Touvet in sched. — Blätter länglich oder elliptisch, stumpf bis spitzlich, gross. Hülle 11—13 mm lang, etwas niedergedrückt; Schuppen alle sehr spitz. Blüthen zungig. Haare der Hülle 2—3 mm lang. Drüsen am Stengel nach abwärts rascher vermindert als bei 1. — Westschweiz: Simplon (A.-T.)

3. *Subsp. cirritum* Arv.-Touv. monogr. (1873) p. 27 = *H. glandulifero-murorum* A.-T. l. c. = *H. cirrocephalum* A.-T. essai p. 48.

(In Ermangelung von Exemplaren dieser Pflanze lassen wir hier zunächst die Originalbeschreibung derselben in Uebersetzung folgen:) Stengel 1 köpfig oder öfter mit 2 und seltener 3—4 ungleich lang gestielten Köpfchen, blattlos oder mit einem kleinen in den Stiel verschmälerten Blättchen, oben sternhaarig-mehlig und ausserdem drüsig. Hülle aussen etwas zottig oder einfach behaart, bei der Reife etwas bauchig. Blätter ± behaart, gezähnt oder gezähnelt, mit abstehenden oder vorwärtsgerichteten Zähnen lanzettlich oder länglich, ziemlich plötzlich in den behaarten Stiel verschmälert. Blüthen immer zerknittert-abortirt, wenig über die Hüllschuppen hinausstehend und von den Griffeln überragt.

1. *normale*; dazu die oben angeführten Synonyma. — Nach Arvet-Touvet in der Dauphiné: Les Sept-Laus, Cascade de l'Ourcière, Taillefer, Mont-Thabor au dessus de Nantes-en-Rattier, Lautaret; Savoyen: Gipfel des Chatelard bei Saint-Jean-de-Maurienne.

Von den folgenden Sippen liegen uns Exemplare in genügender Anzahl vor; die erste derselben mag des Vergleiches wegen nach unserem Schema beschrieben werden.

2. *lingulatum*, unterscheidet sich von 1 nur durch zungige Blüthen. — Stengel 18—28 cm hoch, schlank, etwas verbogen, feingestreift, phyllopod, gegen die Spitze hin verzweigt. Blätter in der Rosette 4—5, sehr deutlich fast abgesetzt-gestielt, Stiel $^1/_3$ bis $^1/_2$ (—$^1/_1$) so lang als die Spreite; letztere länglich oder elliptisch bis lanzettlich, spitz, gesägt bis gezähnelt, etwas glaucescirend, ziemlich dünn; Stengelblätter 0 oder 1, klein, schmallanzettlich, in halber Stengelhöhe inserirt.

Kopfstand lax rispig, gleich- oder etwas übergipflig; Akladium 1—3 cm lang; Strahlen 2. Ordnung 1, dünn; Winkel c. 25°; Ordnungen 2—3; Kopfzahl 2—3. Hülle 11—14 mm lang, erst eiförmig, dann kuglig und etwas bauchig; Schuppen schmal, äusserst spitz, schwarz mit sehr schmalen helleren Rändern. Haare der Hülle mässig zahlreich, schwärzlich, 0,5 mm, am Stengel oben sehr spärlich, abwärts zerstreut, hell, 1—1,5 mm, auf den Blättern beiderseits zerstreut bis mässig, weich, 1—2 mm lang. Drüsen der Hülle mässig zahlreich, klein, am Stengel nur ganz oben reichlich, abwärts rasch vermindert, schon in dessen Mitte verschwindend, auf den Blättern 0. Flocken an Hülle und Blättern fehlend, am Stengel ganz oben grauen Filz bildend, abwärts sehr rasch vermindert und schon in der Mitte verschwindend. Blüthen sattgelb, zungig, Zähnchen ungewimpert; Griffel ziemlich dunkel. Früchte schwarz, 3 mm lang. Blüthezeit beginnt im ersten Drittel des August. — Dauphiné: Lautaret 2100 m (Lt., Neyra).

3. *latifolium*. Blätter länglich bis spateliglänglich, ansehnlich, durch Form und kräftige Zahnung zuweilen schon sehr an Spec. *silvaticum* erinnernd. Haare an Hülle und Stengel ziemlich reichlich, hier bis 2,5 mm lang, auf der Blattoberseite fast 0. Stengelblätter 1, ziemlich ansehnlich, ± lanzettlich. Kopfstand öfters 2 ästig, 3 köpfig und tiefer verzweigt bis gablig. Blüthen mit Neigung zum Röhrigwerden. — Piemont: Valle dell' Abisso bei Limone 2200 m (N.), Valdenser Alpen (Rst.). — Die gleiche Pflanze haben wir auch vom Brenner (N.) in Cultur gehabt; sie bildet bis 30 cm hohe, gabelig-verzweigte, tief herab filzige Stengel und hat eine hellere Behaarung als die westliche Form.

4. *longipilum*. Blätter lanzettlich, allmählich in den kurzen Stiel verschmälert, ziemlich ganzrandig. Verzweigung höher oder tiefer gablig. Haare der Hülle sehr reichlich, ziemlich dunkel, 3—4 mm, am Stengel ziemlich zahlreich, 3—4 mm lang. Drüsen und Flocken reichlicher als bei 2, letztere bis zur Stengelbasis herabgehend. Blüthen röhrig, Griffel dunkel. — Piemont 2000—2400 m: Grat zwischen Besimanda und Boaira bei Limone (N.), Val St. Martin bei Pinerolo (Rst.). Ostschweiz: Mittaghorn im Rheinwald 2110 bis 2440 m (N.).

4. *Subsp. ustulatum* Arv.-Touv. monogr. (1873) p. 26 = *H. glandulifero-viride* A.-T. l. c.[1]).

[1]) Demnach würde *H. ustulatum* eine Zwischenform von *H. glanduliferum* und dem mit *H. humile* in Beziehung stehenden *H. viride* sein. Auf die Eigenschaften des *H. humile* aber weist kein Merkmal von *H. ustulatum* hin, eher noch macht es den Eindruck, als könnte ein Zusammenhang desselben mit *H. alpinum* bestehen.

Stengel 18—23 cm hoch, dick oder dicklich, etwas schwächlich, ein wenig verbogen, feingestreift, phyllopod, schaftartig 1 köpfig oder im oberen Theil verzweigt. Blätter in der Rosette 4—6, lanzettlich, ungestielt oder in einen undeutlichen breiten Stiel verschmälert, stumpflich und mucronat bis spitz, entfernt-klein-gezähnelt und ganzrandig, etwas derb, etwas glaucescirend-hellgrün; Stengelblätter 1—2, klein, ± lineal. Kopfstand (wenn entwickelt), gablig, etwas übergipflig; Akladium = $^1/_6$—$^1/_2$ des Stengels; Strahlen 2. Ordnung 1—2, sehr entfernt, dicklich; Winkel 35—45°; Ordnungen 2; Kopfzahl 2—3; Nebenstengel werden nicht selten entwickelt. Hülle c. 10 mm lang, zuerst eiförmig, dann kuglig, endlich bauchig; Schuppen breitlich, sehr spitz, schwarz, etwas heller (dunkelgrün-) berandet, ± schopfspitzig. Haare der Hülle mässig- bis ziemlich reichlich, dunkel oder hell, 1—2 mm, am Stengel oben 0, erst gegen dessen Basis hin spärlich, hell, 2—3 mm, auf den Blättern oberseits reichlich, weich, c. 3 mm lang, unterseits etwas weniger zahlreich. Drüsen der Hülle reichlich oder mässig, am Stengel oben sehr zahlreich, schwarz, lang, abwärts langsam vermindert bis zum Grunde, auf den Blättern 0. Flocken der Hülle fast 0 oder spärlich, am Stengel oben grauen Filz bildend, abwärts langsam vermindert bis gegen die Basis, auf den Blättern 0. Blüthen sattgelb, zungig, Zähnchen kahl; Griffel ziemlich dunkel. Früchte röthlich-hellbraun, 3,5 mm lang.

1. *normale* = *H. ustulatum f. ramosa* et *f. monocephala* Arvet-Touvet in sched. — Dauphiné: M. Viso (A.-T.).

2. *dentatum* Arvet-Touvet in sched. Blätter lanzettlich, ziemlich deutlich gestielt, ± gezähnelt bis grob gezähnt, oberseits kahl oder nur gegen den Rand hin behaart, unterseits zerstreut- bis mässig-behaart, Früchte röthlichbraun, 3 mm lang. — Dauphiné: M. Viso (A.-T.).

5. *Subsp. hypochaeroideum* Arv.-Touv. essai de classif. (1880) p. 10 = *H. virgulatum* A.-T. l. c.

Stengel 22—26 cm hoch, ziemlich schlank, steif, gestreift, im oberen Theil verzweigt. Blätter in der Rosette 6—8, elliptisch, abwärts in einen sehr kurzen Stiel zusammengezogen, spitzlich und spitz, ± buchtig-gezähnt, dünn, etwas glaucescirend-hellgrün; Stengelblätter 1, sehr klein, fast pfriemlich, im unteren $^1/_4$. Kopfstand hoch gablig, übergipflig; Akladium = $^1/_6$—$^1/_5$ des Stengels; Strahlen 2. Ordnung 1, etwas bogig, dicklich; Winkel c. 50°; Ordnungen und Kopfzahl 2—3. Hülle 11—12 mm lang, kuglig, dann etwas niedergedrückt; Schuppen schmal, sehr spitz, schwärzlich, sehr schmal heller berandet; Haare der Hülle ziemlich reichlich, etwas dunkel, 1 mm, am Stengel oben zerstreut, dunkel, abwärts eher noch vermindert, hell, 1 bis 2,5 mm lang, auf den Blättern beiderseits ziemlich oder mässig zahlreich, weich, c. 3 mm lang. Drüsen der Hülle 0 oder sehr spärlich, an den Kopfstielen zerstreut, abwärts sehr bald verschwindend, auf den Blättern 0. Flocken der Hülle ziemlich reichlich, diese dadurch grau erscheinend, Kopfstiele graufilzig, Stengel mit abwärts ziemlich rasch verminderten Flocken, Blätter nackt. Blüthen sattgelb, zungig, Zähnchen kahl; Griffel sehr dunkel. Früchte braunschwarz, 3 mm lang. — Cottische Alpen (Rst.).

6. *Subsp. elisum* Arv.-Touv. essai de classif. (1880) p. 10.

Stengel 22—25 cm hoch, schlank, steif, feingestreift, in der oberen Hälfte verzweigt. Blätter in der Rosette 4—5, elliptisch und länglich, stumpf und mucronat bis spitz, ± gesägt, plötzlich in den Stiel zusammengezogen, dünn, hellgrün; Stengelblätter 1, lanzettlich, verschieden gross. Kopfstand hoch gablig, etwas übergipflig; Akladium = $^1/_{10}$—$^1/_4$ des Stengels; Strahlen 2. Ordnung 1—2, sehr entfernt, schlank; Winkel 40—50°; Ordnungen 2—3; Kopfzahl 2—4. Hülle 10—11 mm lang, kuglig, dann etwas bauchig; Schuppen etwas breitlich, sehr spitz, schwarz, sehr schmal hellrandig, etwas schopfspitzig. Haare an Hülle und Stengel mangelnd, nur gegen den Stengelgrund hin spärlich, auf den Blättern beiderseits fast 0 oder zerstreut, an Rand und Hauptnerv mässig zahlreich, weich, 1—2 mm lang. Drüsen der Hülle reichlich, am Stengel oben ebenso, abwärts langsam vermindert bis zum Grunde, auf den Blättern 0. Flocken auf den schmalen Schuppenrändern ziemlich reichlich, am Stengel oben reichlich oder graulichen Filz bildend, abwärts rasch vermindert, aber tief hinabgehend, auf den Blättern mangelnd. Blüthen sattgelb, zungig, Zähnchen kahl oder spärlich-kurzgewimpert; Griffel sehr dunkel. Früchte? — Cottische Alpen: M. Viso (A.-T.).

II. ***Gr. Armerioides*** (siehe Seite 261). — Die Pflanzen haben im Habitus etwas an die *Glauca* erinnerndes, freilich ohne mit denselben irgendwie in Zusammenhang zu stehen.

1. *Subsp. armerioides* Arv.-Touv. essai p. 48; monogr. (1873) p. 27 = *H. murorum-glanduliferum* A.-T. l. c. = *H. Murithianum* Favre, Bull. Soc. Murith. X (1882) p. 23.

Stengel 18—35 cm hoch, sehr schlank oder dünn, steif, ein wenig verbogen, auch trocken fast ungestreift, gegen die Spitze hin verzweigt oder 1 köpfig. Blätter in der Rosette 3—8, äussere ± spatelig, innere lanzettlich, ansehnlich, ± (öfters lang-) gestielt, allmählich in den Stiel verschmälert, spitz oder spitzlich oder stumpf und mucronat, glaucescirend, ganzrandig oder mit Andeutung von Zähnelung, etwas derb; Stengelblätter 0. Kopfstand (unentwickelt oder) hoch gablig, meist stark übergipflig; Akladium = $^1/_{10}$ bis $^1/_3$ (—$^3/_4$) des Stengels; Strahlen 2. Ordnung 1—2, sehr entfernt, dünn; Winkel 40°; Ordnungen 2; Kopfzahl 2—3. Hülle (8—) 10—12 mm lang, kuglig, dann etwas niedergedrückt; Schuppen aus breitlicher Basis rasch und lang zugespitzt, äusserst spitz, schwärzlich, randlos oder innere mit etwas hellerem sehr schmalem Rande. Haare der Hülle reichlich, ziemlich dunkel, 1,5 mm, am Stengel oben sehr spärlich, 1 bis 1,5 mm, abwärts bald 0, auf den Blättern beiderseits mangelnd oder nur am Rande gegen die Basis der Spreite hin und fast immer auch am Stiel zerstreut, weich, 3—4 mm lang. Drüsen der Hülle nur gegen die Schuppenspitzen sehr spärlich, an den Kopfstielen zerstreut, schwarz, lang, am Stengel abwärts sehr bald verschwindend, auf den Blättern 0. Flocken der Hülle spärlich, an den Kopfstielen reichlich oder graulichen Filz bildend, abwärts am Stengel rasch vermindert, aber tief herabgehend, auf den Blättern fehlend. Blüthen etwas hellgelb, meist röhrig, Zähnchen kahl; Griffel wenig dunkler bis sehr dunkel. Früchte strohfarbig, 3,3 mm lang.

1. *normale* = *H. Murithianum* Favre in sched. — Dauphiné: Lautaret (V., Lt.). Piemont: Valdenser Alpen (Rst.). Westschweiz: Gr. Bernhard 1900 m (Wf., Fv.), Simplon (Wf.), Menouve (Désgl.).

   Der Blattrücken ist in seltenen Fällen etwas behaart; der Kopfstand an neben einander stehenden, sonst durch nichts unterscheidbaren Exemplaren stark übergipflig oder etwas untergipflig; die Hüllenlänge und Hüllenschuppenbreite, auch die Blattform wechseln beträchtlich.

2. *puberulum* Arv.-Touv. in sched. Stengel weniger schlank bis dicklich, oben graufilzig, abwärts bis zum Grunde reichflockig, ± zerstreut-behaart. Blätter bis schmallanzettlich, am Hauptnerv unterseits etwas flockig. — Mt. Viso (A.-T.).

3. *pilosum*. Wie 1, aber Haare an der Hülle ziemlich hell, 2—3 mm, am Stengel oben ziemlich reichlich, abwärts wenig vermindert, 1,5—3 mm, an den Blatträndern zahlreicher, namentlich meist an den Blattstielen ziemlich reichlich, 4—5 mm lang. Flocken am Stengel oben grauen Filz bildend. Früchte schwarz, 2,2 mm lang. — Piemont 2200—2400 m: Valle dell' Abisso und Grat zwischen Besimanda und Boaira bei Limone (N.). Westschweiz: Simplon (Wf.).

   Der oberste Kopfstiel 2. Ordnung entspringt zuweilen ganz nahe unter dem Endköpfchen aus der Achsel einer Bractee.

H. plantagineum Arv.-Touv. spicileg. (1881) p. 27 steht nach dem Autor selbst zwischen *H. Gaudini*, *salevense* Rap. und *armerioides;* wir kennen die Pflanze leider nicht, ist aber die angegebene Stellung richtig, so ist *H. plantagineum* ein *H. villosum-silvaticum-glanduliferum.*

2. *Subsp. phalacrophyllum.*

Stengel 10—20 cm hoch, schlank oder dünn, etwas schwächlich, trocken sehr fein gestreift, in der oberen Hälfte verzweigt. Blätter in der Rosette 5—8, schmal- bis lineallanzettlich, spitz, in den ± langen Blattstiel allmählich verschmälert, ganzrandig oder mit einzelnen Zähnen, oft wellrandig oder faltspitzig, glaucescirend, derb;

Stengelblätter fehlen. Kopfstand unentwickelt oder gablig, dann gleich- oder untergipflig; Akladium = $^1/_3$—$^2/_3$ (—$^5/_6$) des Stengels; Strahlen 2. Ordnung 1, schlank; Winkel 45—50°; Ordnungen und Kopfzahl 2. Hülle 11—13 mm lang, bauchig-kuglig; Schuppen breitlich, lang-zugespitzt, sehr spitz, schwarz, randlos, etwas schopfspitzig. Haare der Hülle reichlich, etwas dunkel, 2—3 mm, am Stengel oben ziemlich oder mässig zahlreich, ebenso, 1,5—2,5 mm, abwärts von der Mitte ab verschwindend, auf der Blattspreite 0 oder am Rande vereinzelt, am Blattstiel spärlich oder zerstreut, ziemlich weich, 3 mm lang. Drüsen an Hülle und Blättern 0, am Stengel ganz oben spärlich oder zerstreut, abwärts bald verschwindend. Flocken der Hülle mangelnd, am Stengel oben Filz bildend, abwärts langsam vermindert bis gegen die Basis, auf den Blättern 0. Blüthen gelb, zungig oder halbzungig, Zähnchen kahl; Griffel ziemlich dunkel. Früchte kastanienbraun, 2,5—2,8 mm lang, viele taub.

1. *normale.* — Westschweiz: Simplonhospiz 2000 m (Wf.), Catogne 2200 m (Fv.).
2. *calvescens* = *H. armerioides forma,* A.-T. in sched. — Blätter lanzettlich; Haare der Hülle reichlich, dunkel, 1,5 mm, am Stengel nur ganz oben zerstreut, 1—1,5 mm, abwärts bald vereinzelt oder verschwindend. — Dauphiné: Lautaret (A.-T.).

3. *Subsp. crispulum* = ? *H. trichocladum* Arv.-Touv. monogr. (1873) p. 28 et *H. murorum-leucochlorum* A.-T. l. c.

Stengel 10—14 cm hoch, etwas dicklich oder schlank, ungestreift, immer verzweigt. Blätter in der Rosette mehrere oder viele, schmallanzettlich bis lineal, spitz, in die stielartige Basis sehr langsam verschmälert, ganzrandig, öfters wellig, derb, glaucescirend; Stengelblätter 0 oder 1, klein, lineal. Kopfstand meist hoch gablig, gleichgipflig, grenzlos; Akladium 3—12 mm (bis = $^1/_2$ des Stengels); Strahlen 2. Ordnung 1—2, sehr entfernt, dicklich; Winkel 30 bis 40°; Ordnungen 2—3; Kopfzahl 2—4. Hülle 10—11 mm lang, dick eiförmig, dann kuglig, endlich niedergedrückt; Schuppen schmal, lang zugespitzt, sehr spitz, schwärzlich, randlos, nur die inneren etwas heller berandet. Haare der Hülle reichlich, etwas dunkel, 1 (—2) mm, an den Caulomen oben ziemlich zahlreich, 0,5—1 mm, abwärts zerstreut, auf den Blättern beiderseits ± zerstreut, oberseits steiflich, 2—3 mm lang, unterseits am Hauptnerv und am Blattstiel reichlicher und länger, ältere Blätter übrigens öfters beiderseits kahl. Drüsen fehlend oder nur am Akladium ganz vereinzelt. Flocken der Hülle 0 oder zerstreut, sehr klein, am Stengel oben weissen Filz bildend, abwärts sehr langsam vermindert bis zum Grunde, auf den Blättern unterseits am Mittelnerv zerstreut bis fast 0, bei jungen Blättern auch auf der Fläche vorhanden. Blüthen sattgelb, zungig, Zähnchen kahl; Griffel dunkel. Früchte? — Wallis: Simplonhospiz 2000 m (Wf.).

Diese Beschreibung stimmt in den meisten Punkten mit derjenigen von *H. trichocladum* Arv.-Touv. überein, doch hat unsere Pflanze nicht röhrige Blüthen und noch weniger Drüsen als letzteres. Originalexemplare standen uns leider nicht zur Verfügung. — Ein *H. silvaticum-leucochlorum* kann unser *H. crispulum* jedenfalls nicht sein, da es in den meisten Merkmalen sich noch enger als *H. leucochlorum* an *H. piliferum* anschliesst, also, von dem hochverzweigten Kopfstande abgesehen, eher als *H. piliferum-leucochlorum* zu bezeichnen wäre.

4. *Subsp. Touvetii* = *H. armerioides forma ramosa* Arvet-Touvet in sched.

Stengel 12—15 cm hoch, dicklich (trocken) feingestreift, bis zum Grunde verzweigt. Blätter in der Rosette zahlreich, kurz, lanzettlich, spitz, in einen kurzen stielartigen Theil ziemlich rasch zusammengezogen, derb, glaucescirend; Stengelblätter 2—3, brakteenförmig. Kopfstand hoch gablig, etwas übergipflig, grenzlos; Akladium = $^1/_6$—$^1/_3$ des Stengels; Strahlen 2. Ordnung 2—3, sehr entfernt, etwas dicklich; Winkel 35—40°; Ordnungen 2 (—3); Kopfzahl 3—4 (—5). Hülle 10—11,5 mm lang, zuerst dick eiförmig, dann kuglig; Schuppen schmal, lang zugespitzt, äusserst spitz, schwarz, randlos, innere schmal dunkelgrün gerandet. Haare der Hülle reichlich, ziemlich hell, 1,5—2 mm, an den Caulomen oben zerstreut, dunkel, 1—1,5 mm, abwärts bald verschwindend, auf den Blättern beiderseits 0, nur am Rande und Stieltheil zerstreut bis ziemlich reichlich, weich, 3 mm lang. Drüsen an Hülle und Blättern 0, an den Caulomen oben reichlich, schwarz, lang, abwärts vermindert bis gegen die Basis. Flocken an Hülle und Blättern 0, am Stengel oben grauen Filz bildend, abwärts langsam vermindert bis zum Grunde. Blüthen dunkelgelb, zungig oder halbröhrig, Zähnchen kahl; Griffel dunkel. Früchte braunschwarz, 2,6 mm lang. — Savoyen (A.-T.).

Geographische Verbreitung der Spec. cirritum.

Mit Rücksicht auf die weite Verbreitung der Spec. *glanduliferum* durch die ganze Alpenkette von der Dauphiné bis zu den Tauern, und auf die überall an den nämlichen Orten vorkommenden zahlreichen *silvaticum*-Formen sollte man vermuthen, dass Pflanzen von den Eigenschaften des *H. cirritum* eben so häufig vorkommen würden, namentlich wenn die bisherige Deutung vieler derselben als Bastarde der genannten Hauptarten zutrifft. Diese weite Verbreitung haben indessen die *cirritum*-Sippen nicht, sie wurden bisher unseres Wissens nur in Dauphiné, Piemont, Savoyen und Westschweiz, einige auch im Rheinwald und eine einzige auch auf dem Brenner beobachtet. Im wesentlichen sind also die Westalpen das Gebiet dieser Pflanzen, obwohl die Hauptarten, zwischen denen sie ihren Merkmalen nach stehen, ebenso in den östlicher gelegenen Ketten Graubündens und Tirols in reichlicher Menge angetroffen werden. Schon daraus dürfte der Schluss zu ziehen sein, dass die meisten *Cirrita* selbständige Zwischenformen sind, nicht Bastarde, denn es ist kein Grund einzusehen, warum in den Westalpen zahlreiche Bastarde zwischen Arten entstehen sollten, die in den Ostalpen ebensogut vorkommen, aber sich hier nicht kreuzen. Damit soll indessen die Möglichkeit, dass einige der vorstehend beschriebenen Pflanzen hybrid seien, nicht bestritten werden; aber es kann eben den Hieracien meist nicht angesehen werden, ob sie legitimer oder illegitimer Abstammung sind, und so ist einzig und allein aus dem spärlicheren Vorkommen mancher in Rede stehenden Formen zu vermuthen, dass hier Bastarde vorliegen könnten.

IV. Tomentosa.

Wuchs phyllopod, hypophyllopod oder aphyllopod. Blätter am Grunde oder doch im unteren Theil des Stengels gehäuft oder genähert, gross, derb, oval oder elliptisch oder länglich, untere meist in einen Stiel verschmälert, ganzrandig oder buchtig-gezähnelt bis gesägt, beiderseits weissfilzig; Stengelblätter zerstreut, mehrere bis viele, langsam decrescirend oder so nur im unteren Theil des Stengels, nach oben hin rasch in die Bracteen übergehend, mittlere und obere sitzend. Kopfstand tief gabelig bis lax rispig, (1—) 2 bis mehrköpfig, mit ± zerstreuten Aesten. Köpfe sehr gross oder doch ansehnlich, mit linealen, spitzen, anliegenden, langfilzigen oder *(H. thapsiforme)* dicht mit Sternhaaren bedeckten Hüllschuppen. Haare stark federig, mit Zähnen, welche den Durchmesser des Haares oft um das 5—10fache übertreffen. Drüsen und Flocken mangelnd oder gering entwickelt. Blüthen zungig, gelb, mit ± gewimperten bis kahlen Zähnchen. Früchte meist dunkelfarbig, 3,5—4,5 mm lang.

Zu den Tomentosa sind drei Hauptarten zu rechnen, die einander zwar habituell nahe stehen, aber durch gewisse Merkmale gut geschieden werden: *H. tomentosum All.*, *H. pannosum Boiss.* und *H. thapsiforme n. sp.* Bei *H. tomentosum* werden alle Theile der Pflanze von langhaarigem Filz überzogen, Axensystem und Beblätterung sind etwa entsprechend derjenigen niederen morphologischen Stufe ausgebildet, welche wir bei den *Villosina* antreffen (vgl. Seite 86); — *H. pannosum* verhält sich bezüglich des Indumentes sehr ähnlich, zeigt aber darin einen morphologischen Fortschritt, dass der obere Theil der Pflanze durch plötzliche Descrescenz der Phyllome von dem unteren Theil differenzirt erscheint; — bei *H. thapsiforme* wird nur die vegetative Region von dem langhaarigen Filz bekleidet, die Köpfchenhüllen dagegen tragen statt dessen einen kurzen weisslichen oder wegen der durchschimmernden dunkeln Hüllschuppen bläulich erscheinenden Ueberzug von Sternhaaren, ausserdem verkürzen sich hier nicht nur die Internodien des Kopfstandes zur Bildung einer lockeren Rispe, sondern es treten auch die Blätter in einer mittleren oder unteren Region des Stengels dicht zusammen, um eine rosettenartige Vereinigung darzustellen, welche an eine ähnliche Bildung bei gewissen Accipitrinen (*H. boreale, tenuifolium*) erinnert. Wenn demnach *H. tomentosum* die unterste Stufe der Ausbildung des Axen- und Beblätterungssystemes inne hält, so kann *H. pannosum* etwas höher, und *H. thapsiforme* auf eine noch höhere Stufe gestellt werden.

Der systematische Zusammenhang dieser 3 Species mit anderen Arten ist ebenfalls ein ganz ungleicher. Was zunächst *H. tomentosum* betrifft, so steht dasselbe mit *H. villosum* in sehr naher Verbindung, so zwar, dass eine gleitende Uebergangsreihe zwischen beiden Arten existirt. Durch zahlreiche Zwischenstufen steht *H. tomentosum* auch mit *H. silvaticum* in Zusammenhang, doch ist diese Reihe nicht eine continuirliche, vielmehr eine unterbrochene, wie unten (*H. colophyllum*) gezeigt wird; ausserdem gibt es Uebergangsglieder des *H. tomentosum* noch zu 11 anderen Hauptarten oder Zwischenarten, welche z. Th. hybrid sein mögen. — Ungleich geringer ist die Zahl der bekannten Uebergänge von *H. pannosum* zu anderen Arten; wir kennen solche nur zu den Accipitrinen: *H. brevifolium, foliosum* und *prenanthoides*, und zwar scheinen diese Zwischenformen ausnahmslos nicht hybrider Natur zu sein. — Von *H. thapsiforme* gibt es unseres Wissens nur 2 selbständige Uebergangssippen zu anderen Species, ausserdem aber hat die typische Sippe im Garten mit *H. umbellatum* und *H. sabaudum* Bastarde erzeugt.

Wenn man aus der Art und Weise der systematischen Verbindung der Species allein auf deren Entstehungsweise schliessen dürfte, so könnte angenommen werden, dass *H. tomentosum*, *H. villosum* und *H. silvaticum* als miteinander eng verbundene Sippen von einer gemeinsamen Urform herstammen mögen; und da die Spec. *pannosum* und *thapsiforme* weder mit *H. tomentosum* durch Uebergänge verknüpft werden, noch in der Richtung der anderen genannten Arten Zwischenformen besitzen, so könnten diese beiden *Tomentosa*-Species sich schon früher von der gemeinsamen Abstammungslinie abgezweigt haben als *H. tomentosum*. Allein es ist unstatthaft, nach dem Verhalten in einer einzigen Hinsicht einen Stammbaum zu construiren und denselben dann für mehr als eine von vielen Möglichkeiten ansehen zu wollen. Denn z. B. schon eine Ueberlegung, welche von der sehr wahrscheinlichen Annahme ausginge, dass die filzartige Behaarung unserer 3 Arten eine Anpassungserscheinung an ein zeitweilig übermässig trockenes Klima sei, könnte zu einem ganz andern Stammbaum führen, vielleicht zu einem richtigeren, als der oben angedeutete es ist. Denn sieht man von der Filzbekleidung ab, so hat man sich im wesentlichen an die Ausbildung des Caulomsystemes und an die Beblätterungsweise zu halten; darnach würde man *H. tomentosum* und *H. villosum* auf die unterste Stufe stellen, *H. pannosum* etwas höher, *H. silvaticum* nach einer anderen Richtung ebenfalls höher als *H. tomentosum*, und *H. thapsiforme* würde sich ziemlich enge an die *Accipitrina* anschliessen, so dass unser Stammbaum schon innerhalb dieser kleinen Gruppe von Arten nicht mehr ein monophyletischer bliebe, sondern ein pleiophyletischer aus mindestens 2 Urformen würde, mit einer Initiale für *H. thapsiforme* und die *Accipitrina*, einer anderen für die übrigen Arten. — Vorstehende Bemerkung mag an dieser Stelle Platz finden, um an einem bestimmten Beispiel auf's neue die grossen Schwierigkeiten der Aufstellung von Stammbäumen zu demonstriren: solche Aufstellungen müssen eben häufig bedeutungslos erscheinen, weil sie auf einseitigen Voraussetzungen beruhen.

Interessant ist das Verhalten der Haare bei den *Tomentosa.* Mit blossem Auge gesehen scheinen die den dicken Haarfilz tragenden Theile bei allen 3 Arten keine besonders grossen Verschiedenheiten aufzuweisen, wenn man von dem geringeren oder stärkeren Grade der Kräuselung der Haare absieht, welche ja in zufälligen Feuchtigkeitsverhältnissen des Standortes ihren Grund haben könnte. Unter dem Mikroskop aber erweist sich der Bau der Haare bei den einzelnen Sippen als ein recht verschiedener[1]).

Das typische *H. tomentosum* trägt aus mehreren Zellreihen gebildete, langästige, gegen die Spitze hin aber mit weniger zahlreichen und kürzeren Zweigen versehene Haare, die in zwei mässig lange gespreizte Spitzen endigen; — *H. pannosum* besitzt ähnliche, aber im allgemeinen längere, mit langsam decrescirenden Zweigen besetzte, in 2 kurze, gerade ausgestreckte Spitzen auslaufende Haare, so dass das ganze Haar mehr peitschenförmig erscheint; — *H. thapsiforme* hat dagegen viel kürzere, nur 2—3 reihige, mit lauter gleichen Aesten und auch gleich langen sparrigen Spitzen versehene Haare.

Diesen Hauptsippen schliessen sich nun die übrigen Subspecies und Varietäten mehr oder weniger enge an. *H. coronariifolium* z. B. steht dem typischen *H. tomentosum* auch in der Haarbildung äusserst nahe, *H. Ravaudii* und *H. pteropogon* dagegen zeigen eben so lange Haare mit sehr viel kürzeren Aesten, die ganz allmählich decresciren, so dass diese beiden Subspecies sich dadurch den nicht tomentosen Hieracien nähern, welche meist nur gezähnte, nicht gefederte Haare besitzen; in der Gruppe des *H. andryaloides* treten zu den im ganzen wie bei *H. tomentosum* gestalteten, aber in allen Dimensionen um die Hälfte kleineren Haaren noch Flocken hinzu, wodurch diese Pflanzen leicht zu erkennen sind. — Auch innerhalb der Spec. *pannosum* werden Verschiedenheiten des Haarbaues wahrgenommen, welche etwa den genannten bei Spec. *tomentosum* entsprechen. Mit *H. pannosum* stimmt nur *H. Mokragorae* fast vollständig überein, *H. taygeteum, Parnassi* und *Friwaldii* aber haben fast genau den Haarbau wie *H. Ravaudii* und *pteropogon*, also stark verlängerte Haare mit ziemlich kurzen, langsam decrescirenden Aesten bis zu der in 2 kurze vorgestreckte Zähne endigenden Spitze. — Die Spec. *thapsiforme* endlich zeigt bezüglich der Haarbildung noch grössere Differenzen. Nur bei *H. gymnocephalum* werden Haare angetroffen, welche ihrer äusserst langen Aeste wegen an diejenigen des *H. thapsiforme* erinnern, aber doch schon in ihrem oberen Theil eine plötzlich eintretende rasche Decrescenz der Verzweigung zeigen, die dem Haar eine peitschenförmige Spitze aufsetzt;

[1]) Es wurden die Haare der Blattoberseite aller hier in Betracht kommenden Sippen bei 65malgier linearer Vergrösserung mittelst des Prismas gezeichnet.

schon bei *H. plumulosum* und noch mehr bei *H. lanifolium* verkürzt sich die Federung bedeutend, das Haar wird 6—10 mal so lang als bei *H. thapsiforme* und endigt mit kurzen, vorgestreckten, oft etwas ungleichen Spitzen.

Aus dem Gesagten erhellt, dass es möglich ist, gewisse Sippen der *Tomentosa* nach dem Befunde der mikroskopischen Haaruntersuchung mit Sicherheit zu bestimmen, während andere Sippen nach den Haaren allein nicht erkannt werden können; ein Resultat, welches dem bei anderen Pflanzengruppen erhaltenen ganz ähnlich ist und die Zahl derjenigen Fälle vermehrt, in welchen sich die anatomische Untersuchung der Phanerogamen für systematische Zwecke als nicht besser verwendbar erwiesen hat als die grob-morphologische Betrachtung derselben. — Mit Rücksicht auf die Haargestalt allein würde sich folgende Bestimmungstabelle aufstellen lassen:

Haare 2—3 reihig; Aeste (auch die spitzenständigen) alle gleichlang, 8—10 mal länger als der Durchmesser des Haares: *H. thapsiforme.*

Haare mehrreihig, zuweilen am Grunde sehr dick, mit ungleich langen, d. h. gegen die Spitze hin $\pm$ decrescirenden Aesten und kurzen Spitzen.

- Aeste im unteren Theil des Haares 8—10 mal länger als dessen Durchmesser, im oberen Theil plötzlich rasch decrescirend, so dass das Haar geisselförmig wird: *H. gymnocephalum, plumulosum.*
- Aeste von unten nach oben gleichmässig decrescirend.
  - Untere Aeste 5—8 mal den Haardurchmesser übertreffend, deutlich viel länger als die mittleren, also Haaräste ziemlich rasch decrescirend: *H. Mokragorae, pannosum, tomentosum.*
    *Haare sehr lang: *H. lanifolium.*
  - Untere Aeste 3—6 mal den Haardurchmesser übertreffend, nicht oder nicht erheblich länger als die mittleren, also Haaräste sehr langsam decrescirend.
    - Nur Haare auf der Blattoberseite vorhanden.
      - Haarinternodien in der unteren Hälfte des Haares kürzer als die zugehörigen Aeste: *H. Parnassi, Frivaldii, Ravaudii, pteropogon.*
      - Haarinternodien häufig länger als die zugehörigen Aeste: *H. taygeteum,* zuweilen *H. Parnassi.*
    - Haare und Flocken auf der Blattoberseite: *Spec. tomentosum Gr. Andryaloides.*

Tomentosa, Uebersicht der Arten.

Verzweigung gablig; Hülle mit langer seidenartiger Behaarung.

- Stengelblätter aufwärts langsam decrescirend; Pflanze phyllopod oder hypophyllopod; Stengel zickzackförmig oder bogig: *H. tomentosum All.*
- Stengelblätter rasch, ganz oben plötzlich decrescirend; Pflanze aphyllopod oder hypophyllopod; Stengel gerade: *H. pannosum Boiss.*

Verzweigung lax rispig, hoch beginnend; Hülle mit kurzen Sternhaaren bedeckt: *H. thapsiforme* Uechtr.

Ueber die wissenschaftliche Bezeichnung der langwolligen Hieracien herrscht theilweise wenig Klarheit. Vor allem stehen sich die Namen *H. tomentosum* und *H. lanatum* gegenüber, und die meisten Floren nehmen den letzteren als richtig an. Folgendes kann zur Orientirung dienen. Das erste zu unseren *Tomentosa* gehörige *Hieracium* wurde von Gérard in der Flora gallo-provincialis (1761) p. 168 in sehr kenntlicher Weise beschrieben unter Voranstellung des Beiwortes „*tomentosum*", wenn auch in diesem Werke Speciesnamen noch nicht hervorgehoben werden. — Dann führt Allione in seiner Flora Pedemontana I (1785) p. 216 eine Sippe als *H. tomentosum* auf, indem er sich schon auf Villars[1]) beruft und dessen *H. lanatum* mit *H. andryaloides* zusammenfasst, die Species demnach in dem auch von uns anerkannten Umfange nimmt. — Nun folgt 1789 Villars im III. Bande seiner Histoire des plantes du Dauphiné p. 120, wo er *H. lanatum, H. andryaloides* und *H. Liottardi* als Arten getrennt hält. — Im Jahre 1800 führt Willdenow in den Spec. plant. III, 3 p. 1586 schon vorweg das *H. lanatum* Waldst. et Kitaib.[2]) auf, ohne Villars zu erwähnen, den er jedoch anderen Citaten nach recht wohl kennt. Dies ist eine ganz andere Pflanze als Allione und Villars vor sich hatten, es ist die von uns weiter unten als *H. lanatum* W. K. = *H. Waldsteinii* Tausch beschriebene Zwischenform von *H. thapsiforme* und *H. tridentatum.* Erst 1805 im II. Bande der Plantae rariores Hungariae pag. 135 tab. 127 folgt die ausführliche Beschreibung und Abbildung dieser Pflanze. — Persoon hat dann 1807 in seiner Synopsis II p. 374 ein *H. verbascifolium,* welches nach Diagnose und Synonymie identisch ist mit Gérard's und Allione's *H. tomentosum* und Villars' *H. lanatum*; ausserdem beschreibt er auch noch *H. lanatum,* welches mit der Waldst. et Kitaib.'schen Pflanze übereinstimmt. — Dagegen ist das *H. verbascifolium* Villars voyage (1812) p. 56 tab. 3 fig. 1 eine Zwischenform seines *H. lanatum* mit *H. prenanthoides.* An letztgenannter Stelle scheint Villars selbst die Bezeichnung *H. tomentosum* All. der seinigen vorzuziehen. — Endlich gebraucht Tausch in den Bemerkungen in der Flora 1829 p. 65 den Namen *H. Waldsteinii* für das *H. lanatum* W. K.

Auf Grund dieser historischen Darlegung dürften nun folgende Vorschläge annehmbar erscheinen. Für die Hauptart der Südwestalpen bleibt die von Gérard zwar schon angedeutete, aber erst von Allione in unserem Sinne und Umfange gebrauchte Bezeichnung *H. tomentosum* bestehen und erhält als Autor den letztgenannten Forscher. *H. lanatum* Villars gehört dann als Synonym zur typischen Subspecies dieser Art und zwar zufolge der Hist. pl. Dauph.; ebenso ist *H. verbascifolium* Pers. ein dahingehöriges

---

[1]) Villars, prosp. p. 35, ein uns unzugänglich gebliebenes Werk.

[2]) Willdenow, obwohl 1800 erschienen, citirt schon Band, Seite und Tafel in Waldstein und Kitaibel (1805). Demnach haben die letztgenannten Autoren wohl schon lange bevor ihr Werk vollständig gedruckt war, Mittheilungen an Willdenow gelangen lassen; sie citiren ihrerseits Willdenow nicht.

Synonym. — *H. lanatum* W. K. dagegen ist eine Pflanze von völlig anderer systematischer Stellung, wird besonders aufgeführt und hat als Synonym *H. Waldsteinii* Tausch. — *H. verbascifolium* Vill. endlich gehört zu unserer Spec. *thapsifolium*.

47. H. tomentosum All.

fl. Pedem. I. (1785) p. 216; Gérard fl. gall.-prov. (1761) p. 168.
= *Andryala lanata* Linn. sp. pl. ed. 2, II (1763) p. 1137.

Stengel meist einzeln, seltener 2 oder mehr aus dem nämlichen Rhizom entspringend, mässig hoch, phyllopod oder hypophyllopod, oder durch Abtrocknung der grundständigen Blätter aphyllopod erscheinend, beblättert, grenzlos-gabelig-verzweigt, mehrköpfig. Rosettenblätter wenig zahlreich, derb, gross, mit breiter Scheide und kurz- oder undeutlich gestielter Spreite, lanzettlich bis länglich und elliptisch, ganzrandig bis gezähnt, die längsten meist spitz; Stengelblätter langsamer oder rascher decrescirend, untere den Rosettenblättern ähnlich, aber kaum in einen stielartigen Theil zusammengezogen, obere mit breiterer Basis sitzend, rasch in die Bracteen übergehend; alle wie überhaupt die ganze Pflanze mit Ausnahme der unteren Blattscheiden dicht mit langen, federigen, meist gekräuselten und dadurch einen dicken Filz bildenden Haaren bekleidet. Kopfstandsäste zerstreut, Akladium zuweilen länger, meist viel kürzer als die Hälfte des Stengels; Köpfe gross, eiförmig oder kuglig, ihre Hüllschuppen aus breitem Grunde sehr langspitzig, sehr spitz, durch die Filzbekleidung verhüllt, alle anliegend oder nur die äussersten etwas locker. Drüsen und Flocken fehlen bei der Hauptsippe, bei anderen sind am oberen Theil der Caulome (und auf der Hülle) oder auf den Blättern Flocken entwickelt. Blüthen hellgelb, zungig, mit papillösen oder gewimperten Zähnchen und hellem Griffel. Früchte dunkelfarbig, 3,5 bis 4,5 mm lang.

Bemerkungen zu den Merkmalen der Spec. tomentosum.

Fast alle zur Spec. *tomentosum* gehörigen Pflanzen haben eine eigenartige Tracht, welche nur allenfalls an die *Cerinthoidea* erinnert. Die zerstreut stehenden grossen Blätter, die lockere Verzweigung, die ansehnlichen Köpfe und namentlich die weisse filzartige Bekleidung aller Theile bedingen eine leicht in's Auge fallende Erscheinung. Dazu kommt, dass die Stengel meist nicht aufrecht stehen, sondern entweder niederliegen und erst in der oberen Hälfte bogig aufsteigen oder doch wenigstens aus kurz bogenförmigem Grunde sich erheben. Gewisse Sippen, besonders diejenigen aus der Gruppe des *H. andryaloides* stehen indessen habituell der Gattung *Andryala* nahe, welche ja auch ihren systematischen Merkmalen nach zu den mit *Hieracium* nächstverwandten Gattungen gehört.

Der Aufbau des Axensystemes ist bei *H. tomentosum* so einfach wie bei den *Glaucina* und *Villosina*: das Akladium ist ansehnlich, die Aeste sind lang und in ähnlicher Weise wie der Hauptstrahl weiter verzweigt, nirgends findet ein Zusammenrücken der oberen Aeste zu doldenartigen Stellungen statt, eine Grenze der Verzweigung nach abwärts ist nicht vorhanden. Zuweilen wird bei manchen Sippen eine Verkürzung der Internodien am unteren Theil des Stengels beobachtet, durch welche das gestreckt bleibende Akladium schaftartig erscheint; dieser Wuchs ist indessen nicht constant, denn er tritt nur bei zwerghaften Exemplaren auf, während grössere normal entwickelte Individuen der nämlichen Sippe immer einen über der Rosette verzweigten Stengel besitzen. Auch durch Fehlschlagen aller Aeste kann ein scheinbar schaftartiger Wuchs entstehen; dieser Fall ist dadurch leicht erkennbar, dass hier immer grössere Stengelblätter erhalten bleiben, also nicht alle Internodien unterhalb des Akladiums gestaucht sind.

Zu dieser einheitlichen Durchführung der Verzweigungsform kommt auch eine ebenso einförmige Blattgestaltung. Denn die oberen Laubblätter sind, was Form und Dimensionen betrifft, im wesentlichen als Wiederholungen der unteren ohne deren Stiel- und Scheidentheil anzusehen. Da die Decrescenz der Stengelblätter eine langsame ist und erst in den obersten Regionen der Pflanze rascher erfolgt, so tritt auch im Blattsystem keine auffälligere Differenzirung hervor. Die morphologische Ausbildung des Axen- und Beblätterungssystemes steht also auch hier auf einer niederen Stufe.

Wie bei vielen anderen Archieracien unterliegt die Grösse der Köpfchenhüllen manchmal erheblichen Schwankungen, ohne jedoch zur Mikrocephalie herabzusinken. Es wechselt ferner in auffälligerer Weise die Anzahl der Stengelblätter und, je nach den Standortsverhältnissen, die Zahl der Aeste und der Verzweigungsgrad derselben.

Uebersicht der Subspecies-Gruppen.

Blätter ganzrandig oder mit geringer Zahnung; Behaarung der Pflanze 3—5 mm lang; Flocken auf den Blättern fehlend: I. *Tomentosum.*

Blätter immer (oft grob-) gesägt-gezähnt, schmaler als bei Gr. I. Behaarung der Pflanze kurz, nur 1—1,5 mm lang; Flocken auf den Blättern vorhanden: II. *Andryaloides.*

I. ***Tomentosum*** (siehe oben).

1. *Subsp. tomentosum* All. l. c. = *H. lanatum* Vill. hist. pl. Dauph. III (1789) p. 120 = *H. verbascifolium* Pers. synops. II (1807) p. 374.

Stengel 12—35 cm hoch, aufrecht oder am Grunde etwas aufsteigend, sehr dick und durch die Behaarung noch dicker erscheinend, (unter dem Filz) gestreift, phyllopod, oder durch Abtrocknung der untersten Blätter hypophyllopod oder pseudaphyllopod, tief herab verzweigt. Blätter derb, gross, aufwärts zuerst langsam, dann rasch decrescirend, unterste mit Stiel und Scheide, lanzettlich, länglichlanzettlich oder länglich, ganzrandig oder entfernt-buchtig-gezähnelt, stumpf bis spitz, folgende in verschiedener Weise länglich, ganzrandig, in einen stielartigen Theil verschmälert oder mit schmaler Basis sitzend, spitzlich und spitz, mittlere Stengelblätter mit gerundeter oder etwas umfassender Basis sitzend, elliptisch oder eiförmig, zugespitzt, spitz, oberste aus eiförmigem oder lanzettlichem Grunde langspitzig, plötzlich in die Bracteen übergehend. Kopfstand gablig, gleich- oder etwas übergipflig, grenzlos, Akladium = $^1/_6$—$^1/_2$ (—$^2/_3$) des Stengels; Strahlen 2. Ordnung 2—4 (—6), sehr entfernt, dick, schief- oder meist bogig-aufsteigend; Winkel (30—) 40—55°; Ordnungen 2—3 (cult. —4); Kopfzahl 3—7 (cult. mehr). Hülle c. 15—18 mm lang, kuglig, dann bauchig; Schuppen durch die filzartige Behaarung völlig verdeckt, aus breitlicher Basis sehr langspitzig-lineal, äusserst spitz, äussere locker. Haare an allen Theilen der Pflanze einen dichten, gekräuselten Wollfilz bildend, welcher oft lockig-büschelig wird und nur auf den Scheiden der untersten Blätter fehlt, so dass diese kahl erscheinen; dieser Filz ist meist 1,5—3 mm dick, nur am Stengel stehen manche Haare 3—5 mm über den Filz hinaus, und die Hülle ist mit etwas geraderen 3—4 mm langen Haaren bekleidet. Drüsen und Flocken fehlen. Blüthen hellgelb, zungig, Zähnchen papillös oder ± gewimpert; Griffel hell. Früchte kohlschwarz, 3,5 mm lang.

1. *normale* = *H. tomentosum* Schultz-Bip. Cichoriac. 13; Fries. Hierac. eur. exsicc. 64 = *H. lanatum* F. Schultz herb. norm. nov. ser. 849; Reliqu. Mailleanae 397. — Piemont 1300—2200 m: Col di Tenda, Valle dell' Abisso, Grat zwischen Besimanda und Boaira und Berg nordöstlich von Limone, Berg nördlich über Oulx (N.). Dauphiné: Mt. Rochet bei Grenoble (Verlot), Lautaret (Lt.), La Grave 2100 m (Mathonnet). Savoyen: Colombier de Culoz (Dsgl.). Westschweiz: Zermatt 1625 m (N.), Findelen, Cognethal, Binnthal und Aromanet bei Sembrancher (Lgg.), Biolay de St. Brancher 780 m (Fv.), in den Bleichen ob Brieg 800—1200 m (Wf.). — Wir erhielten die Pflanze ferner aus den Gärten von Erlangen, Turin, Wien und Zürich.

Die mittleren Stengelblätter sind zuweilen fast rhombisch mit schmaler Basis, alle Blätter kommen mit ausgeprägter Zahnung oder einzelnen gröberen Sägezähnen vor, die Behaarung ist öfters nicht so dicht anliegend, sondern mehr abstehend (wodurch Uebergänge gegen *coronariifolium* gegeben sind). Es wechseln ferner die Kopfgrösse und die Zahl der Stengelblätter, letztere in hohem Grade, so dass eine bestimmte Normalzahl nicht angegeben werden kann. — In Cultur wird der Stengel meist höher, die Blätter sind mehr gezähnt, die Verzweigung ist reicher (bis in die 4. Ordnung), die Kopfzahl grösser. Gleichzeitig tritt der phyllopode Wuchs der Sippe deutlicher hervor, als dies bei wildwachsenden Exemplaren der Fall zu sein pflegt, welche durch ihre Umgebung häufig beeinträchtigt werden.

Es gibt Individuen mit nur 9—11 mm langer Köpfchenhülle, an manchen Standorten sogar in ziemlich erheblicher Menge, so dass sich hier vielleicht eine kleinköpfige Sippe herauszubilden beginnt. In Cultur ist diese geringe Kopfgrösse, wie wir an 9 Sätzen constatiren konnten, beständig, während andere 13 Sätze die bedeutenderen Dimensionen der oben beschriebenen typischen Sippe behielten. Allein es gibt zahlreiche Zwischenstufen bezüglich der Hüllenlänge, so dass die Permanenz dieses Merkmales immerhin noch eine schwache ist. Kleinköpfige Pflanzen wurden beobachtet in Piemont: Berg nördlich von Oulx 1300—1800 m, Valle dell' Abisso bei Limone 1600—2000 m (N.); Westschweiz: Zermatt 1625 m (Vulp., Bbg.), Sionnethal, in den Bleichen ob Brieg 800 bis 1200 m (Wf.), Biolay de St. Brancher 780 m (Fv.), Findelen (N.); Savoyen: Aosta (Obr.).

Auf fast eben so unsicherer Grundlage steht unserer Meinung nach das durch Arvet-Touvet aufgestellte *H. coronariifolium*, welches der Ansicht des Autors zufolge ein *H. tomentosum-cydoniifolium* sein soll. Ob diese Deutung zutrifft, können wir leider nach dem uns vorliegenden authentischen Material nicht entscheiden. *H. coronariifolium* (Arvet-Touvet, monogr. p. 34) soll von *H. tomentosum* verschieden sein durch weniger zahlreiche und minder gekräuselte Stengelhaare, einige kleine Drüsenhaare am oberen Theile des Stengels, meist umfassende Stengelblätter, gewimperte Blüthenzähnchen, braune Griffel und minder scharf zugespitzte Hüllschuppen. — Die uns zur Verfügung stehenden Exemplare *(H. coronariaefolium forma*, Arv.-Touv. in sched.) haben gar keine Drüsen, und die Wimperung, Griffelfarbe und Zuspitzung der Hüllschuppen sind ebenfalls keine anderen als bei dem typischen *tomentosum*; auch die Blätter des letzteren sind ja nicht selten fast eben so umfassend, wie bei *H. coronariifolium*, so dass also nur die geringere und mehr gerade Behaarung des Stengels zur Unterscheidung des letzteren übrig bliebe. Aber wie oben erwähnt wurde, gibt es auch bezüglich dieses Merkmales alle Uebergänge zum anliegenden kraushaarigen Filz, so dass *H. coronariifolium* nur etwa in folgender Weise hervorgehoben werden kann:

2. *coronariifolium* Arvet-Touvet monogr. (1873) p. 34 = *H. lanato-cydoniaefolium* Arv.-Touv. l. c. = *H. lanatum* Billot Flor. Gall. et Germ. exsicc. 1518 — ist ein *tomentosum* mit mehr abstehenden, 3 bis 5 mm langen, öfters minder zahlreichen Stengelhaaren, ± umfassend-sitzenden Stengelblättern und stets deutlicher Wimperung der Blüthenzähnchen. — Dauphiné: Lautaret (Lor.), Bois Carrondet bei Charrance bei Gap (Blanc); Piemont: Viso (A.-T.), M. Cenis (Bonj.), zwischen Oulx und Césanne 1300 m, Berg nordöstlich über Limone 1700—1900 m (N.), Valdenser Alpen (Rst.); Westschweiz 780 bis 1700 m: Biolay de St. Brancher, Saillon und Drônaz bei Sitten (Wf.), Sion (Tav.), Binnthal (Lgg.), über Leuk (Lhd.), Sembrancher

(Lgg., Hut.), Berg zwischen Sembrancher und Charrat (N.), Zermatt (N., Lhd.), Vispach (Engl.).

Die Pflanze stellt sich demnach als erste, noch undeutliche Uebergangsstufe gegen *H. prenanthoides* hin. Dass sie ein Bastard sei, ist selbst nach des Autors eigener Angabe über die Häufigkeit des Vorkommens nicht sehr wahrscheinlich: „Lautaret, bords escarpés du torrent qui descend des Trois-Evêchés par le vallon des Roches-Noires à 2 ou 300 m au dessus de la route, où il est abondant". — Die Blätter sind gewöhnlich ganzrandig oder undeutlich gezähnelt, zuweilen aber

b) *dentifolium:* Blätter, namentlich untere, ± grob gesägt-gezähnt mit mucronaten Zähnen. Früchte 4 mm lang. Blattbasis immer schmal. — Dauphiné: Mt. de Glaize bei Gap (Solms); Piemont: Limone (N.); Wallis: unterhalb Bérisal 1300—1400 m (N.).

2. *Subsp. floccosum* Arvet-Touvet supplém. (1876) p. 11 et in sched. = *H. Chaboissaei* Arvet-Touvet essai de classif. (1880) p. 8.

Stengel 40—50 cm hoch, sehr dick, ± verbogen, gestreift, phyllopod oder hypophyllopod, in der oberen Hälfte verzweigt. Blätter in der Rosette 0—5, kurzgestielt, elliptisch oder kurz-länglich, spitz, entfernt-kleingezähnt, ziemlich derb; am Stengel 3—6, langsam decrescirend, untere den Grundblättern ähnlich, mittlere elliptisch mit verschmälerter Basis, obere mit breitem oder etwas umfassendem Grunde sitzend, etwas zugespitzt, spitz, wellrandig, klein-gezähnt oder gezähnelt, fast plötzlich in die Bracteen übergehend, Kopfstand hoch gablig, gleich- oder etwas übergipflig, grenzlos; Akladium = $^1/_8$—$^1/_6$ des Stengels; Strahlen 2. Ordnung 2—3, sehr entfernt, dick und dicklich, schief oder etwas bogig aufsteigend; Ordnungen 2—3; Kopfzahl (2—) 4—6. Hülle 12 mm lang, dick eiförmig-cylindrisch, dann etwas bauchig-kuglig; Schuppen etwas breitlich, lineal, lang-verschmälert, spitz, äusserste etwas locker, schwärzlich, durch die Behaarung schimmernd. Haare überall sehr reichlich und sehr weich, hell, an der Hülle 3—4 mm, an den Caulomen oben 2—3 mm, abwärts Zottenfilz bildend, bis 4 mm lang, auf beiden Blattseiten ebenso. Drüsen und Flocken fehlen. Blüthen hellgelb, zungig, Zähnchen etwas papillös oder mit vereinzelten kurzen Wimpern; Griffel? Früchte schwarzbraun, 4,5 mm lang, viele taub. — Dauphiné: Basses Alpes und H^tes^ Alpes (A.-T.).

3. *Subsp. phlomidifolium* Arvet-Touvet = *H. phlomidifolium f. petiolulata* Arv.-Touv. in sched.

Stengel 28—35 cm hoch, dicklich[1]), etwas verbogen, feingestreift, hypophyllopod. Blätter am Stengelgrunde vertrocknet; Stengelblätter

[1]) Für diese Beschreibung lagen uns nur 2 Exemplare vor, deren Stengel verletzt und in Folge dessen nicht entwickelt waren, so dass die obenstehenden Angaben sich auf die an deren Stelle gerückten unteren Aeste beziehen.

mehrere, gross, untere elliptisch oder länglich, in den Grund verschmälert oder in einen kurzen Stiel zusammengezogen, ± spitz, entfernt-buchtig-gezähnelt, weich, hellgrün, mittlere breit elliptisch, plötzlich ganz kurz gestielt, fast ganzrandig, dann rasch in die kleinen obersten Blätter übergehend. Kopfstand hoch gablig, gleichgipflig, grenzlos; Akladium 3—9 cm lang; Strahlen 2. Ordnung einige, schlank, sehr entfernt; Winkel c. 35°; Ordnungen 2—3; Köpfchen mehrere. Hülle 13—14 mm lang, kuglig, dann bauchig; Schuppen schmal, sehr langspitzig, äusserst spitz, schwärzlichgrün, durch die Behaarung etwas verdeckt. Haare überall sehr reichlich, weiss, weich, an der Hülle c. 2½ mm, am Stengel 1,5—2 mm, auf den Blättern kraus oder lockig, dieser Filz 1—1,5 mm dick. Drüsen fehlen. Flocken an Hülle und Blättern fehlend, an den Caulomen oben grauen Filz bildend, abwärts langsam vermindert. Blüthen sattgelb, zungig, Zähnchen kahl; Griffel gleichfarbig. Früchte dunkel rothbraun, 3,5 mm lang (bei dem uns vorliegenden Exemplar anscheinend fast alle taub). — Dauphiné: Viso (A.-T.).

4. *Subsp. Ravaudii* Arv.-Touv. monogr. (1873) p. 38 et in sched. = *H. andryaloidi-amplexicaule* Arv.-Touv. l. c. = *H. lanatodes* Ravaud sec. Arv.-Touv. l. c. = *H. Ravaudii* F. Schultz herb. norm. nov. ser. 1412.

Stengel (13—) 15—25 (—30) cm hoch, dick, verbogen oder leicht zickzackförmig, stark gestreift, phyllopod oder hypophyllopod, tief- (zuweilen bis zum Grunde) verzweigt. Blätter in der Rosette 0 bis 4, gross, länglich, eiförmig oder elliptisch, kurzgestielt mit abgesetztem Stiel, buchtig-gezähnelt bis gesägt, gerundet bis spitzlich, derb; Stengelblätter 2—5, unterste gross, mit verschmälerter Basis, sonst wie die Grundblätter, mittlere elliptisch oder eiförmig, spitz oder etwas zugespitzt, mit breitem oder etwas umfassendem Grunde sitzend, oberste plötzlich viel kleiner und schmaler. Kopfstand gabelig, ± (bis sehr stark) übergipflig, grenzlos; Akladium = ¼—½ des Stengels; Strahlen 2. Ordnung (0—) 1—4, alle sehr entfernt, dick, schief abstehend; Winkel oben 30—35, unten bis 50°; Ordnungen 2 bis 3; Kopfzahl (1—) 2—4 (—12). Hülle 12—17 mm lang, dick eiförmig mit gerundeter Basis, dann bauchig-kuglig und endlich niedergedrückt; Schuppen aus breiter lanzettlicher Basis lang-zugespitzt, äusserst spitz, dunkel, heller berandet, durch die Behaarung ziemlich verdeckt, äussere etwas locker. Haare an der ganzen Pflanze (mit Ausnahme der kahlen Grundblattscheiden) sehr reichlich, weich, weiss, an der Hülle 3—5 mm, an den Caulomen abstehend, 3—4 mm, auf den Blättern verbogen und kraus, lockeren Filz bildend, dieser 1,5—2 mm lang. Drüsen fehlen. Flocken der Hülle nur gegen die Hüllschuppenspitzen mässig zahlreich, am Stengel oben ebenso, abwärts vermindert, sonst mangelnd. Blüthen etwas hellgelb, zungig, Zähnchen kahl, Griffel gleichfarbig. Früchte kohlschwarz, 3,8 mm lang.

Blüht von Mitte Juni ab. — Dauphiné: Htes Alpes, Grenoble (A.-T.), Gorges du Nan bei Cognin, Isère 300—700 m (Neyra).

Arvet-Touvet deutet die Pflanze l. c. als ein *H. andryaloides-amplexicaule*, bezeichnet sie aber in sched. auch fraglich als *H. lanato-amplexicaule*, mithin als Bastardform zwischen den Species *tomentosum* und *amplexicaule* in unserem Sinne. Dieser Ansicht könnte man nur dann beipflichten, wenn angenommen werden dürfte, dass der Bastard der Spec. *tomentosum* sehr viel näher steht als der Spec. *amplexicaule*, denn auf letzteres deutet eigentlich nur die breite, zuweilen $\pm$ umfassende Basis der mittleren Stengelblätter, nicht aber weisen auch andere Merkmale mit Nothwendigkeit auf diese Species hin. Wahrscheinlicher ist es uns, dass *H. Ravaudii* keine hybride Pflanze, sondern eine dem typischen *tomentosum* ziemlich nahe stehende selbständige Sippe ist. Eine der genannten Verbindung eher entsprechende und die Eigenschaften des *H. amplexicaule* auch in keiner Weise verleugnende Pflanze wird weiter unten als *H. plumulosum* beschrieben. — Da die uns vorliegenden Exemplare des Autors übrigens, namentlich was die Drüsenhaare betrifft, mit der l. c. gegebenen Beschreibung nicht gut übereinstimmen, so darf vielleicht angenommen werden, dass Arvet-Touvet zwei Pflanzen unter der Bezeichnung *H. Ravaudii* zusammengefasst hat.

5. *Subsp. pteropogon* Arv.-Touv. essai de classif. (1880) p. 8 et in sched. = *H. lanatum 2. pteropogon* Arv.-Touv. l. c. et in sched.

Stengel 28—40 cm hoch, dick, verbogen, gestreift, zusammendrückbar, im oberen Theil verzweigt. Blätter in der Rosette 2—6, gross, grün, obovat-länglich bis länglich und länglich-lanzettlich, spitzlich bis spitz, entfernt-buchtig-gesägt-gezähnelt bis vorwärts-scharf-gesägt mit kleinen Zähnen, allmählich in einen ziemlich langen Stiel verschmälert (derselbe kann zuweilen fast fehlen), etwas derb; Stengelblätter 1—3, sehr rasch decrescirend, nur das untere ansehnlich, wie die Grundblätter, aber mit verschmälerter Basis sitzend, die oberen klein, lanzettlich. Kopfstand gablig, langästig, grenzlos, fast gleichgipflig oder etwas übergipflig; Akladium = $^1/_4$—$^1/_2$ des Stengels; Strahlen 2. Ordnung 1—2, sehr entfernt, dick; Winkel 40—50°; Ordnungen 2; Kopfzahl 2—3. Hülle 15—18 mm lang, zuerst eiförmig, dann kuglig, endlich bauchig; Schuppen aus breitlicher Basis langspitzig, äusserst spitz, schwärzlich-grün, randlos, durch die Behaarung ziemlich verhüllt, äussere locker. Haare an der ganzen Pflanze sehr reichlich, weich, weiss (trocken an der Hülle graulich oder bräunlich), an Hülle und Stengel 3—5 mm, abstehend oder wenig kraus, auf den Blättern seidigen Filz bildend, dieser 3—4 mm lang. Drüsen fehlen. Flocken nur am oberen Theil der Caulome vorhanden, sonst 0. Blüthen hellgelb, zungig, Zähnchen kahl, Griffel gleichfarbig. Früchte schwarz, gut 4 mm lang. Blüht im Juli. — Dauphiné: Viso (A.-T.); Cognethal (Wf.).

Wenn *H. Ravaudii* als ein *H. tomentosum* » *amplexicaule* angesehen werden dürfte, so wäre eben so gut *H. pteropogon* als ein *H. tomentosum* » *pictum* zu betrachten.

II. ***Andryaloides*** (vgl. Seite 278). — Eigenartiger Wuchs, welcher an die Gattung *Andryala* erinnert, Anwesenheit von Sternhaaren auf den Blättern und die Blattgestalt könnten eine Abtrennung dieser Sippen von *H. tomentosum* als eigene Species rechtfertigen; andererseits stimmen so zahlreiche Merkmale mit denjenigen der Gr. I überein, dass die hier befolgte Behandlung wohl den Vorzug verdient.

Subsp. andryaloides Vill. hist. pl. Dauph. III (1789) p. 121 Tab. 29 = *H. undulatum* Ait. Kew. III (1811) p. 124 = *H. andryaloides β. undulatum* Koch syn. (1837) p. 458.

Stengel (10—) 20—25 cm hoch, dicklich, aber schwächlich, daher oft zur Hälfte niedergestreckt oder wenigstens aus bogenförmigem Grunde aufsteigend, feingestreift, phyllopod, in der oberen Hälfte verzweigt. Blätter in der Rosette 3—5, ansehnlich, länglich, stumpf und mucronat, verschieden tief- und unregelmässig gesägt-gezähnt, wellrandig, allmählich oder ziemlich rasch in einen kurzen Stiel verschmälert, hellgrün, durch die Behaarung weisslich; Stengelblätter c. 3, rasch decrescirend, unteres ± lanzettlich oder länglich, kurzgestielt oder mit verschmälerter Basis, mittleres fast rhombisch, oberes klein, meist lineal. Kopfstand hoch gablig, gleich- oder etwas übergipflig, grenzlos; Akladium 1—2 (—5) cm lang = $^1/_{10}$ — $^1/_6$ (—$^1/_2$) des Stengels; Strahlen 2. Ordnung 1—3, sehr entfernt, dicklich bis schlank, Winkel 30—40°; Ordnungen 2—3; Kopfzahl 2—5. Hülle 11—14 mm lang, dick eiförmig, dann kuglig; Schuppen aus breitlichem Grunde langspitzig, sehr spitz, schwärzlich, heller berandet, durch die Behaarung etwas verdeckt. Haare überall sehr reichlich, kraus, weich, weiss, also Filz bildend, dieser an Hülle und Blättern c. 1 mm, am Stengel 1—1,5 mm lang. Drüsen fehlen. Flocken der Hülle nur auf den Schuppenrändern mässig zahlreich, an den Caulomen oben grauen Filz bildend, abwärts nicht oder nur sehr langsam vermindert, auf dem Blattrücken zerstreut. Blüthen hellgelb, zungig, Zähnchen langgewimpert, Griffel gleichfarbig. Früchte kohlschwarz, 3—3,5 mm lang. Blüht vom zweiten Drittel des Juni ab.

α) genuinum = *H. andryaloides* Fries Hierac. eur. exsicc. 65; F. Schultz herb. norm. nov. ser. 1411 = *H. undulatum* Willd. herb. 14716 = *H. undulatum Aitoni*, Schleich. in sched. — Dauphiné: Gorges du Nan bei Cognin 500 m (Neyra); Savoyen: an vielen Orten am Salève 975 m (Lgg., N., Dsgl., Th., Schm. etc.). — Auch aus mehreren botanischen Gärten erhielten wir diese Pflanze (Göttingen, Halle, Löwen, Madrid).

In Cultur wird der Stengel bis 40 cm lang, mit zahlreicheren langsamer decrescirenden Blättern, bis zum Grunde ästig, die Verzweigung geht bis in den 4. Grad. — Es kommen zuweilen (Dauphiné:

rochers des gorges du Nan) Exemplare vor mit gabliger Verzweigung des niedrigen Stengels und sehr groben Blattzähnen, welche die untere Hälfte des Blattes lappig machen und das letztere leierförmig erscheinen lassen, so dass die Pflanze an *H. Kochianum* erinnert.

β) *Liottardi* Vill. hist. pl. Dauph. III (1789) p. 121 tab. 29, Voyage (1812) p. 58 (als Art) = *H. andryaloides β. Liottardi* Lamk. et DC. fl. fr. 3e éd. IV (1805) p. 22 = *H. dasycephalum* Froel. in DC. Prodr. VII (1838) p. 234 = ? *H. anchusaefolium* Spreng. syst. III (1826) p. 642 = *H. murorum-andryaloides?* Arvet-Touvet essai de classif. (1880) p. 9 = *H. Liottardi* F. Schultz herb. norm. nov. ser. 1414. — Blätter elliptisch oder länglich, äussere stumpf, innere ± spitzlich, gezähnelt oder etwas unregelmässig klein-gesägt, deutlich gestielt; Stengelblätter 2, unteres lanzettlich, sitzend, oberes lineal. Kopfstand gablig, 2 (—3) köpfig. Früchte rothbraun, taub (oder unreif?) 3,5 mm lang. — Pflanze 8—12 cm hoch, Stengel fast dünn. — Dauphiné: Ufer des Furon bei Sassenages, Isère (Neyra), Chambery (Hug.).

Macht den Eindruck einer Uebergangsform zu *H. silvaticum*, ist aber von *H. colophyllum* gänzlich verschieden und steht dem *H. andryaloides* noch so nahe, dass man es nicht gut von demselben entfernen kann.

γ) *eriopsilon* Jord. in Billot arch. = *H. andryaloides C. eriopsilon* Arv.-Touv. monogr. (1873) p. 36. — Stengel nur c. 4 cm hoch, erst am Grunde verzweigt, nur mit einigen linealen Bracteen besetzt, Aeste bogenförmig aufsteigend, alle 1 köpfig. Blätter obovat-elliptisch, ungestielt, ganzrandig, noch dichter filzig als bei *α*. — Ist vielleicht von *H. andryaloides* als besondere Subspecies abzutrennen, doch lässt unser dürftiges Material kein sicheres Urtheil darüber zu. — Schweiz: wo? (Gutmann); Dauphiné: Htes Alpes (Lt.).

H. crispatum Jord. = *H. andryaloides var. 3 crispatum* Arv.-Touv. essai de classif. (1880) p. 8 kennen wir leider nicht aus eigener Anschauung.

Geographische Verbreitung der Species tomentosum.

H. tomentosum und die nächstverwandten Sippen sind in den westlichen Alpen endemisch: in der Dauphiné, in Savoyen, Piemont und Wallis; in anderen Gebirgen fehlt die Species, in Südosteuropa wird sie durch *H. pannosum* und *H. thapsiforme* vertreten. — Im Wallis kommt *H. tomentosum* auf Glimmerschiefer, Kalk- und Gipsunterlage vor; hier steigt es von 780—1200 m, bei Zermatt sogar bis 1625 m empor, in Piemont noch höher, bis 2000 m; anderseits wird *H. Ravaudii* in der Dauphiné bereits bei 300 m beobachtet; *H. andryaloides* gedeiht zwischen 500 und 975 m. Die Species hat somit einen weiten Spielraum sowohl bezüglich der Bodenbeschaffenheit als auch der Höhenlage. Daraus ist ersichtlich, dass ihre enge Verbreitung nicht durch klimatische und Ernährungsverhältnisse bedingt wird, sondern vorzugsweise in einer geringen Concurrenzfähigkeit der Sippen zu suchen ist. In der That lässt in Uebereinstimmung damit die Cultur zahlreicher Sätze erkennen, dass die eigentlichen *Tomentosa* (Gruppe I) sich im allgemeinen schwach bestocken (man bekommt selten mehr als ein halbes Dutzend Stengel aus einem Satz), leicht unter den Unbilden der Witterung leiden (die Köpfchen erfrieren oder vertrocknen nicht selten, trotz des durch den Filz geübten Schutzes), dass sie von Vögeln angegriffen werden (Sperlinge z. B. reissen grosse Blattstücke ab und verschlingen sie) und dass sie rasch zu Grunde gehen, wenn sie von Unkraut oder anderen Hieracien überwuchert werden. Alle diese Gründe vereinigen sich, um die Erlangung einer genügend grossen Anzahl cultivirter Exemplare für die Ausgabe in der Exsiccatensammlung in hohem Grade zu erschweren.

48. H. pannosum Boiss. diagn. I, 4 (1844) p. 32.

Stengel niedrig, höchstens 40 cm hoch, dick, aufsteigend oder aufrecht, hypophyllopod (oder phyllopod), tief herab verzweigt. Blätter gross, derb, beiderseits von langem weissem Haarfilz bekleidet, untere länglich oder länglichlanzettlich, ± spitz, ganzrandig oder gezähnelt bis ± gesägt, allmählich in den Grund verschmälert, aber nicht deutlich gestielt; Stengelblätter nach aufwärts zuerst langsam, dann plötzlich sehr rasch decrescirend und in die Bracteen übergehend, mittlere den grundständigen ähnlich, aber sitzend, obere schmal und klein. Kopfstand tief gablig, grenzlos, meist unter- oder gleichgipflig; Akladium meist = $^1/_4$—$^4/_5$ des Stengels einnehmend; Strahlen 2. Ordnung 1—5, zerstreut, dicklich, wie der Stengel weissfilzig, bis in den 3. Grad verzweigt; Verzweigungswinkel (40—) 60—70°; Kopfzahl 2—7. Hülle (10—) 14—20 mm lang, zuletzt kuglig oder bauchig, mit linealen, sehr spitzen, durch die dichte lange Behaarung meist verhüllten Schuppen. Haare seidenartig weich, nur an den Caulomen derber, ziemlich gerade oder verbogen, aber nicht kraus oder lockig, federig, an Hülle und Stengel 3—7 mm, auf den Blättern nur 2—3 mm lang. Drüsen mangelnd oder sehr klein und nur gegen die Hüllschuppenspitzen und unter den Köpfchen mit scharfer Lupe wahrnehmbar. Flocken an Hülle und Stengel vorhanden, hier zuweilen Filz bildend, auf den Blättern 0. Blüthen hellgelb, zungig mit kahlen oder etwas papillösen Zähnchen und gleichfarbigen Griffeln. Früchte strohfarbig bis hellbraun, 3,5—4 mm lang. Blüthezeit Juli, August.

Bemerkung. Von der Spec. *tomentosum* unterscheidet sich *H. pannosum* schon durch den Gegensatz zwischen dem unteren und oberen Theil der Pflanze. Die Blätter sind fast alle am Stengelgrunde zusammengedrängt oder doch genähert, sie sind annähernd gleich gross und decresciren nach oben hin nur wenig, dann aber nehmen sie plötzlich an Grösse sehr beträchtlich ab, so dass der obere Theil des Stengels nahezu blattlos erscheint und nur noch bracteenartige Phyllome trägt. Dazu kommen die dicken Köpfe, der ausserordentlich dichte und lange seidenartige Filz aller Theile der Pflanze, der relativ niedere Wuchs, um den Sippen der Spec. *pannosum*, namentlich der typischen Subspecies, ein leicht erkennbares Aeussere zu geben. — Ueber die Behaarung ist Seite 274 zu vergleichen.

1. *Subsp. pannosum*[1]) Boiss. diagn. I, 4 (1844) p. 32.

Stengel 20—40 cm hoch, steif, fast gerade, sehr dick, oben dicklich, gestreift, hypophyllopod oder phyllopod. Blätter in der Rosette zur Blüthezeit entweder vertrocknet, so dass nur die Scheidentheile und Spreitenreste noch stehen, oder es sind mehrere vorhanden, sehr gross, länglich oder spatelig-länglich, vorne gerundet und ± mucronat, ungestielt und langsam in den Grund verschmälert, unregelmässig vorwärtsgesägt mit relativ kleinen Zähnen, derb, gelblichgrün, durch dichten Filz weiss; Stengelblätter mehrere in der unteren Stengelhälfte, daselbst entweder gedrängt oder längere Internodien zwischen sich lassend, zuerst langsam, dann plötzlich sehr rasch decrescirend, so dass der obere Theil des Stengels schaftartig wird, gestaltet wie die Grundblätter, aber nach oben mehr länglich und spitzer werdend. Kopfstand tief gablig, untergipflig, grenzlos; Akladium meist = $^4/_5$—$^1/_1$ des Stengels; Strahlen 2. Ordnung (0—) 1—5, dicklich, schief oder etwas bogig-aufsteigend; Winkel 40—70°; Ordnungen (1—) 2; Kopfzahl (1—) 2—6. Hülle 16 bis 20 mm lang, sehr breit bauchig und am Grunde niedergedrückt; Schuppen breitlich, gleichmässig in eine meist sehr spitze Spitze verschmälert, durch die Behaarung völlig verdeckt. Haare der Hülle äusserst reichlich, weiss, weich, c. 5 mm lang, an den Caulomen reichlich, derber, bis borstlich, aber verbogen und in weiche Spitzen verlängert, 5—7 mm, auf den Blättern beiderseits äusserst zahlreich, weich, seidig, weiss, nicht sehr kraus, jedoch einen pelzartigen Filz bildend, dieser 2—3 mm dick. Drüsen fehlen. Flocken am ganzen Stengel unter den langen Haaren grauen oder graulichen Filz bildend. Blüthen hellgelb, zungig, Zähnchen kahl oder etwas papillös, Griffel gleichfarbig. Früchte strohfarbig, 4 mm lang.

α) *genuinum* = *H. pannosum* Heldreich in sched.; Kotschy it. cilic. in Tauri alp. Bulgar Dagh Nr. 97, 138, 193[a], 288 = *H. taygeteum α.*

---

[1]) Die Nomenclatur von *H. pannosum*, *taygeteum* und *Parnassi* ist wenig klar. Boissier und Heldreich unterschieden *taygeteum* von *pannosum* als Art; Fries betrachtete *Parnassi* als eigene Species, zog aber die beiden soeben genannten Pflanzen als Varietäten einer Art zusammen und zwar als *H. taygeteum α. pannosum* und *H. taygeteum var. hirsutissimum*; Heldreich führt das *H. taygeteum* in seinen Exsiccaten bald als eigene Art, bald als *H. pannosum β. taygeteum* auf. Die letztgenannte Bezeichnungsweise scheint uns die empfehlenswertheste zu sein, da die unterscheidenden Merkmale des *taygeteum* demselben ein etwas weniger charakteristisches Aussehen verleihen als *H. pannosum* es hat. Auch die minder lange und dichte Federung der Haare spricht dafür.

pannosum Fries in sched.; Friedrichsthal herb. Mac. 660 part. — Taurus (Ky), Bulgar Dagh 1300—2275 m (Ky), Troiza bei Prileb; Pisidien: Berg Bouduun (Hldr.). Anatolien: Biledschik zwischen Brussa und Eskischehr 390—455 m (Dgl.). Griechenland: Parnass 1625—1950 m (Hldr.). Syrien (Prinz Paul von Württ.). — Wurde im Garten des Belvedere in Wien cultivirt. Verändert sich in Cultur gar nicht, selbst die auffallende Dichtigkeit des Indumentes bleibt, soweit wir beobachten konnten, erhalten. Die an die wollige Behaarung eines thierischen Felles erinnernde Bekleidung der Blätter findet sich innerhalb der Gattung *Hieracium* hier am stärksten ausgeprägt.

β) *taygeteum Boiss. et Heldr.* = *H. pannosum β. taygeteum* Heldr. it. per Graec. septentr. = *H. taygeteum* Boiss. in sched., Heldreich in sched. et Herb-Heldr. Nr. 387; Heldr. herb. graec. norm. 47; Orphanides Flor. graec. exsicc. 346 = *H. taygeteum var. pannosum* Friedrichsthal herb. Mac. 660 part. = *H. taygeteum var. hirsutissimum* Fries in sched. — Blätter elliptisch, abwärts allmählich geschweift-verschmälert, ± spitz, scharf gezähnt oder gesägt; Rosettenblätter, wenn vorhanden, mit ziemlich deutlichem Stiel. Indument öfters etwas minder dicht als bei α, so namentlich am Stengel. — Griechenland (Bss.): Oeta 1790 m, Parnass 975—2275 m (Hldr., Orph.), Olymp in Thessalien, Taygetos (Heldr.), Troiza bei Prileb.

2. *Subsp. Friwaldii Rchb.* f. Deutschl. Fl. XIX (1860) p. 112 tab. 169.

Stengel c. 30 cm hoch[1]), dick, nach oben ziemlich schlank, steif, aufsteigend, nur undeutlich gestreift, hypophyllopod, in der oberen Hälfte verzweigt. Blätter der Rosette zur Blüthezeit abgetrocknet, den Stengelgrund umgeben daher braune kahle Blattscheidenreste; Stengelblätter c. 10, gross, etwas derb, hellgrün, durch dichte Behaarung weisslich, untere fast gleichgross, ± länglichlanzettlich, spitz, langsam in den Grund verschmälert, aber nicht gestielt, in der oberen Hälfte ganzrandig, in der unteren Hälfte mit entfernten aufgesetzten, zuweilen undeutlichen Zähnchen, mittlere in der Stengelmitte genähert, obere plötzlich viel kleiner, ± lineal. Kopfstand gablig, gleichgipflig, grenzlos; Akladium = 1/3 des Stengels; Strahlen 2. Ordnung 2 (—3), sehr entfernt, schlank, bogenförmig aufsteigend; Winkel am unteren Ast c. 60°; Ordnungen 2; Kopfzahl 3 (—4). Hülle c. 14 mm lang, bauchig-kuglig; Schuppen sehr schmal, lineal, sehr spitz, dunkel, durch die Behaarung etwas verdeckt. Haare der Hülle reichlich, seidig, weiss, 3—4 mm, an den Caulomen oben mässig zahlreich, abwärts sehr reichlich, unten Filz bildend, ebenso, bis 6 mm, auf beiden Blattseiten Seidenfilz darstellend, derselbe 2—3 mm lang, überall viel weniger stark federig als bei *H. pannosum.*

[1]) Wir sahen nur 1 Exemplar; die Früchte desselben wurden ausgesäet, gingen aber nicht auf.

Drüsen fehlen. Flocken der Hülle mässig, an den Caulomen grauen Filz bildend, auf den Blättern 0. Blüthen hellgelb, zungig, Zähnchen etwas papillös, Griffel gleichfarbig. Früchte hellbraun, 3,5 mm lang. — Serbien: Kopavnik 1820 m (Pavlovic).

3. *Subsp. Mokragorae.*

Stengel 10—23 cm hoch, unten dick, oben schlank, steif, aufrecht, gestreift, hypophyllopod, tief herab verzweigt. Blätter am Stengelgrunde 0 oder 1, dieses länglich, gestielt, stumpf, wellrandig, viel kahler als die übrigen, welche zu mehreren am unteren Theil des Stengels ziemlich gedrängt oder doch genähert sitzen; sie sind ansehnlich, länglich, spitz, entfernt-gezähnelt, langsam in den Grund verschmälert, aber nicht deutlich gestielt, derb, hellgrün, aber durch die Behaarung weisslich erscheinend, plötzlich in die Bracteen übergehend, letztere 4—5. Kopfstand tief gablig, grenzlos, gleich- oder untergipflig; Akladium = $^1/_2$—$^3/_4$ des Stengels; Strahlen 2. Ordnung (0—) 2—4, sehr entfernt, schlank, ± bogig aufsteigend; Winkel bis 70°; Ordnungen 2 (—3); Kopfzahl (1—) 3—5 (und mehr). Hülle 10—12 mm lang, breit kuglig; Schuppen breitlich, lineal, sehr spitz, heller oder dunkler grün, durch die Behaarung nicht verdeckt. Haare der Hülle ziemlich zahlreich oder reichlich, hell, seidig, 2—3 mm, an den Caulomen oben mässig oder fast zerstreut, weich, verbogen, 3—4 mm, abwärts bis sehr reichlich, auf den Blättern beiderseits einen Seidenpelz bildend, dieser 2—3 mm dick, ziemlich stark federig. Drüsen sehr klein, an der Hülle nur gegen die Schuppenspitzen zerstreut, an den Caulomen oben vereinzelt, abwärts bald verschwindend. Flocken der Hülle zerstreut oder mässig, an den Caulomen oben reichlich, abwärts vermindert, gegen die Basis der Aeste und des Stengels wieder zahlreicher, auf den Blättern 0. Blüthen hellgelb, zungig, Zähnchen kahl, Griffel gleichfarbig. Früchte blass graubräunlich, 3,5 mm lang. Blüht im Juli. — Westserbien: Mokragora, Medvednik (Panc.) — Macht den Eindruck, als ob es eine Sippe sei, welche von *H. pannosum* etwas gegen *H. stupposum* geht; darauf deuten besonders die Drüschen, ferner das ziemlich kleine unterste Blatt, welches auch sonst an die letztgenannte Species erinnert.

4. *Subsp. Parnassi Fries* in sched. = *H. Parnassi var. caulescens* Fries in sched.; Friedrichsthal herb. Maced. 775 = *H. taygeteum* herb. Heldreich 2365.

Stengel bis 40 cm hoch, aufrecht, steif, dicklich, oben schlank, feingestreift, hypophyllopod, tief herab verzweigt. Blätter am Stengelgrunde zur Blüthezeit abgetrocknet; Stengelblätter bis 6, etwas langsam decrescirend, unterste länglich, zugespitzt, in einen stielartigen Basaltheil verschmälert, mit entfernten kleinen Zähnchen, zuweilen etwas wellrandig; mittlere elliptisch, mit schmaler Basis sitzend, obere ebenso, aber entsprechend kleiner. Kopfstand gablig, stark über- bis gleichgipflig, grenzlos; Akladium = $^1/_4$—$^1/_2$ des Stengels; Strahlen 2. Ordnung

1—4, sehr entfernt, schief abstehend; Winkel 60—70°; Ordnungen 2—3; Kopfzahl 2—7. Hülle 13—14 mm lang, zuerst eiförmig, dann fast kuglig; Schuppen sehr schmal, lineal, sehr spitz, dunkel, durch die Behaarung etwas verdeckt. Haare der Hülle reichlich, hell, seidig, 2—3 mm, an den Caulomen oben spärlich oder zerstreut, 1 mm, abwärts an Zahl zunehmend, endlich sehr reichlich, weich, hell, 3—5 mm, auf den Blättern oberseits ziemlich reichlich, unterseits bis sehr reichlich, seidig, verbogen, 2—3 mm lang (bei den mittleren Stengelblättern bleibt öfters die Mitte der Fläche der Blattoberseite kahl). Drüsen der Hülle nur gegen die Schuppenspitzen hin sehr spärlich und klein, an den Caulomen ganz oben winzig kleine, nur mit scharfer Lupe wahrnehmbare Drüschen vorhanden, sonst 0. Flocken der Hülle mässig zahlreich, an den Caulomen oben Filz bildend, abwärts etwas vermindert, dann wieder vermehrt, auf den Blättern mangelnd. Blüthen hellgelb, zungig, Zähnchen kahl, Griffel gleichfarbig. Früchte braun, 3,5 mm lang. — Griechenland: Parnass, Korthiati in Chalcidice (Heldr.), Berg Mortiasch.

49. H. thapsiforme Uechtr.

Stengel 25—42 cm hoch, aufrecht, steif, dick oder schlank, meist stark gestreift, hypophyllopod. Blätter am Grunde der Pflanze zur Blüthezeit vertrocknet, hier nur dünne kahle Scheidenreste vorhanden; Stengelblätter zahlreich, die meisten am unteren Drittel des Stengels sitzend, genähert oder zu rosettenartigen Stellungen gehäuft, ansehnlich oder gross, ± derb, obovat bis elliptisch, in den Grund verschmälert oder die untersten etwas gestielt, mit ± langem seidig-weichem, weissem, pelzartigem Haarfilz bekleidet; am oberen Theil des Stengels entweder langsam decrescirend oder rasch in kleine bracteenartige zerstreute Blättchen übergehend, so dass dieser Theil des Stengels unbeblättert erscheint. Kopfstand lax rispig oder sehr hoch gablig, grenzlos, über- oder untergipflig; Akladium 1,5—10 cm lang, nie mehr als ¼ des Stengels einnehmend; Strahlen 2. Ordnung 1—3, entfernt, schlank, abstehend; Verzweigungswinkel 40—60°; Ordnungen 2—3; Kopfzahl 2—4 (—6). Hülle 9—13 mm lang, kuglig oder niedergedrückt; Schuppen breitlich oder breit, lineal bis lanzettlich, spitz, mittlere und innere oft etwas zugespitzt, hellgrün oder dunkel, hellrandig und durch Sternfilz weisslich überlaufen. Haare an der Hülle mangelnd oder spärlich entwickelt, an den Caulomen weit herab 0, erst unter der Stengelmitte beginnend und dann bis zum Grunde sehr zahlreich werdend, auf den Blättern einen weissen ± dichten, zuweilen lockig-gekräuselten Filz, zuweilen schlichthaarigen pelzartigen Ueberzug bildend. Drüsen 0 oder reichlich, an den Caulomen abwärts sehr rasch verschwindend. Flocken der Hülle ± dichten Filz bildend, an den Kopfstielen ebenso, am Stengel bis zum Grunde herabgehend, auf den Blättern 0. Blüthen ± gelb, zungig, Zähnchen kahl, Griffel gleichfarbig. Früchte hellfarbig, 3—4 mm lang.

Bemerkung. Den beiden vorhergehenden Species gegenüber, mit denen *H. thapsiforme* die filzigen Blätter theilt, zeichnet sich letzteres besonders durch die hoch beginnende Verzweigung und die starke Flockenbekleidung der Köpfchenhüllen aus. Bei der typischen Subspecies kommen dazu noch die charakteristischen, relativ kurzen, gleichästigen Haare der Blattoberseite, welche ein leicht erkennbares Merkmal abgeben. Ueber die Gestalt der Haare bei den anderen hiehergestellten Sippen vergl. Seite 274.

1. *Subsp. thapsiforme* Uechtr. in litt. ad. Pancic = *H. thapsoides* Panc. Elench. Crna gora (1875), non Arv.-Touv.

(cult.). Stengel 40—60 cm hoch, aufrecht, dick, nach oben verdünnt, steif, stark gestreift. Grundblätter zur Blüthezeit fehlend; Stengelblätter zahlreich, die meisten im unteren Theil des Stengels genähert, ansehnlich, derb, durch Filz kreideweiss bis grünlichweiss, aufwärts zuerst sehr langsam, dann ziemlich rasch decrescirend; untere gestielt, (eiförmig oder) elliptisch, in den Stiel verschmälert, spitzlich, wellrandig, entfernt-buchtig-stumpf-gezähnelt; mittlere ebenso, aber ungestielt und mit verschmälertem Grunde, zerstreut; obere (nach Form und Stellung) wie die mittleren, jedoch viel kleiner; oberste mit gerundeter Basis sitzend, allmählich in die Bracteen übergehend. Kopfstand sehr locker rispig, übergipflig, grenzlos, zuweilen die Verzweigung bis in den gedrängtblättrigen Theil des Stengels herabsteigend; Akladium 4—8 cm lang = $^1/_{10}$—$^1/_7$ des Stengels; Strahlen 2. Ordnung (1—) 2—10, alle entfernt, dicklich, aufwärts stark verdünnt und unter den Köpfchen etwas kreiselförmig erweitert, schief- oder leicht bogenförmig-abstehend, die unteren am Grunde beblättert, in den meisten nicht asttragenden Blattachseln stehen kleinblättrige Rosetten; Winkel 50—60°; Ordnungen 2—3 (—4); Kopfzahl (2—) 3 bis viele. Bracteen am Akladium 4—6, klein, pfriemlich. Hülle 9—11 mm lang, zuerst niedergedrückt, dann kuglig, am Grunde gestutzt; Schuppen breitlich, lineal, spitz, innere etwas zugespitzt und sehr spitz, hellgrün, durch die Flockenbekleidung weisslich überlaufen. Haare federig, weiss, weich, an der Hülle spärlich oder mässig zahlreich, 0,5—1 mm, an den Caulomen oben 0, etwa von der Mitte abwärts vorhanden und dann an Zahl rasch zunehmend, auf den Blättern sehr reichlich, kraus und lockig, dadurch dichten milchweissen Filz bildend, dieser c. 1 mm dick. Drüsen mangeln. Flocken der Hülle weisslichen Filz bildend, an den letzten Auszweigungen der Kopfstiele ebenso oder doch reichlich, an den älteren Aesten viel lockerer oder fast 0, erst von der Stengelmitte abwärts mit den Haaren einen lockigen, abwärts geschlossenen Filz zusammensetzend, auf den Blättern mangelnd. Blüthen etwas hellgelb, schmalzungig, stark zerschlitzt mit kahlen Zähnchen; Griffel gleichfarbig. Früchte hell lehmfarbig, 3 mm lang, meist sehr viele taub. — Montenegro: wo?. Serbien: Mokragora auf Kalk (Panc.).

Diese Pflanze kennen wir fast nur im cultivirten Zustande, wo sie leicht von allen Verwandten unterscheidbar ist. Sie zeichnet sich immer durch am Grunde niederliegende und früher oder später aufsteigende, etwas sparrig verzweigte Stengel, den kreideweissen kurzen Filzüberzug, die flockig bekleideten breiten Köpfchen, die regelmässig vorhandenen blattachselständigen Rosetten und eine auffallende Brüchigkeit des Stengels und der Blätter aus. Der Pappus ist noch etwas stärker bräunlichweiss als bei *H. tomentosum.* — Ein einzelnes im Besitze des Breslauer Herbariums befindliches Exemplar stammt von einer natürlichen Localität, der Mokragora im westlichen Serbien; es stimmt mit den cultivirten Pflanzen gut überein, auch bezüglich der Verzweigung, doch sind die Bracteen dem Köpfchen mehr genähert, und auf der Blattoberseite finden sich einige etwas verlängerte Haare neben den oben für *H. thapsiforme* als charakteristisch beschriebenen gleichästigen.

2. *Subsp. gymnocephalum Griseb.* in Oest. bot. Zeitschr. 1873 pag. 266.

Stengel 25—30 (cult. —40) cm hoch, schlank, aufrecht, sehr fein gestreift, steif, hypophyllopod, gegen die Spitze hin verzweigt. Blätter am Grunde der Pflanze zur Blüthezeit abgetrocknet, hier nur dürre Scheidenreste vorhanden; Stengelblätter fast alle am unteren Drittel des Stengels inserirt, genähert oder gedrängt, derb, ansehnlich, elliptisch bis obovat, in den Grund verschmälert, stiellos, stumpf bis stumpflich und mucronat, ganzrandig oder mit einigen winzigen aufgesetzten Zähnchen, beiderseits mit lockigem Filz bekleidet, fast alle nahezu gleichgross, nur das oberste plötzlich kleiner und rasch in die wenigen sehr zerstreuten Bracteen übergehend. Kopfstand lax rispig, untergipflig, ziemlich begrenzt (cult. zuweilen bis zur Stengelbasis verzweigt); Akladium 1,5—2 cm lang; Strahlen 2. Ordnung 1—2 (—4), entfernt, dünn, gegen den Kopf etwas kreiselförmig erweitert, schief-abstehend; Winkel 45—55°; Ordnungen 2 (cult. —3); Kopfzahl 2 bis 3 (cult. mehr). Hülle c. 12 mm lang, kuglig, bald niedergedrückt; Schuppen breitlich, lanzettlich, spitz, dunkel, durch Flocken weisslich überlaufen und schmal-filzig-gerandet. Bracteen am Akladium c. 2, sehr klein. Haare der Hülle 0, am Akladium sehr spärlich, sonst an den Caulomen oben 0, abwärts erst von der Stengelmitte ab spärlich, dann aber rasch zunehmend und am untersten Theil des Stengels eine c. 3 mm lange dichte seidige Bekleidung bildend, auf den Blättern beiderseits sehr reichlich, kraus und Locken bildend, dieser Filz c. 1 mm dick. Drüsen der Hülle ziemlich zahlreich, an den Kopfstielen zerstreut oder spärlich, sonst 0, Flocken der Hülle sehr reichlich, grauweisslichen Filz bildend, an den Kopfstielen ebenso, am Stengel oben mässig, abwärts vermindert und zwischen den langen Federhaaren verschwindend. Blüthen gelb, zungig, Zähnchen kahl; Griffel gleichfarbig. Früchte hellbraun, fast 4 mm lang. Blüthezeit Juli, August.

α) genuinum = H. lanatum var. canostellatum Huter sec. Pichler in sched. — Montenegro: Berg Lovcen über Cattaro (Pichl). Westserbien:

Mokragora (Panc.). Wir kultivirten die Pflanze aus Früchten vom botanischen Garten in Wien.

β) *plumulosum Kern.* in Oest. bot. Zeitschr. 1874 p. 168. Blätter länglich bis rautenförmig, mit deutlicherem Stieltheil, am Rande entfernt-buchtig-gezähnelt, dünner als bei *α*. Hüllschuppen breit, sehr spitz. Haare am oberen Theil der Caulome und auf den Bracteen zerstreut, 4—5 mm lang. Drüsen der Hülle reichlich.

1. *normale.* — Montenegro: Berg Stürovnik über Cattaro (Pichl.).

2. *nudicaule* = *H. athoum* Griseb. sec. Pichler in sched. Blätter ganzrandig oder doch viel weniger deutlich gezähnt als bei 1. Flockenbekleidung des Stengels sehr gering. — Montenegro: Berg Stürovnik über Cattaro (Pichl.), von hier auch cult. im Münchener Garten; Berg Lovtschen 1300 m (Pichl.). Dalmatien: Berg Orien 1300 m (Pichl.). Westserbien: Berg Kovlje, Mokragora (Panc.). Bosnien: Trebovac, Pod Veles (Form.), am letztgenannten Ort mit etwas schmäleren und spitzeren Blättern.

3. *Subsp. lanifolium* = *H. eriophyllum* Vukot. in sched.

Stengel 38—42 cm hoch, aufrecht, ziemlich schlank, steif, gestreift, hypophyllopod. Grundblätter fehlen zur Blüthezeit, an ihrer Stelle vertrocknete kahle Scheidenreste vorhanden; Stengelblätter ziemlich zahlreich, 2—6 cm über dem Boden eine rosettenartige ± dichte Anhäufung bildend, ansehnlich, lanzettlich und elliptisch, ungestielt, aber in den Grund verschmälert, spitz, scharf- bis etwas buchtig-gesägt, langsam decrescirend, hellgrün, etwas derb; über dieser Rosette ist der Stengel mit 3—5 kleinen lanzettlichen bis linealen, zerstreuten, bracteenartigen Blättchen besetzt, also schaftartig. Kopfstand meist hoch gablig, gleich- oder etwas untergipflig, grenzlos, aber auf den kleinblättrigen oberen Theil des Stengels beschränkt; Akladium 3—5 (—11) cm lang, = $^1/_{15}$ — $^1/_4$ des Stengels; Strahlen 2. Ordnung 1—3, entfernt, schlank, oben wenig erweitert, etwas bogig aufsteigend; Winkel c. 40°; Ordnungen 2 (—3); Kopfzahl 2—4 (—6). Bracteen am Akladium 3—4, sehr klein, dem Kopf genähert. Hülle 12 bis 13 mm lang, etwas bauchig; Schuppen breit, lanzettlich, (besonders mittlere) ± zugespitzt, spitz, dunkel, hellrandig. Haare an der Hülle 0 oder spärlich, hell, 2—3 mm, an Kopfstielen und Stengel fehlend, erst am grossblättrigen Theil des letzteren und sogleich in reichlicher Zahl vorhanden, weich, weiss, auf beiden Blattseiten einen langen weissen seidenartigen 4—6 mm langen Filz bildend, überall stark federig, langspitzig. Drüsen der Hülle reichlich, lang, an den Kopfstielen nur ganz oben vereinzelt, sonst 0. Flocken der Hülle sehr zahlreich, an den Kopfstielen ganz oben ebenso, abwärts vermindert und bis zum Stengelgrunde herabgehend, auf den Blättern mangelnd. Blüthen gelb, zungig, Zähnchen kahl, Griffel gleichfarbig. Früchte? Blüthezeit

Juli. — Croatien: am Velebit (Vuk.), Lubiko Brdo (Pichl.), Kalkfelsen in dem Lika (Schloss.).

Die Pflanze erinnert durch ihren Habitus an manche *Jtalica* und fällt durch den sehr scharfen Gegensatz des unteren beblätterten und des oberen schaftartigen Theiles auf; ausserdem ist sie durch die wolligen scharfgesägten Blätter ausgezeichnet. Als eine deutliche Zwischenform ist sie aber nicht aufzufassen.

Zwischenformen und Bastarde der Tomentosa.

Es sind keine Pflanzen bekannt, welche als Zwischenformen der 3 vorstehend beschriebenen Species der *Tomentosa* aufgefasst werden müssten; auch Bastarde können, wenigstens zwischen *H. tomentosum* einerseits, *H. pannosum* oder *H. thapsiforme* anderseits, in der freien Natur nicht vorkommen, weil diese Arten weit getrennte Gebiete bewohnen. Dagegen gibt es nicht wenige Uebergangssippen der *Tomentosa* zu anderen Gruppen der Archieracien, und auch Bastarde haben sich zwischen solchen gebildet.

Die Spec. *tomentosum* steht mit 9—10 anderen Hauptarten durch Zwischenglieder in Beziehungen; dazu kommen noch 4 Gruppen von Sippen, in deren Merkmalen ausser *H. tomentosum* sich noch 2 andere Arten erkennen lassen. Am zahlreichsten sind die Zwischenformen von *H. tomentosum* und *H. villosum* erhalten geblieben, welche eine nahezu gleitende Reihe zwischen den genannten Species herstellen; fast ebenso vollständig ist die Verknüpfung mit *H. silvaticum* und *H. prenanthoides*, lückenhafter diejenige mit *H. glaucum, glanduliferum* und *humile;* und wieder mit anderen Arten wird *H. tomentosum* nur durch einzelne Zwischenglieder oder hybride Bildungen verknüpft. — Von solchen Zwischenformen, die in ihren Merkmalen mit Sicherheit auf *H. pannosum* hindeuten, kennen wir nur 3 Gruppen, welche zwischen letztgenannter Art und den Accipitrinen *H. brevifolium, foliosum* und *prenanthoides* vermitteln, alle wahrscheinlich selbständige Sippen (vergl. auch *H. Leithneri*). — Ebenso gibt es nur wenige solche Uebergangsformen des *H. thapsiforme* zu anderen Arten, unseres Wissens nur zu *H. tridentatum* und *prenanthoides*; eine sexuelle Verwandtschaft indessen besteht auch zwischen ihm und *H. sabaudum* wie *H. umbellatum*, da es sich mit diesen beiden Species im Münchener Garten spontan gekreuzt hat.

Eine Uebersicht aller Zwischengruppen der Tomentosa ist demnach folgende (vergl. Fig. 3 auf Seite 257):

1.	*H. tomentosum*	— *glaucum*	= *H. erioleion n. sp.*
(	„ „	+ „	= „ *tomentellum n. sp.*)
2.	„ „	— *villosum*	= „ *eriophyllum Schleich.*
3.	„ „	— *scorzonerifolium*	= „ *chloropsis Gr. Godr.*
4.	„ „	— *elongatum*	= „ *argothrix n. sp.*

5.	*H. tomentosum* > *glanduliferum*	=	*H. pogonites n. sp.*
6.	„ „ — „	=	„ *bombycinum Scheele.*
7.	„ „ — *silvaticum*	=	„ *colophyllum n. sp.*
8.	„ „ — *pictum*	=	„ *pulchellum Griseb.*
9.	„ („ — „) — *prenanthoides*	=	„ *lychnioides A.-T.*
10.	„ „ > *humile*	=	„ *lansicum A.-T.*
11.	„ „ — „	=	„ *Kochianum Jord.*
	(„ „ < „	=	„ *etruscum n. sp.*)
12.	„ „ — *amplexicaule*	=	„ *plumiferum n. sp.*
	(„ „ — *phlomoides*	=	„ *phlomidophorum n. sp.*)
13.	„ „ — *prenanthoides*	=	„ *thapsifolium A.-T.*
14.	„ „ — „ — *silvaticum*	=	„ *villiferum n. sp.*
15.	„ „ — *sabaudum*	=	„ *anserinum Ravaud.*
16.	„ *pannosum* — *prenanthoides*	=	„ *Gaudryi Boiss.*
17.	„ „ — *brevifolium*	=	„ *divergens n. sp.*
18.	„ „ — *foliosum*	=	„ *marmoreum Panc.*
19.	„ *thapsiforme* — *tridentatum*	=	„ *lanatum W. K.*
20.	„ „ — *prenanthoides*	=	„ *calophyllum Uechtr.*
21.	„ „ + *sabaudum*	=	„ *cepeutum n. hybr.*
22.	„ „ + *umbellatum*	=	„ *thapsigenum n. hybr.*

Von diesen Zwischengruppen ist *H. tomentellum* schon oben (Seite 79) besprochen worden; *H. etruscum* und *H. phlomidophorum* werden weiter unten im Anschluss an *H. humile* resp. *H. phlomoides* aufgeführt. — Vergl. übrigens Seite 257, 258.

50. **H. erioleion n. sp.**

= *tomentosum* — *glaucum.*

Stengel c. 15 cm hoch, fast aufrecht, dünn, verbogen, feingestreift, phyllopod, bis zum Grunde verzweigt. Blätter in der Rosette zur Blüthezeit 4—10, lanzettlich, sehr spitz, ungestielt, mit zerstreuten, winzigen, aufgesetzten Zähnchen, ziemlich derb, glaucescirend; Stengelblätter 2, das obere noch ziemlich ansehnlich, breitlanzettlich; am Akladium einige ziemlich grosse Bracteen. Kopfstand gablig, ziemlich gleichgipflig, grenzlos; Akladium = $^1/_3$—$^1/_2$ des Stengels; Strahlen 2. Ordnung 1—2, sehr entfernt, dünn, schief abstehend; Verzweigungswinkel c. 60°; Ordnungen 2; Kopfzahl (1—) 2—3. Hülle 13—14 mm lang, kuglig mit gestutzter Basis; Schuppen breitlich, lineal, spitz, dunkel, anliegend, durch die Behaarung etwas verdeckt. Haare kurz-federig, weich, an der Hülle sehr reichlich, hell, 3 mm, an den Caulomen ziemlich reichlich, 2,5—3 mm, auf den Blättern oberseits nur gegen den Rand hin spärlich, unterseits ziemlich zahlreich, 4—5 mm lang, am Rande ebenso, kürzer. Drüsen fehlen. Flocken der Hülle mangelnd, an den Caulomen oben graulichen Filz bildend, abwärts rasch vermindert und verschwindend, sonst 0. Blüthen gelb, zungig, Zähnchen kahl; Griffel etwas dunkel. Früchte schwarz, 3,5 mm lang. — Piemont: Valdenser Alpen (Rst.).

Schon oben (Seite 79) ist eine Pflanze aus den südwestlichen Alpen beschrieben worden, welche ihren Merkmalen nach zwischen die Species *tomentosum* und *glaucum* gestellt werden musste und als möglicherweise hybrid bezeichnet wurde. Ebenfalls in den Südwestalpen kommen auch noch andere Pflanzen vor, deren Stellung eine ähnliche ist, die sich jedoch minder nahe an die Spec. *glaucum* anschliessen als *H. tomentellum.* Eine derselben ist vorstehend characterisirt; *H. erioleion* hat in den dicken langhaarigen Köpfchen, in der Verzweigung und den ziemlich federigen Haaren Merkmale, welche deutlich auf die Spec. *tomentosum* hinweisen, in der Form und Farbe der Blätter jedoch und im Gesammtwuchs ebenso entschiedene Anklänge an *H. glaucum,* so dass man ihm etwa eine Mittelstellung zwischen den genannten Hauptarten zuerkennen wird. Ob es ebenfalls als hybrid zu betrachten sei, wie *H. tomentellum*, können wir nach unserem Material, welches wir nicht eigenhändig sammelten, nicht entscheiden; die Früchte sind anscheinend fertil.

Eine andere hiehergehörige Pflanze ist beschrieben worden als:

2. *Subsp. gnaphalodes* Arv.-Touv. essai de classif. (1880) p. 9.

Stengel 10—20 cm hoch, ziemlich schlank, aufrecht, ungestreift, etwas verbogen, phyllopod, in der oberen Hälfte verzweigt. Blätter in der Rosette 3—4, lanzettlich bis schmallanzettlich, spitz, langsam in einen undeutlichen Stiel verschmälert, ganzrandig oder mit Andeutung von Zähnelung, derb, hellgrün; Stengelblätter 1—3, langsam decrescirend, ungestielt, unteres mit verschmälerter, obere mit etwas gerundeter Basis sitzend. Kopfstand gablig, gleichgipflig, grenzlos; Akladium = $^{1}/_{4}$—$^{1}/_{3}$ des Stengels; Strahlen 2. Ordnung (0—) 1 (—2), sehr entfernt, schlank, schief abstehend; Winkel c. 40°; Ordnungen (1—) 2; Kopfzahl (1—) 2 (—3). Hülle 13—14 mm lang, dick eiförmig, auch später die Kugelform nicht erreichend; Schuppen aus lanzettlicher breitlicher Basis lang-zugespitzt, äusserst spitz, dunkel, durch die Behaarung ziemlich verdeckt. Haare federig, an der Hülle sehr zahlreich, hell, 3—5 mm, an den Caulomen reichlich, hell, 4—6 mm, auf den Blättern oberseits ziemlich bis sehr zahlreich, hell, weich, 3—4 mm lang, unterseits immer reichlicher, meist sehr reichlich. Drüsen fehlen. Flocken an der Hülle gegen die Schuppenränder ± reichlich, an den Caulomen grauen Filz bildend bis zum Grunde, auf den Blättern 0 oder am Mittelnerv beiderseits ± zahlreich. Blüthen gelb, zungig, Zähnchen kahl; Griffel etwas dunkel. Früchte? — Piemont: Berg nordöstlich über Limone 1500—1700 m (N.).

Die Pflanze steht der vorigen sehr nahe, unterscheidet sich aber von derselben durch Blattform und Indument aufs deutlichste; durch das letztere nähert sie sich dem *H. tomentosum* ein wenig mehr als *H. erioleion.*

51. H. eriophyllum Schleich. exs. cat. 1821.

= *tomentosum* — *villosum.*

Stengel 20—30 (—40) cm hoch, aufrecht, dick oder dicklich, stark gestreift, meist etwas verbogen, phyllopod, in der oberen Hälfte oder nur gegen die Spitze hin (aber bei üppigeren Exemplaren auch bis zum Grunde) verzweigt. Blätter am Stengelgrunde zur Blüthezeit oft schon vertrocknet, häufig 1—3 vorhanden, ansehnlich, länglich oder elliptisch bis lanzettlich, ± spitz, gestielt, ganzrandig oder häufiger ± gesägt-gezähnt, etwas derb, hellgrün; Stengelblätter (3—) 4—6, langsam decrescirend, zerstreut, mittlere und obere mit breiter, meist eiförmiger oder etwas herzförmig-umfassender Basis sitzend. Kopfstand hoch gablig, gleich- oder wenig übergipflig, grenzlos; Akladium meist höchstens 1/3 des Stengels einnehmend; Strahlen 2. Ordnung 1—3 (und mehr), entfernt, dick, schief-abstehend, etwas verbogen; Verzweigungswinkel 30—40°; Ordnungen 2 bis 3; Kopfzahl 2—6. Hülle (15—) 18—20 mm lang, ± kuglig, dann bauchig oder etwas niedergedrückt; Schuppen durch die Behaarung ziemlich verhüllt, lineal, breit oder breitlich, langspitzig, äusserst spitz, dunkel oder grün, äussere und mittlere sparrig oder abstehend. Haare ± federig, weiss, sehr weich, überall sehr reichlich, 4—7 mm lang, einen langen seidenartigen Pelz bildend. Drüsen fehlen (höchstens sind gegen die Hüllschuppenspitzen hin winzige Drüschen vorhanden). Flocken an Hülle und Blättern mangelnd, an den Caulomen oben ± weissen Filz bildend, abwärts langsam vermindert. Blüthen hellgelb, zungig, Zähnchen gewimpert; Griffel gleichfarbig. Früchte braunschwarz, 3,5—4,7 m lang, meist theilweise steril. Blüthezeit von Mitte Juli ab.

Bemerkungen zu Spec. eriophyllum.

Obwohl die Species *tomentosum* und *villosum* in ihrem Stengelaufbau und ihrer Beblätterungsweise, ferner in der bei beiden ungewöhnlich reichen Haarbekleidung ziemlich viel Uebereinstimmendes haben, lassen sich die zwischen denselben vermittelnden Uebergangsformen dennoch immer mit Sicherheit als solche erkennen. Einerseits hilft dazu die stets deutliche Federung der Haare an den unteren Theilen der Pflanze, anderseits die Gestaltung der Hülle und das Verhalten des Indumentes, auch die Blattform und andere Merkmale. *H. tomentosum* und *H. villosum* werden durch zahlreiche Zwischenglieder verbunden, welche an ihren Standorten — meist in den Südwestalpen — oft in so reicher Fülle auftreten und sich so ganz wie selbstständige Sippen verhalten, dass an hybride Abstammung meist nicht gedacht werden darf. Aber sie theilen mit manchen Bastarden die Eigenthümlichkeit, dass einzelne Merkmale (z. B. die Hüllengrösse) zwischen sehr weiten Grenzen schwanken, so dass eine scharfe phytographische Scheidung der Sippen kaum thunlich erscheint. Im nachstehenden ist der Versuch gemacht, die aus der dichten Uebergangsschaar am deutlichsten hervortretenden Erscheinungen durch Beschreibungen zu fixiren; es muss aber ausdrücklich betont werden, dass sozusagen alle Zwischenstufen der beiden Hauptarten existiren, wovon die meisten freilich nicht in so grosser Individuenzahl angetroffen werden wie die hier beschriebenen.

Der Spec. *villosum* steht unser *H. eriovillosum*, namentlich was den Habitus betrifft, am nächsten; daran reiht sich *eriophyllum*, welches in mehreren Formen etwa die Mitte zwischen den Hauptarten einnimmt; nur wenig näher dem *H. tomentosum* steht *chionodes*, noch etwas weiter gegen ersteres hin *albatum*, während dessen *var. leucomallum* schon ziemlich dicht bei *tomentosum* einzureihen ist. Man erkennt also hier eine gleitende Uebergangsreihe, welche auf die nahe Verwandtschaft der beiden durch sie verbundenen Arten hinweist.

Cultur im Münchener Garten änderte nichts an Kopfgrösse, Blattform, Verzweigungsweise und Indument; wie gewöhnlich wurde nur die Verzweigung reicher, und die Blätter erschienen durch die Vergrösserung ihrer Fläche bei gleichbleibender Haarmenge minder weisslich als am natürlichen Standorte.

1. *Subsp. albatum.*

Stengel 30—40 cm hoch, aufrecht, dick, stark gestreift, fast gerade, meist in der oberen Hälfte (selten bis zum Grunde) verzweigt. Blätter am Stengelgrunde zur Blüthezeit meist nur in vertrocknetem Zustande vorhanden, übrigens ansehnlich, länglich oder elliptisch, gestielt, spitz, fast ganzrandig oder mit entfernten etwas undeutlichen (zuweilen aber auch langen spitzen) Zähnchen, sonst wie die Stengelblätter; diese an Zahl 5—6, gross, gleichmässig zerstreut, sehr langsam decrescirend und allmählich in die blättchenartigen Bracteen des Akladiums übergehend; untere länglich mit verschmälertem Grunde, mittlere eiförmig mit gerundeter Basis, obere aus sehr breitem herzförmigem etwas umfassendem Grunde kurz zugespitzt; alle ziemlich derb, hellgrün, durch die dichte Haarbekleidung weisslich. Kopfstand hoch gablig, kaum etwas übergipflig, grenzlos; Akladium = ($^1/_{10}$—) $^1/_5$—$^1/_8$ des Stengels; Strahlen 2. Ordnung 2 bis mehr, entfernt, dick, schief abstehend, meist etwas verbogen. Winkel 30—35°; Ordnungen 2—3; Kopfzahl 3—6. Hülle 18—20 mm lang, zuerst dick eiförmig, dann niedergedrückt-kuglig; Schuppen durch die Behaarung stark verhüllt, lineal, sehr spitz, äussere breit, abstehend, innere schmaler, unter dem Haarfilz grün. Haare stark federig, an der ganzen Pflanze sehr reichlich, einen dichten, an Hülle und Caulomen bis 7 mm langen seidenartigen Pelz bildend. Drüsen fehlen. Flocken an Hülle und Blättern 0, an den Caulomen oben weissen Filz bildend, abwärts langsam vermindert. Blüthen hellgelb, Zähnchen lang gewimpert; Griffel gleichfarbig. Früchte braunschwarz, 4,7 mm lang, theilweise steril.

α) *genuinum.* — Piemont: Berg nordöstlich über Limone 1500 bis 2000 m (N.).

β) *leucomallum.* Halb so gross wie α, mit weniger Stengelblättern, diese wellrandig und unregelmässig gezähnt, Hüllschuppen schmaler, äusserst spitz, Behaarung noch dichter und länger. — Piemont: Berg nordöstlich über Limone 1500—1700 m (N.).

2. *Subsp. chionodes.*

Stengel 20—30 cm hoch, aufrecht, dick, stark gestreift, etwas verbogen, phyllopod, meist in der oberen Hälfte verzweigt. Blätter am Grunde 2—4, zuweilen zur Blüthezeit alle vertrocknet, länglich oder elliptisch, spitz, fast ganzrandig oder meist ± vorwärts-gesägt mit sehr spitzen Zähnen; Stengelblätter 3—4, langsam decrescirend, plötzlich in die unscheinbaren Bracteen übergehend, untere elliptisch, sitzend, mittlere und obere aus breiter gerundeter oder gestutzter Basis zugespitzt, alle hellgrün, etwas derb, durch reiche lange Behaarung weisslich. Kopfstand hoch gablig, gleichgipflig, grenzlos; Akladium = $^1/_6$—$^1/_3$ des Stengels; Strahlen 2. Ordnung 1—3, sehr entfernt, dick, schief abstehend, die unteren verbogen; Winkel 30—40°; Ordnungen 2; Kopfzahl 2—4. Hülle (15—) 18—20 mm lang, kuglig, dann bauchig; Schuppen lineal, breitlich, sehr langspitzig, sehr spitz, dunkel, durch die Behaarung ziemlich verdeckt, äussere abstehend. Haare stark federig, weich, weiss, an der Hülle sehr zahlreich, 4—5 mm, an den Caulomen reichlich, 5—7 mm, auf beiden Blattseiten sehr reichlich, einen Seidenpelz bildend. Drüsen nur gegen die Schuppenspitzen hin vorhanden, sehr klein, sonst fehlend. Flocken an Hülle und Blättern 0, an den Caulomen oben weisslichen Filz bildend, abwärts langsam vermindert. Blüthen hellgelb, zungig, Zähnchen spärlich gewimpert; Griffel gleichfarbig. Früchte tief schwarzbraun, 3,5 mm lang, viele taub. — Piemont: Berge um Limone 1500—2000 m (N.).

Wird in Cultur zwar kaum höher als am natürlichen Standorte, aber die Verzweigung geht bis zum Grunde des Stengels herab und die Aeste sind meist weiter verzweigt, ferner tritt die Neigung des Kopfstandes zur Uebergipflung deutlich hervor; die Stengelblätter sind grossentheils am Grunde stielartig zusammengezogen und sie erscheinen wegen Vergrösserung ihrer Fläche weniger weissfilzig als bei wilden Exemplaren.

3. *Subsp. eriophyllum Schleich.* l. c.

Stengel 23—30 cm hoch, dicklich, aufrecht, etwas verbogen, gestreift, phyllopod, in der oberen Hälfte oder nur gegen die Spitze hin verzweigt. Blätter am Stengelgrunde 1—2, lanzettlich oder länglichlanzettlich, deutlich gestielt, stumpf bis spitz, ganzrandig oder gezähnelt; Stengelblätter 5—6, sehr langsam decrescirend, zerstreut, unterste wie die Grundblätter, aber undeutlich gestielt, mittlere länglich, sitzend, obere eiförmig mit gerundeter oder etwas herzförmiger Basis, langsam in die blattartigen Bracteen des Akladiums und die Schuppen des Involucrums übergehend; alle grün, etwas derb, durch dichte Haarbekleidung weisslich erscheinend. Kopfstand hoch gablig oder lax rispig, gleich- oder ein wenig übergipflig, grenzlos; **Akladium** 2—5 cm **lang** = 1/15—1/6 **des Stengels**; Strahlen 2. Ordnung 1—2 (—5), ± entfernt, dick, schief abstehend; Winkel c. 30°; Ordnungen 2; Kopfzahl 2—3 (—6). Hülle 17—20 mm lang, kuglig, dann niedergedrückt; Schuppen breitlich, lineal, langgespitzt, äusserst spitz, dunkelgrün, durch die Behaarung ziemlich verdeckt; äussere und mittlere sparrig resp. locker-abstehend. Haare federig, seidenartig, weiss, überall sehr reichlich, 5 bis 8 mm lang, auf den Blättern einen langhaarigen Seidenpelz bildend. Drüsen fehlen. Flocken an Hülle und Blättern 0, an den Caulomen oben weissen Filz bildend, abwärts langsam vermindert bis zum Grunde. Blüthen etwas hellgelb, Zähnchen ganz kurz gewimpert oder kahl, Griffel gleichfarbig. Früchte (reif?) hellbraun, 4 mm lang.

1. *normale* = *H. villosum* Bourg. pl. Alp. marit. (1861) Nr. 164 part. — Kein Stengelinternodium besonders lang und dadurch auffällig. — Piemont 1500—2000 m: Berge um Limone (N.), Col di Tenda (N., Bourg.), Valle dell' Abisso (N.), Lupega (Gennari), Cognethal bei Le Crêt und auf dem Kies der Granteivie bei Lilaz (Bertram).

2. *brachiatum.* Verzweigung tiefer gablig, meist weiter herabreichend, Akladium = (1/5—) 1/4—1/3 des Stengels, Stengelblätter 3—4, rascher decrescirend, untere und mittlere lanzettlich mit verschmälerter Basis. — Piemont: Berg nordöstlich über Limone 1500—1900 m (N.).

3. *protractum.* Rosette reichblättrig; Blätter lanzettlich oder länglich, Stengelblätter 3—4, wenig ansehnlich, eiförmig oder lanzettlich, sitzend; das in der Mitte des Stengels gelegene Internodium ist das längste. Kopfstand übergipflig. Hüllschuppen schmal, nicht sparrig, äussere nur etwas abstehend. — Oberösterreich: wo? (Redtenbacher). Niederösterreich: Schwarzau auf Kalkfelsen am Schwarzaufer (Kern.), Schneeberg. Westschweiz: Distelalp (Lgg.).

4. *Subsp. eriovillosum.*

Stengel (15—) 20—30 cm hoch, aufrecht, dicklich, wenig verbogen, stark gestreift, meist nur an der Spitze (aber auch zuweilen bis zum Grunde) verzweigt. Blätter am Stengelgrunde 1—2, lanzettlich, stumpflich, langsam in den Grund verschmälert, daher **undeutlich gestielt**, am Rande **ungleichmässig gesägt mit theilweise sehr spitzen Zähnen**; Stengelblätter 4—6, **sehr allmählich decrescirend**, untere lanzettlich, sitzend, wie die Grundblätter, übrige länglich oder aus eiförmiger Basis zugespitzt; alle sattgrün, ziemlich weich, durch reiche Behaarung etwas weisslich. Kopfstand sehr hoch gablig, **untergipflig**, grenzlos; Akladium 1—3 cm lang; Strahlen 2. Ordnung (0—) 1—3 (oder mehr), sehr entfernt, dünn, schief abstehend, verbogen; Winkel 20—30°; Ordnungen 2; Kopfzahl (1—) 2—4 (und mehr). Hülle 15—20 mm lang, kuglig, dann bauchig; Schuppen sehr breit oder breit, äussere sparrig, lanzettlich, zugespitzt, grün, durch die Behaarung ziemlich verdeckt. Haare etwas federig, weiss, weich, überall sehr reichlich, an den Caulomen bis 6 mm lang. Drüsen fehlen. Flocken an Hülle und Blättern 0, an den Caulomen oben weisslichen Filz bildend, abwärts langsam vermindert. Blüthen gelb, Zähnchen kahl, Griffel gleichfarbig. Früchte? — Piemont: Berg nordöstlich über Limone 1500—1900 m, Valle dell' Abisso 1800—2000 m (N.).

Die Pflanze hat nahezu den Habitus des *H. villosum,* weicht aber von demselben durch die Verzweigung und das Indument gegen *H. tomentosum* hin ab; sie wird durch *H. albolanatum* (Seite 101) mit *H. villosum* verbunden.

52. **H. chloropsis Gren. et Godr.** fl. Fr. II (1880) p. 368
= *tomentosum — scorzonerifolium.*

Stengel 25—40 cm hoch, aufrecht oder etwas aufsteigend, dicklich, verbogen, stark gestreift, in der oberen Hälfte oder bis zum Grunde verzweigt, hypophyllopod, seltener phyllopod; längstes Internodium in der Stengelmitte, nicht besonders auffallend. Blätter am Stengelgrunde meist vertrocknet, selten 1—2 vorhanden, wie die untersten Stengelblätter, aber fast gestielt; Stengelblätter 5—10, die unteren ± genähert und häufig fast rosettenartig zusammengestellt, die übrigen am ganzen Stengel zerstreut, ziemlich langsam decrescirend; untere ± länglich, mit verschmälerter Basis, spitz, ± gesägt mit sehr spitzen Zähnchen, zuweilen fast ganzrandig, mittlere und obere aus eiförmigem Grunde etwas zugespitzt, sitzend; alle glaucescirend, etwas derb. Kopfstand sehr hoch gablig oder lax rispig, grenzlos, mit schwacher Neigung zur Uebergipfelung; Akladium 1—3 cm lang; Strahlen 2. Ordnung 2—7, alle entfernt, ziemlich schlank, gegen die Spitzen stark verjüngt, etwas verbogen, etwas bogenförmig-abstehend; Verzweigungswinkel oben 40, unten bis 60°; Ordnungen 2—3; Kopfzahl 3—18. Hülle 13—14 mm lang, eiförmig, dann kuglig; Schuppen ziemlich breit, lineal, spitz, schwärzlich, innere breit hellrandig, nur die äussersten locker. Haare etwas federig, durchaus hell, weich, an der Hülle sehr reichlich, 2,5—3 mm, an den Caulomen ziemlich zahlreich, 3—5 mm, auf den Blättern oberseits ziemlich reichlich bis zerstreut, öfters sogar sehr spärlich, 2—4 mm, auf den Stengelblättern zuweilen 0, unterseits immer zahlreicher. Drüsen der Hülle ziemlich reichlich, sehr klein, gelb, an den Kopfstielen ebenso, zerstreut, sonst mangelnd. Flocken an Hülle und Blättern 0, an den Caulomen ganz oben weisslichen Filz bildend, abwärts rasch vermindert und entweder bald verschwindend oder fast bis zum Grunde herabgehend. Blüthen gelb, zungig, Zähnchen papillös, Griffel etwas dunkel. Früchte dunkelbraun, 4,3 mm lang. Blüthezeit beginnt Mitte Juli.

Bemerkungen. Die dem *H. chloropsis* hier zuerkannte Stellung zwischen *H. tomentosum* und *H. scorzonerifolium* gründet sich darauf, dass in den Merkmalen desselben sich Eigenschaften sowohl von *H. tomentosum* als auch von *H. villosum* und *H. glaucum* erkennen lassen. Schon die deutliche Federung der langen und zahlreichen Haare deutet auf *H.*

tomentosum hin, aber auch in der Art und Weise der Beblätterung (Hypophyllopodie) und in der Verzweigung, sowie im Bau der Köpfchen liegen Anklänge an diese Hauptart; auf *H. glaucum* dagegen weisen die etwas steifen glaucescirenden Blätter, die Neigung zum Kahlwerden der Blattoberseite, das kurze Akladium und die — wenn auch wenig hervortretende — Drüsenbekleidung der Hüllschuppen; an *H. villosum* erinnert nur das geringe Abstehen der äusseren Schuppen des Involucrums, die beträchtliche Grösse der Köpfchen, die ziemlich langsame Decrescenz der Blätter und gewisse Züge der allgemeinen Erscheinung, welche sich kaum in Worte fassen lassen, aber dem mit den Hauptarten genau Vertrauten deutlich werden. Da von den Merkmalen der 3 genannten Hauptarten diejenigen des *H. tomentosum* in *H. chloropsis* am stärksten ausgeprägt sind, so muss letzteres im System zwischen *H. tomentosum* und *H. scorzonerifolium* gestellt werden.

Die cultivirte Pflanze kann um das doppelte höher werden als oben angegeben, sie ist bis zum Grunde verzweigt, alle Theile mit Ausnahme der Köpfchen sind vergrössert, die Grundblätter werden häufiger bis zur Blüthezeit erhalten und sind $\pm$ lanzettlich mit stielartigem unterem Theil.

H. chloropsis ist an manchen Stellen der Westalpen häufig, so in Piemont: Berg nördlich von Oulx 1900 m (N.), Limone 1500—2000 m (N.); Dauphiné: Lauzet 1900 m (Neyra). Ebenfalls in den Westalpen unterscheidet Arvet-Touvet von demselben nachstehende 3 Varietäten oder Subspecies, welche wir leider nicht in authentischen Exemplaren gesehen haben:

β) *mespilifolium Arv.-Touv.* suppl. à la monogr. (1876) p. 12. — Alle Stengelblätter zerstreut, untere lanzettlich bis länglich, die obersten mit breiter Basis sitzend. Akladium (1—) 3—6 cm lang. Verzweigung nicht selten bis zum Stengelgrunde herabgehend. Hülle 11—12 mm lang. Haare am Stengel mit $\pm$ dunkelm Fuss. — Piemont: Berg nördlich über Oulx 1900—2000 m (N.); nach Arvet-Touvet ziemlich selten an mehreren Stellen des Monte Viso.

γ) *chloropsiforme Arv.-Touv.* suppl. (1876) p. 7 = *H. chloropsis 1. chloropsiforme* Arv.-Touv. spicileg. (1881) p. 25. — Nach dem Autor von *α* durch den Habitus verschieden, mit verlängertem steifem aufrechtem Stengel; abgesehen vom Involucrum nur spärlich behaart. — Lautaret.

H. Muteli Arv.-Touv. = *H. chloropsis 2. Muteli* Arv.-Touv. spicil. (1881) p. 25 — gehört der Beschreibung nach wegen der Flockenbekleidung der Blätter und der raschen Decrescenz derselben nicht hieher.

53. H. argothrix n. sp.

= *tomentosum* — (*villosum* — *prenanthoides*).

Stengel 20—38 cm hoch, aufrecht oder am Grunde schief, verbogen oder leicht bogenförmig gekrümmt, dick oder dicklich, stark gestreift, phyllopod oder hypophyllopod, in der oberen Hälfte verzweigt. Blätter am Stengelgrunde zur Blüthezeit vertrocknet oder 1—2 vorhanden, gross, ziemlich derb, hellgrün, länglich, langsam in den stielartigen Basaltheil verschmälert, ± gezähnt; Stengelblätter 6—10, ansehnlich, zerstreut, langsam decrescirend, unterste länglich, meist etwas geigenförmig, spitz, die übrigen mehr elliptisch oder eiförmig und mit gerundeter bis umfassender Basis, oberste herzförmig, zugespitzt. Kopfstand sehr hoch gablig oder lax rispig, gleichgipflig, grenzlos; Akladium 1—4,5 cm lang; Strahlen 2. Ordnung 2—4, entfernt, dicklich, schief-aufrecht oder etwas bogenförmig; Verzweigungswinkel 30—40°; Ordnungen 2—3; Kopfzahl 2—7. Hülle 14—19 mm lang, ± kuglig; Schuppen durch die Behaarung stark verdeckt, schmal bis breitlich, langspitzig, sehr spitz, grün bis schwärzlich, randlos, äussere abstehend oder locker. Haare federig, weiss, seidig, überall sehr reichlich und einen langen seidenpelzartigen Ueberzug bildend. Drüsen fehlen. Flocken an Hülle und Blättern mangelnd, an den Caulomen oben weisslichen Filz bildend, abwärts langsam vermindert. Blüthen etwas hell gelb, zungig, Zähnchen ± gewimpert, Griffel gleichfarbig. Früchte ± schwarz, 3,5—4 mm lang.

Bemerkungen. Bei Limone beobachteten wir einige mit weissseidigen Haaren dicht bekleidete Sippen, welche sich äusserlich sehr nahe an diejenigen Pflanzen anschliessen, die vorstehend unter *H. eriophyllum* zusammengestellt wurden. Sie lassen die Merkmale des *H. tomentosum* und des *H. villosum* aufs beste erkennen, haben aber einen reichblättrigen Stengel und etwas geigenförmige untere Stengelblätter, so dass sich hierin die Merkmale einer dritten Hauptart, des *H. prenanthoides* documentiren. Da immerhin die Eigenschaften der Spec. *tomentosum* in den *argothrix*-artigen Zwischenformen am besten ausgesprochen erscheinen, während diejenigen der Spec. *villosum* und *prenanthoides* etwas zurücktreten, so hat man für *H. argothrix* die Formel = *H. tomentosum* — (*villosum* — *prenanthoides*) = *H. tomentosum* — *elongatum* anzunehmen. Die ganze Erscheinung des *H. argothrix* entspricht denn auch vollkommen dieser Formel.

1. *Subsp. anisodon.*

Stengel 20—38 cm hoch, am Grunde gerade, aber im Verlauf leicht bogenförmig und etwas verbogen, dick, stark gestreift, phyllopod, in der oberen Hälfte verzweigt. Blätter am Stengelgrunde 1—2, meist auch diese zur Blüthezeit vertrocknet, gross, ziemlich derb, etwas gelblichgrün, länglich, spitzlich oder spitz, langsam in einen stielartigen Basaltheil verschmälert; Stengelblätter 6—10, untere gross, auch die obersten noch ansehnlich, zerstreut, sehr langsam decrescirend, unterste länglich, spitz, in den Grund verschmälert, aber durchaus nicht gestielt, ungleichmässig gesägt bis seicht buchtig gesägt, mittlere kürzer oder länger elliptisch, beiderends spitz, obere ebenso, aber mit breiterer Basis sitzend, oberste zugespitzt. Bracteen blättchenartig, lanzettlich. Kopfstand sehr hoch gablig, gleichgipflig, grenzlos; Akladium 3 bis 4,5 cm lang; Strahlen 2. Ordnung 3—4, entfernt, dick, schief-aufrecht[1]); Winkel c. 30°; Ordnungen 2 (—3); Kopfzahl 4–5. Hülle 15 bis 17 mm lang, dick eiförmig, dann fast kuglig; Schuppen: äussere abstehend, lanzettlich, lang zugespitzt, dunkelgrün, blättchenartig, innere schmaler, alle äusserst spitz, durch die Behaarung fast verdeckt. Haare federig, weiss, seidig, überall sehr reichlich, einen seidenpelzartigen Ueberzug bildend, an der Hülle bis 5, sonst bis 8 mm lang. Drüsen fehlen. Flocken an Hülle und Blättern 0, an den Caulomen oben weisslichen Filz bildend, abwärts langsam vermindert und tief herabgehend. Blüthen etwas hellgelb, zungig, Zähnchen langgewimpert, Griffel gleichfarbig. Früchte? — Piemont: Berg nordöstlich über Limone 1500 bis 2000 m (N.).

2. *Subsp. argothrix.*

Stengel 23—35 cm hoch, aufrecht oder aus schiefem Grunde aufrecht, dicklich, verbogen, gestreift, phyllopod oder hypophyllopod, in der oberen Hälfte verzweigt. Blätter am Stengelgrunde zur Blüthezeit vertrocknet oder 1—2 in mehr oder minder frischem Zustande vorhanden, ansehnlich, ziemlich derb, hellgrün, länglich, spitzlich, allmählich in einen stielartigen Theil verschmälert, mit spärlichen sehr kleinen Zähnchen am Rande; Stengelblätter 6—9, langsam decrescirend, untere ansehnlich, länglich, leicht geigenförmig und mit breiter Basis sitzend, spitz, fast ganzrandig oder ± entfernt-vorwärts-gesägt-gezähnt, mittlere zur Ellipsen- oder Eiform. übergehend, mit gerundeter Basis, obere mit herzförmigem Grunde. Bracteen klein, blättchenartig, lanzettlich. Kopfstand sehr hoch gablig, gleichgipflig, grenzlos; Akladium 3—4,5 mm lang; Strahlen 2. Ordnung 2—3, entfernt, dicklich, schief-aufrecht; Winkel 25 bis 30°; Ordnungen 2—3; Kopfzahl 2—4 (—6). Hülle 14—15 mm lang, kuglig; Schuppen durch die Behaarung ziemlich verdeckt, schmal oder etwas breitlich, sehr spitz, schwärzlich, randlos, äussere locker. Haare federig, weiss, seidig, überall sehr reichlich und einen langen Seidenpelz bildend, an der Hülle 3—4, an den Caulomen bis 8 mm, über die Blattränder bis 5 mm weit hinausragend. Drüsen fehlen. Flocken an Hülle und Blättern 0, an den Caulomen oben weisslichen Filz bildend, abwärts langsam vermindert. Blüthen gelb, Zähnchen gewimpert, Griffel etwas dunkel. Früchte tiefbraun, 4 mm lang, etwa zur Hälfte steril. Blüht 10. Juni. — Piemont: Berg nordöstlich über Limone 1500 bis 2000 m (N.).

H. argothrix wechselt stark bezüglich der Blattbreite; man findet neben einander Exemplare mit eiförmigen oder elliptischen und solche mit lanzettlichen mittleren Stengelblättern, ausserdem alle Zwischenstufen, ohne dass zugleich andere Merkmale ebenso wechselten. — Cultivirte

[1]) Zuweilen entspringen aus den unteren Blattachseln des Stengels noch 3 bis 4 Aeste von der Länge der betr. Blätter.

Pflanzen sind höher, haben bis 8 cm lange Akladien, deutlicher gestielte untere Blätter, und die Blattränder sind gröber gesägt.

3. *Subsp. candidulum.*

Stengel 27—36 cm hoch, aufrecht, dick, stark gestreift, verbogen, hypophyllopod, in der oberen Hälfte verzweigt. Blätter am Stengelgrunde zur Blüthezeit meist vertrocknet, länglich (zuweilen fast lanzettlich), langsam in die stielartige Basis verschmälert, buchtig gezähnt, weich, grün; Stengelblätter (5—) 7—8, langsam decrescirend, gross, unterstes wie die Grundblätter, die nächsten etwas geigenförmig, lang-länglich, mit gerundeter oder herzförmiger Basis, stumpf und mucronat bis spitz, mittlere ± umfassend, oberste ebenso, eiförmig, zugespitzt. Bracteen ziemlich gross, blättchenartig, ± lanzettlich. Kopfstand lax rispig, gleichgipflig, grenzlos; Akladium 1—3 cm lang; Strahlen 2. Ordnung 2—4, entfernt, dick, verbogen, etwas bogenförmig aufsteigend; Winkel c. 40°; Ordnungen 2—3; Kopfzahl 3—7. Hülle 15—19 mm lang, kuglig, dann bauchig; Schuppen durch die Behaarung stark verdeckt, schwärzlich, schmal bis breitlich, langspitzig, äusserst spitz, äussere abstehend oder locker. Haare federig, weiss, seidig, überall sehr reichlich, einen Seidenpelz darstellend, an der Hülle 5 bis 6 mm, an den Caulomen bis 8 mm, über die Blattränder bis 6 mm hinausragend. Drüsen fehlen. Flocken an Hülle und Blättern 0, an den Caulomen oben weisslichen Filz bildend, abwärts sehr langsam vermindert. Blüthen etwas hellgelb, Zähnchen sehr spärlich kurzgewimpert, Griffel gleichfarbig. Früchte schwarz, 3,5 mm lang, fast alle fertil. — Piemont: Berg nordöstlich über Limone 1500—2000 m (N.).

Zeigt in den Blättern am deutlichsten die Annäherung an *H. prenanthoides*.

54. H. pogonites n. sp.

= *H. tomentosum* > *piliferum*.

Stengel 12—25 cm hoch, etwas aufsteigend, etwas dicklich, wenig verbogen, gestreift, phyllopod, 1 köpfig oder gablig; 2 Internodien in der Stengelmitte nahezu gleichlang. Blätter in der Rosette 2—4, ansehnlich, ungestielt, elliptisch, spitz, entfernt-spitz-gezähnelt, etwas in den Grund verschmälert; Stengelblätter 2—3, ansehnlich, sitzend, eiförmig, zugespitzt, plötzlich in die linealen Bracteen des Akladiums übergehend, alle hellgrün, derb. Kopfstand gablig, etwas untergipflig; Akladium = $^1/_3$—$^2/_3$ des Stengels; Strahlen 2. Ordnung (0—) 1, dicklich, aufrecht; Verzweigungswinkel 30—40°; Ordnungen und Kopfzahl (1—) 2. Hülle 13—15 mm lang, dick eiförmig, dann kuglig; Schuppen breitlich, langspitzig, äusserst spitz, dunkel, durch die Behaarung nahezu verhüllt. Haare federig, weiss, weich, überall sehr reichlich, an der Hülle c. 3 mm, an den Caulomen bis 6 mm, auf den Blättern beiderseits einen langen Seidenpelz bildend. Drüsen nur gegen die Hüllschuppenspitzen spärlich, winzig, sonst 0. Flocken an Hülle und Blättern mangelnd, an den Caulomen oben Filz bildend, abwärts langsam vermindert. Blüthen hellgelb, zungig, mit ziemlich langen etwas gewimperten Zähnchen, Griffel gleichfarbig. Früchte fast schwarz, 3,6 mm lang, viele taub. Blüthezeit beginnt im ersten Drittel des Juli. — Piemont: Berge um Limone 1600—1900 m (N.); Notre Dame des Neiges im Cognethal 2000 m (Wf.) ein Exemplar mit durchweg lanzettlichen Blättern.

Bemerkungen. *H. pogonites* zeigt in Wuchs und Indument viel von den Eigenschaften der Spec. *tomentosum*, welcher es unzweifelhaft nahe steht; aber in dem gabeligen Kopfstande, in der nicht seltenen Unterdrückung der Verzweigung überhaupt, wodurch die Pflanze 1 köpfig wird, ferner in der geringen Zahl der Stengelblätter, endlich in der Form der Grundblätter und in der schwachen Wimperung der Blüthenzähnchen neigt es auch gegen die Spec. *glanduliferum*, speciell gegen *H. piliferum* hin und nimmt demnach eine Stellung zwischen den beiden genannten Hauptarten ein, welche dem *H. tomentosum* näher ist als dem *H. glanduliferum*. Es hält sich in seinen Merkmalen völlig in dem durch diese Arten gegebenen Rahmen; da es ferner an seinen Fundstellen nur in geringer Individuenzahl beobachtet wurde (an 4 Orten in 9, 2, 1 und 1 Stück), so liegt die Vermuthung nicht fern, dass *H. pogonites* hybrider Herkunft sein möchte. Seine systematische Bedeutung ist demnach eine ganz andere als diejenige des nachfolgenden *H. bombycinum*, welchem es auch äusserlich durchaus unähnlich ist.

55. H. bombycinum Scheele

ap. Willk. et Lange, Prodr. fl. hisp. II (1870) p. 262 sub *H. mixtum; H. bombycinum* Boiss. et Reut. l. c.

= *tomentosum* — *glanduliferum*.

Stengel[1]) 11—13 cm hoch, dicklich, aufrecht, schwächlich, phyllopod, schaftartig 1 köpfig oder gabelig verzweigt; meist 2—3 Nebenstengel vorhanden. Blätter in der Rosette zur Blüthezeit sehr zahlreich, ansehnlich (die längsten fast so lang als der Stengel hoch ist), sehr lang gestielt, mit deutlich abgesetztem Stiel, der so lang oder etwas länger ist als die Spreite, letztere eiförmig oder elliptisch; äussere Blätter gerundet-stumpf, übrige ebenso oder etwas spitzig, mucronat, alle weich, hellgrün, durch die helle Behaarung weisslich erscheinend; Stengelblätter 1—2, ziemlich klein, rasch in die Bracteen übergehend, lanzettlich. Kopfstand entweder unentwickelt, Schaft demnach 1 köpfig und dann aus der Rosette gewöhnlich einige Nebenschäfte entspringend, oder Stengel aus oder unter der Mitte gablig, fast gleichgipflig 2—3 köpfig, Akladium = $^1/_2$—$^9/_{10}$ desselben; Strahlen 2. Ordnung 1—2, sehr entfernt; Verzweigungswinkel c. 40°; Ordnungen 2. Hülle c. 12 mm lang, kuglig; Schuppen etwas breitlich, lineal, spitz, grün, randlos, durch die Behaarung fast verdeckt, äussere abstehend, übrige locker und anliegend. Haare überall sehr reichlich, seidenartig, weiss, verbogen und kraus, an der Hülle einfach

[1]) Nach cultivirten Exemplaren.

gezähnt, je weiter abwärts desto stärker federig, dieser Ueberzug an der Hülle 5—6 mm, am Stengel 4—5 mm, auf den Blättern c. 2 mm lang. Drüsen fehlen. Flocken an Hülle und Blättern fehlend, am Stengel oben Filz bildend, abwärts rasch vermindert und gegen die Stengelbasis zerstreut. Blüthen hellgelb, zungig, Zähnchen mit reichlichen Drüsenwimpern; Griffel gleichfarbig. Früchte? Blüthezeit beginnt (im Garten) Anfang Juni. — Wir erhielten die Pflanze aus den Gärten von Hamburg und Karlsruhe.

Bemerkungen. Axensystem und Beblätterung folgen dem Typus der Spec. *glanduliferum*, Kopfform und Behaarungsweise des oberen Theiles der Pflanze demjenigen der Subsp. *piliferum*, aber die Blätter, das filzige Indument derselben und die Federung der Haare weisen eben so entschieden auf die Spec. *tomentosum* hin. Demnach könnte vermuthet werden, dass *H. bombycinum* ein Bastard des *H. tomentosum* und *H. piliferum* sei. Dies wäre indessen unserer Meinung nach nicht richtig schon aus dem Grunde, weil in der langen Stielung der Blätter und in der drüsigen Wimperung der Blüthenzähnchen Merkmale vorliegen, welche mit einer solchen Annahme unverträglich sind. Die genannten Eigenschaften weisen vielmehr darauf hin, dass *H. bombycinum* zwar eine Zwischenform der genannten Extreme ist, jedoch eine solche, welche von der geraden Verbindungslinie beider Species vermöge eigenartiger Ausbildung einzelner Eigenschaften etwas abgewichen ist und demnach eher den Rang einer Hauptart beanspruchen darf. Die Unzulänglichkeit des uns zur Verfügung stehenden Materiales, und der Umstand, dass im Wallis eine habituell sehr ähnliche, aber deutlich nur als Mittelbildung anzusprechende Pflanze (*H. Eriosphaera*) vorkommt, bestimmen uns dazu, vorläufig dem *H. bombycinum* seinen Platz zwischen *H. tomentosum* und *H.* (*glanduliferum*) *piliferum* anzuweisen, bis weitere Beobachtungen vielleicht die angedeutete Aenderung der systematischen Stellung als nothwendig erweisen werden.

Ausser den genannten Sippen steht auch unser oben beschriebenes *H. pogonites* zwischen den nämlichen Hauptarten, indessen dem *H. tomentosum* ungleich näher als dem *H. piliferum*.

2. *Subsp. Eriosphaera.*

Stengel 8—10 cm hoch, aufrecht, dicklich, ziemlich steif, schaftartig 1 köpfig; 2—4 Nebenschäfte entwickelt. Blätter in der Rosette mehrere, gross, fast stiellos oder kurzgestielt, Spreite meist 4—5 mal so lang als der Stiel, eiförmig oder obovat, gerundet-stumpf, innere mucronat, alle entfernt-klein-gezähnelt, hellgrün, durch die Behaarung weisslich erscheinend, derb; 1 Stengelblatt, lineal, sehr klein; Nebenschäfte mit je zwei kleinen linealen Blättchen. Hülle 10—12 mm lang, kuglig; Schuppen aus breiter Basis lang zugespitzt, sehr spitz, dunkel, von der Behaarung verdeckt. Haare überall sehr reichlich, kraus, federig, seidenartig, demnach einen Filz darstellend, welcher an der Hülle 3 mm, am Schaft 2—3 mm, auf den Blättern 1—1,5 mm lang ist. Drüsen fehlen. Flocken der Hülle ziemlich reichlich, am Stengel weisslichen Filz bildend, auf den Blättern 0. Blüthen hellgelb, zungig, Zähnchen etwas papillös; Griffel gleichfarbig. Früchte? — Wallis: ob Brieg am alten Wege nach Schallberg (Wf.).

56. H. colophyllum n. sp.

= *tomentosum* — *silvaticum.*

Stengel 15—40 (—54) cm hoch, meist aufrecht, dicklich, ± verbogen, gestreift, phyllopod, meist in der oberen Hälfte (aber auch bis zum Grunde herab) verzweigt. Blätter in der Rosette wenige oder mehrere, ± ansehnlich, gestielt, länglich, elliptisch oder lanzettlich, stumpf bis spitz, ± derb bis weich, grün, im oberen Theil ganzrandig oder wenig gezähnt, gegen den Grund hin gröber- bis lappig- oder fiederschnittig-gesägt; Stengelblätter sehr verschieden zahlreich, immer ± rasch decrescirend, untere den Grundblättern ähnlich, oberste schmal und klein. Kopfstand meist hoch gablig, ± übergipflig, grenzlos; Akladium höchstens = 1/3 des Stengels, meist viel kürzer; Strahlen 2. Ordnung 1—4 (—6), entfernt, ± dick bis schlank, schief-abstehend; Verzweigungswinkel 20—60°; Ordnungen 2—3; Kopfzahl 2—10. Hülle 10—15 mm lang, eiförmig oder (wenigstens später) kuglig; Schuppen anliegend, schmal oder breitlich, lineal, sehr spitz, dunkel, zuweilen hellrandig, durch die Behaarung gewöhnlich ± verdeckt. Haare federig, hell, weich, überall reichlich, einen pelzartigen dichten oder lockeren Ueberzug bildend. Drüsen meist fehlend. Flocken an Hülle und Blättern mangelnd oder an ersterer bis mässig zahlreich, an den Caulomen oben Filz bildend, abwärts langsam vermindert. Blüthen meist hellgelb, zungig, Zähnchen kurz gewimpert, Griffel fast gleichfarbig. Früchte sehr dunkel, 3,5—3,7 mm lang. Blüthezeit beginnt Anfangs Juli.

Bemerkungen zu Spec. colophyllum.

Zwischen *H. tomentosum* und *H. silvaticum* vermitteln ziemlich zahlreiche Zwischenformen von sehr ungleichem Aussehen, welche jedoch alle deutlich die Merkmale beider Hauptarten irgendwie in sich vereinigen. Diese Uebergangsformen bilden z. Th. eine gleitende Reihe, die sich von *H. tomentosum* bis über die Mitte seiner Verbindungslinie mit *H. silvaticum* hinaus erstreckt, weiter gegen das letztere hin aber wird diese Linie etwas lückenhafter. Mit *H. tomentosum* hat *H. pseudotomentosum* die grösste Aehnlichkeit; ihm schliesst sich zunächst *H. colophyllum* an, dann das polymorphe *H. lacistum.* Die unserer *Gr. Pseudolanatum* angehörigen Pflanzen weisen hauptsächlich im Indument, kaum noch im Habitus, auf *H. tomentosum* hin, und die *Gr. Leiopogon* nähert sich weit mehr dem *H. silvaticum* als der genannten Species. Vielleicht sind mehrere oder fast alle hier aufgeführten Pflanzen Bastarde; trifft dies zu, so stammt *H. Leithneri* eher von *H. pannosum* als von *H. tomentosum* ab. Nur für *H. colophyllum* muss eine hybride Herkunft als nicht wahrscheinlich angesehen werden, da es an seinen Fundstellen in grosser Individuenzahl beobachtet wird.

Uebersicht der Subspecies-Gruppen.

Stengelblätter mehrere, aufwärts relativ langsam (immerhin ziemlich rasch) decrescirend; Habitus intermediär zwischen *H. tomentosum* und *H. silvaticum*: I. *Colophyllum.*

Stengelblätter wenige, aufwärts sehr rasch decrescirend, oder alle bracteenartig oder fehlend; Habitus dem *H. silvaticum* ähnlicher.

Hüllschuppen durch die Behaarung fast verdeckt: II. *Pseudolanatum.*

Hüllschuppen durch die Behaarung nicht verdeckt: III. *Leiopogon.*

I. ***Colophyllum*** (siehe oben). — Umfasst dem *H. tomentosum* näher stehende Pflanzen und die Mittelformen.

1. *Subsp. pseudotomentosum.*

Stengel 20—30 cm hoch, aufsteigend, dicklich, leicht verbogen, gestreift, phyllopod, tief herab verzweigt. Blätter am Grunde zur Blüthezeit 1—2 (ausserdem einige abgewelkte), kurzgestielt, ± länglich, stumpflich oder spitzlich, fast ganzrandig; Stengelblätter 2—3, ± elliptisch, sitzend, plötzlich in die fast linealen Bracteen des Kopfstandes übergehend; alle grün, derb, filzig. Kopfstand sehr hoch gablig, gleichgipflig, grenzlos; Akladium 1—4 cm lang; Strahlen 2. Ordnung 1—2, sehr entfernt, schlank; Winkel c. 20°; Ordnungen 2; Kopfzahl 2—3. Hülle 11—12 mm lang, dick eiförmig, bald kuglig; Schuppen anliegend, lineal, schmal, äusserst spitz, dunkel, durch die Behaarung fast völlig verdeckt. Haare federig, weiss, weich, überall dichten 1,5—2 mm dicken Filz bildend, an den Caulomen bis 3 mm lang. Drüsen fehlen. Flocken nur an den Caulomen oben Filz bildend, abwärts langsam vermindert, sonst 0. Blüthen hellgelb, Zähnchen sehr kurz gewimpert, fast papillös; Griffel gleichfarbig. Früchte? Blüthezeit Mitte Juli. — Durch Blattgestalt und Verzweigung steht es der Spec. *tomentosum* näher als die übrigen Zwischenformen derselben mit *H. silvaticum.* — Piemont: Valle dell' Abisso bei Limone 1700—2000 m (N.). Westschweiz: Zermatt (Ruden).

2. *Subsp. colophyllum.*

Stengel 25—54 cm hoch, aufrecht, dicklich, meist verbogen, gestreift, phyllopod, in der oberen Hälfte verzweigt. Blätter in der Rosette 1—3, gross, gestielt, Stiel $^1/_3$—$^1/_2$ so lang als die Spreite, letztere länglich bis lanzettlich, spitz und meist etwas zugespitzt, in der unteren Hälfte ± grob gesägt, gegen die Spitze hin mit flacheren und undeutlich werdenden Zähnen; Stengelblätter 2, rasch decrescirend, unteres den Grundblättern ähnlich, oberes elliptisch, sitzend, darüber meist noch ein lineales kleines Blättchen; alle grün, etwas derb, filzig. Kopfstand hoch gablig, übergipflig, grenzlos; Akladium (2—) 4—11 cm lang = ($^1/_{15}$—) $^1/_6$—$^1/_4$ des Stengels; Strahlen 2. Ordnung 1—4, entfernt, dicklich, schief abstehend; Winkel c. 60°; Ordnungen 2—3; Kopfzahl 2 bis 8. Hülle 13—15 mm lang, eiförmig, dann kuglig; Schuppen anliegend, schmal, lineal, sehr spitz, dunkel, durch die Behaarung ziemlich verdeckt. Haare federig, weiss, weich, überall sehr reichlich und einen 1—2 mm langen Filzüberzug bildend, am Stengel bis 3 mm lang, und nach oben hin minder zahlreich. Drüsen fehlen. Flocken der Hülle mässig, an den Caulomen oben Filz bildend, abwärts langsam vermindert bis zum Grunde. Blüthen hellgelb, Zähnchen kurz gewimpert, Griffel gleichfarbig. Früchte schwarzbraun, 3,6 mm lang. Blüht von Anfang Juli ab.

1. *normale* = *H. andryaloides* Bourgeau pl. Alp. marit. (1861) Nr. 165 = *H. tomentosum* Schultz-Bip. Cichoriac. 13 = *H. Liottardi* Fries Hierac. eur. exsicc. 63. — Dauphiné: Gap, Pic de Chabrières près Charges (Burle), Montagne de Bouyon (Bourg.). Piemont: überall auf den Bergen um Limone 1500—2200 m, Valle dell' Abisso 1700 bis 2000 m (N.). Westschweiz: Binnthal und Sembrancher (Lgg.).

Im Garten wird es höher und reicher verzweigt, die Stengelblätter werden den Grundblättern darin ähnlich, dass sie fast eben so grob gesägt sind wie diese und auch fast immer einen kurzen Stiel besitzen; der Stiel der Grundblätter ist so lang wie die Spreite; durch Vergrösserung der Blattfläche und Streckung des Stengels erscheint die Pflanze grün, nicht weissfilzig wie wildwachsende Exemplare.

2. *brevipilum*. Haare überall kürzer, dadurch besonders die Blätter fast grün, auch die Hüllschuppen deutlich sichtbar, nicht verdeckt. Hülle nur 11—12 mm lang. Blätter mit seichter, oft wellig-stumpfer Bezahnung, welche namentlich bei cultivirten Exemplaren zuweilen etwas an *Quercus sessiliflora* erinnert. Kopfstand in Cultur stark übergipflig. — Piemont: Berg nordöstlich über Limone 1500—1700 m, Valle dell' Abisso 1700—2000 m (N.).

3. *Subsp. lacistum.*

Stengel 18—30 cm hoch, aufrecht, dicklich, stark gestreift, (oft stark) verbogen, in der oberen Hälfte (zuweilen tief herab) verzweigt. Blätter am Stengelgrunde 3—5, ansehnlich, weich, hellgrün, gestielt, Stiel halb so lang als die Spreite, letztere länglich oder elliptisch, unterste stumpf, übrige spitz und mehr der Lanzettform sich nähernd, alle tief lappig-gesägt, nur gegen die Spitze hin kurzzähnig, Lappen schmal, gegen den Blattgrund hin länger und schmaler werdend, hier lineal, spitz, so dass das Blatt fiederschnittig wird; Stengelblätter 4—6, ziemlich rasch decrescirend, untere wie die Rosettenblätter, mittlere lanzettlich mit entsprechend abnehmender Zahnung, obere lineal, ganzrandig, bracteenartig. Kopfstand sehr lax rispig oder hoch gablig, grenzlos, meist stark übergipflig; Akladium 1 bis 4 cm lang; Strahlen 2. Ordnung (1—) 2—6, entfernt, schlank, etwas verbogen und bogenförmig aufsteigend; Winkel 30—45°; Ordnungen 2—3;

Kopfzahl (1—) 2—10. Hülle 11—15 mm lang, eiförmig, später bis fast kuglig; Schuppen schmal, lineal, sehr spitz, schwärzlich, hellrandig, durch die Behaarung nicht verdeckt. Haare federig, hell, weich, überall sehr reichlich und einen lockeren Filzüberzug bildend. Drüsen fehlen. Flocken auf den Rändern der Hüllschuppen bis ziemlich reichlich, auf dem Mittelfelde derselben 0, an den Caulomen oben Filz bildend, abwärts langsam vermindert bis zum Grunde, auf den Blättern mangelnd. Blüthen etwas hellgelb, Zähnchen spärlich gewimpert, Griffel fast gleichfarbig. Früchte dunkelbraun, 3,7 mm lang. Blüthezeit beginnt c. 10. Juli.

α) *genuinum.* — Piemont: Berg nordostlich über Limone 1500 bis 1700 m (N.).

Die Merkmale der Pflanze schwanken in höherem Grade als bei anderen Sippen von ähnlicher systematischer Stellung. Besonders sind es die Hüllengrösse, Akladienlänge und die Form und Bezahnung der Blätter, welche diesen Aenderungen von Exemplar zu Exemplar unterworfen sind. Man erkennt hier namentlich 2 Extreme: grosse Köpfe auf langen Akladien und kleinere Köpfe auf kürzeren Akladien; die Kopfzahl wechselt bei beiden in der nämlichen Weise. — Zuweilen sind die oberen Grund- und alle Stengelblätter ganzrandig, lanzettlich, und zwar betrifft diese Abänderung dann eine grössere Anzahl von Individuen zugleich neben den mit grobgezähnten Blättern versehenen. Ob hier eine pathologische Erscheinung vorliegt, ist nicht ersichtlich; aber da es viele Zwischenstufen von den lappigen zu den ganzrandigen Blättern gibt, so ist wohl mit mehr Wahrscheinlichkeit ein ungewöhnliches Schwanken der Blattgestalt anzunehmen. Wenn *H. lacistum* ein Bastard ist, so erinnern diese schwankenden Merkmale an das gleiche Verhalten vieler Piloselloiden-Bastarde.

β) *albicomum* = *H. canescens* Pichler 1881 in sched. — Habituell und in vielen Merkmalen genau so wie α, aber Stengel und Blätter minder reich-, jedoch länger weissbehaart, Haare kaum federig; Blüthen dunkelgelb, Griffel etwas dunkel. Früchte knapp 3 mm lang. — Croatien: in Buchenwäldern am Berge Laginac (Pich.). — Möglicherweise steht es mit *H. thapsiforme*, nicht mit *H. tomentosum* in Zusammenhang.

II. ***Pseudolanatum*** (vergl. Seite 310). — Durch das Indument verrathen diese Pflanzen deutlich ihre Verwandtschaft mit *H. tomentosum*, im übrigen sind sie jedoch dem *H. silvaticum* durch schaftartigen Stengel und die nur an dessen Spitze stattfindende Verzweigung noch mehr genähert.

1. *Subsp. pseudolanatum Arv.-Touv.* essai p. 46; monogr. (1873) p. 34 et in sched. = *H. lanato-murorum* Arv.-Touv. l. c. = *H. murorum-*

lanatum? Arv.-Touv. essai de classif. (1880) p. 9 = *H. sublanatum* F. Schultz herb. norm. nov. ser. 2027 = *H. Laggeri* Fries in sched. —

Stengel 20—40 cm hoch, aufrecht, ziemlich schlank, verbogen, feingestreift, phyllopod, gegen die Spitze hin verzweigt. Blätter am Grunde 4—6, wenig ansehnlich, silvaticum-ähnlich, äussere eiförmig oder elliptisch, abgesetzt-gestielt, gerundet und mucronat, ± gesägt-gezähnt, zuweilen etwas wellrandig, übrige länglich oder lanzettlich, allmählich in den Stiel verlaufend, spitz, im Basaltheil der Spreite mit gröberen, im Spitzentheil mit kleineren Zähnen oder fast ganzrandig, derb, hellgrün; Stengelblätter 1—3, unansehnlich, rasch decrescirend, unteres den oberen Grundblättern ähnlich, aber verschmälert-sitzend, lanzettlich, obere bracteenartig. Kopfstand etwas hochgablig, gleichgipflig oder ein wenig übergipflig; Akladium = $^1/_6$—$^1/_3$ des Stengels; Strahlen 2. Ordnung (0—) 1, etwas dicklich, schief-aufrecht; Winkel c. 30°; Ordnungen und Kopfzahl 1—2. Hülle 10—13 mm lang, dick eiförmig, dann kuglig; Schuppen aus etwas breitlicher Basis langspitzig, sehr spitz, dunkel, durch die Behaarung ziemlich verdeckt. Haare überall sehr reichlich, hell, seidig, ± verbogen, federig, an der Hülle 3 bis 4 mm, an den Caulomen 2—3 mm, auf den Blättern 2 mm weit abstehend, hier unterseits viel zahlreicher. Drüsen an Hülle und Blättern 0, an den Caulomen nur ganz oben vereinzelt oder spärlich, abwärts 0. Flocken der Hülle fast 0 oder spärlich, an den Caulomen oben grauen Filz bildend, abwärts langsam vermindert bis zum Grunde, auf den Blättern 0 oder unterseits am Hauptnerv in geringer Zahl vorhanden. Blüthen sattgelb, Zähnchen kurz, kahl, Griffel dunkel. Früchte dunkel kastanienbraun, 3,5 mm lang. — Habitus stark an *H. silvaticum* erinnernd. — Dauphiné: Briançon (Gariod), Devez-de-Rabou bei Gap (Neyra). Schweiz: wo?

2. *Subsp. quercifolium.*

Stengel 17—20 cm hoch, dicklich, aufrecht, gestreift, gerade, gegen die Spitze hin verzweigt. Blätter in der Rosette 4—5, ansehnlich, dunkelgrün, etwas derb, kurzgestielt, in den Stiel verschmälert, gegen die Spitze hin fast ganzrandig, vom oberen $^1/_4$ oder $^1/_3$ ab tieflappig-gesägt, die Lappen meist stumpf, nach abwärts länger, schmaler und spitzer werdend, so dass der untere Theil des Blattes fiederschnittig wird; Stengelblätter fehlen. Kopfstand hoch gablig, ein wenig übergipflig; Akladium = c. $^1/_3$ des Stengels; Strahlen 2. Ordnung 0—1, dicklich; Winkel c. 45°; Ordnungen 1—2 (—3); Kopfzahl 1—3. Hülle 13—15 mm lang, kuglig; Schuppen breitlich, lang zugespitzt, äusserst spitz, dunkel, mittlere hellrandig, von der Behaarung ziemlich verdeckt. Haare federig, überall sehr reichlich, hell, sehr weich, einen locker-filzartigen Ueberzug bildend, 2—3, an der Hülle bis 4 mm lang. Drüsen fehlen. Flocken der Hülle mässig zahlreich, an den Caulomen oben weisslichen Filz bildend, abwärts langsam vermindert, auf den Blättern 0. Blüthen hellgelb, Zähnchen ganz kurz papillös, Griffel gleichfarbig. Früchte? Blüthezeit beginnt Anfang Juli. — Piemont: Col di Tenda, Passhöhe 1800 m (N).

Durch die Lappung der Blätter erinnert *H. quercifolium* etwas an *H. humile*, allein es weist sonst nichts auf diese Species hin. Da bei *H. silvaticum* eine ähnliche Lappung nicht selten ist, und die Beblätterungsweise demselben ebenfalls so ganz entspricht, so besteht kein zwingender Grund, *H. quercifolium* anders zu deuten als hier geschehen. Es verhält sich zu *H. pseudolanatum* ungefähr so wie *H. lacistum* zu *H. colophyllum.*

Arvet-Touvet kennt noch 2 Sippen, denen er eine ähnliche Stellung zuschreibt wie wir den vorstehenden Pflanzen: *H. cephalodes* Arv.-Touv. suppl. (1876) p. 14 = *H. lanato-caesioides* Arv.-Touv. l. c.; und *H. oligocephalum* Arv.-Touv. suppl. (1876) p. 13 = *H. lanato-subcaesium* Arv.-Touv. l. c. — Ersteres gehört nicht in diese Verwandtschaft; letzteres scheint der Beschreibung nach unserem *H. quercifolium* nahe zu stehen; da wir jedoch Originalia nicht gesehen haben, so müssen wir uns eines Urtheils über beide Pflanzen enthalten. Die nach unserem Schema eingerichtete Beschreibung von *H. oligocephalum* mag hier in Uebersetzung folgen:

H. oligocephalum Arv.-Touv. l. c. non Schur. — Stengel 20 bis 40 cm hoch, gerade oder aufsteigend, schaftartig, gegen die Spitze hin oder zuweilen von der Mitte oder sogar vom Grunde an verzweigt. Blätter weich, weisslichgrün und besonders unterseits glaucescirend, selten braunmarmorirt, eiförmig-lanzettlich oder lanzettlich, zuweilen am Grunde etwas herzförmig, spitz oder die äusseren stumpf und mucronat, gezähnt, eingeschnitten-gezähnt oder zuweilen sogar gegen den Grund hin etwas fiederschnittig, sonst ± ganzrandig; 1 Stengelblatt, gestielt, lanzettlich oder lineal, oft fehlend. Kopfstand gabelig, 2—3 (—4) köpfig; Strahlen 2. Ordnung aufsteigend, gerade. Hülle ziemlich gross, eiförmig, später kuglig; Schuppen verschmälertspitz. Haare etwas federig, an der Hülle reichlich, weiss mit dunkelm Fuss, an den Caulomen oben zerstreut, abwärts reichlich, kurz; Blätter am Rande, auf den Nerven und besonders am Stiel mit sehr weissen verbogenen Haaren. Drüsen der Hülle mangelnd, an den Caulomen oben spärlich oder 0. Flocken auf Hülle und Blättern fehlend, an den Caulomen oben reichlich, abwärts vermindert. Blüthenzähnchen kahl, Griffel meist gelb. — Ziemlich selten. M. Viso: an den Ufern des Guill und anderwärts; in dem Valbonnais, auf dem Vallon über der Salette und wahrscheinlich da und dort im ganzen Stock des Pelvoux (A.-T.).

III. ***Leiopogon*** (vergl. Seite 310). — Die hier zusammengestellten Pflanzen nähern sich der Spec. *silvaticum* noch mehr als diejenigen der vorigen Gruppe. An die *Tomentosa* erinnert fast nur die Behaarung der Blätter und die sehr zerstreute Stellung der Aeste des Kopfstandes.

1. *Subsp. leiopogon Gren.* in litt. 1872; Verlot Catalogue p. 396; Arvet-Touvet suppl. (1876) p. 14; F. Schultz herb. norm. nov. ser. 1814.

Stengel 14—17 cm hoch, aufrecht, dünn, etwas undeutlich gestreift, meist scheinbar unverzweigt mit 1—2 verkümmerten Köpfchen in der Achsel von Bracteen. Blätter in der Rosette 3—4, wenig ansehnlich, gelblichgrün, derb, gestielt, Stiel = $^1/_2$—$^2/_3$ so lang als die Spreite, diese elliptisch oder länglich, an beiden Enden spitz, entfernt-gesägt mit kleinen spitzen Zähnen; 1 Stengelblatt im unteren Drittel, klein, lanzettlich oder lineal. Kopfstand meist unentwickelt, hoch gablig; Akladium 1—2 cm lang; Strahlen 2. Ordnung 0 (d. h. an den uns vorliegenden Exemplaren 1—2 verkümmert); Kopfzahl 1 (—3). Hülle 9—10 mm lang, eiförmig; Schuppen etwas breitlich, lineal, spitz, dunkelgrau, schmal weissrandig. Haare ein wenig federig, weiss, weich, an der Hülle mangelnd, an den Caulomen oben ebenso, erst von der Mitte abwärts vorhanden und bald reichlich, 2—3 mm, auf den Blättern beiderseits sehr zahlreich, oberseits etwas steiflich, 5—7 mm lang, unterseits sehr weich, kraus. Drüsen der Hülle mässig zahlreich, am Stengel oben ziemlich reichlich, kurz, dunkel, abwärts bis zur Mitte herab vermindert, sonst 0. Flocken der Hülle sehr reichlich, diese dadurch weisslich erscheinend, am Stengel oben Filz bildend, abwärts langsam vermindert, auf den Blättern mangelnd. Blüthen hellgelb, Zähnchen kahl; Griffel gleichfarbig. Früchte? Blüht vom 20. Juli ab. — Dauphiné: Devez de Rabou bei Gap (loc. class., Neyra).

2. *Subsp. Leithneri Heldr. et Sart.* = *H. murorum β. Leithneri* Heldr. in sched.

Stengel 13—20 cm hoch, aufrecht, dünn, gestreift, verbogen oder zickzackförmig. Blätter in der Rosette 3—4, ziemlich ansehnlich, dünn, grün, abgesetzt-gestielt, Stiel etwa halb so lang als die Spreite, letztere eiförmig oder elliptisch bis länglich, ± spitz, entfernt-vorwärts- oder etwas buchtig-gezähnelt; 0 oder 1 Stengelblatt, klein, lanzettlich. Kopfstand sehr hoch gablig, grenzlos, übergipflig; Akladium 1,3—5 cm lang; Strahlen 2. Ordnung 1—2, sehr entfernt, dünn, schief abstehend; Winkel 50 bis 70°; Ordnungen 2 (—3); Kopfzahl (1—) 2—3 (—4). Hülle 10—12 mm lang, eiförmig; Schuppen schmal, sehr spitz, bartspitzig, dunkel, äusserst schmal heller berandet. Haare ein wenig federig, hell, weich, an der Hülle reichlich, schwarzfüssig, 1,5 mm, an den Caulomen oben ziemlich reichlich, 1 mm, abwärts vermehrt, bis 2 mm, auf den Blättern oberseits besonders gegen den Rand hin zerstreut bis mässig zahlreich, 2 mm, unterseits ziemlich reichlich, am Mittelnerv und Blattstiel sehr zahlreich, 4 mm lang. Drüsen der Hülle zerstreut, an den Caulomen oben ziemlich reichlich, abwärts rasch vermindert bis zur Mitte. Flocken der Hülle mässig, an den Caulomen oben grauen Filz bildend, abwärts ziemlich rasch vermindert, auf den Blättern mangelnd. Blüthen citrongelb, Zähnchen kahl, Griffel gleichfarbig. Früchte röthlich-dunkelbraun, 3,3 mm lang. Blüthezeit beginnt Anfang Juli. — Griechenland: Oeta 1790—2050 m (Hldr.).

57. **H. pulchellum Gren.** ap. Griseb. comm. (1852) p. 64 = *H. lanatellum* Arv.-Touv. essai p. 46 et in sched., vd. monogr. (1873) p. 35 = *H. murorum-lanatum* Arv.-Touv. monogr. l. c. = *H. lanato-pictum?* Arv.-Touv. essai de classif. (1880) p. 9.

= *tomentosum* — *pictum*.

Stengel 12—20 (—30) cm hoch, aufsteigend, meist gekrümmt oder verbogen, schlank, gestreift, phyllopod, oft bis zum Grunde verzweigt. Blätter in der Rosette 5—7, ansehnlich, ziemlich weich, ± glaucescirend, oberseits gleichfarbig oder mit ± zahlreichen grösseren und kleineren, zuweilen zusammenfliessenden, heller oder dunkler braunen Flecken, unterseits einfarbig graulichgrün, gestielt, Stiel meist $^1/_3$—$^1/_2$ so lang als die Spreite, letztere elliptisch oder eiförmig oder kurz-länglich, am Grunde gestutzt oder in den Stiel herabgezogen, ganzrandig oder in der unteren Hälfte ± gezähnt bis lappig-gezähnt oder sogar fiederschnittig mit linealen spitzen Zipfeln; Stengelblätter 0 oder 1, klein, elliptisch oder lanzettlich bis pfriemlich, in der unteren Stengelhälfte. Kopfstand gabelig, übergipflig, grenzlos; Akladium = $^1/_3$—$^4/_5$ des Stengels; Strahlen 2. Ordnung (0—) 1—2, sehr entfernt, schlank, schief-abstehend, nicht selten aus der Rosette noch 1—2 Aeste; Verzweigungswinkel 30—50°; Ordnungen 2 (—3); Kopfzahl 2—3 (—5). Hülle 11—15 mm lang, dick eiförmig, später bis kuglig; Schuppen etwas breitlich, lineal, langspitzig, an der Spitze selbst stumpflich und bartspitzig, grau bis dunkel, hellrandig, nicht durch die Behaarung verdeckt. Haare federig, weiss, weich, an der Hülle reichlich, 1,5—2 mm, an den Caulomen mässig zahlreich, 1—1,5 mm, auf den Blättern oberseits 0, unterseits reichlich, am Mittelnerv und Blattstiel sehr zahlreich, 2—3 mm lang. Drüsen fehlen. Flocken an der Hülle weisslichen Filz bildend, an den Caulomen oben ± reichlich, abwärts rasch vermindert, auf den Blättern mangelnd. Blüthen ziemlich hellgelb, zungig, Zähnchen spärlich kurz-gewimpert, Griffel gleichfarbig. Früchte schwarz, 3,5—4 mm lang, die meisten fertil (Aussaaten sind mehrmals erfolgreich gewesen). Blüht von Ende Mai ab. — In Cultur reicher verzweigt, die Blätter mehr elliptisch und elliptischlanzettlich mit herablaufender Spreite. — Wallis 500—1000 m: Sion, Iserabloz, Brieg, unter Nax, Drônaz, zwischen Riddes und Iserabloz, zwischen Brieg und Berisal (Wf.), Vispach 7—800 m (Wf., Vulp.), „Alpes de Suisse et du Viso" (Arv.-Touv.), Cognethal (Wf.).

Bemerkungen. Zwischen *H. tomentosum* und *H. pictum* finden sich besonders in den tieferen Lagen des Wallis Uebergangsformen, welche die dortigen Sammler als Bastarde bezeichnen. Diese Pflanzen sind sehr selten und sie zeigen ein ganz auffälliges Verhalten darin, dass fast kein Exemplar dem anderen gleicht. Jedes der oben für die Beschreibung benutzten Merkmale schwankt zwischen weiten Grenzen, die aber stets noch im Rahmen der beiden Hauptarten bleiben, so zwar, dass die Pflanzen fast immer habituell dem *H. pictum* näher stehen als dem *H. tomentosum*. An letzteres erinnern besonders Kopfform und Indument, an *H. pictum* namentlich Verzweigung und Blätter; aber das Maass, in welchem jedes Merkmal von der einen oder der anderen Hauptart an den Zwischenformen zur Erscheinung gelangt, wechselt von Individuum zu Individuum in hohem Grade. Bildungen, an welchen mehrere Eigenschaften in extremer Weise zu erkennen wären, gibt es kaum. Gewöhnlich ist ein Merkmal stark, die übrigen dagegen schwach ausgeprägt, beim nächsten Exemplar ist es ein anderes Merkmal, welches ein Extrem darstellt, beim dritten wieder ein anderes u. s. f. Dieses Verhalten ist durchaus demjenigen gewisser Piloselloiden-Bastarde ähnlich und dürfte darauf hinweisen, dass *H. pulchellum* allerdings mit Recht als hybrid bezeichnet wird, wofür ja ohnedies die Vorkommensverhältnisse sprechen. Wir konnten eine grosse Menge Exemplare untersuchen, haben auch 8 Sätze im Garten gezogen, waren aber nicht im Stande, dieselben systematisch etwa in der Weise zu behandeln wie die polymorphe Bastardgruppe zwischen *H. aurantiacum* und *H. Auricula* (siehe *H. pyrrhanthes*, Bd. I, Seite 330); namentlich erscheint es unthunlich, einzelne Formen hervorzuheben, da alle durch gleitende Zwischenglieder verknüpft werden. Demgemäss werden hier fast alle Uebergangsformen von *H. tomentosum* und *H. pictum* als *H. pulchellum* zusammengefasst; nur die folgende muss gesondert betrachtet werden, da sie dem *H. tomentosum* näher steht als die übrigen Formen und möglicherweise als ein rückkehrender Bastard von der Formel *H. (pictum + tomentosum) + tomentosum* aufzufassen ist.

2. *Subsp. sëusanum* Arv.-Touv. in sched.

Stengel 25—40 cm hoch, schlank, gerade oder ± verbogen, feingestreift, in der oberen Hälfte verzweigt. Blätter in der Rosette 2—5, gestielt, Stiel $^1/_3$—$^2/_3$ so lang als die Spreite, diese eiförmig oder kurz elliptisch, äussere stumpf, ganzrandig, rasch in den Stiel verschmälert, übrige elliptisch oder länglich, spitz, gegen die Basis hin meist ± buchtig-gesägt-gezähnt, im oberen Theil fast ganzrandig, alle derb, hellgrün, reichlich braunfleckig; Stengelblätter 2—3, klein, sehr rasch decrescirend, unteres mit verschmälerter Basis sitzend, obere bracteenartig. Kopfstand hoch gablig, etwas untergipflig, grenzlos; Akladium = $^1/_{10}$—$^1/_5$ des Stengels; Strahlen 2. Ordnung 1—3, sehr entfernt, sehr schlank bis etwas dicklich, schief abstehend; Winkel 30—40°; Ordnungen 2—3; Kopfzahl 2—4. Hülle 11—13 mm lang, kuglig, bald niedergedrückt; Schuppen aus breiter Basis scharf-zugespitzt, aber an der Spitze selbst stumpf, bartspitzig, schwärzlichgrau, breit hellrandig, durch die Behaarung nicht verdeckt. Haare der Hülle reichlich, 1—2 mm, an den Caulomen oben mässig zahlreich, 1—2 mm, abwärts bis fast 0, gegen die Basis wieder vermehrt und länger werdend, auf den Blättern oberseits mässig (oder zerstreut) bis ziemlich reichlich, unterseits zahlreicher, weich, 2—3 mm lang, überall hell. Drüsen fehlen. Flocken der Hülle reichlich oder graulichen Filz bildend, an den Kopfstielen ganz oben graulich bis weiss, abwärts an den Caulomen vermindert, gegen die Stengelbasis wieder Filz bildend, auf den Blättern oberseits am Mittelnerv ± zahlreich, unterseits am Nerv sehr reichlich, oft auch auf der Fläche zerstreut. Blüthen gelb, zungig, Zähnchen kahl, Griffel sehr dunkel. Früchte rothbraun, 3,6 mm lang, viele taub. — Dauphiné: Mt. Séuze, Gap (A.-T.).

58. H. lychnioides Arv.-Touv.

monogr. (1873) p. 35 et in sched. = *H. prenanthoidi-lanatum* Arv.-Touv. l. c.

= *tomentosum* — *pictum* — *prenanthoides.*

Stengel 20—25 cm hoch, aufrecht, unten schlank, nach oben dünn, verbogen, phyllopod oder fast hypophyllopod, fast bis zum Grunde verzweigt. Blätter am Stengelgrunde 2—4, ansehnlich, weich, etwas hellgrün, lang-länglich, spitzlich bis spitz, ganzrandig oder mit kleinen aufgesetzten Zähnchen, in den Stiel verschmälert, letzterer manchmal undeutlich, zuweilen aber fast so lang als die Spreite; Stengelblätter 2—3, rasch decrescirend, länglich, sitzend, oberes lineal. Kopfstand hoch gablig, über- oder gleichgipflig, grenzlos; Akladium = $^1/_8$—$^1/_6$ des Stengels; Strahlen 2. Ordnung 2—5, sehr entfernt, sehr schlank oder dünn, schief- oder etwas bogig-abstehend; Winkel 40—50°; Ordnungen 2—3; Kopfzahl 3—8 (—10). Hülle 9—11 mm lang, zuerst cylindrisch oder eiförmig mit gerundeter Basis, dann kuglig werdend; Schuppen breitlich, langspitzig, äussere stumpflich, innere spitz, dunkel, hellrandig, durch die Behaarung nicht verdeckt. Haare stark federig, hell, weich, an der Hülle reichlich, 2—3 mm, an den Caulomen überall ebenso, 1,5—2,5 mm, auf den Blättern oberseits überall spärlich bis ziemlich reichlich, unterseits immer viel reichlicher, fast seidig, 2—3 mm lang. Drüsen nur an den Kopfstielen oben vereinzelt, sonst mangelnd. Flocken der Hülle sehr reichlich, diese dadurch weisslich erscheinend, an den Caulomen oben grauen Filz bildend, abwärts rasch vermindert, jedoch bis zum Grunde herabsteigend, auf den Blättern fehlend. Blüthen sattgelb, zungig, Zähnchen gewimpert, Griffel sehr dunkel. Früchte schwarz, 4—4,5 mm lang. — Piemont: M. Viso (A.-T.). — Wir cultivirten die Pflanze aus Früchten vom botanischen Garten zu Paris; an solchen Gartenpflanzen ist der Stengel bis zum Grunde verzweigt, zickzackförmig; Stengelblätter bis 5, mit breiter Basis sitzend, länglich oder fast gleichbreit; die untersten Blätter der Aeste sind über dem Grunde etwas geigenförmig eingezogen.

Bemerkungen. Bei *H. lychnioides* wird man durch Indument und Caulomsystem auf die Spec. *tomentosum* hingewiesen, durch die Kopfform und den Wuchs auf *H. pictum*, durch die Blätter, die reiche Verzweigung und die Drüsenhaare auf *H. prenanthoides.* Wir können demnach Arvet-Touvet nicht ganz zustimmen, wenn er seine Pflanze als ein *tomentosum-prenanthoides* schlechthin auffasst. Da dieselbe übrigens „dans tous les bois de pins entre Briançon et le col du Mont-Genèvre“ vorkommt, so dürfte sie kaum hybrid sein. Unsere cultivirten Sätze gedeihen freudig und bringen durchaus fertile Achaenen. Die Pflanze gehört zu den zierlichsten Erscheinungen unter den Hieracien und fällt durch ihr kurzes helles Haarkleid wie durch die reiche Verzweigung der schlanken Aeste sehr in die Augen.

59. **H. lansicum Arv.-Touv.**
monogr. (1873) p. 37 et in sched. = *H. Jacquini-andryaloides* Arv.-Touv. l. c. = *H. Lanseanum* Arv.-Touv. suppl. p. 12.
= *tomentosum* > *humile.*

Stengel 23—35 cm hoch, aufrecht, dick, verbogen, gestreift, phyllopod, bis zum Grunde verzweigt. Blätter am Grunde 1—3, gross, langgestielt, eiförmig oder elliptisch oder länglich, am Grunde fast gestutzt und plötzlich in den Stiel zusammengezogen oder langsamer in den letzteren verlaufend, im unteren Theil ± grob unregelmässig oder lappig-gezähnt mit mucronaten Zähnen, im oberen Theil nur mit entfernten aufgesetzten kleinen Zähnchen, stumpf bis kurz-zugespitzt, dünn, gelbgrün; Stengelblätter 3—5, langsam decrescirend, ansehnlich, untere länglich, mittlere eiförmig, obere bis lineal, alle unregelmässig (lappig-) sägezähnig, ohne Stiel, aber mit verschmälerter Basis. Kopfstand hoch gablig oder laxrispig, übergipflig, grenzlos; Akladium 3,5—6 cm lang; Strahlen 2. Ordnung 1—7, entfernt, dick, schief-abstehend; Verzweigungswinkel c. 30°; Ordnungen (2—) 3; Kopfzahl 2—16. Hülle 13—14 mm lang, kuglig, am Grunde etwas in den oben erweiterten Kopfstiel herabgezogen; Schuppen breit, lineal, äussere stumpflich, etwas schopfspitzig, schwärzlich, hellrandig, durch die Behaarung etwas verdeckt. Haare federig, hell, weich, an der Hülle sehr reichlich, 2—2,5 mm, an den Caulomen ± zahlreich, 1—1,5 mm, auf den Blättern beiderseits reichlich, 1,5—2 mm lang, unterseits am Mittelnerv und am Stiel sehr reichlich, bis 4 mm lang. Drüsen der Hülle 0 oder spärlich, an den Kopfstielen 0 oder vereinzelt, sonst an den Caulomen abwärts verschwindend, auf den Blatträndern 0 oder vereinzelt, winzig. Flocken an Hülle und Blättern mangelnd, an den Caulomen oben Filz bildend, abwärts langsam vermindert. Blüthen gelb, zungig, Zähnchen langgewimpert, Griffel ± dunkel. Früchte?

α) *genuinum.* — Dauphiné: Alpen von Lans (A.-T.).

β) *doronicoides Arv.-Touv.* monogr. (1873) p. 37. — Untere und mittlere Stengelblätter gestielt, alle sehr weich und dünn. Haare am Stengel 2—3 mm lang, Hülle weniger kuglig als bei α. Früchte fast schwarz, 3,6 mm lang, ziemlich viele steril. — Dauphiné: Le Villard de Lans 800 m (Neyra). — Sieht in Cultur gerade so aus wie am natürlichen Standort.

Bemerkungen. Zwischen den Spec. *tomentosum* und *humile* existiren mehrere Uebergangsformen, die eine sehr verschiedene Mischung der Merkmale beider Hauptarten aufweisen. Durch Verzweigung, Kopfbildung und Indument nähern sich die vorstehend beschriebenen Pflanzen dem *H. tomentosum* mehr, als sie vermöge der Beblätterungsweise und Blattgestalt an *H. humile* erinnern. *H. Kochianum* dagegen stellt sich viel näher an *H. humile* und zeigt eine ganz andere Mischung der Merkmale der genannten Arten.

H. lansicum und *H. doronicoides* sind auffallende Pflanzen, welche durch die grossen Blätter, die dicken Stengel, die reiche Verzweigung und die dicken Köpfe den Eindruck einer ungemein kräftigen Entwicklung machen. Es ist möglich, dass sie Bastarde sind, denn sie scheinen selten zu sein, und ihre Früchte sind nur theilweise fruchtbar. Damit würde das üppige vegetative Verhalten recht wohl übereinstimmen, denn die hybriden Hieracien luxuriren nicht selten, wie dies namentlich an Piloselloiden-Bastarden nachgewiesen werden konnte.

Unter dem Namen *H. Reboudianum* erhielten wir aus dem botanischen Garten von Paris die Früchte einer Pflanze, welche mit der von Arvet-Touvet gegebenen Beschreibung durchaus nicht übereinstimmt, sondern eher in die Nähe von *H. lansicum* zu stellen ist. Sie erinnert auf den ersten Blick durch Verzweigungsweise und kurze Behaarung an *H. andryaloides* und dürfte in der That mit demselben verwandt sein, da sie auch auf der Mittelrippe der Blattoberseite zerstreute Flocken zwischen den langen Federhaaren besitzt. Es scheint diese Pflanze bisher nicht beschrieben worden zu sein; — vielleicht ist sie im Pariser Garten erst durch Kreuzung entstanden?

H. dasygnaphalum = *H. Reboudianum* hort. Paris. non Arv.-Touv. — (cult.). Stengel 30—35 cm hoch, aufrecht, dicklich, fast gerade, gestreift, phyllopod, oft bis zum Grunde verzweigt. Blätter am Stengelgrunde 1—3 (daneben einige vertrocknete), ziemlich ansehnlich, sattgrün, weich, gestielt, obovat oder elliptisch bis länglich, stumpf bis spitzlich, in den Stiel herablaufend, am Rande unregelmässig vorwärts- oder buchtig-gesägt mit mässig grossen Zähnen; Stengelblätter c. 4, langsam decrescirend, untere lang-elliptisch oder länglich, ± stielartig verschmälert, tiefer und unregelmässiger gezähnt als die Grundblätter, das 3. noch ansehnlich, sitzend, das oberste plötzlich viel kleiner, lanzettlich oder lineal. Kopfstand hoch gablig, übergipflig, grenzlos; Akladium = 1/6—1/4 des Stengels; Strahlen 2. Ordnung 3—5, entfernt, dicklich, schief-abstehend; Winkel 30—35°; Ordnungen 3; Kopfzahl 8—12. Hülle 11—12 mm lang, eiförmig, dann bis kuglig; Schuppen breitlich, lineal, spitz, dunkel, hellrandig, bartspitzig, durch die Behaarung etwas verdeckt. Haare federig, hell, weich, an der Hülle sehr reichlich, schwarzfüssig, 1,5 mm, an den Caulomen reichlich, ganz hell, 1,5—2 mm, auf beiden Blattseiten ± ebenso, unterseits zahlreicher als oberseits, 1—2 mm lang. Drüsen an Hülle und Blättern mangelnd, an den Caulomen oben zerstreut, abwärts bald verschwindend. Flocken der Hülle nur auf den Schuppenrändern mässig oder zerstreut, an den Caulomen oben grüngrauen Filz bildend, abwärts langsam vermindert, auf den Blättern oberseits am Mittelnerv sehr zerstreut, sonst 0. Blüthen dunkelgelb, Zähnchen kurz gewimpert, Griffel fast gleichfarbig. Früchte rothbraun, 3,3 mm lang, über die Hälfte steril.

60. **H. Kochianum Jord.**
cat. Grenoble 1849, vd. Gren. et Godr. fl. Fr. II (1850) p. 366
= *tomentosum* — *humile.*

Stengel 8—13 cm hoch, aufrecht, dünn, zickzackförmig und jedes Internodium ± gekrümmt, undeutlich gestreift oder ungestreift, phyllopod, tief herab verzweigt. Blätter am Stengelgrunde 2—4, ziemlich ansehnlich, etwas derb, gelblichgrün, gestielt, Stiel $^1/_3$—$^1/_2$ so lang als die Spreite, diese länglich, ± abgesetzt, stumpf oder stumpflich, gegen die Spitze ganzrandig, gegen die Basis hin unregelmässig tief- oder eingeschnitten-gekerbt oder gesägt mit theilweise stumpfen Buchten zwischen den ovalen Zipfeln, oder bis zur Rippe eingeschnitten, so dass das Blatt etwas leierförmig-fiederspaltig bis fiederschnittig erscheint, öfters noch am Stiel einzelne von der Spreite abgesonderte Läppchen; Stengelblätter 2—4, den Grundblättern ähnlich, aber kürzer gestielt, rasch decrescirend, oberes klein, fast sitzend; Bracteen pfriemlich. Kopfstand tief gablig, etwas übergipflig, grenzlos; Akladium = $^1/_2$—$^2/_3$ des Stengels; Strahlen 2. Ordnung (0—) 1—4, sehr entfernt, dünn, bogenförmig aufsteigend; Verzweigungswinkel c. 60°; Ordnungen (1—) 3; Kopfzahl (1—) 2—10. Hülle 11—15 mm lang, kuglig, dann bauchig; Schuppen schmal, lineal, sehr spitz, etwas bartspitzig, dunkel, hellrandig, durch die Behaarung etwas verdeckt. Haare federig, weiss, weich, überall sehr reichlich, 2—3 mm lang, die Pflanze locker-pelzartig überziehend, an den Caulomen gerade-abstehend. Drüsen der Hülle fehlen, an den Kopfstielen und Blatträndern zerstreut, winzig. Flocken der Hülle reichlich, an den Caulomen oben Filz bildend, abwärts langsam vermindert, sonst fehlend. Blüthen etwas hellgelb, zungig, Zähnchen gewimpert, Griffel gleichfarbig. Früchte fast schwarz, 3,3 mm lang, die meisten fertil. Blüthezeit beginnt Anfang Juni.

α) *genuinum* = *H. Kochianum* F. Schultz herb. norm. nov. ser. 1413 = *H. Kochii* Fries Hierac. eur. exsicc. 67. — Dauphiné: Meylan (Dép. Isère) 400—600 m (Verlot, Neyra), St. Lynard près Grenoble. Savoyen: Salève (Rehsteiner). Auch aus dem Garten von Grenoble nach München geschickt, daselbst cultivirt und völlig wie die wilde Pflanze.

β) *lyratum Arv.-Touv.* monogr. (1873) p. 37 = *H. Reboudianum* Arv.-Touv. suppl. (1876) p. 12 = *H. amplexicauli-andryaloides* Arv.-Touv. l. c. p. 12 = *H. Ravaudii 2. Reboudianum* Arv.-Touv. essai de classif. (1880) p. 8. — Stengel weniger zickzackförmig, dicklich. Blätter derb, mit grossem ungetheiltem Endtheil und fiederlappigem Basaltheil. Ganze Pflanze von 1 mm dickem dichtem Filze überzogen. Hülle nur 10—12 mm lang[1]). — Dauphiné: Sisteron (Basses Alpes; leg. Loret).

[1]) Im Gegensatz zu Arvet-Touvet, nach welchem die Köpfchen um $^1/_3$ grösser sein sollen als bei *α*.

Bemerkungen. *H. Kochianum* steht im Habitus der Spec. ***humile,*** im Indument jedoch dem *H.* ***tomentosum*** sehr nahe. An erstere erinnern ferner die winzigen Drüsen des Blattrandes. Demnach darf man es als ein ***tomentosum*** < ***humile*** bezeichnen, *H. lyratum* wegen sichtlicher Annäherung an *H. andryaloides* jedoch als *andryaloides* — *humile.*

Auffällig ist das Verhalten der Hüllenlänge, sowohl bei wildwachsenden Pflanzen wie im Garten: der Kopf 1. Ordnung ist bei weitem der grösste, die übrigen werden um so kleiner, je weiter unten der sie tragende Ast entspringt, und einem je höheren Verzweigungsgrade derselbe angehört. Etwas ähnliches wird auch bei manchen den *Villosina* verwandten Sippen beobachtet.

61. H. plumiferum n. sp.

= *tomentosum* — *amplexicaule.*

Stengel (6—) 12—22 cm hoch, aufrecht, öfters etwas gebogen, schlank bis dünn, gestreift, phyllopod, meist in der oberen Hälfte verzweigt. Blätter am Stengelgrunde 1—3, gross, derb, hellgrün, gestielt, Stiel $^1/_3$—$^2/_3$ so lang als die Spreite, diese ± länglich, gerundet und mucronat, in den Stiel herabgezogen, ± gesägt mit kleinen oder zuweilen gegen den Blattgrund gröberen Zähnen; Stengelblätter 1—3, rasch decrescirend, untere ansehnlich, länglich, sitzend, obere herzförmig und etwas umfassend. Kopfstand gablig, fast gleichgipflig, grenzlos; Akladium = $^1/_3$—$^3/_4$ des Stengels; Strahlen 2. Ordnung 1—2, schlank, schief-abstehend; Verzweigungswinkel c. 30°; Ordnungen 2—3; Kopfzahl 2—6. Hülle 12 bis 13 mm lang, dick eiförmig, dann kuglig und etwas bauchig; Schuppen breit, lang zugespitzt, sehr spitz, etwas bartspitzig, grün, im breiten Mittelfelde durch schwarze Haarpostamente schwärzlich, äussere etwas locker; an den unentfalteten Köpfchen überragen die Schuppen die Blüthen um $^2/_5$. Haare federig, überall reichlich, weich, gerade, abstehend, an der Hülle 3 mm, an den Caulomen 3—4 mm, an beiden hell mit schwarzem Fuss, auf den Blättern 1—1,5 mm lang. Drüsen der Hülle reichlich, kurz, an den Caulomen oben ebenso, sehr verschieden lang, die längsten von dem Durchmesser des Kopfstieles, abwärts langsam vermindert fast bis zum Grunde, auf den Rändern aller Blätter zerstreut, klein. Flocken an Hülle und Blättern 0, an den Caulomen oben reichlich, abwärts bald verschwindend. Blüthen gelb, zungig, Zähnchen reichlich gewimpert, Griffel gleichfarbig. Früchte tief schwarzbraun, 3 mm lang, die meisten fertil. Blüht von Anfang Juli ab. — Piemont: Berg östlich über Limone 1300—1600 m (N.).

Bemerkungen. *H. plumiferum* verbindet *H.* ***tomentosum*** mit *H. amplexicaule* in der Weise, dass es dem letzteren etwas näher steht. Von diesem hat es die Blattform, die Köpfchen und die reiche Drüsenbekleidung, von *H. tomentosum* die federigen Haare und die tief beginnende Verzweigung. Wahrscheinlich ist es hybrid, denn es ist sehr selten und kommt immer nur in einzelnen Stöcken vor. Möglicherweise gilt Arvet-

Touvet's Bezeichnung *H. Ravaudii* nicht bloss für die unter *H. tomentosum* beschriebene Pflanze, sondern auch für *H. plumiferum*; letzteres entspricht wenigstens bezüglich der Drüsenhaare besser der Beschreibung in Arvet-Touvet monogr. (1873) p. 38, als die uns vom Autor zur Ansicht geschickten Originalexemplare des *H. Ravaudii.*

62. H. thapsifolium Arv.-Touv.

monogr. (1873) p. 32; dazu *H. verbascifolium* Vill. voyage (1812) p. 56.

= *tomentosum* — *prenanthoides.*

Stengel 20—40 (—60) cm hoch, aufrecht, ± verbogen, gestreift, dick oder dicklich, seltener schlank, phyllopod, hypophyllopod oder aphyllopod, meist nur über der Mitte verzweigt. Blätter am Stengelgrunde zur Blüthezeit gewöhnlich vertrocknet oder nur wenige in frischem Zustande vorhanden, gross oder ansehnlich, länglich, in den Grund verschmälert, gestielt, hellgrün oder gelblichgrün, weich, ganzrandig oder ± gezähnelt; Stengelblätter sehr verschieden zahlreich, meist 6—10, langsam decrescirend, länglich und oft mit ± geigenförmig eingezogenen Rändern, mittlere und obere elliptisch oder eiförmig bis herzförmig, alle mit gerundeter bis umfassender Basis sitzend. Kopfstand lax rispig oder sehr hoch gablig, etwas unter- bis übergipflig, grenzlos; Akladium 0,5—5 (—8) cm lang; Strahlen 2. Ordnung 2—5 (—8), zerstreut oder entfernt, dicklich bis schlank, schief- oder etwas bogenförmig-abstehend; Verzweigungswinkel 30—40 (—60)°; Ordnungen 2—3; Kopfzahl 2—10 (selten mehr). Hülle 10—14 mm lang, zuerst eiförmig oder kurz cylindrisch, später immer ± kuglig; Schuppen schmal bis breit, spitz (selten stumpf), dunkel, durch die Behaarung nicht verdeckt. Haare federig, hell, weich, meist überall reichlich oder sehr zahlreich und einen ziemlich langen pelzartigen, jedoch ziemlich lockeren Ueberzug bildend, der die Blattfarbe immer noch erkennen lässt. Drüsen fehlen gänzlich oder sie sind in verschiedener, aber nie reichlicher Zahl entwickelt, meist klein. Flocken an Hülle und Blättern mangelnd oder bei anderen Subspecies an ersterer in reichlicher Menge vorhanden, an den Caulomen oben immer Filz bildend, abwärts ± rasch vermindert. Blüthen verschieden gelb, zungig, Zähnchen gewimpert, Griffel etwas dunkel. Früchte braun, c. 3,5 mm lang. Blüthezeit beginnt etwa 10. Juli.

Bemerkungen. Es ist eine grössere Anzahl Zwischenformen der Spec. *tomentosum* und *prenanthoides* bekannt, von denen mehrere schon durch Arvet-Touvet beschrieben worden sind. Wenn sie sich auch alle durchaus innerhalb der durch die Merkmale beider Hauptarten gesteckten Grenzen halten, so nehmen sie zwischen denselben doch sehr ungleiche Stellungen ein, und es ist in ihnen auch keineswegs eine einzige Uebergangsreihe zu erkennen. Dem *H. tomentosum* steht etwa *H. linguiforme* am nächsten; in gleichem Verhältniss aber befindet sich auch *H. mallophorum,* nur sind die Eigenschaften, welche diese Annäherung bedingen, hier andere als bei *H. linguiforme.* Anderseits ist *H. capreifolium* dem *H. prenanthoides* unter allen diesen Zwischenformen am ähnlichsten, während die übrigen Subspecies mehr als eine intermediäre Gruppe gelten können. — Bei fast allen sind es die reiche federige Behaarung, die Grösse der Köpfe und die Verzweigungsweise, welche an *H. tomentosum* erinnern, auf *H. prenanthoides* weisen hauptsächlich die langsam decrescirende Beblätterung und die Gestalt der mittleren und unteren Stengelblätter hin, auch die öfters vorhandene Drüsenbekleidung der oberen Theile der Pflanze und ein, wenn auch bescheidener, Reichthum des Kopfstandes. Manche dieser Zwischenglieder mögen hybrider Abstammung sein, nach dem spärlichen Vorkommen neben den betreffenden Hauptarten am gleichen Standorte zu schliessen; grössere Sicherheit darüber könnten solche Botaniker erlangen, welche in den Westalpen sammeln und die einzelnen Stauden beobachten würden.

1. *Subsp. mallophorum.*

Stengel 18—36 cm hoch, aufrecht, dick oder dicklich, verbogen, gestreift, hypophyllopod, im oberen Drittel verzweigt. Blätter am Stengelgrunde zur Blüthezeit vertrocknet oder noch 1—2 in frischem Zustande, ansehnlich, ziemlich weich, hellgrün, gestielt, länglich, spitz, langsam in den Stiel verschmälert, entfernt-klein-gezähnt oder am Rande etwas wellig und mit gröberen Zähnen versehen; Stengelblätter 6—10, langsam decrescirend, unterste den Grundblättern ähnlich, aber mit langverschmälerter Basis ohne deutlichen Stiel sitzend, meist schon das 2. oder 3. von unten mit Andeutung der dem *H. prenanthoides* eigenen geigenförmigen Zusammenziehung der Ränder über der Basis, länglich, mit gerundetem Grunde sitzend, mittlere und obere mit herzförmiger und halbumfassender Basis. Bracteen des Kopfstandes schmallanzettlich oder lineal, blättchenartig. Kopfstand lax rispig, gleichgipflig, grenzlos; Akladium 0,5—2 cm lang; Strahlen 2. Ordnung 3—5, zerstreut, ± schlank, schief abstehend; Winkel 30—40°; Ordnungen 2—3; Kopfzahl 4—10. Hülle 12—13 mm lang, dick eiförmig, später fast kuglig; Schuppen etwas breitlich, lineal, sehr spitz, schwarz, grünrandig, äusserste etwas locker, durch die Behaarung nicht verdeckt. Haare federig, hell, weich, überall sehr reichlich, an der Hülle 2—3 mm, an den Caulomen und Blättern 4—6 mm lang. Drüsen fehlen. Flocken auf Hülle und Blättern 0, an den Caulomen ganz oben Filz bildend, abwärts rasch vermindert und schon über der Mitte verschwindend. Blüthen hellgelb, Zähnchen gewimpert, Griffel kaum etwas dunkel. Früchte? — Piemont: Berg nordöstlich über Limone 1500—1700 m (N.)

2. *Subsp. linguiforme.*

Stengel 20—32 cm hoch, aufrecht, dicklich, gestreift, etwas verbogen, phyllopod oder hypophyllopod, in der oberen Hälfte verzweigt. Blätter am Stengelgrunde zur Blüthezeit meist vertrocknet, seltener 1—2 vorhanden, ansehnlich, länglich, stumpf bis spitz, in den Grund verschmälert, daher nicht oder undeutlich gestielt, ganzrandig oder entfernt-gezähnelt, etwas gelblichgrün, weich; Stengelblätter 3—5, zerstreut, langsam decrescirend, schon das unterste mit herzförmiger Basis halbumfassend, zungenförmig-länglich, im unteren Theil leicht geigenförmig-eingezogen, spitz, mittlere herzförmig-umfassend, eiförmig oder länglich, oberstes noch ansehnlich, herzförmig, zugespitzt. Bracteen lineal, c. 1 cm lang. Kopfstand sehr hoch gablig, gleichgipflig, grenzlos; Akladium 1—6 (—8) cm lang; Strahlen 2. Ordnung 1—3, sehr entfernt, schlank, verbogen, schief-abstehend; Winkel 30—40°; Ordnungen 2—3; Kopfzahl 2—5. Hülle 11—12 mm lang, kuglig; Schuppen schmal lineal, sehr spitz, schwärzlich, randlos, durch die Behaarung ziemlich verdeckt. Haare federig, hell, weich, überall sehr reichlich, an der Hülle 3 bis 4 mm, an den Caulomen 4—7 mm lang. Drüsen fehlen. Flocken an Hülle und Blättern mangelnd, an den Caulomen oben grauen Filz bildend, abwärts langsam vermindert bis unter die Mitte. Blüthen gelb, Zähnchen reichlich gewimpert, Griffel etwas dunkel. Früchte braun, 4,3 mm lang, zur Hälfte steril. — Piemont: Berg nordöstlich über Limone 1650 bis 2000 m (N.).

3. *Subsp. thapsifolium Arv.-Touv.* monogr. (1873) p. 32 = *H. lanato-prenanthoides* Arv.-Touv. l. c.

Stengel c. 60 cm hoch, dick, aufrecht, verbogen, stark gestreift, aphyllopod, am Grunde roth angelaufen, tief herab verzweigt. Blätter am Stengel c. 17 [1]), die unteren 9 zur Blüthezeit vertrocknet, diese in einen langen Stiel verschmälert, ± länglich, dünn; grüne Stengelblätter 8, sehr langsam decrescirend, die unteren derselben (also die mittleren Stengelblätter) gross, obovat-länglich, mit herzförmiger Basis ± umfassend, spitzlich und mucronat bis spitz, dünn, gelblichgrün, ganzrandig, obere Stengelblätter mit sehr breitem herzförmigem Grunde umfassend, oberste schmaler werdend, beiderends spitz, lanzettlich. Kopfstand lax rispig, etwas übergipflig, grenzlos; Akladium 2,5 cm lang; Strahlen 2. Ordnung 8, alle entfernt, schlank, nach oben dünn, schief-abstehend, die unteren beblättert und verzweigt; Winkel 55—60° (unten nur 30°); Ordnungen 3; Kopfzahl c. 18. Hülle 10—11,5 mm lang, kurz und dick cylindrisch mit gestutzter Basis, dann etwas niedergedrückt-kuglig werdend; Schuppen breit, fast lineal, stumpf, schwärzlich, breit hellrandig, bartspitzig, durch die Behaarung nicht verdeckt. Haare überall reichlich, hell, weich, an der Hülle 1,5 mm, an den Caulomen 2 mm, abwärts bis sehr reichlich, 3—4 mm, auf den Blättern 1—1,5 mm lang. Drüsen der Hülle höchstens vereinzelt, an den Kopfstielen oben ziemlich oder mässig zahlreich, abwärts bald nur vereinzelt und sehr klein, auf den Blättern 0. Flocken an Hülle und Blättern mangelnd, an den Caulomen nur ganz oben

[1]) Es stand uns nur 1 Exemplar vom Autor zur Disposition.

ziemlich reichlich, abwärts stark vermindert und bald fast verschwindend. Blüthen gelb, Zähnchen kurzgewimpert, Griffel etwas dunkel. Früchte? (scheinen steril). — Dauphiné: Htes Alpes (A.-T.).

4. *Subsp. thapsoides Arv.-Touv.* monogr. (1873) p. 33 = *H. lanato-juranum* Arv.-Touv. l. c.

Stengel 20—35 cm hoch, dicklich, aufrecht, meist ein wenig verbogen, gestreift, phyllopod oder hypophyllopod, in der oberen Hälfte verzweigt. Blätter zur Blüthezeit alle oder fast alle vertrocknet; Stengelblätter 6—8, ziemlich langsam-, nach oben hin rascher decrescirend, unterste länglich oder elliptisch, spitz, in einen stielartigen geflügelten Basaltheil allmählich verschmälert, mit Andeutung von Zähnelung oder kleinen aufgesetzten entfernten Zähnchen, mittlere kürzer, mehr eiförmig oder elliptisch, mit verschmälerter oder gerundeter Basis, obere mit herzförmigem Grunde etwas umfassend, diese $\pm$ zugespitzt, mehr ganzrandig, alle etwas derb, hellgrün, durch die Behaarung weisslich. Kopfstand hoch gablig, etwas unter- bis übergipflig, grenzlos; Akladium 3—5 cm lang = $^1/_{10}$—$^1/_4$ des Stengels; Strahlen 2. Ordnung 2—3, entfernt, schlank, schief-abstehend; Ordnungen 2 (—3); Kopfzahl 3—4 (—6). Hülle 11 bis 13 mm lang, kurz und dick cylindrisch mit gestutzter Basis, dann fast kuglig werdend; Schuppen breit, aus lanzettlicher Basis zugespitzt, äussere an der Spitze selbst stumpflich und etwas bärtig, dunkel, breit hellrandig, durch die Behaarung nicht verdeckt. Haare federig, hell, seidig, an der Hülle reichlich, 2—3 mm, an den Caulomen sehr reichlich, 2—3 mm, auf beiden Blattseiten sehr reichlich, Seidenfilz bildend, dieser 1,5 mm dick. Drüsen fehlen. Flocken an der Hülle reichlich, an den Caulomen oben sehr zahlreich, abwärts langsam vermindert, auf den Blättern mangelnd. Blüthen gelb, Zähnchen gewimpert, Griffel dunkel. Früchte dunkelbraun, 3,5 mm lang. — Dauphiné: Htes Alpes, Alpes du Viso (A.-T.).

5. *Subsp. melandriifolium Arv.-Touv.* monogr. (1873) p. 34 [1]) essai de classif. (1880) p. 8 = *H. cydoniaefolium-lanatum* Arv.-Touv. monogr. l. c.

Stengel 36—42 cm hoch, ziemlich dick, aufrecht, gestreift, leicht verbogen, phyllopod oder hypophyllopod, im oberen Drittel verzweigt. Blätter am Stengelgrunde zur Blüthezeit 1—2, elliptisch-länglich, spitzlich und spitz, mit entfernten sehr kleinen aufgesetzten Zähnchen, langgestielt, in den Stiel verschmälert, dieser $\pm$ so lang als die Spreite; Stengelblätter c. 5, zuerst langsam, dann sehr rasch decrescirend, länglich bis lanzettlich-länglich, untere (zuweilen etwas geigenförmig) mit verschmälerter, obere mit gerundeter Basis sitzend, alle spitz, etwas wellrandig, ganzrandig oder mit Andeutung von Zähnelung, ziemlich derb, gelblichgrün. Kopfstand lax rispig, etwas übergipflig, grenzlos; Akladium 17—30 mm lang; Strahlen 2. Ordnung

[1]) Arvet-Touvet schreibt l. c. *H. melandryfolium.*

2—3, sehr entfernt, schlank, schief abstehend; Winkel circa 30°; Ordnungen 2—3; Kopfzahl 3—6. Hülle 12—14 mm lang, dick eiförmig, bald kuglig; Schuppen schmal, lineal, sehr langspitzig, äusserst spitz, schwärzlich, schmal hellrandig, durch die Behaarung nicht verdeckt. Haare der Hülle reichlich, 1,5 mm, an den Caulomen oben ziemlich zahlreich, abwärts bis sehr reichlich, 2—4 mm, auf den Blättern oberseits ebenso, 2—3 mm lang, unterseits meist minder zahlreich, am Mittelnerv länger und dichter, am Stiel nicht besonders vermehrt, überall hell, weich, federig. Drüsen der Hülle zerstreut, an den Kopfstielen mässig zahlreich, abwärts an den Caulomen rasch vermindert und bald verschwindend, auf den Blättern 0. Flocken der Hülle ziemlich reichlich, an den Caulomen oben grauen Filz bildend, abwärts langsam vermindert und tief herabgehend, auf den Blättern 0, nur auf den mittleren Stengelblättern am Mittelnerv in ziemlicher Anzahl vorhanden. Blüthen sattgelb, Zähnchen kurzgewimpert, Griffel ziemlich dunkel. Früchte braunroth, 3,6 mm lang. — Dauphiné: im Stock des M. Viso (A.-T.).

6. *Subsp. menthifolium Arv.-Touv.* notes pl. alp. 22 et Exsicc. Soc. dauphin. (1886) Nr. 478 bis = *H. melandryfolium* Arv.-Touv. in Soc. dauph. exsicc. Nr. 478 et Bull. Soc. dauph. I, 18; Arv.-Touv. monogr. (1873) p. 34 pro parte; non Arv.-Touv. notes pl. alp. 22.

Stengel 20—30 cm hoch, schlank oder dünn[1]), gestreift, fast gerade, aphyllopod, im oberen Drittel verzweigt, gegen die Basis hin violett angelaufen. Blätter am Stengelgrunde zur Blüthezeit abgewelkt (an Seitenknospen sind die basalen Blätter ± elliptisch, ganzrandig, sehr lang gestielt, stumpf bis spitzlich); grüne Stengelblätter 5—6, untere langlänglich, abwärts etwas verschmälert, folgende ± länglich mit herzförmig-umfassender Basis sitzend, obere eiförmig und breit-umfassend, alle spitzlich oder spitz, scharf ungleich-vorwärts-gesägt, hellgrün, etwas derb. Kopfstand lax rispig, gleichgipflig, grenzlos; Akladium 1—3 cm lang; Strahlen 2. Ordnung 1—3, sehr schlank oder dünn, schiefabstehend; Winkel c. 40°; Ordnungen 2—3; Kopfzahl 2—6. Hülle 10—11 mm lang, dick cylindrisch mit etwas gestutzter Basis; Schuppen breitlich, lineal, spitzlich, schwarz mit hellen Rändern, durch die Behaarung nicht verdeckt. Haare der Hülle reichlich, hell mit schwarzem Fuss, 1—1,5 mm, an den Caulomen ebenso, 2 mm, gegen die Stengelbasis sehr reichlich und länger, auf beiden Blattseiten sehr reichlich, weich, 2—2,5 mm lang. Drüsen der Hülle zerstreut, an den Kopfstielen ganz oben ebenso oder fast mässig zahlreich, abwärts bald verschwindend, sonst 0. Flocken der Hülle sehr reichlich, diese

[1] An mehreren der zu dieser Beschreibung benutzten Originalexemplare ist der Stengel in seiner Entwicklung durch irgend eine unbekannte Ursache gestört, kurz und dichtblättrig, ohne zu blühen oder sich sonst zu entwickeln; aus der Achsel eines seiner unteren Blätter kommt ein Ast, welcher sich genau wie ein Hauptstengel verhält, aber meist weniger Köpfe hat.

dadurch weisslich erscheinend, an den Kopfstielen oben reichlich, oder graulich, abwärts rasch vermindert und spärlich werdend, auf den Blättern 0. Blüthen dunkelgelb, Zähnchen kurzgewimpert, Griffel etwas dunkel. Früchte roth (reif?), 3,5 mm lang. — Dauphiné: Vallon des Roches Noires am Lautaret 2100 m (Faure).

7. *Subsp. capreifolium.*

Stengel 35—40 cm hoch, am Grunde gerade, schlank, gestreift, etwas verbogen und meist leicht bogenförmig, durch Vertrocknen der Blätter aphyllopod, nur an der Spitze verzweigt. Blätter am Stengelgrunde zur Blüthezeit vertrocknet, gross, länglich, spitzlich, langsam in den Stiel verschmälert, gezähnelt; Stengelblätter c. 9, ansehnlich, sehr langsam decrescirend, etwas gelblichgrün, dünn; unterste elliptisch oder länglich, allmählich in den Grund verschmälert, aber ungestielt, spitz, gezähnelt mit sehr scharfen Zähnchen, mittlere elliptisch, beiderends spitz, sitzend, obere aus herzförmigem ± umfassendem Grunde oval oder kurz-herzförmig. Bracteen lineal, klein. Kopfstand lax rispig, gleich- oder etwas übergipflig, grenzlos; freier Theil des Akladiums [1]) 0,2—0,7 cm lang; Strahlen 2. Ordnung 3—4, entfernt, dünn, etwas bogenförmig-abstehend; Winkel 40—60°; Ordnungen 3; Kopfzahl 5—8. Hülle 11 bis 12 mm, eiförmig, später dicker werdend und am Grunde gestutzt; Schuppen breitlich, lanzettlich, äussere spitz, innere stumpflich, schwarz, hellrandig, durch die Behaarung nicht verdeckt. Haare nicht federig, nur stark gezähnt, hell, weich, an der Hülle sehr reichlich, 3 mm, an den Caulomen oben reichlich, schwarzfüssig, 3—4 mm, abwärts etwas vermindert, 4—5 mm lang, auf den Blättern beiderseits ziemlich reichlich, 3—4 mm lang. Drüsen an der Hülle gegen die Schuppenspitzen ziemlich zahlreich, aber sehr klein, sonst überall mangelnd. Flocken der Hülle nur an den Schuppenrändern zerstreut, sonst 0, an den Kopfstielen grauen Filz bildend, abwärts an den Caulomen stark vermindert und schon über der Mitte verschwindend, auf den Blättern 0. Blüthen gelb, Zähnchen langgewimpert, Griffel etwas dunkel. Früchte? — Piemont: Berg nördlich von Oulx 2000 m (N.).

Nähert sich unter allen hier aufgeführten Zwischenformen der Spec. *tomentosum* und *prenanthoides* der letzteren am meisten, wenn auch die Blattgestalt nur wenig darauf hinweist. Die Aehnlichkeit mit *H. prenanthoides* liegt hauptsächlich im Kopfstande und in der Beblätterungsweise. — Den Namen empfing die Pflanze nach der Form der mittleren Stengelblätter, welche an diejenige breitblättriger *Salix*-Arten erinnert.

[1]) In Folge von Verwachsung des obersten Astes mit dem Akladium und von Verschiebungen der diesen Ast stützenden Bractee nach der Höhe auf denselben ist bei allen unseren Exemplaren die wahre Länge des Akladiums nicht festzustellen, und es konnte nur der frei bleibende Theil des letzteren für die obenstehende Beschreibung benutzt werden.

63. H. villiferum n. sp.

= *tomentosum* — *silvaticum* — *prenanthoides.*

Stengel 18—28 cm hoch, aufrecht, schlank, verbogen, gestreift, phyllopod, tief herab verzweigt. Blätter am Stengelgrunde zur Blüthezeit 1—3 (die untersten sind stets vertrocknet), ansehnlich, ziemlich weich, etwas glaucescirend-hellgrün, länglichlanzettlich, spitz, in den Grund verschmälert, aber ohne deutlichen Stiel, mit entfernten sehr kleinen Zähnchen; Stengelblätter 2—6, rasch decrescirend, unterstes wie die Grundblätter, aber mit gerundeter Basis sitzend, mittlere mit eiförmigem oder etwas herzförmigem Grunde, zuweilen mit Andeutung von geigenförmiger Einziehung, oberstes lanzettlich, klein. Bracteen lineal, ziemlich gross. Kopfstand lax rispig resp. sehr hoch gablig, gleichgipflig, grenzlos; Akladium 1—3 cm lang; Strahlen 2. Ordnung 2—4, sehr entfernt, dünn, verbogen; Verzweigungswinkel 40—50°; Ordnungen 2—3; Kopfzahl 3—8. Hülle 11—12 mm lang, kurz und dick eiförmig, bald kuglig; Schuppen schmal, langspitzig, innere etwas breitlich, bartspitzig, dunkel, hellrandig, anliegend, durch die Behaarung nicht verdeckt. Haare federig, hell, weich, überall sehr reichlich, an der Hülle 3—4 mm, am Stengel 4—5 mm lang, die Blattränder ca. 3 mm weit überragend. Drüsen der Hülle gegen die Schuppenspitzen hin und an den Kopfstielen spärlich, winzig, sonst mangelnd. Flocken an Hülle und Blättern 0, an den Caulomen oben reichlich, abwärts ziemlich rasch vermindert. Blüthen hellgelb, zungig, Zähnchen kurzgewimpert, Griffel etwas dunkel. Früchte tiefbraun, 4 mm lang, etwa zur Hälfte fertil. Blüthezeit beginnt Anfang Juli.

1. *normale.* — Piemont: Berg nordöstlich über Limone 1500—2000 m (N.). — In Cultur zuweilen um das doppelte höher, tiefer herab und reicher verzweigt, mit bis 9 Stengelblättern, von denen die untersten stark verlängert und deutlich gestielt sind, Akladium länger; die Kopfgrösse ändert sich nicht.
2. *oligophyllum.* Stengelblätter 2 (—3), sehr rasch decrescirend; Akladium bis ½ des Stengels, übrigens sehr verschieden lang; Hülle auch später mehr die Eiform beibehaltend. — Piemont: Berge um Limone 1500—1700 m, Berg nördlich von Oulx 2000 m (N.). — Auch diese Pflanze zeigt in Cultur dieselben Veränderungen wie die vorige; sie hat habituell ziemlich grosse Aehnlichkeit mit *H. lychnioides.*

Bemerkungen. *H. villiferum* zeigt viel von den Merkmalen des *H. tomentosum,* aber auch solche der Spec. *silvaticum,* diese in phyllopodem niedrigem Wuchs, kleiner Zahl und rascher Decrescenz der Stengelblätter und geringer Kopfgrösse. Man müsste es demnach als eine Zwischenform beider Hauptarten ansehen und mit *H. colophyllum* zusammenstellen, wenn es nicht ausserdem in der an die Geigenform erinnernden Gestalt der unteren Stengelblätter und in seinem zarten Gesammtaufbau noch Anklänge an *H. prenanthoides* darböte. Es lässt sich auch keineswegs etwa in den Rahmen unserer Spec. *thapsifolium* bringen: kurz, es ist der Repräsentant einer eigenen Gruppe von Zwischenformen, welche die 3 Arten: *H. tomentosum*, *prenanthoides* und *silvaticum* mit einander verknüpft. Bezüglich Beblätterung, Verzweigung, Hüllenlänge und Hüllschuppenbreite schwanken die hiehergehörigen Sippen zwischen weiten Grenzen. Wir haben alle cultivirt; im Garten werden sie durch Streckung der unteren Stengelinternodien und dadurch reicher erscheinende Beblätterung dem *H. prenanthoides* ähnlicher.

2. Subsp. lanosum.

Stengel 12—23 cm hoch, aufrecht, schlank, verbogen, gestreift, phyllopod. Blätter am Stengelgrunde zur Blüthezeit 1—3, ziemlich ansehnlich, ± länglich, allmählich in den Grund verschmälert, aber selten deutlich mit Stiel versehen, stumpf bis spitz, ganzrandig oder mit winzigen entfernten Zähnchen, hellgrün, weich; Stengelblätter 2—4, rasch decrescirend, unteres länglich, in den Grund etwas geschweift-verschmälert, aber mit gerundeter Basis sitzend, mittlere herzförmig sitzend, oberes klein, aus breiter Basis zugespitzt. Bracteen lineal, unansehnlich. Kopfstand gabelig, gleichgipflig, grenzlos; Akladium = $^1/_6$—$^1/_2$ (—$^3/_4$) des Stengels; Strahlen 2. Ordnung 1, dünn, schief-aufrecht; Winkel 25—35°; Ordnungen 2; Kopfzahl 2. Hülle 12—13 (—15) mm lang, kuglig; Schuppen durch die Behaarung ziemlich verdeckt, schmal oder sehr schmal, äusserst spitz, schwarz, randlos. Haare federig, hell, weich, überall sehr reichlich, an der Hülle 4 mm, an den Caulomen 4—5 mm, auf den Blättern um 4—5 mm den Rand überragend. Drüsen fehlen. Flocken an Hülle und Blättern 0, an den Caulomen oben grauen Filz bildend, abwärts sehr langsam vermindert bis zum Grunde, auf den oberen Blättern am Hauptnerv unterseits ± zahlreich bis ziemlich reichlich. Blüthen gelb, Zähnchen spärlich kurzgewimpert, Griffel etwas dunkel. Früchte braunschwarz, 3,5 mm lang, die meisten fertil. Blüht Mitte Juli. — Piemont: Berg nordöstlich über Limone 1500 bis 1900 m (N.). — Cultivirt viel höher, in allen Theilen derber, reicher verzweigt, mit grossen Bracteen, am Stengel mit 5—7 Blättern.

64. H. anserinum Ravaud

sec. Arvet-Touvet monogr. (1873) p. 37 = *H. sabaudo-andryaloides?* Arv.-Touv. l. c.

= *tomentosum* — *sabaudum.*

Arvet-Touvet führt a. a. O. ein *Hieracium* auf, welches er fragweise als Bastard von *H. sabaudum* und *H. andryaloides* bezeichnet und mit *H. lansicum* vergleicht. Es ist 30—40 cm hoch, aphyllopod, locker mit federigen Haaren bekleidet, hat gestreiften Stengel, grosse ziemlich zahlreiche Köpfe, sattgelbe Blüthen und Blätter, welche gegen die Basis hin ziemlich tief eingeschnitten sind. Die Pflanze wächst in der Dauphiné: Villard-de-Lans, Bréduire, rochers de la Cascade (Rav.).

Es ist uns bei dem Mangel an authentischen Exemplaren nicht möglich, über die Richtigkeit der Deutung zu urtheilen, welche die Pflanze durch Arvet-Touvet erfährt; die knappen Angaben über deren Merkmale sprechen nicht dagegen, auch könnte eine hybride Verbindung von Sippen der Spec. *tomentosum* und *sabaudum* recht wohl vorkommen, da es auch einen sicheren Bastard von *H. thapsiforme* und *H. sabaudum* gibt. — Hierbei ist nur zu erwähnen, dass das Citat bei Arvet-Touvet l. c.: »*H. Liottardi* Ravaud in Bull. Soc. bot. Fr. VII p. 741« unmöglich richtig sein kann, weil Ravaud an dieser Stelle ganz unverkennbar nur von dem echten *H. Liottardi* Vill. spricht, nicht aber von einem grossen reichblättrigen aphyllopoden *Hieracium*. In späteren Publikationen Arvet-Touvet's geschieht übrigens unseres Wissens der Pflanze nicht mehr Erwähnung.

65. **H. Gaudryi Boiss.** pl. or. II, 3 p. 105.

Heldreich herb. graec. norm. 722 = *H. Godryi* Orphan. Flor. graec. exsicc. 347.

= *pannosum* — *prenanthoides*.

Stengel 18—47 cm hoch, aufrecht, dick, ± verbogen, gestreift, hypophyllopod, in der oberen Hälfte verzweigt. Blätter am Stengelgrunde zur Blüthezeit vertrocknet, mit kahlen Scheidentheilen; Stengelblätter 8—10, ansehnlich, ziemlich rasch decrescirend, untere lang-länglich, spitz, ein wenig geigenförmig in den Grund verschmälert und mit gerundeter breiter Basis sitzend, am Rande mit oder ohne spärliche winzige Zähnchen, mittlere kürzer länglich, mit breitem Grunde, obere bis lanzettlich, klein. Bracteen pfriemlich, klein. Kopfstand gablig, übergipflig, grenzlos; Akladium = $1/8$—$1/3$ des Stengels; Strahlen 2. Ordnung (0—) 1—2, sehr entfernt, dicklich, bogenförmig aufsteigend; Winkel 65—85°; Ordnungen 2 (—3); Kopfzahl (1—) 3—4. Hülle (10—) 11—12 mm lang, kuglig, bald niedergedrückt; Schuppen breit, etwas zugespitzt, spitz, innere etwas stumpflich, dunkel, sehr schmal hellrandig, durch die Behaarung nicht verdeckt. Haare stark federig, hell, seidig, an der Hülle ziemlich zahlreich bis reichlich, 2 mm, an den Caulomen oben ziemlich reichlich, 2—3 mm, abwärts allmählich vermehrt, unten sehr reichlich, wie auf den Blättern beiderseits einen 3—4 mm langen Seidenpelz bildend. Drüsen fehlen. Flocken der Hülle sehr reichlich, an den Kopfstielen ganz oben reichlich, abwärts rasch vermindert und bald verschwindend, auf den Blättern 0. Blüthen hellgelb, zungig, Zähnchen kahl, Griffel fast gleichfarbig. Früchte lehmbraun, gut 5 mm lang. Blüht von Mitte Juli ab. — Griechenland: Parnass bei Kedrozasteno 1950—2110 m sehr selten (Hldr., Orph.).

Bemerkung. Die Pflanze scheint die Spec. *pannosum* mit einer hochwüchsigen mehrblättrigen, hochverzweigten Art zu verbinden, vermuthlich mit *H. prenanthoides*. Auf letzteres weist die leicht geigenförmige Einziehung der Blattränder hin wie die relativ schmale Blattform überhaupt; von *H. pannosum* hat *H. Gaudryi* die dicken Köpfe und das Indument, auch die langen Akladien. Freilich sind die Achaenen auffallend gross und die Hüllschuppen haben eine eigenthümliche Gestalt, so dass *H. Gaudryi* vielleicht eher eine Hauptart darstellt. Trifft dies zu — weitere Untersuchungen an reichlicherem Material müssten darüber erst Sicherheit bringen —, so ist diese Hauptart jedenfalls eine der morphologisch schwächst begründeten, welche es unter den Hieracien giebt.

66. H. divergens n. sp.

= *pannosum* — *brevifolium.*

Stengel 25—36 cm hoch, dick, nach oben schlank, aufrecht, gerade, gestreift, hypophyllopod, in der Mitte verzweigt; längstes Internodium am Akladium. Blätter am Stengelgrunde zur Blüthezeit vertrocknet, aber dicht über demselben eine Anhäufung von grossen Blättern vorhanden, die zuweilen rosettenartig erscheint; Stengelblätter 10—12, rasch decrescirend, unterste sehr gross, länglich-zungenförmig, stumpf oder häufiger etwas zugespitzt und spitzlich bis spitz, ganzrandig mit sehr kleinen entfernten, aufgesetzten Zähnchen, langsam in die breite Basis verschmälert; mittlere kurz-länglich oder eiförmig oder herzförmig mit umfassender Basis, scharf vorwärts-gesägt; oberste ähnlich gestaltet, plötzlich in die linealen Bracteen des Kopfstandes übergehend; alle derb, sehr hellgrün, mit langem Haarpelz bedeckt. Kopfstand tief gablig, grenzlos, ziemlich gleichgipflig, langästig; Akladium = $^1/_2$—$^3/_4$ des Stengels; Strahlen 2. Ordnung 3—5, etwas zerstreut, meist alle wenig unter der Stengelmitte inserirt (weiter unten öfters noch einige abortirte Zweige), bogig aufsteigend, nur im untersten Theil weiter verzweigt, schlank; Verzweigungswinkel 50—60°; Ordnungen 2—3; Kopfzahl (1—) 5—10. Hülle 14—15 mm lang, zuerst dick eiförmig, dann kuglig; Schuppen durch die Behaarung verhüllt, ziemlich schmal, stumpf und stumpflich, anliegend, hellgrün, in der Mitte durch dunkle Haarpostamente grau. Haare stark federig, hell, sehr weich, an Hülle, beiden Blattseiten und der unteren Hälfte des Stengels sehr reichlich, einen pelzartigen Ueberzug darstellend, der besonders an der Mittelrippe unterseits, an der Blattbasis und dem unteren Stengeltheil sehr dicht und lang ist (6—8 mm), an der oberen Stengelhälfte und an den Kopfstielen zerstreut, verbogen, 4—6 mm lang. Drüsen fehlen. Flocken der Hülle mässig zahlreich, an den Caulomen bis zur Mitte ± reichlich, auf den Blättern 0. Blüthen hellgelb, zungig, Zähnchen kahl, Griffel gleichfarbig. Früchte hellbraun, 4 mm lang, fertil. — Türkei: Bellowa auf Urkalk 325 m (Dgl.).

Bemerkungen. Es ist unverkennbar, dass zwischen *H. divergens* und *H. taygeteum* verwandtschaftliche Beziehungen bestehen, die sich beim ersteren im Wuchs, im Indument und in den langen Kopfstielen ausprägen. Durch *H. divergens* wird die Spec. *pannosum* offenbar mit einer jener östlichen Accipitrinen verbunden, welche in *H. brevifolium* eine so charakteristische Gestalt annehmen. Vielleicht darf jenes geradezu als Zwischenform des *H. taygeteum* und *H. brevifolium* angesehen werden, welche dem ersteren näher steht. Die Merkmale des letztgenannten zeigen sich am deutlichsten in der Beblätterungsweise, in der Blattgestalt und in den hellfarbigen Hüllschuppen.

67. H. marmoreum Vis. et Panc.

in Panc. flor. Serb. (1874) p. 468 (Beschreibung serbisch).
= *pannosum* — *foliosum*.

Stengel c. 26 cm hoch, etwas aufsteigend, dicklich, nach oben schlank, fast gerade, gestreift, aphyllopod, im oberen Drittel verzweigt. Blätter am Stengelgrunde zur Blüthezeit fehlend; Stengelblätter c. 10—12, fast alle in der unteren Hälfte des Stengels, rasch decrescirend, dünn, hellgrün, unterseits deutlich netzaderig, dicht (aber nicht pelzartig-) behaart; untere gross, länglich, spitz, allmählich in die fast stielartige Basis verschmälert, entfernt-gezähnelt; mittlere kürzer länglich, mit breiterem Grunde sitzend; obere herzförmig und $\pm$ umfassend, eiförmig, kurz zugespitzt, rasch in die unscheinbaren Bracteen übergehend; alle entfernt-gezähnelt. Kopfstand sehr hoch gablig, gleichgipflig, grenzlos, durch Abort von Köpfchen traubig erscheinend; Akladium 5—7 cm = $^1/_5$—$^1/_4$ des Stengels; Strahlen 2. Ordnung 2—3 (und mehr), zerstreut, dünn, etwas bogig; Verzweigungswinkel c. 40°; Ordnungen 2 (—3); Kopfzahl 3—4 (—8). Hülle 12—13 mm lang, eiförmig, später fast kuglig werdend; Schuppen etwas breitlich, lineal, stumpf nnd stumpflich, dunkel, breit hellgrün gerandet. Haare ziemlich gefedert, hell, weich, an der Hülle oben fast 0, gegen die Basis hin bis ziemlich reichlich, 3—4 mm, an den Kopfstielen zerstreut, am Stengel schon ganz oben ziemlich zahlreich, abwärts rasch vermehrt und sehr reichlich werdend, bis 6 mm, auf den Blättern beiderseits sehr zahlreich, etwas verbogen, dünn, 4—6 mm lang, die Blattfläche nicht verhüllend. Drüsen winzig, an der Hülle spärlich, an den Kopfstielen nur ganz oben vereinzelt, sonst 0. Flocken der Hülle zerstreut, nur ganz am Grunde mässig zahlreich, auf den Kopfstielen oben reichlich oder graulich, abwärts an den Caulomen langsam vermindert und zwischen der langen Haarbekleidung verschwindend, auf den Blättern 0. Blüthen hellgelb, zungig, Zähnchen kahl, Griffel gleichfarbig. Früchte hellbraun, 3,6 mm lang. — Südserbien: Banja auf Kalk (Panc.).

Die Behaarung der Hülle ist starkem Wechsel unterworfen, zuweilen am nämlichen Stock: der eine Stengel kann ziemlich reichhaarige Köpfchen entwickeln, der Nachbarstengel fast unbehaarte, dafür mit zahlreicheren Flocken überzogene.

Wir haben ein paar Exemplare von Pancic erhalten (Serbien: Berg Kljanen mare, auf Kalk), deren Blätter durchweg breiter und kürzer sind als die obenstehende Beschreibung besagt; die unteren Blätter sind gross, elliptisch, breit sitzend, die mittleren und oberen viel kleiner, gerundet-stumpf und wegen der Kleinheit der Zähnchen ganzrandig erscheinend. Da indessen diese Exemplare ziemlich viel abortirte Köpfchen tragen, so mögen sie auch sonst nicht ganz normal entwickelt sein.

Bemerkungen. Von solchen Pflanzen, die ihren Merkmalen nach zwischen *H. pannosum* und *H. foliosum* stehen, kennen wir einige wenige aus südöstlichen Ländern Europas und reihen dieselben dem *H. marmoreum* Vis. et Panc. an. Freilich scheinen dessen Autoren unter dieser Bezeichnung — dem uns vorliegenden Material nach — eine ganze Gruppe von Sippen verstanden zu haben, so dass es zweifelhaft sein könnte, welcher derselben der Name *marmoreum* zukommt. Aber es finden sich bei Pancic elench. pl. vasc. Crna Gorae (1875) p. 59, 60, Notizen, welche mit ziemlicher Sicherheit auf die vorstehend beschriebene Pflanze hinweisen. — Die langen Aeste des Kopfstandes, die Behaarung und die dicken Köpfe entsprechen den Merkmalen der Spec. *pannosum*, die Beblätterungsweise dagegen, die Blattform und die deutliche Netzadrigkeit denjenigen von Spec. *foliosum*, so dass wir nicht anstehen, die *marmoreum*-ähnlichen Pflanzen als Zwischenformen der genannten Hauptarten zu behandeln. Ob sie hybrid seien, kann von uns nicht angegeben werden, da wir sie bisher nicht lebend beobachten konnten.

Folgende Pflanzen schliessen sich zunächst an *H. marmoreum* an:

1. *Subsp. Pavlovicii* = *H. marmoreum* Pavlovic in sched., non Panc.

Stengel 20—30 cm hoch, aufrecht, dicklich, gestreift, gegen die Spitze hin verzweigt. Blätter am Stengelgrunde vertrocknet, erst 7—8 cm über der Basis beginnen die grünen Blätter, diese an Zahl 8—10, ziemlich rasch decrescirend, zerstreut, oben rasch in die Bracteen übergehend; unterste länglich, spitz, mit verschmälerter Basis herzförmig-sitzend, am Rande mit entfernten sehr spitzen Zähnchen; mittlere und obere aus breitem umfassendem Grunde kurz-länglich und eiförmig, ± zugespitzt und etwas wellrandig; alle derb, von langhaarigem lockerem Haarpelz bekleidet. Kopfstand sehr hoch gablig, gleichgipflig, grenzlos; Akladium 4—6,5 cm lang = c. 1/5 des Stengels; Strahlen 2. Ordnung 1—2 (—3), etwas entfernt, schlank, schief-aufrecht; Winkel 30—40°; Ordnungen 2—3; Kopfzahl 2—4 (—6). Hülle 12—13 mm lang, eiförmig, endlich fast kuglig; Schuppen schmal bis etwas breitlich, lineal, stumpflich, schwärzlich, mit breiten hellgrünen Rändern, die äussersten und kürzesten etwas locker. Haare ziemlich federig, weich, weiss, an der Hülle zerstreut bis ziemlich reichlich, an den Caulomen ganz oben zerstreut, abwärts bald ziemlich reichlich, schon von den obersten Blättern ab sehr zahlreich, 5 bis 6 mm, auf beiden Blattseiten ebenso, namentlich unterseits seidenartig weich. Drüsen nur an den Hüllschuppen spärlich, winzig, sonst 0. Flocken an der Hülle reichlich, an den Kopfstielen sehr reichlich, auch am Stengel oben ebenso, abwärts langsam vermindert. Blüthen hell gelb, Zähnchen kahl, Griffel gleichfarbig. Früchte strohfarbig, 3,2 mm lang (eine Aussaat misslang). — Serbien: Debeli lug im Nagotin-Bezirk auf Kalk (Pavlovic).

3. *Subsp. reticulatum* = *H. marmoreum* Panc. et Visiani in sched. p. p.

Stengel 17—32 cm hoch, aufrecht, aber meist mit krummem Verlauf, dicklich, gestreift, aphyllopod, in der oberen Hälfte verzweigt. Blätter am Stengelgrunde fehlend; grüne Stengelblätter 12—14, zerstreut, aber alle in der mittleren Gegend des Stengels inserirt, ± rasch decrescirend, etwas derb, etwas glaucescirend, unterseits deutlich netzaderig, dicht- (aber nicht pelzartig-) behaart; untere Stengelblätter ansehnlich, ± spatelig-länglich, stumpf und mucronat, allmählich in den stielartigen Teil verschmälert, welcher sich an der Insertion etwas scheidenartig erweitert, entfernt-gezähnelt; mittlere länglich, ± spitz, langsam verschmälert, aber breit sitzend, mit eben so kleinen oder gröberen Zähnen; obere aus herzförmig-umfassender Basis eiförmig, etwas zugespitzt bis gerundet-stumpf und mucronat, rasch in die lanzettlichen kleinen Bracteen übergehend. Kopfstand sehr lax rispig, langästig, durch Abort von Köpfchen traubig erscheinend, ein wenig übergipflig, grenzlos; Akladium 4 bis 5 cm lang; Strahlen 2. Ordnung (0—) 4 (—6), zerstreut, ziemlich schlank, etwas bogenförmig; Winkel c. 45°; Ordnungen 2 (—3); Kopfzahl bis 5 (—10). Hülle 11—13 mm lang, dick eiförmig, dann fast kuglig; Schuppen breit, lanzettlich, etwas zugespitzt, stumpf, dunkel, breit grünrandig. Haare federig, hell, weich, an der Hülle zerstreut bis mässig, 2 mm, an den Caulomen oben spärlich, vom oberen Drittel ab reichlicher, endlich sehr zahlreich, 4—5 mm, auf den Blättern beiderseits reichlich, verbogen, 3—4 mm lang, am Mittelnerv unterseits sehr reichlich. Drüsen fehlen. Flocken der Hülle ziemlich zahlreich, an den Kopfstielen oben reichlich oder graulich, abwärts an den Caulomen vermindert, auf den Blättern 0. Blüthen hellgelb, Zähnchen kahl, Griffel gleichfarbig. Früchte hellbraun, 3,5—4 mm lang. — Serbien: Stol, Vukau auf Kalk (Panc.).

In Cultur reich verzweigt bis in den 4. Grad, Hülle 14 mm lang, etwas niedergedrückt, obere Stengelblätter herzförmig, ziemlich grob gezähnt, Kopfstiele an der Spitze stark erweitert.

68. H. lanatum Waldst. et Kit.

in Willd. sp. pl. III, 3 (1800) p. 1586; plant. rar. Hung. II (1805) p. 135 tab. 127 = *H. Waldsteinii* Tausch in Flora 1827 Erg.-Bl. p. 65.

= *thapsiforme* — *tridentatum*.

Stengel c. 56 cm hoch, aufrecht, dicklich, nach oben schlank, leicht verbogen, gestreift, aphyllopod, gegen die Spitze hin verzweigt; die längsten Internodien in der oberen Stengelhälfte, 2—3 derselben etwa gleichlang. Blätter am Stengel 15—20, zerstreut, zuerst sehr langsam, dann ziemlich rasch decrescirend, ziemlich weich, sattgrün, die untersten 4—5 zur Blüthezeit vertrocknet; folgende gross, lang elliptisch-länglich, spitzlich und mucronat, allmählich in den Grund verschmälert, aber nicht deutlich gestielt, ganzrandig oder mit spärlichen kleinen Zähnchen; mittlere mehr und mehr der Lanzettform genähert, oberste klein, lanzettlich. Bracteen lineal, klein. Kopfstand lax rispig, gleichgipflig, grenzlos; Akladium 3 cm lang; Strahlen 2. Ordnung 4, entfernt, schlank, schief-abstehend, an der Spitze etwas verdickt; Verzweigungswinkel ca. 30°; Ordnungen 3; Kopfzahl 7. Hülle 10 mm lang, kuglig, bald niedergedrückt; Schuppen breit, spitz, dunkel, durch Flocken grau, anliegend. Haare stark federig, hell, weich, an der Hülle ziemlich reichlich, 1—1,5 mm, an den Caulomen oben spärlich, unter der Mitte rasch sehr zahlreich werdend, kraus, auf beiden Blattseiten sehr reichlich, hier überall einen kurzen filzartigen Ueberzug von 1—1,5 mm Dicke bildend, jedoch auf den oberen kleinen Stengelblättern viel weniger zahlreich werdend und zuletzt beiderseits fehlend. Drüsen scheinen zu fehlen, aber es sind an der Hülle spärliche, an den Kopfstielen und an der oberen Stengelhälfte ziemlich zahlreiche winzige Drüschen vorhanden. Flocken der Hülle graulichen Filz bildend, an den Kopfstielen nur ganz oben reichlich, abwärts rasch verschwindend, sonst 0, nur auf den oberen Blättern unterseits, besonders am Mittelnerv ± zerstreut. Blüthen hellgelb, zungig, Zähnchen kahl, Griffel fast gleichfarbig. Früchte braun, 3,8 mm lang, alle fertil. — Serbien: Mokragora (Panc.). Croatien: Voralpenregion wo?

Bemerkungen. *H. lanatum* steht unverkennbar zwischen den Spec. *thapsiforme* und *tridentatum* ziemlich in der Mitte. Im Habitus lehnt es sich an die letztere an, doch hat es weniger zahlreiche und grössere Köpfe und fast ganzrandige Blätter; das Indument besteht grossentheils aus federigen, mit langen Geisselenden versehenen Haaren, wie sie bei *H. gymnocephalum* vorkommen. Da es auf den Blättern Sternhaare besitzt, so steht es nicht genau auf der Verbindungslinie der beiden Hauptarten, sondern es nimmt durch dieses neue, jenen nicht zukommende Merkmal eine besondere Stellung ein, die aber unserer Ansicht nach nicht dazu berechtigt, es als eine Hauptart zu behandeln.

Unsere serbische Pflanze stimmt mit der Beschreibung und Abbildung bei Waldstein und Kitaibel in befriedigender Weise überein. Letztere stellt an der Hülle so zahlreiche und grosse Drüsenhaare dar, wie sie weder die Beschreibung angibt noch unsere Pflanze besitzt. — Ueber die Nomenclatur vergleiche Seite 276, 277.

69. **H. calophyllum Uechtr.** in Oest. bot. Ztg. 1874 p. 133.

= *thapsiforme* — *prenanthoides.*

Stengel[1]) c. 60 cm hoch, dick, nach oben hin stark verjüngt, aufrecht, leicht verbogen, stark getreift, aphyllopod, gegen die Spitze ver-

---

[1]) Beschreibung nach einem Original-Exemplar im Breslauer Herbarium unter Zuhilfenahme sehr zahlreicher cultivirter Pflanzen.

zweigt. Blätter am Stengelgrunde mangelnd; Stengelblätter 10—12, gross, langsam decrescirend, sattgrün, dünn, mit weissem ziemlich dichtem Haarpelz überzogen; untere länglich, gerundet oder stumpf, am Rande im unteren Drittel etwas geigenförmig eingezogen, mit herzförmiger breiter Basis sitzend; mittlere ähnlich, aber spitzer; obere aus umfassender Basis länglich oder eiförmig und etwas zugespitzt, rasch in die linealen kleinen Bracteen übergehend, alle ganzrandig (cult. ± sägezähnig). Kopfstand lax rispig, sehr locker, gleichgipflig oder etwas übergipflig, grenzlos; Akladium 1,5—2 cm lang; Strahlen 2. Ordnung 4—5 (—6), entfernt, schlank, verbogen; Verzweigungswinkel 50—60°; Ordnungen 2—3; Kopfzahl bis 8. Hülle 11—12 mm lang, dick cylindrisch mit etwas gestutzter Basis, später fast kuglig; Schuppen breit, lineal, spitz bis stumpflich, schwärzlich, grünrandig. Haare federig, weiss, seidig, an der Hülle 0, an den Kopfstielen ebenso oder vereinzelt, an den Caulomen abwärts bald zerstreut und dann rasch vermehrt, endlich sehr reichlich, 5—7 mm, verbogen, auf beiden Blattseiten sehr zahlreich, einen 4—6 mm langen seidenartigen Pelzüberzug bildend, der aber die Blattfläche nicht verhüllt. Drüsen der Hülle sehr reichlich, an den Kopfstielen oben reichlich, lang, schwarz, abwärts an den Caulomen rasch vermindert und meist schon mit dem oberen 1/4 des Stengels verschwindend. Flocken der Hülle zerstreut, an den Kopfstielen nur ganz oben mässig, abwärts rasch verschwindend, sonst 0. Blüthen etwas hell-gelb, zungig, Zähnchen schwach gewimpert, Griffel gleichfarbig oder etwas dunkel. Früchte sehr hellbraun, 4,5—5,2 mm lang, fertil (Aussaaten gelingen immer). Blüht im Juli. — Montenegro. Dalmatien: Krivoscie bei Cerquizze 975 m (Pich.). Wir erhielten die Pflanze auch aus den Gärten von Berlin und Innsbruck.

Cultivirte Pflanzen werden bis 70 cm hoch, der Stengel ist am Grunde violettroth angelaufen, die untersten Blätter desselben laufen unter starker Verschmälerung in die Basis herab, namentlich die mittleren zeigen immer die geigenförmige Einziehung der Ränder, die Haarbekleidung der Blätter wird häufig lockig, die Drüsen und Flocken verschwinden schon innerhalb des Kopfstandes sehr bald, letzterer wird durch zahlreichere und bis in den 4. Grad verzweigte Aeste reicher und dabei stark übergipflig. Oft sind die Blätter schmaler und nähern sich durch allmähliche Uebergänge der Lanzettform, ohne dass die letztere schon zur Charakteristik einer Varietät Anlass geben dürfte.

H. calophyllum trägt so unverkennbar die Merkmale von *H. thapsiforme* und *H. prenanthoides* in sich vereinigt, dass an seiner Deutung als Zwischenform beider Arten nicht gezweifelt werden kann. Behaarung, Verzweigung und Hüllen kommen dem *H. thapsiforme* zu, Blattgestalt, Beblätterungsweise und Drüsenbekleidung dem *H. prenanthoides*. Habituell ist es den Zwischenformen von *H. tomentosum* und *prenanthoides* (vergl. *H. thapsifolium*) ziemlich ähnlich.

70. H. cepeutum n. hybr.
= *thapsiforme* + *sabaudum*.

Stengel c. 26 cm hoch, aufrecht, dicklich, etwas verbogen, gestreift, aphyllopod, gegen die Spitze hin verzweigt. Blätter am Stengelgrunde fehlend, am Stengel c. 16, kurz, langsam- (nur die obersten sehr rasch-) decrescirend und plötzlich in die winzigen pfriemlichen Bracteen übergehend; untere und mittlere elliptisch, mit etwas breiter Basis sitzend, spitzlich und spitz, ganzrandig mit Andeutung von Zähnelung; obere ebenso oder eiförmig mit gerundeter Basis; alle etwas derb, grün. Kopfstand lax rispig [1]); Kopfstiele dünn, nach oben kreiselförmig erweitert, mit einigen kleinen dunkeln Bracteen. Hülle c. 10 mm lang, fast kuglig; Schuppen breit, spitz, grau, breit hellgrün berandet. Haare federig, hell, weich, an Hülle und Kopfstielen 0, am Stengel oben mässig, abwärts bald sehr reichlich, einen Pelz bildend, 3—4 mm, auf den unteren Blättern oberseits reichlich, 1—1,5 mm, unterseits sehr zahlreich, länger, auf den oberen Blättern oberseits rasch verschwindend, endlich 0. Drüsen nur an der Hülle mässig zahlreich, sonst 0. Flocken der Hülle reichlich, an den Kopfstielen grauen Filz bildend, am Stengel abwärts langsam vermindert, auf den Blättern oberseits mangelnd, unterseits ziemlich reichlich. Blüthen sattgelb, zungig, Zähnchen spärlich gewimpert, Griffel gleichfarbig. Früchte? — Bastard aus *H. thapsiforme* ♀ und *H. sabaudum*, im Münchener botanischen Garten spontan bei Topfcultur beider Eltern enstanden, aus Früchten erzogen, die von *H. thapsiforme* entnommen waren.

Bemerkung. Vorstehende Beschreibung bezieht sich auf das einzige im Jahre 1886 gezüchtete Exemplar dieses Bastardes, welches leider ein fehlgeschlagenes Köpfchen 1. Ordnung und nur einen einzigen entwickelten Kopf 2. Ordnung besitzt. Trotz dieses mangelhaften Zustandes lässt es die Merkmale seiner Eltersippen deutlich erkennen. Habituell nähert sich *H. cepeutum* dem *H. sabaudum*, auch der Bau des Involucrums entspricht dieser Species, aber in der federigen Behaarung des Stengels und in dem eigenartigen Indument der Blätter wie in der reichen Beflockung der Hülle liegen eben so entschieden die Merkmale der Spec. *thapsiforme*, so dass man es als eine ungefähr intermediäre Bildung ansehen darf.

71. H. thapsigenum n. hybr.
= *thapsiforme* + *umbellatum*.

(Cult.) Stengel über 60 cm hoch, dick, aufrecht, leicht verbogen, stark gestreift, sehr brüchig, aphyllopod, bis zum unteren Drittel herab verzweigt, gleichmässig locker beblättert. Blätter am Stengelgrunde 0; Stengelblätter zahlreich, sehr langsam decrescirend, derb, aber brüchig, sattgrün, allmählich in die blättchenartigen Bracteen übergehend; untere länglich oder langelliptisch, entfernt-vorwärts-gesägt, spitz, sitzend; obere ähnlich, aber kleiner

[1]) Beim vorliegenden Exemplar deformirt.

und ± zugespitzt. Kopfstand lax rispig, öfters mit fast doldig gestellten oberen Aesten, grenzlos, sehr stark übergipflig; Akladium 4—5 (—7) cm lang; Strahlen 2. Ordnung 10—15 (und mehr), schlank, etwas verbogen, sehr lang, im oberen Theil (zuweilen fast doldig) weiter verzweigt; Verzweigungswinkel 40—50°; Ordnungen 3—4; Köpfe zahlreich, auf oben etwas erweiterten und hier 3—5 pfriemliche Bracteen tragenden Stielen. Hülle 10—12 mm lang, zuerst eiförmig, bald aber kuglig und niedergedrückt; Schuppen etwas breitlich, sehr spitz, schwärzlich, breit dunkelgrün gerandet, äussere sehr locker. Haare stark federig, hell, sehr weich, kurze pelzartige Ueberzüge bildend, an der Hülle 0, an den Caulomen tief herab ebenso, dann bis sehr reichlich, kraus, 2—3 mm, auf den Blättern beiderseits sehr zahlreich, oberseits 1—1,5 mm lang, unterseits reichlicher und länger, oberseits je weiter nach oben an der Pflanze desto spärlicher werdend, auf den obersten Blättern verschwindend. Drüsen nur an der Hülle zerstreut, sehr klein, sonst 0. Flocken der Hülle reichlich, an den Kopfstielen oben weisslichen Filz bildend, abwärts an den Caulomen sehr langsam vermindert und tief herabgehend, auf den Blättern oberseits 0, unterseits auf den oberen Blättern zerstreut bis mässig zahlreich. Blüthen gelb, zungig, Zähnchen kahl; Griffel gleichfarbig. Früchte alle steril, hellbraun, unentwickelt. — Bastard von *H. thapsiforme* ♀ und typischem *H. umbellatum*, im botanischen Garten zu München in einem Satze des ersteren spontan entstanden.

Bemerkungen. *H. thapsigenum* ist eine sehr stattliche Pflanze, an welcher die Merkmale des *H. umbellatum* in reicher Verzweigung mit zahlreichen Köpfchen, in der Beblätterung, Blattgestalt, im Bau des Involucrums, in der zuweilen doldigen Anordnung der oberen Kopfstandsäste etc. zum Ausdruck gelangen, während namentlich das Indument aller Theile auf die Spec. *thapsiforme* hinweist. Wenn es nicht schon durch Cultur feststände, dass *H. thapsigenum* ein Bastard ist, so könnte auf die hybride Abstammung desselben mit grosser Wahrscheinlichkeit aus der völligen Sterilität der Achaenen und aus dem Luxuriren der Pflanze geschlossen werden. Die Verästelung der oberen zwei Drittel des Stengels ist eine so starke, dass letzterer sich nicht aufrecht zu erhalten vermag, sondern frühzeitig umsinkt und dann erst mit dem oberen Theil wieder aufsteigt. An dem sehr kräftigem Satze, welchen wir züchten, bildet jeder der zahlreichen Stengel im Mai eine Anzahl handlanger Blätter aus, die sich derartig drängen, dass die Stengel schon zu dieser Zeit weit auseinander gebogen werden und fast horizontal im Kreise herumliegen.

Die Geschichte dieser Pflanze ist folgende. Es wurden Früchte von *H. thapsiforme* ausgesäet, welche einen gut gedeihenden kleinen Satz ergaben; unweit desselben stand *H. umbellatum* aus der Umgebung von München. Bald ging neben *thapsiforme* in demselben Satze der Bastard auf und wurde dann isolirt.

Bei einem zweiten Satze, welchen wir direct aus Früchten erhielten, die von unserem cultivirten *H. thapsiforme* entnommen waren, ist die

Verzweigung bedeutend weniger reichlich, die Köpfe sind noch breiter, die Hüllschuppen breit, die Blätter lanzettlich und buchtig gesägt-gezähnt, die Hülle hat zerstreute kurze Haare. Hier ist der Gartensatz nicht so sicher festzustellen gewesen, welcher den Pollen zur Erzeugung des Bastardes geliefert hat; es darf angenommen werden, dass er kein typisches *umbellatum* enthielt, und somit einen etwas anderen Bastard ergeben musste als den oben beschriebenen.

www.ingramcontent.com/pod-product-compliance
Lightning Source LLC
LaVergne TN
LVHW081329011026
849161LV00013BB/2876